深入浅出计算机网络

韩立刚　韩利辉　王艳华　马　青◎著

人民邮电出版社
北京

图书在版编目（CIP）数据

深入浅出计算机网络 / 韩立刚等著. -- 北京 : 人民邮电出版社, 2021.7
ISBN 978-7-115-55365-2

Ⅰ. ①深… Ⅱ. ①韩… Ⅲ. ①计算机通信网 Ⅳ. ①TN915

中国版本图书馆CIP数据核字(2020)第229787号

内 容 提 要

本书讲解了计算机网络通信的详细过程和计算机网络通信中的相关协议。与当前大多数的计算机网络图书不同，本书首先从应用程序通信使用的协议着手，使用抓包分析了应用层的工作过程、请求报文格式和响应报文格式，让读者对计算机通信使用的协议有一个具体的认识；然后介绍传输层协议、网络层协议、数据链路层协议和物理层；最后讲解比较抽象的 OSI 参考模型，及其和 TCP/IP 之间的关系。

本书所讲的计算机理论不同于思科网络工程师和华为网络工程师课程。为了让学生能够验证所学的理论，本书使用华为 eNSP 模拟器搭建学习环境。本书虽然专注于计算机网络原理，但每章提供了相应的案例来验证所学理论。本书将“网络层”这一重点内容拆分成 3 章（IP 地址和子网划分、静态路由和动态路由、网络层协议）来详细讲解；图示详细，力求将瞬息万变的通信过程原原本本地展现在读者的面前。

本书可作为高校“计算机网络原理”相关课程的参考用书，也可作为计算机专业的考研教程。

◆ 著　　　　韩立刚　韩利辉　王艳华　马　青
责任编辑　武晓燕
责任印制　王　郁　焦志炜

◆ 人民邮电出版社出版发行　　北京市丰台区成寿寺路 11 号
邮编　100164　　电子邮件　315@ptpress.com.cn
网址　https://www.ptpress.com.cn
北京鑫正大印刷有限公司印刷

◆ 开本：787×1092　1/16
印张：25
字数：601 千字　　　　2021 年 7 月第 1 版
印数：1– 2 200 册　　　2021 年 7 月北京第 1 次印刷

定价：109.90 元

读者服务热线：(010)81055410　印装质量热线：(010)81055316
反盗版热线：(010)81055315
广告经营许可证：京东市监广登字 20170147 号

前　言

很多大学生在学校学习计算机网络时，对网络一无所知，分不清路由器和交换机，甚至没有见过网络设备。然而不少高校的“计算机网络原理”课程第 1 章就讲解诸如 OSI 参考模型、计算机通信使用的协议、对等实体、服务、封装和解封装等概念，这对学生无疑是“当头一棒”，学生顿觉云里雾里。

教师始终应该考虑如何让学生较为容易地理解计算机通信的协议。我从 2000 年开始从事 IT 职业化培训和企业 IT 运维的培训工作，积累了大量的案例和解决问题的经验。2007 年在河北师范大学讲授“计算机网络原理”课程时，在授课中加入了给企业解决问题的案例，使用模拟软件设计了实验环境。经过二十多年培训工作经验的积累，对每个模块和知识点都有了合适的案例和知识引入的铺垫，从而逐渐形成了自己的培训风格。

本书打破常规，开门见山，以租房协议引入计算机通信使用的协议，直接从应用程序通信使用的协议入手，抓包分析应用程序客户端和服务器的交互顺序和报文格式，让学生一下子能够了解计算机通信使用的协议和交互过程。由于应用层协议可见、可操作、比较具体，因此本书先从应用层协议开始讲解；后续章节按照协议分层从高到低的顺序来讲解，依次是传输层、网络层、数据链路层、物理层，把比较抽象的 OSI 参考模型放到后面讲解；最后两章讲解 IPv6 和网络安全。

一开始，我不知道有多少人想精通计算机网络原理，也不清楚我讲的“计算机网络原理”课程有什么过人之处。直到我把在软件学院随堂录制的“计算机网络原理”授课视频上传到 51CTO 学院，逐步拥有几十万的访问量和众多的好评，才知道原来有那么多人在互联网上苦苦搜寻计算机网络教程，才知道学生喜欢我这种讲故事一样的授课方式。

高校计算机专业的学生大多需要学习“计算机网络原理”课程，它在很多学校还是必修课。很多非计算机专业的学生想转行进入 IT 领域发展，想打好扎实的基础，也应该掌握计算机网络原理。对于那些在职的软件开发人员、软件测试人员，以及从事云计算、大数据、人工智能的人员，“计算机网络原理”也是必须掌握的一门课程。

当前有关计算机网络的图书分两大类：一类是网络设备厂商认证的教材，如思科认证网络工程师 CCNA、CCNP，华为认证网络工程师 HCIA、HCIP 等；另一类就是高校的“计算机网络原理”课的教材。

然而这些厂商认证的教材，其目的是培养能够熟练操作和配置其网络设备的工程师，对计算机网络通信的原理和过程并没有进行深入细致的讲解，重点是如何配置网络设备。而高校“计算机网络原理”课的教材，则深入讲解计算机通信的过程和各层协议，并没给学生讲解如何配置具体的网络设备来验证所学的理论，更没有对这些理论可以应用在哪些场景做进一步扩展。

我从事 IT 企业培训和企业 IT 技术支持 20 年，积累了大量的实战经验，在河北师范大学软件学院以谢希仁编著的《计算机网络》为教材讲授“计算机网络原理”课程 8 年，在授课过程中增加了大量的案例，设计了合适的实验来验证所讲的理论。我不仅给学生讲解了计算机各层的通信协议，还捕获数据包，让学生看到数据包的结构，看到每一层的封装；此外，还讲解了网络畅通的条件，以及在思科路由器上配置静态路由和动态路由的方法；不仅讲解了传输层协议和应用层协议之间的关系，还讲解了设置 Windows 服务器以实现网络安全的方法；不仅讲解了常见的应用层协议，还讲解了使用抓包工具捕获客户端和服务器之间交互的数据包，以及分析各种应用层协议的数据包格式。

2020 年，时机成熟，我决心编写计算机网络教程，面向网络零基础的学生，以学以致用为原则，通过大量插图展示所讲的理论。每一段理论结束后，紧跟着介绍如何使用这些理论来解决实际中的问题，对知识进一步扩展。本书力求对书中的内容安排恰到好处，为此引入了大量案例，并设计了经典的实战，做到了让理论不再抽象，让课程充满趣味，让学习充满乐趣。

本书组织结构

本书共分为 10 章，每章讲解的主要内容如下。

- **第 1 章**，应用层协议，主要讲解几个常见的应用层协议，应用层协议定义了服务器和客户端之间如何交换信息、服务器和客户端之间进行哪些交互、命令的交互顺序，规定了信息的格式以及每个字段的意义。不同的应用实现的功能不一样，例如，访问网站和收发电子邮件实现的功能就不一样，因此需要有不同的应用层协议。本章是整本书的概览，先介绍计算机网络在当今信息时代的作用，接着介绍网络、互联网以及最大的互联网——Internet。为了让读者觉得网络不那么抽象，本章以一个企业的网络为例展示局域网和广域网。
- **第 2 章**，传输层协议，讲解 TCP/IP 协议栈传输层的两个协议 TCP 和 UDP。首先介绍这两个协议的应用场景，再讲解传输层协议和应用层协议之间的关系、服务和端口之间的关系。搞清这些关系后，自然就会明白设置服务器防火墙实现网络安全的道理。传输层首部要实现传输层的功能，TCP 和 UDP 两个协议实现的功能不同，因此这两个协议的传输层首部也不同，需要分别讲解。本章的重点是 TCP，将详细讲解 TCP 如何实现可靠传输、流量控制、拥塞避免和连接管理。
- **第 3 章**，IP 地址和子网划分，讲解 IP 地址格式、子网掩码的作用、IP 地址的分类以及一些特殊的地址；介绍什么是公网地址和私网地址，以及私网地址如何通过 NAT 访问 Internet；讲解如何进行等长子网划分和变长子网划分。当然，如果一个网络中的计算机数量非常多，有可能一个网段的地址块容纳不下，我们也可以将多个网段合并成一个大的网段，这个大的网段就是超网。最后讲解子网划分的规律和合并网段的规律。
- **第 4 章**，静态路由和动态路由，讲解网络畅通的条件，给路由器配置静态路由和动态路由，通过合理规划 IP 地址使用路由汇总和默认路由简化路由表。作为扩展知识，本章还讲解了一些排除网络故障的方法，例如使用 ping 命令测试网络是否畅通，使用 pathping 和 tracert 命令跟踪数据包的路径。同时讲解 Windows 操作系统中的路由表，以及给 Windows 操作系统添加路由的方法。
- **第 5 章**，网络层协议，讲解网络层第三部分的内容——网络层协议。讲解网络层，当然要讲网络层首部，路由器就是根据网络层首部转发数据包的，可见网络层首部各字段就是用于实现网络层功能的。除了讲解网络层首部，还讲解了TCP/IP协议栈网络层的4个协议——IP、ICMP、IGMP和ARP。

- **第6章**，数据链路层协议。不同的网络类型有不同的通信机制（数据链路层协议），数据包在传输过程中要通过不同类型的网络，就要使用对应网络的通信协议，同时数据包也要重新封装成该网络的帧格式。本章先讲解数据链路层要解决的3个基本问题——封装成帧、透明传输、差错检验；再讲解两种类型的数据链路层——点到点信道的数据链路层和广播信道的数据链路层，这两种数据链路层的通信机制不一样，使用的协议也不一样，点到点信道使用点对点协议（Point to Point Protocol，PPP），广播信道使用带冲突检测的载波侦听多路访问（CSMA/CD）协议。
- **第7章**，物理层，讲解计算机网络通信的物理层。本章先讲解通信方面的知识，也就是如何在各种介质（光纤、铜线）中更快地传递数字信号和模拟信号。涉及的通信概念有模拟信号、数字信号、全双工通信、半双工通信、单工通信、常用的编码方式和调制方式、信道的极限容量等。
- **第8章**，计算机网络和协议。国际标准化组织将计算机通信的过程分为7层，即OSI参考模型。本章讲解OSI参考模型和TCP/IP的关系，用图示的方式给读者展示了计算机使用TCP/IP通信的过程、数据封装和解封的过程，同时讲解集线器、交换机和路由器这些网络设备分别工作在OSI参考模型的哪一层。最后讲解计算机网络的性能指标——速率、带宽、吞吐量、时延、时延带宽积、往返时间和网络利用率，以及计算机网络的分类和企业局域网的设计。
- **第9章**，IPv6，介绍IPv6相对于IPv4有哪些方面的改进、IPv6首部、IPv6的地址体系、IPv6下的计算机地址配置方式、IPv6静态路由和动态路由，以及IPv6和IPv4共存技术、双协议栈技术、6to4隧道技术和NAT-PT技术。
- **第10章**，网络安全，本章中的网络安全只专注于数据在传输过程中的安全，涉及应用层安全协议（如发送数字签名的电子邮件、发送加密的电子邮件）、在传输层和应用层之间增加的安全套接字层（如访问网站使用HTTPS）、在网络层实现的安全（IPSec）等。

本书受众

- 计算机专业的大学生。
- 计算机专业的考研人群。
- 想从事IT方面的工作，或想系统学习IT技术的人。
- 思科或华为认证网络工程师的考生。

学生评价

可在51CTO学院上看到韩立刚老师的计算机网络视频教程（收费课程），下面是51CTO学院的学生看完韩老师的“计算机网络原理”课程视频后的评价。

课程目录 课程介绍 课程问答 学员笔记 课程评价 资料下载

★★★★★ 5 分
学了一半了，感觉还不错，能把抽象的概念或晦涩难懂的内容通过直白的语言讲出来，难能可贵啊！

★★★★★ 5 分
这套课程很适合那些刚接触网络，或者还没开始学但想学网络的人。总而言之，这套课程对网络基础讲解得很详细。

★★★★★ 5 分
韩老师的课讲得很有条理，而且有很强的实用价值，对我们这些对计算机感兴趣，又找不到好的教程的人来说，简直是雪中送炭。现在是国家关注网络安全的时期，也是全民用网的时期，网络方面的知识是大家都需要的，希望韩老师制作更多优秀视频，使更多网民学会安全用网。

★★★★★ 5 分
讲得真好！因为实践经验太丰富了。

★★★★★ 5 分
老师讲得太好了，原来书里不好理解的内容经老师讲解一下就懂了。

★★★★★ 5 分
真心不错的老师！要是遇到这样的老师，哪儿还有逃课的学生呢？韩老师厉害。

★★★★★ 5 分
韩老师的课程侧重于实际应用，没有那么多的专业术语，讲解得也浅显易懂，但要是为了考取证书还需要学习一下别的视频，韩老师很给力，顶!!!

技术支持

技术交流和资料索取请联系：

- QQ 458717185；
- 技术支持 QQ 群、IT 技术交流群 301678170；
- 视频教学网站 91XUEIT；
- 微信 hanligangdongqing；
- 微信公众号 han_91xueit。

致　谢

首先感谢我们的祖国各行各业的快速发展，为那些不甘于平凡的人提供展现个人才能的平台。我很庆幸自己生活在这个时代。

互联网技术的发展为各行各业提供了广阔的舞台，感谢 51CTO 学院为全国的 IT 专家和 IT 教育工作者提供了教学平台。

感谢我的学生，正是他们的提问，才让我了解到学习者的困惑，也提升了我的授课技巧。更感谢那些工作在一线的 IT 运维人员，帮他们解决工作中遇到的疑难杂症，为我积累了专业的案例。

感谢那些深夜还在网上看视频学习我的课程的读者，虽然我们没有见过面，你们却能够让我感受到你们怀揣梦想、想通过知识改变命运的决心和毅力。这也一直激励着我不断录制新课程，编著新书。

韩立刚

2021 年 5 月

资源与支持

本书由异步社区出品，社区（https://www.epubit.com/）为您提供相关资源和后续服务。

配套资源

本书提供如下资源：

- 本书配套 PPT；
- 本书习题答案；
- 本书实验环境。

要获得以上配套资源，请在异步社区本书页面中单击 配套资源 ，跳转到下载界面，按提示进行操作即可。注意：为保证购书读者的权益，该操作会给出相关提示，要求输入提取码进行验证。

提交勘误

作者和编辑尽最大努力来确保书中内容的准确性，但难免会存在疏漏。欢迎您将发现的问题反馈给我们，帮助我们提升图书的质量。

当您发现错误时，请登录异步社区，按书名搜索，进入本书页面，单击“提交勘误”，输入勘误信息，单击“提交”按钮即可。本书的作者和编辑会对您提交的勘误进行审核，确认并接受后，您将获赠异步社区的 100 积分。积分可用于在异步社区兑换优惠券、样书或奖品。

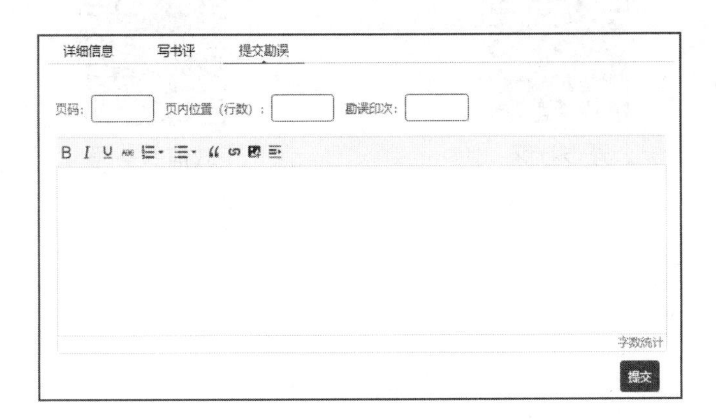

扫码关注本书

扫描下方二维码，您将会在异步社区微信服务号中看到本书信息及相关的服务提示。

与我们联系

我们的联系邮箱是 contact@epubit.com.cn。

如果您对本书有任何疑问或建议，请您发邮件给我们，并请在邮件标题中注明本书书名，以便我们更高效地做出反馈。

如果您有兴趣出版图书、录制教学视频，或者参与图书翻译、技术审校等工作，可以发邮件给我们；有意出版图书的作者也可以联系投稿（邮箱为 wuxiaoyan@ptpress.com.cn）。

如果您所在的学校、培训机构或企业想批量购买本书或异步社区出版的其他图书，也可以发邮件给我们。

如果您在网上发现有针对异步社区出品图书的各种形式的盗版行为，包括对图书全部或部分内容的非授权传播，请您将怀疑有侵权行为的链接发邮件给我们。您的这一举动是对作者权益的保护，也是我们持续为您提供有价值的内容的动力之源。

关于异步社区和异步图书

“异步社区”是人民邮电出版社旗下 IT 专业图书社区，致力于出版精品 IT 图书和相关学习产品，为作译者提供优质出版服务。异步社区创办于 2015 年 8 月，提供大量精品 IT 技术图书和电子书，以及高品质技术文章和视频课程。更多详情请访问异步社区官网 https://www.epubit.com。

“异步图书”是由异步社区编辑团队策划出版的精品 IT 专业图书的品牌，依托于人民邮电出版社近 30 年的计算机图书出版积累和专业编辑团队，相关图书在封面上印有异步图书的 LOGO。异步图书的出版领域包括软件开发、大数据、AI、测试、前端、网络技术等。

异步社区

微信服务号

目　录

第1章

应用层协议

本章主要内容

- 理解应用程序通信使用的协议
- HTTP
- 使用 Wireshark 抓包工具筛选数据包
- FTP
- DNS 协议
- DHCP
- Telnet 协议
- SMTP 和 POP3

计算机通信实质上是计算机上的应用程序通信，通常先由客户端程序向服务器端程序发起通信请求，然后服务器端程序向客户端程序返回响应，以实现应用程序的功能。

Internet 中有很多应用，如访问网站、域名解析、发送电子邮件、接收电子邮件、文件传输等。每一种应用都需要定义好客户端程序能够向服务器端程序发送哪些请求、服务器端程序能够向客户端程序返回哪些响应、客户端程序向服务器端程序发送请求（命令）的顺序、出现意外后如何处理、发送请求和响应的报文有哪些字段、每个字段的长度、每个字段的值代表什么意思。这就是应用程序通信使用的协议，我们称这些应用程序通信使用的协议为“应用层协议”。

既然是协议，就有甲方和乙方，通信的客户端程序和服务器端程序就是协议的甲方和乙方，在很多介绍计算机网络的书中称其为“对等实体”，如图 1-1 所示。

本章通过生活中的租房协议来引入计算机通信使用的协议概念；通过抓包分析访问网站的流量、文件传输的流量、收发电子邮件的流量，来观察 HTTP、FTP、DHCP、SMTP 和 POP3 的工作过程，即客户端程序和服务器端程序的交互过程、客户端程序向服务器端程序发送的请求、服务器端程序向客户端程序发送的响应、请求报文格式、响应报文格式，进而理解应用层协议。

学习计算机网络和计算机通信协议，抓包工具是必不可少的工具。本章将讲解 Wireshark 抓包工具的使用方法，如何对数据包进行筛选。

掌握了应用层协议，理解应用层防火墙（高级防火墙）的工作原理也就容易了。高级防火墙通过在服务器端禁止执行协议的特定方法来实现高级安全控制，也可以在企业的网络中部署高级防火墙控制应用层协议来实现安全控制。

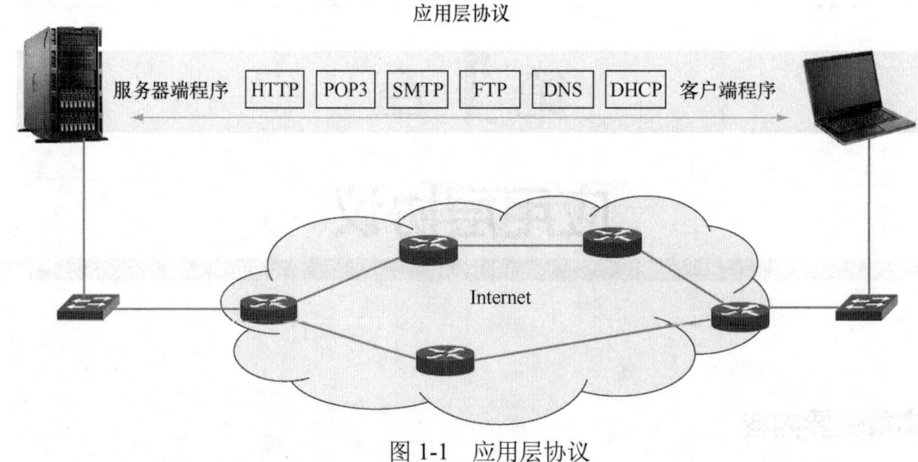

图 1-1　应用层协议

1.1　理解应用程序通信使用的协议

先看一个租房协议，理解协议的目的、要素，进而理解计算机通信使用的协议。

1.1.1　理解协议

学习计算机网络，必须先掌握计算机通信使用的协议。

对很多学习计算机网络的人来说，协议是不太好理解的概念。因为计算机通信使用的协议是大家看不到、摸不着的，所以总是感觉非常抽象、难以想象。为此，在讲计算机通信使用的协议之前，先看一份租房协议，再去理解计算机通信使用的协议就不抽象了。

其实协议对大家来说并不陌生，大学生走出校门参加工作就要和用人单位签署就业协议，工作后还有可能要租房住，就要和房东签署租房协议。下面通过一个租房协议来理解签协议的意义和协议包含的内容，进而理解计算机通信使用的协议。

如果租客租房不和房东签协议，只是口头和房东约定房租多少、每个月几号交房租、押金多少、家具家电设施损坏谁负责，时间一长，这些约定大家就都记不清了。一旦出现某种情况，租客和房东就容易产生误解和矛盾。

为了避免纠纷，租客和房东需要签订租房协议，将双方关心的事情协商一致并写到协议中，双方确认后签字。协议一式两份，双方都要遵守，如图 1-2 所示。

假如以上租房协议是租房协议的标准，为了简化协议的填写，租房协议可以定义成一个表格，如图 1-3 所示。出租方和承租方在签订租房协议时，只需填写表格要求的内容即可，协议的详细条款不用再填写了。表格中出租方姓名和身份证、承租方姓名和身份证、房屋位置等称为“字段”，这些字段既可以是定长，也可以是变长。如果是变长，要定义字段间的分隔符。

计算机通信使用的协议也像租房协议一样，有甲方和乙方，除了定义甲方和乙方遵循的约定外，还会定义请求报文和响应报文的格式。报文格式类似于图 1-3 所示的表格。在以后的学习中，使用抓包工具分析数据包，看到的就是协议报文的格式，协议的具体条款我们看不到。图 1-4 所示的是 IP 定义的各个字段，我们称其为“IP 首部”。网络中的计算机通信时只需按以下表格填写内容，通信双方的计算机和网络设备就能够按照网络层协议约定的内容工作。

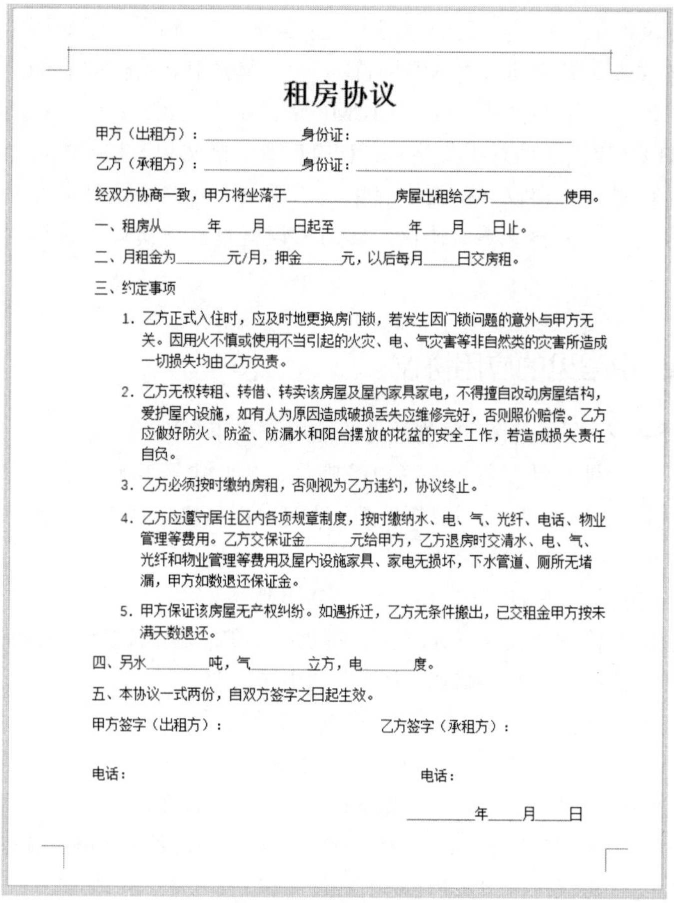

租房协议

甲方（出租方）：__________身份证：__________

乙方（承租方）：__________身份证：__________

经双方协商一致，甲方将坐落于__________房屋出租给乙方________使用。

一、租房从_____年___月___日起至______年___月___日止。

二、月租金为_____元/月，押金____元，以后每月____日交房租。

三、约定事项

1. 乙方正式入住时，应及时地更换房门锁，若发生因门锁问题的意外与甲方无关。因用火不慎或使用不当引起的火灾、电、气灾害等非自然类的灾害所造成一切损失均由乙方负责。
2. 乙方无权转租、转借、转卖该房屋及屋内家具家电，不得擅自改动房屋结构，爱护屋内设施，如有人为原因造成破损丢失应维修完好，否则照价赔偿。乙方应做好防火、防盗、防漏水和阳台摆放的花盆的安全工作，若造成损失责任自负。
3. 乙方必须按时缴纳房租，否则视为乙方违约，协议终止。
4. 乙方应遵守居住区内各项规章制度，按时缴纳水、电、气、光纤、电话、物业管理等费用。乙方交保证金_____元给甲方，乙方退房时交清水、电、气、光纤和物业管理等费用及屋内设施家具、家电无损坏，下水管道、厕所无堵漏，甲方如数退还保证金。
5. 甲方保证该房屋无产权纠纷。如遇拆迁，乙方无条件搬出，已交租金甲方按未满天数退还。

四、另水_____吨，气_____立方，电_____度。

五、本协议一式两份，自双方签字之日起生效。

甲方签字（出租方）：　　　　乙方签字（承租方）：

电话：　　　　电话：

______年___月___日

图 1-2　租房协议

32字节

8字节	8字节	16字节
出租方姓名	身份证	
承租方姓名	身份证	
房屋位置		
租房开始时间		租房结束时间
租金	押金	每月交租时间
水	电	气

图 1-3　租房协议定义需要填写的表格

0	4	8	16	19	24　31
版本	首部长度	区分服务	总长度		
标识			标志	片偏移	
生存时间		协议	首部检验和		
源IP地址					
目标IP地址					
可选字段（长度可变）					填充

图 1-4　IP 定义的需要填写的表格

应用层协议定义的报文格式，我们称其为“报文格式”，后面会讲到网络层协议和传输层协议定义的报文格式，我们称其为“网络层首部”和“传输层首部”。有的协议需要定义多种报文格式，例如，ICMP 有 3 种报文格式：ICMP 请求报文、ICMP 响应报文和 ICMP 差错报告报文。再如，HTTP 定义了两种报文格式：HTTP 请求报文和 HTTP 响应报文。

上面的租房协议是双方协议，协议中有甲、乙双方。有的协议是多方协议，例如，大学生大四实习，要和实习单位签订实习协议，实习协议就是三方协议，包括学生、校方和实习单位。

1.1.2 Internet 中常见的应用协议

Internet 中有各种各样的应用，那些常见的应用定义了标准的通信协议，如访问网站、文件传输、域名解析、地址自动配置、发送电子邮件、接收电子邮件、远程登录等应用。下面列出了 Internet 中常见的应用协议，这些协议都是应用程序通信使用的协议，因此被称为“应用层协议”，部分应用层协议如图 1-5 所示。

（1）超文本传输协议——HTTP，用于访问 Web 服务。

（2）安全的超文本传输协议——HTTPS，能够将 HTTP 通信进行加密访问。

（3）简单邮件传输协议——SMTP，用于发送电子邮件。

（4）邮局协议版本 3——POP3，用于接收电子邮件。

（5）域名解析协议——DNS 协议，用于域名解析。

（6）文件传输协议——FTP，用于在 Internet 上传和下载文件。

（7）远程登录协议——Telnet 协议，用于远程配置网络设备和 Linux 操作系统。

（8）动态主机配置协议——DHCP，用于给计算机自动分配 IP 地址。

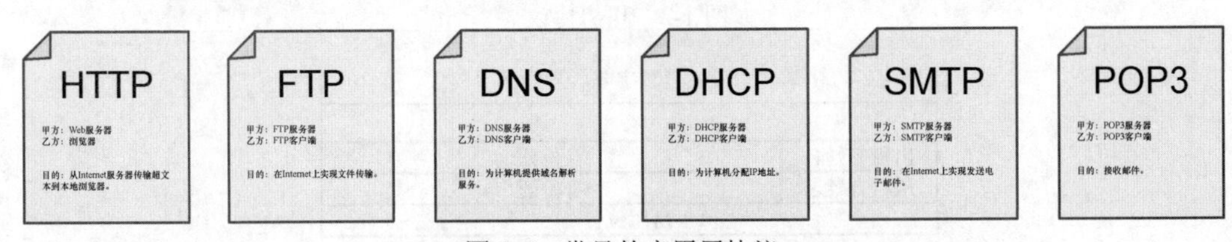

图 1-5 常见的应用层协议

协议标准化能使不同厂家、不同公司开发的客户端和服务器端软件相互通信。

Internet 上用于通信的服务器端软件和客户端软件往往不是一家公司开发的，例如，Web 服务器有微软公司的 IIS、开放源代码的 Apache、俄罗斯人开发的 Nginx 等；浏览器有 IE 浏览器、UC 浏览器、360 浏览器、火狐浏览器、谷歌浏览器等，如图 1-6 所示。虽然 Web 服务器和浏览器是不同公司开发的，但这些浏览器却能够访问全球所有的 Web 服务器，这是因为 Web 服务器和浏览器都是参照 HTTP 进行开发的。

HTTP 定义了 Web 服务器和浏览器通信的方法，协议双方就是 Web 服务器和浏览器。为了更形象地说明，这里称 Web 服务器为甲方，浏览器为乙方。

HTTP 是 Internet 中的一个标准协议，是一个开放式协议。由此可以想到，与之相对的肯定还有私有协议，如思科公司的路由器和交换机上运行的思科发现协议（Cisco Discovery Protocol，CDP）就只有思科的设备支持。又如，某公司开发的一款软件有服务器端和客户端，它们之间的通信规范由开发者定义，包括客户端向服务器端发送几个参数、参数之间使用什么分开、参数的长度；服务器端向客户端返回哪些响应、出现异常将错误代码返回给客户端……这些其实就是应用协议。不过软件开发人员如果没有系统学习过计算机网络相关知识，他们并不会意识到自己定义的通信规范就是协议。这样的协议没有标准化，只是给自己开发的程序使用，这种协议就是私有协议。

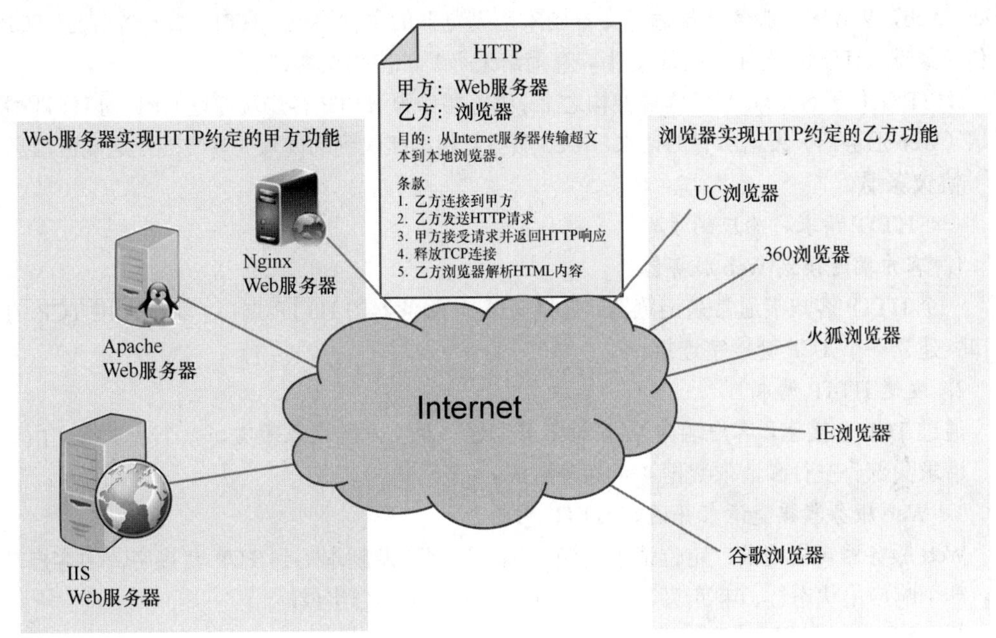

图 1-6　HTTP 使各种浏览器能够访问各种 Web 服务

1.2　HTTP

下面就讲解在 Internet 中应用最为广泛的应用层协议 HTTP。抓包分析 HTTP，查看客户端（浏览器）向 Web 服务器发送的请求（命令），查看 Web 服务器向客户端返回的响应（状态码），以及请求报文和响应报文的格式。

使用 HTTP 实现浏览器访问 Web 服务器的网站流程如图 1-7 所示。

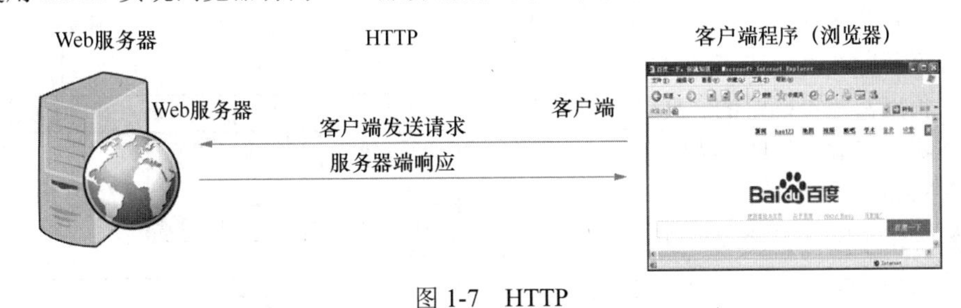

图 1-7　HTTP

1.2.1　HTTP 的主要内容

为了更好地理解 HTTP，下面的 HTTP 就以租房协议的格式展示。注意，下面是 HTTP 的主要内容，而不是全部内容。

HTTP

甲方：Web服务器

乙方：浏览器

HTTP是Hyper Text Transfer Protocol（超文本传输协议）的缩写，是用于从万维网（World Wide Web，WWW）服务器传输超文本到本地浏览器的传输协议。HTTP是一个基于TCP/IP来传递数据（HTML文件、图片文件、查询结果等）的应用层协议。

HTTP工作于客户端/服务器端架构之上。浏览器作为HTTP客户端通过URL向HTTP服务器端（Web服务器）发送所有的请求，Web服务器根据接收到的请求向客户端发送响应信息。

协议条款

一、HTTP请求、响应的步骤

1. 客户端连接到Web服务器

一个HTTP客户端通常是浏览器，它将与Web服务器的HTTP端口（默认使用TCP的80端口）建立一个TCP套接字连接。

2. 发送HTTP请求

通过TCP套接字，客户端向Web服务器发送一个文本的请求报文。一个请求报文由请求行、请求头部、空行和请求数据4个部分组成。

3. Web服务器接受请求并返回HTTP响应

Web服务器解析请求，定位请求资源。服务器将资源副本写到TCP套接字，由客户端读取。一个响应由状态行、响应头、空行和响应数据4个部分组成。

4. 释放TCP连接

若connection模式为close，则Web服务器主动关闭TCP连接，客户端被动关闭TCP连接，以释放TCP连接；若connection模式为keepalive，则该连接会保持一段时间，在该时间内可以继续接收请求。

5. 客户端（浏览器）解析HTML内容

客户端（浏览器）首先解析状态行，查看表明请求是否成功的状态码。然后解析每一个响应头，响应头告知以下为若干字节的HTML文档和文档的字符集。客户端（浏览器）读取响应数据HTML，根据HTML的语法对其进行格式化，并在浏览器窗口中显示。

二、请求报文格式

由于HTTP是面向文本的，因此在报文中的每一个字段都是一些ASCII串，因而各个字段的长度都是不确定的。HTTP请求报文由3个部分组成，如图1-8所示。

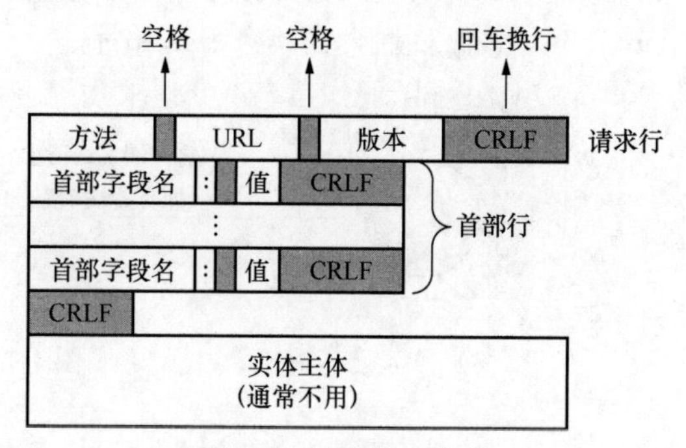

图1-8 请求报文格式

1. 开始行

开始行用于区分是请求报文还是响应报文。在请求报文中的开始行叫作请求行，而在响应报文中的开始行叫作状态行。开始行的3个字段之间都以空格分隔开，最后的“CR”和“LF”分别代表“回车”和“换行”。

2. 首部行

首部行用来说明浏览器、Web服务器或报文主体的一些信息。首部可以有好几行，但也可以不使用。在每一个首部行中都有首部字段名和它的值，每一行在结束的地方都要有“回车”和“换行”。整个首部行结束时，还有一行空行将首部行和后面的实体主体分开。

3. 实体主体

在请求报文中一般不用这个字段，而在响应报文中也可能没有这个字段。

三、HTTP 请求报文中的方法

浏览器能够向 Web 服务器发送以下 8 种方法（有时也叫“动作”或“命令”）来表明 Request-URL 指定的资源的不同操作方式。

（1）GET：请求获取 Request-URL 所标识的资源。当在浏览器的地址栏中输入网址访问网页时，浏览器采用 GET 方法向 Web 服务器请求网页。

（2）POST：在 Request-URL 所标识的资源后附加新的数据。要求被请求的 Web 服务器接受附在请求后面的数据，常用于提交表单，如向服务器提交信息、发帖、登录。

（3）HEAD：请求获取由 Request-URL 所标识的资源的响应消息报头。

（4）PUT：请求 Web 服务器存储一个资源，并用 Request-URL 作为其标识。

（5）DELETE：请求 Web 服务器删除 Request-URL 所标识的资源。

（6）TRACE：请求 Web 服务器回送收到的请求信息，主要用于测试或诊断。

（7）CONNECT：用于代理 Web 服务器。

（8）OPTIONS：请求查询 Web 服务器的性能，或者查询与资源相关的选项和需求。

方法名称是区分大小写的。当某个请求所针对的资源不支持对应的请求方法的时候，Web 服务器应当返回状态码 405（method not allowed）；当 Web 服务器不认识或者不支持对应的请求方法的时候，应当返回状态码 501（not implemented）。

四、响应报文格式

每一个请求报文发出后，都能收到一个响应报文。响应报文的第一行是状态行。状态行包括 3 项内容，即 HTTP 的版本、状态码，以及解释状态码的简单短语，如图 1-9 所示。

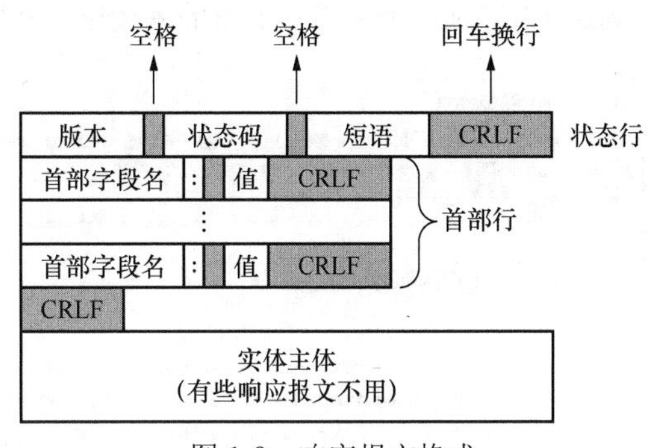

图 1-9 响应报文格式

五、HTTP 响应报文状态码

状态码（status-code）都是 3 位数字的，分为 5 大类共 33 种，简单介绍如下。

（1）lxx 表示通知信息，如请求收到了或正在进行处理。

（2）2xx 表示成功，如接受或知道了。

（3）3xx 表示重定向，如要完成请求还必须采取进一步的行动。

（4）4xx 表示客户端错误，如请求中有错误的语法或不能完成。

（5）5xx 表示 Web 服务器的差错，如 Web 服务器失效无法完成请求。

下面几种状态行在响应报文中是经常见到的。

HTTP/1.1　202　Accepted（接受）

HTTP/1.1　400　Bad Request（错误的请求）

HTTP/1.1　404　Not Found（找不到）

可以看到，HTTP 定义了浏览器访问 Web 服务器的步骤、能够向 Web 服务器发送哪些请求

（方法）、HTTP 请求报文格式（有哪些字段，分别代表什么意思），也定义了 Web 服务器能够向浏览器发送哪些响应（状态码）、HTTP 响应报文格式（有哪些字段，分别代表什么意思）。

举一反三，其他的应用层协议也需要定义以下内容。

（1）客户端能够向 Web 服务器发送哪些请求（方法或命令）。

（2）客户端访问 Web 服务器的命令交互顺序，例如，POP3，需要先验证用户的身份才能接收邮件。

（3）Web 服务器有哪些响应（状态码），每种状态码代表什么意思。

（4）定义协议中每种报文的格式：有哪些字段，字段是定长还是变长，如果是变长，字段分隔符是什么，都要在协议中定义。一个协议有可能需要定义多种报文格式，例如，ICMP 定义了 ICMP 请求报文格式、ICMP 响应报文格式、ICMP 差错报告报文格式。

1.2.2　抓包分析 HTTP

在计算机中安装抓包工具可以捕获网卡发出和接收到的数据包，当然也能捕获应用程序通信的数据包。这样就可以直观地看到客户端和服务器端的交互过程，客户端发送了哪些请求，服务器端返回了哪些响应，这就是应用层协议的工作过程。

常用的抓包工具 Ethereal 有两个版本，在 Windows XP 操作系统和 Windows Server 2003 网络操作系统上使用的 Ethereal 抓包工具，在 Windows 7 和 Windows 10 操作系统上使用的 Wireshark（Ethereal 的升级版）抓包工具。以下操作是在安装了 Windows 10 操作系统的计算机上使用 Wireshark 抓包工具捕获访问搜狗网站的数据包。

先运行 Wireshark 抓包工具。选择用于抓包的网卡，笔者的计算机是无线上网，单击“WLAN”选项，再单击左上角的按钮，开始抓包，如图 1-10 所示。

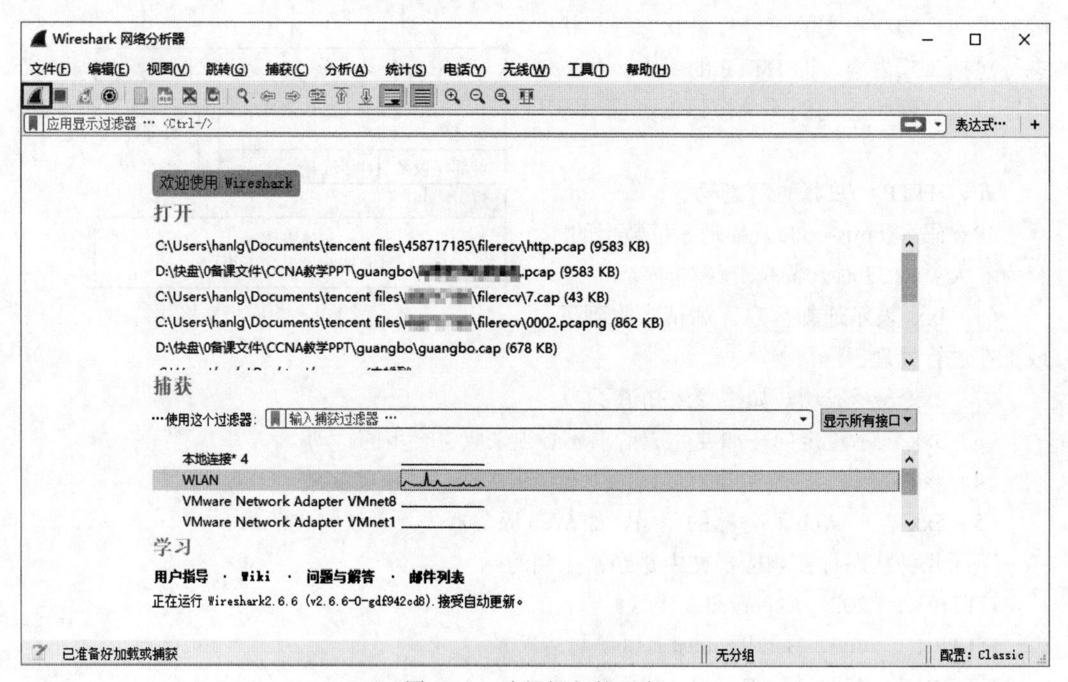

图 1-10　选择抓包的网卡

访问河北师范大学官方网站，在搜索文本框中输入搜索的内容，最好是字符和数字，单击按钮，如图 1-11 所示。

图 1-11　登录网站

在命令提示符处输入“ping www.hebtu.edu.cn”，可以解析出该网站的 IP 地址，如图 1-12 所示。

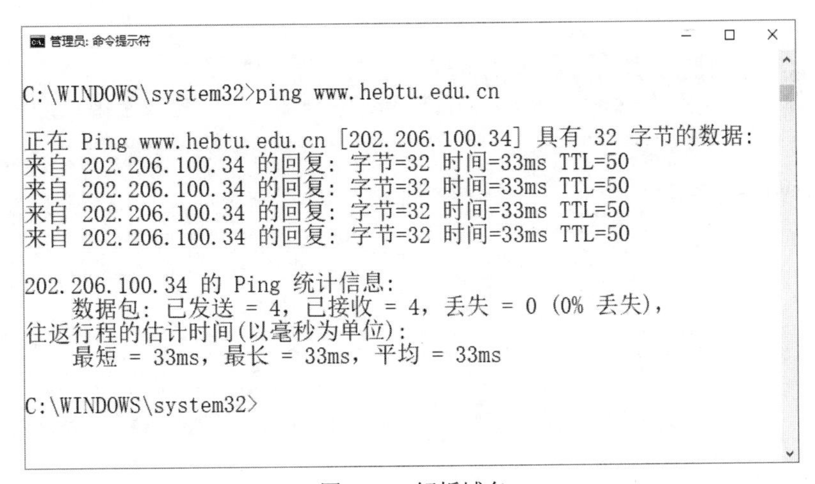

图 1-12　解析域名

在显示过滤器处输入“http and ip.addr == 202.206.100.34”，单击按钮应用显示过滤器，只显示访问河北师范大学官方网站的 HTTP 请求和响应的数据包，如图 1-13 所示。选中第 1396 个数据包，可以看到该数据包中的 HTTP 请求报文，可以参照上一小节 HTTP 请求报文的格式进行对照，请求方法是 GET。

第 1440 个数据包是 Web 服务响应的数据包，状态码为 404。状态码 404 代表 Not Found（找不到）。

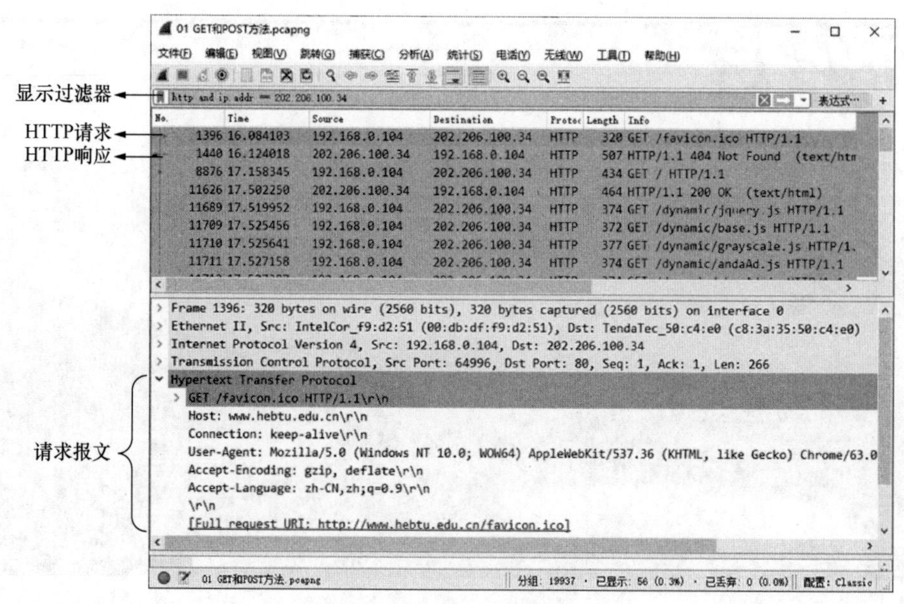

图 1-13 HTTP 请求报文

图 1-14 所示的第 11626 个数据包是 HTTP 响应报文，状态码为 200，表示成功处理了请求，一般情况下都是返回此状态码。可以看到响应报文的格式，可以参照上一小节 HTTP 响应报文的格式进行对照。

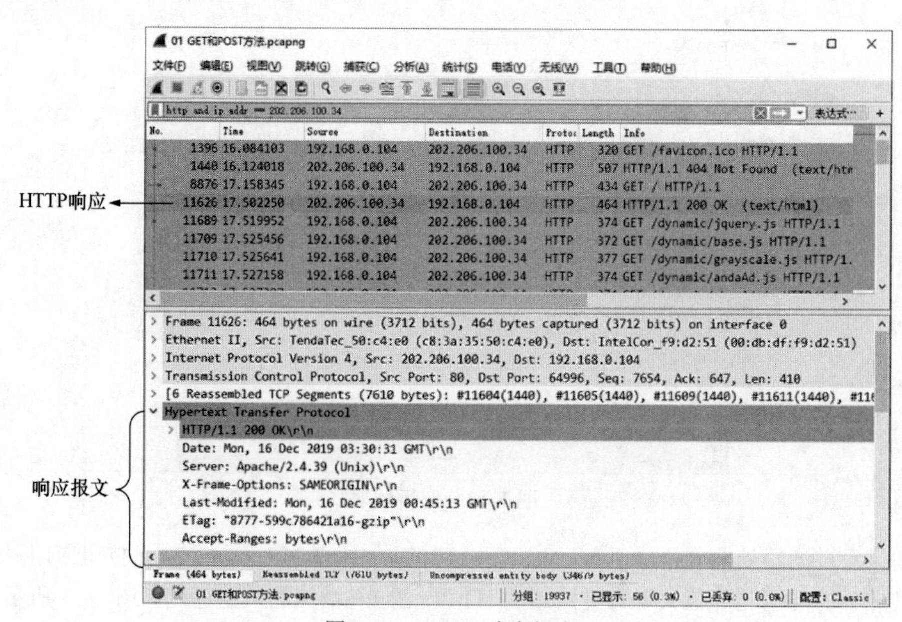

图 1-14 HTTP 响应报文

HTTP 除了定义客户端使用 GET 方法请求网页，还定义了其他方法，如通过浏览器向 Web 服务器提交内容；又如登录网站、搜索网站需要使用 POST 方法。搜索刚才在搜索文本框中输入的内容，在显示过滤器处输入“http.request.method == POST”，单击按钮应用显示过滤器。可以看到第 19390 个数据包，客户端使用 POST 方法将搜索的内容提交给 Web 服务器，如图 1-15 所示。

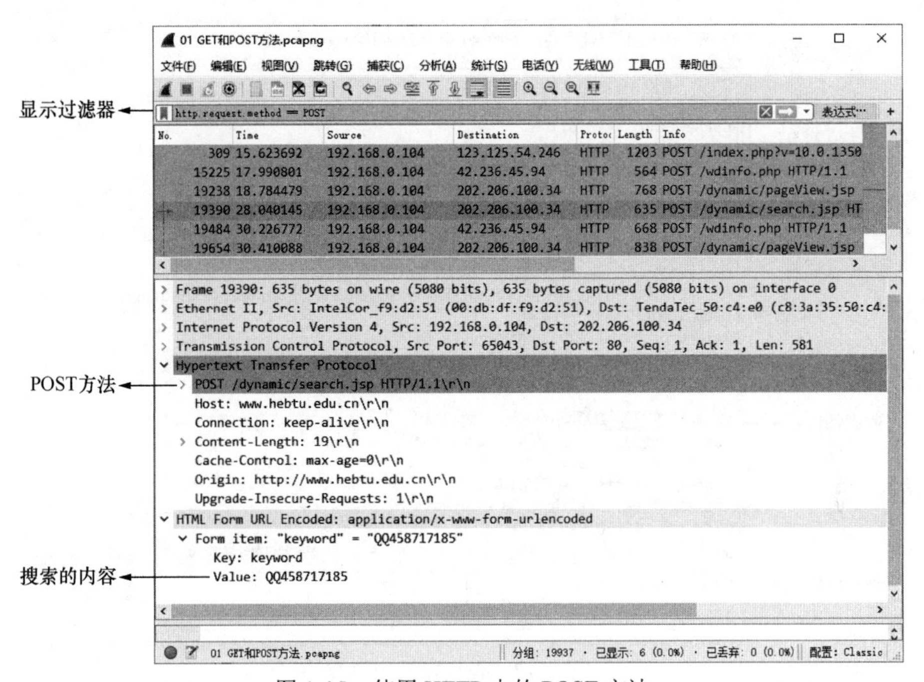

图 1-15 使用 HTTP 中的 POST 方法

在显示过滤器处输入“http.request.method == POST”，单击按钮，应用显示过滤器，如图 1-16 所示，右击其中一个数据包，单击“追踪流”→“TCP 流”。

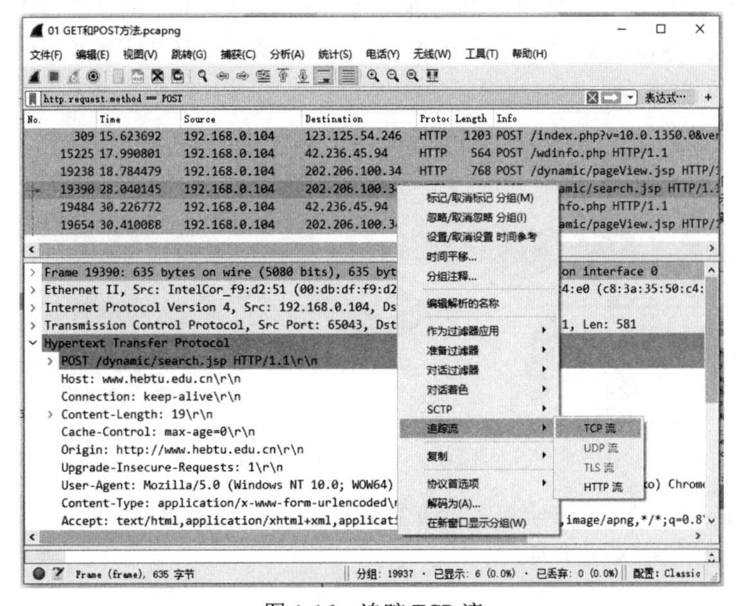

图 1-16 追踪 TCP 流

这样即可将访问河北师范大学官方网站所有的客户端请求和服务器端响应的交互过程都集中在一起显示。可以在查找文本框中输入查找内容，定位内容所在的位置，如图 1-17 所示。

图 1-17　查找输入的内容

1.2.3 高级防火墙和应用层协议的方法

高级防火墙能够识别应用层协议的方法，可以设置高级防火墙禁止客户端向 Web 服务器发送某个请求，也就是禁用应用层协议的某个方法。例如，浏览器请求网页使用 GET 方法，向 Web 服务器提交内容使用 POST 方法，如果企业不允许内网员工向 Internet 上的论坛发帖，可以在企业网络边缘部署高级防火墙阻止 HTTP 的 POST 方法，如图 1-18 所示。

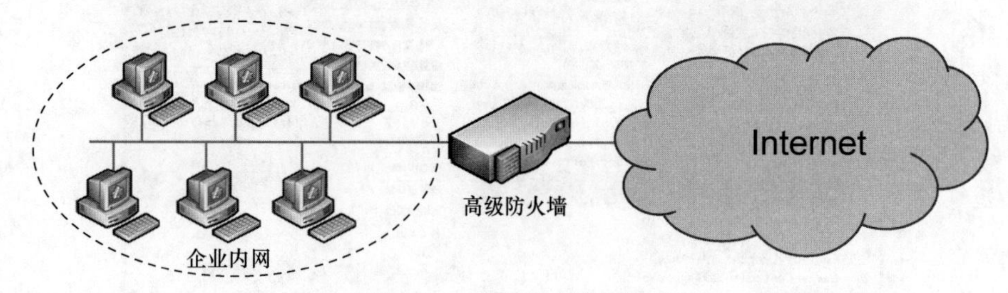

图 1-18　高级防火墙部署

图 1-19 所示的是在微软企业级防火墙 TMG 上配置阻止 HTTP 的 POST 方法。

注意： 方法名称区分大小写。

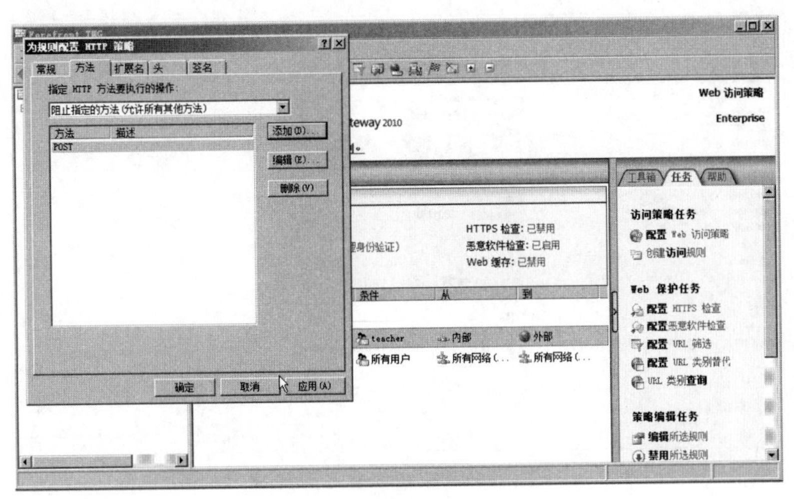

图 1-19　阻止 HTTP 的 POST 方法

1.3　使用 Wireshark 抓包工具筛选数据包

显示过滤器表达式的作用是在 Wireshark 抓包工具捕获数据包之后，从已捕获的所有数据包中显示出符合条件的数据包，隐藏不符合条件的数据包。显示过滤器的表达式区分大小写。

1.3.1　显示过滤器

对于经常使用的筛选条件，可以通过编辑显示过滤器将表达式命名并保存。单击“分析”→“显示过滤器”，如图 1-20 所示。

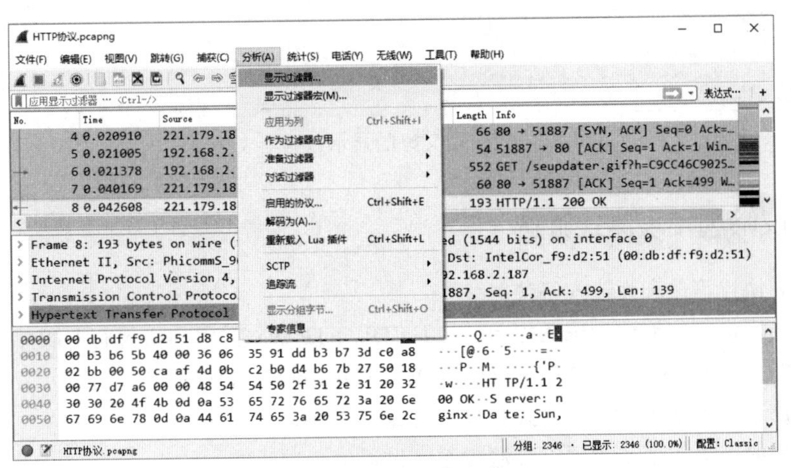

图 1-20　打开显示过滤器

单击左下角的 + 按钮，可以添加新的表达式；单击 - 按钮，可以删除选定的表达式，如图 1-21 所示，可以看到表达式中的字符都是小写的。

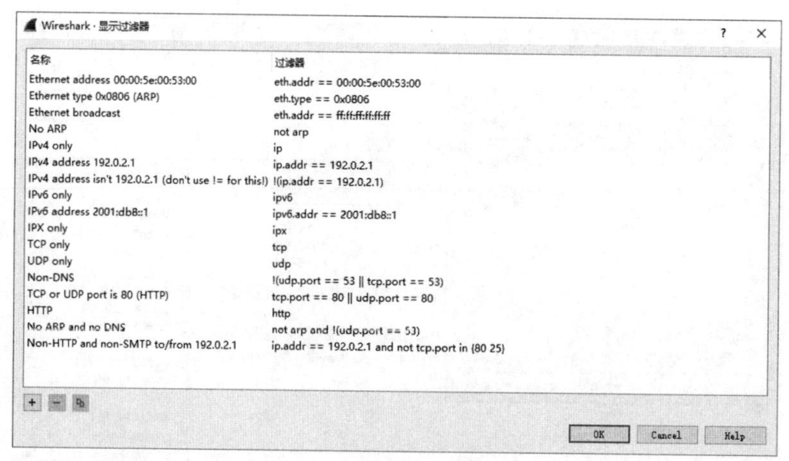

图 1-21 编辑显示过滤器

定义好显示过滤器表达式，单击左上角的按钮，如图 1-22 所示，可以选择应用定义好的显示过滤器表达式。

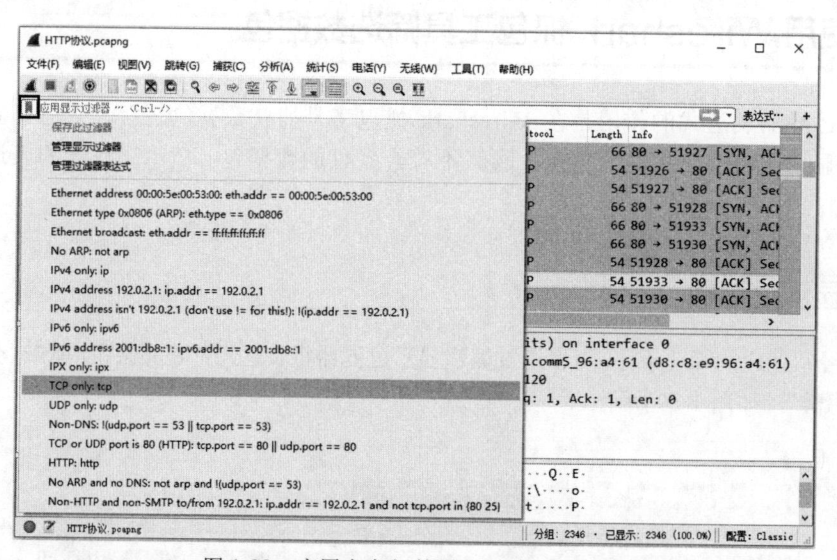

图 1-22 应用定义好的显示过滤器表达式

1.3.2 协议筛选和表达式筛选

筛选分为协议筛选和表达式筛选。

协议筛选根据通信协议筛选数据包，如 HTTP、FTP 等。常用的协议有 UDP、TCP、ARP、ICMP、SMTP、POP、DNS、IP、Telnet、SSH、RDP、RIP、OSPF 等。

表达式筛选分为基本过滤表达式和复合过滤表达式。

一条基本的表达式由过滤项、过滤关系、过滤值 3 项组成。

例如，在 ip.addr == 192.168.1.1 这条表达式中，ip.addr 是过滤项、== 是过滤关系、192.168.1.1 是过滤值。这条表达式的意思是找出所有 IP 中源或目标 IP 地址等于 192.168.1.1 的数据包。

1. 过滤项

初学者往往会感觉过滤表达式比较复杂，最主要的原因就是过滤项：一是不知道有哪些过滤项，二是不知道过滤项该怎么写。

这两个问题有一个共同的答案，Wireshark 的过滤项是“协议+ . +协议字段”的模式。以端口为例，端口出现在 TCP 中，那么有端口这个过滤项的写法就是 tcp.port。

推广到其他协议，如 ETH、IP、HTTP、Telnet、FTP、ICMP、SNMP 等都是这个书写思路。当然，出于缩减长度的原因，有些字段没有使用协议规定的名称，而是使用简写（例如，Destination Port 在 Wireshark 中写为 dstport），又加了一些协议中没有的字段（例如，TCP 只有源端口和目标端口字段，为了简便，使用 Wireshark 增加了 tcp.port 字段来同时代表源端口和目标端口），但总的思路没有变。而且在实际使用时输入“协议+ .”，Wireshark 就会有支持的字段提示，看一下名称就大概知道要用哪个字段了。

2．过滤关系

过滤关系就是大于、小于、等于等几种等式关系，我们可以直接参照官方给出的表，如表 1-1 所示。注意，其中有“English”和“C-like”两个字段，“English”和“C-like”这两种写法在 Wireshark 中是等价的，都是可用的。

表 1-1　基本过滤关系

English	C-like	描述和示例
eq	==	相等，ip.src==10.0.0.5
ne	!=	不相等，ip.src1=10.0.0.5
gt	>	大于，Frame. Len > 10
lt	<	小于，Frame. Len < 128
ge	>=	大于或等于，Frame. Len>=0×100
le	<=	小于或等于，Frame. Len <= 0×20
contains		协议、字段或切片包含某个值，Sip. To contains "a1762"
matches	–	协议或文本字段匹配 Perl 正则表达式 http.host matches "acme\.(org|comlnet)"
bitwise_and	&	比较位字符值，Tcp.flags & 0×02

3．过滤值

过滤值就是设定的过滤项应该满足过滤关系的标准，如 500、5000、50000 等。过滤值的写法一般已经被过滤项和过滤关系设定好了，只需要填写期望值即可。

1.3.3　复合过滤表达式

所谓复合过滤表达式，就是指由多条基本过滤表达式组合而成的表达式。基本过滤表达式的写法不变，复合过滤表达式由连接词连接基本过滤表达式构成。

我们依然直接参照官方给出的表，如表 1-2 所示。“English”和“C-like”这两个字段还是说明这两种写法在 Wireshark 中是等价的，都是可用的。

表 1-2　复合过滤关系

English	C-like	描述和示例
and	&&	逻辑与，ip.scr==10.0.0.5 and tcp.flags.fin
or	||	逻辑或，Ip.scr==10.0.0.5 or ip.src==192.1.1.1

续表

English	C-like	描述和示例
xor	^^	异或，Tr.dst[0:3] == 0.6.29 xor tr.src[0:3] == 0.6.29
not	!	逻辑非，Not 11c

1.3.4 常见的显示过滤需求及其对应表达式

下面列出各层协议表达式的例子。

（1）数据链路层表达式。

筛选目标 MAC 地址为 04:f9:38:ad:13:26 的数据包——eth.dst == 04:f9:38:ad:13:26。

筛选源 MAC 地址为 04:f9:38:ad:13:26 的数据包——eth.src == 04:f9:38:ad:13:26。

（2）网络层表达式。

筛选 IP 地址为 192.168.1.1 的数据包——ip.addr == 192.168.1.1。

筛选 IP 地址在 192.168.1.1 和 192.168.1.2 之间的数据包——ip.addr == 192.168.1.1 && ip.addr == 192.168.1.2。

筛选 IP 地址从 192.168.1.1 到 192.168.1.2 的数据包——ip.src == 192.168.1.1 && ip.dst == 192.168.1.2。

（3）传输层表达式。

筛选 TCP 的数据包——tcp。

筛选除 TCP 以外的数据包——!tcp。

筛选端口为 80 的数据包——tcp.port == 80。

筛选源端口 51933 到目标端口 80 的数据包——tcp.srcport == 51933 && tcp.dstport == 80。

（4）应用层表达式。

筛选 URL 中包含.php 的 http 数据包——http.request.uri contains ".php"。

筛选 URL 中包含 www.epubit.com 域名的 http 数据包——http.request.uri contains "www.epubit.com"。

筛选内容包含 username 的 http 数据包——http contains "username"。

筛选内容包含 password 的 http 数据包——http contains "password"。

1.4 FTP

文件传输协议（File Transfer Protocol，FTP）是 Internet 中使用广泛的文件传输协议，用于在 Internet 上控制文件的双向传输。基于不同的操作系统有不同的 FTP 应用程序，而所有的这些应用程序都遵守同一种协议传输文件。FTP 屏蔽了各个计算机系统的细节，因而适合在异构网络中的任意计算机之间传输文件。FTP 只提供文件传输的一些基本服务，它使用 TCP 实现可靠传输。FTP 的主要功能是减小或消除在不同系统中处理文件的不兼容性。

在 FTP 的使用当中，用户经常遇到两个概念：“下载”（download）和“上传”（upload）。“下载”文件就是从远程主机复制文件至自己的计算机上；“上传”文件就是将文件从自己的计算机中复制至远程主机上。用 Internet 语言来说，用户可通过客户端程序向（从）远程主机上传（下载）文件。

1.4.1 FTP 的工作细节

与大多数 Internet 服务一样，FTP 也是一个客户端/服务器系统。用户通过一个支持 FTP 的客户端程序连接到在远程主机上的 FTP 服务器程序。用户通过客户端程序向 FTP 服务器程序发出命令，FTP 服务器程序执行用户所发出的命令，并将执行的结果返回到客户端。例如，客户端程序发出一条命令，要求 FTP 服务器向客户端传输某一个文件的一份副本，FTP 服务器会响应这条命令，将指定文件送至客户端。客户端程序代表用户接收到这个文件，将其存放在用户目录中。

一个 FTP 服务器进程可以为多个客户进程提供服务。FTP 服务器由两大部分组成：一个主进程，负责接收新的请求；若干从属进程，负责处理单个请求，如图 1-23 所示。下面是主进程的工作过程。

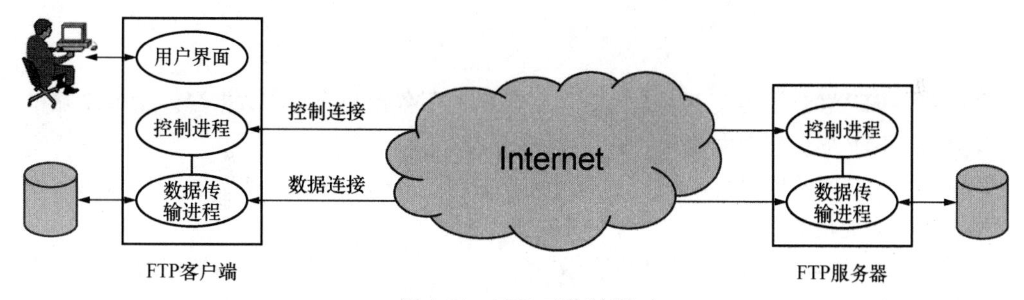

图 1-23　FTP 工作过程

（1）打开熟知端口（如 21），使客户进程能够连接上。

（2）等待客户进程发送连接请求。

（3）启动从属进程处理客户进程发送的连接请求，从属进程处理完请求后结束，从属进程在运行期间可以根据需要创建其他一些子进程。

（4）回到等待状态，继续接收其他客户进程发起的请求，主进程与从属进程的处理是并发进行的。

FTP 和其他协议不一样的地方就是客户端访问 FTP 服务器需要建立两个 TCP 连接，一个用来传输 FTP 命令（控制连接），另一个用来传输数据。FTP 控制连接在整个会话期间都保持打开，只用来发送连接或传输请求。当客户进程向 FTP 服务器发送连接请求时，寻找连接服务器进程的熟知端口 21，同时还要告诉服务器进程自己的另一个端口号码，用于建立数据传输连接。接着，服务器进程用自己传输数据的熟知端口 20 与客户进程所提供的端口号码建立数据传输连接，FTP 使用了两个不同的端口号，所以数据连接和控制连接不会混乱。

在 FTP 服务器上需要开放两个端口，一个命令端口（或称为“控制端口”）和一个数据端口。通常 21 端口是命令端口，20 端口是数据端口。应注意的是，当混入主动或被动模式的概念时，数据端口就有可能不是 20 端口了。

FTP 建立传输数据的 TCP 连接模式分为主动模式和被动模式。

1．主动模式 FTP

主动模式下，FTP 客户端从任意的非特殊端口 1026（N>1023）连入 FTP 服务器的命令端口——21 端口，如图 1-24 所示。然后客户端在 1027（N+1）端口监听。

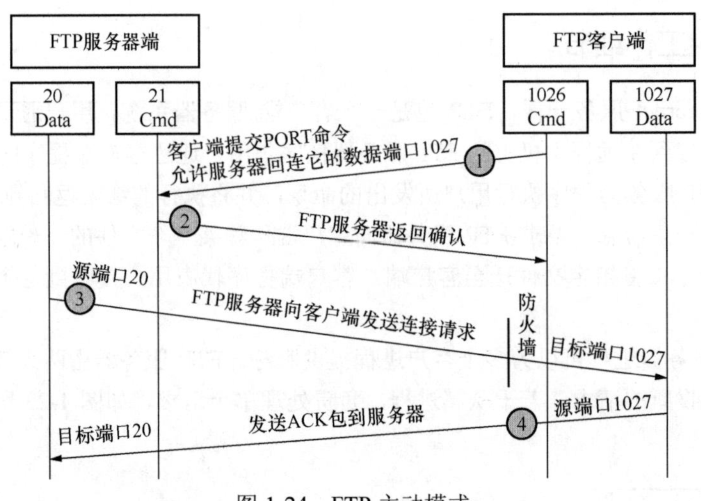

图 1-24 FTP 主动模式

第①步，FTP 客户端提交 PORT 命令并允许 FTP 服务器回连它的数据端口（1027 端口）。

第②步，FTP 服务器返回确认。

第③步，FTP 服务器向客户端发送 TCP 连接请求，目标端口为 1027，源端口为 20，为传输数据发起建立连接的请求。

第④步，FTP 客户端发送确认数据报文 ACK 包，目标端口为 20，源端口为 1027，建立起传输数据的连接。

主动模式下 FTP 服务器防火墙只需要打开 TCP 的 21 端口和 20 端口，FTP 客户端防火墙要将 TCP 端口号大于 1023 的端口全部打开。

主动模式下 FTP 的主要问题实际上在于客户端。FTP 客户端并没有实际建立一个到 FTP 服务器数据端口的连接，它只是简单地告诉 FTP 服务器自己监听的端口号，FTP 服务器再回来连接客户端这个指定的端口。对客户端的防火墙来说，这是从外部系统建立的到内部客户端的连接，通常会被阻塞，除非关闭客户端防火墙。

2．被动模式 FTP

为了解决 FTP 服务器发起的到客户端的连接问题，人们开发了一种不同的 FTP 连接方式。这就是所谓的被动方式，或者叫作“PASV”，当客户端通知 FTP 服务器它处于被动模式时才启用。

在被动模式 FTP 中，命令连接和数据连接都由客户端发起，这样就可以解决从 FTP 服务器到客户端建立的数据传输连接请求被客户端防火墙过滤掉的问题，如图 1-25 所示。当开启一个 FTP 连接时，客户端打开两个任意的非特权的本地端口（N>1024 和 N+1）。第一个端口连接服务器的 21 端口，但与主动模式的 FTP 不同，客户端不会提交 PORT 命令并允许服务器回连它的数据端口，而是提交 PASV 命令。这样做的结果是 FTP 服务器会开启一个任意的非特权的端口（P>1024），并发送 PORT P 命令给客户端。然后客户端发起从本地端口 N+1 到 FTP 服务器的端口 P 的连接用来传输数据。

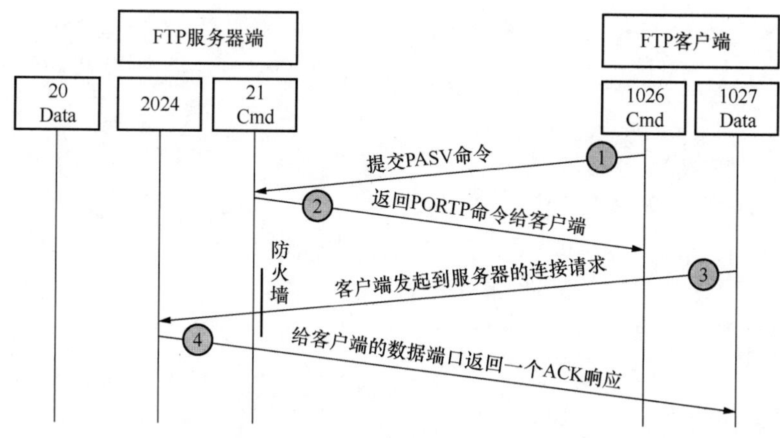

图 1-25 FTP 被动模式

对 FTP 服务器端的防火墙来说，需要打开 TCP 的 21 端口和大于 1023 的端口。

第①步，客户端的命令端口与 FTP 服务器的命令端口建立连接，并发送命令 PASV。

第②步，FTP 服务器返回命令 PORT 2024，告诉客户端服务器用哪个端口侦听数据连接。

第③步，客户端初始化一个从自己的数据端口到服务器端指定的数据端口的数据连接。

第④步，FTP 服务器给客户端的数据端口返回一个 ACK 响应。

被动模式的 FTP 解决了客户端的许多问题，但同时给服务器端带来了更多的问题。最大的问题是需要允许从任意远程终端到 FTP 服务器高位端口的连接。幸运的是，许多 FTP 守护程序允许管理员指定 FTP 服务器使用的端口范围。

1.4.2 使用 FTP 命令访问 FTP 服务器

在 Windows XP 和 Windows 7 这样的操作系统中，也内置了访问 FTP 服务器的命令。下面就给大家演示如何使用系统内置的 FTP 命令访问 FTP 服务器。这里只展示部分命令的使用方法，演示使用 ls 命令列出 FTP 服务器根目录的内容、使用 mkdir 命令在 FTP 服务器上创建目录、使用 get 命令下载文件、使用 put 命令上传文件的操作。

```
C:\Documents and Settings\han>ftp
ftp> open 192.168.80.20                          --连接到 FTP 服务器
Connected to 192.168.80.20.
220 Microsoft FTP Service
User (192.168.80.20:(none)) : administrator      --输入账户
331 Password required for administrator.
Password:                                        --输入密码，不回显输入，不能是空密码
230 User administrator logged in.
ftp> ls                                          --列出 FTP 服务器上的内容
200 PORT command successful.
150 Opening ASCII mode data connection for file list.
01 地址分配方式 OK.mp4                            ---个 MP4 文件
226 Transfer complete.
ftp: 收到 23 字节，用时 0.00Seconds 23000.00Kbytes/sec.
ftp> ?                                           --显示可用的命令
Commands may be abbreviated.  Commands are:
```

```
!              delete         literal        prompt         send
?              debug          ls             put            status
append         dir            mdelete        pwd            trace
ascii          disconnect     mdir           quit           type
bell           get            mget           quote          user
binary         glob           mkdir          recv           verbose
bye            hash           mls            remotehelp
cd             help           mput           rename
close          lcd            open           rmdir
ftp> mkdir admin                                       --创建一个文件夹
257 "admin" directory created.
ftp> ls                                                --再次列出 FTP 服务器上的内容
200 PORT command successful.
150 Opening ASCII mode data connection for file list.
01 地址分配方式 OK.mp4
admin
226 Transfer complete.
ftp: 收到 30 字节，用时 0.00Seconds 30000.00Kbytes/sec.
ftp> get "01 地址分配方式 OK.mp4"              --使用 get 命令下载文件，文件名有空格需要引号
ftp> put                                       --使用 put 命令上传文件
Local file "e:\01.mp4"                         --指定本地文件路径和名称
Remote file 01IPAddress.mp4                    --指定上传到 FTP 服务器后的文件名
200 PORT command successful.
150 Opening ASCII mode data connection for 01IPAddress.mp4.
226 Transfer complete.
ftp: 发送 21291392 字节，用时 0.80Seconds 26714.42Kbytes/se
ftp> ls                                        --列出 FTP 服务器上的内容
200 PORT command successful.
150 Opening ASCII mode data connection for file list.
01 地址分配方式 OK.mp4
01IPAddress.mp4                                --上传的文件
admin
226 Transfer complete.
ftp: 收到 47 字节，用时 0.00Seconds 47000.00Kbytes/sec.
ftp> quit                                      --退出 ftp 命令
```

下载的文件默认存放位置是用户配置文件所在的目录，即 C:\Documents and Settings\han，han 是用户登录名。

1.4.3 抓包分析 FTP 的工作过程

在虚拟机中安装 Windows Server 2012 R2 网络操作系统的服务器，安装 FTP 服务，在客户端通过抓包工具分析 FTP 客户端访问 FTP 服务器的数据包，观察 FTP 客户端访问 FTP 服务器的交互过程，可以看到客户端向服务器发送的请求，服务器向客户端返回的响应。在 FTP 服务器上设置禁止 FTP 的某些方法来实现 FTP 服务器的安全访问，如禁止删除 FTP 服务器上的文件。

在 Windows Server 2012 R2 网络操作系统中安装 FTP 服务。

打开服务器管理器，单击“添加角色和功能”选项，如图 1-26 所示。

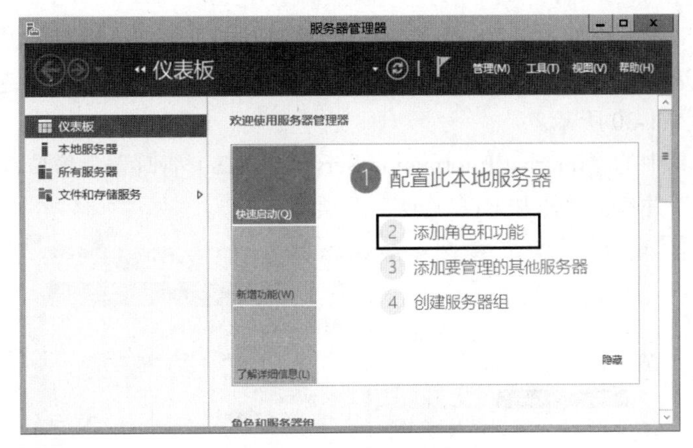

图 1-26 添加角色和功能

在弹出的“添加角色和功能向导”对话框的“选择安装类型”界面中选择“基于角色或基于功能的安装”单选项，单击“下一步”按钮，如图 1-27 所示。

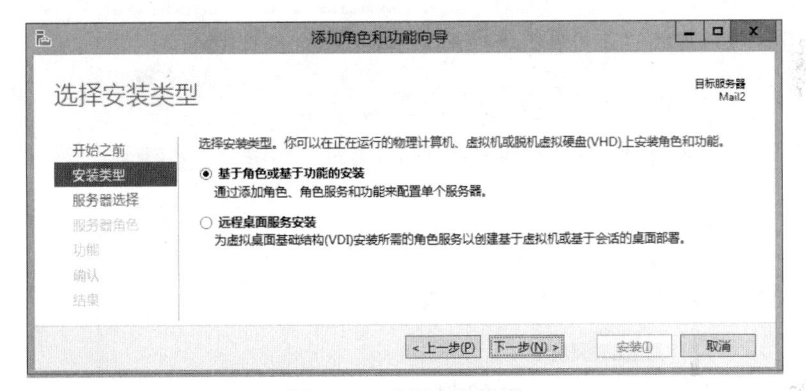

图 1-27 选择安装类型

在弹出的“选择目标服务器”界面中选择服务器，单击“下一步”按钮，如图 1-28 所示。

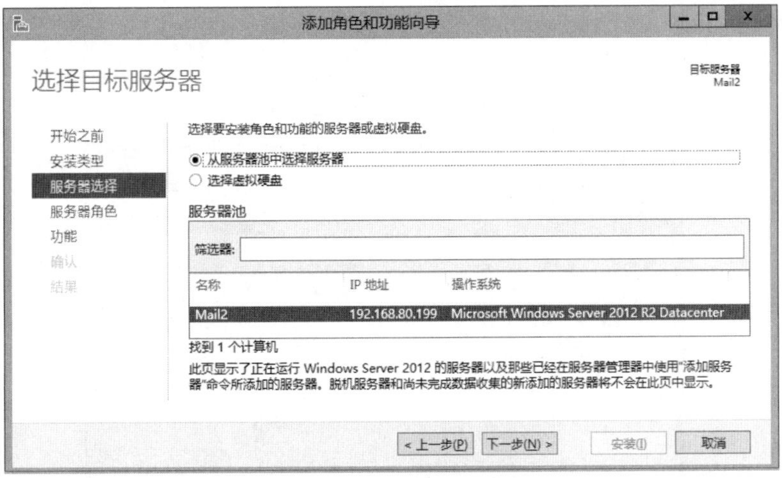

图 1-28 选择目标服务器

在弹出的“选择服务器角色”界面中，勾选“Web 服务器（IIS）”复选框，弹出“添加角色和功能向导”对话框，如图 1-29 所示。单击“添加功能”按钮，然后单击“下一步”按钮。

在弹出的“选择角色服务”界面中勾选“FTP 服务器”和“FTP 服务”复选框，单击“下一步”按钮，如图 1-30 所示。

打开管理工具中的“Internet Information Services（IIS）管理器”窗口，如图 1-31 所示，右键单击“网站”并单击“添加 FTP 站点”选项。

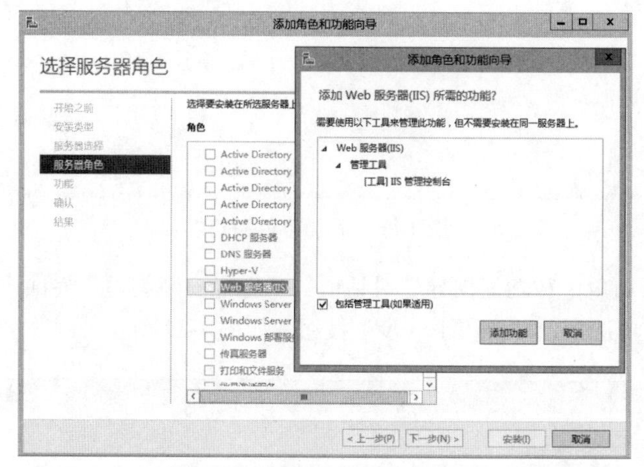

图 1-29 添加角色和功能向导

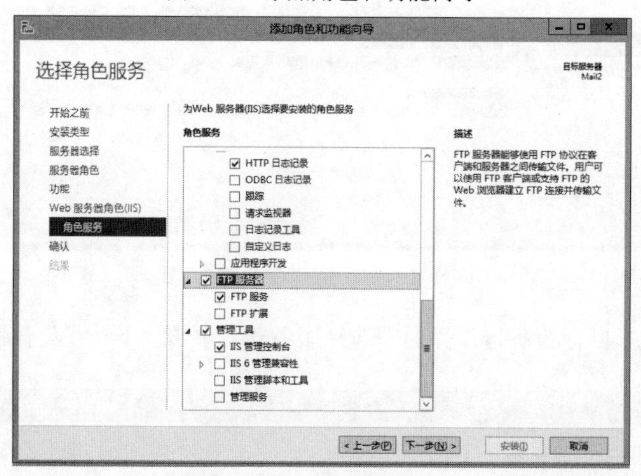

图 1-30 选择角色服务

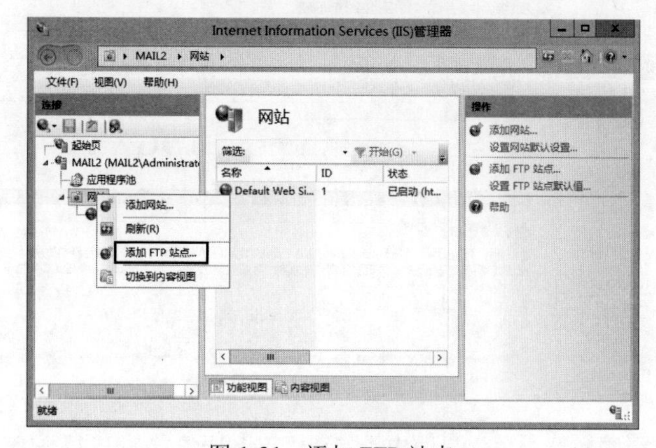

图 1-31 添加 FTP 站点

在弹出的“添加 FTP 站点”对话框的“站点信息”界面中输入 FTP 站点名称并选择物理路径，单击“下一步”按钮，如图 1-32 所示。

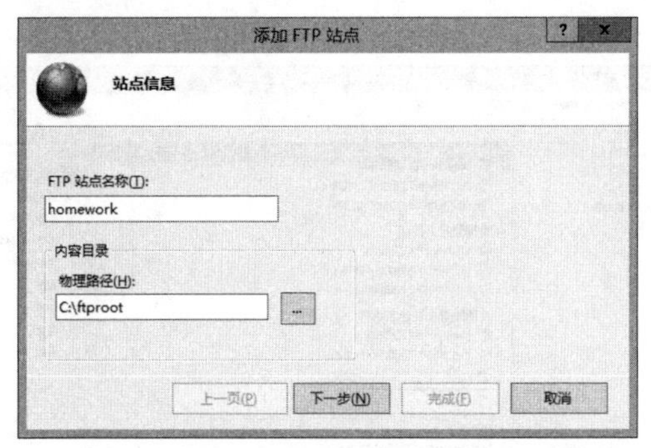

图 1-32　输入 FTP 站点名称并选择物理路径

在弹出的“绑定和 SSL 设置”界面中指定 FTP 服务使用的 IP 地址和端口，其他的选项参照图中所示进行设置，单击“下一步”按钮，如图 1-33 所示。

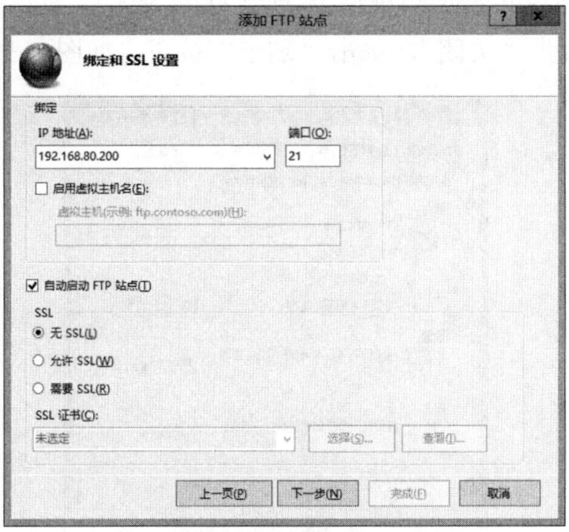

图 1-33　指定 IP 地址和端口

在弹出的“身份验证和授权信息”界面中勾选“匿名”和“基本”复选框，允许所有用户有读写权限，单击“下一步”按钮，完成 FTP 站点的创建，如图 1-34 所示。

图 1-34　指定身份验证和访问权限

FTP 被动模式需要 FTP 服务器打开很多端口，还需要关闭 FTP 服务器的防火墙。打开“运行”对话框，输入“wf.msc”。可以看到公用配置文件是活动的，如图 1-35 所示，单击“Windows 防火墙属性”选项。

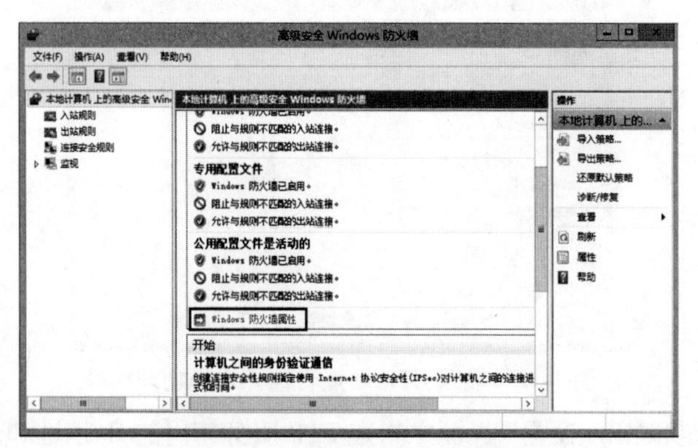

图 1-35 Windows 防火墙属性

在弹出的“高级安全 Windows 防火墙-本地计算机 属性”对话框中单击“公用配置文件”选项卡，将防火墙状态改为“关闭”，单击“确定”按钮，如图 1-36 所示。

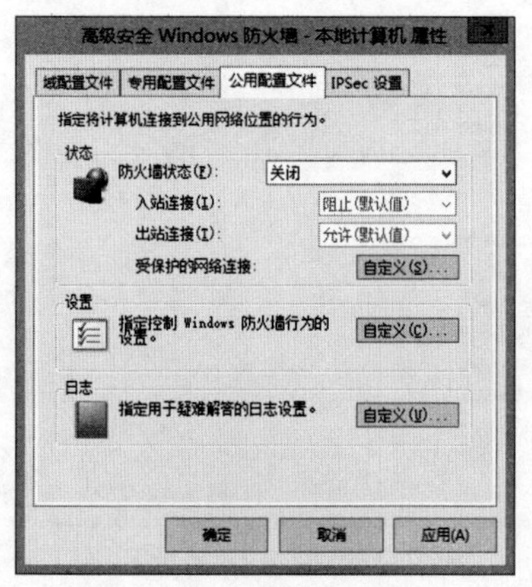

图 1-36 关闭防火墙

在 Windows 10 操作系统中安装 Wireshark 抓包工具。开始抓包后，打开资源管理器，资源管理器相当于 FTP 客户端，访问 Windows Server 2012 R2 网络操作系统上的 FTP 服务器，如图 1-37 所示。

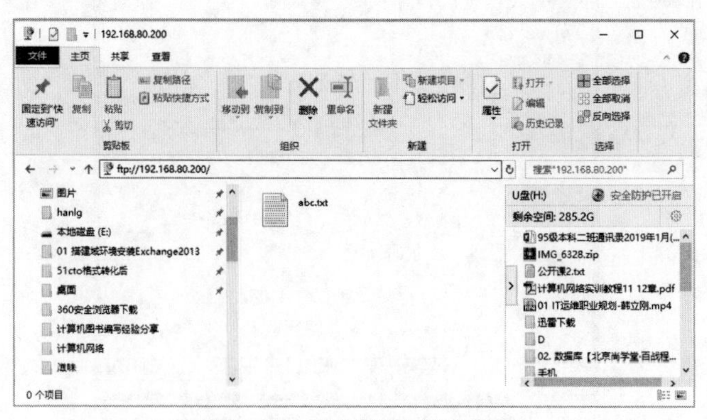

图 1-37 访问 FTP 服务器

上传一个 test.txt 文件，重命名为 abc.txt，最后删除 FTP 服务器上的 abc.txt 文件，抓包工具捕获了 FTP 客户端发送的全部命令以及 FTP 服务器返回的全部响应。

右击其中的一个 FTP 数据包，单击“追踪流”→“TCP 流”，如图 1-38 所示。

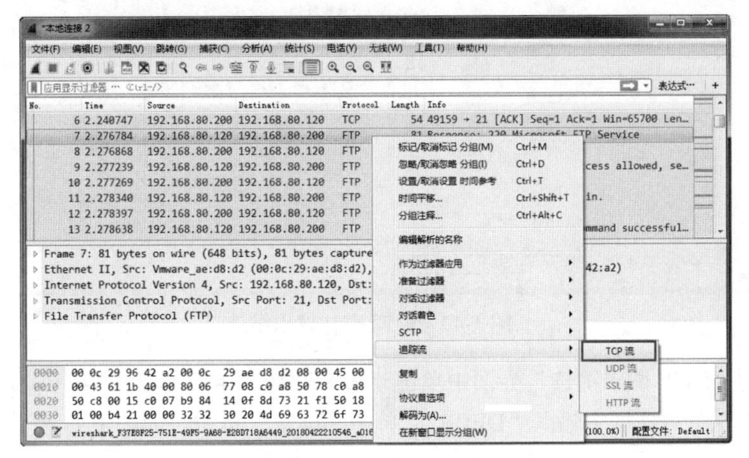

图 1-38 追踪 TCP 流

出现图 1-39 所示的窗口，将 FTP 客户端访问 FTP 服务器所有的交互过程产生的数据整理到一起，可以看到 FTP 中的方法，STOR 方法用于上传 test.txt 文件，CWD 方法用于改变工作目录，RNFR 方法用于重命名 test.txt 文件，DELE 方法用于删除 abc.txt 文件。如果想看到 FTP 的其他方法，可以使用 FTP 客户端在 FTP 服务器上进行创建文件夹、删除文件夹、下载文件夹等操作，这些操作对应的方法使用抓包工具都能看到。

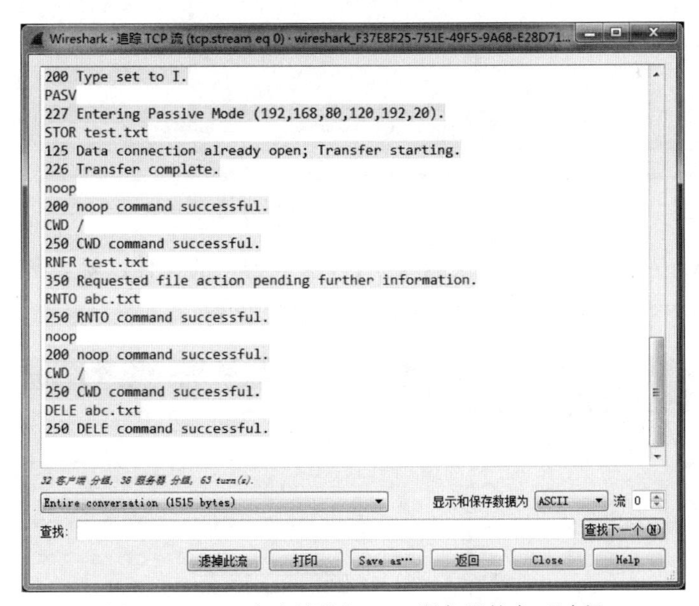

图 1-39 FTP 客户端访问 FTP 服务器的交互过程

为了防止客户端进行某些特定操作，可以配置 FTP 服务器禁止 FTP 中的一些方法。例如，要禁止 FTP 客户端删除 FTP 服务器上的文件，可以配置 FTP 服务请求筛选，禁止 DELE 方法。单击“FTP 请求筛选”选项，如图 1-40 所示。

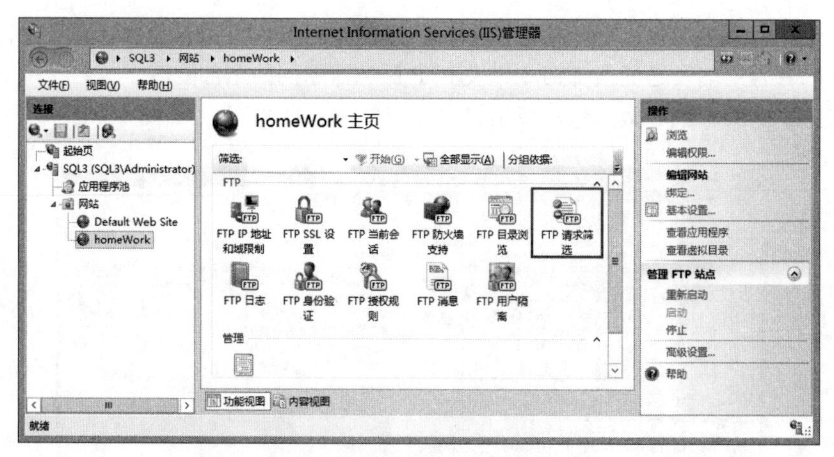

图 1-40 管理 FTP 请求筛选

在出现的“FTP 请求筛选”界面中单击“命令”选项卡，单击“拒绝命令”按钮，在弹出的“拒绝命令”对话框中输入“DELE”，单击“确定”按钮，如图 1-41 所示。

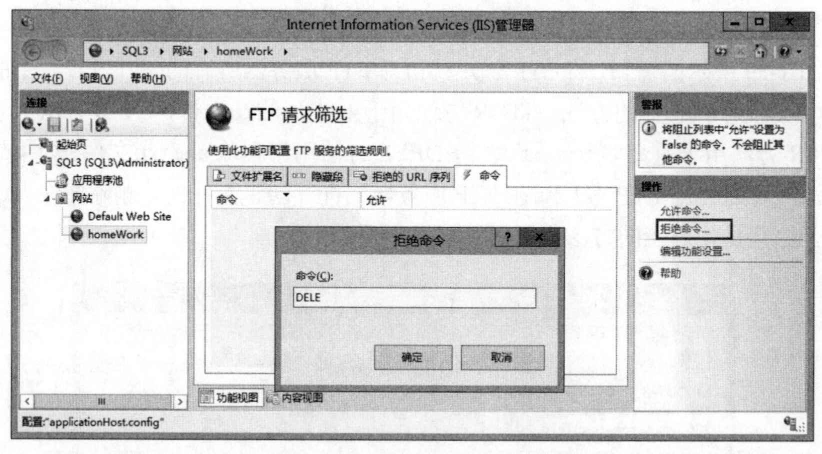

图 1-41 禁用 DELE 方法

在 Windows 7 操作系统中再次删除 FTP 服务器上的文件，就会出现提示信息“500 Command not allowed.”，即命令不被允许，如图 1-42 所示。

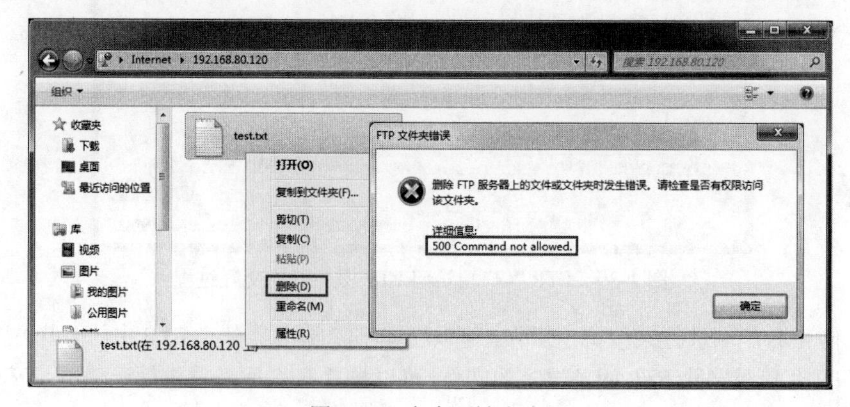

图 1-42 命令不被允许

1.5　DNS 协议

我们通常使用域名访问网站，但计算机访问网站需要知道网站的 IP 地址。DNS 协议负责将域名解析成 IP 地址。DNS 是 Domain Name System 的缩写，意思是域名系统。

本节讲解什么是域名、域名的结构、Internet 中的域名服务器、域名解析的过程、抓包分析 DNS 协议。

1.5.1　什么是域名

网络中的计算机通信使用 IP 地址定位网络中的计算机。但对使用计算机的人来说，这些数字形式的 IP 地址实在是难以记住。

对计算机用户来说，还是习惯使用有一定意义的好记的名称来访问某个服务器或网站。例如，访问人民邮电出版社的网站域名就是 www.ptpress.com.cn。

整个 Internet 上的网站和各种服务器数量众多，各个组织的服务器都需要有一个名称，这就导致很容易重名。如何确保 Internet 上的服务器名称在整个 Internet 上是唯一的呢？这就需要有域名管理认证机构进行统一管理。如果你的公司在 Internet 上有一组服务器（如邮件服务器、FTP 服务器、Web 服务器等），你需要为你的公司先申请一个域名，也就是向管理认证机构注册一个域名。

域名的注册遵循先申请先注册的原则，管理认证机构要确保每一个注册的域名都是独一无二、不可重复的。例如，我现在想申请 taobao 这个域名，管理认证机构肯定不会通过，因为这个域名已经被注册了。Internet 上有很多网站为我们提供域名注册服务，“万网”就是其中一个，如果你想为你的公司申请一个域名 taobao，先要查一下该域名是否已经被注册。打开万网，输入“taobao”，单击“查询”按钮，如图 1-43 所示。

图 1-43　查询域名

从查询结果可以看到 taobao.***已被注册，可以单击“Whois 信息”按钮查看该域名的拥有者的信息，如图 1-44 所示。如果域名被注册，只能换一个域名注册。

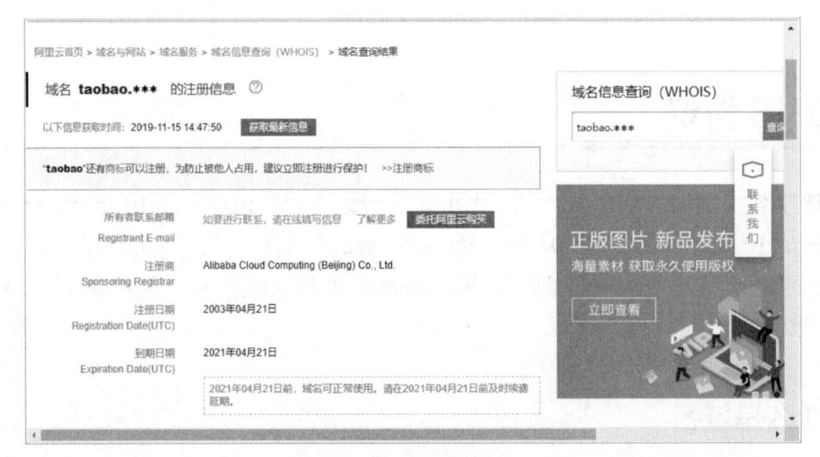

图 1-44 域名信息

企业或个人申请域名，通常要考虑以下两个要素。

（1）域名应该简明易记，便于输入。这是判断域名好坏最重要的因素之一。一个好的域名应该短而顺口，便于记忆，最好让人看一眼就能记住，而且读起来发音清晰，不会导致拼写错误。此外，域名选取还要避免同音异义词。

（2）域名要有一定的内涵和意义。用有一定意义和内涵的词或词组作域名，不但可记忆性好，而且有助于实现企业的营销目标。企业的名称、产品名称、商标名称、品牌名称等都是域名不错的选择，这样能够使企业的网络营销目标和非网络营销目标达成一致。

1.5.2 域名的结构

一个域名下可以有多个主机，域名全球唯一，“主机名”+“域名”肯定也是全球唯一的。“主机名”+“域名”称为“完全限定域名”（FQDN）。

FQDN 是 Fully Qualified Domain Name 的缩写，含义是完整的域名。例如，一台计算机的主机名（hostname）是 www，域名（domain）是 51cto.com，那么该主机的 FQDN 应该是 www.51cto.com.。

例如，北京无忧创想信息技术有限公司申请了一个域名 51cto.com，该公司有网站、博客、论坛、51CTO 学院以及邮件服务器。为了方便记忆，分别使用约定俗成的主机名进行表示，如网站主机名为 www、博客主机名为 blog、论坛主机名为 bbs、发邮件的服务器主机名为 smtp、收邮件的服务器主机名为 pop 等。当然也可以不使用这些约定俗成的名字，如网站的主机名可以设为 web，51CTO 学院主机名可以设为 edu。这些“主机名”+“域名”就构成完全限定域名。我们通常所说的网站的域名，严格来说是指完全限定域名，如图 1-45 所示。

从图 1-45 中可以看到，主机名和物理的服务器并没有一一对应关系，网站、博客、论坛在同一个服务器上，SMTP 服务和 POP 服务在同一个服务器上，51CTO 学院在一个独立的服务器上。大家要明白，这里的一个主机名更多的是代表一个服务或一个应用。

域名是分层的，所有的域名都是以英文的“.”开始，是域名的根，根下面是顶级域名，顶级域名共有两种形式：国家代码顶级域名（简称“国家顶级域名”）和通用顶级域名，如图 1-46 所示。国家代码顶级域名由各个国家的互联网络信息中心（Network Information Center，NIC）管理，通用顶级域名则由位于美国的全球域名最高管理机构（The Internet Corporation for

Assigned Names and Numbers，ICANN）负责管理。

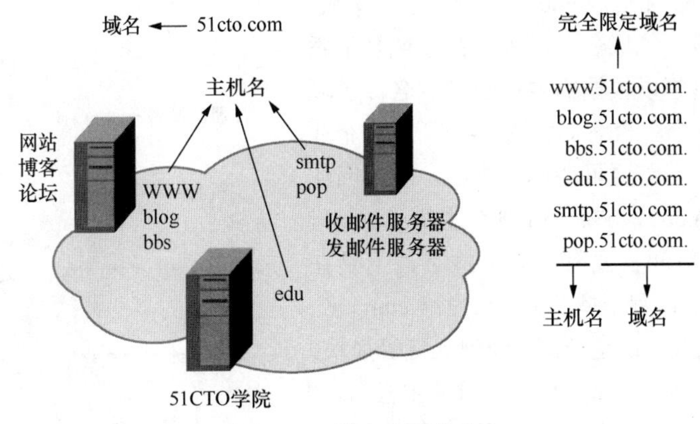

图 1-45 域名和主机名

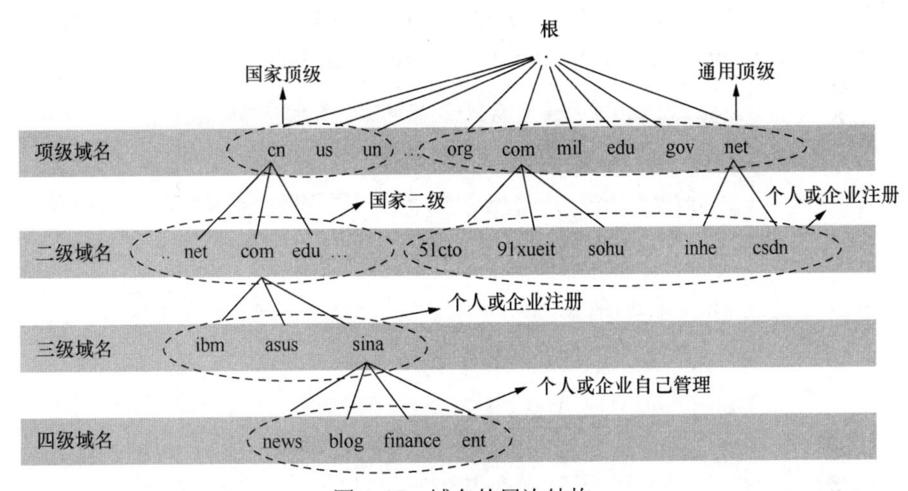

图 1-46 域名的层次结构

国家顶级域名又称“国家代码顶级域名”，指示国家区域，如 cn 代表中国、us 代表美国、fr 代表法国、uk 表示英国等。

通用顶级域名指示注册者的域名使用领域，它不带有国家特性。到 2006 年 12 月为止，通用顶级域名的总数已经达到 18 个。常见的通用顶级域名有 7 个，即 com（公司企业）、net（网络服务机构）、org（非营利组织）、int（国际组织）、edu（教育机构）、gov（政府部门）、mil（军事部门）。

在国家顶级域名下注册的二级域名均由该国家自行确定。例如，顶级域名为 jp 的日本，将其教育和企业机构的二级域名定为 ac 和 co，而不用 edu 和 com。

我国把二级域名划分为“类别域名”和“行政区域名”两大类。

“类别域名”共 7 个，分别为 ac（科研机构）、com（工、商、金融等企业）、edu（中国的教育机构）、gov（中国的政府机构）、mil（中国的国防机构）、net（提供互联网络服务的机构）、org（非营利组织）。

“行政区域名”共 34 个，适用于我国的各省、自治区、直辖市，如 bj（北京市）、js（江苏省）等。

值得注意的是，我国修订的域名体系允许直接在 cn 的顶级域名下注册二级域名，给我国的 Internet 用户提供了很大的方便。例如，某公司 abe 以前要注册为 abe.com.cn，这显然是个三级域名，现在可以注册为 abe.cn，变成了二级域名。

企业或个人申请了域名后，可以在该域名下添加多个主机名，也可以根据需要创建子域名，子域名下面也可以有多个主机名，如图 1-47 所示。企业或个人自己管理，不需要再注册。例如，新浪网注册了域名新浪.com.cn，该域名下有3个主机名 www、smtp、pop，新浪新闻需要有单独的域名，于是在 ****.com.cn 域名下设置子域名 news. ****.com.cn；新闻又分为军事新闻、航空新闻、新浪天气等模块，分别使用 mil、sky 和 weather 作为栏目的主机名。

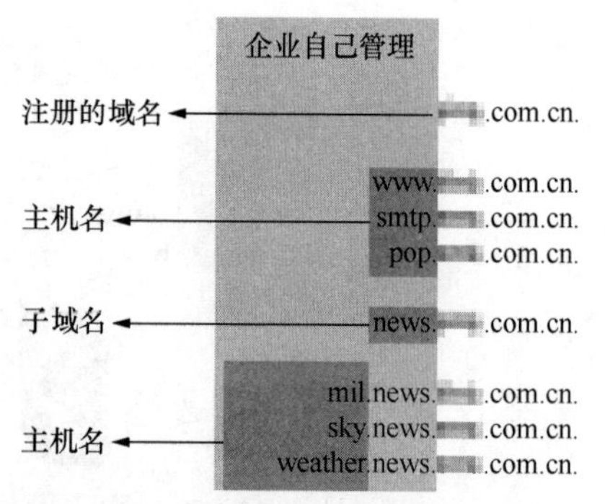

图 1-47　域名下的主机名和子域名

现在大家知道了域名的结构。所有域名都是以“.”开始的，不过在使用时域名最后的“.”经常被省去，如图 1-48 所示，在命令提示符处输入“ping www.91xueit.com.”和“ping www.91xueit.com”结果是一样的。

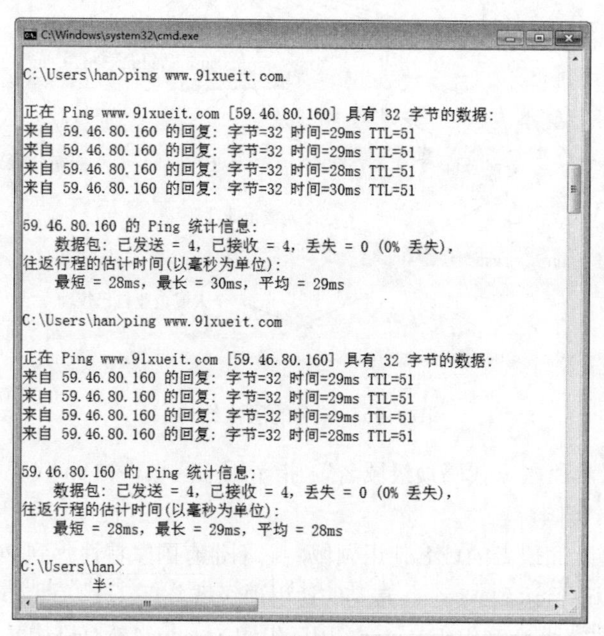

图 1-48　严格的域名

1.5.3　Internet 中的域名服务器

当通过域名访问网站或单击网页中的超链接跳转到其他网站时，计算机需要将域名解析成 IP 地址才能访问这些网站。DNS 服务器负责域名解析，因此必须为计算机指定域名解析使用的 DNS 服务器。图 1-49 所示的计算机就配置了两个 DNS 服务器，一个首选的 DNS 服务器、一个备用的 DNS 服务器。配置两个 DNS 服务器可以实现容错。大家最好记住几个 Internet 上的 DNS 服务器的地址，下面这 3 个 DNS 服务器的地址都非常好记，222.222.222.222 是石家庄市电信 DNS 服务器，114.114.114.114 是南京市电信 DNS 服务器，还有一个 8.8.8.8 是美国谷歌公司的 DNS 服务器。

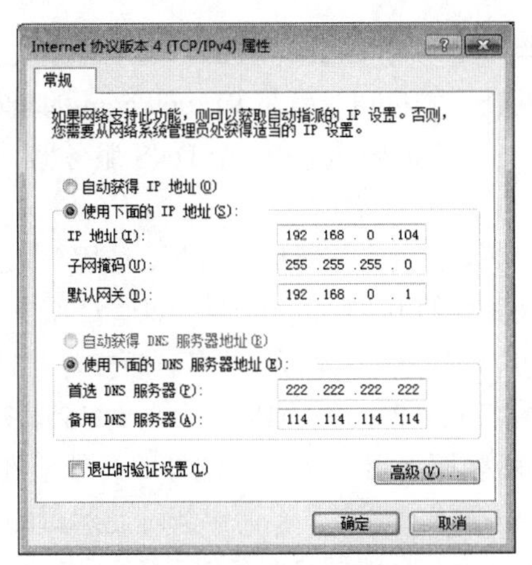

图 1-49　设置多个 DNS 服务器

截至 2019 年第二季度，互联网络注册域名数量增至 3.547 亿个。假设全球只有一个 DNS 服务器负责所有域名的解析，整个 Internet 上每时每刻都有无数网民请求域名解析。大家想想，这个 DNS 服务器需要多高的配置？该服务器联网的带宽需要多高才能满足要求？而且如果只有一个 DNS 服务器，该服务器一旦坏掉，全球的域名解析部将失败。因此，域名解析需要一个健壮的、可扩展的架构来实现。下面介绍在 Internet 上部署 DNS 服务器和域名解析的过程。

要想在 Internet 上搭建一个健壮的、可扩展的域名解析体系架构，就要把域名解析的任务分摊到多个 DNS 服务器上。B 服务器负责 net 域名解析、C 服务器负责 com 域名解析、D 服务器负责 org 域名解析，如图 1-50 所示。B、C、D 这一级别的 DNS 服务器称为顶级域名服务器。

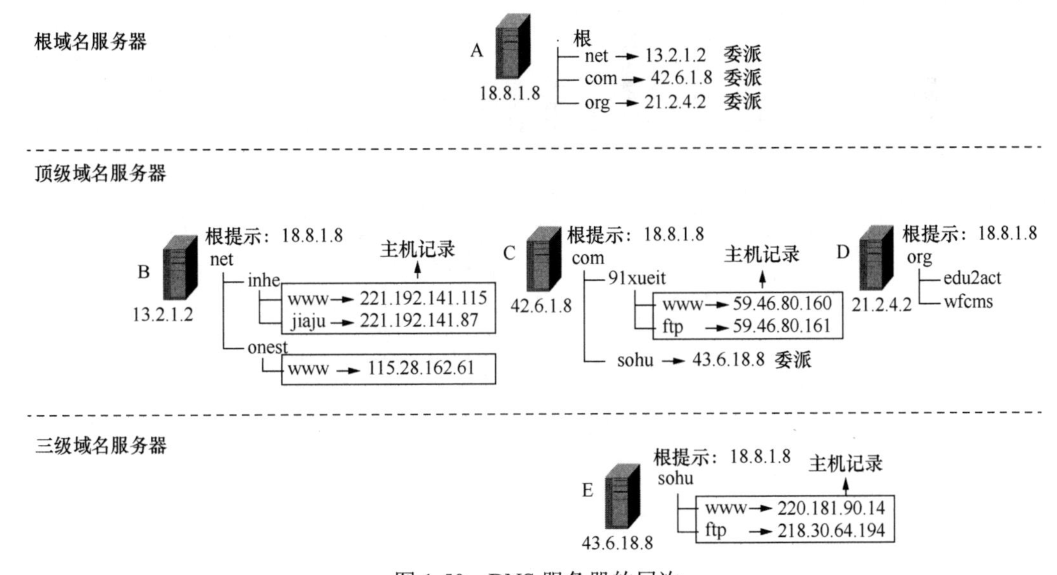

图 1-50　DNS 服务器的层次

A 服务器是根域名服务器，不负责具体的域名解析，但根域名服务器知道 B 服务器负责 net 域名解析、C 服务器负责 com 域名解析、D 服务器负责 org 域名解析。具体来说，根域名服务器上就一个根区域，然后创建委派，每个顶级域名指向一个负责的 DNS 服务器的 IP 地址。每一个 DNS 服务器都知道根域名服务器的 IP 地址。

C 服务器负责 com 域名解析，图中 91xueit.com 子域名下有主机记录，即“主机名→IP 地址”的记录，C 服务器就可以查询主机记录解析 91xueit.com 的全部域名。当然 C 服务器也可以将 com 下的某个子域名的域名解析委派给另一个 DNS 服务器。图中搜狐域名解析委派给了 E 服务器。

E 服务器属于三级域名服务器，负责搜狐域名解析，该服务器记录有搜狐域名下的主机记录，E 服务器也知道根域名服务器的 IP 地址，但它不知道 C 服务器的 IP 地址。

当然三级域名服务器也可以将某个子域名的域名解析委派给四级域名服务器。

根域名服务器知道顶级域名服务器的 IP 地址，上级 DNS 服务器委派下级 DNS 服务器，全部的 DNS 服务器都知道根域名服务器 IP 地址。这样的一种架构设计，保证客户端使用任何一个 DNS 服务器都能够解析出全球的域名。下面讲解域名解析的过程。

为了方便讲解，图中只画出了一个根域名服务器，其实全球共有 13 台逻辑根域名服务器。这 13 台逻辑根域名服务器的名字分别为“A”至“M”，真实的根域名服务器截至 2014 年 1 月 25 日的数据为 386 台，分布于全球各大洲。每一个域名也都有多个 DNS 服务器来负责解析，这样能够负载均衡和容错。

1.5.4　域名解析的过程

大家已经知道了 Internet 中 DNS 服务器的组织架构，下面讲解计算机域名解析的过程。图 1-51 所示的 Client 计算机的 DNS 服务器指向了 13.2.1.2，也就是指向了 B 服务器。现在 Client 向 DNS 服务器发送一个域名解析请求数据包，解析 www.inhe.net 的 IP 地址，B 服务器正巧负责 inhe.net 域名解析，查询本地记录后将查询结果 221.192.141.115 直接返回给 Client，DNS 服务器直接返回查询结果就是权威应答，这是一种情况。

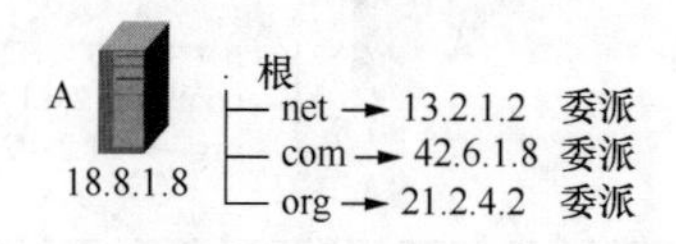

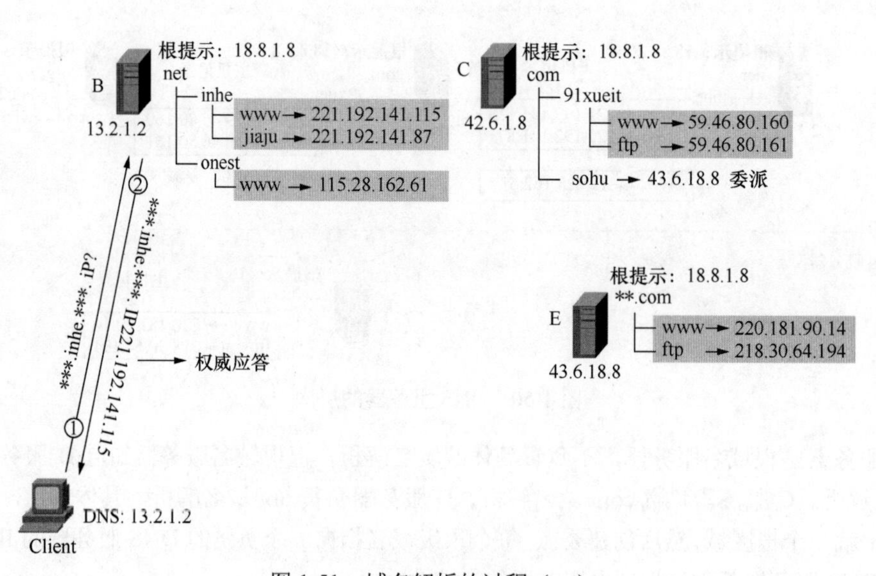

图 1-51　域名解析的过程（一）

现在看另一种情况，Client 向 B 服务器发送请求，解析 www.**.com 域名的 IP 地址，如图 1-52 所示，解析过程是什么样的呢？

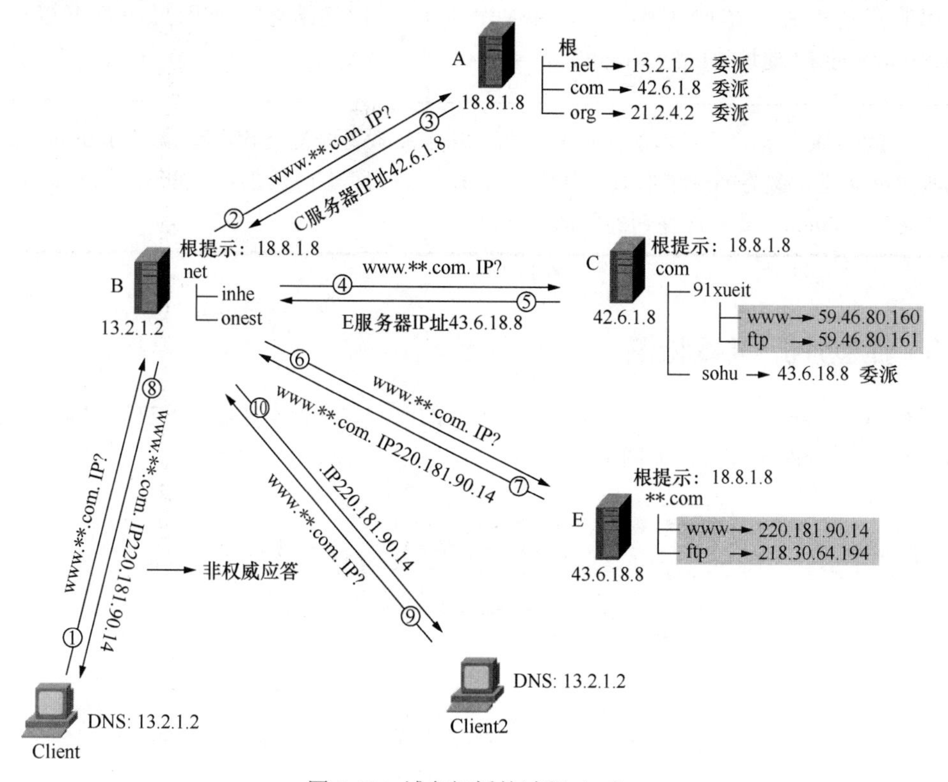

图 1-52 域名解析的过程（二）

域名解析的步骤如下。

第①步，Client 向 DNS 服务器 13.2.1.2 发送域名解析请求。

第②步，B 服务器只负责 net 域名解析，它也不知道哪个 DNS 服务器负责 com 域名解析，但它知道根域名服务器（A）的 IP 地址，于是将域名解析的请求转发给根域名服务器。

第③步，根域名服务器返回查询结果，告诉 B 服务器去查询 C 服务器。

第④步，B 服务器将域名解析请求转发到 C 服务器。

第⑤步，C 服务器虽然负责 com 域名解析，但**.com 域名解析委派给了 E 服务器，C 服务器返回查询结果，告诉 B 服务器去查询 E 服务器。

第⑥步，B 服务器将域名解析请求转发到 E 服务器。

第⑦步，E 服务器上有**.com 域名下的主机记录，将 www.**.com 的 IP 地址 220.181.90.14 返回给 B 服务器。

第⑧步，B 服务器将费尽周折查找到的结果缓存一份到本地，将解析到的 www.**.com 的 IP 地址 220.181.90.14 返回给 Client。这个查询结果是 B 服务器查询得到的，因此是非授权应答。Client 缓存解析的结果。

至此，Client 得到解析的最终结果，它并不知道 B 服务器所经历的曲折的查找过程。对 Client 来说，它可以使用 B 服务器解析全球的域名。

第⑨步，Client2 的 DNS 也指向了 13.2.1.2，现在 Client2 也需要解析 www.**.com 的地址，它将域名解析请求发送给 B 服务器。

第⑩步，B 服务器刚刚缓存了 www.**.com 的查询结果，所以直接查询缓存，将 www.**.com 的 IP 地址返回给 Client2。

可见 DNS 服务器的缓存功能能够减少向根域名服务器转发查询次数、减少 Internet 上 DNS 查询报文的数量，缓存的结果有效期通常为 1 天。如果没有时间限制，当 www.**.com 的 IP 地址变化了，Client2 就不能查询到新的 IP 地址了。

1.5.5 抓包分析 DNS 协议

运行 Wireshark 抓包工具，选中访问 Internet 的网卡。设置本地连接的首选 DNS 服务器，这就是在设置 DNS 客户端，如图 1-53 所示。

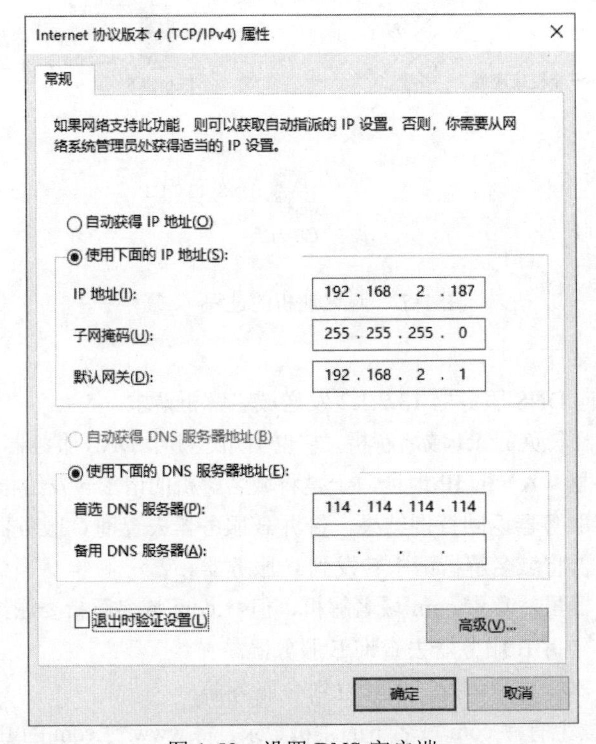

图 1-53 设置 DNS 客户端

在命令提示符处输入“ping www.91xueit.com”。停止捕获，在显示过滤器中输入“dns.qry.name == www.91xueit.com”，单击按钮应用显示过滤器，如图 1-54 所示。可以看到第 26 个数据包是 DNS 域名解析请求报文，报文中的字段是用 DNS 协议定义的。

图 1-55 所示的第 37 个数据包是 DNS 服务器响应报文，可以看到其中有解析到的 IP 地址 219.148.36.48。

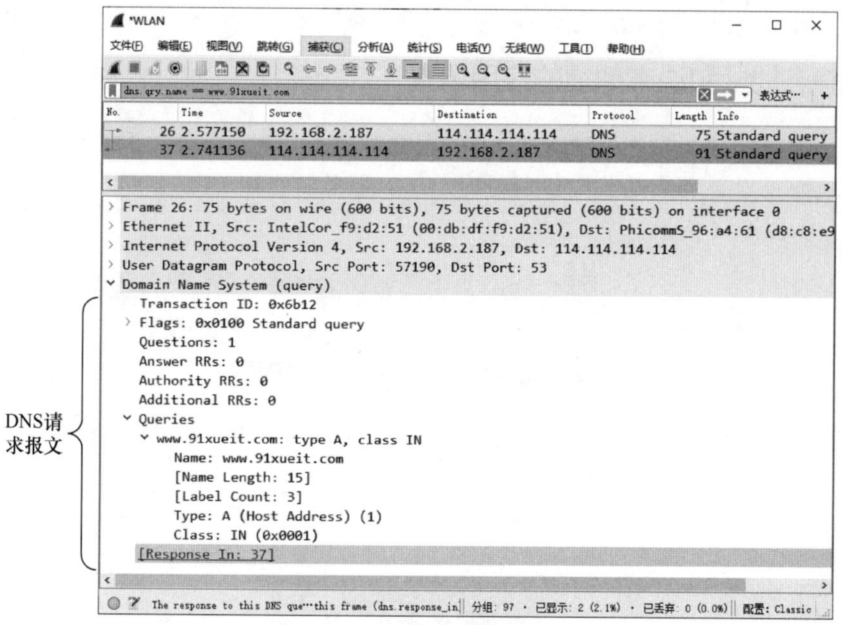

图 1-54 域名解析请求报文

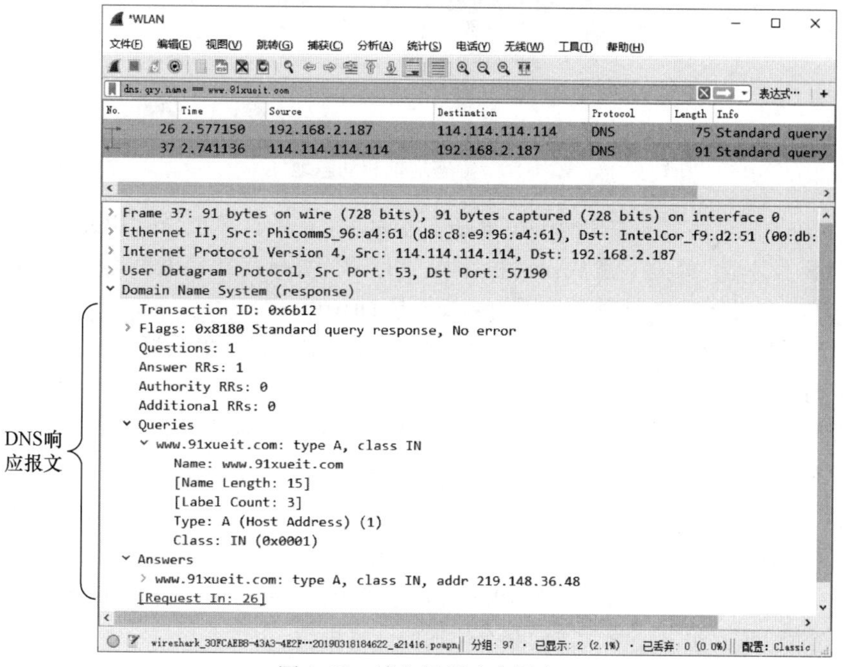

图 1-55 域名解析响应报文

1.6 DHCP

网络中的计算机的 IP 地址、子网掩码、网关和 DNS 服务器等设置既可以人工指定，也可以设置成自动获得。设置成自动获得，就需要使用 DHCP 从 DHCP 服务器请求 IP 地址。本节讲解 DHCP 的工作过程、DHCP 的 4 种报文。

1.6.1 静态地址和动态地址的应用场景

配置计算机的 IP 地址有两种方式：自动获得 IP 地址（动态地址）和使用设置好的 IP 地址（静态地址）。当选择自动获得 IP 地址时，DNS 服务器的 IP 地址既可以人工指定，也可以自动获得，如图 1-56 所示。

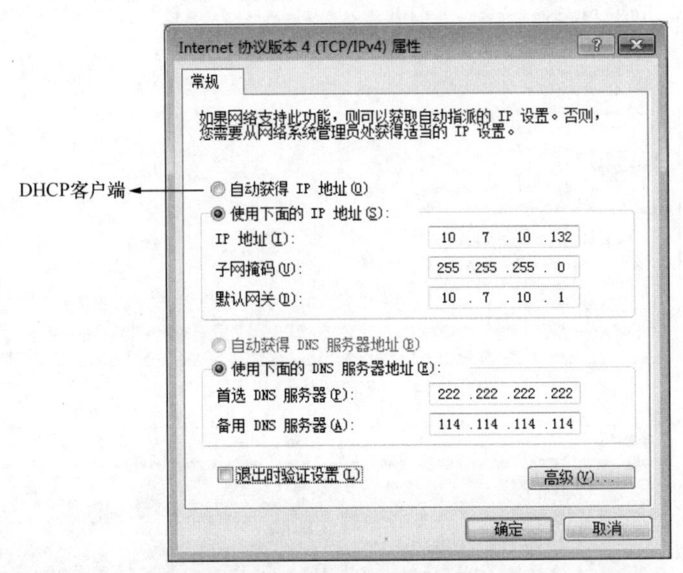

图 1-56 静态地址和动态地址

自动获得地址就需要网络中有 DHCP 服务器为网络中的计算机分配 IP 地址、子网掩码、网关和 DNS 服务器。那些设置成自动获得 IP 地址的计算机就是 DHCP 客户端。DHCP 服务器为 DHCP 客户端分配 IP 地址所使用的协议就是 DHCP。

那么什么情况下使用静态地址，什么情况下使用动态地址呢？

使用静态地址的情况如下。

IP 地址不经常更改的设备就可以使用静态地址。例如，企业中的服务器会单独在一个网段，很少更改 IP 地址或移动到其他网段，这些服务器通常使用静态地址。使用静态地址还方便企业员工使用地址访问这些服务器。又如学校机房都是台式机，很少移动，这些计算机最好也使用静态地址，按计算机的位置设置 IP 地址，如第一排第一台计算机的 IP 地址设置为 192.168.0.11，第二排第三台计算机的 IP 地址设置为 192.168.0.23，这样规律地指定静态地址，不仅方便老师管理，也方便学生访问某个位置的计算机。

使用动态地址的情况如下。

（1）网络中的计算机不固定时，就应该使用动态地址。例如，软件学院的学生每人一台便携式计算机，每个教室一个网段。学生这节课在 204 教室上课，下节课在 306 教室上课，如果让学生自己指定 IP 地址，就很有可能发生地址冲突了。这种情况下，将计算机设置成自动获得 IP 地址，由 DHCP 服务器统一分配 IP 地址，就不会发生冲突了，学生也省去了更换教室就得手动更改 IP 地址的麻烦。

（2）无线设备最好也使用动态地址。例如，家里部署了无线路由器，便携式计算机、iPad、智能手机接入无线，默认也是自动获得 IP 地址，简化无线设备联网的设置。再如你去饭店吃饭，想用其 Wi-Fi 上网，只需问一下连接 Wi-Fi 的密码即可，连接 Wi-Fi 的同时会自动获得 IP 地址、网关和 DNS 服务器等配置。

（3）ADSL 拨号上网通常也使用动态地址。网通、电信、移动等运营商为拨号上网的用户自动分配上网使用的公网 IP 地址、网关和 DNS 服务器等设置，用户不知道这些运营商使用哪些网段的地址，也不知道哪些地址没有被其他用户使用。

1.6.2 DHCP 地址租约

假如外单位组织员工到你公司开会，他们的便携式计算机临时接入你公司的网络，DHCP 服务器给他们的便携式计算机分配了 IP 地址，DHCP 服务器会记录下这些地址已经被分配，就不能再分配给其他计算机使用了。这些人开完会，直接拔掉网线、关机，他们的便携式计算机没来得及告诉 DHCP 服务器不再使用这些 IP 的地址了，DHCP 服务器会一直认为这些地址已分配，不会分配给其他计算机使用。

为了解决这个问题，DHCP 服务器会以租约的形式向 DHCP 客户端分配 IP 地址。租约有时间限制，如果到期不续约，DHCP 服务器就认为该计算机已不在网络中，租约就会被 DHCP 服务器单方面废除，分配的 IP 地址就会被收回，这就要求 DHCP 客户端在租约未到期前及时更新租约，如图 1-57 所示。

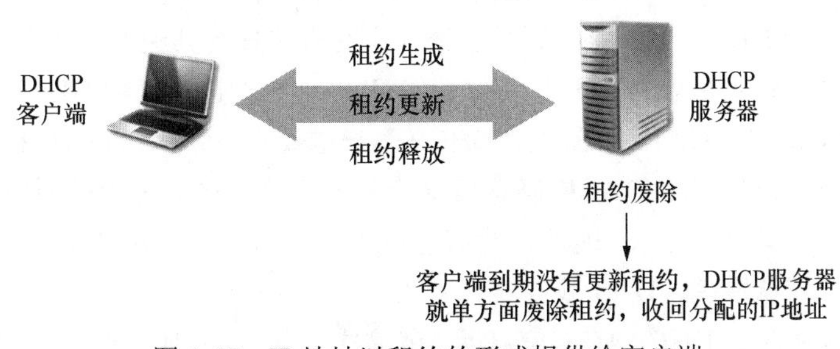

图 1-57 IP 地址以租约的形式提供给客户端

如果计算机要离开网络，就应该正常关机，计算机会向 DHCP 服务器发送释放租约的请求，DHCP 服务器收回分配的 IP 地址。如果不关机离开网络，则最好使用命令 ipconfig/release 释放租约。

1.6.3 DHCP 服务器分配 IP 地址的过程

DHCP 客户端会在以下所列举的几种情况下，从 DHCP 服务器获取一个新的 IP 地址。

（1）该客户端是第一次从 DHCP 服务器获取 IP 地址。

（2）该客户端原先所租用的 IP 地址已经被 DHCP 服务器收回，而且已经租给其他客户端了，因此该客户端需要重新从 DHCP 服务器租用一个新的 IP 地址。

（3）该客户端自己释放原先所租用的 IP 地址，并要求租用一个新的 IP 地址。

（4）该客户端更换了网卡。

（5）该客户端转移到另一个网段。

以上几种情况下，DHCP 客户端与 DHCP 服务器之间会通过以下 4 个包来相互通信，其过程如图 1-58 所示。DHCP 定义了 4 种类型的数据包。

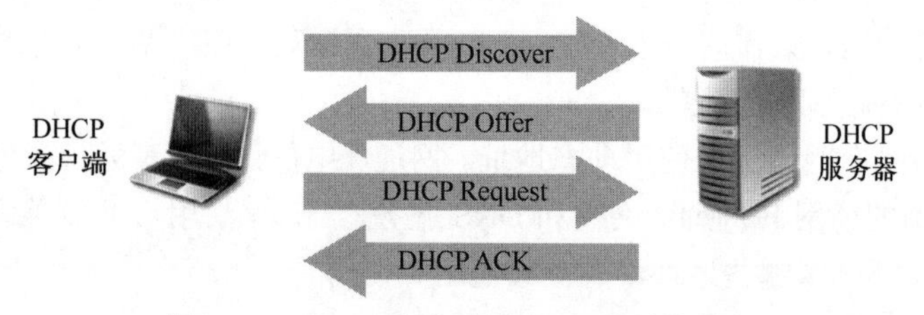

图 1-58 DHCP 客户端请求 IP 地址的过程

（1）DHCP Discover。DHCP 客户端会先送出 DHCP Discover 的广播信息到网络，以便寻找一台能够提供 IP 地址的 DHCP 服务器。

（2）DHCP Offer。当网络中的 DHCP 服务器收到 DHCP 客户端的 DHCP Discover 信息后，就会从 IP 地址池中挑选一个尚未出租的 IP 地址，然后利用广播的方式传输给 DHCP 客户端。之所以使用广播方式，是因为此时 DHCP 客户端还没有 IP 地址。在尚未与 DHCP 客户端完成租用 IP 地址的程序之前，这个 IP 地址会被暂时保留起来，以避免再分配给其他的 DHCP 客户端。如果网络中有多台 DHCP 服务器收到 DHCP 客户端的 DHCP Discover 信息，并且也都响应 DHCP 客户端（表示它们都可以提供 IP 地址给此客户端），那么 DHCP 客户端会选择第一个收到的 DHCP Offer 信息。

（3）DHCPR Request。当 DHCP 客户端选择第一个收到的 DHCP Offer 信息后，它就利用广播的方式，响应一个 DHCP Request 信息给 DHCP 服务器。之所以利用广播方式，是因为它不但要通知所挑选的 DHCP 服务器，还必须通知没有被选择的其他 DHCP 服务器，以便这些 DHCP 服务器将原本欲分配给此 DHCP 客户端的 IP 地址收回，供其他 DHCP 客户端使用。

（4）DHCP ACK。DHCP 服务器收到 DHCP 客户端要求 IP 地址的 DHCP Request 信息后，就会利用广播的方式送出 DHCP ACK 确认信息给 DHCP 客户端。之所以利用广播的方式，是因为此时 DHCP 客户端还没有 IP 地址，此信息包含着 DHCP 客户端所需要的 TCP/IP 配置信息，如子网掩码、默认网关、DNS 服务器等。

DHCP 客户端在收到 DHCP ACK 信息后，就完成了获取 IP 地址的步骤，也就可以开始利用这个 IP 地址与网络中的其他计算机通信了。

1.6.4 DHCP 地址租约更新

在租约过期之前，DHCP 客户端需要向 DHCP 服务器续租指派给它的地址租约。DHCP 客户端按照设定好的时间周期性地续租以保证其使用的是最新的配置信息。当租约期满而 DHCP 客户端依然没有更新其地址租约时，DHCP 客户端将失去这个地址租约并开始一个新的 DHCP 租约产生过程。DHCP 租约更新的步骤如下。

（1）当租约时间过去一半后，客户端向 DHCP 服务器发送一个请求，请求更新和延长当前租约。客户端直接向 DHCP 服务器发送请求，最多可重发 3 次，分别在 4s、8s 和 16s。

如果找到 DHCP 服务器，服务器就会向客户端发送一个 DHCP 应答消息，这样就更新了租约。

如果客户端未能与原 DHCP 服务器通信，等到租约时间过去 87.5%，客户端就会进入重绑定状态，向任何可用 DHCP 服务器广播（最多可重试 3 次，分别在 4s、8s、16s）一个 DHCP Discover 消息，用来更新当前 IP 地址的租约。

（2）如果某台服务器应答一个 DHCP Offer 消息，以更新客户端的当前租约，客户端就用该服务器提供的信息更新租约并继续工作。

（3）如果客户端直到租约终止也没有连接到任何一台服务器，客户端必须立即停止使用其租约的 IP 地址。然后，客户端执行与它初始启动时相同的过程来获得新的 IP 地址租约。

租约更新的两种方法如下。

1．自动更新

DHCP 自动进行租约的更新，也就是前面部分描述的租约更新的过程，当租约时间达到租约期限的 50%时，DHCP 客户端将自动开始尝试续租该租约。每次 DHCP 客户端重新启动的时候也将尝试续租该租约。为了续租该租约，DHCP 客户端向为它提供租约的 DHCP 服务器发出一个 DHCP Request 请求数据包。如果该 DHCP 服务器可用，它将续租该租约并向 DHCP 客户端提供一个包含新的租约期和任何需要更新的配置参数值的 DHCP ACK 数据包，当客户端收到该确认数据包后更新自己的配置。如果 DHCP 服务器不可用，客户端将继续使用现有的配置。

如果 DHCP 客户端首次更新租约没有成功，则当租约时间达到租约期限 87.5%时，DHCP 客户端将发出一个 DHCP Discover 数据包。这时 DHCP 客户端将接受任何 DHCP 服务器为其分配的租约。

注意：如果 DHCP 客户端请求的是一个无效的或存在冲突的 IP 地址，则 DHCP 服务器可以向其响应一个 DHCP 拒绝消息（DHCP NAK），该消息强迫客户端释放其 IP 地址并获得一个新的、有效的 IP 地址。

如果 DHCP 客户端重新启动而网络上没有 DHCP 服务器响应其 DHCP Request 请求，它将尝试连接默认的网关（ping）。如果连接到默认网关的尝试也宣告失败，则 DHCP 客户端将中止使用现有的地址租约，并会认为自己已不在以前的网段，需要获得新的 IP 地址了。

如果 DHCP 服务器向 DHCP 客户端响应一个用于更新客户端现有租约的 DHCP Offer 数据包，DHCP 客户端将根据 DHCP 服务器提供的数据包对租约进行续租。

如果租约过期，DHCP 客户端必须立即终止使用现有的 IP 地址并开始一个新的 DHCP 租约产生过程，以尝试得到一个新的 IP 地址租约。如果 DHCP 客户端无法得到一个新的 IP 地址，DHCP 客户端自己会产生一个 169.254.0.0/16 网段中的 IP 地址作为临时地址。

2．手动更新

如果需要立即更新 DHCP 配置信息，可以手动对 IP 地址租约进行续租操作，例如，我们希望 DHCP 客户端立即从 DHCP 服务器上得到一台新安装的路由器的地址，只需简单地在客户端做续租操作就可以了。

直接在客户机的命令提示符处输入“ipconfig /renew”即可更新。

1.6.5 抓包分析 DHCP

家庭无线上网的路由器通常会配置成 DHCP 服务器为上网用户分配 IP 地址。下面在 DHCP 客户端上使用 Wireshark 抓包工具，捕获 DHCP 服务器给计算机分配 IP 地址的 4 种数据包：DHCP Discover、DHCP Offer、DHCP Request、DHCP ACK。

运行 Wireshark 抓包工具，将本地连接的地址由静态地址设置成“自动获得 IP 地址”，将 DNS 服务器地址设置成“自动获得 DNS 服务器地址”，单击“确定”按钮，如图 1-59 所示。

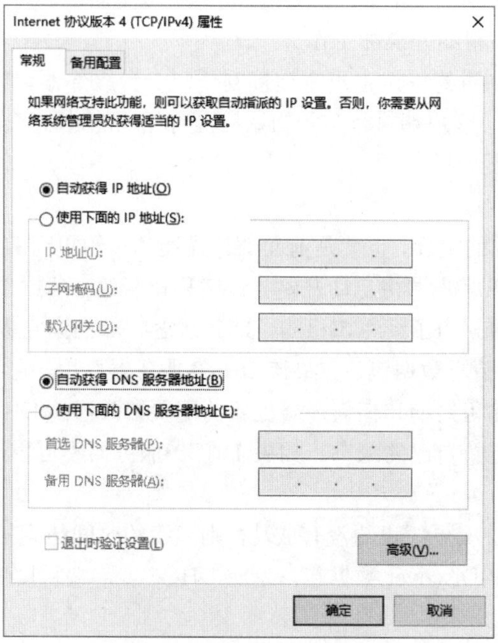

图 1-59 设置 DHCP 客户端

停止抓包，在显示过滤器中输入“ip.dst == 255.255.255.255”，因为在请求 IP 地址和提供 IP 地址的过程中目标 IP 地址都是广播地址。可以看到 DHCP 服务器给计算机分配 IP 地址的 4 种报文。图 1-60 所示的是 Offer 报文的格式。DHCP 定义了 4 种报文格式，也定义了这 4 种报文的交互顺序。

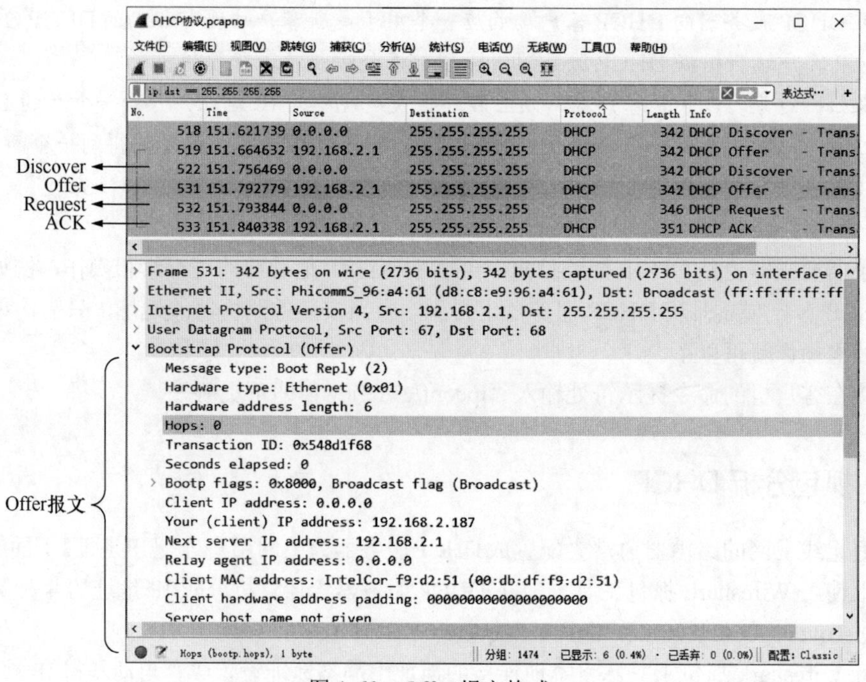

图 1-60 Offer 报文格式

1.7 Telnet 协议

Telnet 是一个简单的远程终端协议，也是 Internet 的正式标准。用户使用 Telnet 客户端就可以连接到运行 Telnet 服务的远程设备（既可以是网络设备，如路由器、交换机，也可以是操作系统，如 Windows 或 Linux）进行远程管理。

Telnet 协议能将用户的键盘指令传到远程主机，同时也能将远程主机的输出通过 TCP 连接返回到用户屏幕。这种服务是透明的，使用户感觉键盘和显示器好像是直接连在远程主机上似的。因此，Telnet 协议又称为“终端仿真协议”。

Telnet 协议并不复杂，以前应用得很多。现在由于操作系统（如 Windows 和 Linux）功能越来越强，用户已经较少使用 Telnet 协议了。不过配置 Linux 服务器和网络设备还是需要 Telnet 协议来实现远程管理和配置。Windows Server、Windows XP 或 Windows 7 这样的操作系统更多的是使用远程桌面进行管理，后面会讲到如何使用远程桌面管理 Windows 操作系统。

1.7.1 Telnet 协议的工作方式

Telnet 协议也使用客户端/服务器方式，在本地操作系统中运行 Telnet 客户进程，而在远程主机上运行 Telnet 服务器进程。Telnet 服务器中的主进程等待新的请求，并产生从属进程来处理每一个连接。

Telnet 协议能够适应许多计算机和操作系统的差异。例如，对于文本中一行的结束，有的系统使用 ASCII 的回车（CR），有的系统使用换行（LF），还有的系统使用回车-换行（CR-LF）。又如，在中断一个程序时，许多系统使用 Control-C，但也有系统使用 Esc 键。为了适应这种差异，Telnet 协议定义了数据和命令应怎样通过网络。这些定义就是所谓的网络虚拟终端（Network Virtual Terminal，NVT）。图 1-61 说明了 NVT 的意义。Telnet 客户端把键盘输入和命令转换成 NVT 格式，并送交 Telnet 服务器。Telnet 服务器把收到的数据和命令从 NVT 格式转换成本地系统所需的格式。向 Telnet 客户端返回数据时，Telnet 服务器把服务器系统的格式转换为 NVT 格式，Telnet 客户端再从 NVT 格式转换到本地系统所需的格式。

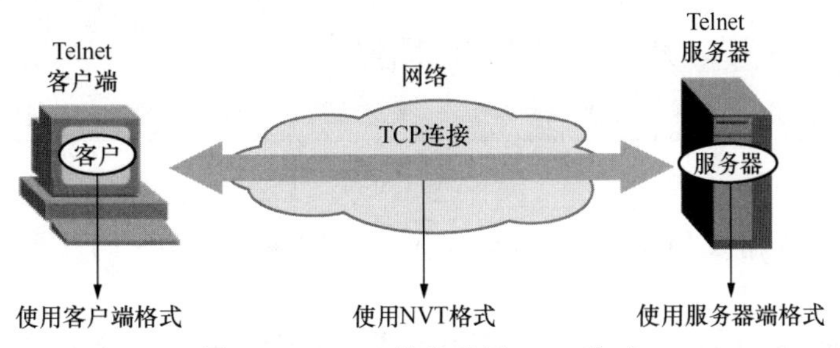

图 1-61 Telnet 协议使用 NVT 格式

NVT 的格式定义很简单。所有的通信都使用 8 位/字节。在运转时，NVT 使用 7 位 ASCII 传输数据，而当高位置 1 时用作控制命令。ASCII 共有 95 个可打印字符（如字母、数字、标点符号）和 33 个控制字符。所有可打印字符在 NVT 中的意义和在 ASCII 中一样。但 NVT 只使用了 ASCII 的控制字符中的几个。此外，NVT 还定义了两个字符的 CR-LF 为标准的行结束控制符。当用户在 Telnet 客户端按回车键时，Telnet 客户端就把它转换为 CR-LF 再进行传输，而 Telnet 服务器要把 CR-LF 转换为 Telnet 服务器端的行结束字符。

Telnet 协议的选项协商（Option Negotiation）使 Telnet 客户端和 Telnet 服务器可商定使用更多的终端功能，协商的双方是平等的。

1.7.2　使用 Telnet 管理 Windows 操作系统

在 Windows XP 操作系统和 Windows Server 2003 网络操作系统中，安装完操作系统后默认就有 Telnet 服务，不过是禁用状态，启用即可远程连接。下面在虚拟机中给大家演示如何在 Windows XP 操作系统中使用 Telnet 远程管理 Windows Server 2003 网络操作系统。

在 Windows 2003 服务器中单击“开始”→“程序”→“管理工具”→“服务”，打开服务管理工具，将 Telnet 服务的启动类型设置成“自动”，单击“启动”按钮，如图 1-62 所示。

图 1-62　启用 Telnet 服务

在命令提示符处输入“net user administrator a1!”将管理员密码设置成 a1!，如图 1-63 所示。

注意：*Windows Server 本地安全策略默认设置为空密码，用户不允许远程登录。*

在 Windows XP 操作系统中打开命令提示窗口，输入“telnet 192.168.80.20”，得到传输密码不安全的提示，输入“y”，按回车键输入账户“administrator”，再输入密码。这里输入密码没有任何回显，如图 1-64 所示。

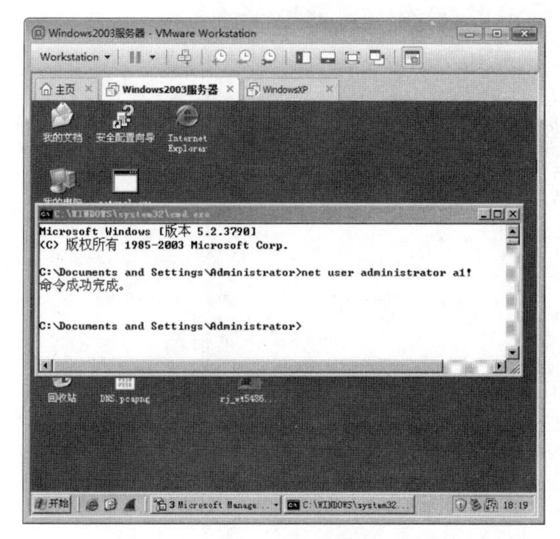

图 1-63 设置管理员密码

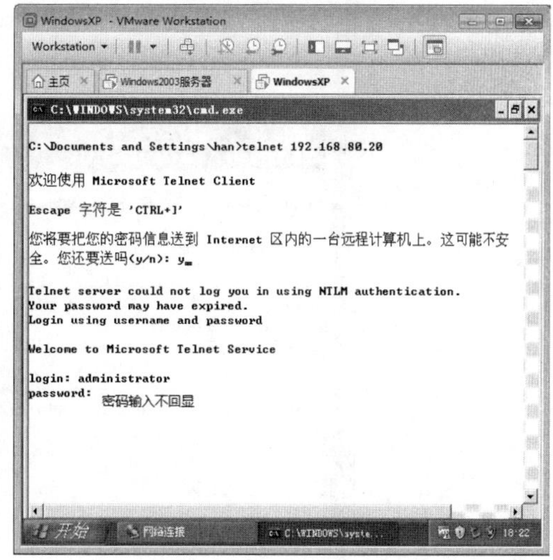

图 1-64 使用 Telnet 连接到服务器

连接成功后，输入“ipconfig”，可以看到 Windows Server 2003 网络操作系统的 IP 地址设置；输入“net user hanligang a1! /add”，在 Windows Server 2003 网络操作系统上创建一个账户；输入“notepad.exe”，在 Windows Server 2003 网络操作系统上启动一个记事本进程，如图 1-65 所示。

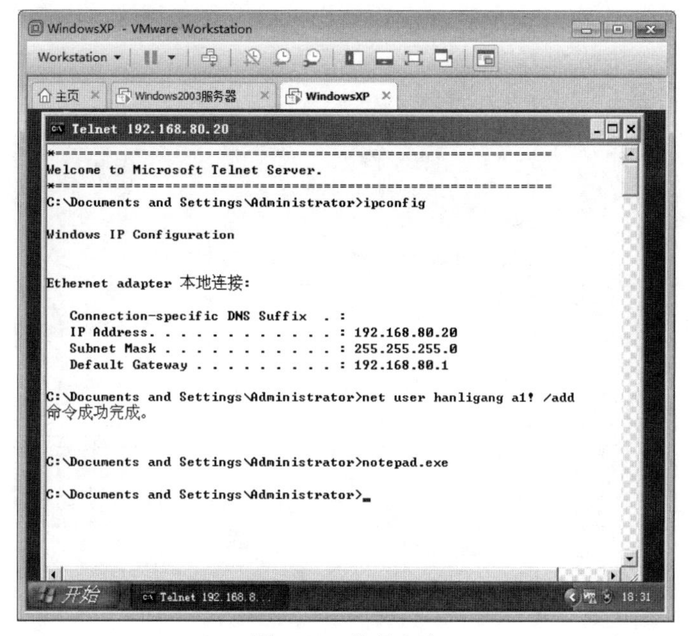

图 1-65 执行命令

在 Windows 2003 服务器的命令提示符处输入“net user”，可以查看服务器上的用户账户，能够发现创建的 hanligang，如图 1-66 所示。

在命令提示符处输入“taskmgr”，打开任务管理器，可以看到启动的 notepad 进程，如图 1-67 所示。

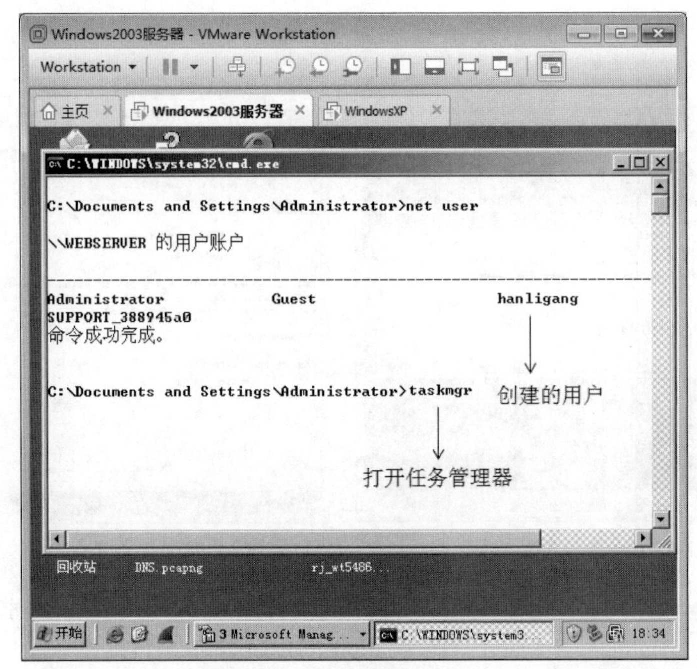

图 1-66 查看创建的用户账户

图 1-67 查看启动的程序

注意：使用 Telnet 启动的记事本进程，当前用户看不到图形界面。

当然我们也可以在命令提示符处输入“shutdown -r”，使用 Telnet 远程关闭服务器，如图 1-68 所示。

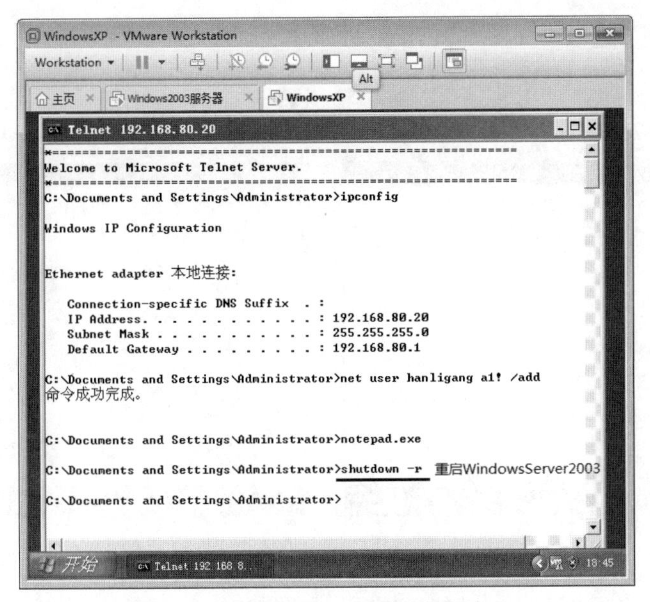

图 1-68 使用 Telnet 远程关闭服务器

再观察 Windows 2003 服务器，可以看到关机倒计时，如图 1-69 所示。

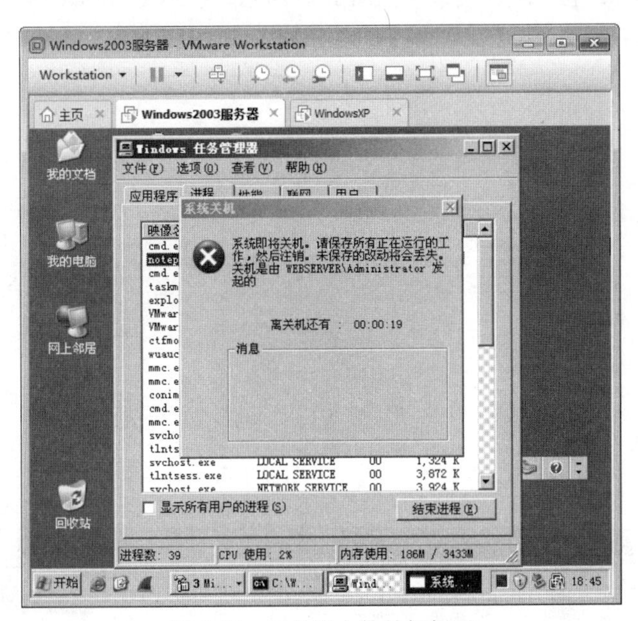

图 1-69 服务器上的关机提示

这足以说明，在 Windows XP 上使用 Telnet 连接 Windows 2003 服务器，所执行的命令都是在服务器端运行的。

也许微软公司觉得 Telnet 服务用处不大，还有可能被黑客利用入侵系统，所以 Windows 7 操作系统默认没有安装 Telnet 服务和 Telnet 客户端，需要手动安装才能使用。

在 Windows 7 操作系统中，使用 telnet 命令连接 Windows Server 2003 网络操作系统，提示"'telnet'不是内部或外部命令，也不是可运行的程序或批处理文件"，这说明没有安装 Telnet 客户端，如图 1-70 所示。下面演示如何在 Windows 7 操作系统安装 Telnet 客户端。打开控制面板，单击“程序”选项，如图 1-71 所示。

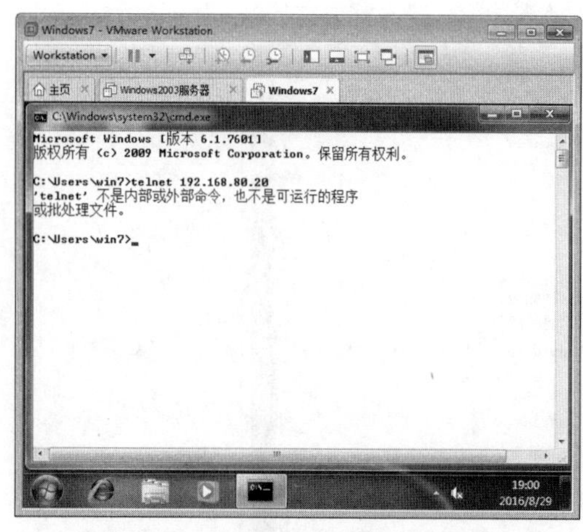

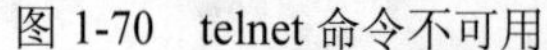
图 1-70　telnet 命令不可用

图 1-71　添加程序

单击“打开或关闭 Windows 功能”选项，如图 1-72 所示。

在出现的“打开或关闭 Windows 功能”界面中勾选“Telnet 客户端”复选框，单击“确定”按钮，完成 Telnet 客户端的安装，如图 1-73 所示。在 Windows 7 操作系统上就可以使用 Telnet 命令连接 Telnet 服务器了。如果打算使用 Telnet 远程连接 Windows 7 操作系统，记得要安装 Telnet 服务器。

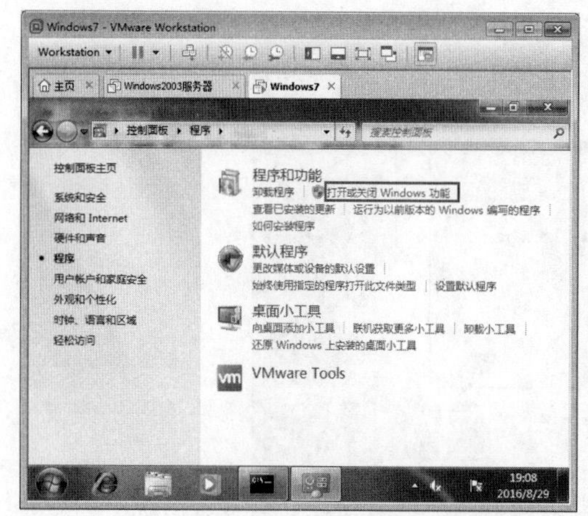

图 1-72　打开或关闭 Windows 功能

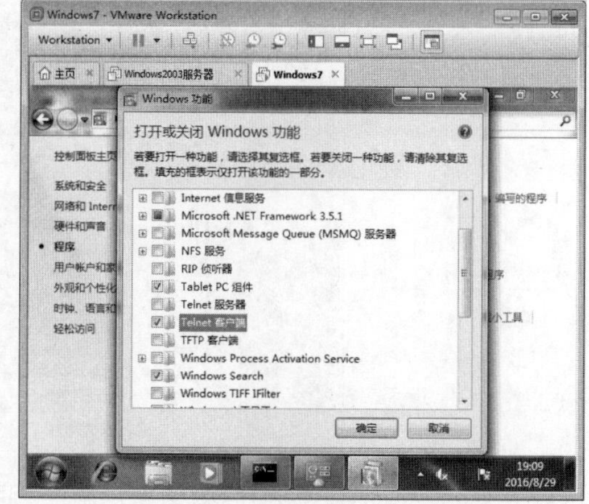

图 1-73　安装 Telnet 客户端

1.8　SMTP 和 POP3

在 Internet 上收发电子邮件应用得十分广泛，本节讲解在 Internet 上发送电子邮件、接收电子邮件的过程和使用协议，同时演示如何安装邮件服务器给 Internet 上的邮箱发送电子邮件，抓包分析 SMTP 和 POP3 数据包。

1.8.1 SMTP 和 POP3 的功能

SMTP（Simple Mail Transfer Protocol，简单邮件传输协议）规定了在两个相互通信的 SMTP 进程之间应如何交换信息。由于 SMTP 使用客户端/服务器方式，因此负责发送邮件的 SMTP 进程就是 SMTP 客户端，而负责接收邮件的 SMTP 进程就是 SMTP 服务器。至于邮件内部的格式、邮件如何存储，以及邮件系统应以多快的速度来发送邮件，SMTP 未做规定。

SMTP 规定了 14 条命令和 21 种应答信息。每条命令由 4 个字母组成，而每一种应答信息一般只有一行信息，由一个 3 位数字的代码开始，后面附上（也可不附上）很简单的文字说明。

POP3（Post Office Protocol - Version 3，邮局协议版本 3）用来发送邮件，从邮件服务器接收邮件到本地计算机。

邮局协议 POP 是一个非常简单、功能有限的邮件读取协议，它已成为 Internet 的正式标准。大多数的 ISP 支持 POP，POP3 可简称为 POP。

POP 也使用客户端/服务器的工作方式。接收邮件的计算机中的用户代理必须运行 POP 客户端程序，而在收件人所连接的邮件服务器中则运行 POP 服务器程序。当然，这个邮件服务器还必须运行 SMTP 服务器程序，以便接收发送方邮件服务器的 SMTP 客户端程序发来的邮件。POP 服务器只有在用户输入鉴别信息（用户名和口令）后，才允许对邮箱进行读取。

POP3 的一个特点就是只要用户从 POP 服务器读取了邮件，POP 服务器就把该邮件删除。这在某些情况下不够方便。例如，某用户在办公室的台式计算机上接收了一些邮件，还来不及写回信，就马上携带便携式计算机出差。当他打开便携式计算机写回信时，却无法再看到原先在办公室收到的邮件（除非他事先将这些邮件复制到便携式计算机中）。为了解决这一问题，POP3 进行了一些功能扩充，其中包括让用户能够事先设置邮件读取后仍然在 POP 服务器中存放的时间。POP3 规定了 15 条命令和 24 种响应信息。

1.8.2 电子邮件发送和接收的过程

一个电子邮件系统应具有图 1-74 所示的 3 个主要组成构件，即用户代理（收发双方的）、邮件服务器（收发双方的），以及邮件发送协议（发件方的，如 SMTP）和邮件读取协议（收件方，如 POP3）。

用户代理（User Agent，UA）就是用户与电子邮件系统的接口，在大多数情况下它就是运行在用户计算机中的一个程序。因此用户代理又被称为“电子邮件客户端软件”。用户代理向用户提供一个很友好的接口（目前主要使用窗口界面）来发送和接收邮件。现在可供选择的用户代理有很多种。例如 Outlook Express 和 Foxmail 都是很受欢迎的电子邮件用户代理。

用户代理至少应当具有以下 4 个功能。

（1）撰写。给用户提供编辑信件的环境。例如，应让用户能创建便于使用的通讯录（有常用的人名和地址）。回信时不仅能很方便地从来信中提取出对方地址，并自动地将此地址写入邮件中合适的位置，而且还能方便地对来信提出的问题进行答复（系统自动将来信复制在用户撰写回信的窗口中，用户不需要再输入来信中的问题）。

（2）显示。能方便地在计算机屏幕上显示来信（包括来信附上的声音和图像）。

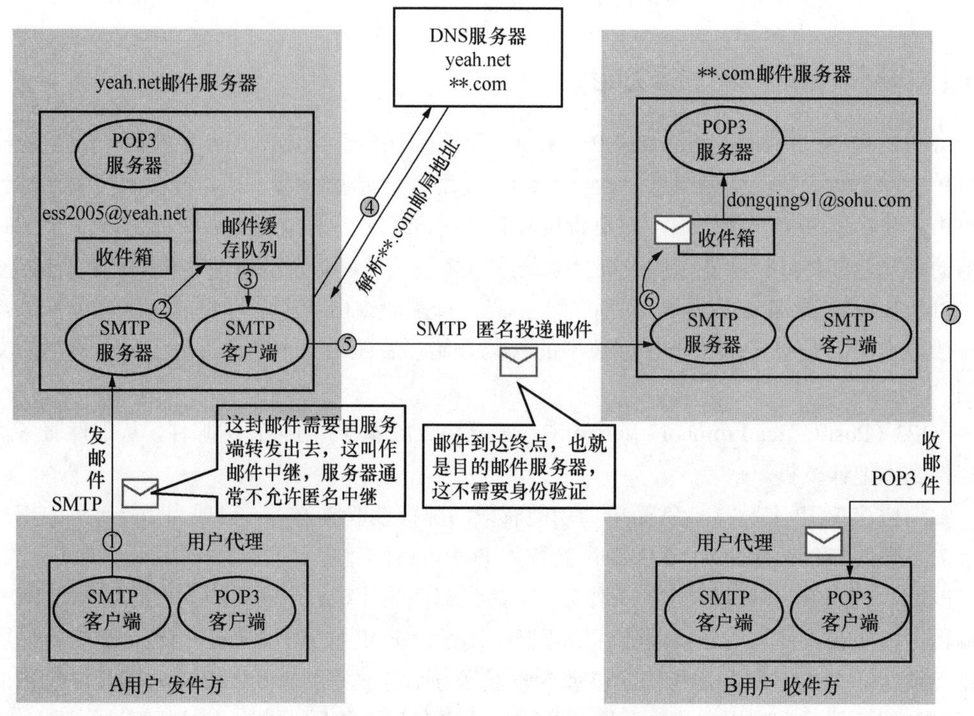

图 1-74 在 Internet 上发送邮件的过程

（3）处理。处理包括发送邮件和接收邮件。收件人应能根据情况按不同的方式对来信进行处理。例如，阅读后删除、存盘、打印、转发等，以及自建目录对来信进行分类保存。有时还可在读取信件之前先查看一下邮件的发件人和信件长度等，对于不愿接收的信件可直接在邮箱中删除。

（4）通信。发件人在撰写完邮件后，要利用邮件发送协议将邮件发送到收件人所使用的邮件服务器中。收件人在接收邮件时，要使用邮件读取协议从本地邮件服务器中接收邮件。

Internet 上有许多邮件服务器可供用户选用（有些要收取少量的费用），这些邮件服务器 24h 不间断地工作，并且具有很大容量的邮件信箱。邮件服务器的功能是发送和接收邮件，同时还要向发件人报告邮件传输的结果（已交付、被拒绝、丢失等）。邮件服务器按照客户端/服务器的方式工作。邮件服务器需要使用两种不同的协议。一种协议用于用户代理向邮件服务器发送邮件或在邮件服务器之间发送邮件，如 SMTP；而另一种协议用于用户代理从邮件服务器读取邮件，如 POP3。

这里应当注意，邮件服务器必须能够同时充当客户端和服务器。例如，当邮件服务器 A 向另一个邮件服务器 B 发送邮件时，A 就作为 SMTP 客户端，而 B 是 SMTP 服务器；反之，当 B 向 A 发送邮件时，B 就是 SMTP 客户端，而 A 就是 SMTP 服务器。

下面讲解在 Internet 上两个人发送邮件的过程。

图 1-74 所示的 A 用户在网易邮件服务器申请了电子邮箱，地址为 ess2005@yeah.net，B 用户在搜狐邮局申请了电子邮箱，地址为 dongqing91@sohu.com。

A 用户给 B 用户发送邮件的过程如下。

第①步，发件方 A 打开计算机上的用户代理软件，需要先配置用户代理软件，指定发送邮件的服务器和接收邮件的服务器，并且指定接收邮件的电子邮箱地址和密码。配置完成后，编辑要发送的邮件。

第②步，编辑完成后，单击“发送邮件”按钮，把发送邮件的工作全都交给用户代理来完成。用户代理把邮件用 SMTP 发给发送方邮件服务器，用户代理充当 SMTP 客户端，而发件方邮件服务器充当 SMTP 服务器。

第③步，SMTP 服务器收到用户代理发来的邮件后，就把邮件临时存放在邮件缓存队列中，等待发送到收件方的邮件服务器。

第④步，邮件服务器上的 SMTP 客户端通过 DNS 服务器解析出**.com 邮件服务器的地址。

第⑤步，发件方邮件服务器的 SMTP 客户端与收件方邮件服务器的 SMTP 服务器建立 TCP 连接，然后就把邮件缓存队列中的邮件依次发送出去。如果有多封电子邮件需要发送到 sohu.com 邮件服务器，那么可以在原来已建立的 TCP 连接上重复发送。如果 SMTP 客户端无法和 SMTP 服务器建立 TCP 连接（例如，收件方邮件服务器负荷过重或出了故障），那么要发送的邮件就会继续保存在发件方的邮件服务器中，并在稍后一段时间再进行新的尝试。如果 SMTP 客户端超过了规定的时间还不能把邮件发送出去，那么发送邮件服务器就把这种情况通知用户代理。

第⑥步，运行在收件方邮件服务器中的 SMTP 服务器进程收到邮件后，把邮件放入收件方的用户邮箱中，等待收件方进行读取。

第⑦步，收件方在打算收信时，就运行计算机中的用户代理软件，使用 POP3（或 IMAP）读取发送给自己的邮件。请注意，在图 1-74 中，POP3 服务器和 POP3 客户端之间的箭头表示的是邮件传输的方向，但它们之间的通信是由 POP3 客户端发起的。

这里有两种不同的通信方式：一种是“推”（push），即 SMTP 客户端把邮件“推”给 SMTP 服务器；另一种是“拉”（pull），即 POP3 客户端把邮件从 POP3 服务器“拉”过来。

电子邮件由信封（envelope）和内容（content）两部分组成。电子邮件的传输程序根据邮件信封上的信息来传输邮件，这与邮局按照信封上的信息投递信件是相似的。

在邮件的信封上，最重要的就是收件人的地址。TCP/IP 体系的电子邮件系统规定电子邮箱地址（E-mail address）的格式为：收件人邮箱名@邮箱所在主机的域名。

符号“@”读作“at”，表示“在”的意思。收件人邮箱名又简称为“用户名”（username），是收件人自己定义的字符串标识符。但应注意，标志收件人邮箱名的字符串在邮箱所在邮件服务器的计算机中必须是唯一的。这样就保证了这个电子邮箱地址在全球范围内是唯一的。这对保证电子邮件能够在整个 Internet 范围内准确交付是十分重要的。用户一般采用容易记忆的字符串为自己的电子邮箱命名。

1.8.3 使用 Telnet 命令发送电子邮件

下面就使用 Telnet 命令向搜狐邮件服务器发送 SMTP 规定的命令，写一封电子邮件，发送给 dongqing91@sohu.com，抄送给 dongqing081@sohu.com。这个过程不需要账户和密码，直接投递即可，如图 1-75 所示。下面的操作能够用到 SMTP 规定的方法，也能够看到邮件服务器返回的响应。

确保你的计算机能够访问 Internet，然后执行以下操作。

先通过 DNS 服务器解析到搜狐邮件服务器的 IP 地址。在 Internet 上要想让 DNS 服务器解析到某个域名的邮件服务器的 IP 地址，需要在相应正向查找区域添加 MX 记录。

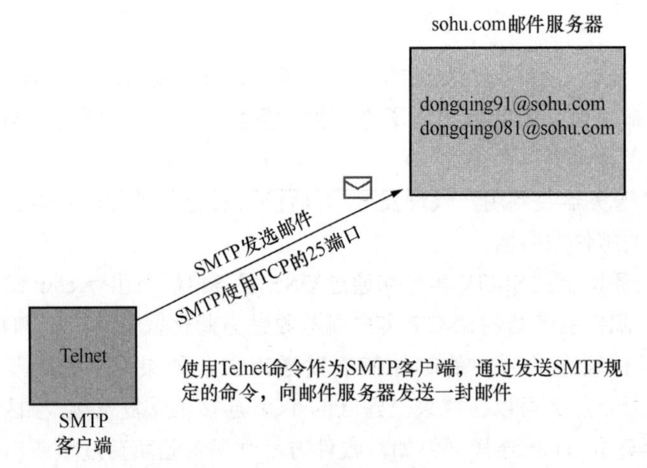

图 1-75　使用 Telnet 命令发送电子邮件

注意：MX 记录是邮件交换记录，它指向一个邮件服务器，用于使用电子邮件系统发邮件时根据收信人的地址后缀（例如，dongqing91@sohu.com 的地址后缀是**.com）来查找该区域的邮件服务器。

在命令提示符处输入“nslookup”，并按回车键，如图 1-76 所示。

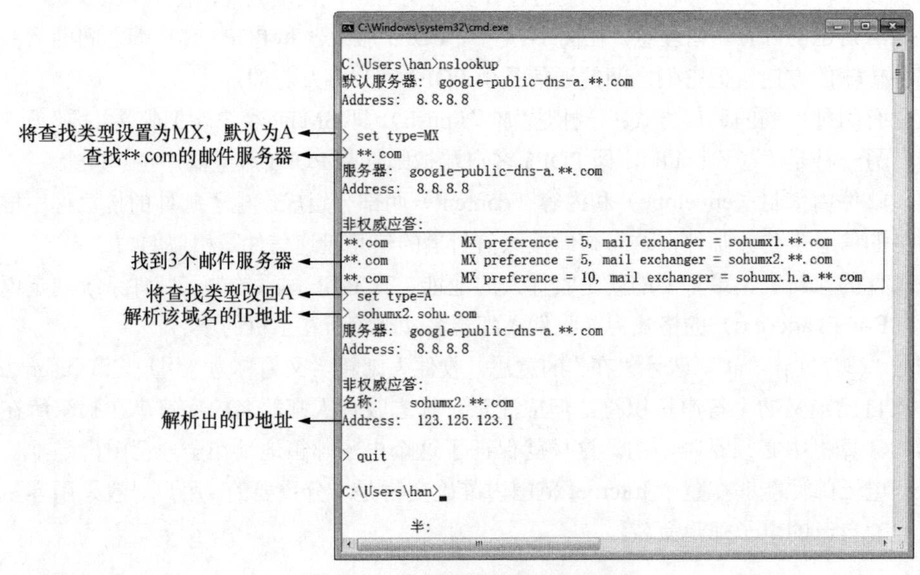

图 1-76　查找接收邮件的服务器

最终解析到一个**.com 的 SMTP 服务器的 IP 地址 123.125.123.1。使用 nslookup 命令，可以查找任意域名下的 SMTP 服务器。

邮件的发送主要是通过 SMTP 来实现的。SMTP 最早在 1982 年的 RFC 821 中定义，因为 SMTP 在早期比较简单，后来经过扩展，增加了一些新的指令，最后更新是在 2008 年的 RFC 5321 中，更新中包含了扩展 SMTP（ESMTP）。为了保证新、旧客户端都能正确使用，在建立连接时，新客户端可以发送 EHLO 命令，这样服务器就知道此客户端能够理解和支持 SMTP 扩展，并会告诉客户端它有哪些扩展功能。

图 1-77 所示是使用 Telnet 命令给 dongqing91@sohu.com 发送电子邮件，同时抄送给

dongqing081@sohu.com，每输入一个 SMTP 命令，就会从 SMTP 服务器返回响应的状态码。

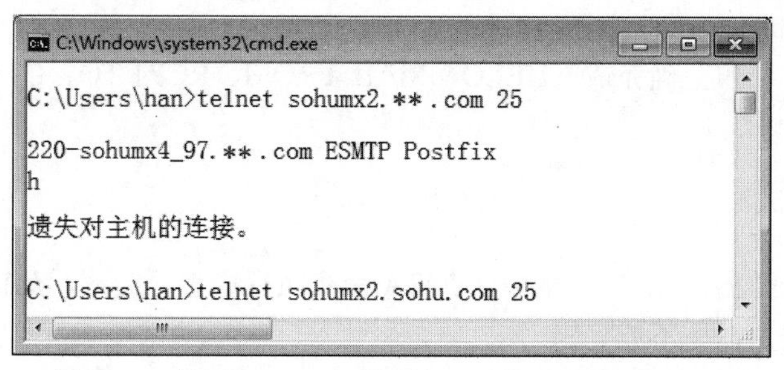

图 1-77 使用 Telnet 命令连接 SMTP 服务器 25 端口

如果输入“telnet sohumx2.**.com 25”，还没来得及输入其他命令，就提示“遗失对主机的连接。”，那么再多试几次，就能成功。

图 1-78 所示是 Telnet 连接成功后输入 SMTP 定义的命令和 SMTP 服务器交互的过程，图中的代码是服务器返回的状态码。收件人为一个不存在的邮箱和一个格式错误的电子邮箱地址，分别返回了不同的状态码，允许再次输入正确的命令。

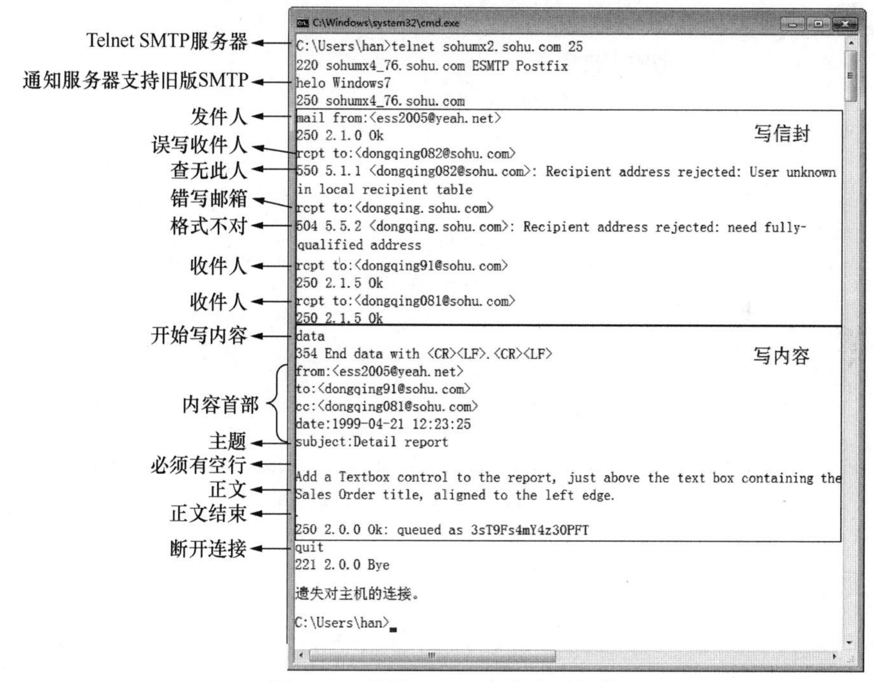

图 1-78 使用 Telnet 命令发送邮件

这里要重点强调的是，整个过程如果出现输入错误，是没有办法删除错误输入的，看似修改对了，按回车键提交命令，依然会提示命令错误，只能重新输入。因此一定要准确无误地输入整行命令。

在下面的演示中，电子邮件内容不支持中文，并且在写邮件主题和正文的内容时，一定不要随意按几个字符，否则搜狐的反垃圾邮件系统会认为此邮件是垃圾邮件，从而拒绝接收。

SMTP 服务器返回的状态码说明如下。

220：服务就绪。

250：请求邮件动作正确完成（HELO、MAIL FROM、RCPT TO、QUIT 命令执行成功后会返回此信息）。

235：认证通过。

221：正在处理。

354：开始发送数据，以“.”结束（DATA 命令执行成功后会返回此信息）。

500：语法错误，命令不能识别。

550：命令不能执行，邮箱无效。

552：中断处理，用户超出文件空间。

使用 Telnet 命令发送邮件结束后，别忘了登录搜狐邮箱检查是否收到了邮件。从图 1-79 中可以看到收到邮件的主题、发件人、收件人、抄送和正文内容。

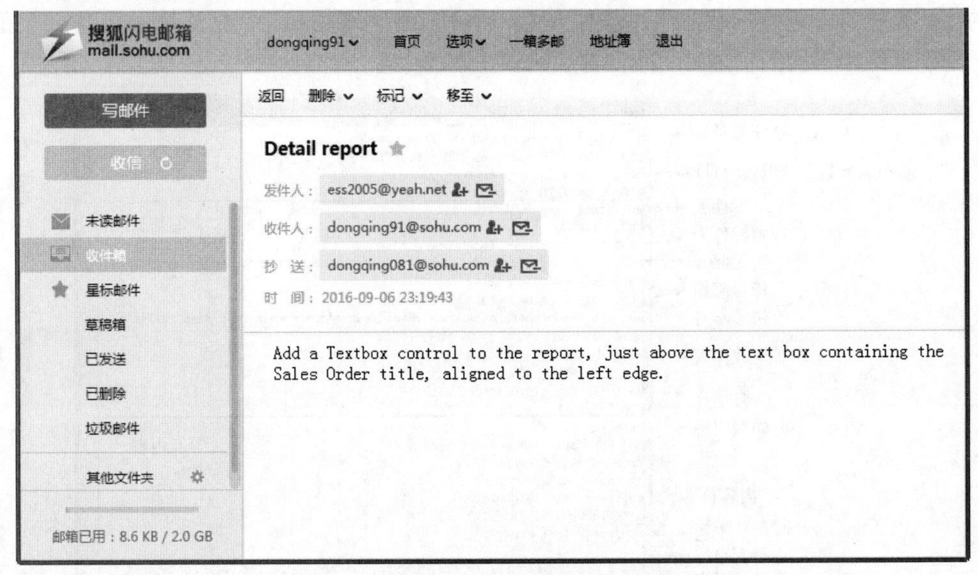

图 1-79　收到使用 Telnet 命令发送的邮件

1.8.4　抓包分析 SMTP 和 POP3

登录搜狐邮箱官网，注册搜狐邮箱，登录后，单击“选项”→“设置”，单击“POP3/SMTP/IMAP”，如图 1-80 所示。

在弹出的设置页面中勾选“POP3/SMTP 服务”“IMAP/SMTP 服务”复选框，记下 POP3 服务的域名和 SMTP 服务的域名，如图 1-81 所示。

访问 Foxmail 官网，下载邮件服务客户端 Foxmail。安装并运行 Foxmail，在弹出的“新建账号”对话框中单击“手动设置”按钮，如图 1-82 所示。

参照图 1-83 所示的内容设置接收服务器的类型，输入邮件账号和密码，指定 POP 服务器和 SMTP 服务器，不要勾选“SSL”复选框，单击“创建”按钮。

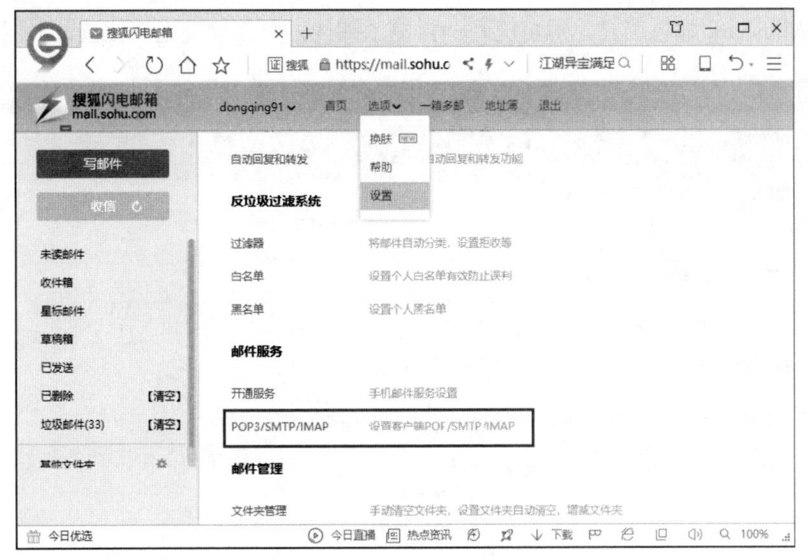

图 1-80 设置 POP3 和 SMTP

图 1-81 启用 POP3 和 SMTP

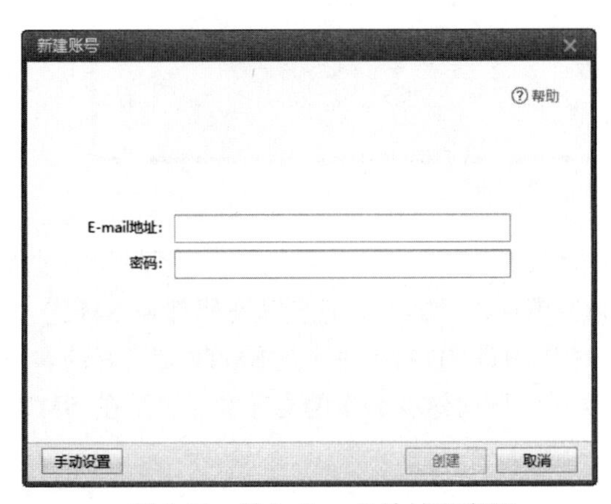

图 1-82 输入 E-mail 地址和密码

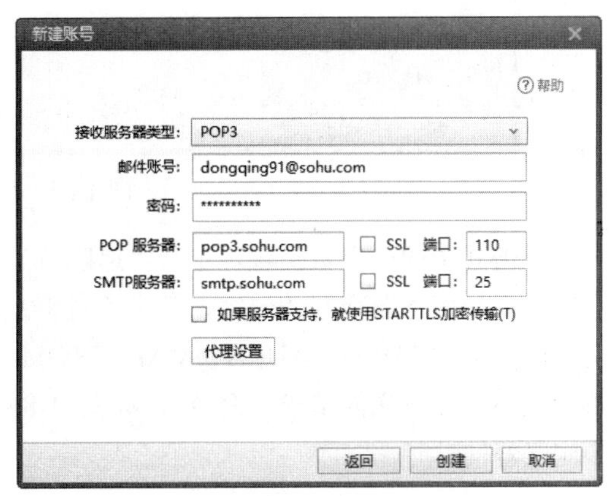

图 1-83 设置 POP 和 SMTP 服务器

运行 Wireshark 抓包工具，给自己写一封电子邮件，单击“发送”按钮，如图 1-84 所示。

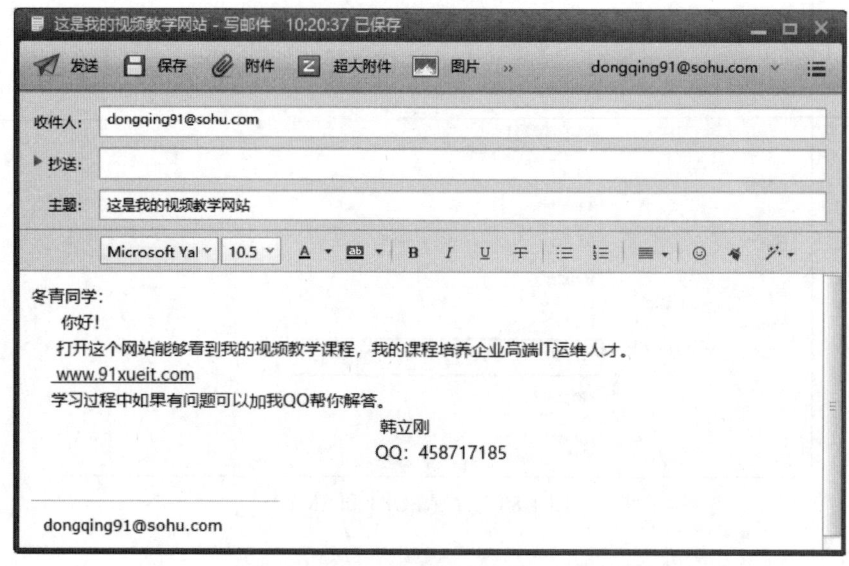

图 1-84　写电子邮件

发送成功后，单击左上角的“收取”→“sohu（dongqing91）”接收邮件，如图 1-85 所示。

邮件接收完成后，停止抓包，在显示过滤器表达式中输入“smtp”，只显示 SMTP 发送电子邮件的数据包，可以看到客户端和服务器端发送电子邮件的交互过程。

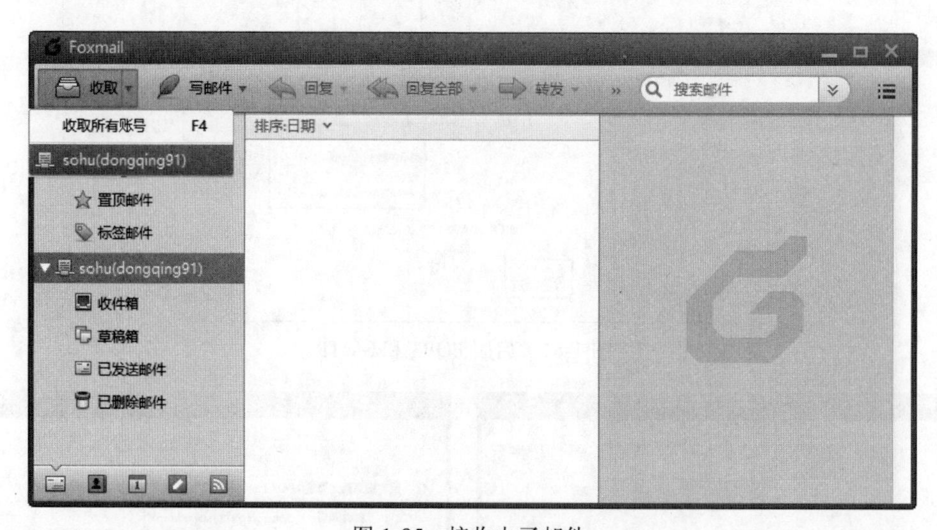

图 1-85　接收电子邮件

右击其中的一个数据包，单击“追踪流”→“TCP 流”。可以看到在发送电子邮件的过程中客户端和服务器交互的内容，其中服务器端返回响应的状态码，这些状态码都是 SMTP 定义好的，其中 EHLO、AUTH、MAIL FROM、RCPT TO、DATA 命令是 SMTP 定义好的客户端向服务器端发送的请求（命令），如图 1-86 所示。同时这些命令的交互顺序也是在 SMTP 中定义好的。

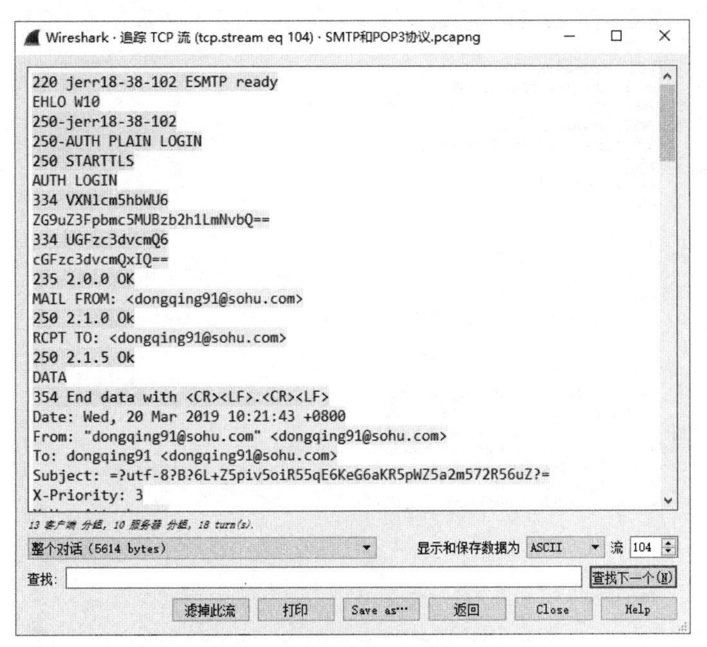

图 1-86 发送电子邮件的交互过程

在显示过滤器表达式中输入“pop”中应用表达式，可以只显示 POP 接收电子邮件的数据包，如图 1-87 所示。

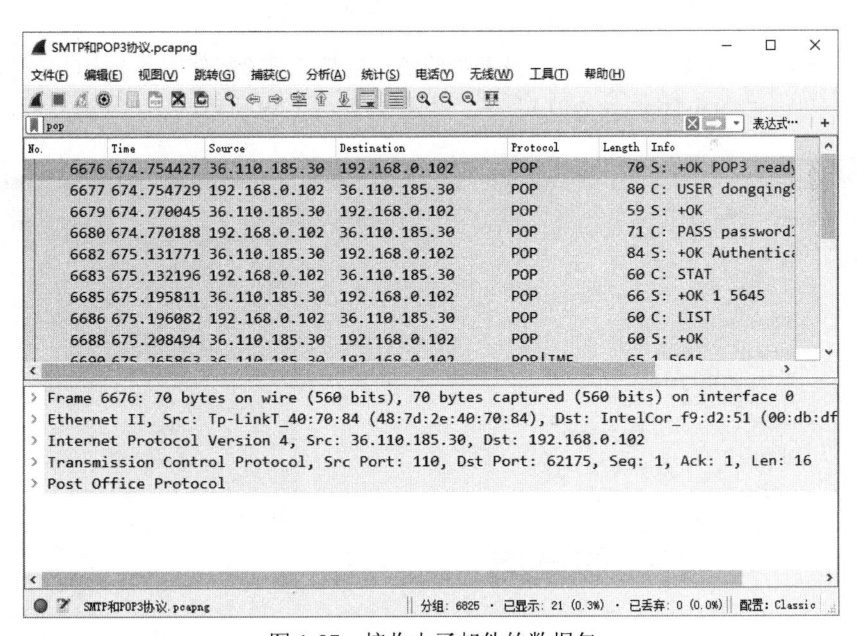

图 1-87 接收电子邮件的数据包

右击其中的一个数据包，单击“追踪流”→“TCP 流”。可以看到客户端使用 POP3 接收电子邮件和其与服务器交互的过程，其中 USER、PASS、STAT、LIST、RETR 和最后的 QUIT 等命令是 POP3 定义的接收电子邮件的客户端向服务器发送的请求（命令），如图 1-88 所示。

图 1-88 接收电子邮件的交互过程

POP3 是 POP 的升级版，允许用户选择接收邮件后是否删除邮件服务器上的邮件以及设置保留时间。单击“sohu（dongqing91）”→“设置”，如图 1-89 所示。

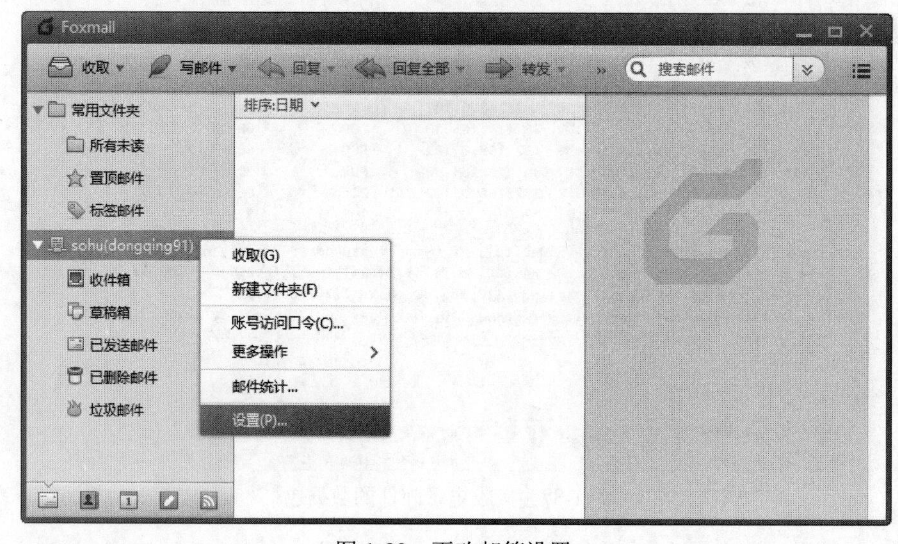

图 1-89 更改邮箱设置

在弹出的“系统设置”对话框中进行设置，使邮件收取后在服务器上“立即删除”，如图 1-90 所示。

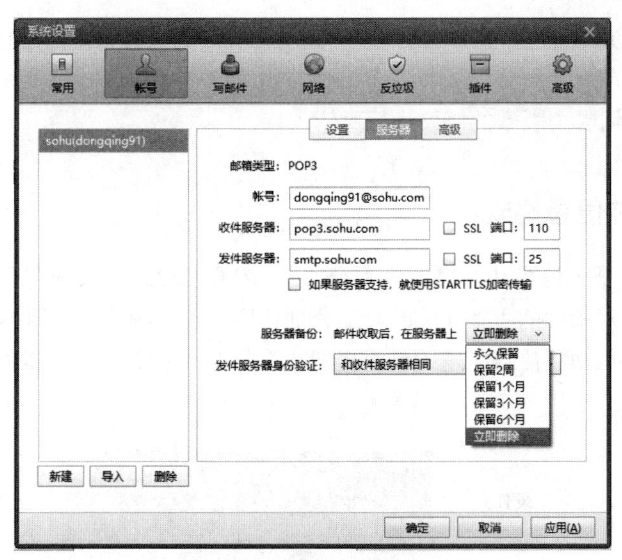

图 1-90　设置立即删除邮件

运行 Wireshark 抓包工具开始抓包，因为第一封邮件已经标记为永久保留了，所以需要再写一封邮件并进行收发。再次查看 POP3 的 TCP 流，可以看到收完邮件后，客户端发送了一个 DELE 请求将该邮件删除，如图 1-91 所示。

图 1-91　收到邮件后删除邮件

通过对以上 POP3 的工作过程的学习，大家就会明白如果某个应用层协议需要增加新的功能，就需要定义新版本的协议。有的服务同时支持多个版本的协议，客户端访问服务器端时要通知服务器端使用哪个版本的协议进行通信。

1.8.5 电子邮件信息格式

一封电子邮件分为信封和内容两大部分。在 RFC 2822 中只规定了邮件内容中的首部（header）格式，而对邮件的主体（body）部分则让用户自由撰写，如图 1-92 所示。用户写好首部后，邮件系统自动将信封所需的信息提取出来并写在信封上，所以用户不需要填写电子邮件信封上的信息。

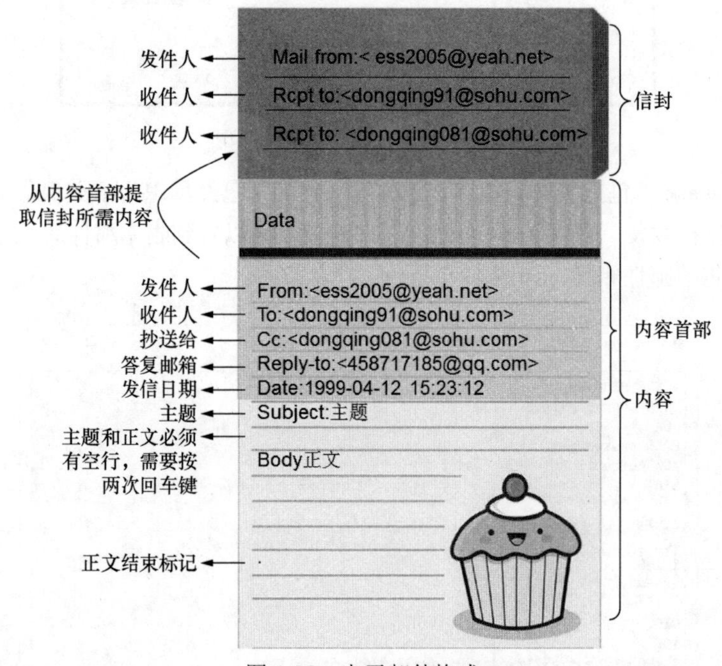

图 1-92 电子邮件格式

邮件内容首部包括一些关键字，后面加上冒号。最重要的关键字是 From、To 和 Subject。

- From：后面是发件人的电子邮件地址。
- To：后面填入一个或多个收件人的电子邮件地址。多个收件人可以写成多行，写法如下。

```
To:<dongqing91@sohu.com>
To:<dongqing081@sohu.com>
```

也可以写成一行，写法如下。

```
To:<dongqing91@sohu.com><dongqing081@sohu.com>
```

在电子邮件软件中，用户可把经常通信的对象姓名和邮箱地址写到地址簿（address book）中。当撰写邮件时，只需打开地址簿，单击收件人名字，收件人的电子邮件地址就会自动填入合适的位置。

- Subject：是邮件的主题。它反映了邮件的主要内容。主题类似于文件系统的文件名，便于用户查找邮件。

邮件首部还有一项是抄送 Cc:。这两个字符来自“Carbon copy”，意思是留下一个“复写副本”。这是借用旧的名词，表示应给某人发送一个邮件副本。例如，你给主管领导写一封电子邮件申请差旅费，抄送给财务人员。你的主管领导收到后，答复时可以选择“全部答复”，这样你和财务人员都能收到，你就可以去财务人员那里领差旅费了。

有些邮件系统允许用户使用关键字 Bcc（blind carbon copy）来实现秘密抄送。它用于将邮件的副本送给某人，但不希望此事被收件人知道。Bcc 又称为“暗送”。

首部关键字 From 和 Date 表示发件人的电子邮箱地址和发信日期。这两项一般都由邮件系统自动填入。另一个关键字是 Reply-to，即对方回信所用的地址。这个地址可以与发件人发信时所用的地址不同。例如有时会借用他人的邮箱给自己的朋友发送邮件，但仍希望对方将回信发送到自己的邮箱。这一项可以事先设置好，不需要在每次写信时进行设置。

1.9 习题

1．图 1-93 所示的 Client 计算机配置的 DNS 服务器的 IP 地址是 43.6.18.8，现在需要解析 www.91xueit.com 的 IP 地址，请画出解析过程，并标注每次解析返回的结果。

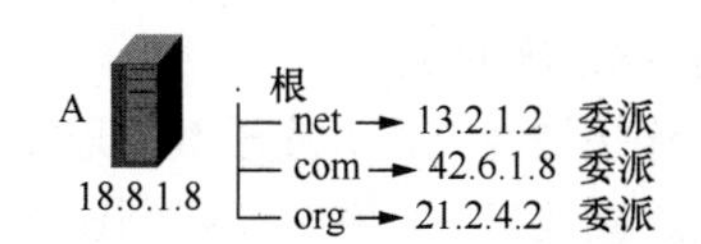

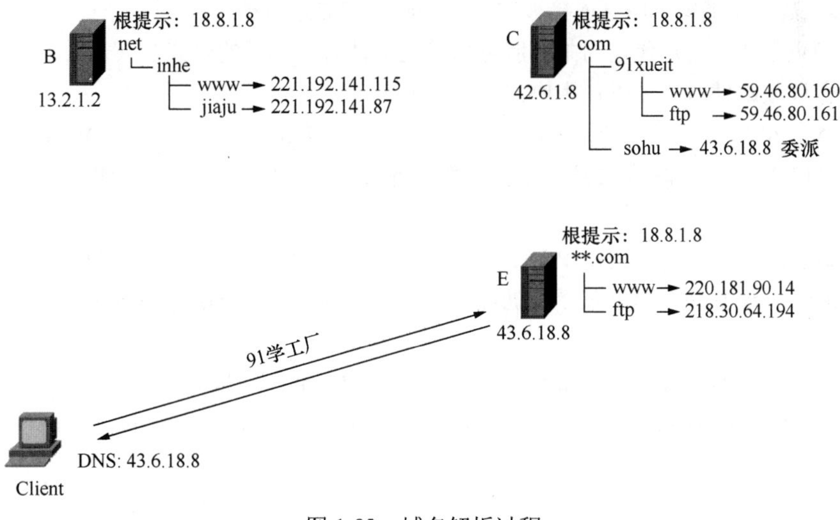

图 1-93　域名解析过程

2．若用户 1 与用户 2 之间发送和接收电子邮件的过程如图 1-94 所示，则图中 A、B、C 阶段分别使用的应用层协议可以是（　　）。

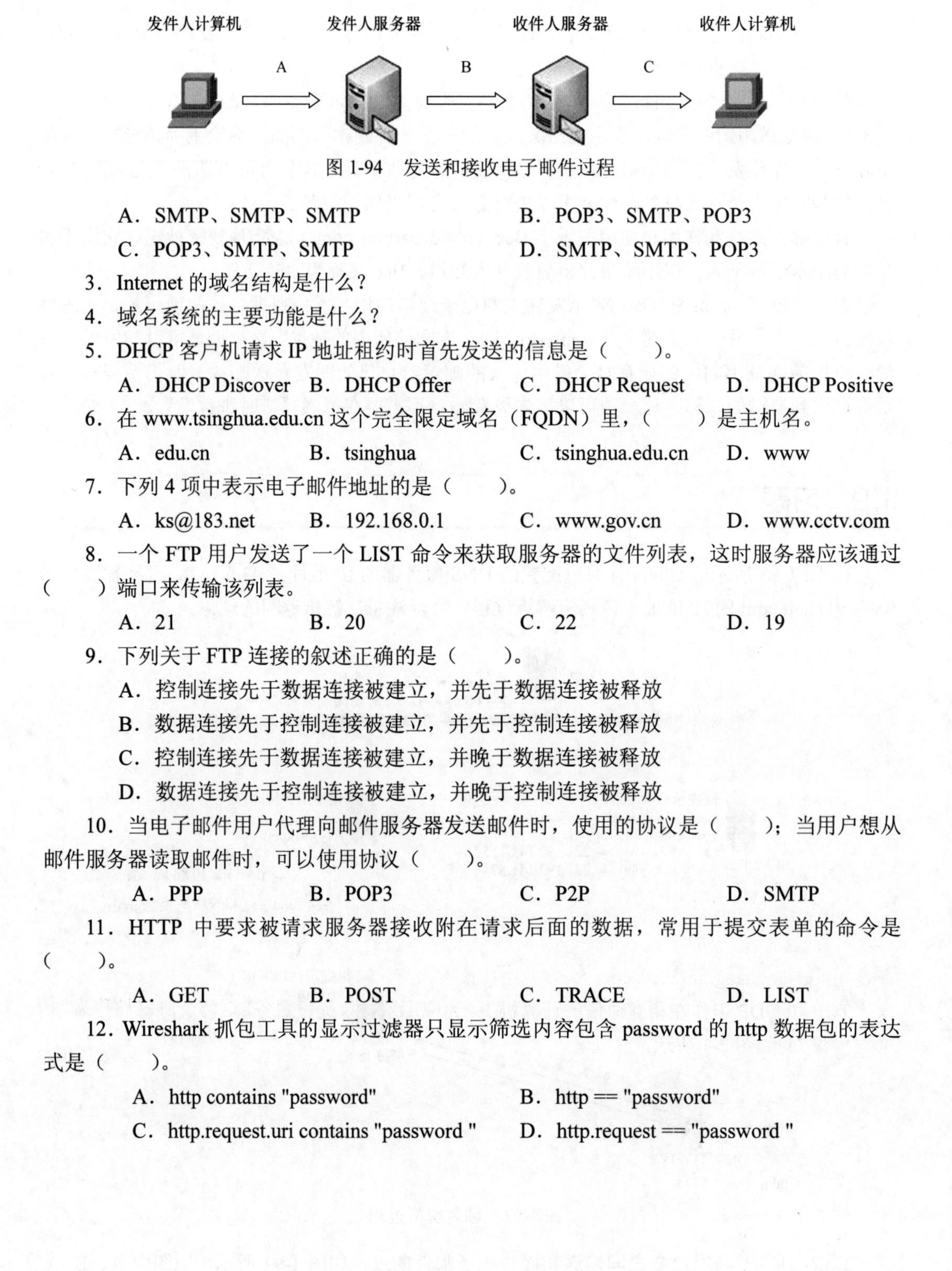

图 1-94 发送和接收电子邮件过程

A．SMTP、SMTP、SMTP　　B．POP3、SMTP、POP3
C．POP3、SMTP、SMTP　　D．SMTP、SMTP、POP3

3．Internet 的域名结构是什么？

4．域名系统的主要功能是什么？

5．DHCP 客户机请求 IP 地址租约时首先发送的信息是（　　）。

A．DHCP Discover　　B．DHCP Offer　　C．DHCP Request　　D．DHCP Positive

6．在 www.tsinghua.edu.cn 这个完全限定域名（FQDN）里，（　　）是主机名。

A．edu.cn　　B．tsinghua　　C．tsinghua.edu.cn　　D．www

7．下列 4 项中表示电子邮件地址的是（　　）。

A．ks@183.net　　B．192.168.0.1　　C．www.gov.cn　　D．www.cctv.com

8．一个 FTP 用户发送了一个 LIST 命令来获取服务器的文件列表，这时服务器应该通过（　　）端口来传输该列表。

A．21　　B．20　　C．22　　D．19

9．下列关于 FTP 连接的叙述正确的是（　　）。

A．控制连接先于数据连接被建立，并先于数据连接被释放

B．数据连接先于控制连接被建立，并先于控制连接被释放

C．控制连接先于数据连接被建立，并晚于数据连接被释放

D．数据连接先于控制连接被建立，并晚于控制连接被释放

10．当电子邮件用户代理向邮件服务器发送邮件时，使用的协议是（　　）；当用户想从邮件服务器读取邮件时，可以使用协议（　　）。

A．PPP　　B．POP3　　C．P2P　　D．SMTP

11．HTTP 中要求被请求服务器接收附在请求后面的数据，常用于提交表单的命令是（　　）。

A．GET　　B．POST　　C．TRACE　　D．LIST

12．Wireshark 抓包工具的显示过滤器只显示筛选内容包含 password 的 http 数据包的表达式是（　　）。

A．http contains "password"　　B．http == "password"

C．http.request.uri contains "password "　　D．http.request == "password "

第2章 传输层协议

本章主要内容

- TCP 和 UDP 的应用场景
- 传输层协议和应用层协议之间的关系
- 服务和端口的关系
- 端口和网络安全的关系
- UDP 报文的首部格式
- TCP 报文的首部格式
- TCP 可靠传输
- TCP 流量控制
- TCP 拥塞控制
- TCP 连接管理

Internet 是不可靠的。当网络拥塞时，来不及处理的数据包就被路由器直接丢弃。应用程序通信发送的报文需要完整地发送到对方，这就要求在通信的计算机之间有可靠传输机制。Internet 中的计算机有不同的操作系统，如 Windows 操作系统、Linux 操作系统和 UNIX 操作系统等，智能手机也要访问 Internet，智能手机有安卓系统和苹果系统，这些系统能够相互通信、实现可靠传输，是因为这些系统使用了相同的可靠传输协议——TCP（Transmission Control Protocol，传输控制协议），TCP 是 Internet 的标准协议。有些应用程序通信使用 TCP 不合适，就使用（User Datagram Protocol，UDP）用户数据报协议。

TCP 和 UDP 工作在相互通信的计算机上，为应用层协议提供服务，这两个协议被称为“传输层协议”，如图 2-1 所示。

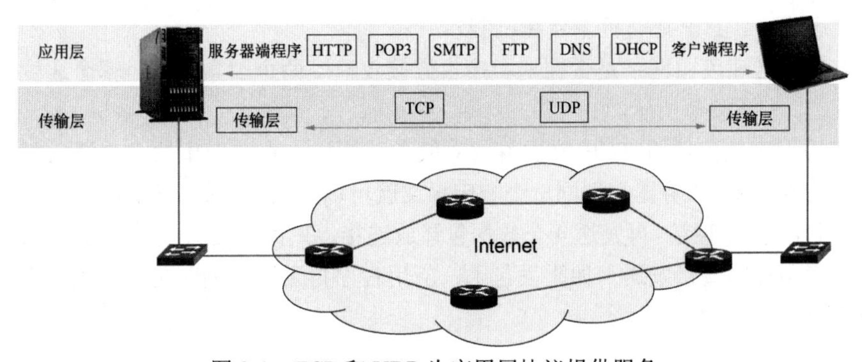

图 2-1　TCP 和 UDP 为应用层协议提供服务

本章讲解 TCP 和 UDP 的主要内容，重点是建立 TCP 连接、可靠传输的实现、释放连接的过程；讲解传输层协议和应用层协议之间的关系，搞清楚它们之间的关系，就能够保障服务器和计算机的网络安全。

2.1 传输层的两个协议

本节主要讲解传输层的两个协议 TCP 和 UDP 的应用场景，传输层协议和应用层协议之间的关系，服务和端口之间的关系，端口和网络安全的关系。

2.1.1 TCP 和 UDP 的应用场景

传输层的两个协议—— TCP 和 UDP 有各自的应用场景。

TCP 为应用层协议提供可靠传输，发送端按顺序发送，接收端按顺序接收，其间如果发生丢包、乱序由 TCP 负责重传和排序。下面是 TCP 的应用场景。

（1）客户端程序和服务器端程序需要多次交互才能实现应用程序的功能。例如，接收电子邮件使用的是 POP3，发送电子邮件使用的是 SMTP，传输文件使用的是 FTP，在传输层使用的是 TCP。

（2）应用程序传输的文件需要分段传输，例如，使用浏览器访问网页，网页中的图片和 HTML 文件需要分段后发送给浏览器；又如使用 QQ 传文件，在传输层也是选用 TCP。

如果需要将发送的内容分成多个数据包发送，这就要求在传输层使用 TCP 在发送方和接收方建立连接，实现可靠传输、流量控制和避免拥塞。

例如，从网络中下载一个 500MB 的电影或下载一个 200MB 的软件，这么大的文件需要拆分成多个数据包发送，发送过程需要持续几分钟或几十分钟。在此期间，发送方将要发送的内容一边发送一边放到缓存中，将缓存中的内容分成多个数据包，并进行编号，按顺序发送。这就需要在发送方和接收方建立连接，协商通信过程的一些参数（如一个数据包最大有多少字节等）。如果网络不稳定造成某个数据包丢失，发送方必须重新发送丢失的数据包，否则就会造成接收到的文件不完整，这就需要 TCP 能够实现可靠传输。如果发送方发送速度太快，接收方来不及处理，接收方还会通知发送方降低发送速度，甚至停止发送。TCP 还能实现流量控制，因为 Internet 中的流量不固定，流量过高时会造成网络拥塞（这一点很好理解，就像城市上下班高峰时的交通堵塞一样），在整个传输过程中，发送方要一直探测网络是否拥塞来调整发送速度。TCP 还有拥塞避免机制。

发送方的发送速度由网络是否拥塞和接收方接收速度两个因素控制，哪个速度低，就用哪个速度发送，如图 2-2 所示。

有些应用程序通信使用 TCP 就显得效率低了。例如，有些应用的客户端只需向服务器端发送一个请求报文，服务器端返回一个响应报文就可以完成其功能。这类应用如果使用 TCP 发送 3 个数据包建立连接，再发送 4 个数据包释放连接，只为了发送一个报文，就很不值得，这时干脆让应用程序直接发送。如果丢包了，应用程序再发送一遍即可。这类应用，在传输层就使用 UDP。

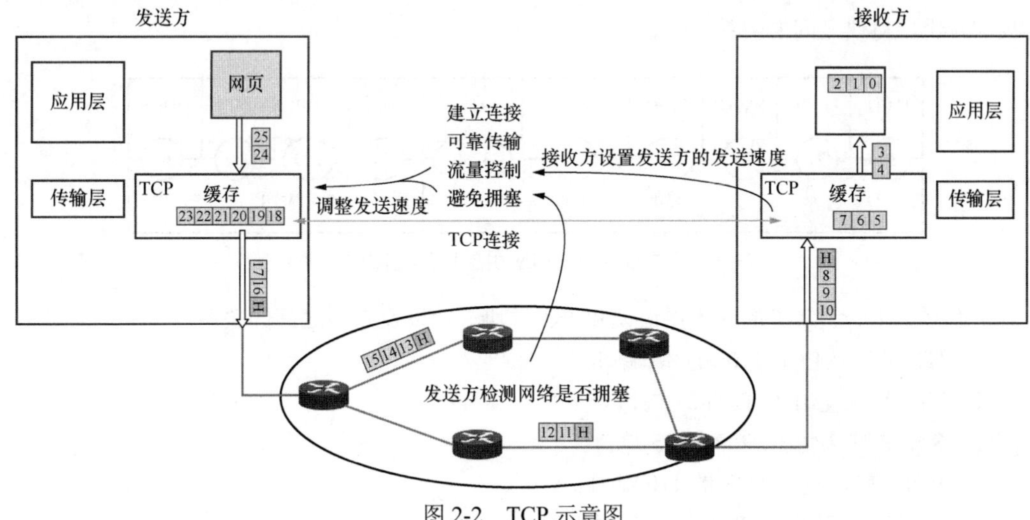

图 2-2 TCP 示意图

UDP 的应用场景如下。

（1）客户端程序和服务器端程序通信，应用程序发送的数据包不需要分段。如域名解析，DNS 协议使用的就是传输层的 UDP，客户端向 DNS 服务器发送一个报文请求解析某个网站的域名，DNS 服务器将解析的结果通过一个报文返回给客户端。

（2）实时通信。这类如 QQ 或微信语音聊天，或视频聊天的应用，发送方和接收方需要实时交互，也就是不允许较长延迟，即便有几句话因为网络堵塞没听清，也不允许使用 TCP 等待丢失的报文，等待的时间太长了，就不能愉快地聊天了。

（3）多播或广播通信。如学校多媒体机房，老师的计算机屏幕需要分享给教室里的学生计算机，在老师的计算机上安装多媒体教室服务器端软件，在学生的计算机上安装多媒体教室客户端软件，老师的计算机使用多播地址或广播地址发送报文，学生的计算机都能收到。这类应用在传输层使用 UDP。

知道了传输层两个协议的特点和应用场景，就很容易判断某个应用层协议在传输层使用什么协议了。

现在判断一下，QQ 聊天在传输层使用的是什么协议，QQ 传文件在传输层使用的是什么协议？

如果使用 QQ 给好友传输文件，这个过程会持续几分钟至几十分钟，肯定不是使用一个数据包就能把文件传输完的，需要将要传输的文件分段传输。在传输文件之前需要建立会话，在传输过程中实现可靠传输、流量控制、避免拥塞等，这些功能需要在传输层使用 TCP 来实现。

使用 QQ 聊天，通常一次输入的聊天内容不会有太多文字，使用一个数据包就能把聊天内容发送出去，并且聊完第一句，也不定什么时候聊第二句，发送数据不是持续的，发送 QQ 聊天的内容在传输层使用 UDP。

可见根据通信的特点，一个应用程序通信可以在传输层选择不同的协议。

2.1.2 传输层协议和应用层协议的关系

应用层协议很多，但传输层就两个协议，如何使用传输层的两个协议标识应用层协议呢？

通常使用传输层协议加一个端口号来标识一个应用层协议，如图 2-3 所示，展示了传输层协议和应用层协议之间的关系。

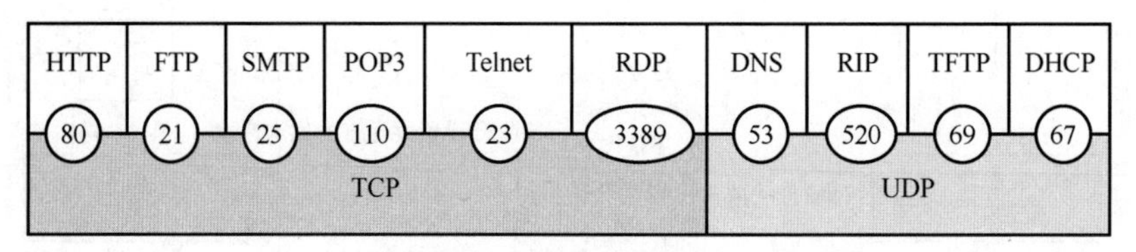

图 2-3 传输层协议和应用层协议之间的关系

下面列出了一些常见的应用层协议和传输层协议，以及它们之间的关系。

（1）HTTP 默认使用 TCP 的 80 端口。

（2）FTP 默认使用 TCP 的 21 端口。

（3）SMTP 默认使用 TCP 的 25 端口。

（4）POP3 默认使用 TCP 的 110 端口。

（5）HTTPS 默认使用 TCP 的 443 端口。

（6）DNS 默认使用 UDP 的 53 端口。

（7）远程桌面协议（RDP）默认使用 TCP 的 3389 端口。

（8）Telnet 默认使用 TCP 的 23 端口。

（9）Windows 访问共享资源默认使用 TCP 的 445 端口。

（10）微软 SQL 数据库默认使用 TCP 的 1433 端口。

（11）MySQL 数据库默认使用 TCP 的 3306 端口。

以上列出的都是默认端口，当然可以更改应用层协议使用的端口。如果不使用默认端口，客户端需要指明所使用的端口。

图 2-4 所示的服务器运行了 Web 服务、SMTP 服务和 POP3 服务。这 3 个服务分别使用 HTTP、SMTP 和 POP3 与客户端通信。现在网络中的 A 计算机、B 计算机和 C 计算机分别打算访问服务器的 Web 服务、SMTP 服务和 POP3 服务。发送了 3 个数据包①②③，这 3 个数据包的目标端口分别是 80、25 和 110，服务器收到这 3 个数据包，就根据目标端口将数据包提交给不同的服务。

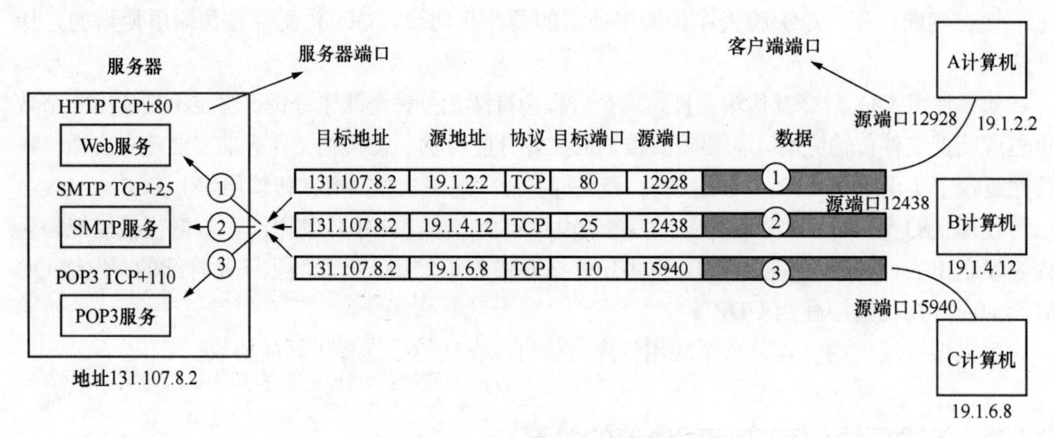

图 2-4 端口和服务的关系

现在大家明白，数据包的目标 IP 地址是用来在网络中定位某一个服务器的，目标端口是用来定位服务器上的某个服务的。

图 2-4 展示了 A、B、C 计算机访问服务器的数据包，有目标端口和源端口，源端口是计算机临时为客户端程序分配的，服务器向 A、B、C 计算机发送响应数据包，源端口就变成了目标端口。

A 计算机打开谷歌浏览器，一个页面访问网址百度，另一个页面访问网址 51CTO，这就需要建立两个 TCP 连接，如图 2-5 所示。A 计算机会给每个页面临时分配一个客户端端口（要求本地唯一），从 51CTO 学院返回的数据包的目标端口是 13456，从百度网站返回的数据包的目标端口是 12928，这样 A 计算机就知道这些数据包是来自哪个网站的，应提交给哪一个页面。

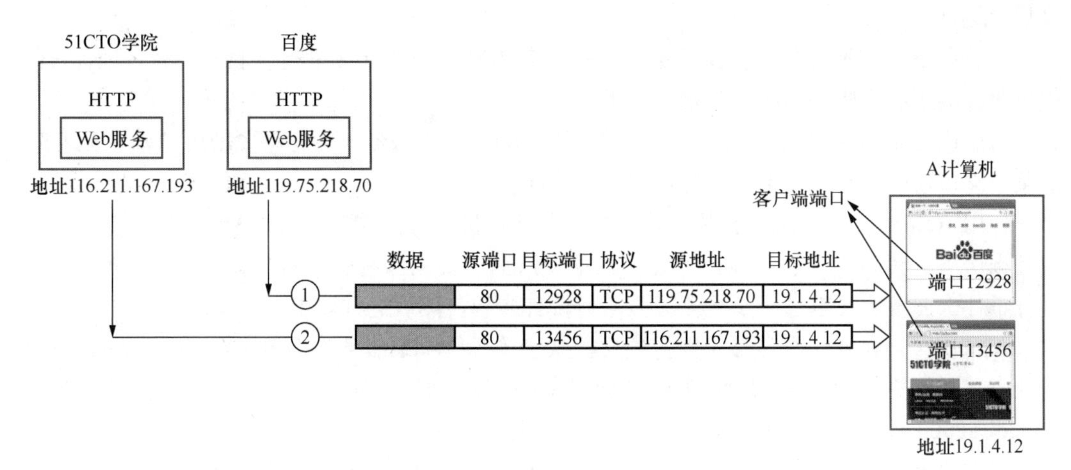

图 2-5 客户端端口的作用

在传输层使用 16 位二进制标识一个端口，端口号的取值范围是 0～65535。

端口号分为以下两大类。

1. 服务器使用的端口号

服务器端使用的端口号又分为两类，最重要的一类叫作“熟知端口号”（well-known port number）或“系统端口号”，数值为 0～1023。这些数值可在网址 IANA 官网查到。互联网数字分配机构（IANA）把这些端口号指派给了 TCP/IP 最重要的一些应用程序，让所有的用户都知道。图 2-6 给出了一些常用的熟知端口号。

应用程序或服务	FTP	Telnet	SMTP	DNS	TFTP	HTTP	SNMP
熟知端口号	21	23	25	53	69	80	161

图 2-6 熟知端口号

另一类叫作“登记端口号”，数值为 1024～49151。这类端口号是供没有熟知端口号的应用程序使用的。使用这类端口号必须在 IANA 按照规定的手续登记，以防止重复。例如，微软的 RDP 使用 TCP 的 3389 端口，就属于登记端口号的范围。

2. 客户端使用的端口号

当打开浏览器访问网站或登录 QQ 等客户端软件和服务器建立连接时，计算机会为客户端软件分配一个临时端口，这就是客户端端口，取值范围为 49152～65535。由于这类端口号仅在客户进程运行时才动态选择，因此又叫作“临时（短暂）端口号”。这类端口号是留给客户进程暂时使用的。当服务器进程收到客户进程的报文时，就知道了客户进程所使用的端口号，因而可以把数据发送给客户进程。通信结束后，刚才已使用过的客户端口号就不复存在，这个端口号就可以供其他客户进程以后使用。

2.1.3 服务和端口的关系

下面先介绍操作系统上的服务，再介绍服务和端口的关系。

有些程序是以服务的形式运行的，在 Linux 和 Windows 操作系统上都有很多服务，这些服务在开机时就运行，而不用像程序一样需要用户登录后单击运行，因此我们通常会说服务是后台运行的。

有些服务为本地计算机提供服务，有些服务为网络中的计算机提供服务。为本地计算机提供服务的服务不需要侦听客户端的请求。

有些服务是为网络中的其他计算机提供服务的，这类服务一运行就要使用 TCP 或 UDP 的某个端口侦听客户端的请求，等待客户端的连接。

使用 Telnet 命令或端口扫描工具扫描远程计算机打开的端口，就能判断远程计算机开启了什么服务。黑客入侵服务器，通过扫描服务器端口就能探测服务器开启了什么服务，知道运行了什么服务才可以进一步检测该服务是否有漏洞，然后进行攻击。

Windows 7 操作系统虽然也能提供文件共享等一些基础服务，但要想在 Windows 操作系统上安装更多的服务还需要 Windows Server 这些版本的操作系统。下面在虚拟机 Windows2003Web 启用远程桌面，讲解如何掌握服务和端口的关系。

在虚拟机 Windows2003Web 上打开命令行工具，输入“netstat -an”查看现有服务使用的协议和侦听的端口，如图 2-7 所示。可以看到 TCP 的 445 端口，State（状态）为 LISTENING（侦听）。

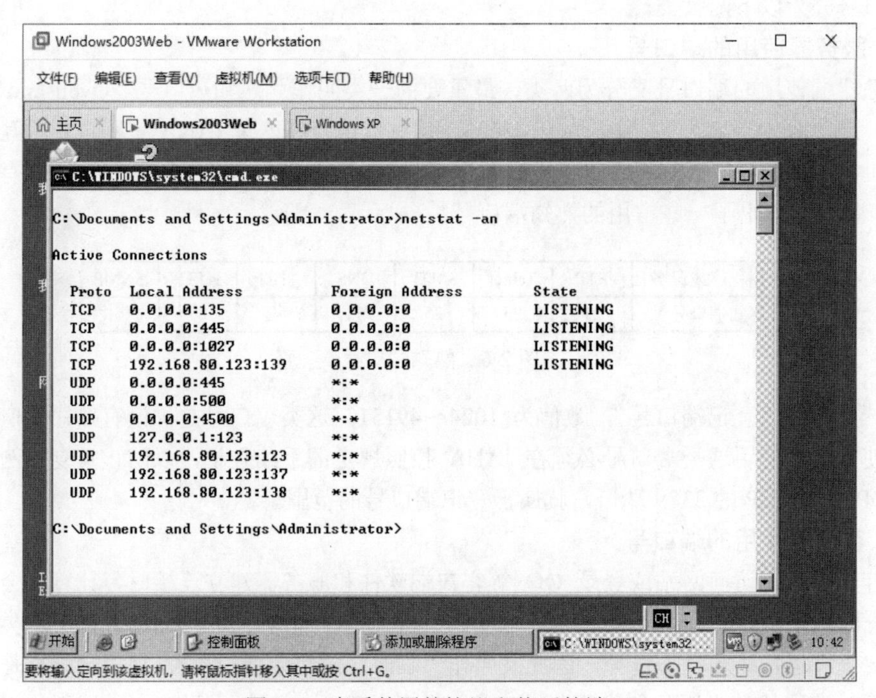

图 2-7 查看使用的协议和侦听的端口

右击虚拟机 Windows2003Web 上的“我的电脑”图标，单击“属性”选项，在出现的“系统属性”对话框的“远程”选项卡下，勾选“启用这台计算机上的远程桌面”复选框，如图 2-8 所示，在出现的“远程会话”对话框中提示远程连接的用户必须有密码，单击“确定”按钮。

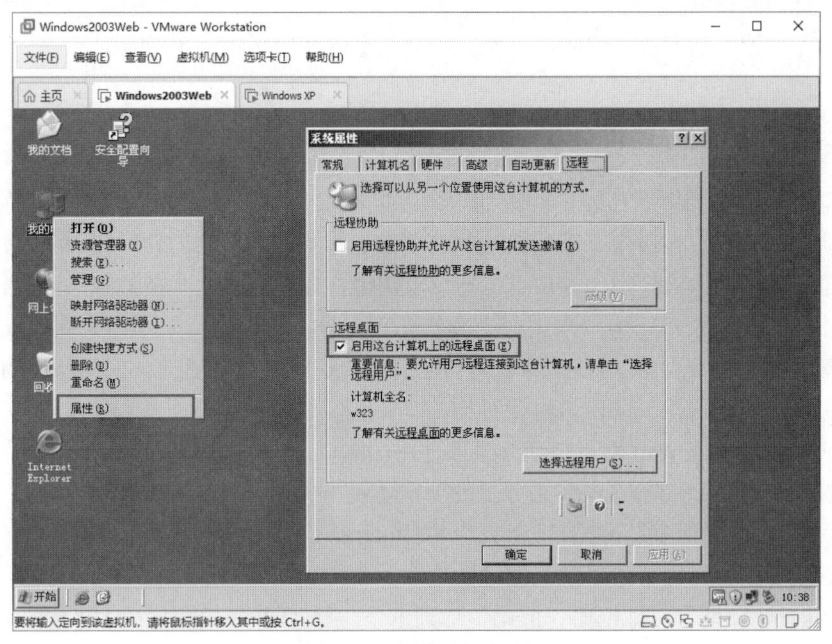

图 2-8　启用远程桌面

再次在命令提示符处输入“netstat -an”，可以看到远程桌面服务已经使用 TCP 的 3389 端口侦听客户端的请求了，如图 2-9 所示。

图 2-9　查看新增的侦听端口

通过上面的演示得出以下结论：服务器给网络中的计算机提供服务，该服务一运行就会使用TCP或UDP的一个端口侦听客户端的请求，每个服务使用的端口必须唯一。如果发现安装了服务，但客户端不能访问，就要检查该服务是否运行、在客户端 Telnet 服务器上的某个端口是否能够成功访问。

服务器上的服务侦听的端口不能冲突，否则将会造成服务启动失败。

2.1.4 实战：更改服务使用的默认端口

通过前面的讲解知道了传输层协议加端口可以标识一个应用层协议，应用层协议也可以不使用默认端口和客户端通信。下面演示如何更改远程桌面协议（RDP）和 Web 服务所使用的端口。更改应用层协议使用的端口可以迷惑攻击者，让其没办法判断该端口对应什么服务。但此方法不适用默认端口，客户端访问必须指明端口号，否则会带来不便。例如，你公司有个网站，部署到 Internet，该网站只对公司员工开放，这时就可以更改该网站使用的端口号，告诉公司员工应该使用什么端口访问该网站。

下面演示如何更改 Web 站点和远程桌面使用的端口。

启动虚拟机 Windows2003Web 服务上的 World Wide Web Publishing Service 服务。

单击“开始”→“程序”→“管理工具”→“Internet 信息服务（IIS）管理器”，打开 Internet 信息服务管理工具。右键单击“默认网站”选项，单击“属性”选项，如图 2-10 所示。在出现的“默认网站 属性”对话框的“网站”选项卡下，将 TCP 端口指定成 808，单击“确定”按钮。

图 2-10 更改网站使用的端口

在命令提示符处输入“netstat –an”，可以看到侦听的端口有 808。

在虚拟机 WindowsXP 上访问该网站需要输入冒号、端口号，打开浏览器输入“http://192.168.80.100:808”，如图 2-11 所示。

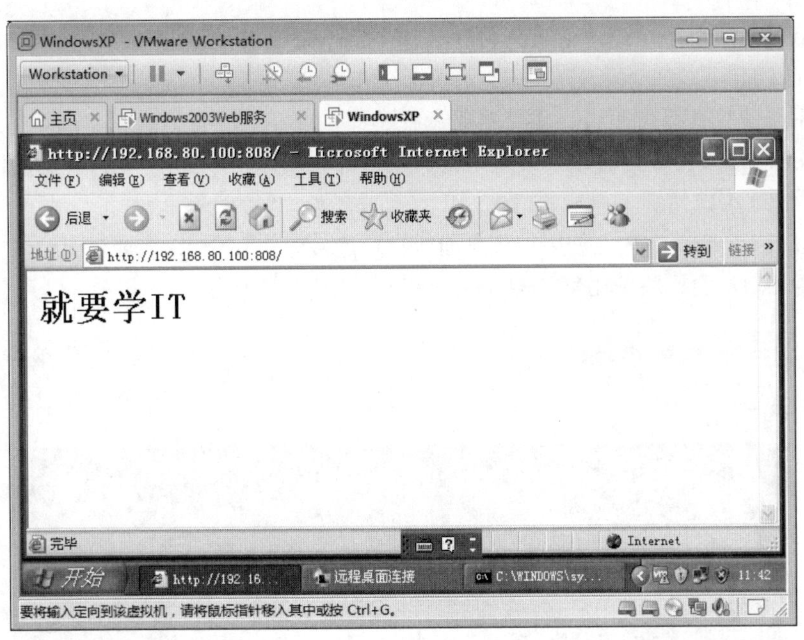

图 2-11 使用指定的端口访问网站

有些服务没有提供更改端口的界面，如远程桌面服务就没有提供更改端口的界面，可以通过注册表更改使用的端口。但有些系统协议使用固定的端口号，是不能被改变的，如 139 端口专门用于 NetBIOS 与 TCP/IP 之间的通信，不能手动改变。

下面的操作将会通过更改注册表，将远程桌面协议（RDP）使用的端口由默认的 3389 更改为 4000。

单击“开始”→“运行”，输入“regedit”，单击“确定”按钮，打开注册表编辑器。

找到并单击以下注册表子项：HKEY_LOCAL_MACHINE\System\CurrentControlSet\Control\TerminalServer\WinStations\RDP-Tcp\PortNumber，如图 2-12 所示。

图 2-12 更改远程桌面使用的端口

在“编辑”菜单上单击“修改”按钮，选中“十进制”，输入新端口号“4000”，然后单击“确定”按钮。

重启系统或打开系统属性，重新启用远程桌面，就相当于重启远程桌面服务了，登录后再运行“netstat -n”命令，可以发现看不到原来远程桌面使用 TCP 侦听的 3389 端口，现在改用 TCP 的 4000 端口侦听客户端的请求。

在虚拟机 WindowsXP 上使用远程桌面客户端连接时需要在 IP 地址后面输入“:4000”来指明使用的端口，否则将使用默认的 3389 端口，如图 2-13 所示。

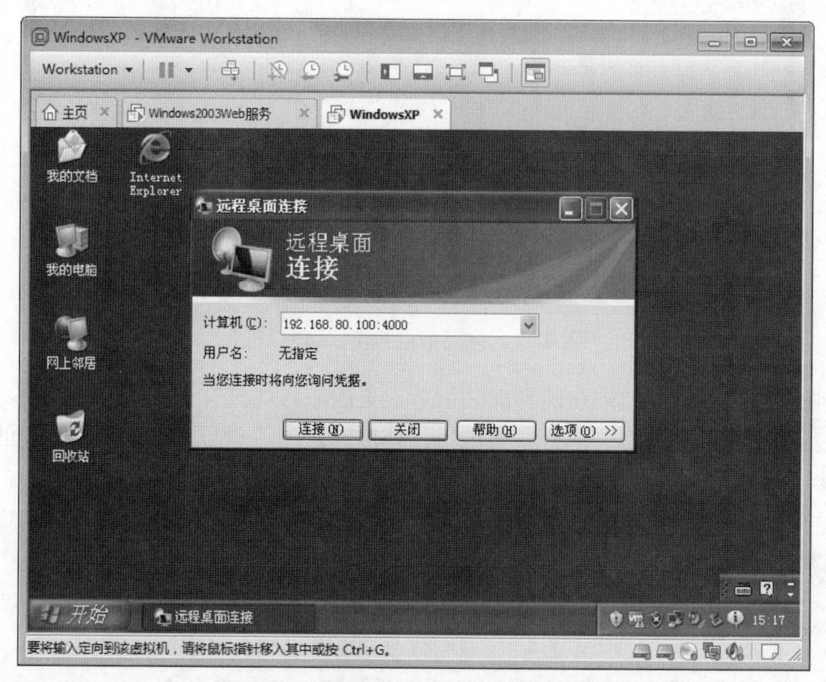

图 2-13 使用指定的端口连接远程桌面

由此可见，服务器端负责服务侦听的端口变化了，客户端连接服务器端时需要指明使用的端口。当然其他的服务如 FTP、SMTP 或 POP3 使用的端口可以更改，客户端访问时也需要指明使用的端口，这里不再一一演示。

2.1.5 端口和网络安全的关系

客户端和服务器端之间的通信使用应用层协议，应用层协议使用传输层协议加端口标识，知道了这个关系后，也可以保障服务器的网络安全了。

如果在一个服务器上安装多个服务，其中一个服务有漏洞，被黑客入侵了，黑客就能获得操作系统的控制权，从而进一步破坏其他服务。

服务器对外提供 Web 服务，在服务器上还安装了微软的数据库服务 MSSQL，网站的数据就存储在本地的数据库中。如果服务器的防火墙没有对进入的流量做任何限制，且数据库的内置管理员账户 sa 的密码为空或是弱密码，网络中的黑客就可以通过 TCP 的 1433 端口连接到数据库服务，并能很容易猜出数据库账户 sa 的密码，从而获得服务器操作系统管理员的身份，进一步在该服务器中为所欲为。这就意味着服务器被入侵了。

TCP/IP 在传输层有两个协议：TCP 和 UDP，相当于网络中的两扇大门，门上开的洞就相当于开放 TCP 和 UDP 的端口，如图 2-14 所示。

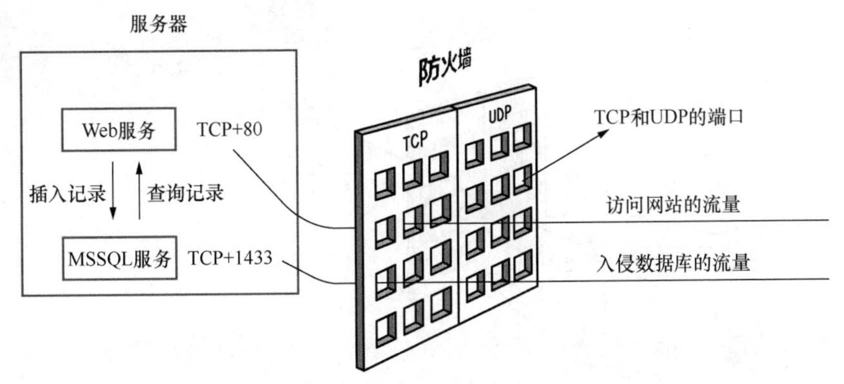

图 2-14 服务器上的防火墙示意图

如果想让服务器更加安全，就把能够通往应用层的 TCP 和 UDP 的两扇大门关闭，只在大门上开放必要的端口，如图 2-15 所示。如果你的服务器对外只提供 Web 服务，便可以设置 Web 服务器防火墙只对外开放 TCP 的 80 端口，其他端口都关闭，这样即便服务器运行了数据库服务，使用 TCP 的 1433 端口侦听客户端的请求，Internet 上的入侵者也没有办法通过数据库入侵服务器。

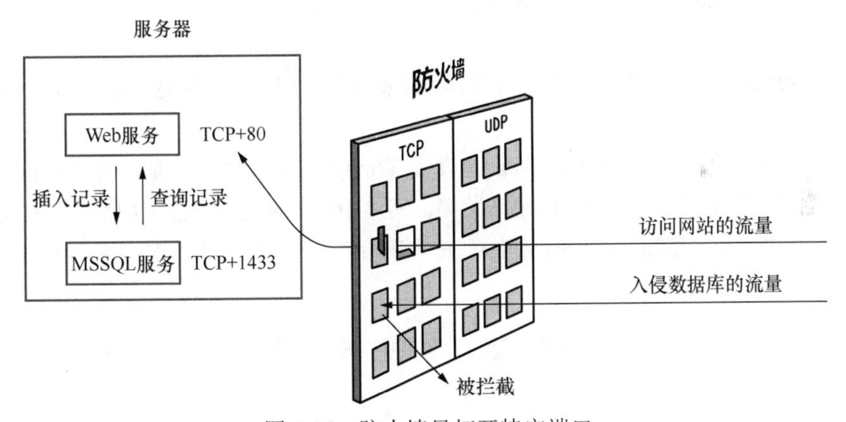

图 2-15 防火墙只打开特定端口

设置服务器的防火墙只开放必要的端口，可以加强服务器的网络安全。

也可以在连接企业内网和外网的路由器上设置访问控制列表（ACL）来实现网络防火墙的功能，控制内网访问 Internet 的流量。企业路由器只开放了 UDP 的 53 端口和 TCP 的 80 端口，允许内网计算机将域名解析的数据包发送到 Internet 的 DNS 服务器，允许内网计算机使用 HTTP 访问 Internet 上的 Web 服务器，如图 2-16 所示。但内网计算机不能访问 Internet 上的其他服务，如向 Internet 发送邮件（使用 SMTP）、从 Internet 接收邮件（使用 POP3）。

现在大家就会明白，如果不能访问某个服务器的服务，也有可能是网络中的路由器封掉了该服务使用的端口。在图 2-16 中，内网计算机 Telnet SMTP 服务器的 25 端口就会失败，这并不是因为 Internet 上的 SMTP 服务器没有运行 SMTP 服务，而是因为网络中的路由器封掉了访问 SMTP 服务器的 25 端口。

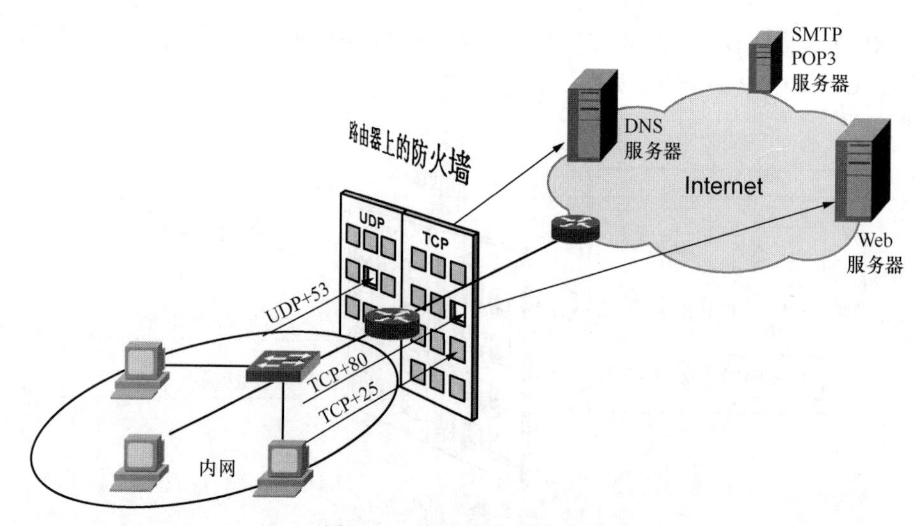

图 2-16 路由器上的防火墙

2.1.6 实战：通过 Windows 防火墙和 TCP/IP 筛选实现网络安全

Windows Server 2003 网络操作系统和 Windows XP 操作系统上都有 Windows 防火墙，可以设置计算机对外开放哪些端口来实现网络安全。Windows 防火墙的设置需要 Windows Firewall/Internet Connection Sharing（ICS）服务，该服务如果被异常终止，Windows 防火墙将不起作用。

还有比 Windows 防火墙更加安全的设置，那就是使用 TCP/IP 筛选。更改该设置需要重启系统才能生效。

现在演示在虚拟机 Windows2003Web 上设置 Windows 防火墙，只允许网络中的计算机使用 TCP 的 80 端口访问其网站，其他端口统统关闭，网络中的计算机也不能使用远程桌面连接了。

在虚拟机 Windows2003Web 服务上单击“开始”→“设置”→“网络连接”，如图 2-17 所示。

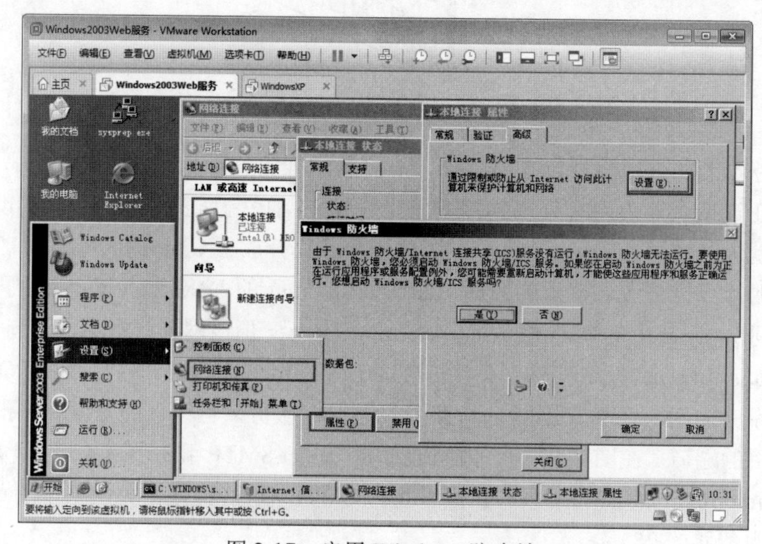

图 2-17 启用 Windows 防火墙

在图 2-17 所示的“网络连接”窗口中双击“本地连接”图标，在出现的“本地连接 状态”对话框的“常规”选项卡下单击“属性”按钮。在出现的“本地连接 属性”对话框的“高级”选项卡下单击“设置”按钮。出现“Windows 防火墙”对话框，提示要启动 Windows 防火墙/ICS 服务，单击“是”按钮。

在出现的“Windows 防火墙”对话框的“常规”选项卡下选中“启用”单选项，如图 2-18 所示。

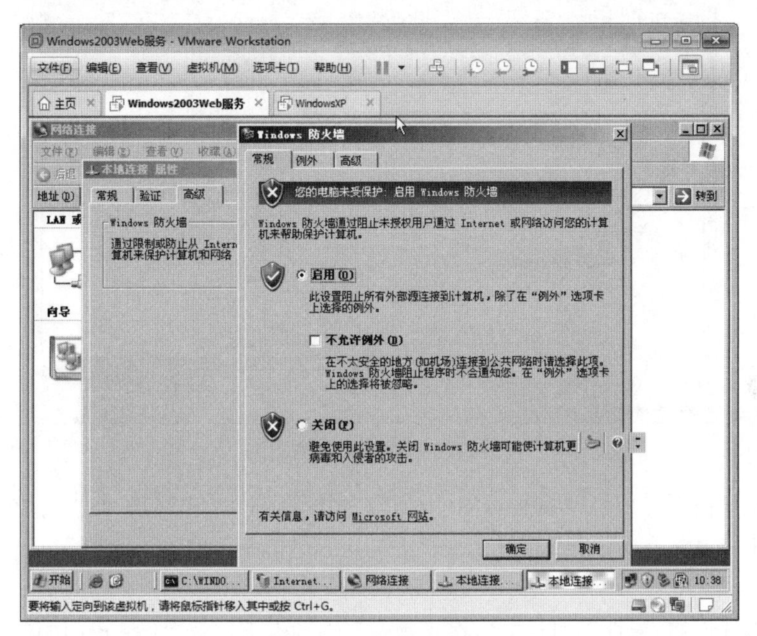

图 2-18 启用防火墙

单击“例外”选项卡可以看到内置的 3 个规则，单击“添加端口”按钮，在出现的“添加端口”对话框中输入名称和端口号，选中“TCP”单选项，单击“确定”按钮，如图 2-19 所示。

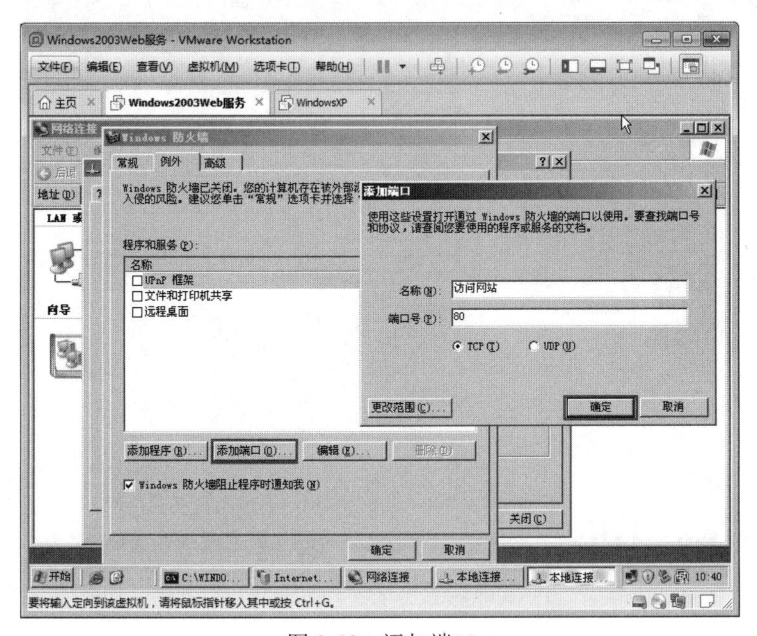

图 2-19 添加端口

在“例外”选项卡下勾选刚刚创建的规则，单击“确定”按钮，如图2-20所示。

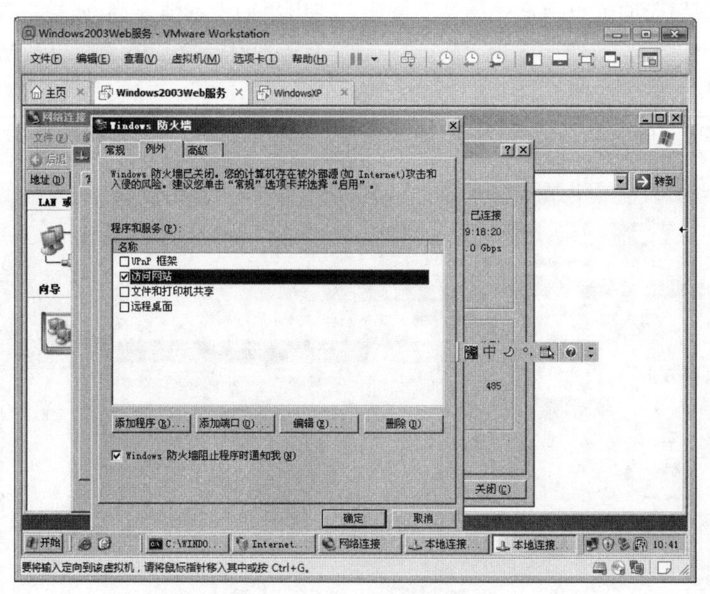

图2-20 关闭防火墙服务

下面演示如何在虚拟机WindowsXP上使用TCP/IP筛选，只开放TCP的80端口。上面的操作已经停止了Windows Firewall/Internet Connection Sharing（ICS）服务，在此基础上继续下面的操作。

打开“本地连接 属性”对话框，在“常规”选项卡下勾选“Internet 协议（TCP/IP）”复选框，单击“属性”按钮，如图2-21所示。

图2-21 选择创建端口

在虚拟机 WindowsXP 上测试，网站能够访问，但远程桌面不能连接了。

在虚拟机 Windows2003Web 服务上停止 Windows Firewall/Internet Connection Sharing（ICS）服务，在虚拟机 WindowsXP 上就能够使用远程桌面连接该服务器，说明 Windows 防火墙不起作用了，如图 2-22 所示。

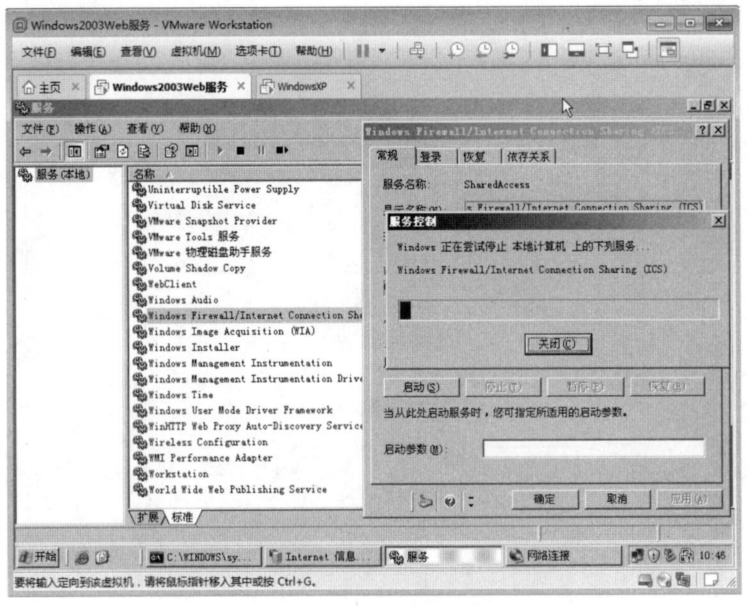

图 2-22　打开 TCP/IP 属性

在出现的“Internet 协议（TCP/IP）属性”对话框中单击“高级”按钮，在出现的“高级 TCP/IP 设置”对话框的“选项”选项卡下选中“TCP/IP 筛选”，单击“属性”按钮，如图 2-23 所示。

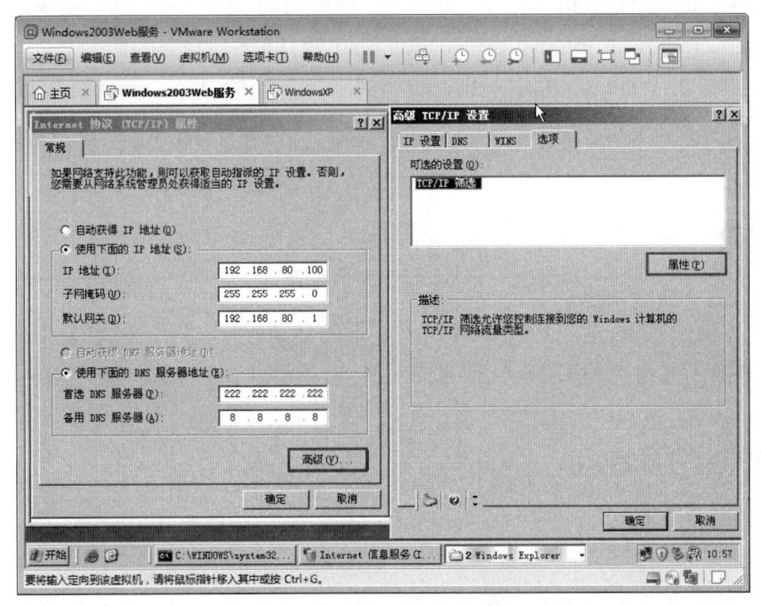

图 2-23　打开 TCP/IP 筛选属性

在出现的“TCP/IP 筛选”对话框中勾选“启用 TCP/IP 筛选（所有适配器）”复选框，TCP 端口和 UDP 端口都选中“只允许”单选项，在 TCP 端口下单击“添加”按钮，在出现的“添加筛选器”对话框中输入“80”，单击“确定”按钮，如图 2-24 所示。设置完成后，重启系统。

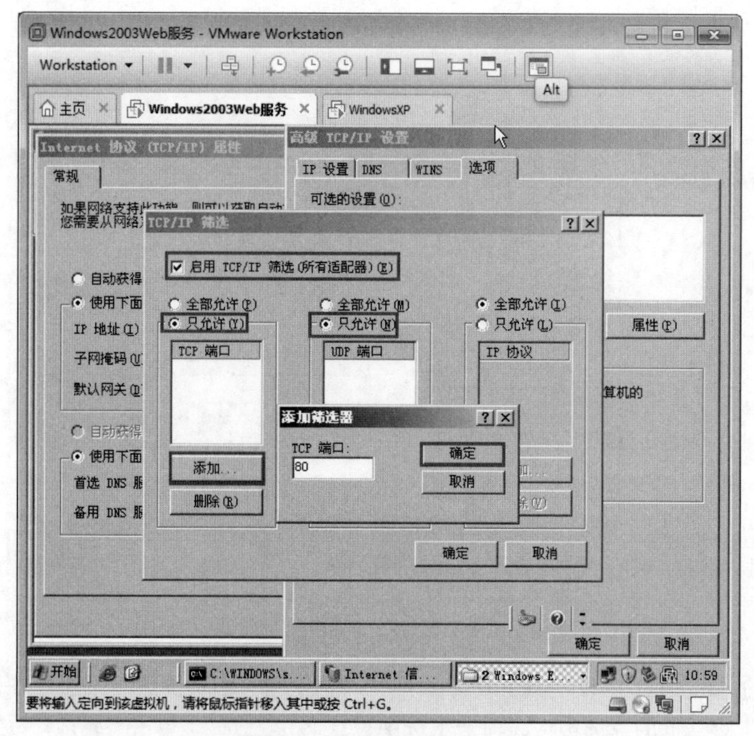

图 2-24 设置 TCP/IP 筛选

在虚拟机 WindowsXP 上进行测试，发现网站能够访问，而远程桌面不能连接。因此，TCP/IP 筛选不受 Windows Firewall/Internet Connection Sharing（ICS）服务的影响。

以上是在虚拟机 Windows2003Web 上做的演示，不同的 Windows 或 Linux 操作系统虽然配置命令和配置方式不同，但功能相似。

2.2 UDP

虽然都是传输层协议，但 TCP 和 UDP 所实现的功能不同，TCP 和 UDP 的首部也不相同。下面讲解 UDP 的主要特点和 UDP 报文的首部格式。

2.2.1 UDP 的主要特点

UDP 只在 IP 的数据报服务之上增加了很少的一点功能，即复用和分用功能以及差错检验功能。这里所说的复用和分用，就是使用端口标识不同的应用层协议。UDP 的主要特点如下。

（1）UDP 是无连接的，即发送数据之前不需要建立连接（当然发送数据结束时也没有连接可释放），因此减少了开销和发送数据之前的时延。

（2）UDP 使用尽最大努力交付，即不保证可靠交付，因此主机不需要维持复杂的连接状态表（这里面有许多参数），通信的两端不用保持连接，因此节省了系统资源。

（3）UDP 是面向报文的，发送方的 UDP 对应用程序交下来的报文添加首部后就向下交付给网络层。UDP 对应用层交下来的报文既不合并，也不拆分，而是保留这些报文的边界。这就是说，应用层交给 UDP 多长的报文，UDP 就原样发送，一次发送一个报文，如图 2-25 所示。在接收方的 UDP，对 IP 层交上来的 UDP 用户数据报，在去除首部后就原封不动地交付给上层的应用进程。也就是说，UDP 一次交付一个完整的报文。因此，应用程序必须选择大小合适的报文。若报文太长，UDP 把它交给 IP 层后，IP 层在传输时可能需要进行分片，这会降低 IP 层的效率；反之，若报文太短，UDP 把它交给 IP 层后，会使 IP 数据报的首部的相对长度太大，这也会降低 IP 层的效率。

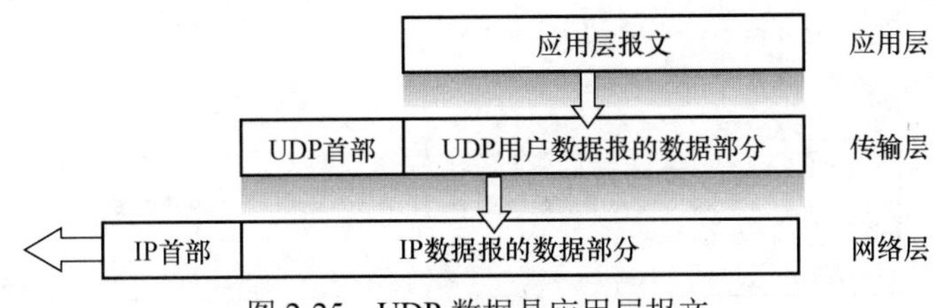

图 2-25　UDP 数据是应用层报文

（4）UDP 没有拥塞控制，因此网络出现的拥塞不会使源主机的发送速率降低。这对某些实时应用是很重要的。很多的实时应用（如 IP 电话、实时视频会议等）要求源主机以恒定的速率发送数据，并且允许在网络发生拥塞时丢失一些数据，但不允许数据有太大的时延。UDP 正好适合这种要求。

（5）UDP 支持一对一、一对多、多对一和多对多的交互通信。

（6）UDP 的首部开销小，只有 8 字节，比 TCP 的 20 字节的首部要短。

虽然某些实时应用需要使用没有拥塞控制功能的 UDP，但当很多源主机同时向网络发送高速率的实时视频流时，网络就有可能发生拥塞，使大家都无法正常接收数据。因此，使用没有拥塞控制功能的 UDP 有可能会使网络发生严重的拥塞问题。还有一些使用 UDP 的实时应用，需要对 UDP 的不可靠的传输进行适当的改进，以减少数据的丢失。在这种情况下，应用进程本身可以在不影响应用的实时性的前提下，增加一些提高可靠性的措施，如采用前向纠错或重传已丢失的报文。

2.2.2　UDP 报文的首部格式

在讲 UDP 报文的首部格式之前，先来看看抓包工具捕获的域名解析的数据包，域名解析使用 DNS 协议，在传输层使用 UDP。UDP 的首部包括 4 个字段：源端口、目标端口、长度和检验和，每个字段的长度是两字节，如图 2-26 所示。

UDP 用户数据报有两个字段：数据字段和首部字段。首部字段很简单，只有 8 字节，由 4 个字段组成，每个字段的长度都是两字节，如图 2-27 所示。各字段的含义如下。

（1）源端口，即源端口号，在需要对方回信时选用，不需要时可用全 0。

（2）目标端口，目标端口号，在终点交付报文时必须使用到。

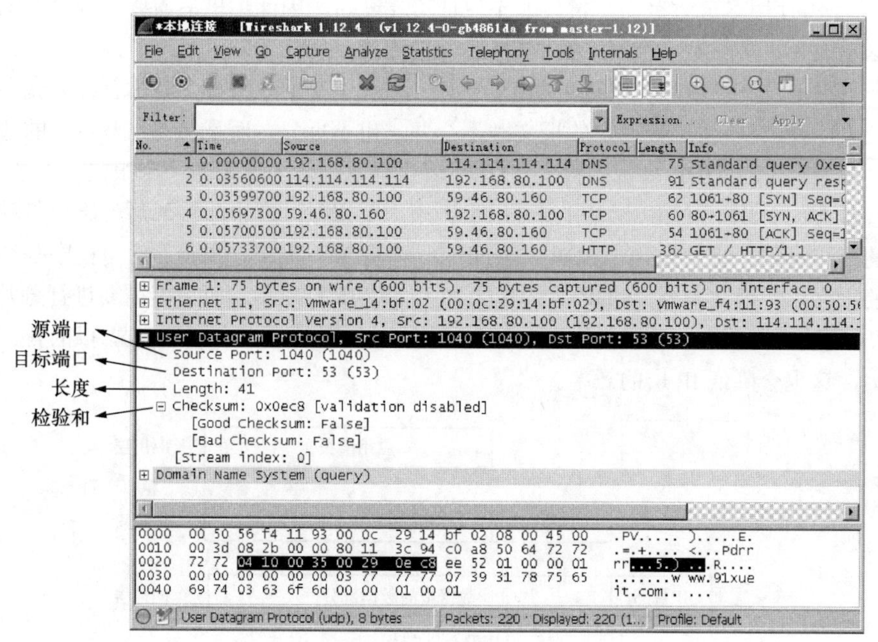

图 2-26 UDP 首部

（3）长度，即 UDP 用户数据报的长度，其最小值是 8（仅有首部）。

（4）检验和，用来检测 UDP 用户数据报在传输过程中是否有错，有错就丢弃。

UDP 用户数据报首部中检验和的计算方法有些特殊。在计算检验和时，要在 UDP 用户数据报之前增加 12 字节的伪首部。所谓“伪首部”，是因为这种伪首部并不是 UDP 用户数据报真正的首部。只是在计算检验和时，临时添加在 UDP 用户数据报前面，得到一个临时的 UDP 用户数据报。检验和就是按照这个临时的 UDP 用户数据报来计算的。伪首部既不向下传输也不向上递交，其作用只是计算检验和。图 2-27 最上面给出了伪首部的各个字段。

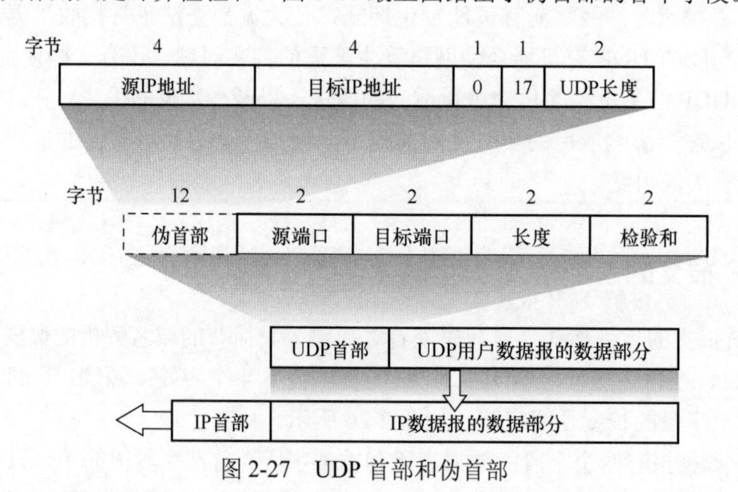

图 2-27 UDP 首部和伪首部

UDP 计算检验和的方法和计算 IP 数据报首部检验和的方法相似，不同的是 IP 数据报的检验和只检验 IP 数据报的首部，而 UDP 的检验和是把首部和数据部分一起检验。发送方首先把全 0 放入检验和字段，再把伪首部以及 UDP 用户数据报看成是由许多 16 位的字串接起来的。若 UDP 用户数据报的数据部分不是偶数字节，则要填入一个全 0 字节（但此字节不发送）。

然后按二进制反码计算出这些 16 位字的和，将此和的二进制反码写入检验和字段后，就发送这样的 UDP 用户数据报。

接收方把收到的 UDP 用户数据报连同伪首部（以及可能的填充全 0 字节）一起按二进制反码求这些 16 位字的和。当无差错时其结果应为全 1；否则就表明有差错出现，接收方就应丢弃这个 UDP 用户数据报（也可以上交给应用层，但附上出现了差错的警告）。

图 2-28 给出了一个计算 UDP 检验和的例子。这里假定用户数据报的长度是 15 字节，因此要添加一个全 0 的字节。你可以自己检验一下在接收端是怎样对检验和进行检验的。不难看出，这种简单的差错检验方法的检错能力并不强，但它的好处是简单，处理起来较快。

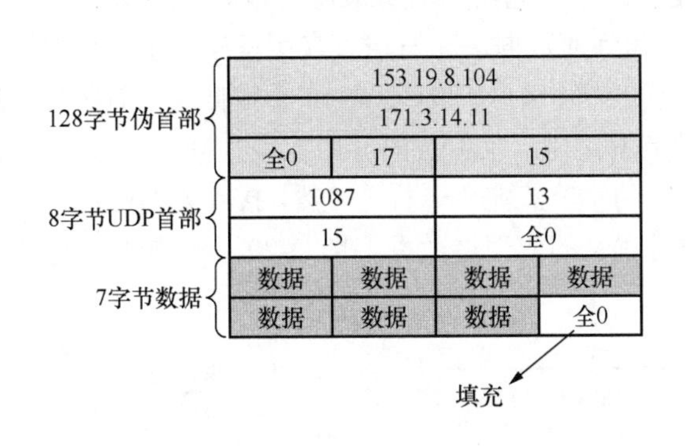

10011001 00010011 → 153.19
00001000 01101000 → 8.104
10101011 00000011 → 171.3
00001110 00001011 → 14.11
00000000 00010001 → 0和17
00000000 00001111 → 15
00000100 00111111 → 1087
00000000 00001101 → 13
00000000 00001111 → 15
00000000 00000000 → 0（检验和）
01010100 01000101 → 数据
01010011 01010100 → 数据
01001001 01001110 → 数据
01000111 00000000 → 数据和0（填充）

按二进制反码运算求和 10010110 11101101 → 求和得出的结果
将得出的结果求反码 01101001 00010010 → 检验和

图 2-28 计算 UDP 检验和的例子

伪首部的第 3 个字段是全 0。第 4 个字段是 IP 首部中的协议字段的值，对于 UDP，此协议字段值为 17。第 5 个字段是 UDP 用户数据报的长度。因此，这样的检验和，既检查了 UDP 用户数据报的源端口号和目标端口号，以及 UDP 用户数据报的数据部分，又检查了 IP 数据报的源 IP 地址和目标 IP 地址。

2.3 TCP

TCP 比 UDP 实现的功能要多，数据传输过程要解决的问题也比 UDP 多。下面先介绍 TCP 的主要特点，然后再讲解 TCP 报文的首部格式。

2.3.1 TCP 的主要特点

TCP 是 TCP/IP 体系中非常复杂的一个协议。下面介绍 TCP 主要的特点。

（1）TCP 是面向连接的传输层协议。应用程序在使用 TCP 之前，必须先建立 TCP 连接；在传输数据完毕后，必须释放已经建立的 TCP 连接。这就是说，应用进程之间的通信好像在“打电话”：通话前要先拨号建立连接，通话结束后要挂机释放连接。

（2）每一条 TCP 连接只能有两个端点（end point），只能是点对点（一对一）的连接。

（3）TCP 提供可靠交付的服务。也就是说，通过 TCP 连接传输的数据无差错、不丢失、不重复且按序发送。

（4）TCP 提供全双工通信。TCP 允许通信双方的应用进程在任何时候都能发送数据。TCP 连接的两端都设有发送缓存和接收缓存，用来临时存放双向通信的数据。在发送时，应用程序把数据传输给 TCP 的缓存后就可以做自己的事，而 TCP 在合适的时候再把数据发送出去。在接收时，TCP 把收到的数据放入缓存，上层的应用进程会在合适的时候读取缓存中的数据。

（5）面向字节流。TCP 中的“流”（steam）指的是流入进程或从进程流出的字节序列。“面向字节流”的含义是：虽然应用程序和 TCP 的交互是一次一个数据块（大小不等），但 TCP 把应用程序交下来的数据仅仅看成是一连串的无结构的字节流。TCP 并不知道所传输的字节流的含义，也不保证接收方应用程序收到的数据块和发送方应用程序发出的数据块具有对应的大小关系（例如，发送方应用程序交给发送方的 TCP 共 10 个数据块，而接收方的 TCP 可能只用了 4 个数据块就把收到的字节流交付给了上层的应用程序）。但接收方应用程序收到的字节流必须和发送方应用程序发出的字节流完全一样。当然，接收方的应用程序必须有能力识别收到的字节流，把它还原成有意义的应用层数据。图 2-29 所示的是上述概念的示意图。

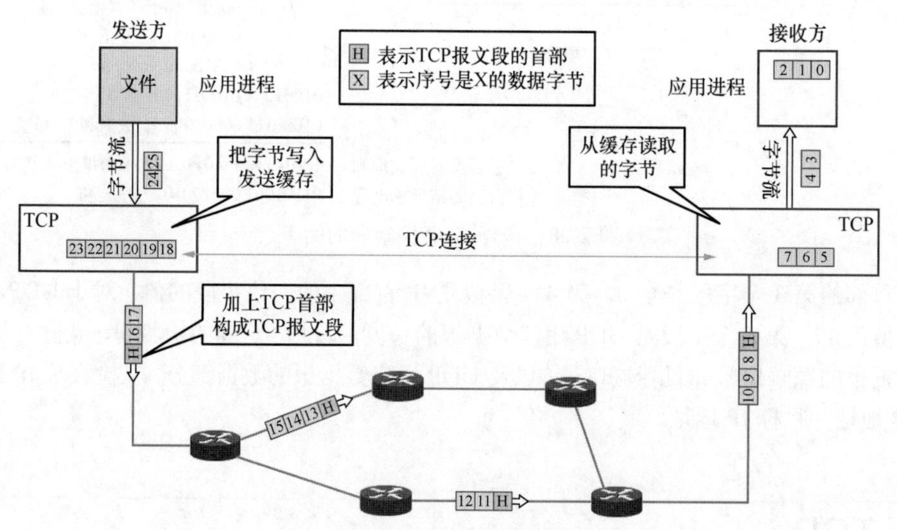

图 2-29 TCP 面向字节流的概念

为了突出示意图的要点，这里只画出了一个方向的数据流。但请注意，在实际的网络中，一个 TCP 报文段包含上千个字节是很常见的，而图中的各部分都只画出了几个字节，这仅仅是为了更方便地说明“面向字节流”的概念。另一点很重要的是：图 2-29 中的 TCP 连接是一条虚连接，而不是一条真正的物理连接。TCP 报文段先要传输到 IP 层，加上 IP 首部后，再传输到数据链路层；再加上数据链路层的首部和尾部后，才离开主机发送到物理链路。

从图 2-29 中可以看出，TCP 和 UDP 在发送报文时所采用的方式完全不同。TCP 对应用进程一次把多长的报文发送到 TCP 的缓存中是不关心的，只根据对方给出的窗口值和当前网络拥塞的程度来决定一个报文段应包含多少字节（UDP 发送的报文长度是应用进程给出的）。如果应用进程传输到 TCP 缓存的数据块太长，TCP 就可以把它划分得短一些再传输。如果应用进程一次只发来一字节，TCP 也可以等待积累到足够多的字节后再构成报文段发送出去。

2.3.2 TCP 报文的首部格式

下面讲解 TCP 报文的首部格式，TCP 能够实现数据分段传输、可靠传输、流量控制、网络拥塞避免等功能，因此 TCP 报文首部比 UDP 报文首部字段要多，并且首部长度不固定。

图 2-30 所示的是抓包工具捕获的数据包，找到一个 HTTP 的数据包分析，HTTP 在传输层使用的是 TCP，图中标注了 TCP 传输层首部的各个字段，该数据包的 TCP 首部没有选项部分。

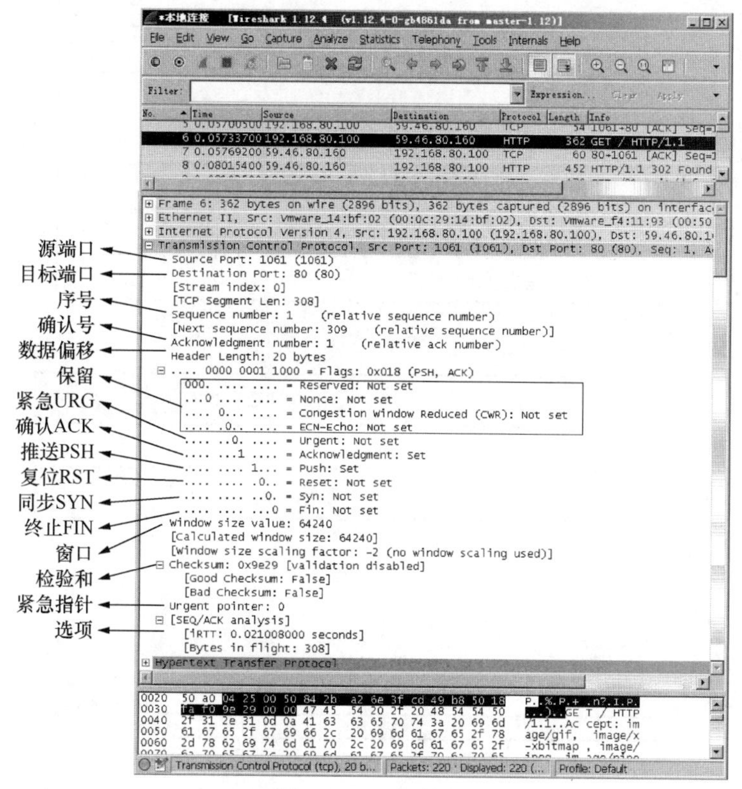

图 2-30 TCP 首部

TCP 虽然是面向字节流的，但 TCP 传输的数据单元却是报文段。一个 TCP 报文段分为首部和数据两部分，TCP 的全部功能都体现在它的首部中各字段的作用上。因此，只有弄清 TCP 首部各字段的作用，才能掌握 TCP 的工作原理。下面讨论 TCP 报文段的首部格式。TCP 报文段首部的前 20 字节是固定的，后面有 $4N$ 字节是根据需要而增加的选项（N 是整数），如图 2-31 所示。因此 TCP 首部的最小长度是 20 字节。

首部固定部分各字段的意义如下。

（1）源端口和目标端口，各占 2 字节，分别写入源端口号和目标端口号。和 UDP 一样，TCP 使用端口号标识不同的应用层协议。

（2）序号，占 4 字节，序号范围是$[0,2^{32}-1]$，共 2^{32}（4 294 967 296）个序号。序号增加到 $2^{32}-1$ 后，下一个序号就又回到 0。TCP 是面向字节流的。在一个 TCP 连接中传输的字节流的每一字节都按顺序编号。整个要传输的字节流的起始序号必须在连接建立时设置。首部中的序号字段值则指的是本报文段所发送的数据的第一个字节的序号。下面以 A 计算机给 B 计算机发送一个文件为例来说明序号和确认号的用法，为了方便说明问题，传输层其他字段没有展现，第 1 个报文段的序号字段值是 1，而携带的数据共有 100 字节，如图 2-32 所示。这就表明本报文段的数据的第一个字节的序号是 1，最后一个字节的序号是 100。下一个报文段的数据序号应当从 101 开始，即下一个报文段的序号字段值应为 101。这个字段的名称也叫作“报文段序号”。

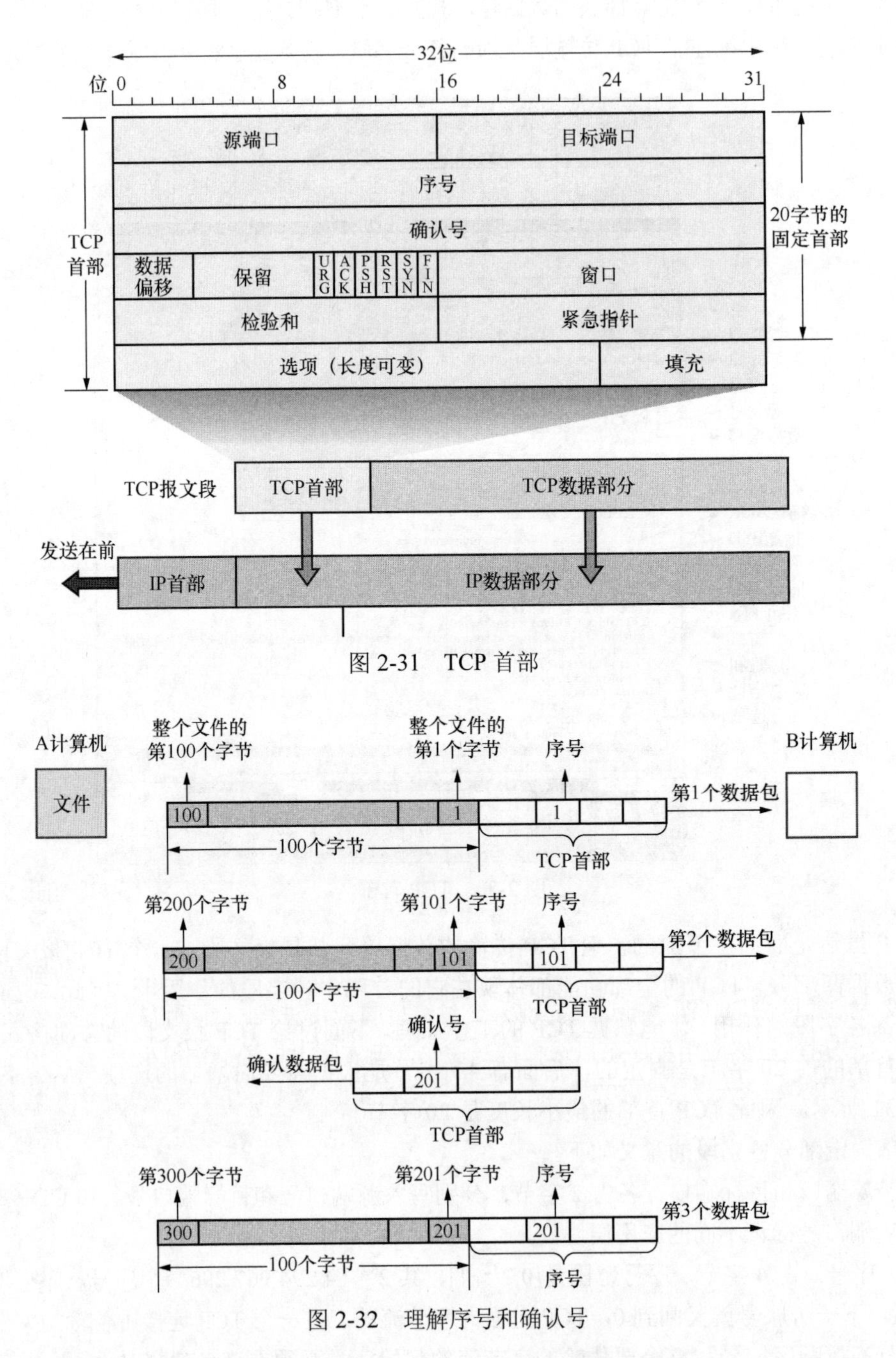

图 2-31　TCP 首部

图 2-32　理解序号和确认号

B 计算机将收到的数据包放到缓存，根据序号对收到的数据包中的字节进行排序，B 计算机的程序会从缓存中读取编号连续的字节。

（3）确认号，占 4 字节，是期望收到对方下一个报文段的第一个数据字节的序号。

TCP 能够实现可靠传输，接收方收到几个数据包后，就会给发送方发送一个确认数据包，告诉发送方下一个数据包该发第多少个字节了。图 2-32 所示的例子中，B 计算机收到了两个数据包，将两个数据包字节排序得到连续的前 200 字节，B 计算机要发一个确认包给 A 计算机，告诉 A 计算机应该发送第 201 字节了，这个确认数据包的确认号就是 201。确认数据包没有数据部分，只有 TCP 首部。

总之，应当记住：若确认号是 N，则表明到序号 $N-1$ 为止的所有数据都已正确收到。

由于序号字段有 32 位长，因此可对 4GB 的数据进行编号。在一般情况下可保证当序号重复使用时，旧序号的数据早已通过网络到达终点了。

（4）数据偏移，占 4 位，它指出 TCP 报文段的数据起始处距离 TCP 报文段的起始处有多远。这个字段实际上是指出 TCP 报文段的首部长度。由于首部中还有长度不确定的选项字段，因此数据偏移字段是必要的。但请注意，“数据偏移”的单位为 4 字节，由于 4 位二进制数能够表示的最大十进制数是 15，因此数据偏移的最大值是 60 字节，这也是 TCP 首部的最大长度，意味着选项长度不能超过 40 字节。

（5）保留，占 6 位，保留为今后使用，目前应置为 0。

（6）紧急 URG（urgent）。当 URG = 1 时，表明紧急指针字段有效。它告诉系统此报文段中有紧急数据，应尽快传输（相当于高优先级的数据），而不要按原来的排队顺序传输。例如，已经发送了一个很长的程序要在远程的主机上运行，但后来发现了一些问题，需要取消该程序的运行，因此用户从键盘发出中断命令（Control-C）。如果不使用紧急数据，那么这两个字符将存储在接收 TCP 的缓存末尾。只有在所有的数据被处理完毕后，这两个字符才会被交付到接收方的应用进程。这样就浪费了许多时间。

当 URG 置为 1 时，发送应用进程就告诉发送方的 TCP 有紧急数据要传输。于是发送方 TCP 就把紧急数据插入本报文段数据的最前面，而在紧急数据后面的数据仍是普通数据。这时要与首部中紧急指针（urgent pointer）字段配合使用。

（7）确认 ACK（acknowlegment）。仅当 ACK=1 时，确认号字段才有效；当 ACK=0 时，确认号无效。TCP 规定，在连接建立后所有传输的报文段都必须把 ACK 置为 1。

（8）推送 PSH（push）。当两个应用进程进行交互式的通信时，有时一端的应用进程希望在输入一个命令后立即就能收到对方的响应。在这种情况下，TCP 就可以使用推送（Push）操作。即发送方 TCP 把 PSH 置为 1，并立即创建一个报文段发送出去。接收方 TCP 收到 PSH=1 的报文段后，就尽快地（即“推送”向前）交付给接收应用进程，而不再等到整个缓存都填满后再向上交付。虽然应用程序可以选择推送操作，但实际上推送操作很少使用。

（9）复位 RST（reset）。当 RST = 1 时，表明 TCP 连接中出现严重差错（如主机崩溃或其他原因），必须释放连接，然后再重新建立传输连接。RST 置为 1 还用来拒绝一个非法的报文段或拒绝打开一个连接。RST 也可称为“重建位”或“重置位”。

（10）同步 SYN（synchronization），在连接建立时用来同步序号。当 SYN=1 而 ACK=0 时，表明这是一个连接请求报文段。对方若同意建立连接，则应在响应的报文段中使 SYN=1 和 ACK=1。因此，SYN 置为 1 就表示这是一个连接请求或连接接受报文。关于连接的建立和释放，在后面 TCP 连接管理部分将详细讲解。

（11）终止 FIN（finish，意思为“完”“终”），用来释放一个连接。当 FIN=1 时，表明此报文段的发送方的数据已发送完毕，并要求释放传输连接。

（12）窗口，占 2 字节。窗口值是$[0,2^{16}-1]$之间的整数。TCP 有流量控制功能，窗口值用来告诉对方从本报文段首部中的确认号算起，接收方目前允许对方发送的数据量的最大值（单位是字节）。之所以要有这个限制，是因为接收方的数据缓存空间是有限的。总之，窗口值是接收方让发送方设置其发送窗口的依据。使用 TCP 传输数据的计算机会根据自己的接收能力随时调整窗口值，发送方参照这个值及时调整发送窗口，从而达到流量控制功能。

（13）检验和，占 2 字节。检验和字段检验的范围包括首部和数据这两部分。和 UDP 用户数据报一样，在计算检验和时，要在 TCP 报文段的前面加上 12 字节的伪首部。伪首部的格式与图 2-27 中 UDP 用户数据报的伪首部一样，但应把伪首部第 4 个字段中的 17 改为 6（TCP 的协议号是 6），把第 5 个字段中的 UDP 长度改为 TCP 长度。接收方收到此报文段后，仍要加上这个伪首部来计算检验和。请注意，若使用 IPv6，则相应的伪首部也要改变。

（14）紧急指针，占 2 字节。紧急指针仅在 URG=1 时才有意义，它指出本报文段中的紧急数据的字节数（紧急数据结束后就是普通数据）。因此紧急指针指出了紧急数据的末尾在报文段中的位置。当所有紧急数据都处理完后，TCP 就告诉应用程序恢复到正常操作。值得注意的是，即使窗口值为 0 也可发送紧急数据。

（15）选项，长度可变，最长可达 40 字节。当没有使用选项时，TCP 的首部长度是 20 字节。TCP 最初只规定了一种选项，即最大报文段长度（Maximum Segment Size，MSS）。MSS 是每一个 TCP 报文段中的数据字段的最大长度，如图 2-33 所示。数据字段加上 TCP 首部才等于整个 TCP 报文段，所以 MSS 并不是整个 TCP 报文段的最大长度，而是“TCP 报文段长度减去 TCP 首部长度”。

数据链路层都有最大传输单元（Maximum Transfer Unit，MTU）的限制，以太网的 MTU 默认是 1500 字节，要想数据包在传输过程中在数据链路层不分片，MSS 应该是多少呢？由图 2-33 可知 MSS 应为 1460 字节。

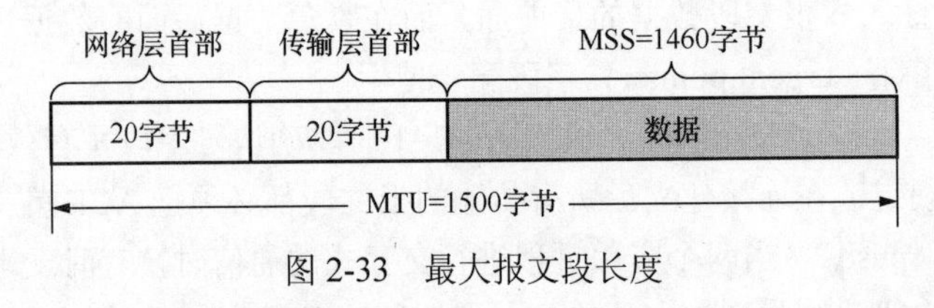

图 2-33 最大报文段长度

我们知道，TCP 报文段的数据部分至少要加上 40 字节的首部（TCP 首部 20 字节和 IP 首部 20 字节，这里都还没有考虑首部中的选项部分），才能组合成一个 IP 数据报。若选择较小的 MSS，网络的利用率就降低。设想在极端的情况下，当 TCP 报文段只含有 1 字节的数据时，在 IP 层传输的数据报的开销至少有 40 字节（包括 TCP 报文段的首部和 IP 数据报的首部）。这样，网络的利用率就不会超过 1/41，到了数据链路层还要加上一些开销。但反过来，若 TCP 报文段非常长，那么在 IP 层传输时就有可能要分解成多个短数据报片。在终点还要把收到的各个短数据报片组合成原来的 TCP 报文段。当传输出错时还要进行重传，这些操作都会使开销增大。

因此，MSS 应尽可能设置得大些，只要在 IP 层传输时不需要再分片就行。由于 IP 数据报所经历的路径是动态变化的，所以在这条路径上确定不需要分片的 MSS 如果改走另一条路径就可能需要进行分片。因此最佳的 MSS 是很难确定的。在连接建立的过程中，双方都把自己能够支持的 MSS 写入这一字段，以后就按照这个数值传输数据，两个传输方向可以有不同的 MSS 值。若主机未填写这一项，则 MSS 的默认值是 536 字节。因此，所有在 Internet 上的主机都能接受的报文段长度是 536+20（固定首部长度）=556 字节。随着 Internet 的发展，又陆续增加了几个选项，如窗口扩大选项、时间戳选项（RFC 1323）等，以后又增加了选择确认（SACK）选项（RFC 2018）。

窗口扩大选项是为了扩大窗口。我们知道，TCP 首部中窗口字段的长度是 16 位，因此最大的窗口大小为 64K 字节。虽然这对早期的网络是足够用的，但对于包含卫星信道的网络，传播时延和带宽都很大，要获得高吞吐率就需要更大的窗口值。

窗口扩大选项占 3 字节，其中有一个字节表示移位值 S。新的窗口值等于把 TCP 首部中的窗口位数从 16 增大到（$16+S$），这相当于把窗口值向左移动 S 位后获得的实际窗口大小。移位值允许使用的最大值是 14，相当于窗口最大值增大到 $2^{(16+14)}-1=2^{30}-1$。

窗口扩大选项可以在双方初始建立 TCP 连接时进行协商。如果连接的某一端实现了窗口扩大，当它不再需要扩大窗口时，可发送 S=0 的选项，使窗口大小回到 16。

时间戳选项占 10 字节，其中最主要的字段是时间戳值字段（4 字节）和时间戳回送回答字段（4 字节）。时间戳选项有以下两个功能。

（1）用来计算往返时间 RTT。发送方在发送报文段时把当前时钟的时间值放入时间戳字段，接收方在确认该报文段时把时间戳字段值复制到时间戳回送回答字段。因此，发送方在收到确认报文后，可以准确地计算出 RTT。

（2）用于处理 TCP 序号超过 2^{32} 的情况，又称为“防止序号绕回”（Protect Against Wrapped Sequence Number，PAWS）。我们知道，序号只有 32 位，每增加 2^{32} 个序号就会重复使用原来用过的序号。当使用高速网络时，在一次 TCP 连接的数据传输中序号很可能会被重复使用。例如，若用 1Gbit/s 的速率发送报文段，则不到 4.3s，数据字节的序号就会重复。为了使接收方能够把新的报文段和迟到很久的报文段区分开，此时可以在报文段中加上这种时间戳。

2.4 可靠传输

TCP 发送的报文段是交给网络层传输的，通过前面的学习，我们知道网络层只是尽最大努力将数据包发送到目的地，而不考虑网络是否堵塞，数据包是否丢失。这就需要 TCP 采取适当的措施使发送方和接收方之间的通信变得可靠。

理想的传输条件有以下两个特点。

（1）数据包在网络中传输时既不产生差错，也不丢包。

（2）不管发送方以多快的速度发送数据，接收方总是来得及处理收到的数据。

在这样的理想条件下，不需要采取任何措施就能够实现可靠传输。然而实际的网络并不具备以上两个理想条件。但我们可以使用一些可靠传输协议，当出现差错时让发送方重传出现差错的数据，同时在接收方来不及处理收到的数据时，及时告诉发送方适当降低发送数据的速度。下面从最简单的停止等待协议讲起。

2.4.1 TCP 可靠传输的实现——停止等待协议

TCP 建立连接后，双方可以使用建立的连接相互发送数据。为了讨论问题方便，下面仅考虑A发送数据而B接收数据并发送确认的情况。A叫作发送方，B叫作接收方。因为这里讨论的是可靠传输的原理，因此把传输的数据单元都称为“分组”，而并不考虑数据是在哪一个层次上传输的。“停止等待”就是每发送完一个分组就停止发送，等待对方的确认，在收到确认后再发送下一个分组。

1. 无差错情况

停止等待协议可用图2-34来说明，图2-34a是最简单的无差错情况。A发送分组M1，发完就暂停发送，等待B的确认。B收到了M1就向A发送确认，A在收到了B对M1的确认后，就再发送下一个分组M2。同样，A在收到B对M2的确认后，再发送下一个分组M3。

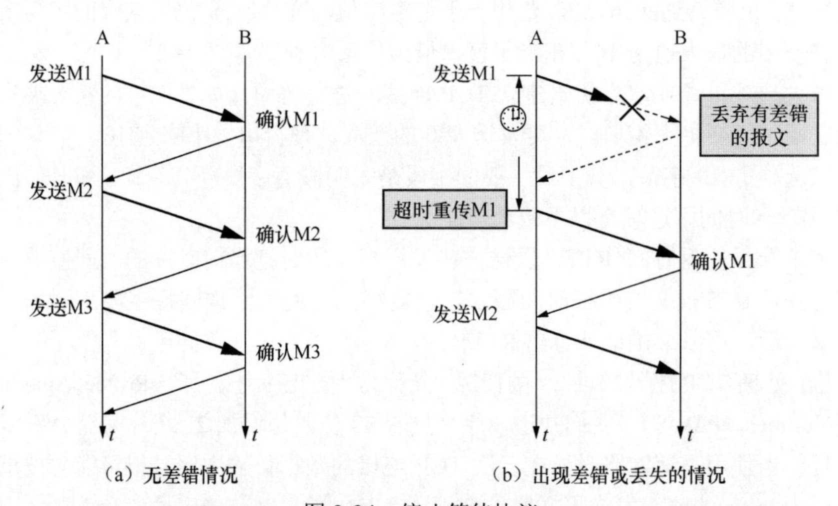

图2-34 停止等待协议

2. 出现差错或丢失的情况

图2-34b是分组在传输过程中出现差错或丢失的情况。A发送的分组M1在传输过程中被路由器丢弃，或B接收M1时检测到了差错，就丢弃M1，其他什么也不做（不通知A收到有差错的分组）。在这两种情况下，B不会发送任何信息。可靠传输协议是这样设计的：A只要超过了一段时间仍然没有收到确认，就认为刚才发送的分组丢失了，因而重传前面发送过的分组，这叫作“超时重传”。要实现超时重传，每发送完一个分组就要设置一个超时计时器。如果在超时计时器到期之前收到了对方的确认，就撤销已设置的超时计时器。其实在图2-34中，A为每一个已发送的分组都设置了一个超时计时器，但A只要在超时计时器到期之前收到了相应的确认，就撤销该超时计时器。

这里应注意以下3点。

（1）A在发送完一个分组后，必须暂时保留已发送的分组的副本（以备发生超时重传时使用）。只有在收到相应的确认后才能清除暂时保留的分组副本。

（2）分组和确认分组都必须进行编号。这样才能明确是哪一个发送出去的分组收到了确认，哪一个分组还没有收到确认。

（3）超时计时器的重传时间应当设置得比数据分组传输的平均往返时间更长一些。图2-34b中的一段虚线表示M1正确到达B，同时A也正确收到确认的过程。可见重传时间应设定为比平均往返时间更长一些。显然，如果重传时间设定得过长，那么通信的效率就会很低；但如果重传时间设定得太短，以致产生不必要的重传，就浪费了网络资源。然而传输层重传时间的准确设定是非常复杂的，这是因为已发送出的分组到底会经过哪些网络，以及这些网络将会产生多大的时延（取决于这些网络当时的拥塞情况），这些都是不确定因素。图中都把往返时间设为固定的（这并不符合实际情况），只是为了讲述原理的方便。关于重传时间应如何选择，在后面还会进一步讨论。

3．确认丢失和确认迟到的情况

图 2-35a 所示是另一种情况：B 发送的对分组 M2 的确认丢失了。A 在设定的超时重传时间内没有收到确认，但无法知道是自己发送的分组出错、丢失，还是 B 发送的确认丢失。因此 A 在超时计时器到期后就要重传 M2。现在应注意 B 的动作。假定 B 又收到了重传的分组 M2，这时应采取两个行动，如下所示。

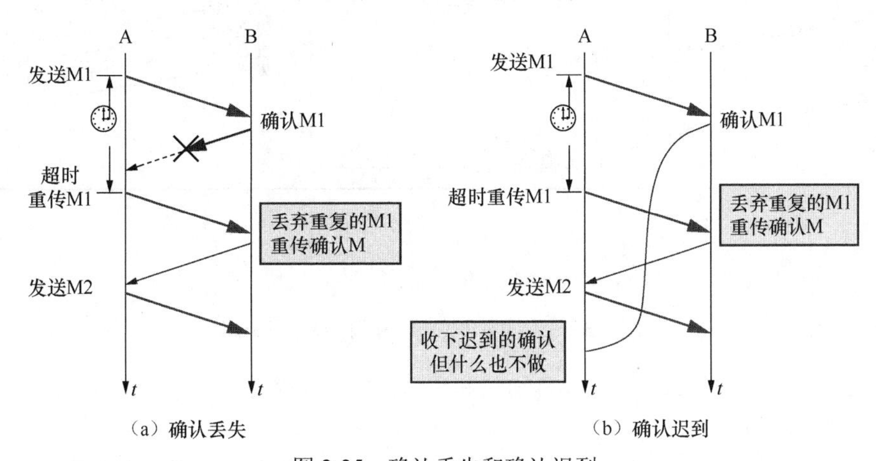

图 2-35　确认丢失和确认迟到

（1）丢弃这个重复的分组 M2，不向上层交付。

（2）向 A 发送确认。不能因为已经发送过确认就不再发送，A 会重传 M2 就表示 A 没有收到对 M2 的确认。

图 2-35b 所示也是一种可能出现的情况：传输过程中没有出现差错，但 B 发送的对分组 M1 的确认迟到了，A 会收到重复的确认。对重复的确认的处理很简单：收下后就丢弃。B 仍然会收到重复的 M1，并且同样要丢弃重复的 M1，并重传确认分组。通常 A 最终总是可以收到对所有发出的分组的确认。如果 A 不断重传分组但总是收不到确认，就说明通信线路太差，不能进行通信。

使用上述的确认和重传机制，我们就可以在不可靠的传输网络上实现可靠的通信。像上述这种可靠传输协议常被称为“自动重传请求”（Automatic Repeat Request，ARQ）。意思是重传是自动进行的，只要没收到确认，发送方就重传，接收方不需要请求发送方重传某个出错的分组。

2.4.2 连续 ARQ 协议和滑动窗口协议——改进的停止等待协议

前面讲了出现几种差错时可靠传输会如何处理。为了讲解方便，假设发送方发送一个分组就等待确认，收到确认后，再发送下一个分组，这种发送一个分组后就等待确认再发送下一个分组的方式就是停止等待协议。如果网络中的计算机都使用这种方式实现可靠传输，效率会非常低。图 2-36a 展示了使用停止等待协议发送 4 个分组的过程。

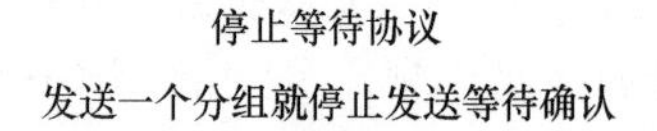

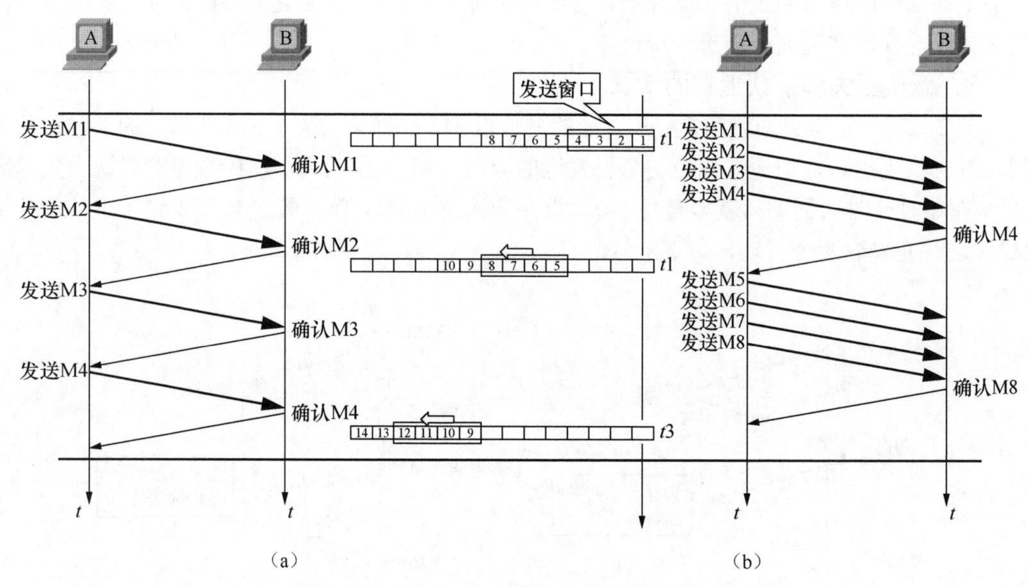

图 2-36 连续 ARQ 协议和滑动窗口协议

如何提高传输效率呢？连续 ARQ 协议和滑动窗口协议就是改进的停止等待协议，使用它们可以大大提高传输效率。

如图 2-36b 所示，在 *t*1 时刻，在发送端 A 设置一个发送窗口，窗口值的单位是字节，发送窗口为 400 字节，一个分组有 100 字节，在发送窗口中就有 M1、M2、M3 和 M4 这 4 个分组，发送端 A 就可以连续发送这 4 个分组，发送完毕后就停止发送，接收端 B 收到这 4 个连续分组，只需给 A 发送一个 M4 确认，发送端 A 收到分组 M4 的确认。在 *t*2 时刻，发送窗口就向前滑动，M5、M6、M7 和 M8 这 4 个分组就进入发送窗口，这 4 个分组也可以连续发送，发送完后停止发送，等待确认。

对比停止等待协议、连续 ARQ 协议和滑动窗口协议，可以发现在相同的时间里停止等待协议只能发送 4 个分组，而连续 ARQ 协议和滑动窗口协议可以发送 8 个分组，如图 2-36 所示。

2.4.3 以字节为单位的滑动窗口技术详解

滑动窗口是面向字节流的，为了方便大家记住每个分组的序号，下面就假设每一个分组是 100 字节。为了方便画图，将分组进行编号，简化表示，如图 2-37 所示，不过一定要记住每一个分组的序号是多少。

下面就以 A 计算机给 B 计算机发送一个文件为例，详细讲解 TCP 面向字节流的可靠传输（滑动窗口技术）实现过程，整个过程如图 2-38 所示。

（1）A 计算机和 B 计算机通信之前先建立 TCP 连接，B 计算机的接收窗口为 400 字节，在建立 TCP 连接时，B 计算机告诉 A 计算机自己的接收窗口为 400 字节，A 计算机为了匹配 B 计算机的接收速度，将发送窗口设置为 400 字节。

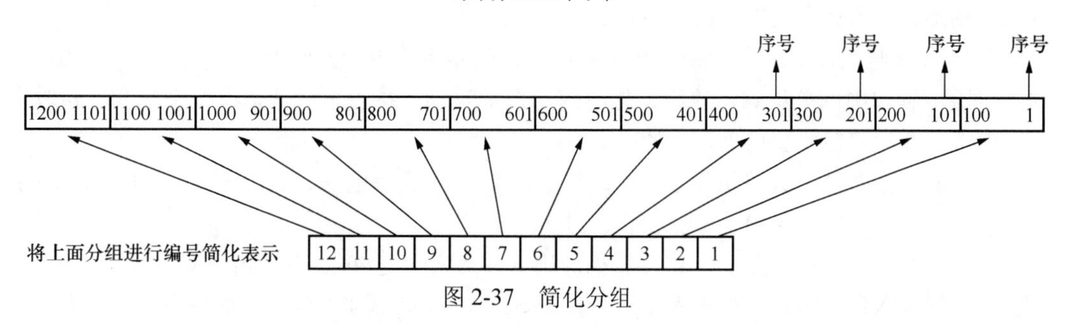

图 2-37 简化分组

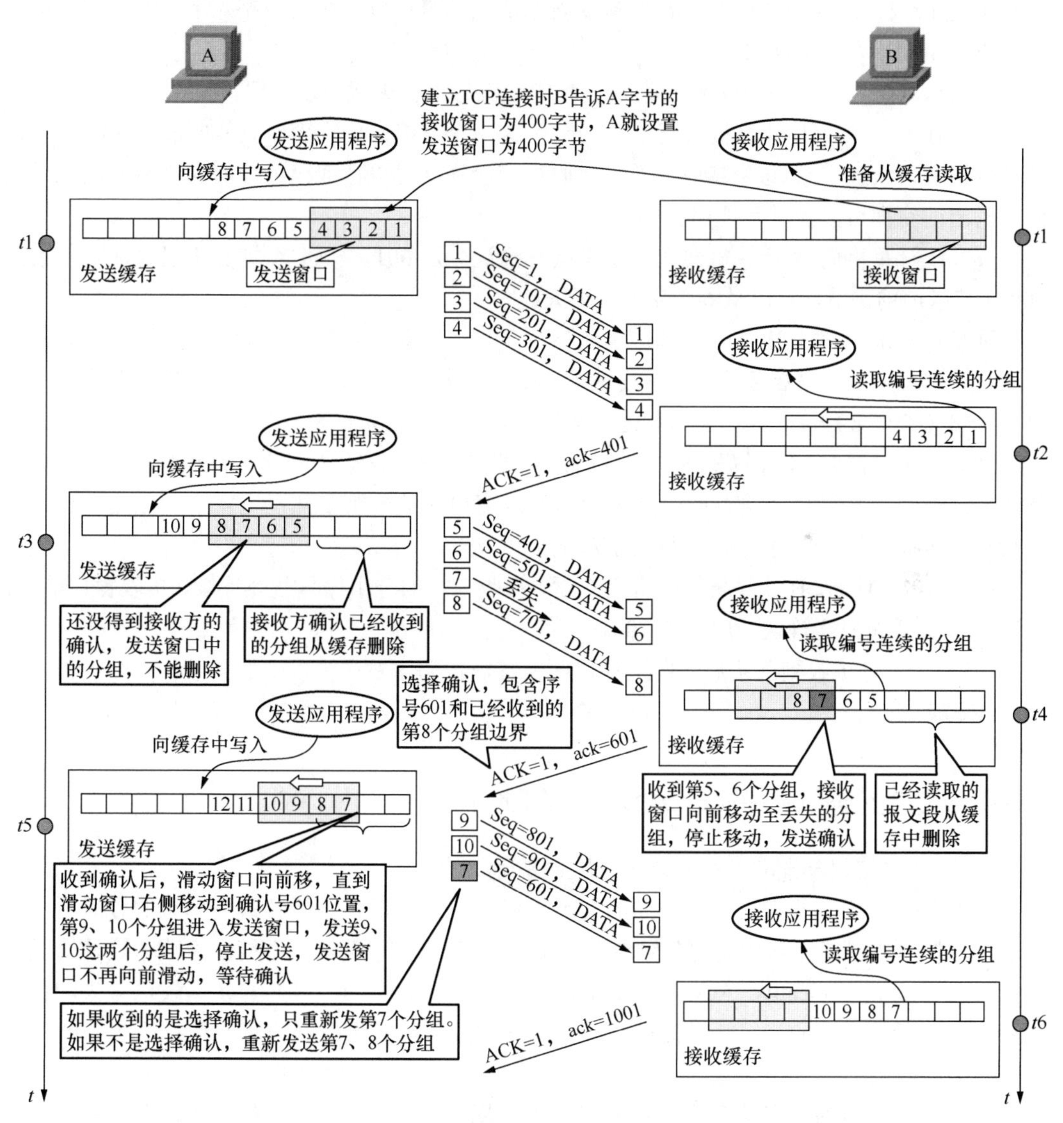

图 2-38 滑动窗口技术实现过程

（2）在 $t1$ 时刻，A 计算机发送应用程序将要传输的数据以字节流形式写入发送缓存，发送窗口为 400 字节，每个分组为 100 字节，1、2、3、4 这 4 个分组在发送窗口内，这 4 个分组按顺序发送给B计算机。在发送窗口中的这4个分组，没有收到B的确认，就不能从发送窗口中删除，因为如果丢失或出现错误还需要重传。

（3）在*t*2时刻，B计算机将收到的4个分组放入缓存中的接收窗口，按TCP首部的序号排序分组，窗口中的分组编号连续，接收窗口向前移动，接收窗口就留出空余空间。接收应用程序按顺序读取接收窗口外连续的字节。

（4）B计算机向A计算机发送一个确认。图2-38中大写的ACK=1，代表TCP首部ACK标记位为1；小写的ack=401，代表确认号是401。

（5）*t*3时刻，A计算机收到B计算机的确认，确认号是401，发送窗口向前移动，401后面的字节就进入发送窗口，将进入发送窗口的5、6、7、8这4个分组按顺序发出。从发送窗口移出的1、2、3、4这4个分组已经确认发送成功，就可以从缓存中删除了，发送程序可以向腾出的空间中存放后续字节。

（6）5、6、7、8这4个分组在发送过程中，分组7丢失或出现错误。

（7）在*t*4时刻，B计算机收到了5、6、8这3个分组，接收窗口只能向前移200字节，等待分组7，5、6分组移出接收窗口，接收应用程序就可以读取已经读取的字节并且可以删除，腾出的空间可以被重复使用。

（8）B计算机向A计算机发送一个确认，确认号是601，告诉A计算机已经成功接收到600字节以前的字节，可以从601字节开始发送。

注意：TCP在建立连接时，客户端就和服务器端协商了是否支持选择确认（SACK），如果都支持选择确认，以后通信过程中发送的确认，除包含了确认号601，同时还包含了已经收到的分组（分组8）的边界，这样发送方就不用再重复发送分组8。

（9）在*t*5时刻，A计算机收到确认后，发送窗口向前移动200字节，这样，9、10分组进入发送窗口。按顺序发送这两个分组后，发送窗口中的分组全部发送完毕，停止发送，等待确认。等到分组7超时后，重传分组7。

（10）在*t*6时刻，B计算机收到分组7后，接收窗口的分组序号就能连续，接收窗口前移，同时给A计算机发送确认，序号为1001。

（11）A计算机收到确认后，发送窗口向前移，按顺序发送窗口中的分组。以此类推，直至完成数据发送。

2.4.4 改进的确认——选择确认（SACK）

连续ARQ协议和滑动窗口协议都采用累积确认的方式。

TCP通信时，如果发送序列中间的某个数据包丢失，TCP会重传最后确认的分组后续的分组，这样原先已经正确传输的分组也可能重复发送，降低了TCP性能。为改善这种情况，发展出选择确认（Selective Acknowledgment，SACK）技术，使TCP只重新发送丢失的包，而不用发送后续所有的分组，并提供相应机制使接收方能告诉发送方哪些数据丢失，哪些数据已经提前收到等。

当前的计算机通信默认是支持选择确认的，图2-39所示的是捕获的接收方给发送方发送的一个确认，在传输层可以看到，确认号为49641，首部长度是32字节，没有数据部分，Windows size value字段是接收方的接收窗口，该字段告诉发送方将发送窗口调整到16425字节。

图 2-39 所示的是捕获的选择性确认数据包，该数据包只有 TCP 首部“选项”部分，Kind: SACK（5）用来指明是选择确认，占 1 字节；Length 指明选项的长度，占 1 字节；left edge 和 right edge 指示已经收到的字节块的起始字节和结束字节。

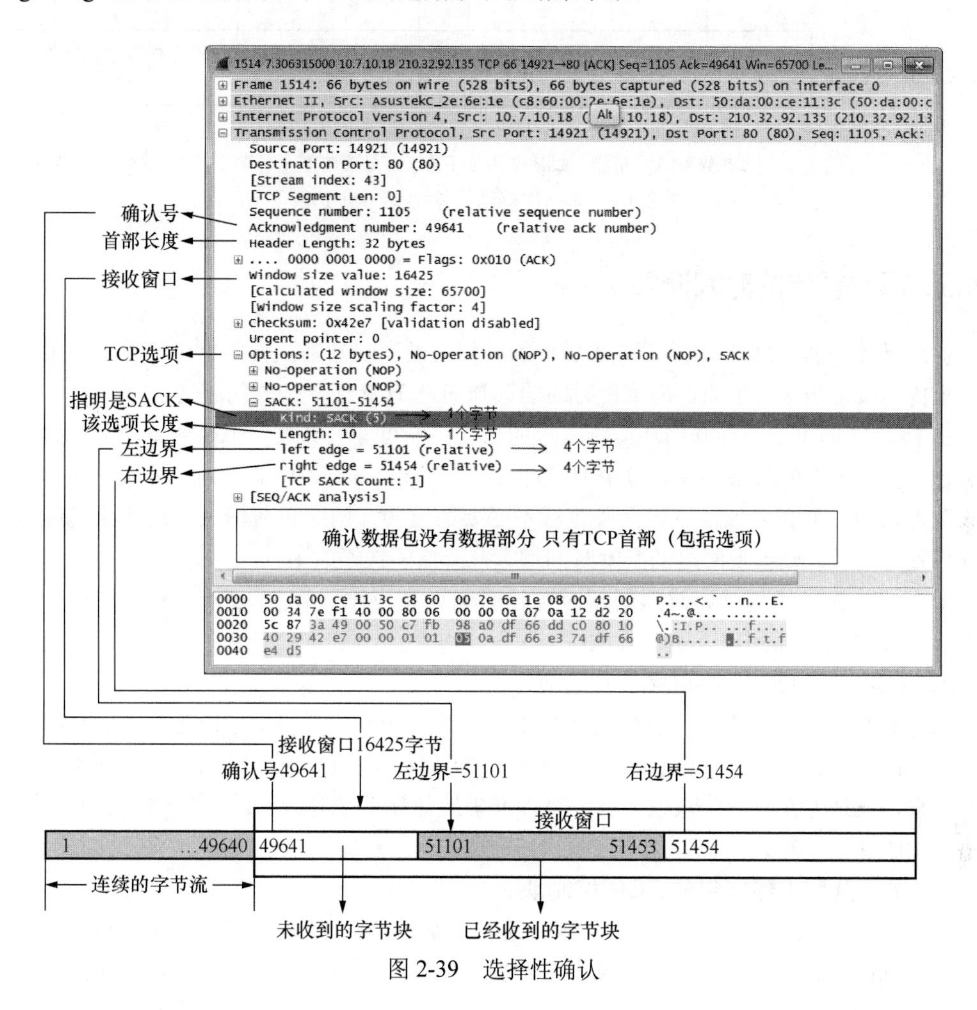

图 2-39 选择性确认

注意： *右边界是 51454，而不是 51553。*

根据捕获的数据包，画出了接收方接收窗口的位置和大小，以及接收窗口中已经接收到的字节块。接收方收到选择确认，就不再发送已经收到的字节块。

由于 TCP 首部选项最长为 40 字节，而指明一个边界需要用掉 4 字节（因为序号有 32 位，需要使用 4 字节表示），因此在 TCP 选项中一次最多只能指明 4 个字节块的边界信息，如图 2-40 所示。这是因为 4 个字节块有 8 个边界，一个边界占用 4 字节，共占用 32 个字节。另外还需要 2 字节，一字节用来指明是 SACK 选项，另一字节用来指明这个选项占多少字节。

SACK 选项可以使 TCP 发送方只发送丢失的数据而不用发送后续全部的数据，提高了数据的传输效率。

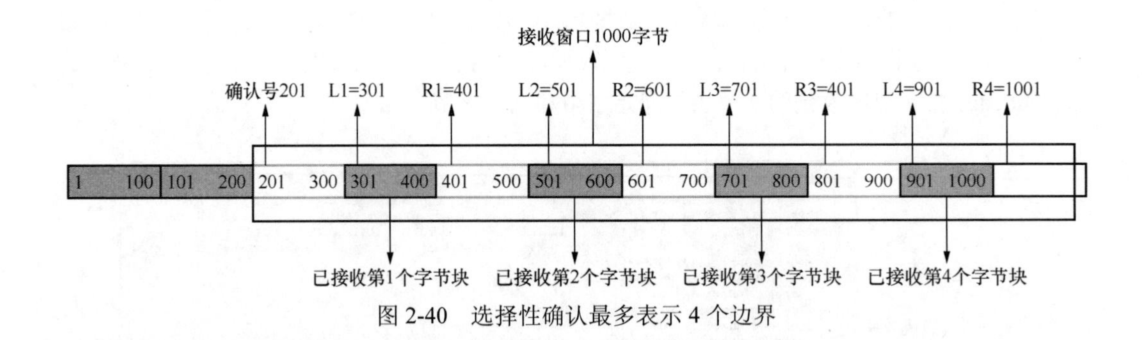

图 2-40 选择性确认最多表示 4 个边界

2.4.5 超时重传的时间调整

前面已经讲到，TCP 的发送方在规定的时间内没有收到确认就要重传已发送的报文段。这种重传的概念是很简单的，但重传时间的选择却是 TCP 最复杂的问题之一。

由于 TCP 的下层是互联网环境，发送的报文段既可能只经过一个高速率的局域网，也可能经过多个低速率的网络，并且每个 IP 数据报所选择的路由还可能不同。如果把超时重传时间设置得太短，就会导致很多报文段进行不必要的重传，网络负荷增大；但如果把超时重传时间设置得过长，则会使网络的空闲时间增大，降低了传输效率。

那么，传输层的超时计时器的超时重传时间究竟应设置为多大呢？TCP 往返传输时间（RTT）的测量可以采用以下两种方法。

1. TCP 时间戳（timestamp）选项

TCP 时间戳选项可以用来精确地测量 RTT。发送方在发送报文段时把当前时钟的时间值放入时间戳字段，接收方在确认该报文段时把时间戳字段值复制到时间戳回送回答字段中。这样一来，发送方在收到确认报文后，可以准确地计算出 RTT。RTT=当前时间−数据包中时间戳选项的回显时间。

2. 重传队列中数据包的 TCP 控制块

在 TCP 发送窗口中保存着发送而未被确认的数据包，数据包 skb 的 TCP 控制块中包含一个变量 tcp_skb_cb→when，它记录了该数据包的第一次发送时间，当收到该数据包的确认后，就可以计算 RTT，RTT=当前时间−when。这就意味着发送端收到一个确认，就能计算新的 RTT。

Wireshark 抓包工具也可以帮我们计算 RTT。图 2-41 所示的第 5 个数据包是客户端发送的请求建立 TCP 连接的数据包，第 6 个数据包是服务器端返回的建立 TCP 连接响应的数据包，往返时间 RTT=收到 TCP 连接响应的时间−发送请求建立 TCP 连接数据包的时间。在抓包工具中显示的时间是从 Wireshark 捕获到第一个数据包开始计时，每个数据包捕获的时间，而不是操作系统的时间。

在图 2-41 中，第 5 个数据包的捕获时间是 0.068758000s，第 6 个数据包的捕获时间是 0.101120000s。往返时间 RTT=0.101120000s−0.068758000s=0.032362s。

RTT 是随着网络状态动态变化的，TCP 保留了 RTT 的一个加权平均往返时间 RTTs（又称为平滑的往返时间，S 表示 Smoothed。因为进行的是加权平均，因此得出的结果更加平滑）。每当第一次测量到 RTT 样本时，RTTs 值就取为所测量到的 RTT 样本值。以后每测量到一个新的 RTT 样本，就按下列公式重新计算一次 RTTs。

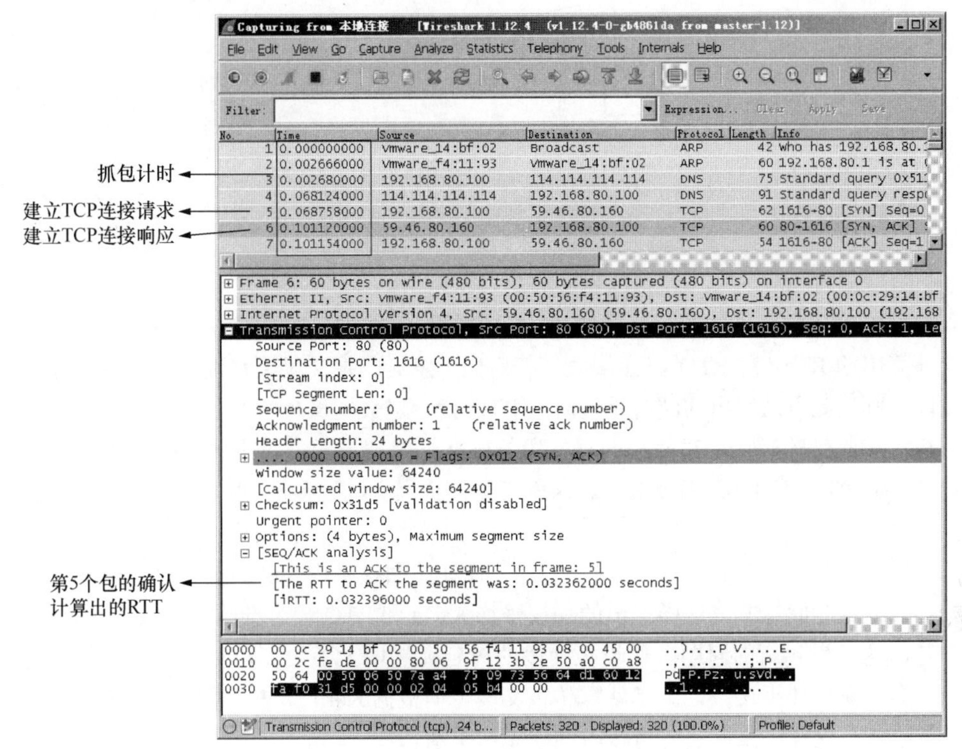

图 2-41　建立 TCP 连接时就能计算出 RTT

$$新的\ RTTs=(1-\alpha)\times(旧的\ RTTs)+\alpha\times(新的\ RTT\ 样本)$$

在上式中，$0\leqslant\alpha<1$。若 α 很接近于 0，表示新的 RTTs 值和旧的 RTTs 值相比变化不大，对新的 RTT 样本影响不大（RTT 值更新较慢）。若 α 接近于 1，则表示新的 RTTs 值受新的 RTT 样本的影响较大（RTT 值更新较快），（RFC 2988）推荐的 α 值为 1/8，即 0.125。用这种方法得出的加权平均往返时间 RTTs 就比测量出的 RTT 值更加平滑。

显然，超时计时器设置的超时重传时间（Retransmission Time-Out，RTO）应略大于上面得出的加权平均往返时间 RTTs。（RFC 2988）建议使用下列公式计算 RTO。

$$RTO=RTTs+4\times RTT_D$$

在上式中，RTTD 是 RTT 的偏差的加权平均值，它与 RTTs 和新的 RTT 样本之差有关。（RFC 2988）建议这样计算 RTT_D：当第一次测量时，RTTD 值取为测量到的 RTT 样本值的一半。在以后的测量中，则使用下列公式计算加权平均的 RTT_D。

$$新的\ RTT_D=(1-\beta)\times(旧的\ RTT_D)+\beta\times|RTTs-新的\ RTT\ 样本|$$

这里的 β 是个小于 1 的系数，它的推荐值是 1/4，即 0.25。

上面所说的往返时间的测量，实现起来相当复杂。试看下面的例子。

发送出一个报文段，设定的重传时间已经到了还没有收到确认，于是重传报文段。经过了一段时间后，收到了确认报文段，如图 2-42 所示。现在的问题是：如何判定此确认报文段是对先发送的报文段的确认，还是对后来重传的报文段的确认？由于重传的报文段和原来的报文段完全一样，因此源主机在收到确认后，就无法做出正确的判断，而正确的判断对确定加权平均 RTTs 的值关系很大。

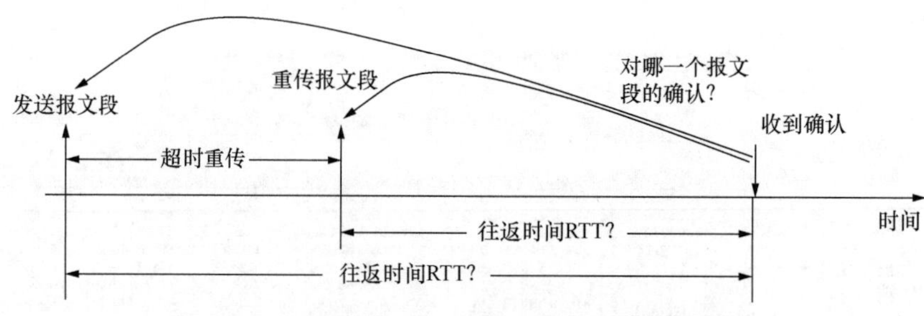

图 2-42 收到的确认报文段是对哪一个报文段的确认

若收到的确认是对重传的报文段的确认，但却被源主机当成是对原来的报文段的确认，则这样计算出的 RTTs 和 RTO 就会偏大。若后面再发送的报文段又是经过重传后才能收到确认报文段，则按此方法得出的超时重传时间 RTO 就会越来越长。

同样，若收到的确认是对原来的报文段的确认，但被当成是对重传的报文段的确认，则由此计算出的 RTTs 和 RTO 都会偏小。这就必然导致报文段过多地重传，有可能使 RTO 越来越短。

综上所述，卡恩（Karn）提出了一个算法：在计算加权平均 RTTs 时，只要报文段重传了，就不采用其往返时间样本。这样得出的加权平均 RTTs 和 RTO 较为准确。

但是，这又引起新的问题。假设报文段的时延突然增大了很多，那么在原来得出的重传时间内不会收到确认报文段，于是就重传报文段。但根据 Karn 算法，不考虑重传的报文段的往返时间样本。这样一来，超时重传时间就无法更新。

因此要对 Karn 算法进行修正，方法是：报文段每重传一次，就把超时重传时间增大一些。典型的做法是取新的重传时间为旧的重传时间的两倍。当不再发生报文段的重传时，才根据上面给出的公式计算超时重传时间。实践证明，这种策略较为合理。

2.5 TCP 流量控制

一般说来，我们总是希望数据传输得更快一些。但如果发送方把数据发送得过快，接收方就可能来不及接收，就会造成数据的丢失。所谓流量控制（flow control）就是让发送方的发送速率不要太快，要让接收方来得及接收。

在客户端向服务器端发送 TCP 连接请求时，TCP 首部会包含客户端的接收窗口大小，服务器端就会根据这个客户端的接收窗口大小调整发送窗口大小。在传输过程中，客户端发送的确认数据包，除了包含确认号还包含窗口信息，服务器端收到确认数据包后，会根据窗口信息调整发送窗口。使用这种方式就能进行流量控制。

图 2-43 所示是在访问 91 学 IT 网站的计算机上捕获的数据包，第 3 个数据包是建立 TCP 连接时客户端告诉网站自己的接收窗口为 64240，后面是打开网页的流量产生的数据包，可以发现下载网页的数据包中有间隔发送的确认数据包，ACK=后面是确认号，Win=后面是接收窗口大小，仔细观察会发现第 24 个和第 28 个确认包的窗口大小进行了调整。网站会根据这个值调整发送窗口大小。

流量控制的过程如图 2-44 所示，为了讲解方便假设 A 向 B 发送数据。

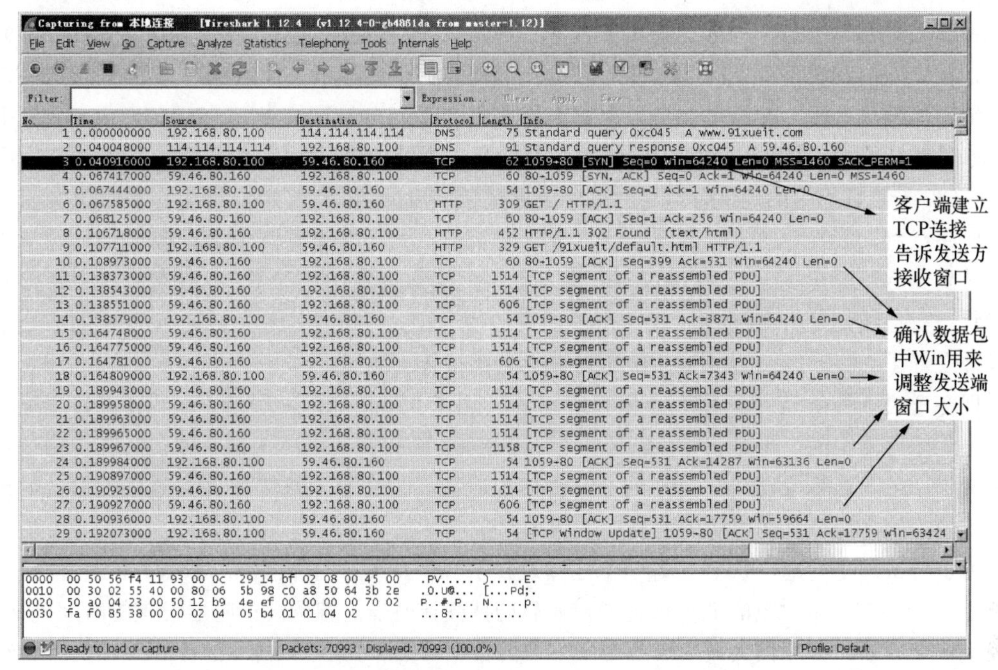

图 2-43 观察数据包的确认号和窗口的大小调整

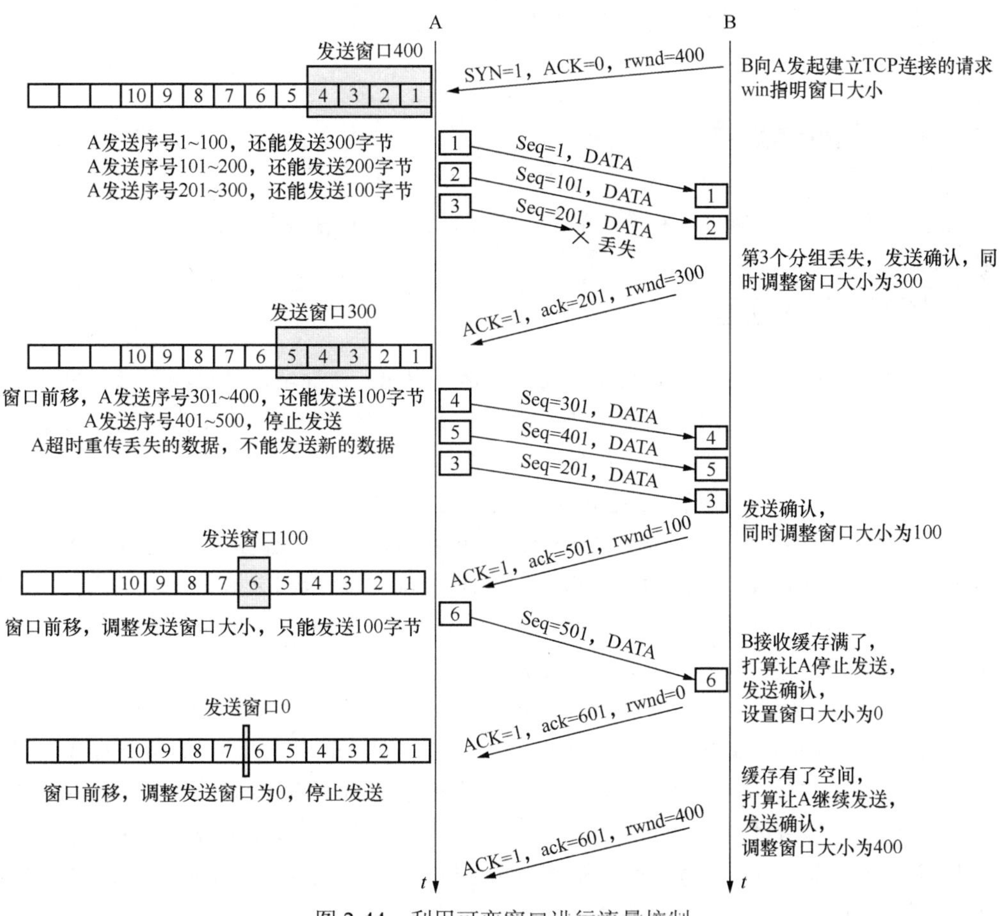

图 2-44 利用可变窗口进行流量控制

在连接建立时，B 告诉 A：“我的接收窗口 rwnd=400”（这里 rwnd 表示 receiver window）。因此，发送方的发送窗口不能超过接收方给出的接收窗口的数值。请注意，TCP 的窗口单位是字节，不是报文段。再设每一个分组大小为 100 字节，分别用编号 1、2、3 表示，数据报文段序号的初始值设置为 1（图中的注释可帮助我们理解整个过程）。请注意，图中箭头上面大写 ACK 表示首部中的确认位，小写 ack 表示确认字段的值。

应注意到，接收方的主机 B 进行了 3 次流量控制。第一次把窗口减小到 rwnd=300，第二次又减到 rwnd=100，最后减到 rwnd=0，即不允许发送方再发送数据了。这种使发送方暂停发送的状态将持续到主机 B 重新发出一个新的窗口值为止。还应注意到，B 向 A 发送的 3 个报文段都设置了 ACK=1，只有在 ACK=1 时确认号字段才有意义。

现在考虑一种情况：在图 2-44 中，B 向 A 发送了 0 窗口的报文段后不久，B 的接收缓存又有了一些存储空间，于是 B 向 A 发送了 rwnd=400 的报文段，然而这个报文段在传输过程中丢失了；A 一直等待收到 B 发送的非 0 窗口的通知，而 B 也一直等待 A 发送的数据，如果没有其他措施，这种互相等待的死锁局面将一直延续下去。

为了解决这个问题，TCP 为每一个连接设置了一个持续计时器（persistence timer）。只要 TCP 连接的一方收到对方的 0 窗口通知，就启动持续计时器。若持续计时器设置的时间到期，就发送一个 0 窗口探测报文段（仅携带 1 字节的数据），而对方就在确认这个探测报文段时给出现在的窗口值。如果窗口仍然是 0，那么收到这个报文段的一方就重新设置持续计时器；如果窗口不是 0，那么死锁的僵局就可以打破了。

2.6 TCP 拥塞控制

下面讲解什么是网络拥塞、拥塞控制的一般原理和几种拥塞控制方法。

2.6.1 拥塞控制的原理

城市中上下班的高峰时间往往会出现交通拥堵，想想交通拥堵是某一辆车造成的吗？当然不是！众多的车辆在一个时间段集中驶入道路，才造成交通拥堵。如果出现交通拥堵后不及时进行控制，继续有更多的车驶入道路，最终会造成交通堵塞。如果一发现交通拥堵，就开始减少驶入道路的车辆，那么交通拥堵将会逐渐变成交通畅通。

计算机网络也是一样，如果发往网络中的数据流量过高，超过链路传输能力或路由器处理能力，那些来不及转发或从路由器接口发送队列溢出的数据包将会被丢弃。这就会导致网络堵塞。如果网络中的计算机不能感知网络状态，依然全速向网络中发送数据包，路由器最终将停止工作，导致一个数据包也不能通过网络，出现死锁。

例如，路由器 R3 和 R4 之间的链路带宽为 1000Mbit/s，理想情况下，路由器 R1 和 R2 向 R3 提供的负载不超过 1000Mbit/s，都能从 R3 发送到 R4，如图 2-45 所示。将链路吞吐量和提供的负载同步提高（两者提高量一样），当提供的负载达到 1000Mbit/s 后，如果再提供更多的负载，由于链路吞吐量最多为 1000Mbit/s，不能再提高了，所以多余的数据包将被丢弃。

以上是一种理想情况，实际上网络系统吞吐量与输入负载之间的关系永不会是线性关系，因为实际的网络中不可能完全是理想状态。从图 2-45 中可看出，随着提供的负载的增大，网络吞吐量的增长速率逐渐减小。也就是说，在网络吞吐量还未达到饱和时，就已经有一部分的输入分组被丢弃了。当网络的吞吐量明显地小于理想的吞吐量时，网络就进入了轻度拥塞的状态。更值得注意的是，当提供的负载达到某一数值后，网络的吞吐量反而随提供的负载的增大而下降，这时网络就进入了拥塞状态。当提供的负载继续增大到某一数值时，网络的吞吐量就下降到 0，网络已无法工作，这就是所谓的"死锁"（Deadlock）。

拥塞本质上是一个动态问题，我们没有办法用一个静态方案去解决。从这个意义上来说，拥塞是不可避免的。下面探讨拥塞控制的方法。

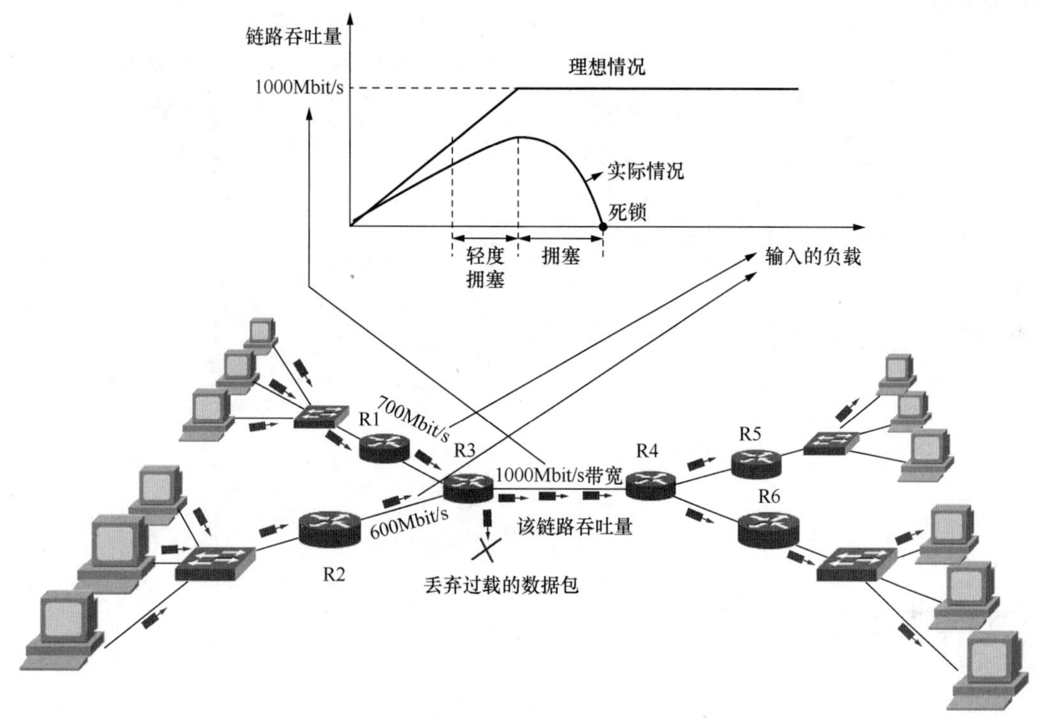

图 2-45 拥塞控制

2.6.2 拥塞控制方法——慢开始和拥塞避免

Internet 建议标准（RFC 2581）定义了进行拥塞控制的 4 种算法，即慢开始（slow-start）、拥塞避免（congestion avoidance）、快重传（fast retransmit）和快恢复（fast recovery），我们假定以下两点。

（1）数据单方向传输，另外一个方向只传输确认。

（2）接收方总是有足够大的缓存空间，因而发送窗口的大小由网络的拥塞程度决定。

1. 慢开始

下面就以一个实例来讲解 A 计算机给 B 计算机发送数据如何使用慢开始感知网络是否拥塞，发现网络拥塞后如何进行拥塞控制。

B 计算机和 A 计算机建立 TCP 连接时，通知 A 计算机其支持的最大报文段长度是 100 字节（MSS=100），其接收窗口大小为 3000 字节（rwnd=3000），如图 2-46 所示。

为了讲述方便，假定 B 计算机发送的每个分组都是 100 字节，如果 A 计算机不考虑网络是否拥堵，将发送窗口大小设置成与接收窗口大小 3000 字节一样，就可以连续发送 30 个分组，然后等待确认。如果网络现在拥堵，会出现大量丢包，然后进行重传，白白浪费了带宽。最好的方式是：先感知一下网络状态，再调整发送速度，而不是直接使用接收端提供的窗口大小设置发送窗口。

使用慢开始的方法感知网络状态，先发送一个分组，测试一下网络是否拥堵，如果收到确认（也就是没重传，不丢包），再进一步提高发送速度，这就是慢开始。等出现丢包现象，就可以断定网络出现拥塞，再放慢增速，这就是拥塞避免，下面以图 2-46 为例给大家讲解慢开始的过程。

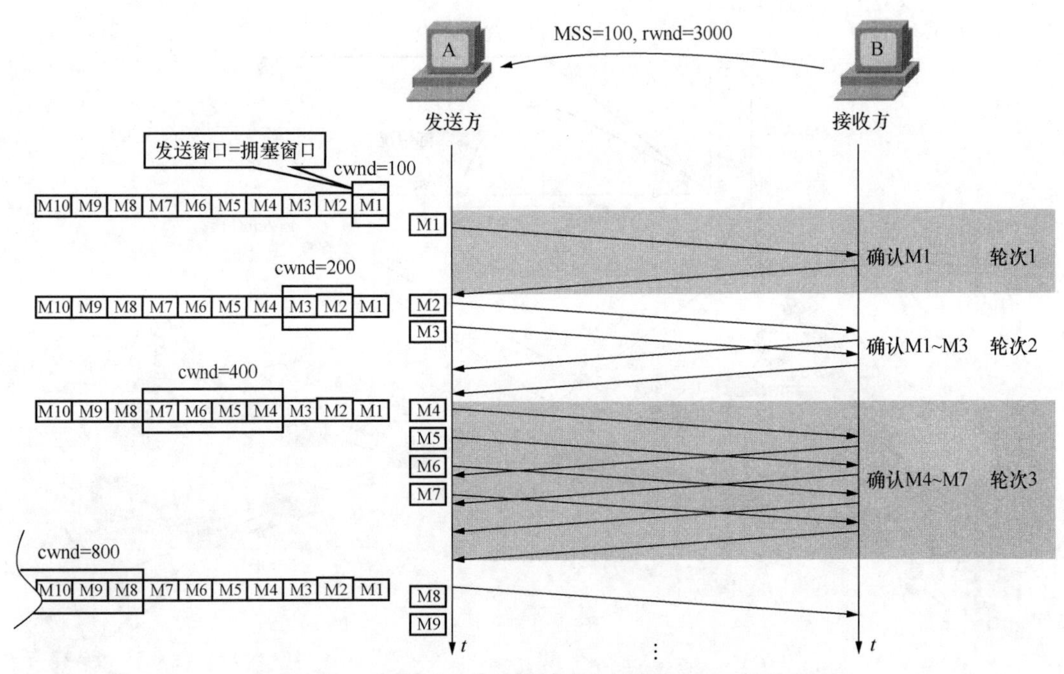

图 2-46　每经过一个传输轮次拥塞窗口 cwnd 加倍

发送方维持一个叫作“拥塞窗口”（congestion window）的状态变量 cwnd。拥塞窗口的大小取决于网络的拥塞程度，并且动态地变化。发送方让自己的发送窗口等于拥塞窗口。以后我们就知道，如果再考虑到接收方的接收能力，那么发送窗口还可能小于拥塞窗口。

发送方控制拥塞窗口的原则是：只要网络没有出现拥塞，拥塞窗口就增大一些，以便把更多的分组发送出去；但只要网络出现拥塞，拥塞窗口就减小一些，以减少发送到网络中的分组数。

发送方又是如何知道网络发生了拥塞呢？我们知道，当网络发生拥塞时，路由器就要丢弃分组。因此只要发送方没有按时收到应当到达的确认报文，就可以猜想网络可能出现了拥塞。现在通信线路的传输质量普遍都很好，因传输出差错而丢弃分组的概率是很小的（远小于 1%）。

本例中发送方的拥塞窗口的初始值设置为 100 字节（cwnd=100），这和建立 TCP 连接时客户端通知的 MSS 大小有关，先发送一个分组 M1，接收方收到后确认 M1。发送方收到对 M1 的确认后，把 cwnd 值从 100 增大到 200，于是发送方接着发送 M2 和 M3 两个分组。接收方收到后，返回对 M2 和 M3 的确认。发送方每收到一个对新报文段的确认（重传的不算在内）

就调整发送方的拥塞窗口为原来的两倍，因此发送方在收到两个确认后，cwnd 值就从 200 增大到 400，并可发送 M4～M7 共 4 个分组（见图 2-46）。因此使用慢开始算法后，每经过一个传输轮次，拥塞窗口 cwnd 值就加倍。

这里使用了一个新名词——传输轮次。从图 2-46 中可以看出，一个传输轮次所经历的时间其实就是往返时间 RTT。不过使用“传输轮次”更加强调把拥塞窗口 cwnd 所允许发送的分组都连续发送出去，并收到了对已发送的最后一字节的确认。例如，拥塞窗口 cwnd 的大小是 400 字节，那么这时的往返时间 RTT 就是发送方连续发送 4 个分组，并收到这 4 个分组的确认总共经历的时间。

这里还要指出，慢开始的“慢”并不是指 cwnd 的增长速率慢，而是指在 TCP 开始发送分组时先设置 cwnd=100，使得发送方在开始时只发送一个分组（目的是试探一下网络的拥塞情况），然后再逐渐增大 cwnd 值。这当然比按照大的 cwnd 一下子把许多分组段突然注入网络中要“慢得多”。这对防止网络出现拥塞是一个非常有力的措施。

2．拥塞避免

为了防止拥塞窗口 cwnd 增长过快而引起网络拥塞，还需要设置一个慢开始门限状态变量 ssthresh（如何设置 ssthresh，后面还要讲）。慢开始门限 ssthresh 的用法如下。

（1）当 cwnd<ssthresh 时，使用上述的慢开始算法。

（2）当 cwnd>ssthresh 时，停止使用慢开始算法而改用拥塞避免算法。

（3）当 cwnd=ssthresh 时，既可使用慢开始算法，也可使用拥塞避免算法。

拥塞避免算法的思路是让拥塞窗口 cwnd 值缓慢地增大，即每经过一个往返时间 RTT 就把发送方的拥塞窗口 cwnd 值加 1 个 MSS，而不是加倍。这样，拥塞窗口 cwnd 值按线性规律缓慢增长，比慢开始算法的拥塞窗口增长速率缓慢得多。

无论在慢开始阶段还是在拥塞避免阶段，只要发送方判断网络出现拥塞（其根据就是没有按时收到确认），就要把慢开始门限 ssthresh 值设置为出现拥塞时的发送方窗口值的一半（但不能小于 2）。然后把拥塞窗口 cwnd 值重新设置为 1，执行慢开始算法。这样做的目的就是要迅速减少发送到网络中的分组数，使得发生拥塞的路由器有足够的时间把队列中积压的分组处理完毕。

图 2-47 所示的例子用具体数值说明了上述拥塞控制的过程。现在发送窗口的大小和拥塞窗口一样。

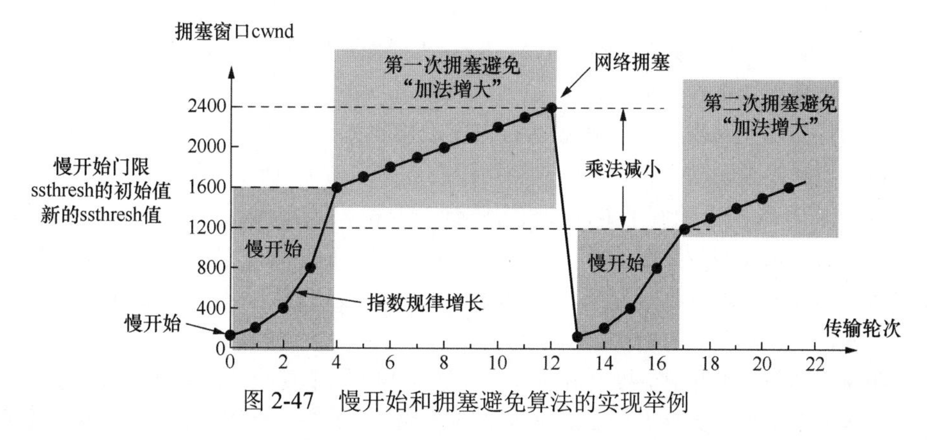

图 2-47 慢开始和拥塞避免算法的实现举例

（1）当 TCP 连接进行初始化时，把拥塞窗口 cwnd 的值设置为 100 字节。慢开始门限

ssthresh 的初始值设置为 1600 字节，即 ssthresh=1600。

（2）在执行慢开始算法时，拥塞窗口 cwnd 的初始值为 100。以后发送方每收到一个对新报文段的确认 ACK，就把拥塞窗口 cwnd 值加倍，然后开始下一轮的传输（请注意，图的横坐标是传输轮次）。因此拥塞窗口 cwnd 值随着传输轮次按指数规律增长。当拥塞窗口 cwnd 值增长到慢开始门限 ssthresh 的值（cwnd=1600）时，就改为执行拥塞避免算法，拥塞窗口按线性规律增长。

（3）假定拥塞窗口 cwnd 值增长到 2400 时，网络出现超时（这很可能就是网络发生拥塞了）。更新后的 ssthresh 值变为 1200（变为出现超时的拥塞窗口 cwnd 数值 2400 的一半），拥塞窗口 cwnd 值再重新设置为 100，并执行慢开始算法。当 cwnd=ssthresh=1200 时改为执行拥塞避免算法，拥塞窗口 cwnd 值按线性规律增长，每经过一个往返时间增加一个 MSS 的大小。

在 TCP 拥塞控制的文献中经常可看到“乘法减小”（multiplicative decrease）和“加法增大”（additive increase）这样的提法。“乘法减小”是指不论在慢开始阶段还是拥塞避免阶段，只要出现超时（很可能出现了网络拥塞），就把慢开始门限 ssthresh 值减半，即设置为当前的拥塞窗口 cwnd 值的一半（与此同时，执行慢开始算法）。当网络频繁出现拥塞时，ssthresh 值就下降得很快，以大大减少发送到网络中的分组数。而“加法增大”是指执行拥塞避免算法后，使拥塞窗口 cwnd 值缓慢增大，以防止网络过早出现拥塞。上面两种算法常合起来称为“AIMD（加法增大乘法减小）算法”。对这种算法进行适当修改后，又出现了其他一些改进的算法。但使用最广泛的还是 AIMD 算法。

这里要再强调一下，“拥塞避免”并非指完全能够避免拥塞。利用以上的措施要完全避免网络拥塞是不可能的。“拥塞避免”是说在拥塞避免阶段将拥塞窗口控制为按线性规律增长，使网络不容易出现拥塞。

2.6.3 拥塞控制方法——快重传和快恢复

前面讲的慢开始和拥塞避免算法是 1988 年提出的 TCP 拥塞控制算法，1990 年又增加了两个新的拥塞控制算法——快重传和快恢复。

提出这两个算法是基于如下的考虑：如果发送方设置的超时计时器时限已到但还没有收到确认，那么很可能是网络出现了拥塞，致使分组在网络中的某处被丢弃；在这种情况下，TCP 马上把拥塞窗口 cwnd 值减小到 1 个 MSS，并执行慢开始算法，同时把慢开始门限 ssthresh 值减半。这是不使用快重传的情况。

再看使用快重传的情况。快重传算法首先要求接收方每收到一个失序的分组后就立即发出重复确认（为的是使发送方及早知道有分组没有到达对方），而不要等待发送数据时才进行捎带确认。在图 2-48 所示的例子中，接收方收到 M1 和 M2 后都分别发出了确认。现假定接收方没有收到 M3 但接着收到了 M4。显然，接收方不能确认 M4，因为 M4 是收到的失序分组（按照顺序的 M3 还没有收到）。根据可靠传输原理，接收方既可以什么都不做，也可以在适当时机再发送一次对 M2 的确认。

但按照快重传算法的规定，接收方应及时发送对 M2 的重复确认，这样做可以让发送方及早知道分组 M3 没有到达接收方。发送方接着发送 M5 和 M6，接收方收到后，也还要再次发出对 M2 的重复确认。这样，发送方共收到了接收方的 4 个对 M2 的确认，其中后 3 个都是重复确认。快重传算法规定，发送方只要一连收到 3 个重复确认，就应当立即重传对方尚未收到的报文段 M3，而不必继续等待为 M3 设置的重传计时器到期。由于发送方尽早重传未被确认的报文段，因此采用快重传后可以使整个网络的吞吐量提高约 20%。

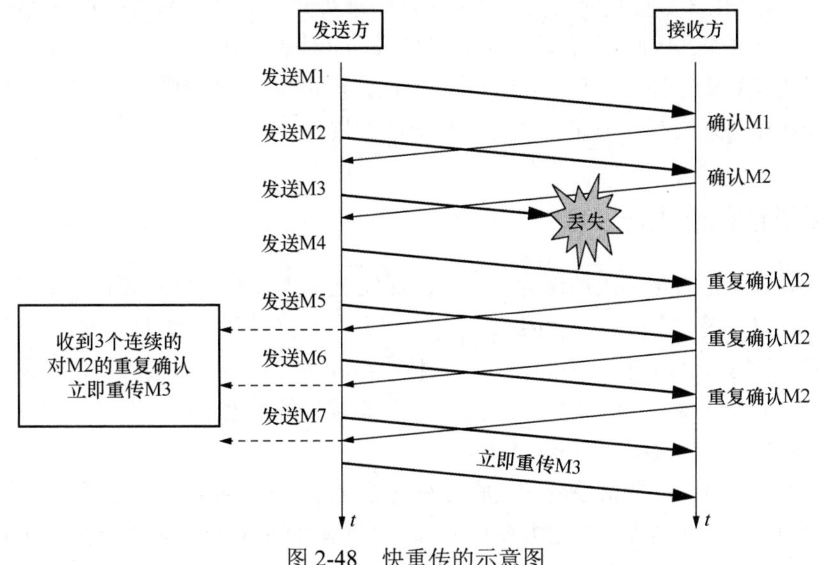

图 2-48 快重传的示意图

与快重传配合使用的还有快恢复算法，其过程有以下两个要点。

（1）当发送方连续收到 3 个重复确认时，就执行“乘法减小”算法，把慢开始门限 ssthresh 值减半。这是为了预防网络发生拥塞。请注意，接下来不执行慢开始算法。

（2）由于发送方现在认为网络很可能没有发生拥塞（如果网络发生了严重的拥塞，不会一连有好几个报文段连续到达接收方，就不会导致接收方连续发送重复确认），因此与慢开始的不同之处是现在不执行慢开始算法（即现在不设置拥塞窗口 cwnd 为 100），而是把 cwnd 值设置为慢开始门限 ssthresh 减半后的数值，然后开始执行拥塞避免算法（“加法增大”），使拥塞窗口 cwnd 值缓慢地线性增大。

图 2-49 所示的是快重传和快恢复的示意图，并标明了“TCP Reno 版本”，这是目前使用很广泛的版本。图中还画出了已经废弃不用的虚线部分（TCP Tahoe 版本）。请注意，它们的区别是新的 TCP Reno 版本在快重传之后采用快恢复算法，而不是慢开始算法。

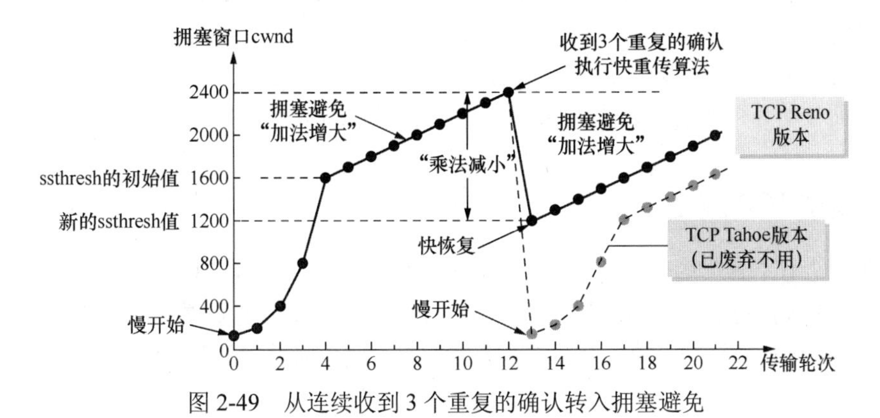

图 2-49 从连续收到 3 个重复的确认转入拥塞避免

请注意，也有的快重传实现方法是把开始时的拥塞窗口 cwnd 值再增大一些（增大 3 个分组的长度），即等于 ssthresh+3×MSS。这样做的理由是：既然发送方收到 3 个重复的确认，就表明有 3 个分组已经离开了网络。这 3 个分组不再消耗网络的资源而是停留在接收方的缓存中（接收方发送出 3 个重复的确认就证明了这个事实）。可见现在网络中并不是堆积了分组，而是减少了 3 个分组，因此可以适当把拥塞窗口 cwnd 值扩大些。

在采用快恢复算法时，慢开始算法只是在 TCP 连接建立时和网络出现超时时才使用。采用这样的拥塞控制方法使得 TCP 的性能有明显的改进。

2.6.4 发送窗口的上限

假定接收方总是有足够大的缓存空间，因而发送窗口的大小由网络的拥塞程度来决定。但实际上接收方的缓存空间总是有限的。接收方根据自己的接收能力设定接收窗口 rwnd 值，并把这个窗口值写入 TCP 首部中的窗口字段传输给发送方。因此，接收窗口又称为“通知窗口”（advertised window）。从接收方对发送方的流量控制的角度考虑，发送方的发送窗口值一定不能超过对方给出的接收窗口 rwnd 值。

如果把本节所讨论的拥塞控制和接收方对发送方的流量控制放在一起考虑，那么很显然，发送方窗口的上限值应当取为接收方窗口 rwnd 和拥塞窗口 cwnd 这两个变量值中较小的一个如下所示。

发送方窗口的上限值 = Min [rwnd,cwnd]

当 rwnd<cwnd 时，是接收方的接收能力限制发送方窗口的最大值。

反之，当 cwnd<rwnd 时，则是网络的拥塞限制发送方窗口的最大值。

也就是说，rwnd 和 cwnd 中值较小的一个控制发送方发送数据的速率。

2.7 TCP 连接管理

TCP 是可靠传输协议，使用 TCP 通信的计算机在正式通信之前需要先确保对方是否存在，协商通信的参数，如接收端的接收窗口大小、支持的最大报文段长度（MSS）、是否允许选择确认（SACK）、是否支持时间戳等。建立连接后就可以进行双向通信了，通信结束后释放连接。

TCP 连接的建立采用客户端服务器方式。主动发起连接建立的应用进程叫作客户端（client），而被动等待连接建立的应用进程叫作服务器（server）。

2.7.1 建立 TCP 连接

在讲建立 TCP 连接的过程之前，先看看访问 91 学 IT 网站建立 TCP 连接的数据包。图 2-50 所示的第 3 个数据包是客户端向服务器发出的请求建立 TCP 连接的数据包，第 4 个数据包是服务器返回的确认数据包，第 5 个数据包是客户端给服务器返回的确认数据包。

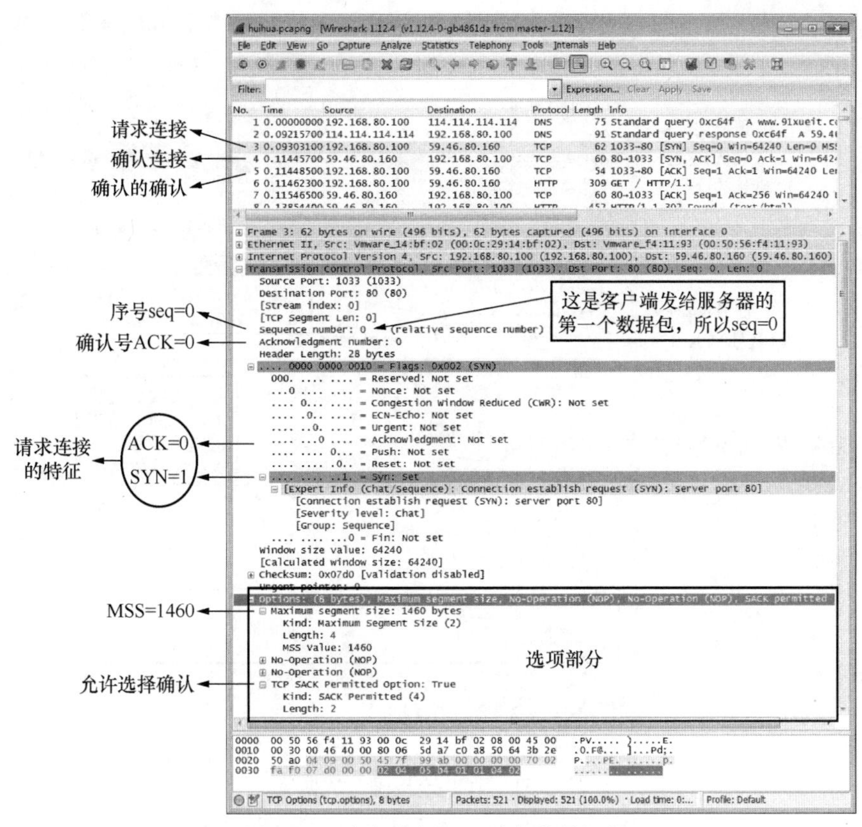

图 2-50 请求建立 TCP 连接的数据包

前面讲过 A 计算机和 B 计算机使用 TCP 通信，为了讲解方便，下面所举例子都是 A 计算机向 B 计算机发送数据，B 计算机向 A 计算机发送确认，其实一旦 A 计算机和 B 计算机建立了 TCP 连接，B 计算机也可以使用该连接给 A 计算机发送数据，这一来一往的数据包中都有确认号和序号。

先看客户端发送的请求建立 TCP 连接的数据包，图 2-50 所示的第 3 个数据包是客户端向服务器发送的第 1 个数据包，请求建立 TCP 连接的数据包的特征：SYN（同步）标记位为 1，ACK（确认）标记位为 0（这就意味着确认号 ACK 无效，不过这里大家看到的是 0），这是客户端向服务器发送的第 1 个数据包，所以序号为 0（seq=0）。

该数据包 TCP 首部的选项部分指明客户端支持的最大报文段长度（MSS）和允许选择确认，请求建立 TCP 连接的数据包没有数据部分。

再来看服务器发送给客户端的 TCP 确认连接数据包，也就是图 2-51 所示的第 4 个数据包。确认连接数据包的特征：SYN（同步）标记位为 1，ACK（确认）标记位为 1，这是服务器向客户端发送的第 1 个数据包，所以序号为 0（seq=0），服务器收到了客户端的请求（seq=0），确认已经收到，发送的确认号为 1，选项部分指明服务器支持的最大报文段长度（MSS）为 1460。

客户端收到服务器的确认后，还需再向服务器发送一个确认，这里称之为“确认的确认”，如图 2-52 所示。这个确认数据包和以后通信的数据包，ACK 标记位为 1，SYN 标记位为 0。

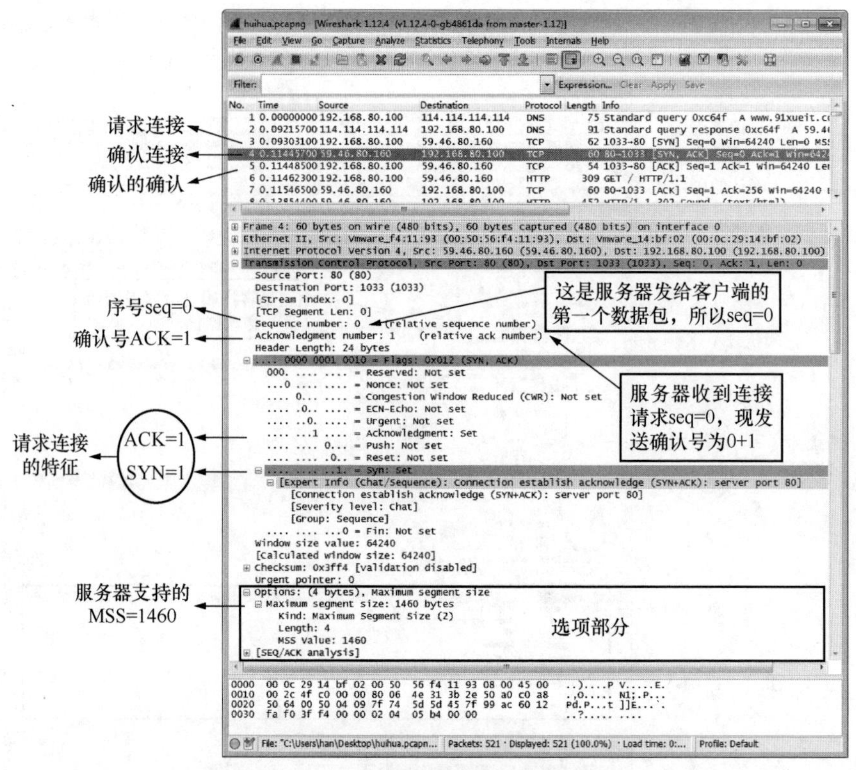

图 2-51 TCP 连接确认数据包

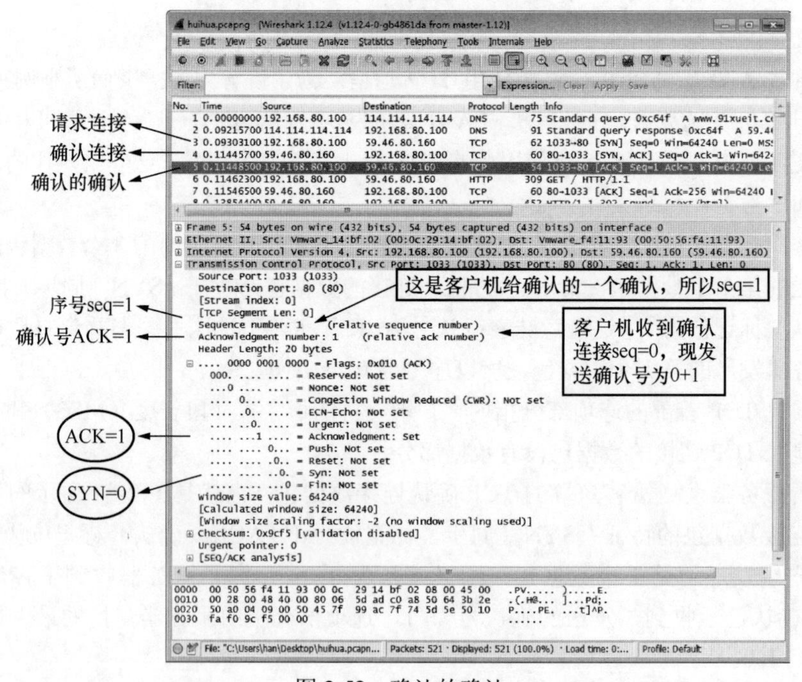

图 2-52 确认的确认

这 3 个数据包就是 TCP 建立连接的数据包，整个过程称为“三次握手”。

为什么客户端还要发送一次确认呢？这主要是为了防止已失效的连接请求报文段突然又传输到了服务器，从而产生错误。

所谓“已失效的连接请求报文段”是这样产生的。考虑一种正常情况：客户端发出连接请求，但因连接请求报文丢失而未收到确认，于是客户端再重传一次连接请求；后来收到了确认，建立了连接；数据传输完毕后，就释放了连接。在这个过程中，客户端共发送了两个连接请求报文段，其中第一个丢失，第二个到达了服务器，所以没有“已失效的连接请求报文段”。

现假定出现一种异常情况，即客户端发出的第一个连接请求报文段并没有丢失，而是在某些网络节点长时间滞留了，以致延误到连接释放以后的某个时间才到达服务器。本来这是一个早已失效的报文段。但服务器收到此失效的连接请求报文段后，就误认为是 A 又发出了一次新的连接请求。于是就向客户端发出确认报文段，同意建立连接。假定不采用“三次握手”，那么只要服务器发出确认，新的连接就建立了。

由于现在客户端并没有发出建立连接的请求，因此既不会理睬服务器的确认，也不会向服务器发送数据。但服务器却以为新的传输连接已经建立了，并一直等待客户端发来数据。服务器的许多资源就这样白白浪费了。采用“三次握手”的办法可以防止上述现象的发生。例如，在刚才的情况下，客户端不会向服务器的确认发出确认。服务器由于收不到确认，就知道客户端并没有要求建立连接。

TCP 建立连接的过程如图 2-53 所示，不同阶段在客户端和服务器端能够看到不同的状态。

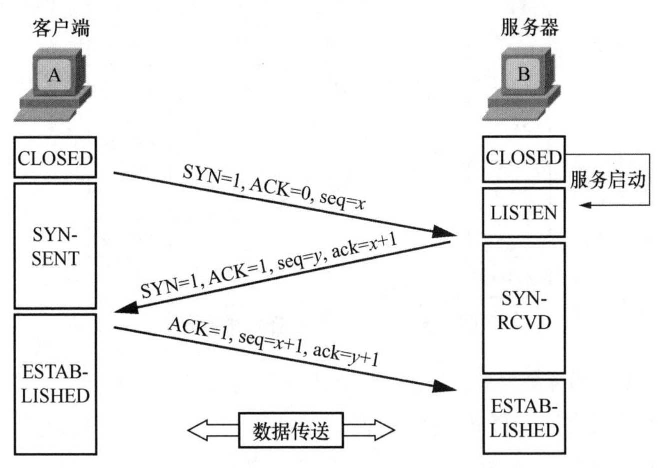

图 2-53 用“三次握手”建立 TCP 连接

服务器的服务只要已启动就会侦听客户端的请求，等待客户端的连接，就处于 LISTEN 状态。

客户端的应用程序发送 TCP 连接请求报文，这个报文的 TCP 首部的 SYN 标记位为 1，ACK 标记位为 0，客户端给出初始序号为 x。发送出连接请求报文后，客户端就处于 SYN-SENT 状态。

注意：这个报文段也不携带数据，但同样要消耗掉一个序号。

服务器收到客户端的 TCP 连接请求后，发送确认连接报文，这个报文的 TCP 首部的 SYN 标记位为 1，ACK 标记位为 1，服务器给出初始序号为 y，确认号为 $x+1$。服务器端就处于 SYN-RCVD 状态。

客户端收到连接请求确认报文后，状态就变为 ESTAB-LISHED，再次发送给服务器一个确认报文，该报文的 SYN 标记位为 0，ACK 标记位为 1，序号为 $x+1$，确认号为 $y+1$。

服务器收到确认报文，状态变为 ESTAB-LISHED。

然后就可以进行双向通信了。

2.7.2 释放 TCP 连接

TCP 通信结束后，需要释放连接。TCP 连接释放过程比较复杂，下面我们仍结合双方状态的改变来阐明连接释放的过程。数据传输结束后，通信的双方都可释放连接。现在 A 和 B 都处于 ESTAB-LISHED 状态，A 的应用进程先向其 TCP 发出连接释放报文段，并停止再发送数据，主动关闭 TCP 连接，如图 2-54 所示。A 把连接释放报文段首部的 FIN 置为 1，其序号 seq=*u*，它等于前面已传输过的数据的最后一字节的序号加 1。这时 A 进入 FIN-WAIT-1（终止等待 1）状态，等待 B 的确认。

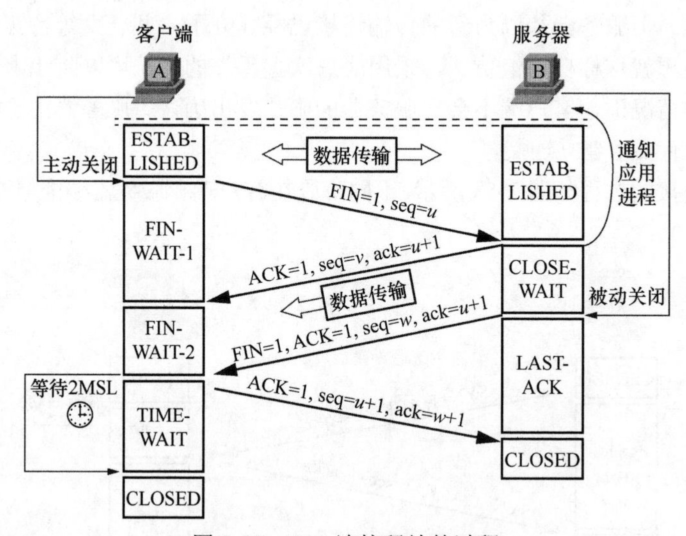

图 2-54 TCP 连接释放的过程

注意：TCP 规定，FIN 报文段即使不携带数据也消耗掉一个序号。

B 收到连接释放报文段后随即发出确认，确认号是 ack=*u*+1，而这个报文段自己的序号是 *v*，等于 B 前面已传输过的数据的最后一字节的序号加 1。然后 B 就进入 CLOSE-WAIT（关闭等待）状态。TCP 服务器进程这时应通知高层应用进程，因而从 A 到 B 这个方向的连接就释放了，这时的 TCP 连接处于半关闭（half-dose）状态，即 A 已经没有数据要发送了，但若 B 发送数据，A 仍要接收。也就是说，从 B 到 A 这个方向的连接并未关闭。这个状态可能会持续一段时间。

A 收到来自 B 的确认后，就进入 FIN-WAIT-2（终止等待 2）状态，等待 B 发出连接释放报文段。若 B 已经没有要向 A 发送的数据，其应用进程就通知 TCP 释放连接。这时 B 发出的连接释放报文段必须使 FIN=1。现假定 B 的序号为 *w*（在半关闭状态 B 可能又发送了一些数据）。B 还必须重复上次已发送过的确认号 ack=*u*+1。这时 B 就进入 LAST-ACK（最后确认）状态，等待 A 的确认。

A 在收到 B 的连接释放报文段后，必须对此发出确认。在确认报文段中把 ACK 置为 1，确认号 ack=*w*+1，而自己的序号是 seq=*u*+1（根据 TCP 标准，前面发送过的 FIN 报文段要消耗一个序号）。然后进入 TIME-WAIT（时间等待）状态。请注意，现在 TCP 连接还没有释放掉。必须经过时间等待计时器（TIME-WAIT timer）设置的时间 2MSL 后，A 才进入 CLOSED 状态。时间 MSL 叫作“最长报文段寿命”（maximum segment lifetime），（RFC 793）建议设为 2 分钟。但这完全是从工程上来考虑的，对于现在的网络，MSL=2 分钟可能太长了。因此 TCP 允许不同的实现可根据具体情况使用更小的 MSL 值。因此，从 A 进入 TIME-WAIT 状态后，要经过 4 分钟才能进入 CLOSED 状态，才能开始建立下一个新的连接。

为什么 A 在 TIME-WAIT 状态下必须等待 2MSL 的时间呢？有以下两个理由。

（1）为了保证 A 发送的最后一个 ACK 报文段能够到达 B。这个 ACK 报文段有可能丢失，因而使处在 LAST-ACK 状态的 B 收不到对已发送的 FIN+ACK 报文段的确认。B 会超时重传这个 FIN+ACK 报文段，而 A 就能在 2MSL 时间内收到这个重传的 FIN+ACK 报文段。接着 A 重传一次确认，重新启动 2MSL 计时器。最后，A 和 B 都正常进入 CLOSED 状态。如果 A 在 TIME-WAIT 状态下不等待一段时间，而是在发送完 ACK 报文段后立即释放连接，那么就无法收到 B 重传的 FIN+ACK 报文段，因而也不会再发送一次确认报文段。这样，B 就无法按照正常步骤进入 CLOSED 状态了。

（2）防止前面提到的“已失效的连接请求报文段”出现在本连接中。A 在发送完最后一个 ACK 报文段后，再经过 2MSL 的时间，就可以使本连接持续的时间内所产生的所有报文段都从网络中消失，这样就可以使下一个新的连接中不会出现这种旧的连接请求报文段。

上述的 TCP 连接释放过程是“四次握手”，也可以看成是两个“二次握手”。除时间等待计时器外，TCP 还设有一个保活计时器（keepalive timer）。设想有这样的情况：客户端已主动与服务器建立了 TCP 连接，但后来客户端的主机突然出故障。显然，服务器以后就不能再收到客户端发来的数据。因此，应当有措施使服务器不要再白白等待下去。这就要使用保活计时器。服务器每收到一次客户端的数据，就重新设置保活计时器，时间的设置通常是两小时。若两小时没有收到客户端的数据，服务器端就发送一个探测报文段，以后则每隔 75min 发送一次。若一连发送 10 个探测报文段后客户端仍然没有响应，服务器就认为客户端出了故障，接着就关闭这个连接。

2.7.3 实战：查看 TCP 释放连接的数据包

运行 Wireshark 抓包工具开始抓包，访问一个 FTP 服务器，下载一个文件，下载完毕，过一会儿，就会看到捕获的释放连接的数据包。FTP 服务器的地址是 192.168.80.111，客户端的地址是 192.168.80.100，如图 2-55 所示。可以看到第 8354 个数据包是客户端发送的释放连接报文段，第 8355 个数据包是服务器发送的释放连接确认报文段，第 8356 个数据包是服务器发送的释放连接报文段，第 8357 个数据包是客户端发送的释放连接确认报文段。

观察这 4 个数据包的 TCP 首部的 FIN 标记位，就知道哪个数据包是连接释放报文；观察序号和确认号，就知道哪个数据包是哪个数据包的确认。

在 Windows 操作系统的计算机上打开一些网页，在命令提示符处输入“netstat -n”可以看到建立的 TCP 活动的连接以及状态，如图 2-56 所示。

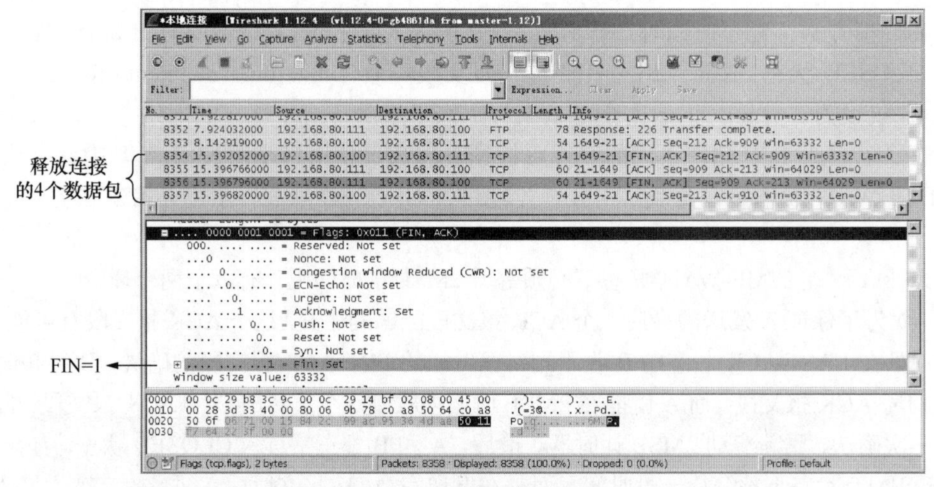

图 2-55 释放连接的数据包

```
C:\Users\han>netstat -n

活动连接

  协议   本地地址              外部地址               状态
  TCP    127.0.0.1:1027         127.0.0.1:1028         ESTABLISHED
  TCP    127.0.0.1:1028         127.0.0.1:1027         ESTABLISHED
  TCP    127.0.0.1:1047         127.0.0.1:1048         ESTABLISHED
  TCP    127.0.0.1:1048         127.0.0.1:1047         ESTABLISHED
  TCP    127.0.0.1:4510         127.0.0.1:4511         ESTABLISHED
  TCP    127.0.0.1:4511         127.0.0.1:4510         ESTABLISHED
  TCP    127.0.0.1:4530         127.0.0.1:4531         ESTABLISHED
  TCP    127.0.0.1:4531         127.0.0.1:4530         ESTABLISHED
  TCP    127.0.0.1:4533         127.0.0.1:4534         ESTABLISHED
  TCP    127.0.0.1:4534         127.0.0.1:4533         ESTABLISHED
  TCP    192.168.0.103:4532     23.220.173.184:443     ESTABLISHED  → 已建立连接
  TCP    192.168.0.103:6588     106.120.166.72:80      ESTABLISHED
  TCP    192.168.0.103:6785     220.181.132.153:80     ESTABLISHED
  TCP    192.168.0.103:6944     14.17.42.38:80         TIME_WAIT    → 时间等待
  TCP    192.168.0.103:6951     123.151.41.219:80      ESTABLISHED
  TCP    192.168.0.103:6953     106.38.181.143:80      CLOSE_WAIT   → 关闭等待
  TCP    192.168.0.103:6965     14.17.42.38:80         TIME_WAIT
  TCP    192.168.0.103:6972     74.125.23.139:443      SYN_SENT     → 发送了连接请求
  TCP    192.168.0.103:6974     180.149.144.107:80     ESTABLISHED
  TCP    192.168.0.103:6976     106.120.163.52:80      TIME_WAIT
  TCP    192.168.0.103:6977     220.181.163.138:80     ESTABLISHED
  TCP    192.168.0.103:6983     183.57.48.18:80        ESTABLISHED

C:\Users\han>
```

图 2-56 查看 TCP 连接的状态

2.7.4 实战：SYN 攻击

通过前面的讲解，大家应该明白了 TCP 通信建立连接的过程。这个过程可以被黑客利用攻击网络中的服务器，这就是 SYN 攻击。

SYN 攻击属于 DoS 攻击的一种，它利用 TCP 通信建立连接，使用伪造的源 IP 地址给服务器发送大量的 TCP 连接请求报文，服务器会给这些伪造的源地址发送连接确认报文，这时服务器就会进入 SYN-RCVD 状态，等待客户端确认报文。但这些伪造的地址并不会给服务器返回确认报文。当服务器未收到客户端的确认报文时，将重发连接确认报文，一直到超时才会将此条目从未连接队列中删除。这些伪造的 SYN 包将长时间占用未连接队列，导致正常的 SYN 请求被丢弃，目标系统运行缓慢，严重时还会引起网络堵塞甚至系统瘫痪。

SYN 攻击除了能影响服务器外，还能危害路由器、防火墙等网络系统，事实上 SYN 攻击并不管目标是什么系统，只要这些系统上的服务侦听 TCP 的某个端口就行。

下面使用两个虚拟机给大家演示 SYN 攻击。在虚拟机 Windows2003Web 服务上运行抓包工具，进行抓包。在计算机 B 上运行 SYN 攻击器，输入 Windows2003Web 服务的 IP 地址，端口输入 445（TCP 的 445 端口是访问共享资源使用的端口，通常供 Windows 操作系统运行 Windows 共享服务），如果 Windows2003Web 服务运行了 Web 服务，这里也可以输入 80 端口，单击“Start”按钮，开始攻击，如图 2-57 所示。

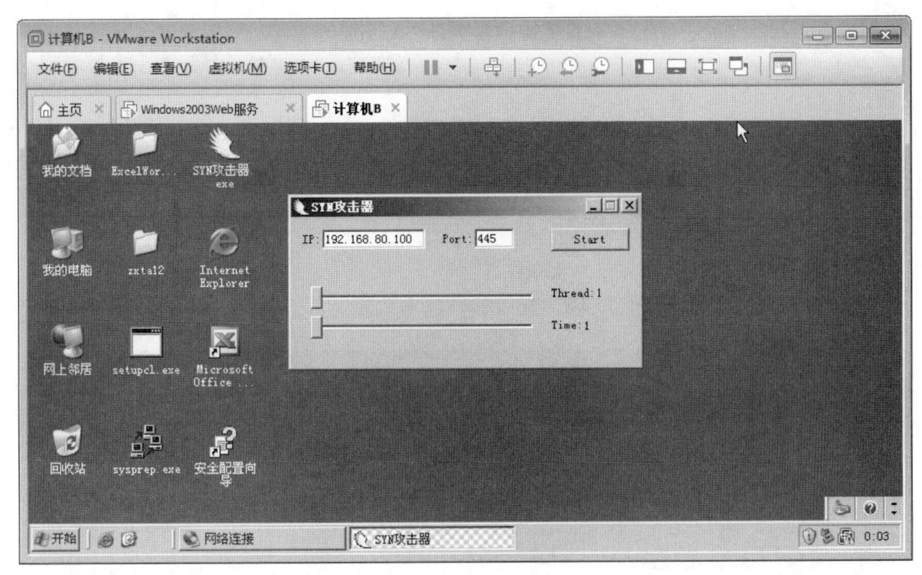

图 2-57 SYN 攻击

可以感觉到，在攻击过程中 Windows2003Web 服务响应缓慢。停止攻击后，可以看到抓包工具捕获的 TCP 连接请求数据包，这时数据包的源地址（Source）是伪造的公网地址，如图 2-58 所示。

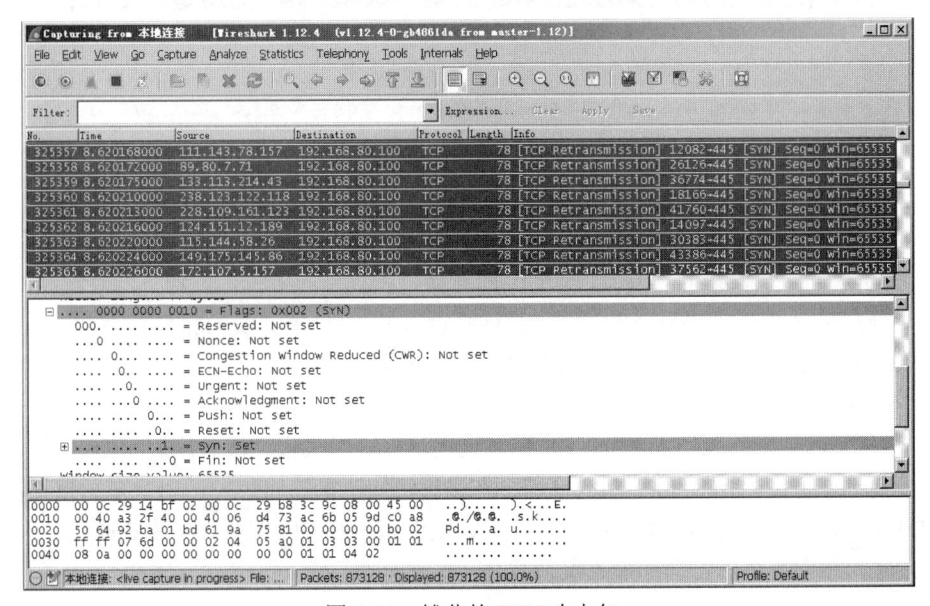

图 2-58 捕获的 SYN 攻击包

2.8　习题

1. 图 2-59 所示的是接收方的接收缓存，接收窗口大小为 600 字节。图 2-60 所示是接收方发送的确认报文，根据图 2-59 中标注的接收窗口中收到的字节块，在图 2-60 的括号中填写适当的数值。

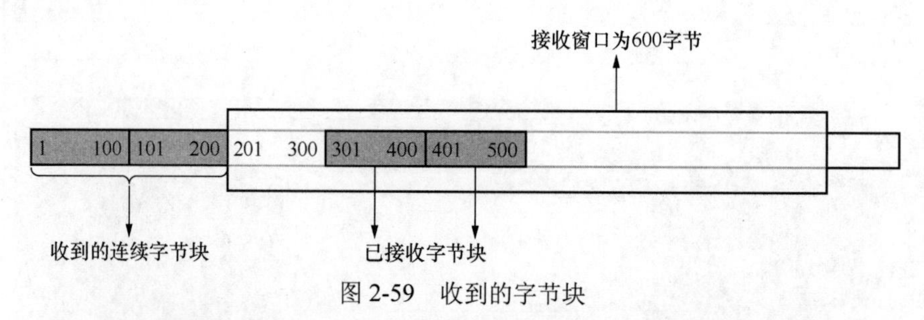

图 2-59　收到的字节块

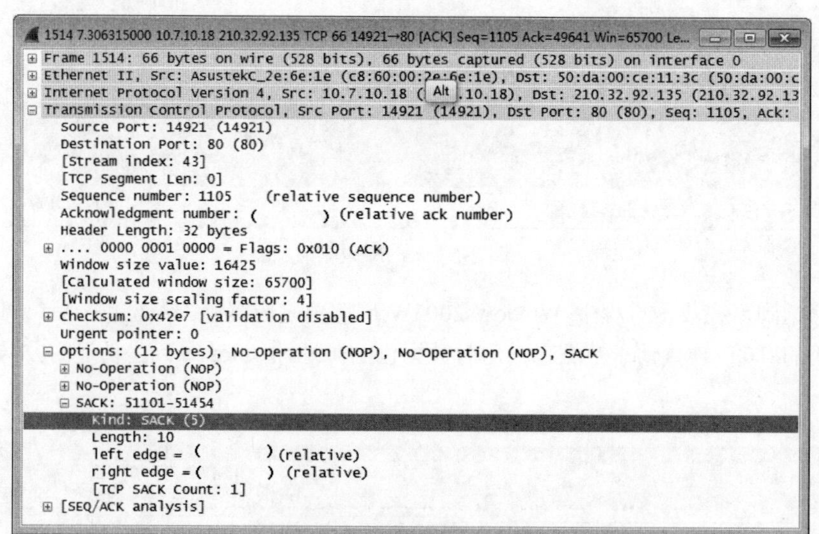

图 2-60　选择性确认数据包

2. OSI 标准中能表现端到端传输的是哪一层（　　）。

A．数据链路层　　B．传输层　　C．会话层　　D．应用层

3. 主机甲和主机乙之间已建立一个 TCP 连接，主机甲向主机乙发送了两个连续的 TCP 报文段，分别包含 300 字节和 500 字节的有效载荷，第一个报文段的序列号为 200，主机乙正确接收到两个报文段后，发送给主机甲的确认序列号是（　　）。

A．500　　B．700　　C．800　　D．1000

4. 主机甲和主机乙之间已建立一个 TCP 连接，TCP 最大报文段长度为 1000 字节，若主机甲的当前拥塞窗口 cwnd 值为 4000 字节，在主机甲向主机乙连续发送两个最大报文段后，成功收到主机乙发送的对第一段的确认段，确认段中通告的接收窗口大小为 2000 字节，则此时主机甲还可以向主机乙发送的最大字节数是（　　）。

A．1000　　B．2000　　C．3000　　D．4000

5．主机甲向主机乙发送了一个 SYN = 1、seq = 11220 的 TCP 报文段，期望与主机乙建立 TCP 连接，若主机乙接受该连接请求，则主机乙向主机甲发送的正确的 TCP 报文段可能是（　　）。

A．SYN = 0, ACK = 0, seq = 11221, ack =11221

B．SYN =1, ACK = 1, seq = 11220, ack = 11220

C．SYN =1, ACK = 1, seq = 11221, ack = 11221

D．SYN =0, ACK = 0, seq = 11220, ack = 11220

6．主机甲与主机乙之间已建立一个 TCP 连接，主机甲向主机乙发送了 3 个连续的 TCP 报文段，分别包含 300 字节、400 字节和 500 字节的有效载荷，第 3 个报文段的序号为 900。若主机乙仅正确接收到第 1 个和第 3 个报文段，则主机乙发送给主机甲的确认序号是（　　）。

A．300　　B．500　　C．1200　　D．1400

7．试说明传输层在协议栈中的地位和作用。传输层的通信和网络层的通信有什么重要的区别？为什么传输层是必不可少的？

8．当应用程序使用面向连接的 TCP 和无连接的 IP 时，这种传输是面向连接的还是无连接的？

9．试着画图解释传输层的复用。

10．试举例说明有哪些应用程序愿意采用不可靠的 UDP，而不愿意采用可靠的 TCP，若接收方收到有差错的 UDP 用户数据报时应如何处理？

11．如果应用程序愿意使用 UDP 完成可靠传输，这可能吗？请说明理由。为什么说 UDP 是面向报文的，而 TCP 是面向字节流的？

12．端口的作用是什么？为什么端口号要划分为 3 种？

13．某个应用进程使用传输层的用户数据报 UDP，然后继续向下交给 IP 层后，又封装成 IP 数据报。既然都是数据报，是否可以跳过 UDP 而直接交给 IP 层？哪些功能 UDP 提供了但 IP 没有提供？

14．一个应用程序用 UDP，到了 IP 层把数据报再划分为 4 个数据报片发送出去。结果前两个数据报片丢失，后两个到达目的站。过了一段时间应用程序重传 UDP，而 IP 层仍然划分为 4 个数据报片来传输。结果这次前两个数据报片到达目的站而后两个丢失。试问：在目的站能否将这两次传输的 4 个数据报片组合成为完整的数据报？假定目的站第一次收到的后两个数据报片仍然保存在目的站的缓存中。

15．一个 UDP 用户数据报的数据字段为 8192 字节。在链路层要使用以太网来传输。试问应当划分为几个 IP 数据报片？说明每一个 IP 数据报片的数据字段长度和片偏移字段的值。

16．一个 UDP 用户数据报的首部的十六进制表示是 06 32 00 45 00 1C E2 17。试求源端口、目标端口、用户数据报的总长度、数据部分长度。这个用户数据报是从客户端发送给服务器还是从服务器发送给客户端？使用 UDP 的这个服务器程序是什么？

17．使用 TCP 对实时通话语音数据的传输有没有什么影响？使用 UDP 在传输数据文件时会有什么问题？

18．在停止等待协议中如果不使用编号是否可行？为什么？

19．在停止等待协议中，如果收到重复的报文段时不予理睬（即悄悄地丢弃它而其他什么也不做）是否可行？试举出具体例子说明理由。

20．主机 A 向主机 B 发送一个很长的文件，其长度为 L 字节。假定 TCP 使用的 MSS 为

1460字节。

（1）在TCP的序号不重复使用的条件下，L的最大值是多少？

（2）假定使用上面计算出的文件长度，而运输层、网络层和数据链路层所用的首部开销共66字节，链路的带宽为10Mbit/s，试求这个文件所需的最短发送时间。

21．主机A向主机B连续发送了两个TCP报文段，其序号分别是70和100。

（1）第一个报文段携带了多少字节的数据？

（2）主机B收到第一个报文段后，发回的确认中的确认号应当是多少？

（3）如果B收到第二个报文段后发回的确认中的确认号是180，请问A发送的第二个报文段中的数据有多少字节？

（4）如果A发送的第一个报文段丢失了，但第二个报文段到达了B。B在第二个报文段到达后向A发送确认。请问这个确认号应为多少？

22．为什么在TCP首部中要把TCP的端口号放入最开始的4字节？

23．为什么在TCP首部中有一个首部长度字段，而UDP的首部中就没有这个字段？

24．一个TCP报文段的数据部分最多为多少字节？为什么？如果用户要传输的数据的字节长度超过TCP报文段中的序号字段可能编出的最大序号，请问还能否用TCP来传输？

25．主机A向主机B发送TCP报文段，首部中的源端口是m，目标端口是n。当B向A发送回信时，其TCP报文段的首部中的源端口和目标端口分别是什么？

26．在使用TCP传输数据时，如果有一个确认报文段丢失了，也不一定会引起与该确认报文段对应的数据的重传。以上这句话对吗？试说明理由。

27．试用具体例子说明为什么传输层连接建立时要使用“三次握手”。试说明如果不这样做可能会出现什么情况。

28．在TCP中，发送方的窗口大小取决于（ ）。

A．仅接收方允许的窗口 B．接收方允许的窗口和发送方允许的窗口
C．接收方允许的窗口和拥塞窗口 D．发送方允许的窗口和拥塞窗口

29．A和B建立了TCP连接，当A收到确认号为100的确认报文段时，表示（ ）。

A．报文段99已收到 B．报文段100已收到
C．末字节序号为99的报文段已收到 D．末字节序号为100的报文段已收到

30．在采用TCP连接的数据传输阶段，如果发送方的发送窗口值由1000变为2000，那么发送方在收到一个确认之前可以发送（ ）。

A．2000个TCP报文段 B．2000字节
C．1000字节 D．1000个TCP报文段

31．为保证数据传输的可靠性，TCP采用了对（ ）确认的机制。

A．报文段 B．分组 C．字节 D．比特

32．滑动窗口的作用是（ ）。

A．流量控制 B．拥塞控制 C．路由控制 D．差错控制

33．TCP“三次握手”过程中，第二次“握手”时，发送的报文段中（ ）标志位被置为1。

A．SYN B．ACK
C．ACK 和RST D．SYN和ACK

34．A 和 B 之间建立了 TCP 连接，A 向 B 发送了一个报文段，其中序号字段 seq=200，确认号字段 ACK=201，数据部分有 2 字节，那么在 B 对该报文的确认报文段中（　　）。

A．seq=202，ACK=200　　B．seq=201，ACK=201

C．seq=201，ACK=202　　D．seq=202，ACK=201

35．在采用 TCP 连接的数据传输阶段，如果发送端的发送窗口值由 2000 变为 3000，意味着发送端（　　）。

A．在收到一个确认之前可以发送 3000 个 TCP 报文段

B．在收到一个确认之前可以发送 1000 字节

C．在收到一个确认之前可以发送 3000 字节

D．在收到一个确认之前可以发送 2000 个 TCP 报文段

36．以下关于 TCP 工作原理与过程的描述中，错误的是（　　）。

A．TCP 连接建立过程需要经过“三次握手”的过程

B．当 TCP 传输连接建立之后，客户端与服务器端的应用进程进行全双工的字节流传输

C．TCP 传输连接的释放过程很复杂，只有客户端可以主动提出释放连接的请求

D．TCP 连接的释放需要经过“四次挥手”的过程

37．以下关于 TCP 窗口与拥塞控制概念的描述中，错误的是（　　）。

A．接收端窗口（rwnd）通过 TCP 首部中的窗口字段通知数据的发送方

B．发送窗口确定的依据是：发送窗口=Min[接收端窗口,拥塞窗口]

C．拥塞窗口是接收端根据网络拥塞情况确定的窗口值

D．拥塞窗口大小在开始时可以按指数规律增长

38．UDP 数据报首部不包含（　　）。

A．UDP 源端口号　　B．UDP 校验和

C．UDP 目标端口号　　D．UDP 数据报首部长度

39．在（　　）范围内的端口号被称为“熟知端口号”并限制使用，意味着这些端口号是为常用的应用层协议，如 FTP、HTTP 等保留的。

A．0～127　　B．0～255　　C．0～511　　D．0～1023

40．一个 UDP 用户数据报的数据字段为 8192 字节，要使用以太网来传输。假定 IP 数据报无选项。请问应当划分为几个 IP 数据报片？说明每一个 IP 数据报片的数据字段长度和片偏移字段的值。

第 3 章 IP 地址和子网划分

本章主要内容

- 理解 IP 地址
- IP 地址分类
- 公网地址
- 私网地址
- 等长子网划分
- 变长子网划分
- 超网

网络层负责在通信的设备之间转发数据包，为传输层提供服务。网络层基于数据包的 IP 地址转发数据，网络设备根据路由表为数据包确定转发出口。为了讲解清楚，将网络层分成以下 3 章来讲解：IP 地址和子网划分、静态路由和动态路由、网络层协议。本章讲解 IP 地址和子网划分。

网络中的计算机通信需要有地址，每个网卡有物理层地址（MAC 地址），每台计算机还需要有网络层地址，使用 TCP/IP 通信的计算机的网络层地址称为“IP 地址”。

本章讲解 IP 地址格式、子网掩码的作用、IP 地址的分类和一些特殊的地址、公网地址和私网地址，以及私网地址通过 NAT 访问 Internet。

为了给网络中的计算机分配合理的 IP 地址，避免 IP 地址的浪费，需要进行等长子网划分或变长子网划分。也可以将多个网络合并成一个网段，这就是“超网”。在路由器上通过超网这种方式添加路由，能够简化路由表。

最后讲解子网划分的规律和合并网段的规律。

3.1 学习 IP 地址预备知识

网络中计算机和网络设备接口的 IP 地址由 32 位的二进制数组成，后面学习 IP 地址和子网划分的过程需要我们将二进制数转化成十进制数，还需要将十进制数转化成二进制数。因此在学习 IP 地址和子网划分之前，先来了解一下二进制的相关知识，同时要求读者熟记下面讲到的二进制和十进制之间的关系。

3.1.1 二进制和十进制

学习子网划分需要读者看到一个十进制形式的子网掩码，就能很快判断出该子网掩码写成二进制形式有几个 1；看到一个二进制形式的子网掩码，也能熟练写出该子网掩码对应的十进制数。

二进制是计算技术中广泛采用的一种数制。二进制数据是用 0 和 1 两个数码来表示的数。它的基数为 2，进位规则是“逢二进一”，借位规则是“借一当二”，当前的计算机系统使用的基本上都是二进制。

下面列出二进制和十进制的对应关系，要求读者最好记住这些对应关系。其实也不用死记硬背，这里有规律可循，二进制中的 1 向前移 1 位，对应的十进制乘以 2，如下所示。

```
         二进制              十进制
              1                 1
             10                 2
            100                 4
           1000                 8
         1 0000                16
        10 0000                32
       100 0000                64
      1000 0000               128
```

下面列出的二进制数和十进制数的对应关系读者最好也能记住。要求给出下面的一个十进制数，立即就能写出对应的二进制数；给出一个二进制数，能立即写出对应的十进制数。后面给出了记忆规律。

```
   二进制        十进制
  1000 0000       128
  1100 0000       192      这样记 1000 0000+100 000 也就是 128+64=192
  1110 0000       224      这样记 1000 0000+100 0000+10 0000 也就是 128+64+32=224
  1111 0000       240      这样记 128+64+32+16=240
  1111 1000       248      这样记 128+64+32+16+8=248
  1111 1100       252      这样记 128+64+32+16+8+4=252
  1111 1110       254      这样记 128+64+32+16+8+4+2=254
  1111 1111       255      这样记 128+64+32+16+8+4+2+1=255
```

可见 8 位二进制全是 1，最大值就是 255。

万一忘记了上面的对应关系，可以使用下面的方法，如图 3-1 所示，只要记住数轴上的几个关键的点，对应关系立刻就能想出来。我们画一条线，左端代表二进制数 0000 0000，右端代表二进制数 1111 1111。

可以看到 0～255 共计 256 个数字，中间的数字就是 128，128 对应的二进制数就是 1000 0000。这是一个分界点，128 以前的二进制数最高位是 0，128 之后的数，二进制最高位都是 1。

128～255 中间的数，就是 192，二进制数就是 1100 0000，这就意味着从 192 开始的数，其二进制数最前面的两位都是 1。

192～555 中间的数，就是 224，二进制数就是 1110 0000，这就意味着从 224 开始的数，其二进制数最前面的 3 位都是 1。

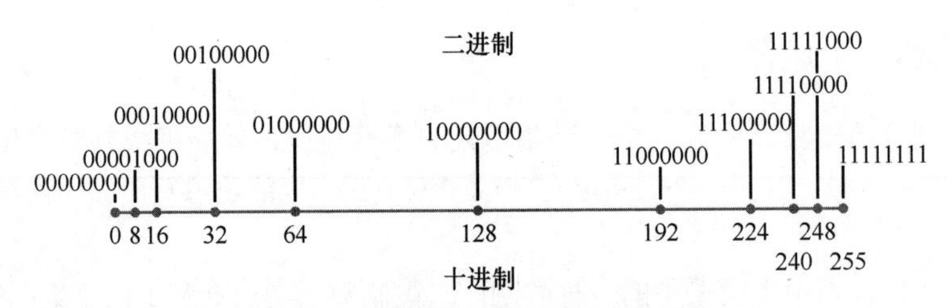

图 3-1 二进制和十进制的对应关系

使用这种方式很容易找出 0～128 中间的数 64 是二进制数 100 0000 对应的十进制数。0～64 中间的数 32 就是二进制数 10 0000 对应的十进制数。

使用这种方式，即便忘记了上面的对应关系，只要画一条数轴，按照上述方法就能很快找到二进制和十进制的对应关系。

3.1.2 二进制数的规律

在后面学习合并网段时需要读者判断给出的几个子网是否能够合并成一个网段，需要读者能够写出一个数转换成二进制后的后几位。下面看看二进制的规律，并介绍一种快速写出一个数的二进制形式的后几位数的方法，如图 3-2 所示。

十进制	二进制	十进制	二进制
0	0	11	1011
1	1	12	1100
2	10	13	1101
3	11	14	1110
4	100	15	1111
5	101	16	10000
6	110	17	10001
7	111	18	10010
8	1000	19	10011
9	1001	20	10100
10	1010	21	10101

图 3-2 二进制规律

观察图 3-2 中的十进制和二进制的对应关系，能找到以下规律。

（1）能够被 2 整除的数，写成二进制形式，最后一位是 0。如果余数是 1，则最后一位是 1。

（2）能够被 4 整除的数，写成二进制形式，最后两位是 00。如果余数是 2，那就把 2 写成二进制，最后两位是 10。

（3）能够被 8 整除的数，写成二进制形式，最后 3 位是 000。如果余数是 5，那就把 5 写成二进制，最后 3 位是 101。

（4）能够被 16 整除的数，写成二进制形式，最后 4 位是 0000。如果余数是 6，那就把 6 写成二进制，最后 4 位是 0110。

我们可以找出规律，如果要写出一个十进制数转换成二进制数后的后面的 n 位二进制数，可以将该数除以 2^n，将余数写成 n 位二进制即可。

下面根据前面的规律，写出十进制数 242 转换成二进制数后的最后 4 位。

2^4 是 16，242 除以 16，余 2，将余数写成 4 位二进制，就是 0010。

3.2 理解 IP 地址

IP 地址就是给每个连接在 Internet 上的主机分配的一个 32 位地址。IP 地址用来定位网络中的计算机和网络设备。

3.2.1 MAC 地址和 IP 地址

计算机的网卡有物理层地址（MAC 地址），为什么还需要 IP 地址呢？

网络中有 3 个网段，一个交换机一个网段，使用两个路由器连接这 3 个网段，如图 3-3 所示。图中 MA、MB、MC、MD、ME、MF 以及 M1、M2、M3 和 M4，分别代表计算机和路由器接口的 MAC 地址。

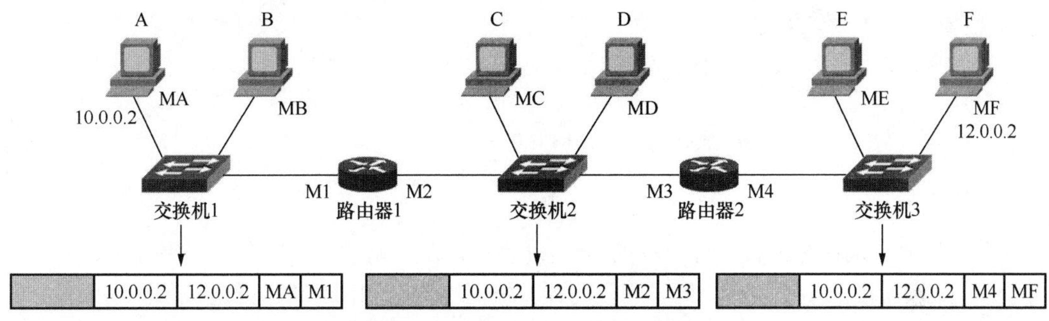

图 3-3 MAC 地址和 IP 地址的作用

计算机 A 给计算机 F 发送一个数据包，计算机 A 在网络层给数据包添加源 IP 地址（10.0.0.2）和目标 IP 地址（12.0.0.2）。

该数据包要想到达计算机 F，要经过路由器 1 转发，该数据包如何才能让交换机 1 转发到路由器 1 呢？那就需要在数据链路层添加 MAC 地址，源 MAC 地址为 MA，目标 MAC 地址为 M1。

路由器 1 收到该数据包，需要将该数据包转发到路由器 2，这就要求将数据包重新封装成帧。帧的目标 MAC 地址是 M3，源 MAC 地址是 M2，这时也要求重新计算帧校验序列。

数据包到达路由器 2 后，需要重新封装，目标 MAC 地址为 MF，源 MAC 地址为 M4。交换机 3 将该帧转发给计算机 F。

从图 3-3 中可以看出，数据包的目标 IP 地址决定了数据包最终到达哪一台计算机，而目标 MAC 地址决定了该数据包下一跳由哪个设备接收，但不一定是终点。

如果全球计算机网络是一个大的以太网，那就不需要使用 IP 地址通信，只使用 MAC 地址就可以了。大家想想那将是一个什么样的场景？一个计算机发广播帧，全球计算机都能收到，且都要处理，整个网络的带宽将会被广播帧耗尽。所以还必须由网络设备路由器来隔绝以太网的广播，默认路由器不转发广播帧，只负责在不同的网络间转发数据包。

3.2.2 IP 地址的组成

在讲解 IP 地址之前，先介绍读者熟知的电话号码，通过电话号码来理解 IP 地址。

大家都知道，电话号码由区号和本地号码组成。例如，石家庄市的区号是 0311，北京市的区号是 010，保定市的区号是 0312，如图 3-4 所示。同一个市的电话号码有相同的区号，打本地电话不用拨区号，打长途电话才需要拨区号。

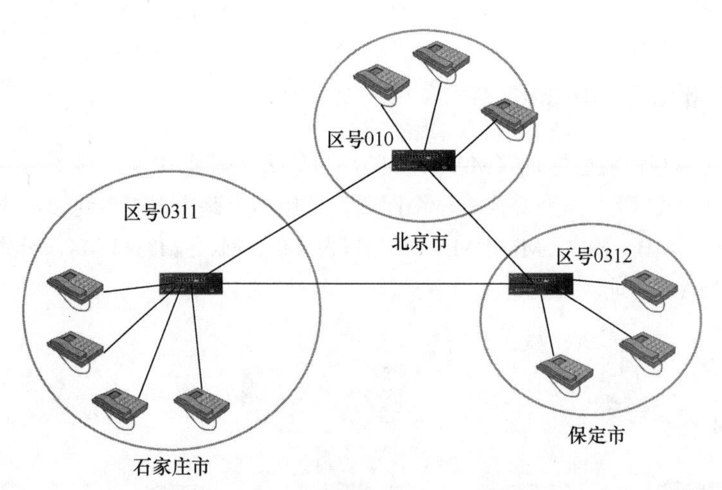

图 3-4 用电话号码来理解 IP 地址规划

和电话号码的区号一样，计算机的 IP 地址也由两部分组成，一部分为网络标识，另一部分为主机标识。如图 3-5 所示，同一网段的计算机网络部分相同。路由器连接不同的网段，负责不同网段之间的数据转发，交换机连接的则是同一网段的计算机。

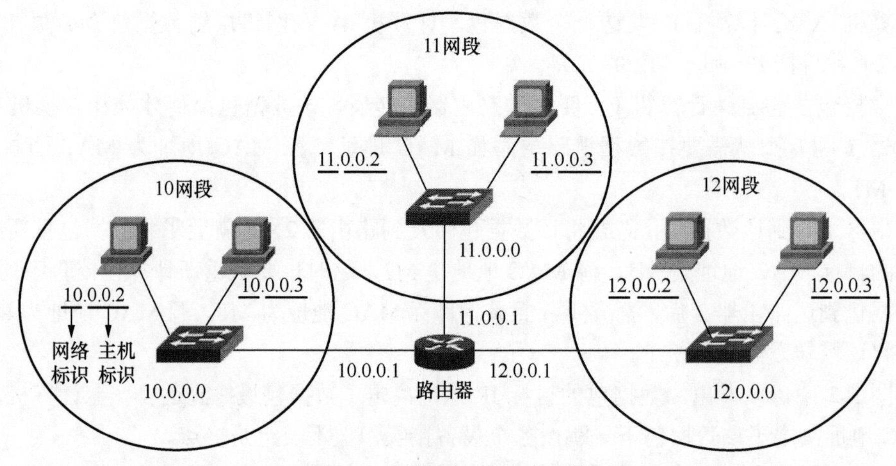

图 3-5 网络标识和主机标识

计算机在和其他计算机通信之前，首先要判断目标 IP 地址和自己的 IP 地址是否在一个网段，这决定了数据链路层的目标 MAC 地址是目标计算机的还是路由器接口的。

3.2.3 IP 地址格式

按照 TCP/IP 规定，IP 地址用 32 位二进制来表示，也就是 32 比特，换算成字节，就是 4 字节。例如，一个采用二进制形式的 IP 地址是 10101100000100000001111000111000，这么长的地址，人们处理起来太费劲了。为了方便人们使用，这些位被分割为 4 个部分，每一部分为 8 位二进制，中间使用符号“.”分开，分成 4 部分的二进制 IP 地址 10101100.00010000.00011110.00111000，经常被写成十进制的形式，于是，上面的 IP 地址可以表示为 172.16.30.56。

IP 地址的这种表示法叫作“点分十进制表示法”，这显然比 1 和 0 的组合容易记忆得多。

点分十进制这种 IP 地址表示法方便人们书写和记忆，通常配置计算机 IP 地址时就采用这种写法，如图 3-6 所示。本书为了方便描述，给 IP 地址的这 4 个部分进行了编号，从左到右分别为第 1 部分、第 2 部分、第 3 部分和第 4 部分。

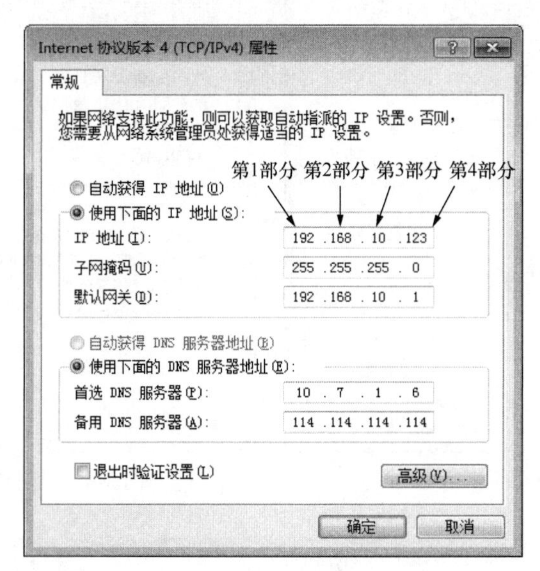

图 3-6 点分十进制表示法

8 位二进制的 11111111 转换成十进制就是 255，因此点分十进制的每一部分最大不能超过 255。平时在给计算机配置 IP 地址时，还要配置子网掩码、默认网关和 DNS 服务器地址，下面先介绍子网掩码的作用。

3.2.4 子网掩码的作用

子网掩码（subnet mask）又叫“网络掩码”“地址掩码”，它是一种用来指明一个 IP 地址的哪些位标识的是主机所在的子网、哪些位标识的是主机的位掩码。子网掩码只有一个作用，就是将某个 IP 地址划分成网络地址和主机地址两部分。

图 3-7 所示的计算机的 IP 地址是 131.107.41.6，子网掩码是 255.255.255.0，所在网段是 131.107.41.0，主机部分归零，就是该主机所在的网段。该计算机和远程计算机通信，只要目标 IP 地址前面 3 个部分是 131.107.41，就认为和该计算机在同一个网段。例如，该计算机和 IP 地址 131.107.41.123 在同一个网段，而和 IP 地址 131.107.42.123 不在同一个网段，因为网络部分不相同。

图 3-8 所示的计算机的 IP 地址是 131.107.41.6，子网掩码是 255.255.0.0，所在网段是 131.107.0.0。该计算机和远程计算机通信，只要目标 IP 地址前面两部分是 131.107，就认为和该计算机在同一个网段。例如，该计算机和 IP 地址 131.107.42.123 在同一个网段，而和 IP 地址 131.108.42.123 不在同一个网段，因为网络部分不同。

图 3-9 所示的计算机的 IP 地址是 131.107.41.6，子网掩码是 255.0.0.0，所在网段是 131.0.0.0。该计算机和远程计算机通信，只要目标 IP 地址前面一部分是 131，就认为和该计算机在同一个网段。例如，该计算机和 IP 地址 131.108.42.123 在同一个网段，而和 IP 地址 132.108.42.123

不在同一个网段，因为网络部分不同。

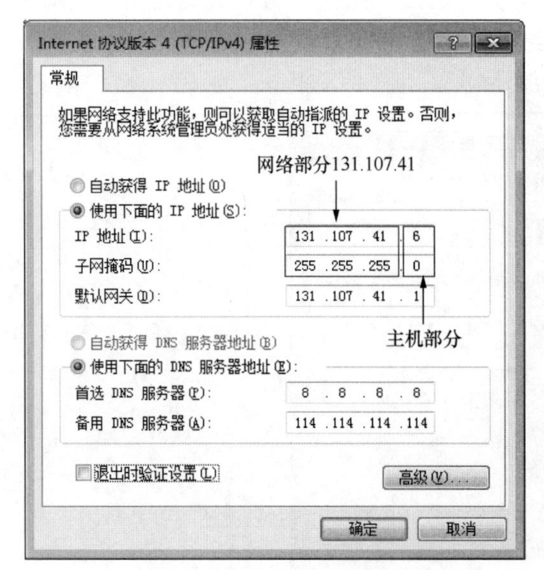

图 3-7　子网掩码的作用（一）

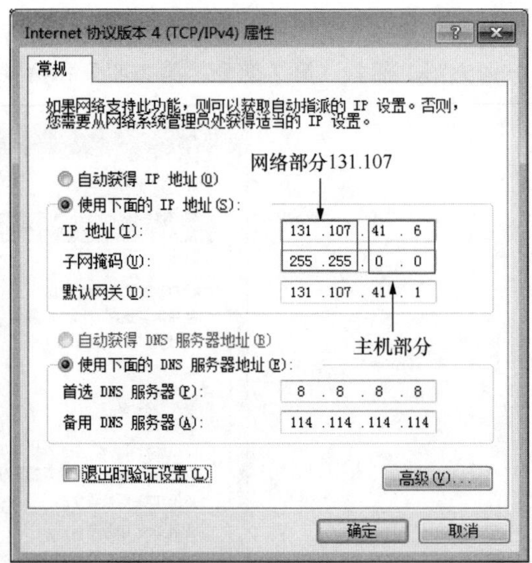

图 3-8　子网掩码的作用（二）

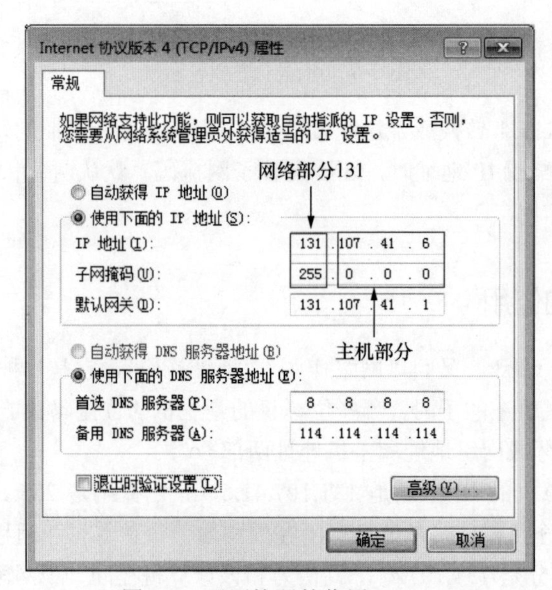

图 3-9　子网掩码的作用（三）

计算机如何使用子网掩码来计算自己所在的网段呢？

如果一台计算机的 IP 地址配置为 131.107.41.6，子网掩码为 255.255.255.0，如图 3-10 所示。将其 IP 地址和子网掩码都写成二进制，对应的二进制位进行“与”运算，两个都是 1 才得 1，否则都得 0，即 1 和 1 做“与”运算得 1，0 和 1 或 1 和 0 做“与”运算都得 0，0 和 0 做“与”运算也得 0。这样将 IP 地址和子网掩码做完“与”运算后，主机位不管是什么值都归零，网络位的值保持不变，得到该计算机所在的网段为 131.107.41.0。

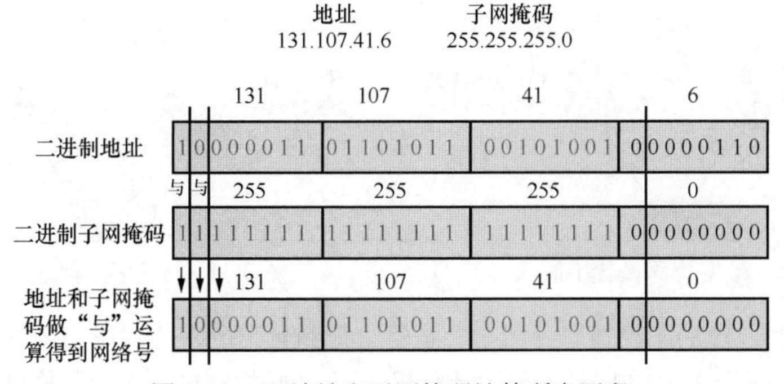

图 3-10 IP 地址和子网掩码计算所在网段

子网掩码很重要，配置错误会造成计算机通信故障。计算机和其他计算机通信时，首先断定目标地址和自己是否在同一个网段，先用自己的子网掩码和自己的 IP 地址进行“与”运算得到自己所在的网段，再用自己的子网掩码和目标地址进行“与”运算，看看得到的网络部分与自己所在的网段是否相同。如果不相同，则不在同一个网段，封装帧时目标 MAC 地址用网关的 MAC 地址，交换机将帧转发给路由器接口；如果相同，则直接使用目标 IP 地址的 MAC 地址封装帧，直接把帧发给目标 IP 地址。

图 3-11 所示的路由器连接两个网段 131.107.41.6 255.255.255.0 和 131.107.42.0 255.255.255.0，同一个网段中的计算机子网掩码相同，计算机的网关就是到其他网段的出口，也就是路由器接口地址。路由器接口使用的地址可以是本网段中任何一个地址，不过通常使用该网段第一个可用的地址或最后一个可用的地址，这是为了尽可能避免和网络中的其他计算机地址产生冲突。

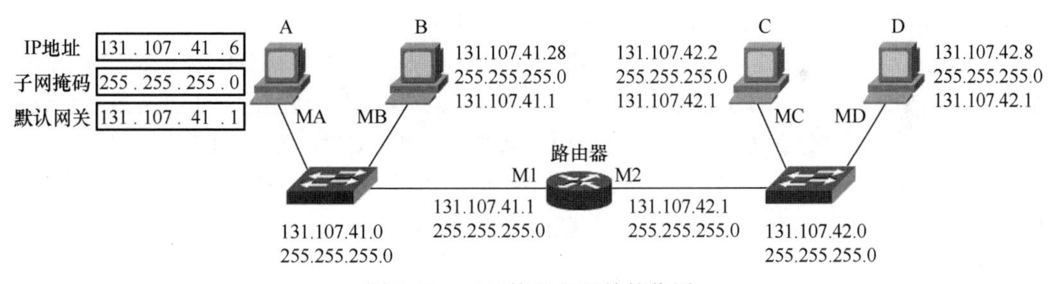

图 3-11 子网掩码和网关的作用

如果计算机没有设置网关，那么跨网段通信时它就不知道谁是路由器，下一跳该给哪个设备。因此计算机要想实现跨网段通信，必须先指定网关。

连接在交换机上的计算机 A 和计算机 B 的子网掩码设置不一样，都没有设置网关，如图 3-12 所示。思考一下，计算机 A 是否能够和计算机 B 通信？只有数据包能去能回，网络才算连通。

计算机 A 和自己的子网掩码做“与”运算，得到自己所在的网段 131.107.0.0，目标地址 131.107.41.28 也属于 131.107.0.0 网段，计算机 A 把帧直接发送给计算机 B。计算机 B 给计算机 A 发送返回的数据包，计算机 B 在 131.107.41.0 网段，目标地址 131.107.41.6 碰巧也属于 131.107.41.0 网段，所以计算机 B 能够把数据包直接发送给计算机 A，因此计算机 A 能够和计算机 B 通信。

连接在交换机上的计算机 A 和计算机 B 的子网掩码设置不一样，IP 地址如图 3-13 所示，都没有设置网关。思考一下，计算机 A 是否能够和计算机 B 通信？

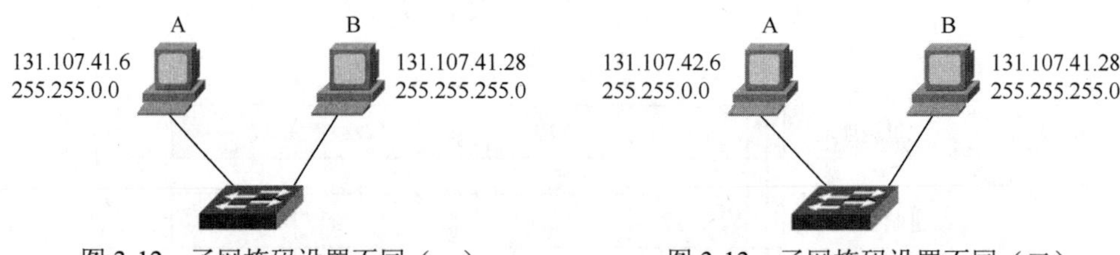

图3-12 子网掩码设置不同（一） 图3-13 子网掩码设置不同（二）

计算机A和自己的子网掩码做“与”运算，得到自己所在的网段131.107.0.0，目标地址131.107.41.28也属于131.107.0.0网段，计算机A可以把数据包发送给计算机B。计算机B给计算机A发送返回的数据包，计算机B使用自己的子网掩码计算自己所属的网段，得到自己所在的网段为131.107.41.0，目标地址131.107.42.6不属于131.107.41.0网段，计算机B没有设置网关，不能把数据包发送给计算机A，因此计算机A能发送数据包给计算机B，但是计算机B不能发送返回的数据包，因此网络不通。

3.3 IP地址详解

3.3.1 IP地址分类

最初设计Internet时，Internet委员会定义了5种IP地址类型以配合不同容量的网络，即A类～E类。其中A、B、C这3类由国际互联网网络信息中心（Internet Network Information Center，InterNIC）在全球范围内统一分配，D、E类为特殊地址。

IPv4地址共32位二进制，分为网络ID和主机ID。哪些位是网络ID、哪些位是主机ID，最初是使用IP地址第1部分进行标识的。也就是说只要看到IP地址的第1部分就知道该地址的子网掩码，通过这种方式将IP地址分成了A类、B类、C类、D类和E类5类。

网络地址最高位是0的地址为A类地址，如图3-14所示。网络ID全0不能用，127作为保留网段，因此A类地址第1部分的取值范围为1～126。

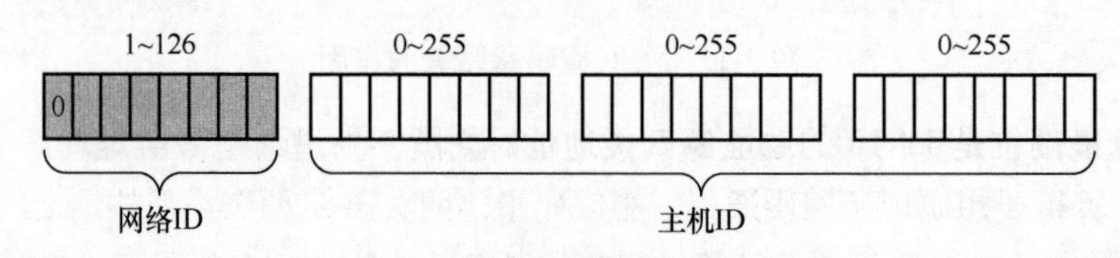

图3-14 A类地址网络ID和主机ID

A类网络默认子网掩码为255.0.0.0。主机ID由第2部分、第3部分和第4部分组成，每部分的取值范围为0～255，共256种取值，学过排列组合就会知道，一个A类网络的主机数量是256×256×256=16 777 216，取值范围是0～16 777 215，0也算一个数。可用的地址还需减去2，主机ID全0的地址为网络地址，不能给计算机使用，而主机ID全1的地址为广播地址，也不能给计算机使用，可用的地址数量为16 777 214。如果给主机ID全1的地址发送数据包，计算机将产生一个广播帧，发送到本网段的全部计算机。

网络地址最高位是10的地址为B类地址，如图3-15所示。B类地址第1部分的取值范围为128～191。

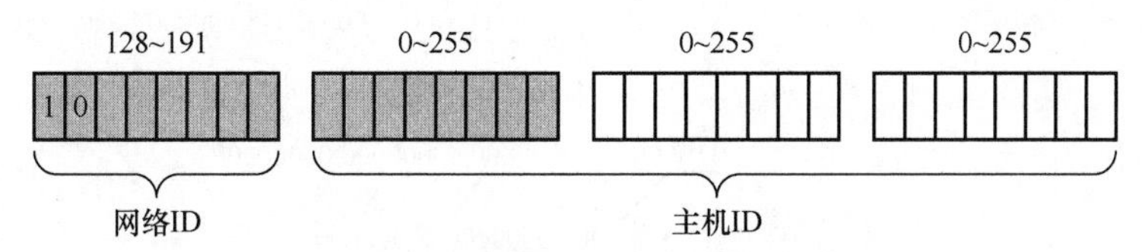

图 3-15 B 类地址网络 ID 和主机 ID

B 类网络默认子网掩码为 255.255.0.0。主机 ID 由第 3 部分和第 4 部分组成，每个 B 类网络可以容纳的最大主机数量为 256×256=65 536，取值范围为 0～65 535，去掉主机 ID 全 0 和全 1 的地址，可用的地址数量为 65 534。

网络地址最高位是 110 的地址为 C 类地址，如图 3-16 所示。C 类地址第 1 部分的取值范围为 192～223。

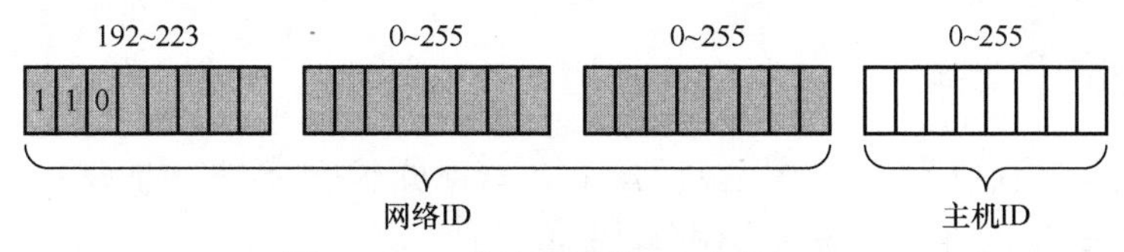

图 3-16 C 类地址网络 ID 和主机 ID

C 类网络默认子网掩码为 255.255.255.0。主机 ID 由第 4 部分组成，每个 C 类网络的主机数量为 256，取值范围为 0～255，去掉主机 ID 全 0 和全 1 的地址，可用的地址数量为 254。

网络地址最高位是 1110 的地址为 D 类地址，如图 3-17 所示。D 类地址第 1 部分的取值范围为 224～239。D 类地址是用于多播（也称为“组播”）的地址，组播地址没有子网掩码。希望读者能够记住多播地址的范围，因为有些病毒除了在网络中发送广播外，还有可能发送多播数据包，当使用抓包工具排除网络故障时，必须能够快速断定捕获的数据包是多播还是广播。

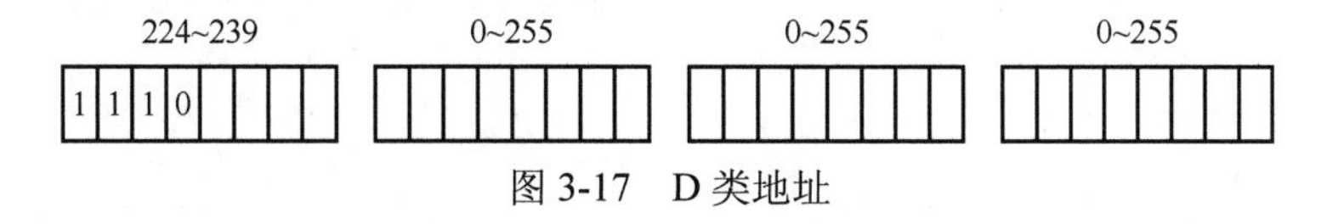

图 3-17 D 类地址

网络地址最高位是 11110 的地址为 E 类地址，如图 3-18 所示。E 类地址第 1 部分的取值范围为 240～254，保留为今后使用，本书中并不讨论 D、E 这两个类型的地址。

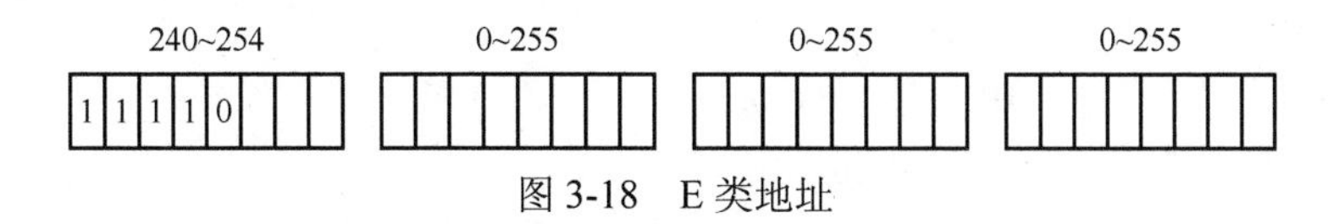

图 3-18 E 类地址

为了方便读者记忆，请观察图 3-19，将 IP 地址的第 1 部分画一条数轴，数值范围从 0～255。这样 A 类地址、B 类地址、C 类地址、D 类地址以及 E 类地址的取值范围就一目了然。

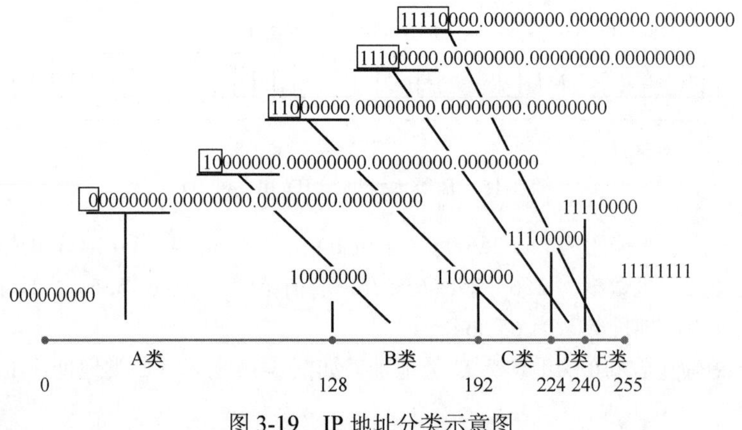

图 3-19 IP 地址分类示意图

3.3.2 保留的 IP 地址

有些 IP 地址被保留用于某些特殊目的，网络管理员不能将这些地址分配给计算机。下面列出了这些被保留的地址，并说明为什么要保留它们。

（1）主机 ID 全为 0 的地址：特指某个网段，如 192.168.10.0 255.255.255.0 指 192.168.10.0 网段。

（2）主机 ID 全为 1 的地址：特指该网段的全部主机。如果计算机发送数据包使用主机 ID 全是 1 的 IP 地址，数据链路层地址用广播地址 ff:ff:ff:ff:ff:ff。同一网段计算机名称解析就需要发送名称解析的广播包。例如，你的计算机 IP 地址是 192.168.10.10，子网掩码是 255.255.255.0，它要发送一个广播包，如目标 IP 地址是 192.168.10.255，帧的目标 MAC 地址是 ff:ff:ff:ff:ff:ff，该网段中全部计算机都能收到。

（3）127.0.0.1：这是回送地址，指本机地址，一般为测试使用。回送地址（127.×.×.×）即本机回送地址（loopback address），指主机 IP 堆栈内部的 IP 地址，主要用于网络软件测试以及本地机进程间的通信。无论什么程序，一旦使用回送地址发送数据，协议软件立即返回，不进行任何网络传输。任何计算机都可以用该地址访问自己的共享资源或网站，如果 ping 该地址能够通，说明计算机的 TCP/IP 协议栈工作正常，即便计算机没有网卡，ping 127.0.0.1 还是能够通。

（4）169.254.0.0：169.254.0.0～169.254.255.255 实际上是自动私有 IP 地址。在 Windows 2000 以前的操作系统中，如果计算机无法获取 IP 地址，则自动配置成“IP 地址：0.0.0.0”“子网掩码：0.0.0.0”的形式，导致其不能与其他计算机通信。而对于 Windows 2000 以后的操作系统，则在无法获取 IP 地址时自动配置成“IP 地址：169.254.×.×”“子网掩码：255.255.0.0”的形式，这样可以使所有获取不到 IP 地址的计算机之间能够通信，如图 3-20

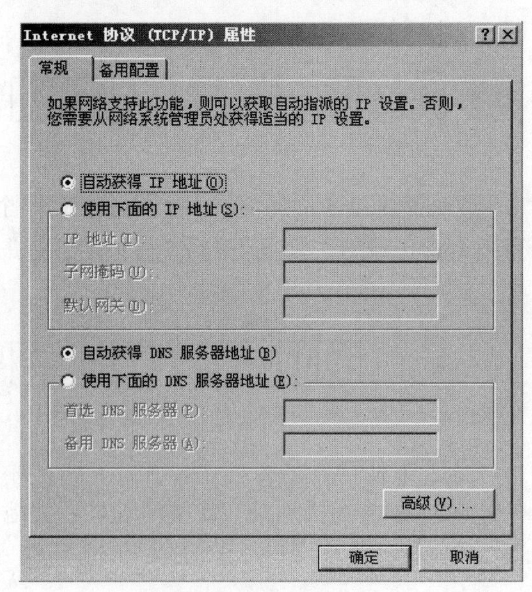

图 3-20 自动获得 IP 地址

和图 3-21 所示。

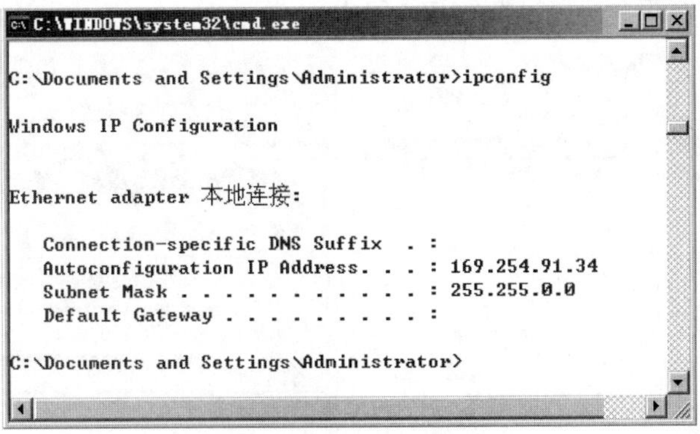

```
C:\WINDOWS\system32\cmd.exe

C:\Documents and Settings\Administrator>ipconfig

Windows IP Configuration


Ethernet adapter 本地连接:

   Connection-specific DNS Suffix  . :
   Autoconfiguration IP Address. . . : 169.254.91.34
   Subnet Mask . . . . . . . . . . . : 255.255.0.0
   Default Gateway . . . . . . . . . :

C:\Documents and Settings\Administrator>
```

图 3-21 自动配置的 IP 地址

（5）0.0.0.0：如果计算机的 IP 地址和网络中的其他计算机地址发生冲突，使用 ipconfig 命令看到的就是 0.0.0.0，子网掩码也是 0.0.0.0，如图 3-22 所示。

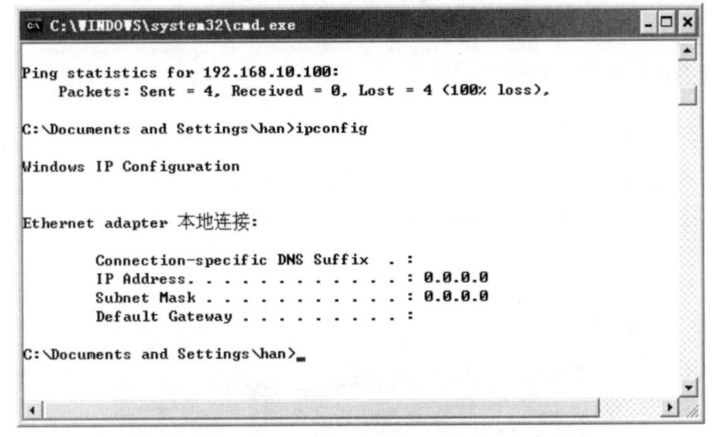

图 3-22 地址冲突

3.3.3 实战：本地环回地址

127.0.0.0 255.0.0.0 这个网段中的任何一个地址都可以作为访问本地计算机的地址，该网段中的地址称为“本地环回地址”。

在 Windows 7 操作系统中 ping 127 网段中任何一个地址都可以通，如图 3-23 所示。

禁用了 Server 计算机的网卡，ping 127.0.0.1 也能通，足以说明访问该地址不产生网络流量，如图 3-24 所示。在 Windows Server 2003 网络操作系统中 ping 127 网段中的任何地址，都会从 127.0.0.1 地址返回数据包。

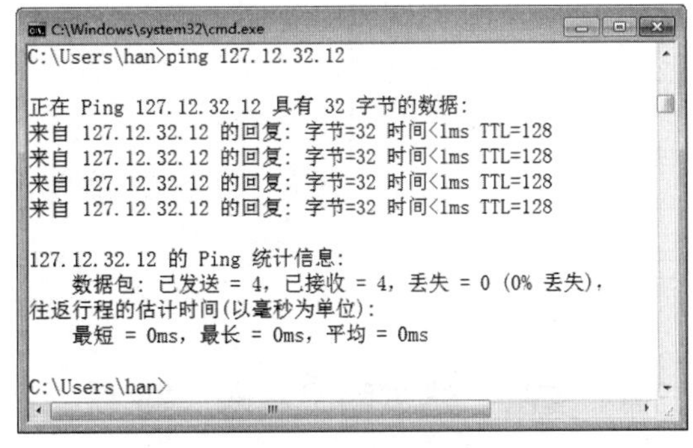

图 3-23 本地环回地址

启用网卡，重启 Server 计算机，单击“开始”→“运行”，在打开的“运行”对话框中输入“\\127.0.0.1”，单击“确定”按钮，能够通过 127.0.0.1 访问到本机的共享资源，如图 3-25 所示。

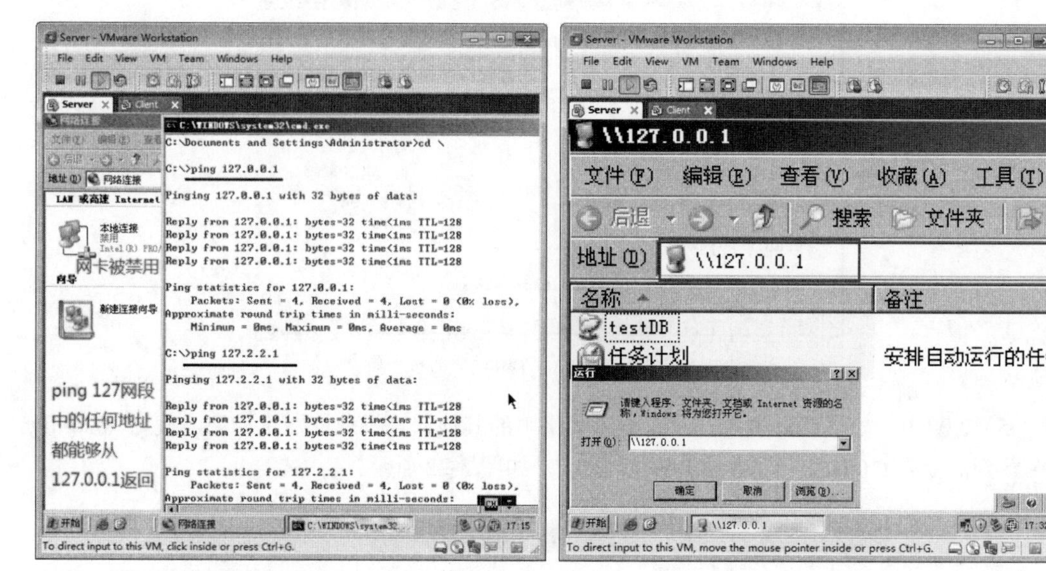

图 3-24　禁用网卡的本地环回地址　　　　图 3-25　启用网卡的本地环回地址

如果想访问本地资源，却又懒得查看本地计算机的 IP 地址和计算机名称，就可以使用 127.0.0.1 访问本地资源。例如，本地有个网站，你可以打开 IE 浏览器，输入“http://127.0.0.1”就可以访问这个网站，如图 3-26 所示。即便你启用了 Windows 防火墙，也不会影响你使用本地环回地址访问本地资源。

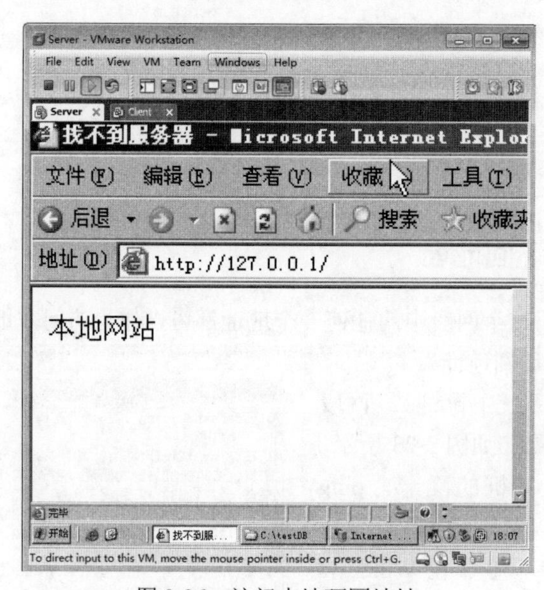

图 3-26　访问本地环回地址

3.3.4　实战：给本网段发送广播

前面已经讲过，IP 地址中主机位都是 1 的地址代表该网段的全部计算机，如果计算机给这样的地址发送数据包，数据链路层将使用广播 MAC 地址封装帧，该网段中的全部计算机都能够收到。下面来验证一下。

现有一台计算机的 IP 地址是 10.7.10.49，子网掩码是 255.255.255.0，如果这台计算机 ping 10.7.10.255，就会发送 ICMP 请求的广播帧，网络中的全部计算机都能收到，所有收到 ICMP 请求的计算机都会给这台计算机返回一个 ICMP 响应包，如图 3-27 所示。从图 3-27 中可以看到来自不同计算机的响应，就能够说明 10.7.10.255 是本地广播地址。

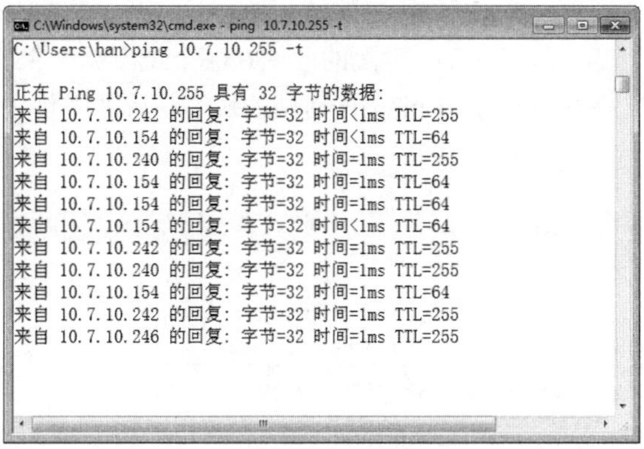

```
C:\Windows\system32\cmd.exe - ping 10.7.10.255 -t
C:\Users\han>ping 10.7.10.255 -t

正在 Ping 10.7.10.255 具有 32 字节的数据:
来自 10.7.10.242 的回复: 字节=32 时间<1ms TTL=255
来自 10.7.10.154 的回复: 字节=32 时间<1ms TTL=64
来自 10.7.10.240 的回复: 字节=32 时间=1ms TTL=255
来自 10.7.10.154 的回复: 字节=32 时间=1ms TTL=64
来自 10.7.10.154 的回复: 字节=32 时间=1ms TTL=64
来自 10.7.10.154 的回复: 字节=32 时间<1ms TTL=64
来自 10.7.10.242 的回复: 字节=32 时间=1ms TTL=255
来自 10.7.10.240 的回复: 字节=32 时间=1ms TTL=255
来自 10.7.10.154 的回复: 字节=32 时间=1ms TTL=64
来自 10.7.10.242 的回复: 字节=32 时间=1ms TTL=255
来自 10.7.10.246 的回复: 字节=32 时间=1ms TTL=255
```

图 3-27　本地广播地址

使用抓包工具也能捕获计算机发送的广播帧和接收的广播帧。目标 IP 地址主机位全 1 的数据包的目标 MAC 地址是 ff:ff:ff:ff:ff:ff，如图 3-28 所示。

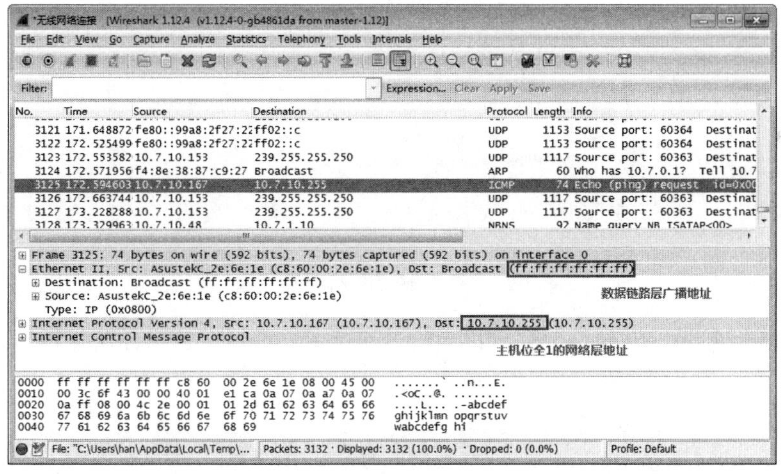

图 3-28　本地广播 IP 地址和数据链路层广播 MAC 地址

3.4　公网地址和私网地址

下面详细讲解公网 IP 地址和私网 IP 地址相关知识。

3.4.1　公网地址

在 Internet 上同时有大量主机需要使用 IP 地址进行通信，这就要求接入 Internet 的各个国家的各级 ISP 使用的 IP 地址块不能重叠，需要有一个组织进行统一的地址规划和分配。这些统一规划和分配的全球唯一的地址被称为“公网地址”（public address）。

公网地址的分配和管理由 InterNIC 负责。各级 ISP 使用的公网地址都需要向 InterNIC 提出申请，由 InterNIC 统一发放，这样就能确保地址块不冲突。

正是因为 IP 地址是统一规划、统一分配的，所以我们只要知道 IP 地址，就能很方便地查到该地址是哪个城市的哪个 ISP 提供的。如果你的网站遭到了来自某个地址的攻击，通过以下方式就可以知道攻击者所在的城市和所属的运营商。

例如，我们想知道淘宝网、51CTO 学院的网站在哪个城市哪个 ISP 的机房，需要先解析出这些网站的 IP 地址，在命令提示符 ping 该网站的域名，就能解析出该网站的 IP 地址，如图 3-29 所示。

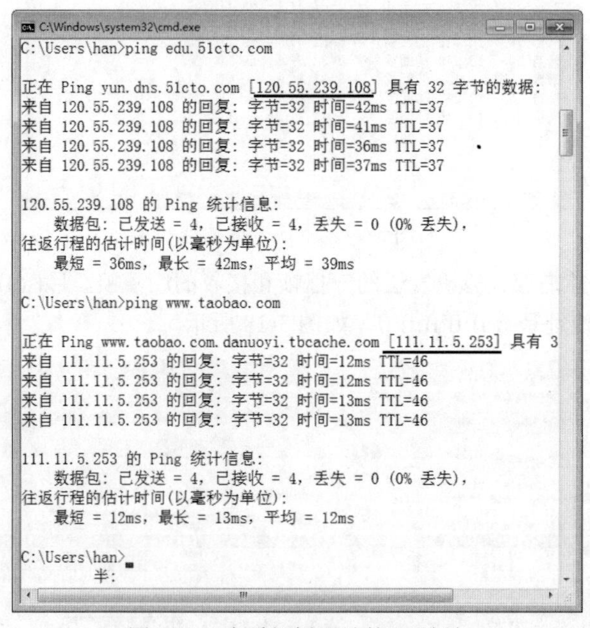

图 3-29 查看解析网站的 IP 地址

用百度搜索这两个 IP 地址，就可以查看这两个网站所属运营商和所在地，如图 3-30 和图 3-31 所示。

图 3-30 查看 51CTO 学院 IP 地址所属运营商和所在地

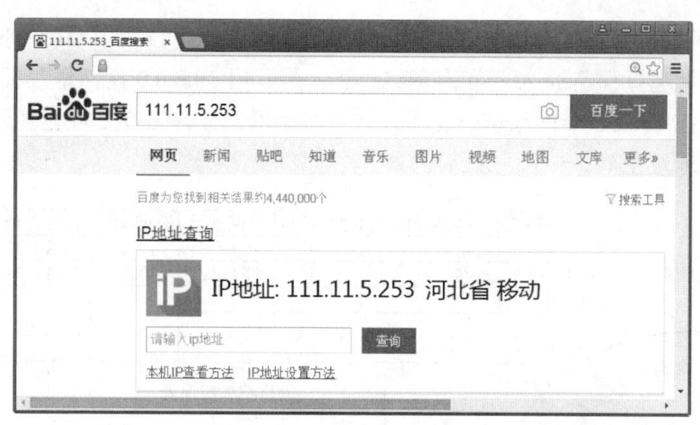

图 3-31　查看淘宝网 IP 地址所属运营商和所在地

3.4.2　私网地址

创建 IP 寻址方案的人也创建了私网 IP 地址。这些地址可以被用于私有网络，在 Internet 上没有这些 IP 地址，Internet 上的路由器也没有到私有网络的路由。在 Internet 上不能访问这些私网地址，从这一点来说，使用私网地址的计算机更加安全，同时也有效地节省了公网 IP 地址。

下面列出保留的私有 IP 地址。

（1）A 类：10.0.0.0 255.0.0.0，保留了一个 A 类网络。

（2）B 类：172.16.0.0 255.255.0.0～172.31.0.0 255.255.0.0，保留了 16 个 B 类网络。

（3）C 类：192.168.0.0 255.255.255.0～192.168.255.0 255.255.255.0，保留了 256 个 C 类网络。

使用私网地址的计算机可以通过网络地址转换（Network Address Translation，NAT）技术访问 Internet。企业内网使用私有网段 10.0.0.0 255.0.0.0 的地址，在连接 Internet 的路由器 R1 上配置 NAT，R1 连接 Internet 的接口有公网地址 11.1.5.25，如图 3-32 所示。内网计算机访问 Internet 的数据包经过 R1 路由器（配置了 NAT 功能的路由器）转发到 Internet，源地址替换成公网地址 11.1.5.25，同时源端口也替换成公网端口，公网端口由路由器统一分配，确保公网端口唯一。以后返回来的数据包还要根据公网端口将数据包的目标地址和目标端口替换成内网计算机的私有地址和专用端口。

在 NAT 路由器上维护着一张端口地址转换表，用来记录内网计算机端口地址和公网端口地址的映射关系。只要内网有到 Internet 上的流量，就会在该表中添加记录，数据包回来时，再根据这张表将数据包的目标地址和目标端口修改成内网地址和专用端口发送给内网计算机。经过 NAT 路由器需要修改数据包的网络层地址和传输层的端口，因此性能比路由器直接转发要差一些。

这种地址转换不只是网络地址的转换（NAT），严格来说应该是端口地址转换（Port Address Translation，PAT），不过我们通常模糊地说这就是 NAT。

地址转换应用非常普遍，家庭拨号上网的路由器就内置有 NAT 功能，拨号上网获得一个公网地址，能够让家中多个计算机同时访问 Internet。

试想，如果你负责为一个公司规划网络，到底使用哪一类私有地址呢？如果公司目前有 7 个部门，每个部门不超过 200 台计算机，你可以考虑使用保留的 C 类私有地址；例如，为石家庄市教委规划网络，石家庄市教委的网络要和石家庄市的几百所中小学的网络连接，网络规模较大，这时就选择保留的 A 类私有网络地址，最好用 10.0.0.0 网络地址并带有/24 的子网掩码，因为可以有 65 536 个网络可供使用，并且每个网络允许带有 254 台主机，这样会给学校留有非常大的地址空间。

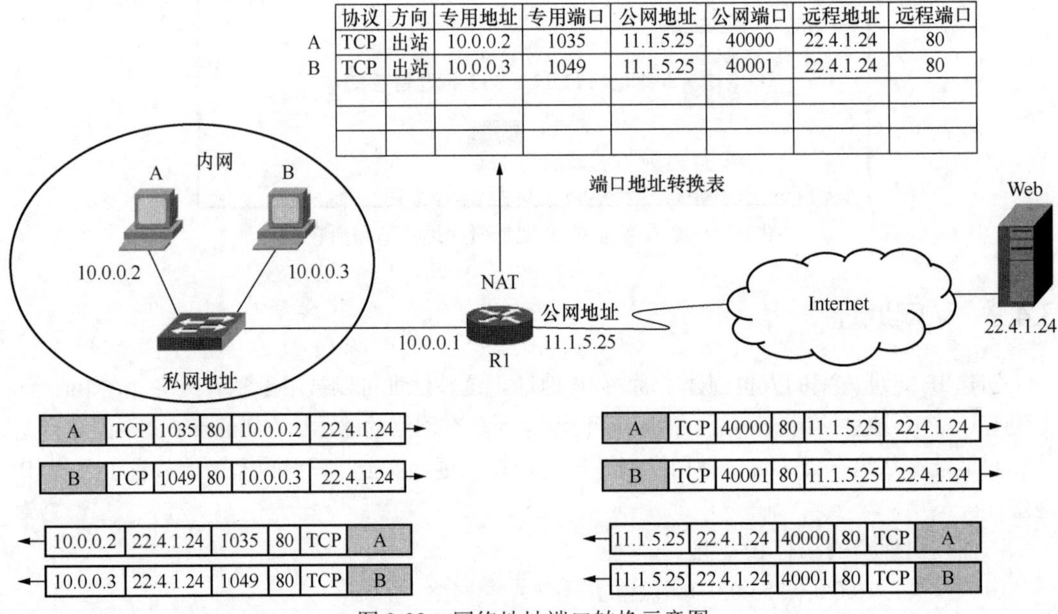

图 3-32 网络地址端口转换示意图

3.5 子网划分

当今在 Internet 上使用的协议是 TCP/IP 的第 4 版，也就是 IPv4，IP 地址由 32 位的二进制数组成，这些地址如果全部能分配给计算机，共计 $2^{32}=4\,294\,967\,296$，大约 40 亿个可用地址。这些地址去除掉 D 类地址和 E 类地址，还有保留的私网地址，能够在 Internet 上使用的公网地址就变得越发紧张。并且每个人需要使用的地址也不止 1 个，现在智能手机、智能家电接入 Internet 也都需要 IP 地址。

目前，IPv6 还没有完全在 Internet 上普遍应用，IPv4 和 IPv6 共存，IPv4 公网地址资源日益紧张，这时就需要用到本节讲的子网划分技术，使 IP 地址能够充分利用，减少地址浪费。

3.5.1 地址浪费

按照 IP 地址传统的分类方法，一个网段有 200 台计算机，分配一个 C 类网络 212.2.3.0 255.255.255.0，可用的地址范围为 212.2.3.1～212.2.3.254，尽管没有全部用完，但这种情况还不算是极大浪费，如图 3-33 所示。

如果一个网络中有 400 台计算机，分配一个 C 类网络，地址就不够用了，那就分配一个 B 类网络 131.107.0.0 255.255.0.0。该 B 类网络可用的地址范围为 131.107.0.1～131.107.255.254，一共有 65 534 个地址可用，这就造成了极大浪费。

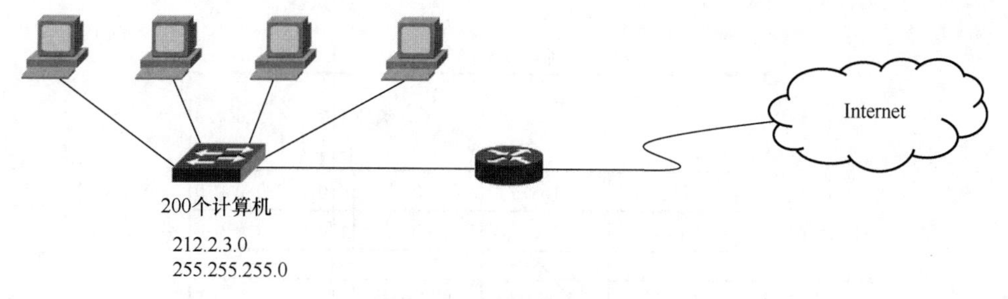

图 3-33 地址浪费的情况

子网划分就是要打破 IP 地址的分类所限定的地址块，使得 IP 地址的数量和网络中的计算机数量更加匹配。下面由简单到复杂，先讲解等长子网划分，再讲解变长子网划分。

3.5.2 等长子网划分

子网划分就是借用现有网段的主机位做子网位，划分出多个子网。子网划分的任务包括以下两部分。

（1）确定子网掩码的长度。

（2）确定子网中第一个可用的 IP 地址和最后一个可用的 IP 地址。

等长子网划分就是将一个网段等分成多个网段，也就是等分成多个子网。

1. 等分成两个子网

下面以将一个 C 类网络划分为两个子网为例，讲解等长子网划分的过程。

某公司有两个部门，每个部门有 100 台计算机，通过路由器连接到 Internet。给这 200 台计算机分配一个 C 类网络 192.168.0.0，该网段的子网掩码为 255.255.255.0，连接局域网的路由器接口使用该网段的第一个可用的 IP 地址 192.168.0.1，如图 3-34 所示。

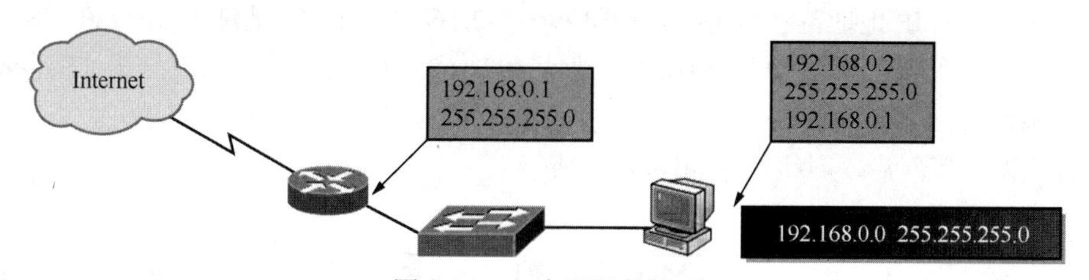

图 3-34 一个网段的情况

为了安全考虑，打算将这两个部门的计算机分为两个网段，中间使用路由器隔开。计算机数量没有增加，还是 200 台，因此一个 C 类网络的 IP 地址是足够用的。现在将 192.168.0.0 255.255.255.0 这个 C 类网络等分成两个子网。

将 IP 地址的第 4 部分写成二进制形式，子网掩码使用两种方式表示：二进制和十进制，如图 3-35 所示。子网掩码往右移 1 位，这样 C 类地址主机 ID 的第 1 位就成为网络 ID 位，该位为 0 是 A 子网，该位为 1 是 B 子网。

IP 地址第 4 部分的值在 0～127 的，第 1 位均为 0；值在 128～255 的，第 1 位均为 1，如图 3-35 所示。分成 A、B 两个子网，以 128 为界。现在的子网掩码中的 1 变成了 25 个，写成十进制就是 255.255.255.128。子网掩码向右移动 1 位（子网掩码中 1 的数量增加 1），就划分出了两个子网。

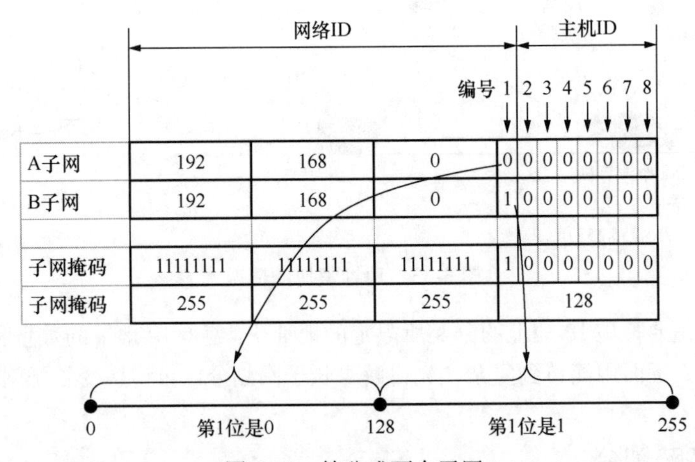

图 3-35 等分成两个子网

注：规律是如果一个子网是原来网络的1/2，子网掩码往右移1位。

A和B两个子网的子网掩码都为255.255.255.128。

A子网可用的IP地址范围为192.168.0.1～192.168.0.126。IP地址192.168.0.0由于主机ID全为0，不能分配给计算机使用；192.168.0.127由于主机ID全为1，也不能分配给计算机使用，如图3-36所示。

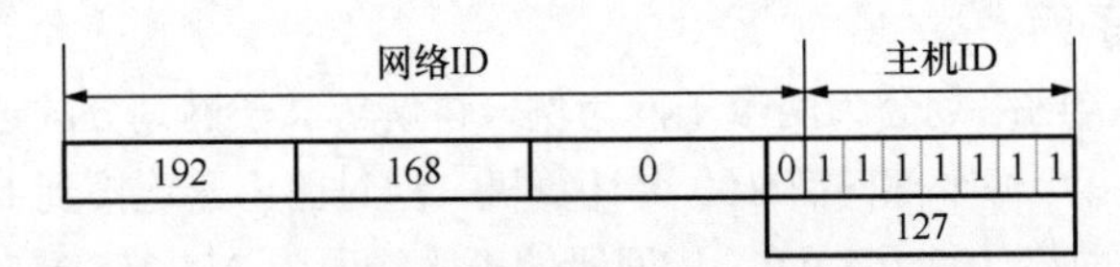

图 3-36 网络ID和主机ID

B子网可用的IP地址范围为192.168.0.129～192.168.0.254。IP地址192.168.0.128由于主机ID全为0，不能分配给计算机使用；IP地址192.168.0.255由于主机ID全为1，也不能分配给计算机使用。

划分成两个子网后，网络规划如图3-37所示。

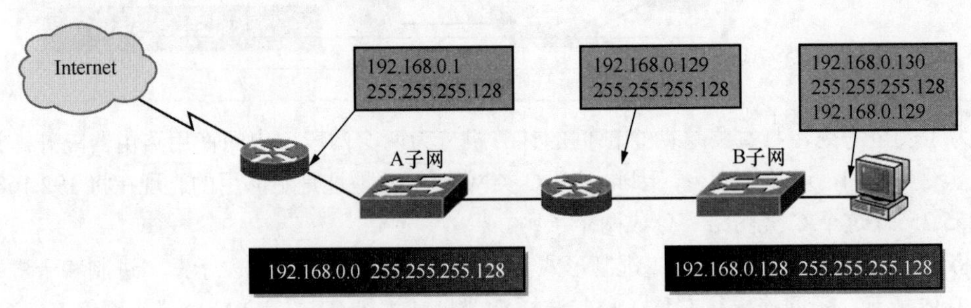

图 3-37 划分子网后的网络规划

2. 等分成4个子网

假如公司有4个部门，每个部门有50台计算机，现在使用192.168.0.0/24这个C类网络。从安全方面考虑，打算将每个部门的计算机放置到独立的网段，这就要求将192.168.0.0 255.255.255.0这个C类网络划分为4个子网，那么如何划分成4个子网呢？

将192.168.0.0 255.255.255.0网段的IP地址的第4部分写成二进制，要想分成4个子网，需要将子网掩码往右移动 2 位，这样第 1 位和第 2 位就变为网络位，就可以分成 4 个子网，如图 3-38 所示。第 1 位和第 2 位为 00 是 A 子网，01 是 B 子网，10 是 C 子网，11 是 D 子网。

A、B、C、D 子网的子网掩码都为 255.255.255.192。

A 子网可用的开始地址和结束地址为 192.168.0.1～192.168.0.62；

B 子网可用的开始地址和结束地址为 192.168.0.65～192.168.0.126；

C 子网可用的开始地址和结束地址为 192.168.0.129～192.168.0.190；

D 子网可用的开始地址和结束地址为 192.168.0.193～192.168.0.254。

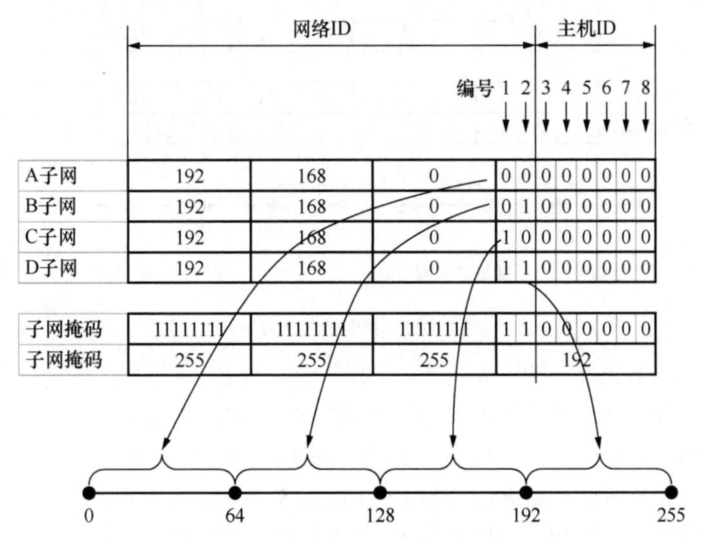

图 3-38　等分为 4 个子网

注意：每个子网的最后一个地址都是本子网的广播地址，不能分配给计算机使用，如 A 子网的 63、B 子网的 127、C 子网的 191 和 D 子网的 255，如图 3-39 所示。

	网络ID				主机ID全1
A子网	192	168	0	0 0	1 1 1 1 1 1
				63	
B子网	192	168	0	0 1	1 1 1 1 1 1
				127	
C子网	192	168	0	1 0	1 1 1 1 1 1
				191	
D子网	192	168	0	1 1	1 1 1 1 1 1
				255	
子网掩码	11111111	11111111	11111111	1 1	0 0 0 0 0 0
子网掩码	255	255	255	192	

图 3-39　网络 ID 和主机 ID

3. 等分为 8 个子网

如果想把一个 C 类网络等分成 8 个子网，如图 3-40 所示，子网掩码需要往右移 3 位，才能划分出 8 个子网，第 1 位、第 2 位和第 3 位都变成网络位。

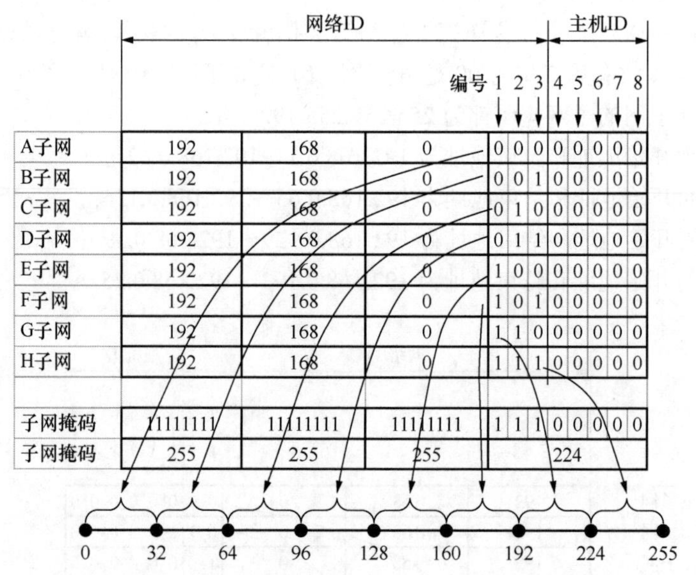

注：规律是如果一个子网是原来网络的$\frac{1}{2}\times\frac{1}{2}\times\frac{1}{2}=\frac{1}{8}$，那么子网掩码往右移3位。

图 3-40 等分成 8 个子网

每个子网的子网掩码都一样，为 255.255.255.224。

A 子网可用的开始地址和结束地址为 192.168.0.1～192.168.0.30；

B 子网可用的开始地址和结束地址为 192.168.0.33～192.168.0.62；

C 子网可用的开始地址和结束地址为 192.168.0.65～192.168.0.94；

D 子网可用的开始地址和结束地址为 192.168.0.97～192.168.0.126；

E 子网可用的开始地址和结束地址为 192.168.0.129～192.168.0.158；

F 子网可用的开始地址和结束地址为 192.168.0.161～192.168.0.190；

G 子网可用的开始地址和结束地址为 192.168.0.193～192.168.0.222；

H 子网可用的开始地址和结束地址为 192.168.0.225～192.168.0.254。

注意：每个子网能用的主机 IP 地址，都要去掉主机 ID 全 0 和主机 ID 全 1 的地址。如图 3-40 所示，31、63、95、127、159、191、223、255 都是相应子网的广播地址。

每个子网是原来的 1/8，即 3 个 1/2，子网掩码往右移 3 位。

综上所述，如果一个子网地址块是原来网段的$\left(\frac{1}{2}\right)^n$，子网掩码就在原网段的基础上右移 n 位。

3.5.3 B 类网络子网划分

前面使用一个 C 类网络讲解了等长子网划分，总结的规律照样也适用于 B 类网络的子网划分。在进行 B 类网络子网划分时，最好将主机 ID 写成二进制的形式，确定子网掩码和每个子网第一个和最后一个能用的地址。

下面将 131.107.0.0 255.255.0.0 等分成两个子网，如图 3-41 所示。将子网掩码往右移动 1 位，就能等分成两个子网。

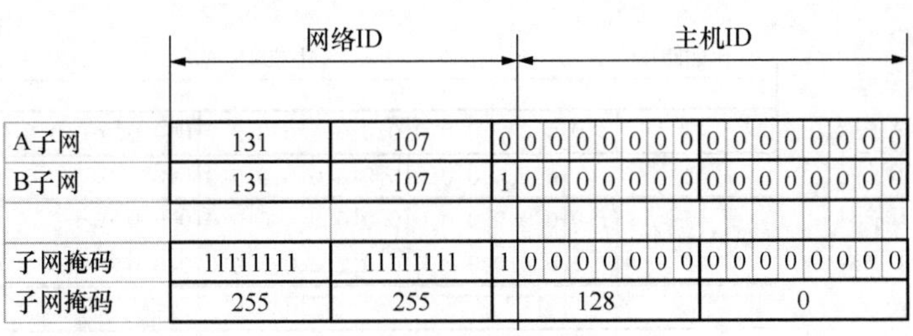

	网络ID		主机ID	
A子网	131	107	0 0 0 0 0 0 0 0	0 0 0 0 0 0 0 0
B子网	131	107	1 0 0 0 0 0 0 0	0 0 0 0 0 0 0 0
子网掩码	11111111	11111111	1 0 0 0 0 0 0 0	0 0 0 0 0 0 0 0
子网掩码	255	255	128	0

图 3-41 B 类网络子网划分

这两个子网的子网掩码都是 255.255.128.0。

先确定 A 子网第一个可用的 IP 地址和最后一个可用的 IP 地址，读者在不熟悉的情况下最好按照图 3-42 所示的方法将主机 ID 写成二进制，主机 ID 不能全是 0，也不能全是 1，然后再根据二进制写出第一个可用地址和最后一个可用地址。

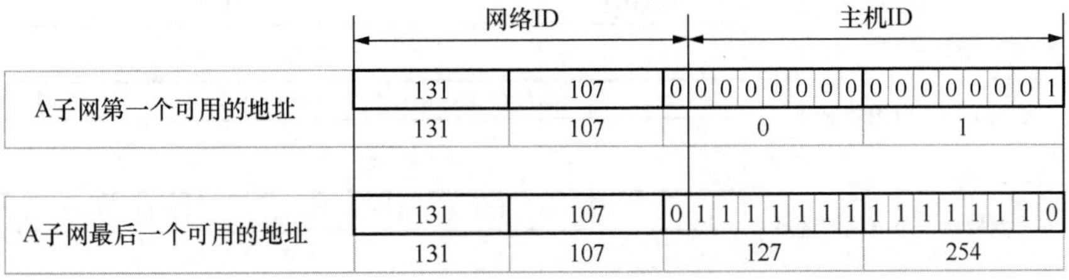

	网络ID		主机ID	
A子网第一个可用的地址	131	107	0 0 0 0 0 0 0 0	0 0 0 0 0 0 0 1
	131	107	0	1
A子网最后一个可用的地址	131	107	0 1 1 1 1 1 1 1	1 1 1 1 1 1 1 0
	131	107	127	254

图 3-42 A 子网的地址范围

A 子网第一个可用的地址是 131.107.0.1，最后一个可用的地址是 131.107.127.254。思考一下，A 子网中 131.107.0.255 这个地址是否可以给计算机使用？

B 子网第一个可用的地址是 131.107.128.1，最后一个可用的地址是 131.107.255.254，如图 3-43 所示。

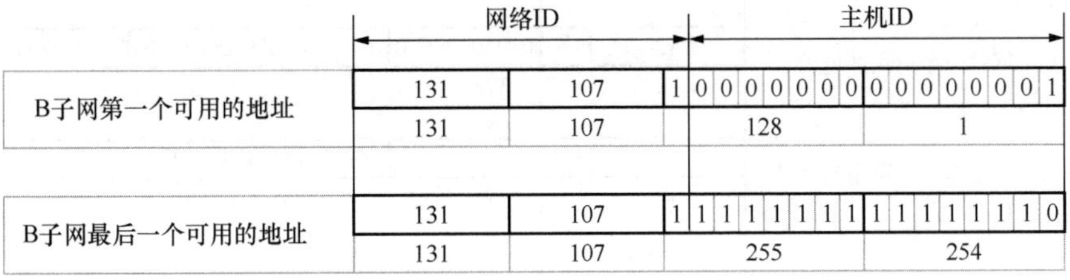

	网络ID		主机ID	
B子网第一个可用的地址	131	107	1 0 0 0 0 0 0 0	0 0 0 0 0 0 0 1
	131	107	128	1
B子网最后一个可用的地址	131	107	1 1 1 1 1 1 1 1	1 1 1 1 1 1 1 0
	131	107	255	254

图 3-43 B 子网的地址范围

这种方式虽然步骤烦琐一点，但不容易出错，等熟悉了之后就可以直接写出子网的第一个地址和最后一个地址了。

3.5.4 A 类网络子网划分

和 C 类网络、B 类网络子网划分的规律一样，将 A 类网络子网掩码往右移动 1 位，也能划分出两个子网。只是写出每个网段第一个和最后一个可用的 IP 地址时，需要更加谨慎。

下面以将 A 类网络 42.0.0.0 255.0.0.0 等分成 4 个子网为例，写出各个子网的第一个和最后一个可用的 IP 地址。要划分出 4 个子网，子网掩码需要右移 2 位，如图 3-44 所示。每个子网的子网掩码为 255.192.0.0。

	网络ID		主机ID		
A子网	42	00	000000	00000000	00000000
B子网	42	01	000000	00000000	00000000
C子网	42	10	000000	00000000	00000000
D子网	42	11	000000	00000000	00000000
子网掩码	11111111	11	000000	00000000	00000000
子网掩码	255	192		0	0

图 3-44 A 类网络子网划分

以十进制和二进制的对比形式，写出各个子网能使用的第一个 IP 地址和最后一个 IP 地址，如图 3-45 所示。

	网络ID	主机ID		
A子网第一个可用的地址	42	00000000	00000000	00000001
	42	0	0	1
A子网最后一个可用的地址	42	00111111	11111111	11111110
	42	63	255	254
E子网第一个可用的地址	42	01000000	00000000	00000001
	42	64	0	1
B子网最后一个可用的地址	42	01111111	11111111	11111110
	42	127	255	254
C子网第一个可用的地址	42	10000000	00000000	00000001
	42	128	0	1
C子网最后一个可用的地址	42	10111111	11111111	11111110
	42	191	255	254
D子网第一个可用的地址	42	11000000	00000000	00000001
	42	192	0	1
D子网最后一个可用的地址	42	11111111	11111111	11111110
	42	255	255	254

图 3-45 A 类网络子网地址范围

参照图 3-44，可以很容易地写出这些子网能够使用的第一个 IP 地址和最后一个 IP 地址。

A 子网第一个可用的地址为 42.0.0.1，最后一个可用的地址为 42.63.255.254；

B 子网第一个可用的地址为 42.64.0.1，最后一个可用的地址为 42.127.255.254；

C 子网第一个可用的地址为 42.128.0.1，最后一个可用的地址为 42.191.255.254；

D 子网第一个可用的地址为 42.192.0.1，最后一个可用的地址为 42.255.255.254。

希望这几个例子的讲解能够让读者达到举一反三的效果，只要掌握了子网划分的规律，A

类、B 类、C 类地址的子网划分方法其实是一样的。

3.6 变长子网划分

前面讲的都是将一个网段等分成多个子网，如果每个子网中计算机的数量不一样，就需要将该网段划分成地址空间不等的子网，这就是变长子网划分。有了前面等长子网划分的基础，理解变长子网划分也就容易多了。

3.6.1 变长子网划分实例

下面有一个 C 类网络 192.168.0.0 255.255.255.0，需要将该网络划分成 5 个网段以满足以下网络需求：该网络中有 3 个交换机，分别连接 20 台计算机、50 台计算机和 100 台计算机；路由器之间的连接接口需要 IP 地址，这两个 IP 地址也是一个网段，这样网络中一共有 5 个网段，如图 3-46 所示。

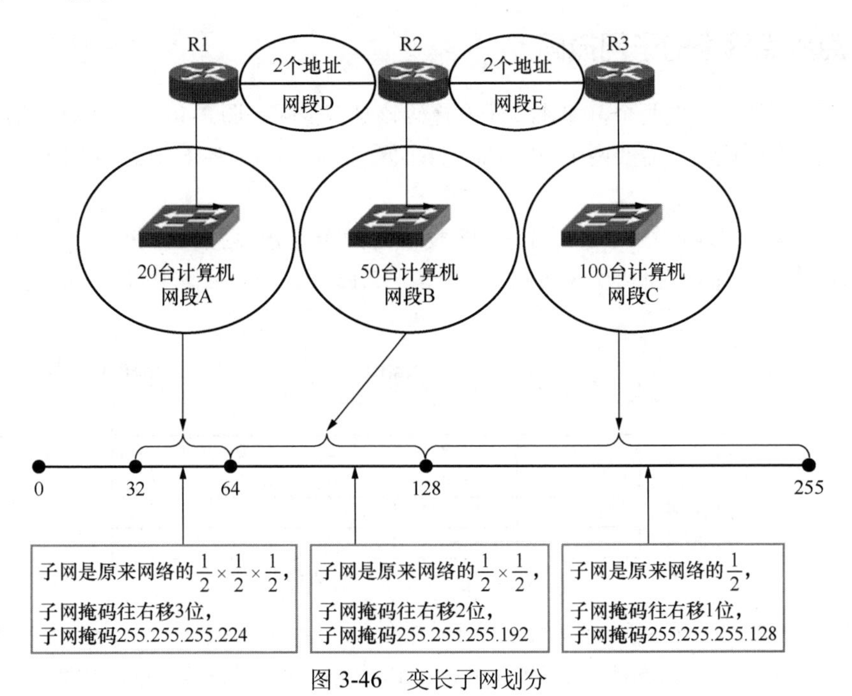

图 3-46 变长子网划分

将 192.168.0.0 255.255.255.0 的主机 ID 0～255 画一条数轴，128～255 范围内的地址空间给 100 台计算机的网段比较合适，该子网的地址范围是原来网络的 1/2，子网掩码往右移 1 位，写成十进制形式就是 255.255.255.128，如图 3-46 所示。该子网第一个能用的地址是 192.168.0.129，最后一个能用的地址是 192.168.0.254。

64～127 范围内的地址空间分配给 50 台计算机的网段比较合适，该子网的地址范围是原来网络的$\frac{1}{2}\times\frac{1}{2}$，子网掩码往右移 2 位，写成十进制形式就是 255.255.255.192。该子网第一个能用的地址是 192.168.0.65，最后一个能用的地址是 192.168.0.126。

32～63 范围内的地址空间分配给 20 台计算机的网段比较合适，该子网的地址范围是原来网络的$\frac{1}{2}\times\frac{1}{2}\times\frac{1}{2}$，子网掩码往右移 3 位，写成十进制形式就是 255.255.255.224。该子网第一个能用的地址是 192.168.0.33，最后一个能用的地址是 192.168.0.62。

当然也可以使用以下的子网划分方案：100 台计算机的网段可以使用 0～127 范围内的地址空间，50 台计算机的网段可以使用 128～191 范围内的地址空间，20 台计算机的网段可以使用 192～223 范围内的地址空间，如图 3-47 所示。

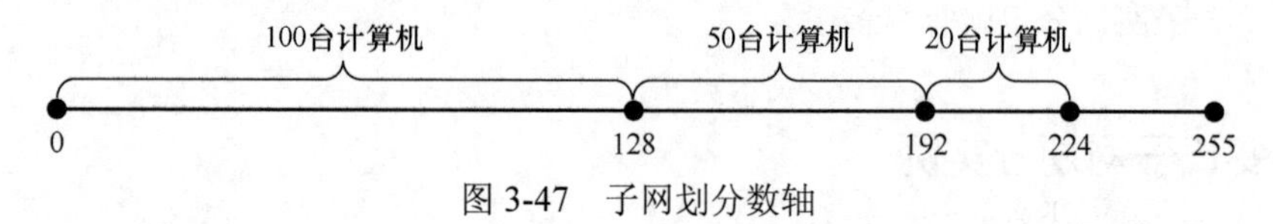

图 3-47 子网划分数轴

注意：如果一个子网地址块是原来网段的$\left(\frac{1}{2}\right)^n$，子网掩码就在原网段的基础上右移 n 位，不等长子网，子网掩码也不同。

3.6.2 点到点网络的子网掩码

如果一个网络中需要两个 IP 地址，子网掩码该是多少呢？图 3-46 所示的路由器之间连接的接口也是一个网段，且需要两个 IP 地址。下面看看如何给图 3-46 中的 D 网段和 E 网段规划子网。

0～3 范围内的地址空间可以给 D 网段中的两个路由器接口，第一个可用的地址是 192.168.0.1，最后一个可用的地址是 192.158.0.2，192.168.0.3 是该网段中的广播地址，如图 3-48 所示。

网络ID 主机ID

D子网	192	168	0	0	0	0	0	0	0	1	1
	192	168	0								3
子网掩码	11111111	11111111	11111111	1	1	1	1	1	1	0	0
子网掩码	255	255	255	252							

图 3-48 D 网段的广播地址

4～7 范围内的地址空间可以给 E 网段中的两个路由器接口，第一个可用的地址是 192.168.0.5，最后一个可用的地址是 192.158.0.6，192.168.0.7 是该网段中的广播地址，如图 3-49 所示。

网络ID 主机ID

E子网	192	168	0	0	0	0	0	0	1	1	1
	192	168	0								7
子网掩码	11111111	11111111	11111111	1	1	1	1	1	1	0	0
子网掩码	255	255	255	252							

图 3-49 E 网段的广播地址

每个子网的地址范围是原来网络的$\frac{1}{2}\times\frac{1}{2}\times\frac{1}{2}\times\frac{1}{2}\times\frac{1}{2}\times\frac{1}{2}$，也就是$\left(\frac{1}{2}\right)^6$，子网掩码向右移动6位，即11111111.11111111.11111111.11111100，写成十进制形式也就是255.255.255.252。

子网划分的最终结果如图3-50所示，经过精心规划，不但满足了5个网段的地址需求，还剩余了两个地址块，8～15地址块和16～31地址块没有被使用。

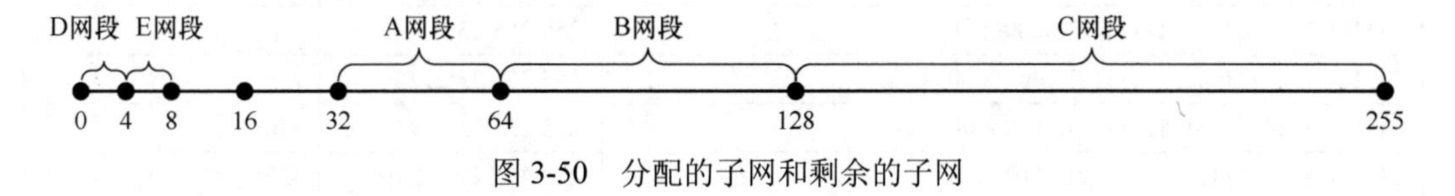

图3-50 分配的子网和剩余的子网

3.6.3 子网掩码的另一种表示方法

IP 地址有“类”的概念，A 类网络默认子网掩码 255.0.0.0、B 类网络默认子网掩码 255.255.0.0、C 类网络默认子网掩码 255.255.255.0。等长子网划分和变长子网划分打破了 IP 地址“类”的概念，子网掩码也打破了字节的限制，这种子网掩码被称为“可变长子网掩码”（Variable Length Subnet Masking，VLSM）。为了方便表示可变长子网掩码，子网掩码还有另一种写法，如 131.107.23.32/25、192.168.0.178/26，反斜杠后面的数字表示子网掩码写成二进制形式后1的个数。

这种方式打破了IP地址“类”的概念，使得Internet服务提供商（Internet Service Provider，ISP）可以灵活地将大的地址块分成恰当的小地址块（子网）给客户使用，不会造成大量 IP 地址浪费。这种方式也使 Internet 上的路由器的路由表大大精简，被称为“无类域间路由”（Classless Inter-Domain Routing，CIDR），子网掩码中1的个数被称为“CIDR值”。

CIDR的作用就是支持IP地址的无类规划，CIDR采用13～27位可变网络ID，而不是A、B、C类网络ID所用的固定的8、16和24位。在IP地址后面添加一个/，后面是二进制子网掩码的位数。例如，192.168.10.32/24意味着该地址的子网掩码长度为24，即11111111.11111111. 11111111. 00000000，等价于子网掩码255.255.255.0。

子网掩码的二进制写法以及相对应的CIDR的斜线表示如表3-1所示。

表3-1 子网掩码表示法

二进制子网掩码	子网掩码	CIDR值
11111111. 00000000. 00000000.00000000	255.0.0.0	/8
11111111. 10000000. 00000000.00000000	255.128.0.0	/9
11111111. 11000000. 00000000.00000000	255.192.0.0	/10
11111111. 11100000. 00000000.00000000	255.224.0.0	/11
11111111. 11110000. 00000000.00000000	255.240.0.0	/12
11111111. 11111000. 00000000.00000000	255.248.0.0	/13
11111111. 11111100. 00000000.00000000	255.252.0.0	/14
11111111. 11111110. 00000000.00000000	255.254.0.0	/15
11111111. 11111111. 00000000.00000000	255.255.0.0	/16
11111111. 11111111. 10000000.00000000	255.255.128.0	/17
11111111. 11111111. 11000000.00000000	255.255.192.0	/18
11111111. 11111111. 11100000.00000000	255.255.224.0	/19

续表

二进制子网掩码	子网掩码	CIDR 值
11111111. 11111111. 11110000.00000000	255.255.240.0	/20
11111111. 11111111. 11111000.00000000	255.255.248.0	/21
11111111. 11111111. 11111100.00000000	255.255.252.0	/22
11111111. 11111111. 11111110.00000000	255.255.254.0	/23
11111111. 11111111. 11111111.00000000	255.255.255.0	/24
11111111. 11111111. 11111111.10000000	255.255.255.128	/25
11111111. 11111111. 11111111.11000000	255.255.255.192	/26
11111111. 11111111. 11111111.11100000	255.255.255.224	/27
11111111. 11111111. 11111111.11110000	255.255.255.240	/28
11111111. 11111111. 11111111.11111000	255.255.255.248	/29
11111111. 11111111. 11111111.11111100	255.255.255.252	/30

3.6.4 判断 IP 地址所属的网段

下面介绍如何根据给出的 IP 地址和子网掩码判断该 IP 地址所属的网段。前面说过，IP 地址中主机 ID 归零就是该主机所在的网段。

下面判断 192.168.0.101/26 所属的子网。

该地址为 C 类网络地址，默认子网掩码为 24 位，现在是 26 位。子网掩码往右移了两位，根据前面内容总结的规律，每个子网的地址范围是原来的 $\frac{1}{2}\times\frac{1}{2}$，即将这个 C 类网络等分成了 4 个子网。101 位于 64～127 的范围内，主机位归零后等于 64，因此该地址所属的子网是 192.168.0.64，如图 3-51 所示。

下面判断 192.168.0.101/27 所属的子网。

该地址为 C 类网络地址，默认子网掩码为 24 位，现在是 27 位。子网掩码往右移了 3 位，根据前面内容总结的规律，每个子网的地址范围是原来的 $\frac{1}{2}\times\frac{1}{2}\times\frac{1}{2}$，即将这个 C 类网络等分成了 8 个子网。101 位于 96～127 的范围内，主机位归零后等于 96，因此该地址所属的子网是 192.168.0.96，如图 3-52 所示。

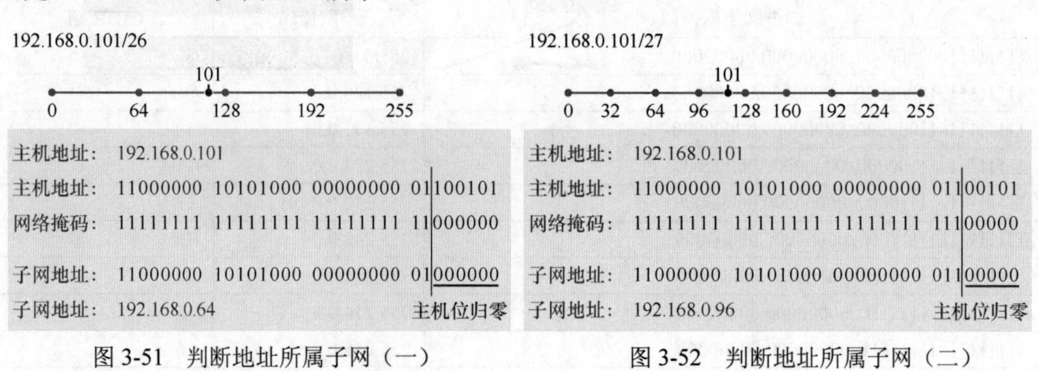

图 3-51 判断地址所属子网（一）　　图 3-52 判断地址所属子网（二）

总结如下。

IP 地址范围为 192.168.0.0～192.168.0.63 的都属于 192.168.0.0/26 子网。

IP 地址范围为 192.168.0.64～192.168.0.127 的都属于 192.168.0.64/26 子网。

IP 地址范围为 192.168.0.128～192.168.0.191 的都属于 192.168.0.128/26 子网。

IP 地址范围为 192.168.0.192～192.168.0.255 的都属于 192.168.0.192/26 子网。

规律如图 3-53 所示。

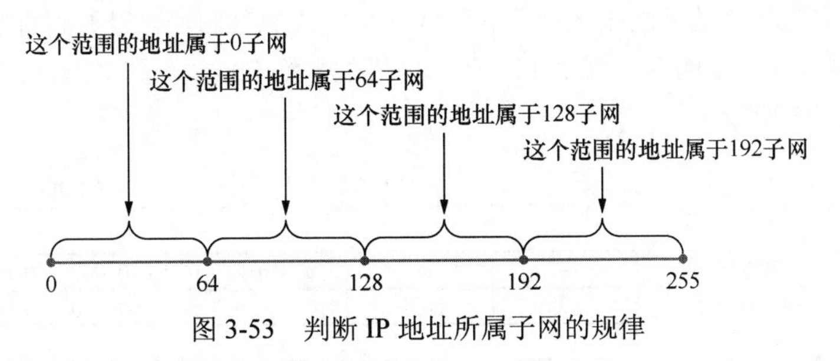

图 3-53 判断 IP 地址所属子网的规律

3.7 超网

前面讲的子网划分是将一个网络的主机 ID 当作网络 ID 来划分出多个子网，也可以将多个网段合并成一个大的网段，合并后的网段称为“超网”。下面讲解合并网段的方法。

3.7.1 合并网段

某企业有一个网段，该网段有 200 台计算机，使用 192.168.0.0 255.255.255.0 网段，后来计算机数量增加到 400 台，如图 3-54 所示。

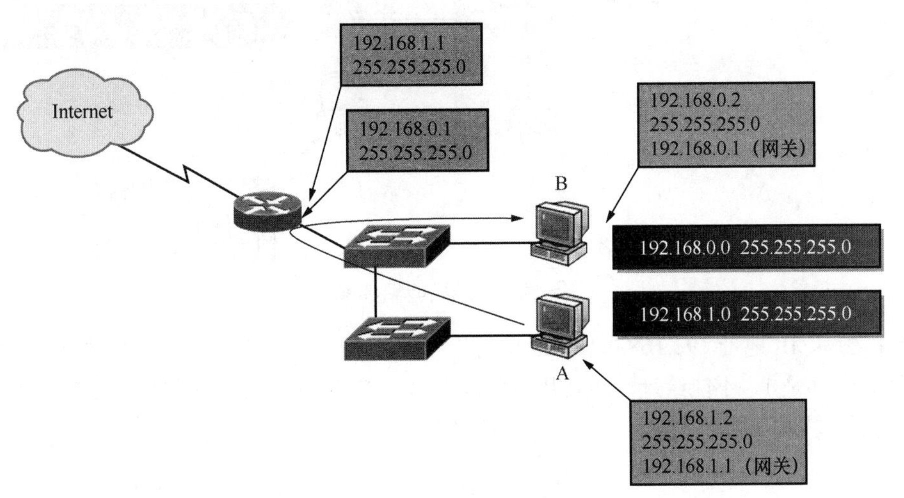

图 3-54 两个网段的地址

在该网络中添加交换机，可以扩展网络的规模，一个 C 类网络不够用，再添加一个 C 类网络 192.168.1.0 255.255.255.0。这些计算机物理上在一个网段，但是 IP 地址没在一个网段，即逻辑上不在一个网段。如果想让这些计算机之间能够通信，可以在路由器的接口添加这两个 C 类网络的地址作为这两个网段的网关。

在这种情况下，A 计算机要与 B 计算机进行通信，必须通过路由器转发，这样两个子网才能够通信。本来这些计算机物理上在一个网段，但还需要路由器转发，可见效率不高。

有没有更好的办法可以让这两个 C 类网络的计算机被认为是在一个网段？这时就需要将 192.168.0.0/24 和 192.168.1.0/24 两个 C 类网络合并。

将这两个网段的 IP 地址的第 3 部分和第 4 部分写成二进制，可以看到将子网掩码往左移动了 1 位（子网掩码中 1 的数量减少 1），两个网段的网络 ID 一样了，这样两个网段就在一个网段了，如图 3-55 所示。

	网络ID			主机ID
192.168.0.0	192	168	0 0 0 0 0 0 0 0	0 0 0 0 0 0 0 0
192.168.1.0	192	168	0 0 0 0 0 0 0 1	0 0 0 0 0 0 0 0
子网掩码	11111111	11111111	1 1 1 1 1 1 1 0	0 0 0 0 0 0 0 0
子网掩码	255	255	254	0

图 3-55 合并两个网段

合并后的网段为 192.168.0.0/23，子网掩码写成十进制形式为 255.255.254.0，可用 IP 地址范围为 192.168.0.1～192.168.1.254。网络中计算机的 IP 地址和路由器接口的地址配置如图 3-56 所示。

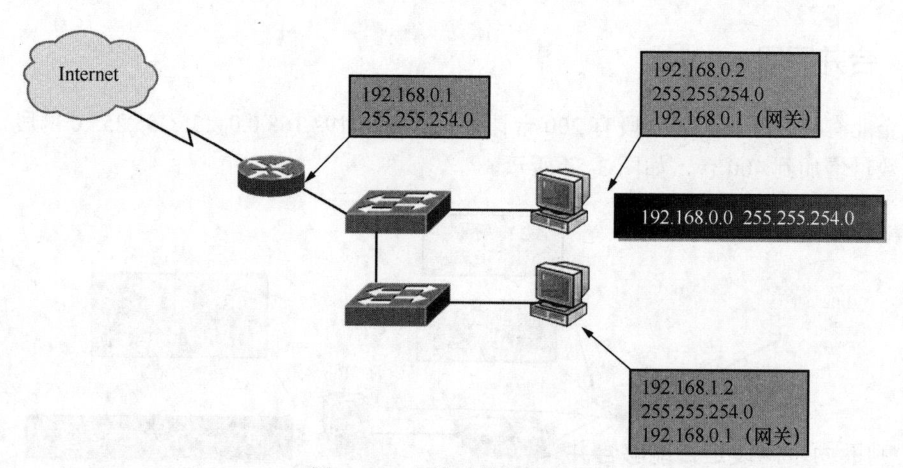

图 3-56 合并后的地址配置

合并之后，IP 地址 192.168.0.255/23 就可以给计算机使用。有读者也许会觉得该地址的主机 ID 好像全部是 1，不能给计算机使用，但是把这个 IP 地址的第 3 部分和第 4 部分写成二进制，就会看出主机 ID 并不全为 1，如图 3-57 所示。

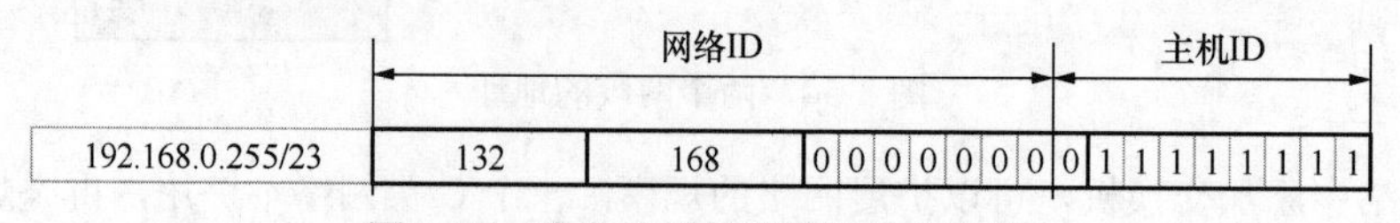

图 3-57 确定是否是广播地址的方法

注意：子网掩码往左移 1 位能够合并两个连续的网段，但不是任何连续的网段都能合并。

3.7.2 合并网段的规律

前面讲了子网掩码往左移动 1 位能够合并两个连续的网段，但不是任何两个连续的网段都能够向左移动 1 位合并成 1 个网段。

例如，192.168.1.0/24 和 192.168.2.0/24 就不能向左移动 1 位子网掩码合并成一个网段。将这两个网段的第 3 部分和第 4 部分写成二进制就能够看出来，如图 3-58 所示，向左移动 1 位子网掩码，这两个网段的网络部分还是不相同，说明不能合并成一个网段。

	网络ID			主机ID	
192.168.1.0	192	168	0 0 0 0 0 0 0	1	0 0 0 0 0 0 0 0
192.168.2.0	192	168	0 0 0 0 0 0 1	0	0 0 0 0 0 0 0 0
子网掩码	11111111	11111111	1 1 1 1 1 1 1	0	0 0 0 0 0 0 0 0
子网掩码	255	255	254		0

图 3-58　合并网段的规律（一）

要想合并成一个网段，子网掩码就要向左移动 2 位，但如果移动 2 位，其实就是合并了 4 个网段，如图 3-59 所示。

	网络ID			主机ID	
192.168.0.0	192	168	0 0 0 0 0 0	0 0	0 0 0 0 0 0 0 0
192.168.1.0	192	168	0 0 0 0 0 0	0 1	0 0 0 0 0 0 0 0
192.168.2.0	192	168	0 0 0 0 0 0	1 0	0 0 0 0 0 0 0 0
192.168.3.0	192	168	0 0 0 0 0 0	1 1	0 0 0 0 0 0 0 0
子网掩码	11111111	11111111	1 1 1 1 1 1	0 0	0 0 0 0 0 0 0 0
子网掩码	255	255	252		0

图 3-59　合并网段的规律（二）

下面讲解哪些连续的网段能够合并，即合并网段的规律。

1．判断两个网段是否能够合并

例如，将 192.168.0.0/24 和 192.168.1.0/24 的子网掩码往左移 1 位，可以合并为一个网段 192.168.0.0/23，如图 3-60 所示。

	网络ID			主机ID	
192.168.0.0/24	192	168	0 0 0 0 0 0 0	0	0 0 0 0 0 0 0 0
192.168.1.0/24	192	168	0 0 0 0 0 0 0	1	0 0 0 0 0 0 0 0

图 3-60　合并两个网段（一）

而将 192.168.2.0/24 和 192.168.3.0/24 的子网掩码往左移 1 位，可以合并为一个网段 192.168.2.0/23，如图 3-61 所示。

	网络ID			主机ID
192.168.2.0/24	192	168	0 0 0 0 0 0 1 0	0 0 0 0 0 0 0 0
192.168.3.0/24	192	168	0 0 0 0 0 0 1 1	0 0 0 0 0 0 0 0

图 3-61 合并两个网段（二）

可以看出规律：合并两个连续的网段，第一个网段的网络号写成二进制最后一位是 0，这两个网段就能合并。由 3.1.2 小节所讲的规律可知，只要一个数能够被 2 整除，写成二进制最后一位肯定是 0。

由此可知，判断连续的两个网段是否能够合并，只要第一个网段的网络号能被 2 整除，就能够左移 1 位子网掩码合并这两个网段。

那么，131.107.31.0/24 和 131.107.32.0/24 是否能够左移 1 位子网掩码合并？

根据上面的结论可知：31 除 2，余 1，所以 131.107.31.0/24 和 131.107.32.0/24 不能通过左移 1 位子网掩码合并成一个网段。

131.107.142.0/24 和 131.107.143.0/24 是否能够左移 1 位子网掩码合并？

根据上面的结论可知：142 除 2，余 0，所以 131.107.142.0/24 和 131.107.143.0/24 能通过左移 1 位子网掩码合并成一个网段。

2．判断 4 个网段是否能合并

例如，要合并 192.168.0.0/24、192.168.1.0/24、192.168.2.0/24 和 192.168.3.0/24 这 4 个子网，子网掩码需要向左移动 2 位，如图 3-62 所示。

	网络ID			主机ID
192.168.0.0	192	168	0 0 0 0 0 0 0 0	0 0 0 0 0 0 0 0
192.168.1.0	192	168	0 0 0 0 0 0 0 1	0 0 0 0 0 0 0 0
192.168.2.0	192	168	0 0 0 0 0 0 1 0	0 0 0 0 0 0 0 0
192.168.3.0	192	168	0 0 0 0 0 0 1 1	0 0 0 0 0 0 0 0
子网掩码	11111111	11111111	1 1 1 1 1 1 0 0	0 0 0 0 0 0 0 0
子网掩码	255	255	252	0

图 3-62 合并 4 个网段（一）

而要合并 192.168.4.0/24、192.168.5.0/24、192.168.6.0/24 和 192.168.7.0/24 这 4 个子网，子网掩码需要向左移动 2 位，如图 3-63 所示。

	网络ID			主机ID
192.168.4.0/24	192	168	0 0 0 0 0 1 0 0	0 0 0 0 0 0 0 0
192.168.5.0/24	192	168	0 0 0 0 0 1 0 1	0 0 0 0 0 0 0 0
192.168.6.0/24	192	168	0 0 0 0 0 1 1 0	0 0 0 0 0 0 0 0
192.168.7.0/24	192	168	0 0 0 0 0 1 1 1	0 0 0 0 0 0 0 0
子网掩码	11111111	11111111	1 1 1 1 1 1 0 0	0 0 0 0 0 0 0 0
子网掩码	255	255	252	0

图 3-63 合并 4 个网段（二）

要合并连续的 4 个网络，只要第一个网络的网络号写成二进制最后两位是 00，这 4 个网段就能合并，根据 3.1.2 小节讲到的二进制数的规律，只要一个数能够被 4 整除，写成二进制的最后两位肯定是 00。

由此可知，判断连续的 4 个网段是否能够合并，只要第一个网段的网络号能被 4 整除，就能够左移 2 位子网掩码将这 4 个网段合并。

那么，131.107.232.0/24、131.107.233.0/24、131.107.234.0/24 和 131.107.235.0/24 这 4 个网段是否能够左移 2 位子网掩码合并成一个网段？

根据上面的结论可知：用第一个网段的网络号 232 除以 4，余 0，所以这 4 个网段能够合并。

131.107.154.0/24、131.107.155.0/24、131.107.156.0/24 和 131.107.157.0/24 这 4 个网段是否能够左移 2 位子网掩码合并成一个网段？

根据上面的结论可知：用第一个网段的网络号 154 除以 4，余 2，所以这 4 个网段不能够合并。

依次类推，要想判断连续的 8 个网段是否能够合并，只要第一个网段的网络号能被 8 整除，这 8 个连续的网段就能够左移 3 位子网掩码合并。

图 3-64 所示的是网段合并的规律。子网掩码左移 1 位能够合并两个网段；左移 2 位能够合并 4 个网段；左移 3 位能够合并 8 个网段。

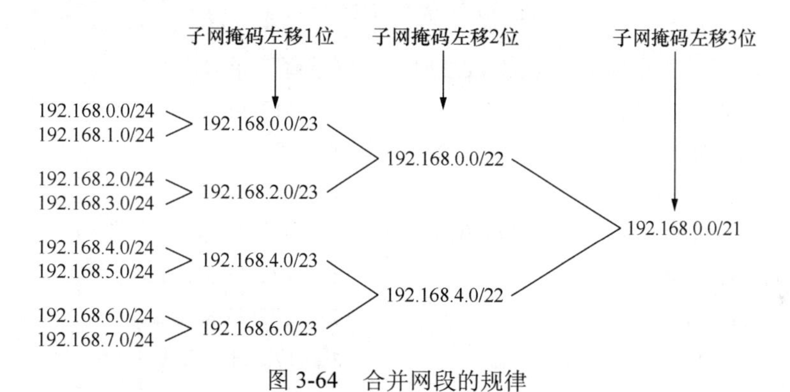

图 3-64 合并网段的规律

综上所述：子网掩码左移 *n* 位，合并的网络数量是 2*n*。

3.7.3 判断一个网段是超网还是子网

左移子网掩码可以合并多个网段，右移子网掩码可以将一个网段划分成多个子网，使 IP 地址打破了传统的 A 类、B 类、C 类的界限。

判断一个网段到底是子网还是超网，就要看该网段是 A 类网络、B 类网络，还是 C 类网络。默认 A 类网络的子网掩码是/8，B 类网络的子网掩码是/16，C 类网络的子网掩码是/24。如果该网段的子网掩码比默认子网掩码长，则是子网；如果该网段的子网掩码比默认子网掩码短，则是超网。

那么，12.3.0.0/16 是 A 类网络还是 C 类网络呢？是超网还是子网呢？

根据上面的结论可知：IP 地址的第一部分是 12，这是一个 A 类网络，A 类网络默认子网掩码是/8，该网络的子网掩码是/16，比默认子网掩码长，所以说这是 A 类网络的一个子网。

222.3.0.0/16 是 C 类网络还是 B 类网络呢？是超网还是子网呢？

根据上面的结论可知：IP 地址的第一部分是 222，这是一个 C 类网络，C 类网络默认子网掩码是/24，该网络的子网掩码是/16，比默认子网掩码短，所以说这是一个合并了222.3.0.0/24～222.5.255.0/24 共 256 个 C 类网络的超网。

3.8 习题

1．根据图 3-65 所示的网络拓扑和网络中的主机数量，将左侧的 IP 地址分配给相应的位置。

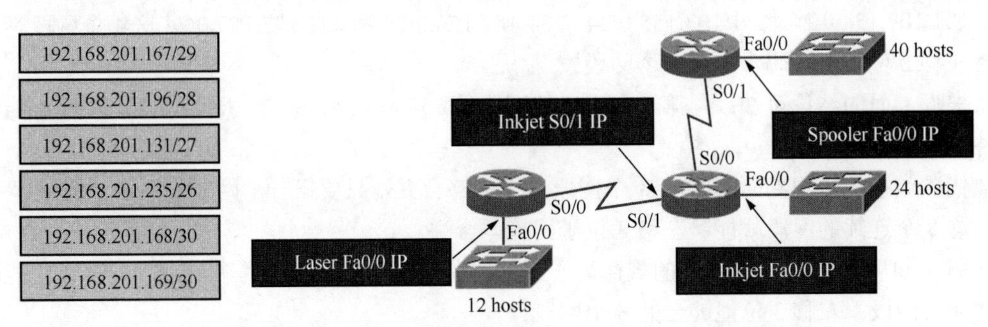

图 3-65　网络拓扑（一）

2．以下（　　）地址属于 113.64.4.0/22 网段。（选择 3 个答案）

A．113.64.8.32　　B．113.64.7.64
C．113.64.6.255　　D．113.64.5.255
E．113.64.3.128　　F．113.64.12.128

3．（　　）子网被包含在 172.31.80.0/20 网段。（选择两个答案）

A．172.31.17.4/30　　B．172.31.51.16/30
C．172.31.64.0/18　　D．172.31.80.0/22
E．172.31.92.0/22　　F．172.31.192.0/18

4．某公司设计网络，需要 300 个子网，每个子网的主机数量最多为 50 个，将一个 B 类网络进行子网划分，以下（　　）子网掩码可以用。

A．255.255.255.0　　B．255.255.255.128
C．255.255.255.224　　D．255.255.255.192

5．网段 172.25.0.0/16 被分成 8 个等长子网，以下（　　）地址属于第 3 个子网。（选择 3 个答案）

A．172.23.78.243　　B．172.25.98.16
C．172.23.72.0　　D．172.25.94.255
E．172.25.96.17　　F．172.23.100.16

6．根据图 3-66 所示的网络规划，以下（　　）网段能够指派给网络 A 和链路 A。（选择两个答案）

A．网络 A——172.16.3.48/26　　B．网络 A——172.16.3.128/25
C．网络 A——172.16.3.192/26　　D．链路 A——172.16.3.0/30
E．链路 A——172.16.3.40/30　　F．链路 A——172.16.3.112/30

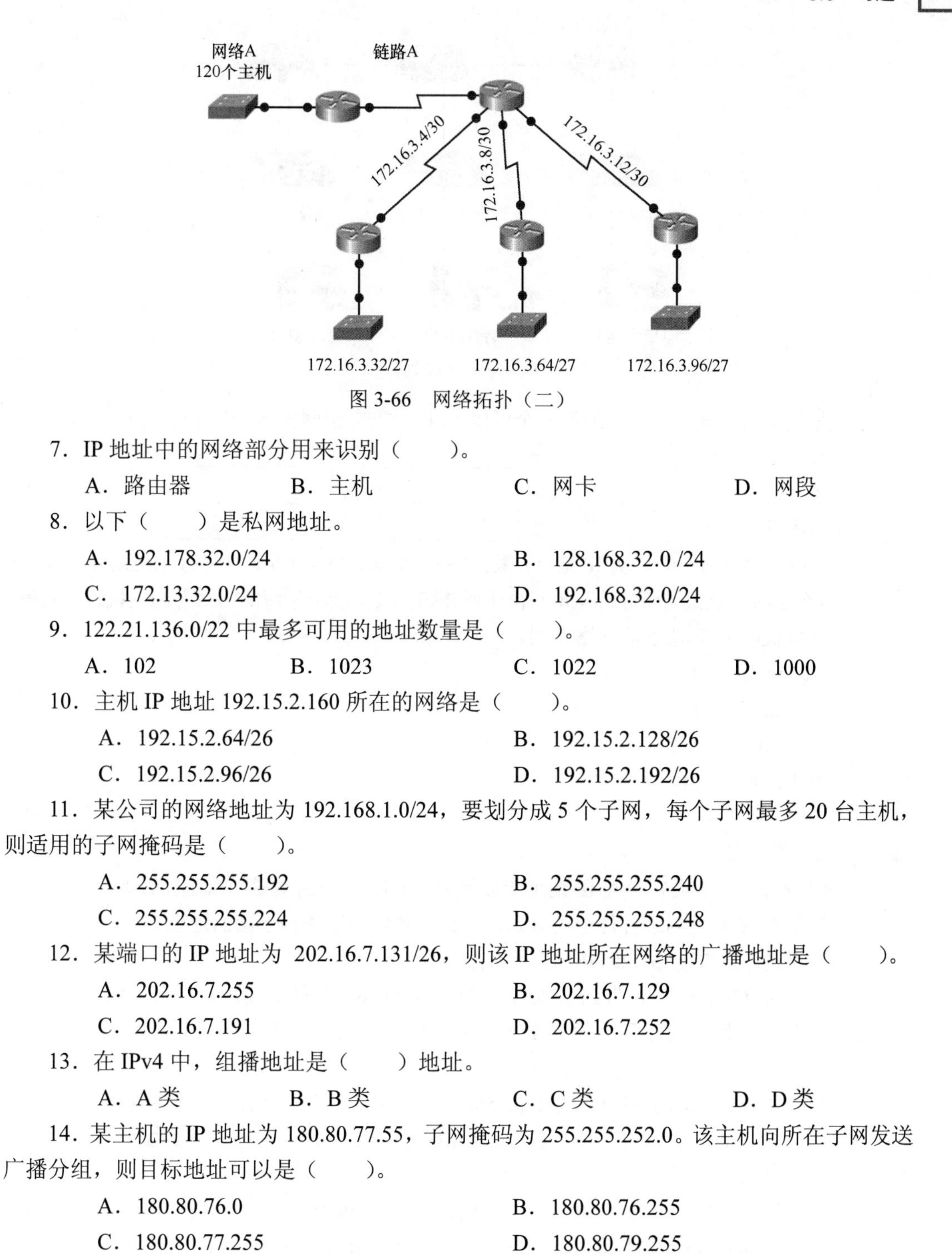

图 3-66 网络拓扑（二）

7．IP 地址中的网络部分用来识别（　　）。

A．路由器　　B．主机　　C．网卡　　D．网段

8．以下（　　）是私网地址。

A．192.178.32.0/24　　B．128.168.32.0 /24

C．172.13.32.0/24　　D．192.168.32.0/24

9．122.21.136.0/22 中最多可用的地址数量是（　　）。

A．102　　B．1023　　C．1022　　D．1000

10．主机 IP 地址 192.15.2.160 所在的网络是（　　）。

A．192.15.2.64/26　　B．192.15.2.128/26

C．192.15.2.96/26　　D．192.15.2.192/26

11．某公司的网络地址为 192.168.1.0/24，要划分成 5 个子网，每个子网最多 20 台主机，则适用的子网掩码是（　　）。

A．255.255.255.192　　B．255.255.255.240

C．255.255.255.224　　D．255.255.255.248

12．某端口的 IP 地址为 202.16.7.131/26，则该 IP 地址所在网络的广播地址是（　　）。

A．202.16.7.255　　B．202.16.7.129

C．202.16.7.191　　D．202.16.7.252

13．在 IPv4 中，组播地址是（　　）地址。

A．A 类　　B．B 类　　C．C 类　　D．D 类

14．某主机的 IP 地址为 180.80.77.55，子网掩码为 255.255.252.0。该主机向所在子网发送广播分组，则目标地址可以是（　　）。

A．180.80.76.0　　B．180.80.76.255

C．180.80.77.255　　D．180.80.79.255

15．某网络的 IP 地址空间为 192.168.5.0/24，采用等长子网划分，子网掩码为 255.255.255.248，则划分的子网个数、每个子网内的最大可分配地址个数为（　　）。

A．32，8　　B．32，6　　C．8，32　　D．8，30

16．将 192.168.10.0/24 网段划分成 3 个子网，每个网段的计算机数量如图 3-67 所示，写出各个网段的子网掩码，以及能够给计算机使用的第一个地址和最后一个地址。

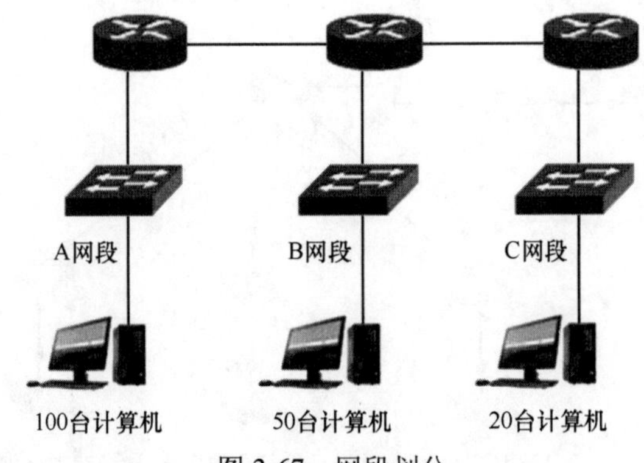

图3-67 网段划分

第一个可用地址　　最后一个可用地址　　子网掩码

A网段 ________ ________ ________

B网段 ________ ________ ________

C网段 ________ ________ ________

17．某单位申请到一个C类IP地址，其网络号为192.168.1.0/24，现进行子网划分，需要6个子网，每个子网IP地址数量相等。请写出子网掩码以及第一个子网的网络号和主机地址范围。

18．试辨认以下IP地址的网络类别。

128.36.199.3/24

21.12.240.17/16

183.194.76.253/24

192.12.69.248/14

89.3.0.1/16

200.3.6.2/24

19．IP地址分为几类？各类IP地址应如何表示？IP地址的主要特点是什么？

20．试说明IP地址与硬件地址的区别。为什么要使用这两种不同的地址？

21．子网掩码为255.255.255.0代表什么意思？

22．一个网络现在的掩码为255.255.255.248，请问该网络能够连接多少个主机？

23．一个B类网络的子网掩码是255.255.240.0。请问每一个子网上的主机数量最多是多少？

24．一个A类网络的子网掩码为255.255.0.255，它是否为一个有效的子网掩码？

25．某个IP地址用十六进制表示是C2.2E.14.81，试将其转换为点分十进制的形式。这个地址是哪一类IP地址？

26．某单位分配到一个B类IP地址，其网络ID为129.250.0.0。该单位有400台计算机，分布在16个不同的城市。需要将该B类地址划分成多个子网，每个城市一个子网，且每个子网最少容纳400台主机。请写出同时满足这两个要求的子网掩码。

27．有如下的4个/24地址块，写出最大可能的聚合____。

212.56.132.0/24

212.56.133.0/24

212.56.134.0/24

212.56.135.0/24

28. 有两个 CIDR 地址块 202.128.0.0/11 和 208.130.28.0/22，这两个子网地址是否有叠加？如果有，请指出，并说明理由。

29. 以下地址中的哪一个和 86.32.0.0/12 匹配？请说明理由。

86.35.224.123

86.79.65.216

86.58.119.74

86.68.206.154

30. 下面前缀中的哪一个和地址 152.7.77.159 及 152.31.47.252 都匹配？请说明理由。

152.40.0.0/13

153.40.0.0/9

152.64.0.0/12

152.0.0.0/11

31. 已知地址块中的一个地址是 140.120.84.24/20。试求这个地址块中的最小可用地址和最大可用地址，子网掩码是什么？地址块中共有多少个可用地址？相当于多少个 C 类地址？

32. 已知地址块中的一个地址是 190.87.140.202/29。试求这个地址块中的最小可用地址和最大可用地址，子网掩码是什么？地址块中共有多少个可用地址？

33. 某单位分配到一个地址块 136.23.12.64/26，现需要将其进一步划分为 4 个一样大的子网。

（1）每个子网的子网掩码是什么？

（2）每个子网中有多少个可用地址？

（3）每个子网的地址块是什么？

第4章

静态路由和动态路由

本章主要内容

- 路由——网络层实现的功能
- 配置静态路由
- 路由汇总
- 默认路由
- RIP 和 OSPF 协议
- 配置 OSPF 协议

Internet 中的路由器根据路由表为不同网段间通信的计算机转发数据包。

本章先讲解网络层实现的功能、网络畅通的条件；再讲解如何给路由器配置静态路由、控制数据包从一个网段到达另一个网段的路径；然后讲解使用路由汇总和默认路由简化路由表的方法；最后讲解排除网络故障的方法、使用 ping 命令测试网络是否畅通、使用 pathping 和 tracert 命令跟踪数据包的路径，以及 Windows 操作系统中的路由表和给 Windows 操作系统添加路由的方法。

对于规模比较大的网络，配置静态路由的工作量很大，路由器又不能随着网络的变化动态调整路由表。因此最好使用动态路由协议配置路由器，让路由器构建到各个网段的路由。对于动态路由协议，重点介绍 RIP 和 OSPF 协议的特点、应用场景以及配置方法。

4.1 路由——网络层实现的功能

网络层的功能就是给传输层协议提供简单灵活的、无连接的、尽最大努力交付的数据包服务，如图 4-1 所示。通俗来讲，网络中通信的两台计算机，通信之前不需要先建立连接，网络中的路由器为每一个数据包单独地选择转发路径，网络层不提供服务质量的承诺。也就是说，路由器会直接丢弃传输过程中出错的数据包。如果网络中待转发的数据包太多，路由器处理不了，就直接丢弃。路由器不判断数据包是否重复，也不确保数据包按发送顺序到达终点。

本节讲解配置路由实现网络层功能，即给路由器配置静态路由和动态路由。

路由是指路由器从一个网段到另外一个网段转发数据包的过程，即数据包通过路由器转发的过程，也叫“数据路由”。私网地址的路由器通过网络地址转换（NAT）将数据包发送到 Internet，这也叫路由，只不过在路由过程中修改了数据包的源 IP 地址和源端口。

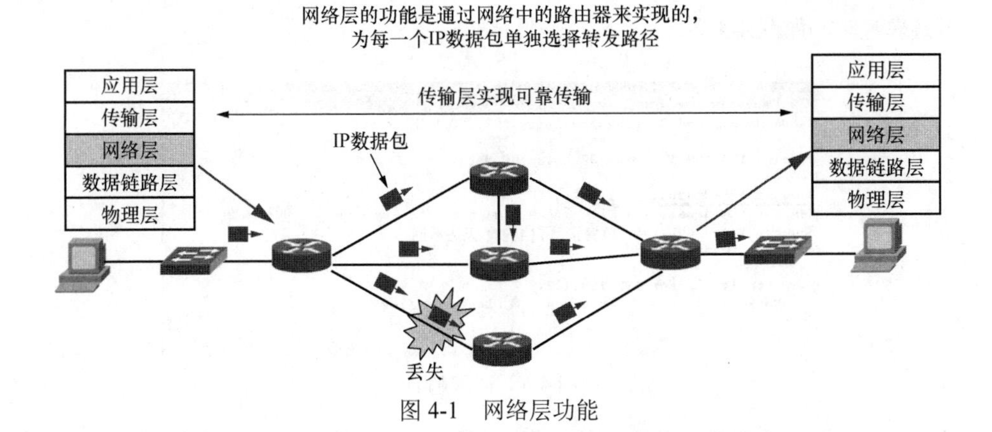

图 4-1　网络层功能

4.1.1　网络畅通的条件

网络畅通就是指数据包能去能回，道理很简单，这也是我们排除网络故障的理论依据。

网络中的计算机 A 要想实现和计算机 B 通信，沿途的所有路由器都必须有到 192.168.1.0/24 网段的路由，计算机 B 给计算机 A 返回数据包，沿途的所有路由器都必须有到 192.168.0.0/24 网段的路由，如图 4-2 所示。

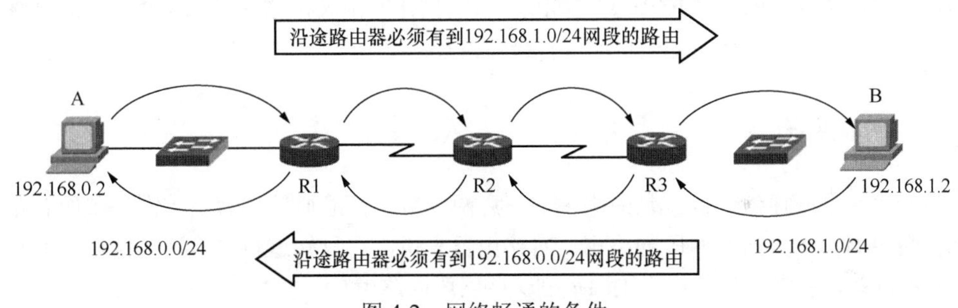

图 4-2　网络畅通的条件

在计算机 A 上 ping 192.168.1.2，如果沿途的任何一个路由器缺少到达目标网络 192.168.1.0/24 的路由，该路由器将返回数据包，提示目标主机不可到达，如图 4-3 所示。

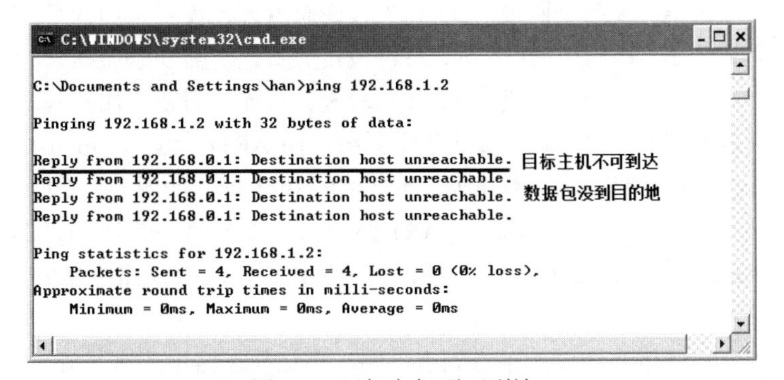

图 4-3　目标主机不可到达

如果数据包能够到达目标地址，而返回途径中的任何一个路由器缺少到达目标网络 192.168.0.0/24 的路由，就意味着从计算机 B 返回的数据包不能到达计算机 A，将在计算机 A

上显示请求超时，如图 4-4 所示。

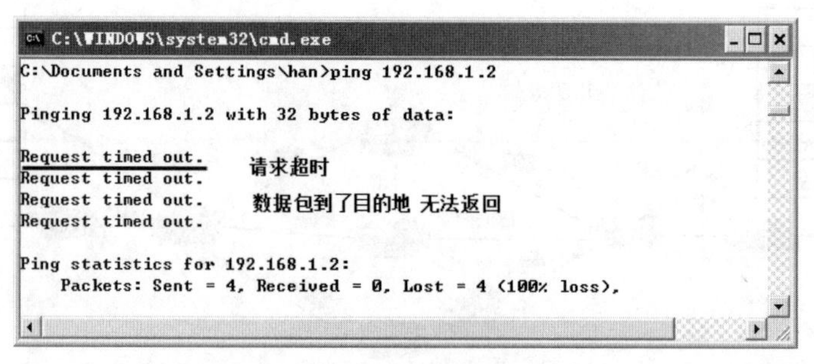

图 4-4 请求超时

基于以上原理，网络排错就变得简单了。如果网络不通，就要检查计算机是否配置了正确的 IP 地址、子网掩码以及网关，逐一检查沿途路由器上的路由表，查看是否有到达目标网络的路由；然后逐一检查归途路由器上的路由表，检查是否有数据包返回所需的路由。

路由器如何知道网络中有哪些网段，以及数据包到这些网段后下一跳应该转发给哪个地址？在每个路由器上都有一个路由表，路由表记录了数据包到各个网段后下一跳应转发给哪个地址。

路由器构建路由表有两种方式：一种方式是管理员在每个路由器上添加到各个网络的路由，这就是静态路由，适合规模较小的网络或网络不怎么变化的情况；另一种方式是配置路由器使用路由协议（RIP、EIGRP 或 OSPF）自动构建路由表，这就是动态路由，适合规模较大的网络，能够针对网络的变化自动选择最佳路径。

4.1.2 静态路由

要想实现全网通信，也就是网络中的任意两个节点都能通信，就要求网络中所有路由器的路由表中必须有到所有网段的路由。对路由器来说，它只知道自己直连的网段，而那些没有直连的网段，就需要管理员人工添加到这些网段的路由。

图 4-5 所示的是使用华为 eNSP 搭建的网络实验环境，图中的网络有 A、B、C、D 共 4 个网段，计算机和路由器接口的 IP 地址已在图中标出，网络中的 3 个路由器 AR1、AR2 和 AR3 如何添加路由才能使全网畅通呢？

AR1 路由器直连 A、B 两个网段，C、D 网段没有直连，需要添加到 C、D 网段的路由。

AR2 路由器直连 B、C 两个网段，A、D 网段没有直连，需要添加到 A、D 网段的路由。

AR3 路由器直连 C、D 两个网段，A、B 网段没有直连，需要添加到 A、B 网段的路由。

以华为路由器为例添加路由，需要先进入系统视图[AR1]，输入“ip route-static”添加静态路由，后面依次是目标网段、子网掩码、下一跳的 IP 地址，如图 4-5 所示。

这里一定要正确理解“下一跳”，在 AR1 路由器上添加到 192.168.1.0/24 网段的路由，下一跳写的是 AR2 路由器的 Serial 2/0/1 接口的地址，而不是 AR3 路由器的 Serial 2/0/1 接口的地址。

如果转发到目标网络要经过一条点到点链路，添加静态路由还有另外一种格式，下一跳地址可以写成到目标网络的出口。例如，可以按图 4-6 所示的命令在 AR2 路由器上添加到 192.168.1.0/24 网段的路由。请注意，后面的 Serial 2/0/0 是路由器 AR2 的接口，这就是告诉路由器 AR2，到 192.168.1.0/24 网段的数据包由 Serial 2/0/0 接口发送出去。

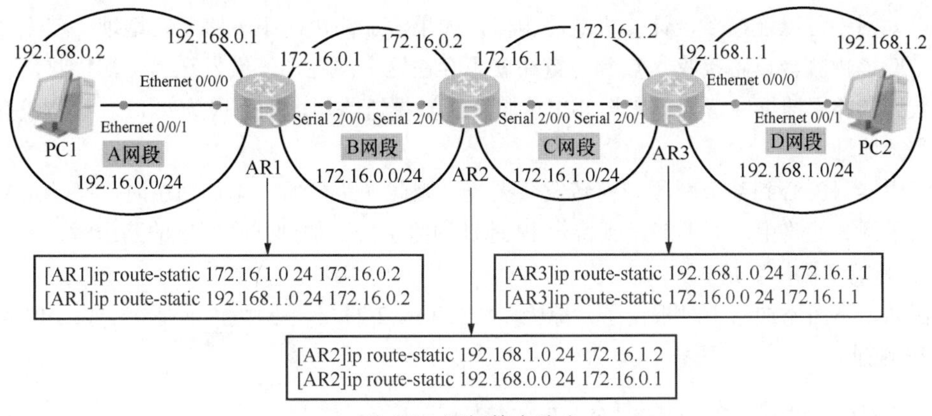

图 4-5 添加静态路由

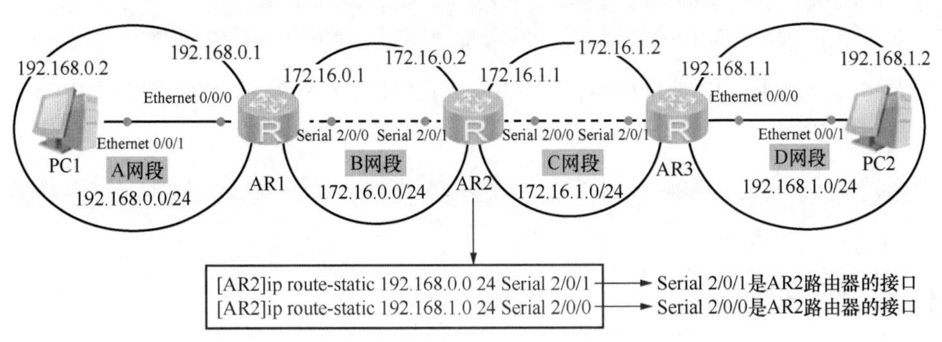

图 4-6 点到点链路的路由下一跳可以写成出口

如果路由器之间是以太网连接，在这种情况下添加路由，最好写下一跳地址，如图 4-7 所示，不要写路由器的出口了，请读者想想为什么？

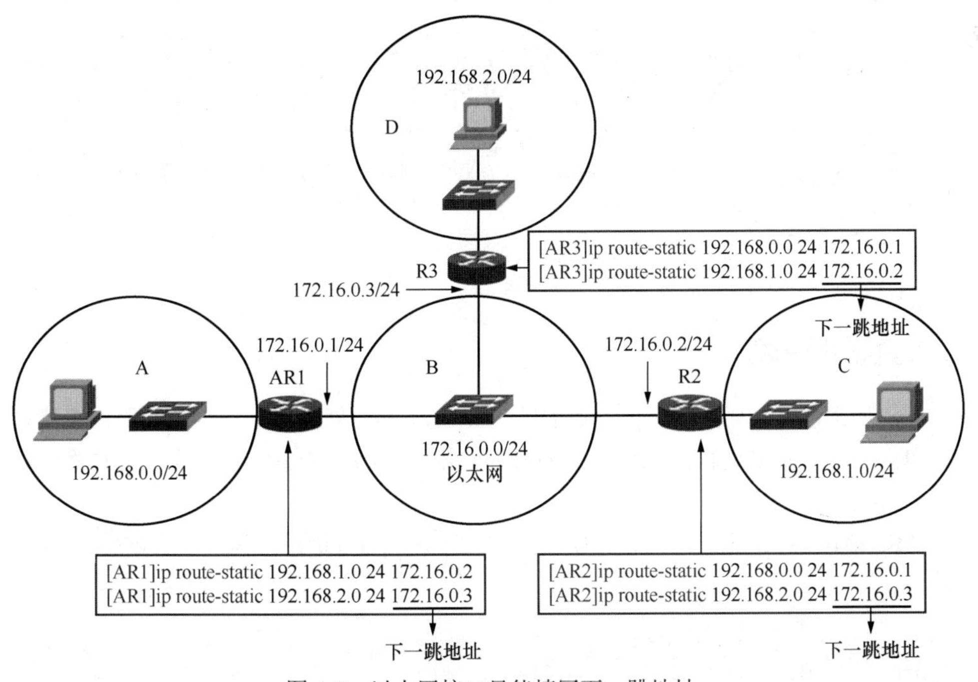

图 4-7 以太网接口只能填写下一跳地址

以太网中可以连接多台计算机或路由器，如果添加路由时下一跳不写地址，就无法判断下一跳应该由哪台设备接收。点到点链路就不存在这个问题，一端发送另一端接收，根本用不上数据链路层地址。请读者想想 PPP 帧格式，数据链路层地址字段为 0xFF，根本没有目标地址和源地址。

路由器只关心到某个网段如何转发数据包，因此在路由器上添加路由时，必须是到某个网段（子网）的路由，而不能是到特定 IP 地址的路由。添加到某个网段的路由时，一定要确保 IP 地址的主机位全是 0。

例如，下面添加路由时报错了，原因是 172.16.1.2/24 不是网段，而是 172.16.1.0/24 网段中的 IP 地址。

```
[AR1]ip route-static 172.16.1.2 24 172.16.0.2
Info: The destination address and mask of the configured static route mismatched,
and the static route 172.16.1.0/24 was generated.  --错误的地址和子网掩码
```

如果想添加到具体 IP 地址的路由，子网掩码要写成 4 个 255，这就意味着 IP 地址的 32 位全部是网络 ID。

```
[AR1]ip route-static 172.16.1.2 32 172.16.0.2        --添加到172.16.1.2/32网段的路由
```

4.2 配置静态路由

下面通过一个案例来学习静态路由的配置。使用 eNSP 参照图 4-8 所示的网络拓扑搭建网络环境，设置网络中的计算机和路由器接口的 IP 地址，PC1 和 PC2 都要设置网关。可以看到，该网络中有 4 个网段。现在需要在路由器上添加路由，实现这 4 个网段间畅通的网络通信。

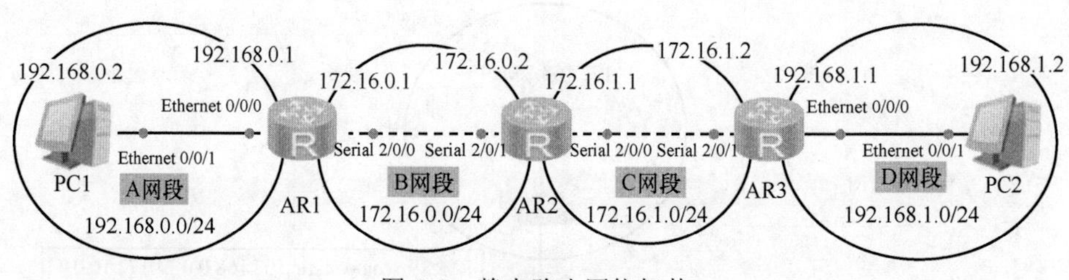

图 4-8　静态路由网络拓扑

4.2.1 查看路由表

前面已经讲过，只要给路由器接口配置了 IP 地址和子网掩码，路由器的路由表就有了到直连网段的路由，不需要再添加到直连网段的路由。在添加静态路由之前先看看路由器的路由表。

在 AR1 路由器上，进入系统视图，输入“display ip routing-table”，可以看到两个直连网段的路由。

```
[AR1]display ip routing-table
Route Flags: R - relay, D - download to fib
------------------------------------------------------------------------------
```

```
Routing Tables: Public
         Destinations : 11        Routes : 11
Destination/Mask    Proto   Pre  Cost   Flags NextHop         Interface
      127.0.0.0/8   Direct  0    0        D   127.0.0.1       InLoopBack0
      127.0.0.1/32  Direct  0    0        D   127.0.0.1       InLoopBack0
127.255.255.255/32  Direct  0    0        D   127.0.0.1       InLoopBack0
     172.16.0.0/24  Direct  0    0        D   172.16.0.1      Serial2/0/0    --直连网
段的路由
     172.16.0.1/32  Direct  0    0        D   127.0.0.1       Serial2/0/0
     172.16.0.2/32  Direct  0    0        D   172.16.0.2      Serial2/0/0
   172.16.0.255/32  Direct  0    0        D   127.0.0.1       Serial2/0/0
    192.168.0.0/24  Direct  0    0        D   192.168.0.1     Vlanif1        --直连网
段的路由
    192.168.0.1/32  Direct  0    0        D   127.0.0.1       Vlanif1
  192.168.0.255/32  Direct  0    0        D   127.0.0.1       Vlanif1
255.255.255.255/32  Direct  0    0        D   127.0.0.1       InLoopBack0
```

可以看到路由表中已经有了到两个直连网段的路由条目。

4.2.2 添加静态路由

在路由器 AR1、AR2 和 AR3 上添加静态路由。

（1）在路由器 AR1 上添加到 172.16.1.0/24、192.168.1.0/24 网段的路由。

```
[AR1]ip route-static 172.16.1.0 24 172.16.0.2        --添加静态路由、下一跳地址
[AR1]ip route-static 192.168.1.0 24 Serial 2/0/0     --添加静态路由、出口
[AR1]display ip routing-table                        --显示路由表
[AR1]display ip routing-table protocol static        --只显示静态路由表
Route Flags: R - relay, D - download to fib
------------------------------------------------------------------------------
Public routing table : Static
         Destinations : 2        Routes : 2        Configured Routes : 2

Static routing table status : <Active>
         Destinations : 2        Routes : 2

Destination/Mask    Proto   Pre  Cost      Flags  NextHop         Interface

    172.16.1.0/24  Static   60   0           RD   172.16.0.2      Serial2/0/0
   192.168.1.0/24  Static   60   0            D   172.16.0.1      Serial2/0/0

Static routing table status : <Inactive>
         Destinations : 0        Routes : 0
```

R 和 D 是路由标记（flag）。

R 说明是迭代路由，会根据路由下一跳的 IP 地址获取出口，配置静态路由时如果只指定下一跳的 IP 地址，而不指定出口，那么就是迭代路由，需要根据下一跳 IP 地址的路由获取出口。

D 是 Download 的首字母，表示将路由下发到 FIB（forward information base）表。每个路由器都有一张路由表和一张 FIB 表，其中路由表用来决策路由，FIB 表用来转发分组。

Pre 是优先级，华为路由器的静态路由的默认优先级是 60，思科路由器的静态路由的默认优先级是 1。

可以看到 192.168.1.0/24 网段的路由标记是 D，因为添加路由时直接写了出口，就不用迭代查找出口了。

Cost 是开销，静态路由的开销默认是 0，动态路由会计算到目标网络的累计开销。

（2）在路由器 AR2 上添加到 192.168.0.0/24、192.168.1.0/24 网段的路由。

```
[AR2]ip route-static 192.168.0.0 24 172.16.0.1
[AR2]ip route-static 192.168.1.0 24 172.16.1.2
```

（3）在路由器 AR3 上添加到 192.168.0.0/24、172.16.0.0/24 网段的路由。

```
[AR3]ip route-static 192.168.0.0 24 172.16.1.1
[AR3]ip route-static 172.16.0.0 24 172.16.1.1
```

4.2.3 测试网络是否畅通

在 PC1 上测试到 PC2 的网络是否畅通。根据下面的测试结果，除第一个数据包请求超时外，后面的数据包都是从 PC2 返回的 ICMP 响应包，说明网络畅通。

```
PC>ping 192.168.1.2
Ping 192.168.1.2: 32 data bytes, Press Ctrl_C to break
Request timeout!
From 192.168.1.2: bytes=32 seq=2 ttl=125 time=31 ms
From 192.168.1.2: bytes=32 seq=3 ttl=125 time=32 ms
From 192.168.1.2: bytes=32 seq=4 ttl=125 time=15 ms
From 192.168.1.2: bytes=32 seq=5 ttl=125 time=15 ms

--- 192.168.1.2 ping statistics ---
  5 packet(s) transmitted
  4 packet(s) received
  20.00% packet loss
  round-trip min/avg/max = 0/23/32 ms
```

跟踪数据包的路径。eNSP 模拟器中的 PC 使用 tracert 命令跟踪数据包的路径，在 Windows 操作系统中则使用 pathping 或 tracert 命令跟踪数据包的路径。

```
PC>tracert 192.168.1.2
traceroute to 192.168.1.2, 8 hops max
(ICMP), press Ctrl+C to stop
 1  192.168.0.1    31 ms  <1 ms  16 ms        --第一个路由器
 2  172.16.0.2     31 ms  31 ms  16 ms        --第二个路由器
 3  172.16.1.2     31 ms  31 ms  16 ms        --第三个路由器
 4  192.168.1.2    31 ms  32 ms  31 ms        --目标地址
```

从跟踪结果来看，沿途经过了路由器 AR1、AR2 和 AR3，最后到达目标地址。

4.2.4 删除静态路由

前面讲过，数据包有去有回就说明网络畅通。从本案例来说，PC1 发送给 PC2 的数据包能够到达 PC2，PC2 发送给 PC1 的数据包能够到达 PC1，PC1 和 PC2 间的网络就是畅通的。

如果沿途的路由器缺少到达 192.168.1.0/24 网络的路由，PC1 ping PC2 的数据包就不能到达 PC2，这就说明目标主机不可到达，PC1 和 PC2 不能通信。

在 AR2 路由器上删除到 192.168.1.0/24 网络的路由。

```
[AR2]undo ip route-static 192.168.1.0 24        ——删除到某个网段的路由，不用指定下一跳地址
```

PC1 ping PC2，显示“Request timeout!”请求超时，实际上是目标主机不可到达。

并不是所有的“请求超时”都是路由器的路由表造成的，其他的原因也可能导致请求超时，如对方的计算机启用防火墙，或对方的计算机关机，这些情况都能造成“请求超时”。

4.3 路由汇总

Internet 是全球最大的互联网。如果 Internet 上的路由器把全球所有的网段都添加到路由表中，那将是一张非常庞大的路由表。路由器每转发一个数据包，都要检查路由表，为该数据包选择转发出口，庞大的路由表势必会增加处理时延。

如果为物理位置连续的网络分配地址连续的网段，就可以在边界路由器上将远程的网段合并成一条路由，这就是路由汇总。使用路由汇总能够大大减少路由器上的路由表条目。

4.3.1 使用路由汇总简化路由表

下面以实例来说明如何实现路由汇总。

北京市的网络可以认为是物理位置连续的网络，为北京市的网络分配连续的网段，即从 192.168.0.0/24、192.168.1.0/24、192.168.2.0/24、192.168.3.0/24、192.168.4.0/24 一直到 192.168.255.0/24 的网段。

石家庄市的网络也可以认为是物理位置连续的网络，为石家庄市的网络分配连续的网段，即从 172.16.0.0/24、172.16.1.0/24、172.16.2.0/24、172.16.3.0/24、172.16.4.0/24 一直到 172.16.255.0/24 的网段，如图 4-9 所示。

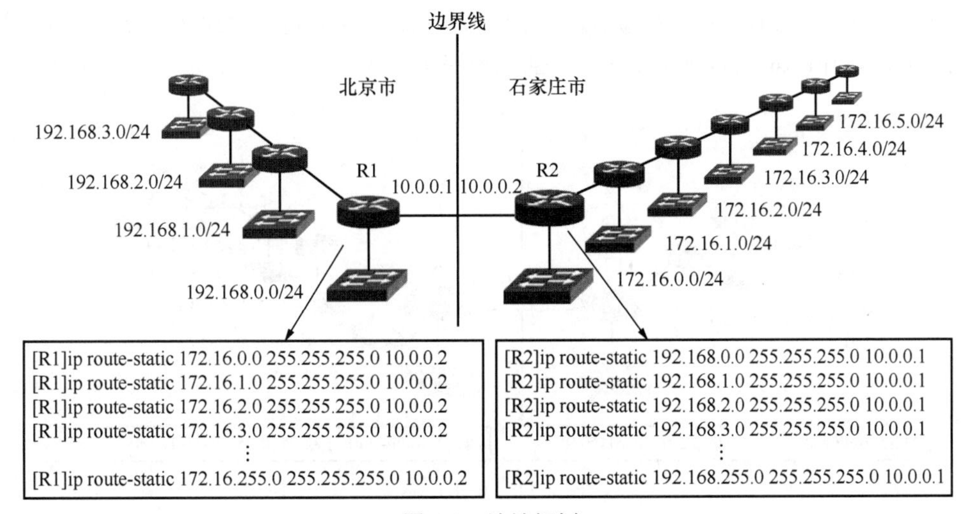

图 4-9 地址规划

在北京市的路由器中添加石家庄市全部网段的路由，如果为每一个网段添加一条路由，需要添加 256 条路由。在石家庄市的路由器中添加到北京市全部网段的路由，如果为每一个网段添加一条路由，也需要添加 256 条路由。

石家庄市的这些网段 172.16.0.0/24、172.16.1.0/24、172.16.2.0/24、…、172.16.255.0/24 都属于 172.16.0.0/16 网段，这个网段包括全部以 172.16 开始的网段。因此，在北京市的路由器中添加一条到 172.16.0.0/16 这个网段的路由即可。

北京市的网段从 192.168.0.0/24、192.168.1.0/24、192.168.2.0/24、192.168.3.0/24、192.168.4.0/24 一直到 192.168.255.0/24，也可以合并成一个网段 192.168.0.0/16（请读者回忆第 3 章讲到的使用超网合并网段，192.168.0.0/16 就是一个超网，子网掩码往左移了 8 位，合并了 256 个 C 类网络），这个网段包括全部以 192.168 开始的网段。因此，在石家庄市的路由器中添加一条到 192.168.0.0/16 这个网段的路由即可。

汇总北京市的路由器 R1 中的路由和石家庄市的路由器 R2 中的路由后，路由表得到极大的精简，如图 4-10 所示。

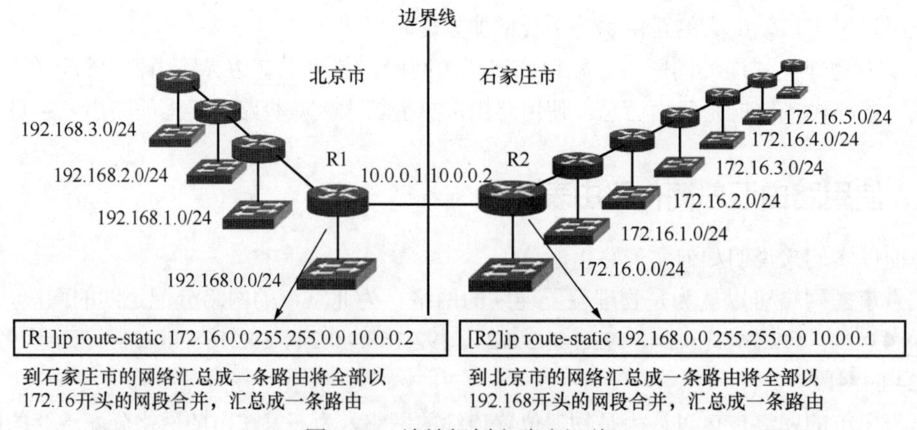

图 4-10 地址规划和路由汇总

进一步，如果石家庄市的网络使用 172.0.0.0/16、172.1.0.0/16、172.2.0.0/16、…、172.255.0.0/16 这些网段，总之，凡是以 172 打头的网络都在石家庄市，那么可以将这些网段合并为一个网段 172.0.0.0/8，如图 4-11 所示。在北京市的边界路由器 R1 中只需要添加一条到 172.0.0.0/8

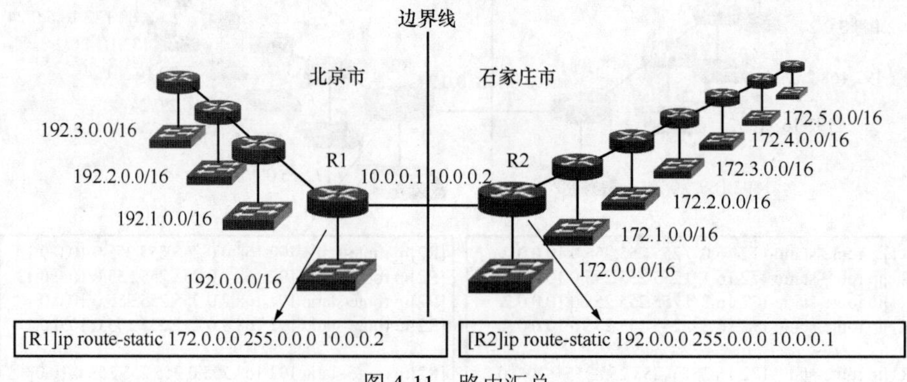

图 4-11 路由汇总

这个网段的路由即可。如果北京市的网络使用 192.0.0.0/16、192.1.0.0/16、192.2.0.0/16、…、192.255.0.0/16 这些网段，总之，凡是以 192 打头的网络都在北京市，那么也可以将这些网段合并为一个网段 192.0.0.0/8。

由此可以看出规律，添加路由时，网络 ID 越少（子网掩码中 1 的个数越少），路由汇总的网段越多。

4.3.2 路由汇总例外

在北京市有个网络使用了 172.16.10.0/24 网段，如图 4-12 所示。后来石家庄市的网络连接北京市的网络，给石家庄市的网络规划使用 172.16 打头的网段，这种情况下，北京市网络的路由器还能不能把石家庄市的网络汇总成一条路由呢？

这种情况下，在北京市的路由器中照样可以把到石家庄市网络的路由汇总成一条路由，但要针对例外的网段单独再添加一条路由，如图 4-12 所示。

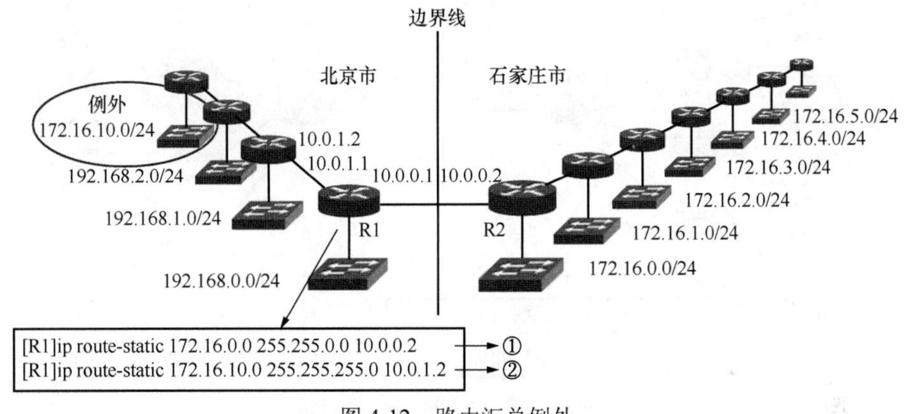

图 4-12 路由汇总例外

那么如果路由器 R1 收到目标地址是 172.16.10.2 的数据包，应该使用哪一条路由进行路径选择呢？

因为该数据包的目标地址与第①条路由和第②条路由都匹配，路由器将使用最精确匹配的那条路由来转发数据包。这叫作“最长前缀匹配”（longest prefix match），是指在 IP 中被路由器用于在路由表中进行选择的一种算法，之所以这样称呼，是因为通过这种方式选定的路由也是路由表中与目标地址的高位匹配得最多的路由。

下面举例说明什么是最长前缀匹配算法，例如，在路由器中添加了 3 条路由。

```
[R1]ip route-static 172.0.0.0  255.0.0.0  10.0.0.2              --第 1 条路由
[R1]ip route-static 172.16.0.0  255.255.0.0  10.0.1.2           --第 2 条路由
[R1]ip route-static 172.16.10.0  255.255.255.0  10.0.3.2        --第 3 条路由
```

可以看出，路由器 R1 如果收到一个目标地址是 172.16.10.12 的数据包，会使用第 3 条路由转发该数据包。路由器 R1 如果收到一个目标地址是 172.16.7.12 的数据包，会使用第 2 条路由转发该数据包。路由器 R1 如果收到一个目标地址是 172.18.17.12 的数据包，会使用第 1 条路由转发该数据包。

4.3.3 无类域间路由

为了让初学者容易理解，以上讲述的路由汇总通过将子网掩码向左移8位，合并了256个网段。无类域间路由（CIDR）采用13～27位可变网络ID，而不是A、B、C类网络ID所用的固定的8、16和24位。这样可以将子网掩码向左移动1位，以合并两个网段；向左移动2位以合并4个网段；向左移动3位，以合并8个网段；以此类推，向左移动n位，就可以合并2^n个网段。

下面举例说明CIDR如何灵活地将连续的子网进行合并。在A区有4个连续的C类网络，通过将子网掩码左移2位，可以将这4个C类网络合并到192.168.16.0/22网段。在B区有2个连续的子网，通过将子网掩码左移1位，可以将这两个网段合并到10.7.78.0/23网段，如图4-13所示。

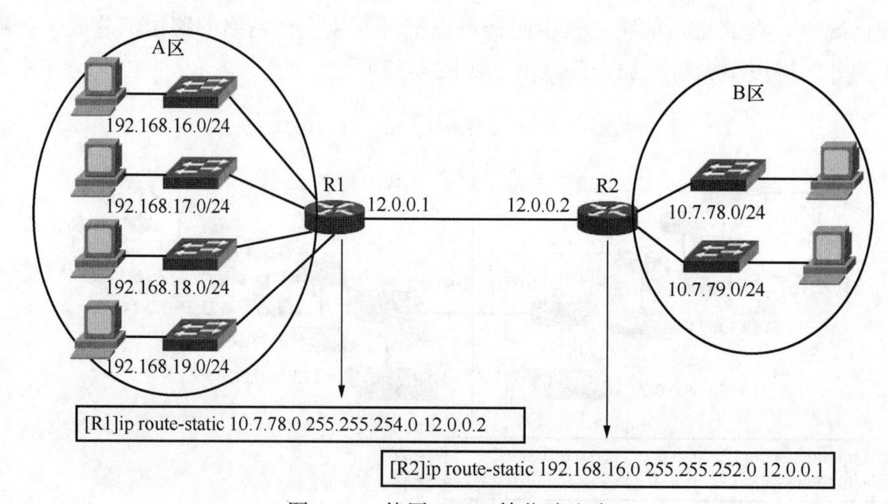

图4-13 使用CIDR简化路由表

注意：学习本小节知识时，一定要结合第3章所讲的使用超网合并网段来理解。

4.4 默认路由

默认路由是一种特殊的静态路由，指的是当路由表中没有与数据包的目标地址相匹配的路由时路由器能够做出的选择。如果没有默认路由，那么目标地址在路由表中没有匹配的路由的数据包将被丢弃。默认路由在某些时候非常有用。例如，连接末端网络的路由器使用默认路由会大大简化路由器的路由表，减轻管理员的工作负担，提高网络性能。

4.4.1 全球最大的网段

在理解默认路由之前，先看看全球最大的网段在路由器中如何表示。在路由器中添加以下3条路由。

```
[R1]ip route-static 172.0.0.0  255.0.0.0  10.0.0.2                --第1条路由
[R1]ip route-static 172.16.0.0  255.255.0.0  10.0.1.2             --第2条路由
```

```
[R1]ip route-static 172.16.10.0  255.255.255.0  10.0.3.2        --第 3 条路由
```

从上面 3 条路由可以看出，子网掩码越短（子网掩码写成二进制形式后 1 的个数越少），主机 ID 越多，该网段的地址数量就越大。

如果想让一个网段包括全部的 IP 地址，就要求子网掩码短到极限，最短就是 0，子网掩码变成了 0.0.0.0，这也意味着该网段的 32 位二进制形式的 IP 地址都是主机 ID，任何一个地址都属于该网段。因此，0.0.0.0 0.0.0.0 网段包括全球所有的 IPv4 地址，也就是全球最大的网段，换一种写法就是 0.0.0.0/0。

在路由器中添加到 0.0.0.0 0.0.0.0 网段的路由，就是默认路由。

```
[R1]ip route-static 0.0.0.0 0.0.0.0 10.0.0.2                    --第 4 条路由
```

任何一个目标地址都与默认路由匹配，根据前面所讲的“最长前缀匹配”算法，可知默认路由是在路由器没有为数据包找到更为精确匹配的路由时最后匹配的一条路由。

下面的几个小节讲解默认路由的几个经典应用场景。

4.4.2 使用默认路由作为指向 Internet 的路由

本案例是默认路由的一个应用场景。

某公司内网有 A、B、C 和 D 共 4 个路由器，有 10.1.0.0/24、10.2.0.0/24、10.3.0.0/24、10.4.0.0/24、10.5.0.0/24、10.6.0.0/24 共 6 个网段，网络拓扑和地址规划如图 4-14 所示。现在要求在这 4 个路由器中添加路由，使内网的 6 个网段之间能够相互通信，同时这 6 个网段也要能够访问 Internet。

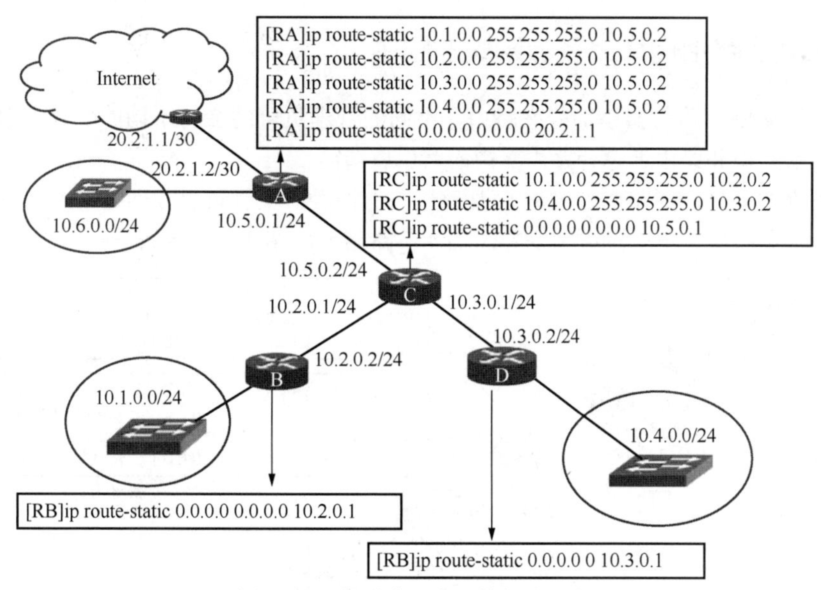

图 4-14 使用默认路由简化路由表

路由器 B 和 D 是网络的末端路由器，直连两个网段，到其他网络都需要转发到路由器 C，在这两个路由器中只需要添加一条默认路由即可。

路由器 C 直连了 3 个网段，到 10.1.0.0/24、10.4.0.0/24 两个网段的路由需要单独添加，到 Internet 或 10.6.0.0/24 网段的数据包都需要转发给路由器 A，再添加一条默认路由即可。

路由器A直连3个网段，对于没有直连的几个内网，需要单独添加路由，到Internet的访问只需要添加一条默认路由即可。

到Internet上所有网段的路由，只需要添加一条默认路由即可。

观察图4-14，看看A路由器中的路由表是否可以进一步简化。企业内网使用的网段可以合并到10.0.0.0/8网段中，因此在路由器A中，到内网网段的路由可以汇总成一条，如图4-15所示。请读者想想，路由器C中的路由表还能再简化吗？

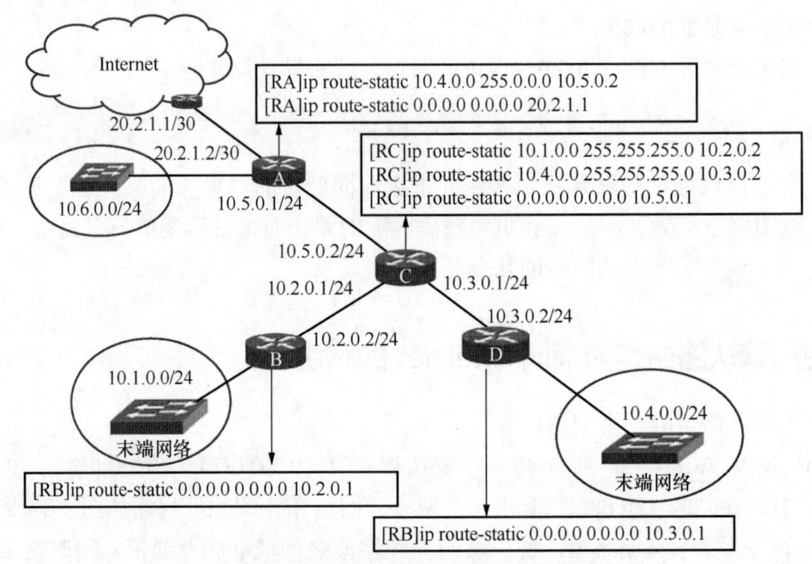

图4-15 使用路由汇总和默认路由简化路由表

4.4.3 让默认路由代替大多数网段的路由

在同一网络中给路由器添加静态路由，不同的管理员可能会有不同的配置。总的原则是尽量使用默认路由和路由汇总让路由器中的路由表精简。

来看下面的案例，在路由器C中添加路由，有两种方案都可以使网络畅通。第1种方案只需要添加3条路由，第2种方案需要添加4条路由，如图4-16所示。

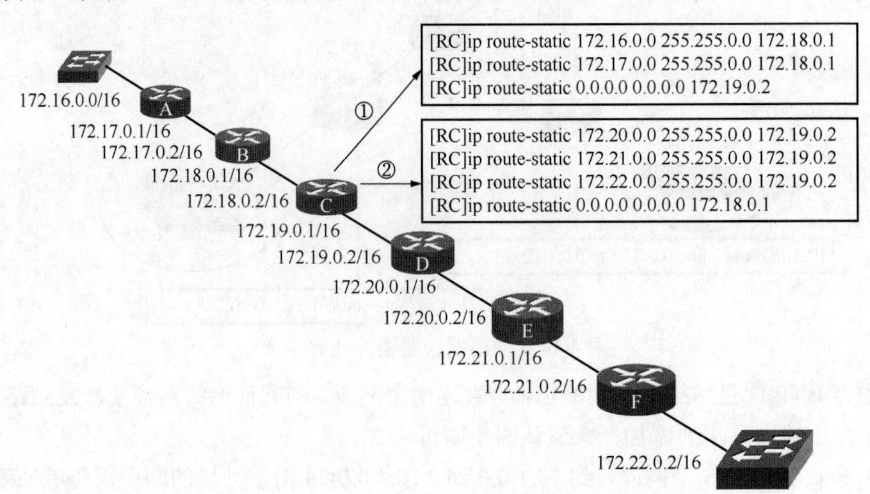

图4-16 用默认路由代替大多数网段的路由

用默认路由代替大多数网段的路由是明智的选择。在给路由器添加静态路由时，先要判断一下路由器哪边的网段多，针对这些网段使用一条默认路由，然后针对其他网段添加路由。

4.4.4 默认路由和环状网络

如果网络中的路由器 A、B、C、D、E、F 连成一个环，要想让整个网络畅通，只需要在每个路由器中添加一条默认路由，指向下一个路由器的地址即可，配置方法如图 4-17 所示。

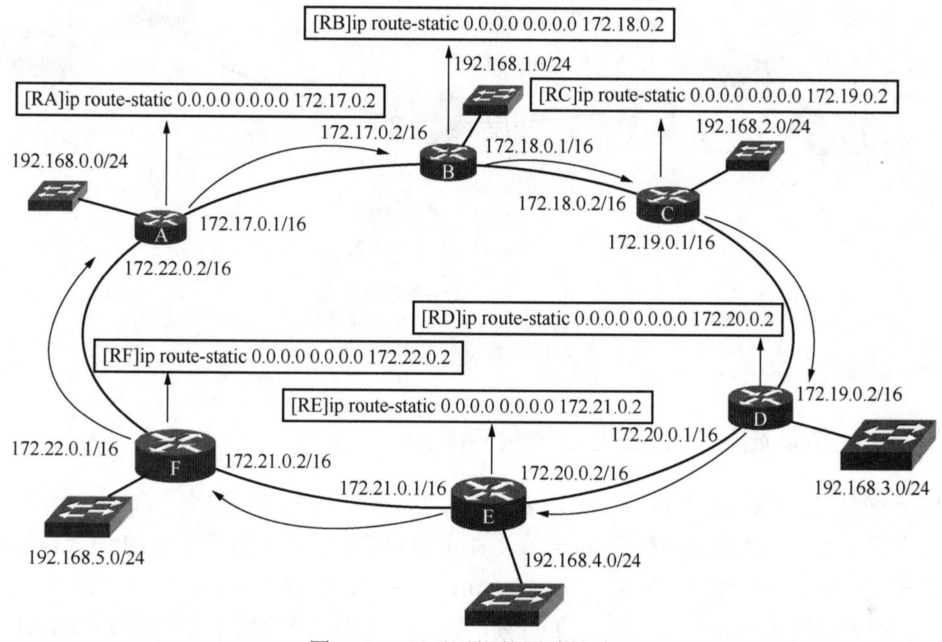

图 4-17 环形网络使用默认路由

通过这种方式配置路由，网络中的数据包就沿着环路顺时针传递。下面就以网络中的计算机 A 与计算机 B 通信为例，计算机 A 到计算机 B 的数据包途经路由器 F→A→B→C→D→E，计算机 B 到计算机 A 的数据包途经路由器 E→F。可以看到数据包到达目标地址的路径和返回的路径不一定是同一条路径，数据包走哪条路径，完全由路由表决定，如图 4-18 所示。

该环状网络没有 40.0.0.0/8 这个网段，请读者思考如果计算机 A ping 40.0.0.2 这个地址，会出现什么情况呢？

所有的路由器都会使用默认路由将数据包转发到下一个路由器。数据包会在这个环状网络中一直顺时针转发，永远也不能到达目标网络。幸好数据包的网络层首部有一个字段用来指定数据包的生存时间，生存时间（Time To Live，TTL）是一个数值，它的作用是限制 IP 数据包在计算机网络中存在的时间。TTL 的最大值是 255，推荐值是 64。

虽然 TTL 从字面上理解是指可以存活的时间，但实际上，TTL 是 IP 数据包在计算机网络中可以经过的路由器的数量。TTL 字段由 IP 数据包的发送者设置，在 IP 数据包从源地址到目标地址的整条转发路径上，每经过一个路由器，路由器都会修改 TTL 字段的值，具体的做法是把 TTL 的值减 1，然后将 IP 数据包转发出去。如果在 IP 数据包到达目标地址之前，TTL 减少为 0，路由器将会丢弃收到的 TTL=0 的 IP 数据包，并向 IP 数据包的发送者发送 ICMP time exceeded 消息。

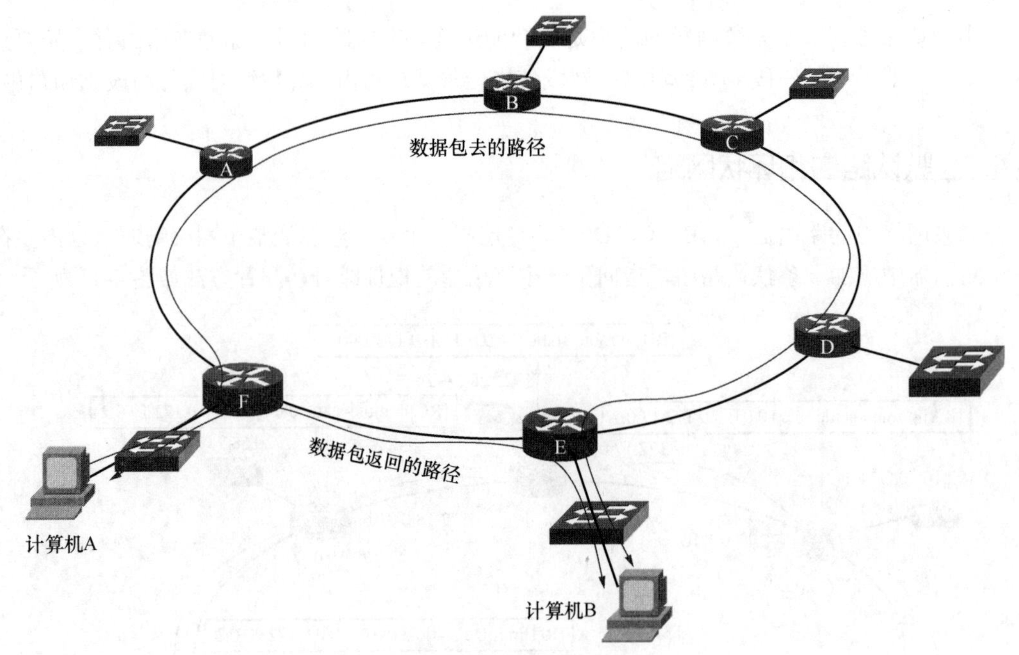

图 4-18 数据包往返路径

4.4.5 使用默认路由和路由汇总简化路由表

Internet 是全球最大的互联网，也是全球拥有最多网段的网络。整个 Internet 上的计算机要想实现互相通信，就要正确配置 Internet 上路由器中的路由表。如果公网 IP 地址规划得当，就能够使用默认路由和路由汇总大大简化 Internet 上路由器中的路由表。

下面举例说明 Internet 上的 IP 地址规划，以及网络中的各级路由器如何使用默认路由和路由汇总简化路由表。为了方便说明，在这里只以 3 个国家为例，如图 4-19 所示。

国家级网络规划：英国使用 30.0.0.0/8 网段，美国使用 20.0.0.0/8 网段，中国使用 40.0.0.0/8 网段，一个国家分配一个大的网段，方便路由汇总。

中国国内的地址规划：省级 IP 地址规划：河北省使用 40.2.0.0/16 网段，河南省使用 40.1.0.0/16 网段，其他省份分别使用 40.3.0.0/16、40.4.0.0/16、…、40.255.0.0/16 网段。

河北省内的地址规划：石家庄市使用 40.2.1.0/24 网段，秦皇岛市使用 40.2.2.0/24 网段，保定市使用 40.2.3.0/24 网段。

路由表的添加如图 4-20 所示，路由器 A、D 和 E 分别是中国、英国和美国的国际出口路由器。这一级别的路由器，到中国的只需要添加一条 40.0.0.0 255.0.0.0 路由，到美国的只需要添加一条 20.0.0.0 255.0.0.0 路由，到英国的只需要添加一条 30.0.0.0 255.0.0.0 路由。由于很好地规划了 IP 地址，可以将一个国家的网络汇总为一条路由，这一级别的路由器中的路由表就变得精简了。

中国的国际出口路由器 A，除了添加到美国和英国两个国家的路由，还需要添加到河南省、河北省以及其他省份的路由。由于各个省份的 IP 地址也得到了很好的规划，一个省份的网络可以汇总成一条路由，这一级别的路由器中的路由表也很精简。

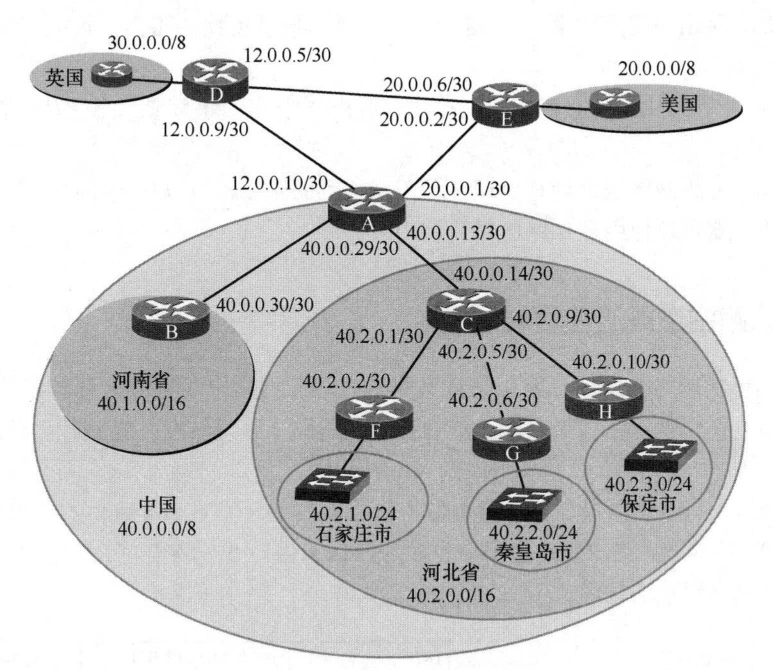

图 4-19　Internet 地址规划

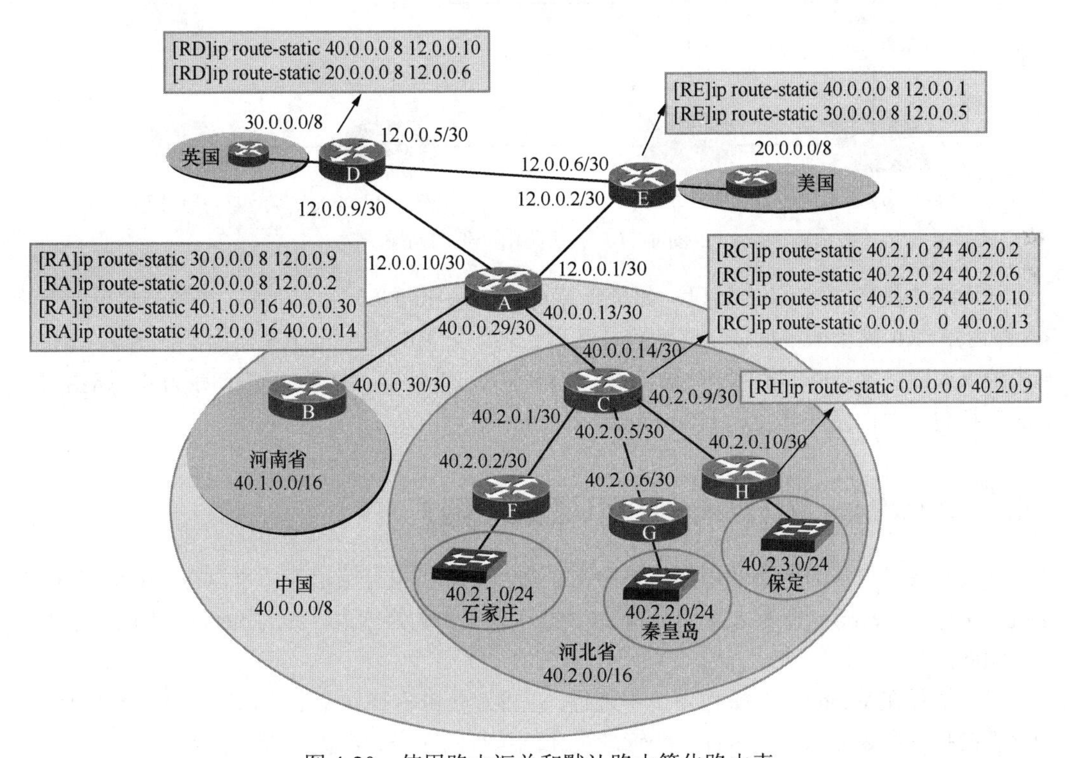

图 4-20　使用路由汇总和默认路由简化路由表

河北省的路由器 C，它的路由如何添加呢？对路由器 C 来说，数据包除了到石家庄市、秦皇岛市和保定市的网络以外，其他要么是出省的，要么是出国的，都需要转发到路由器 A。在省级路由器 C 中要添加到石家庄市、秦皇岛市或保定市的网络的路由，到其他网络的路由则使用一条默认路由指向路由器 A。这一级别的路由器使用默认路由，也能够使路由表变得精简。

对网络末端的路由器 F、G 和 H 来说，只需要添加一条默认路由指向省级路由器 C 即可。

由此可见，要想网络地址规划合理，骨干网络上的路由器可以使用路由汇总精简路由表，网络末端的路由器可以使用默认路由精简路由表。

4.4.6 默认路由造成的往复转发

上面讲到环状网络使用默认路由造成数据包在环状网络中一直顺时针转发的情况。即便不是环状网络，使用默认路由也可能造成数据包在链路上往复转发，直到数据包的 TTL 耗尽为止。

例如，网络中有 3 个网段、两个路由器，如图 4-21 所示。在 RA 路由器中添加默认路由，下一跳指向 RB 路由器；在 RB 路由器中也添加默认路由，下一跳指向 RA 路由器，从而实现这 3 个网段间网络通信的畅通。

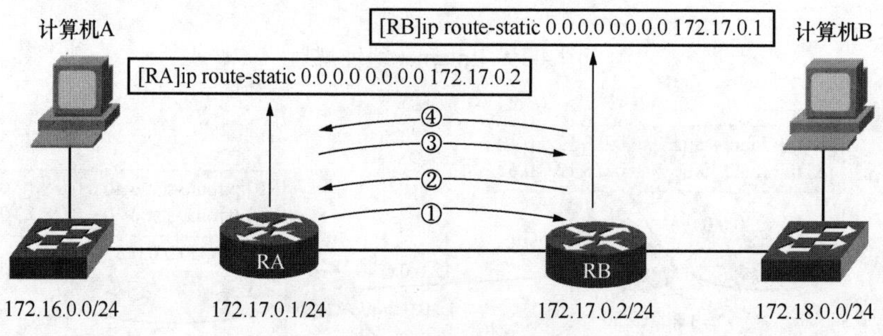

图 4-21 默认路由产生的问题

该网络中没有 40.0.0.0/8 网段，如果计算机 A ping 40.0.0.2 这个地址，该数据包会转发给 RA 路由器，RA 路由器根据默认路由将该数据包转发给 RB 路由器，RB 路由器使用默认路由，转发给 RA 路由器，RA 路由器再转发给 RB 路由器，直到该数据包的 TTL 减为 0，路由器丢弃该数据包，并向发送者发送 ICMP time exceeded 消息。

4.4.7 Windows 操作系统中的默认路由和网关

前面介绍了如何为路由器添加静态路由，其实计算机也有路由表，可以在 Windows 操作系统中执行 route print 命令来显示 Windows 操作系统中的路由表，执行 netstat -r 命令也可以实现相同的效果。

以下操作在 Windows 7 操作系统中进行，以管理员身份打开命令提示符，如图 4-22 所示。如果直接打开命令提示符，运行一些管理员才能执行的命令时会提示没有权限。

给计算机配置网关就是为计算机添加默认路由，网关通常是本网段路由器接口的地址，如图 4-23 所示。如果不配置网关，计算机将不能跨网段通信，因为不知道把到其他网段的下一跳给哪个接口。

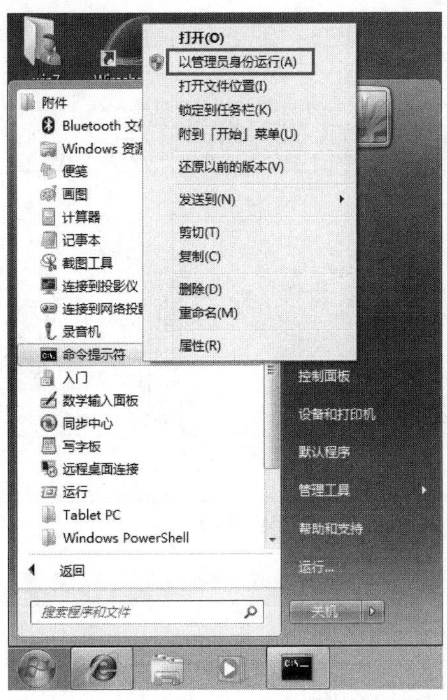

图 4-22　以管理员身份运行命令提示符

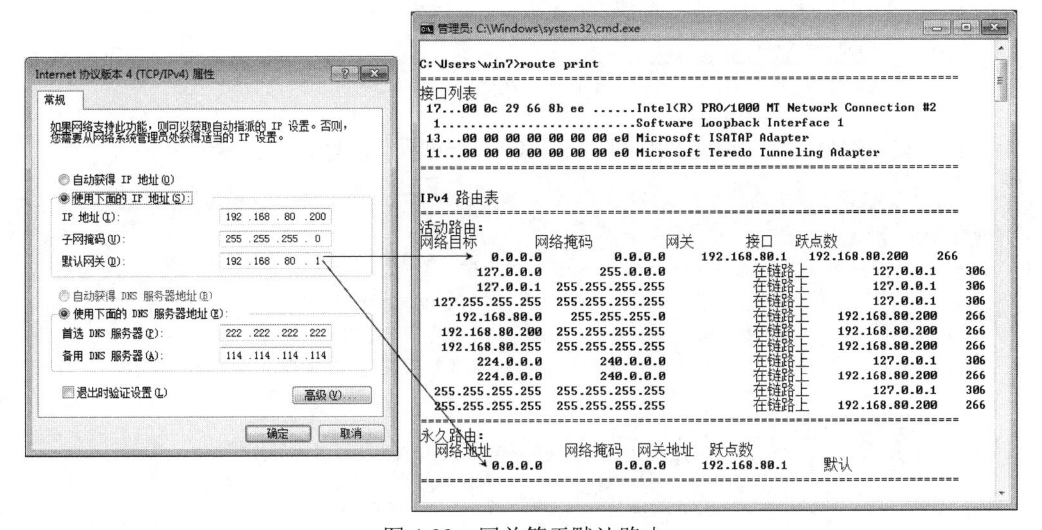

图 4-23　网关等于默认路由

如果计算机的本地连接没有配置网关，使用 route add 命令添加默认路由也可以。去掉本地连接的网关，在命令提示符处输入“netstat –r”将显示路由表，可以看到没有默认路由了，如图 4-24 所示。

该计算机将不能访问其他网段，ping 公网地址 222.222.222.222，提示“传输失败”，如图 4-25 所示。

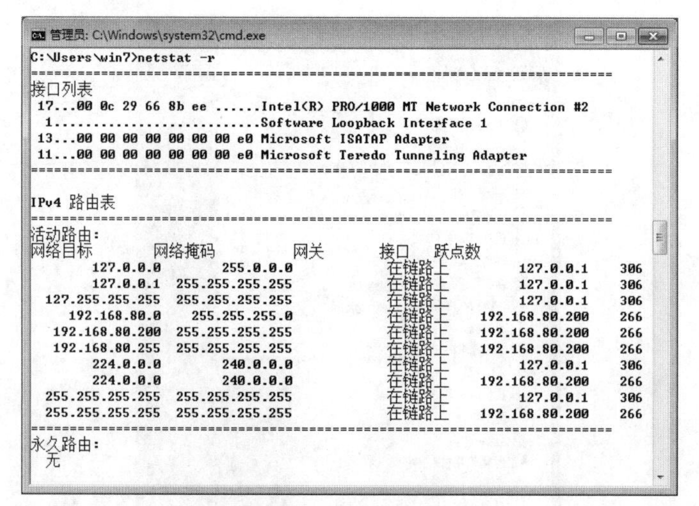

```
C:\Users\win7>netstat -r
===========================================================================
接口列表
 17...00 0c 29 66 8b ee ......Intel(R) PRO/1000 MT Network Connection #2
  1...........................Software Loopback Interface 1
 13...00 00 00 00 00 00 00 e0 Microsoft ISATAP Adapter
 11...00 00 00 00 00 00 00 e0 Microsoft Teredo Tunneling Adapter
===========================================================================

IPv4 路由表
===========================================================================
活动路由:
网络目标        网络掩码          网关       接口   跃点数
        127.0.0.0        255.0.0.0            在链路上         127.0.0.1    306
        127.0.0.1  255.255.255.255            在链路上         127.0.0.1    306
  127.255.255.255  255.255.255.255            在链路上         127.0.0.1    306
     192.168.80.0    255.255.255.0            在链路上    192.168.80.200    266
   192.168.80.200  255.255.255.255            在链路上    192.168.80.200    266
   192.168.80.255  255.255.255.255            在链路上    192.168.80.200    266
        224.0.0.0        240.0.0.0            在链路上         127.0.0.1    306
        224.0.0.0        240.0.0.0            在链路上    192.168.80.200    266
  255.255.255.255  255.255.255.255            在链路上         127.0.0.1    306
  255.255.255.255  255.255.255.255            在链路上    192.168.80.200    266
===========================================================================
永久路由:
  无
```

图 4-24 查看路由表

```
C:\Users\win7>ping 222.222.222.222

正在 Ping 222.222.222.222 具有 32 字节的数据:
PING: 传输失败。General failure.
PING: 传输失败。General failure.
PING: 传输失败。General failure.
PING: 传输失败。General failure.

222.222.222.222 的 Ping 统计信息:
    数据包: 已发送 = 4，已接收 = 0，丢失 = 4 (100% 丢失)，

C:\Users\win7>_
```

图 4-25 传输失败

在命令提示符处输入“route /?”可以看到该命令的帮助信息。

```
C:\Users\win7>route /?
操作网络路由表。
UTE [-f] [-p] [-4|-6] command [destination]
                  [MASK netmask]  [gateway] [METRIC metric]  [IF interface]
-f              清除所有网关项的路由表。如果与某个命令结合使用，在运行该命令前，应清除路由表
-p              与 ADD 命令结合使用时，将路由设置为在系统引导期间保持不变。默认情况下，重新
                启动系统时，不保存路由。忽略所有其他命令，这始终会影响相应的永久路由。Windows 95
                操作系统不支持此选项
-4              强制使用 IPv4
-6              强制使用 IPv6

command         其中之一：
                 PRINT      输出路由
                 ADD        添加路由
                 DELETE     删除路由
                 CHANGE     修改现有路由
destination          指定主机
MASK           指定下一个参数为“网络掩码”值
netmask        指定此路由项的子网掩码值。如果未指定，其默认设置为 255.255.255.255
gateway        指定网关
interface      指定路由的接口号码
```

METRIC	指定跃点数，如目标的成本

在命令提示符处输入“route add 0.0.0.0 mask 0.0.0.0 192.168.80.1 –p”，如图 4-26 所示，-p 参数代表添加一条永久默认路由，即重启计算机后默认路由依然存在。

```
管理员: C:\Windows\system32\cmd.exe
C:\Users\win7>route add 0.0.0.0 mask 0.0.0.0 192.168.80.1 -p
 操作完成!
                                                添加一条永久默认路由
C:\Users\win7>route print -4  显示IPv4路由表
===========================================================================
接口列表
 17...00 0c 29 66 8b ee ......Intel(R) PRO/1000 MT Network Connection #2
  1...........................Software Loopback Interface 1
 13...00 00 00 00 00 00 00 e0 Microsoft ISATAP Adapter
 11...00 00 00 00 00 00 00 e0 Microsoft Teredo Tunneling Adapter
===========================================================================

IPv4 路由表
===========================================================================
活动路由:
网络目标        网络掩码          网关       接口   跃点数
          0.0.0.0          0.0.0.0     192.168.80.1    192.168.80.200     11
        127.0.0.0        255.0.0.0            在链路上         127.0.0.1    306
        127.0.0.1  255.255.255.255            在链路上         127.0.0.1    306
  127.255.255.255  255.255.255.255            在链路上         127.0.0.1    306
     192.168.80.0    255.255.255.0            在链路上    192.168.80.200    266
   192.168.80.200  255.255.255.255            在链路上    192.168.80.200    266
   192.168.80.255  255.255.255.255            在链路上    192.168.80.200    266
        224.0.0.0        240.0.0.0            在链路上         127.0.0.1    306
        224.0.0.0        240.0.0.0            在链路上    192.168.80.200    266
  255.255.255.255  255.255.255.255            在链路上         127.0.0.1    306
  255.255.255.255  255.255.255.255            在链路上    192.168.80.200    266
===========================================================================
永久路由:
  网络地址          网络掩码  网关地址  跃点数
          0.0.0.0          0.0.0.0     192.168.80.1       1
===========================================================================

C:\Users\win7>_
```

图 4-26 添加默认路由

在命令提示符处输入“route print -4”可以显示 IPv4 路由表，添加的默认路由已经出现。

ping 202.99.160.68，可以 ping 通。

什么情况下会给计算机添加路由呢？下面介绍一个应用场景。

某公司在电信机房部署了一个 Web 服务器，该 Web 服务器需要访问数据库服务器，为了安全起见，该公司在电信机房又部署了一个路由器和一个交换机，将数据库服务器单独部署在一个网段（内网），如图 4-27 所示。

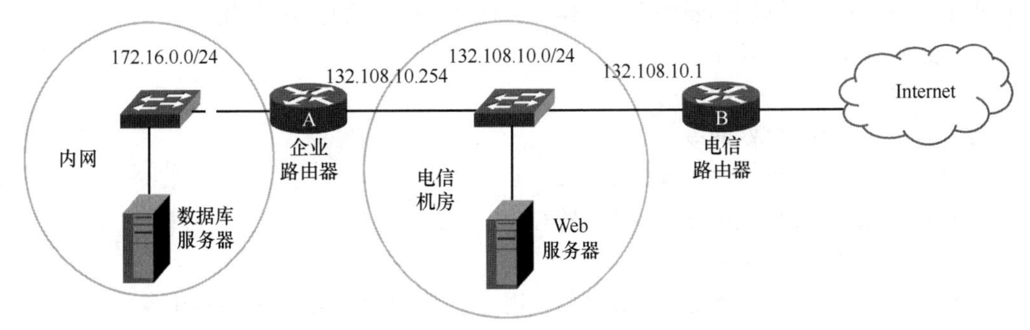

图 4-27 需要添加静态路由

在企业路由器上没有添加任何路由，在电信路由器上也没有添加到内网的路由（并且电信机房的网络管理员也不同意添加到内网的路由）。

在这种情况下，需要在 Web 服务器上添加一条到 Internet 的默认路由，再添加一条到内网的静态路由，如图 4-28 所示。

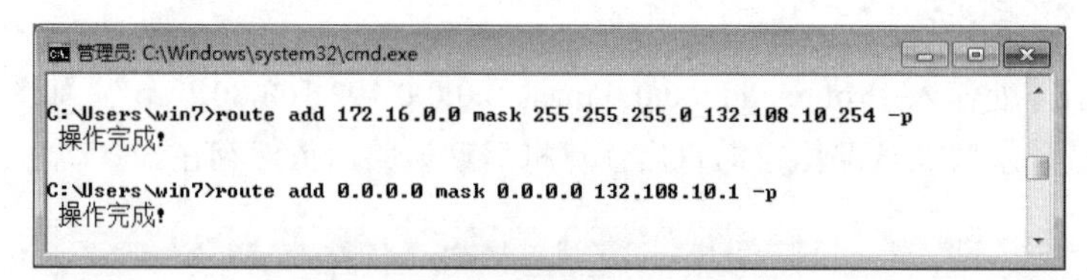

图 4-28 添加静态路由和默认路由

这种情况下千万别在 Web 服务器上添加两条默认路由，一条指向 132.108.10.1，另一条指向 132.108.10.254，或在本地连接中添加两个默认网关。如果添加两条默认路由，就相当于到 Internet 有两条等价路径，到 Internet 的一半流量将会发送到企业路由器，从而被企业路由器丢掉。

如果想删除到 172.16.0.0 255.255.255.0 网段的路由，执行以下命令即可。

```
route delete 172.16.0.0 mask 255.255.255.0
```

4.5 动态路由——RIP

前面讲的在路由器上添加的路由是静态路由。如果网络有变化，如增加了一个网段，就需要在网络中的所有没有直连的路由器上添加到新网段的路由；如果网络中某个网络改成了新的网段，就需要在网络中的路由器上删除到原来网段的路由，添加新网段的路由；如果网络中的某条链路断了，静态路由依然会把数据包转发到该链路，这就会造成通信故障。

总之，静态路由不能随着网络的变化自动地调整路由器的路由表，并且在网络规模比较大的情况下，手动添加路由表也是一件很麻烦的事情。有没有办法让路由器自动检测到网络中有哪些网段，自己选择到各个网段的最佳路径呢？有，那就是下面要讲的动态路由。

动态路由就是配置网络中的路由器，使其运行动态路由协议。路由表项是通过相互连接的路由器交换彼此的信息，然后按照一定的算法优化出来的。而这些路由信息是在一定时间间隙里不断更新的，以适应不断变化的网络，并随时获得最优的寻径效果。

动态路由协议有以下功能。

（1）能够知道有哪些邻居路由器。

（2）学习网络中有哪些网段。

（3）能够学习某个网段的所有路径。

（4）能够从众多的路径中选择最佳的路径。

（5）能够维护和更新路由信息。

下面学习动态路由，也就是配置路由器使用动态路由信息协议来构造路由表。

4.5.1 RIP

路由信息协议（Routing Information Protocol，RIP）是一个真正的距离矢量路由选择协议。它每隔 30s 就送出自己完整的路由表到所有激活的接口。RIP 只使用跳数来决定到达远程网络的最佳方式，在默认时它所允许的最大跳数为 15 跳，也就是说，16 跳的距离将被认为是不可达到的。

在小型网络中，RIP 会运转良好，但是对使用慢速 WAN 连接的大型网络或者安装有大量路由器的网络来说，它的效率就很低了。即便是网络没有变化，RIP 也是每隔 30s 发送路由表到所有激活的接口，占用网络带宽。

当路由器 A 出现意外故障宕机，需要由它的邻居路由器 B 将“路由器 A 所连接的网段不可到达”的信息通告出去。路由器 B 如何断定某个路由失效？如果路由器 B 在 180s 内没有得到关于某个指定路由的任何更新，就认为这个路由失效，所以这个周期性更新是必需的。

RIP 版本 1（RIPv1）使用有类路由选择，即在该网络中的所有设备必须使用相同的子网掩码，这是因为 RIPv1 不发送带有子网掩码信息的更新数据。RIPv1 使用广播包通告路由信息。RIP 版本 2（RIPv2）提供了被称为“前缀路由选择”的信息，并利用路由更新来传输子网掩码信息，这就是所谓的无类路由选择。RIPv2 使用多播地址通告路由信息。

RIP 只使用跳数来决定到达某个网络的最佳路径。如果 RIP 发现对于同一个远程网络存在不止一条链路，并且它们又都具有相同的跳数，则路由器将自动执行循环负载均衡。RIP 可以对多达 6 个相同开销的链路实现负载均衡（默认为 4 个）。

4.5.2 RIP 的工作原理

下面介绍 RIP 的工作原理，如图 4-29 所示，网络中有 A、B、C、D、E 5 个路由器，A 路由器连接 192.168.10.0/24 这个网段，为了描述方便，下面就以该网段为例，讲解网络中的路由器如何通过 RIP 学习到该网段的路由。

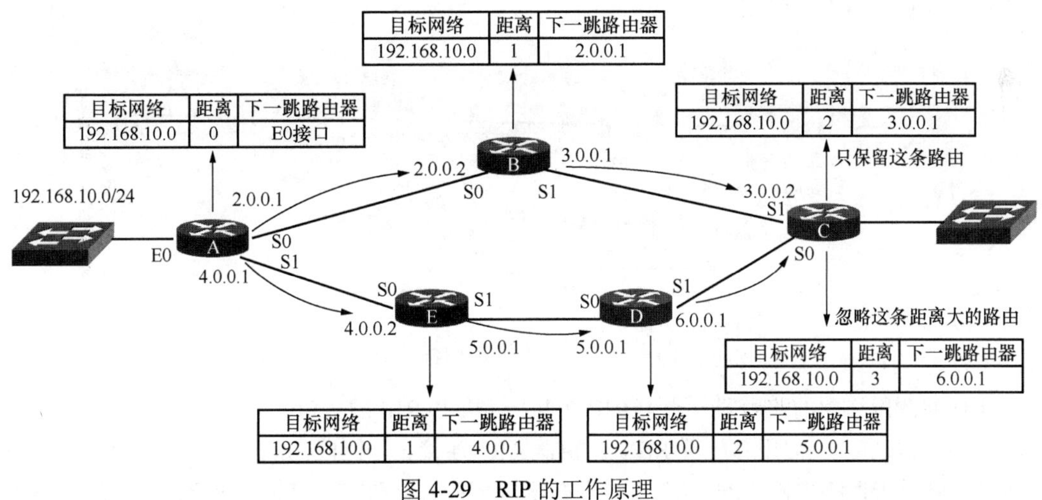

图 4-29 RIP 的工作原理

首先确保网络中的 A、B、C、D、E 这 5 个路由器都配置了 RIP。RIP 有 RIPv1 和 RIPv2 两个版本，RIPv1 通告的路由信息不包括子网掩码信息，RIPv2 通告的路由信息包括子网掩码信息，因此 RIPv2 支持变长子网，RIPv1 支持等长子网。

下面以 RIPv2 为例讲解 RIP 的工作原理。

路由器 A 的 E0 接口直接连接 192.168.10.0/24 网段，在路由器 A 上就有一条到该网段的路由。由于是直连的网段，距离是 0，因此下一跳路由器是 E0 接口。

路由器 A 每隔 30s 就要把自己的路由表通过多播地址通告出去，通过 S0 接口通告的数据包源地址是 2.0.0.1，路由器 B 接收到路由通告后，就会把到 192.16.10.0/24 网段的路由添加到路由表，距离加 1，下一跳路由器指向 2.0.0.1。

路由器 B 每隔 30s 就要把自己的路由表通过 S1 接口通告出去，通过 S1 接口通告的数据包源地址是 3.0.0.1，路由器 C 接收到路由通告后，就会把到 192.16.10.0/24 网段的路由添加到路由表，距离再加 1 变为 2，下一跳路由器指向 3.0.0.1。这种算法称为“距离矢量路由算法”（distance vector routing）。

同样，到 192.168.10.0/24 网段的路由还会通过路由器 E 和路由器 D 传递到路由器 C，路由器 C 收到路由通告后，距离经过 3 次加 1 变为 3，比通过路由器 B 的那条路由距离大，因此路由器 C 忽略这条路由。

总之，RIP 让网络中的所有路由器都和自己相邻的路由器定期交换路由信息，并周期性地更新路由表，使得从每一个路由器到每一个目标网络的路由都是最短的（跳数最少）。值得注意的是，如果网络中的链路带宽都一样，按跳数最少选择出来的路径是最佳路径；如果每条链路带宽不一样，只考虑跳数最少，RIP 选择出来的最佳路径也许不是真正的最佳路径。

4.5.3 在路由器上配置 RIP

下面使用 eNSP 模拟器搭建学习 RIP 的环境。网络拓扑如图 4-30 所示，为了方便记忆，网络中路由器的以太网接口使用该网段的第一个地址，路由器和路由器连接的链路的左侧接口使用相应网段的第一个地址，右侧接口使用该网段的第二个地址。给路由器和 PC 配置 IP 地址的过程在这里不再赘述。

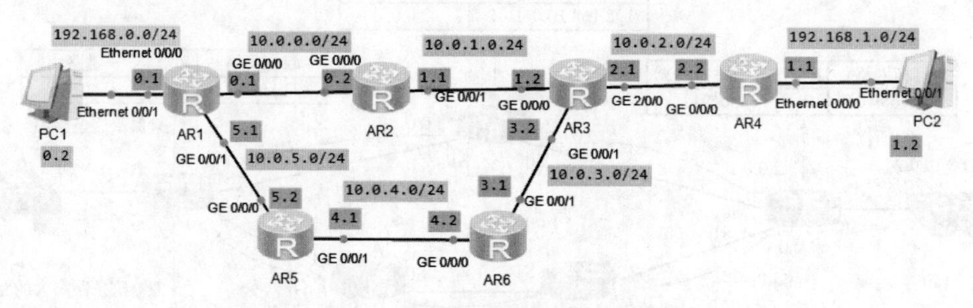

图 4-30 学习 RIP 的网络环境

下面配置网络中的路由器，启用 RIPv2 并指定参与 RIP 的接口。

在路由器 AR1 上启用并配置 RIP。路由器 AR1 连接 3 个网段，network 命令后面跟着这 3 个网段，就是告诉路由器 AR1 这 3 个网段都参与 RIP，即路由器 AR1 通过 RIP 将这 3 个网段通告出去，同时连接这 3 个网段的接口能够发送和接收 RIP 产生的路由通告数据包。version 2 命令将 RIP 更改为 RIPv2。

```
[AR1]rip ?                                               --查看 RIP 后面的参数
  INTEGER<1-65535>  Process ID                           --进程号的范围，可以运行多个进程
  mib-binding       Mib-Binding a process
  vpn-instance      VPN instance
  <cr>              Please press ENTER to execute command
```

```
[AR1]rip 1                                   --启用 RIP 进程号是 1
[AR1-rip-1]network 192.168.0.0               --指定 rip 1 进程工作的网络
[AR1-rip-1]network 10.0.0.0                  --指定 rip 1 进程工作的网络
[AR1-rip-1]version 2                         --指定 RIP 的版本默认是 1
[AR1-rip-1]display this                      --显示 RIP 的配置
[V200R003C00]
#
rip 1
 version 2
 network 192.168.0.0
 network 10.0.0.0
#
return
[AR1-rip-1]
```

network 命令后面的网段是不写子网掩码的。如果是 A 类网络，子网掩码默认是 255.0.0.0；如果是 B 类网络，子网掩码默认是 255.255.0.0；如果是 C 类网络，子网掩码默认是 255.255.255.0。图 4-31 所示的路由器 AR1 连接 3 个网段，172.16.10.0/24 和 172.16.20.0/24 是同一个 B 类网络的子网，因此 network 172.16.0.0 就包括了这两个子网，在路由器 AR1 上启用并配置 RIP，network 命令需要写以下两个网段，这 3 个网段就能参与到 RIP 中。

```
[AR1-rip-1]network 172.16.0.0
[AR1-rip-1]network 192.168.10.0
```

图 4-32 所示的路由器 AR1 连接的 3 个网段都是 B 类网络，但不是同一个 B 类网络，因此 network 命令需要针对这两个不同的 B 类网络分别配置。

```
[AR1-rip-1]network 172.16.0.0
[AR1-rip-1]network 172.17.0.0
```

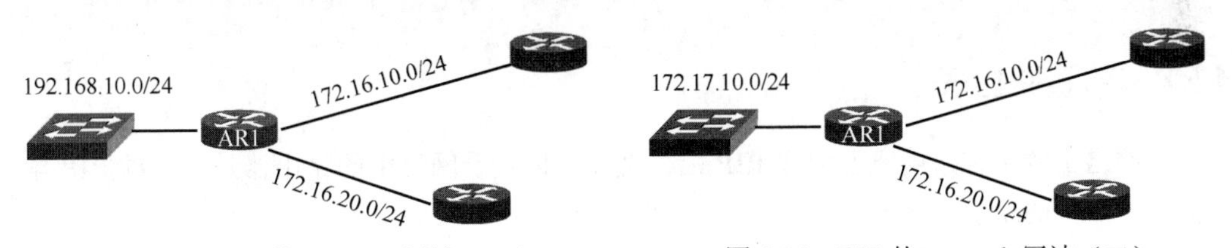

图 4-31　RIP 的 network 写法（一）　　图 4-32　RIP 的 network 写法（二）

图 4-33 所示的路由器 A 连接的 3 个网段都属于同一个 A 类网络 72.0.0.0/8，network 命令只需要写这个 A 类网络即可。

```
[AR1-rip-1]network 72.0.0.0
```

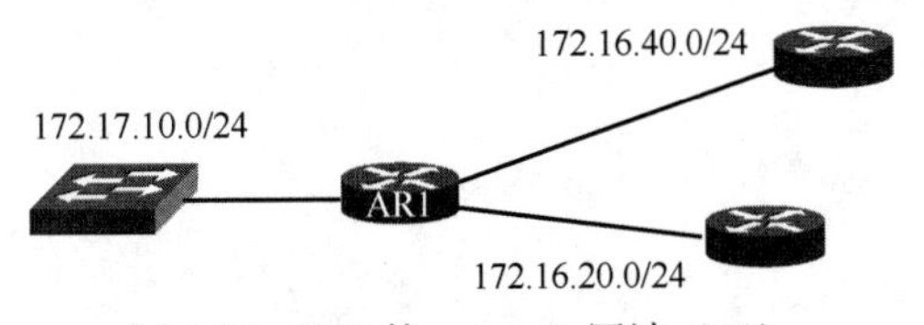

图 4-33　RIP 的 network 写法（三）

在路由器 AR2 上启用并配置 RIP。

```
[AR2]rip 1
[AR2-rip-1]network 10.0.0.0
[AR2-rip-1]version 2
```

在路由器 AR3 上启用并配置 RIP。

```
[AR3]rip 1
[AR3-rip-1]network 10.0.0.0
[AR3-rip-1]version 2
```

在路由器 AR4 上启用并配置 RIP。

```
[AR4]rip 1
[AR4-rip-1]network 192.168.1.0
[AR4-rip-1]network 10.0.0.0
[AR4-rip-1]version 2
```

在路由器 AR5 上启用并配置 RIP。

```
[AR5]rip 1
[AR5-rip-1]network 10.0.0.0
[AR5-rip-1]version 2
```

在路由器 AR6 上启用并配置 RIP。

```
[AR6]rip 1
[AR6-rip-1]network 10.0.0.0
[AR6-rip-1]version 2
```

进程号不一样，也可以交换路由信息。

如果 network 命令后接的网段写错了，可以输入 undo network 命令来取消，如下所示。

```
[AR4-rip-1]undo network 10.0.0.0
```

4.5.4 查看路由表

在网络中的所有路由器上配置 RIP 后，现在可以查看网络中的路由器是否通过 RIP 学到了到各个网段的路由。

下面的操作在路由器 AR3 上执行，在特权模式下执行 display ip routing-table protocol rip 可以只显示由 RIP 学到的路由。可以看到通过 RIP 学到了 5 个网段的路由，到 10.0.5.0/24 网段有两条等价路由。

```
[AR3]display ip routing-table                                   --显示路由表
[AR3]display ip routing-table protocol rip                      --只显示RIP学到的路由
Route Flags: R - relay, D - download to fib
------------------------------------------------------------------------------
Public routing table : RIP
         Destinations : 5        Routes : 6

RIP routing table status : <Active>
         Destinations : 5        Routes : 6

Destination/Mask    Proto   Pre  Cost   Flags NextHop     Interface
```

```
        10.0.0.0/24  RIP     100  1     D   10.0.1.1       GigabitEthernet 0/0/0
        10.0.4.0/24  RIP     100  1     D   10.0.3.1       GigabitEthernet 0/0/1
        10.0.5.0/24  RIP     100  2     D   10.0.1.1       GigabitEthernet 0/0/0
--两条等价路由
    RIP     100  2     D   10.0.3.1       GigabitEthernet 0/0/1
    192.168.0.0/24  RIP     100  2     D   10.0.1.1       GigabitEthernet 0/0/0
    192.168.1.0/24  RIP     100  1     D   10.0.2.2       GigabitEthernet 2/0/0

RIP routing table status : <Inactive>
        Destinations : 0        Routes : 0
```

Pre 是优先级，在华为路由器上 RIP 的优先级默认是 100，在思科路由器上 RIP 的优先级默认是 120。

Cost 是开销，开销小的路由出现在路由表中，RIP 的开销就是跳数，也就是到目标网络要经过的路由器的个数。

Flags 标记 D，代表加载到转发表。

静态路由的优先级高于 RIP，在 AR3 路由器上添加到 192.168.0.0/24 网段的静态路由。

```
[AR3]ip route-static 192.168.0.0 24 10.0.3.1
```

再次查看 RIP 学习到的路由。

```
[AR3]display ip routing-table protocol rip
Route Flags: R - relay, D - download to fib
------------------------------------------------------------------------------
Public routing table : RIP
        Destinations : 5        Routes : 6

RIP routing table status : <Active>             --活跃的路由
        Destinations : 4        Routes : 5

Destination/Mask    Proto   Pre  Cost    Flags NextHop    Interface

        10.0.0.0/24  RIP     100  1       D   10.0.1.1     GigabitEthernet 0/0/0
        10.0.4.0/24  RIP     100  1       D   10.0.3.1     GigabitEthernet 0/0/1
        10.0.5.0/24  RIP     100  2       D   10.0.1.1     GigabitEthernet 0/0/0
                     RIP     100  2       D   10.0.3.1     GigabitEthernet 0/0/1
    192.168.1.0/24  RIP     100  1       D   10.0.2.2     GigabitEthernet 2/0/0

RIP routing table status : <Inactive>           --不活跃的路由
        Destinations : 1        Routes : 1

Destination/Mask    Proto   Pre  Cost    Flags NextHop    Interface

    192.168.0.0/24  RIP     100  2             10.0.1.1  GigabitEthernet 0/0/0
--不活跃的路由
```

可以看到针对某个网段的静态路由的优先级高于 RIP 学习到的路由。

在华为路由器的操作系统中，路由优先级的取值范围为 0～255，值越小，优先级越高。直连接口的优先级为 0。

静态路由的优先级为60。

OSPF协议的优先级为10。

RIP的优先级为100。

显示RIP的配置和运行情况。

```
[AR1]display rip 1
Public VPN-instance
   RIP process : 1
      RIP version    : 2
      Preference     : 100
      Checkzero      : Enabled
      Default-cost   : 0
      Summary        : Enabled
      Host-route     : Enabled
      Maximum number of balanced paths : 4
      Update time    : 30 sec              Age time : 180 sec
      Garbage-collect time : 120 sec
      Graceful restart   : Disabled
      BFD                : Disabled
      Silent-interfaces : None
      Default-route : Disabled
      Verify-source : Enabled
      Networks :
      10.0.0.0          192.168.0.0
      Configured peers              : None
```

显示RIP学到的路由。

```
<AR1>display ip routing-table protocol rip
```

显示RIP 1进程的配置。

```
<AR4>display rip 1
```

显示RIP学到的路由。

```
<AR4>display rip 1 route
```

显示运行RIP的接口。

```
<AR4>display rip 1 interface
```

4.5.5 观察RIP的路由更新活动

默认情况下，RIP发送和接收路由更新信息以及构造路由表的细节是不显示的。如果我们想观察RIP的路由更新活动，可以输入命令“debugging rip 1 packet”，执行后将显示发送和接收到的RIP路由更新信息，显示路由器使用了哪个版本的RIP。可以看到发送路由消息使用的多播地址是224.0.0.9，输入“undo debugging all”以关闭所有的诊断输出。

```
<AR3>terminal monitor                  --开启终端监视
Info: Current terminal monitor is on.
<AR3>terminal debugging                --开启终端诊断
```

```
    Info: Current terminal debugging is on.
    <AR3>debugging rip 1 packet              --诊断 rip 1 数据包
    <AR3>
    May  6 2018 10:19:05.320.1-08:00 AR3 RIP/7/DBG: 6: 13465: RIP 1: Receive respon
se from 10.0.1.1 on GigabitEthernet0/0/0 --接口 GigabitEthernet0/0/0 从 10.0.1.1 接收响应
    <AR3>
    May  6 2018 10:19:05.320.2-08:00 AR3 RIP/7/DBG: 6: 13476: Packet: Version 2,
    Cmd response, Length 64                          --RIP 版本 2
    <AR3>
    May  6 2018 10:19:05.320.3-08:00 AR3 RIP/7/DBG: 6: 13546: Dest 10.0.0.0/24,
    Nexthop 0.0.0.0, Cost 1, Tag 0                    --收到一条到 10.0.0.0/24 的路由，开销是 1
    <AR3>
    May  6 2018 10:19:05.320.4-08:00 AR3 RIP/7/DBG: 6: 13546: Dest 10.0.5.0/24,
    Nexthop 0.0.0.0, Cost 2, Tag 0                    --收到一条到 10.0.5.0/24 的路由，开销是 2
    <AR3>
    May  6 2018 10:19:05.320.4-08:00 AR3 RIP/7/DBG: 6: 13546: Dest 192.168.0.0/24,
Nexthop 0.0.0.0, Cost 2, Tag 0              --收到一条到 192.168.0.0/24 的路由，开销是 2
    <AR3>
    May  6 2018 10:19:06.550.1-08:00 AR3 RIP/7/DBG: 6: 13456: RIP 1: Sending respon
se on interface GigabitEthernet2/0/0 from 10.0.2.1 to 224.0.0.9
       --接口 GigabitEthernet2/0/0 使用 224.0.0.9 地址发送 RIP 信息
    <AR3>
    May  6 2018 10:19:06.550.2-08:00 AR3 RIP/7/DBG: 6: 13476: Packet: Version 2,
    Cmd response, Length 124
    <AR3>
    May  6 2018 10:19:06.550.3-08:00 AR3 RIP/7/DBG: 6: 13546: Dest 10.0.0.0/24,
    Nexthop 0.0.0.0, Cost 2, Tag 0
    <AR3>
    May  6 2018 10:19:06.550.4-08:00 AR3 RIP/7/DBG: 6: 13546: Dest 10.0.1.0/24,
    Nexthop 0.0.0.0, Cost 1, Tag 0
```

从上面的输出可以看到 RIP 在各个接口发送和接收路由更新信息的活动。

关闭 RIP 1 诊断输出。

```
<AR3>undo debugging rip 1 packet
```

关闭全部诊断输出。

```
<AR3>undo debugging all
Info: All possible debugging has been turned off
```

4.5.6 测试 RIP 的健壮性

动态路由协议会随着网络的变化重新生成到各个网络的路由，如果最佳路径没有了，路由器就会从备用路径中重新选择一条最佳路径。现在我们来测试一下 PC1 到 PC2 的数据包路径。

在 PC1 上，运行 tracert 192.168.1.2，跟踪到 PC2 的数据包路径，可以看到数据包经过路由器 AR1→AR2→AR3→AR4 到达 PC2。

```
PC>tracert 192.168.1.2
```

```
traceroute to 192.168.1.2, 8 hops max
(ICMP), press Ctrl+C to stop
 1  192.168.0.1    15 ms  <1 ms   16 ms                  --路由器 AR1
 2  10.0.0.2       15 ms  16 ms   16 ms                  --路由器 AR2
 3  10.0.1.2       31 ms  31 ms   16 ms                  --路由器 AR3
 4  10.0.2.2       31 ms  31 ms   32 ms                  --路由器 AR4
 5  192.168.1.2    31 ms  47 ms   31 ms                  --PC2
```

在路由器 AR3 上，启用 RIP 诊断。

```
<AR3>debugging rip 1 packet                              --诊断 RIP 1 数据包
```

右击路由器 AR1 和 AR2 之间的链路，单击"删除连接"选项，如图 4-34 所示。

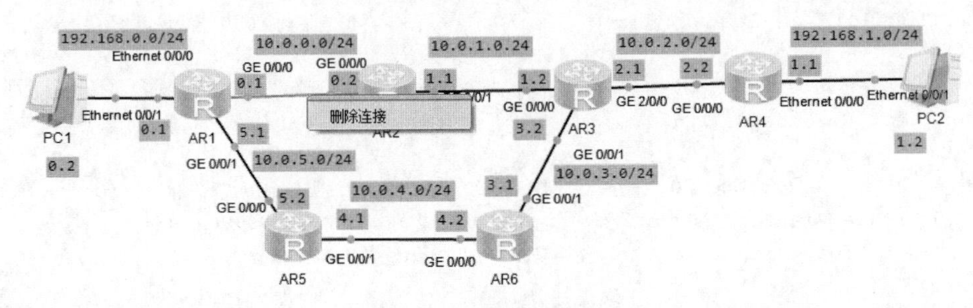

图 4-34 删除连接

下面的输出显示了 AR2 路由器检测出 GE 0/0/0 接口断掉后，将到 192.168.0.0/24、10.0.0.0/24 和 10.0.5.0/24 网段的路由距离（开销）设置为 16（不可到达），然后从 AR3 路由器收到去往 192.168.0.0/24 网段的路由更新信息，将会重新构建路由表。到 10.0.0.0/24 网段的路由收不到更新，经过一段时间后从路由表中彻底删除。

```
<AR3>
May  6 2018 17:02:27.770.1-08:00 AR3 RIP/7/DBG: 6: 13465: RIP 1: Receive response
from 10.0.1.1 on GigabitEthernet0/0/0
<AR3>
May  6 2018 17:02:27.770.2-08:00 AR3 RIP/7/DBG: 6: 13476: Packet: Version 2, Cmd
response, Length 64
<AR3>
May  6 2018 17:02:27.770.3-08:00 AR3 RIP/7/DBG: 6: 13546: Dest 10.0.0.0/24,
Nexthop 0.0.0.0, Cost 16, Tag 0
<AR3>
May  6 2018 17:02:27.770.4-08:00 AR3 RIP/7/DBG: 6: 13546: Dest 192.168.0.0/24,
Nexthop 0.0.0.0, Cost 16, Tag 0
<AR3>
May  6 2018 17:02:27.770.4-08:00 AR3 RIP/7/DBG: 6: 13546: Dest 10.0.5.0/24,
Nexthop 0.0.0.0, Cost 16, Tag 0
```

在 PC1 上再次跟踪到 PC2 的路径，可以看到途经路由器 AR1→AR5→AR6→AR3→AR4 到达 PC2，从而验证动态路由会根据网络的情况自动更新路由，为数据包选择最佳路径。

将路由器 AR1 和 AR2 之间的链路重新连接。再次跟踪 PC1 到 PC2 的数据包路径，会发现很快选择了最佳路径。

4.5.7 RIP 数据包报文格式

可以通过抓包工具捕获 RIP 发送路由信息的数据包，右击路由器 AR3，单击“数据抓包”→“GE 0/0/0”，如图 4-35 所示。

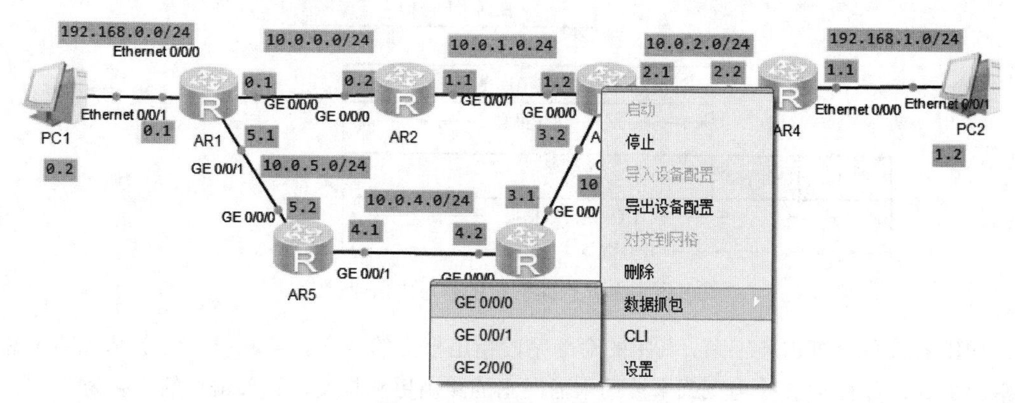

图 4-35 捕获 RIP 数据包

抓包工具捕获的 RIP 数据包格式如图 4-36 所示，可以看到 RIP 报文的首部和路由信息部分，每一条路由信息占 20 字节，每一条路由信息都包含子网掩码信息，一个 RIP 报文最多可包括 25 条路由信息。

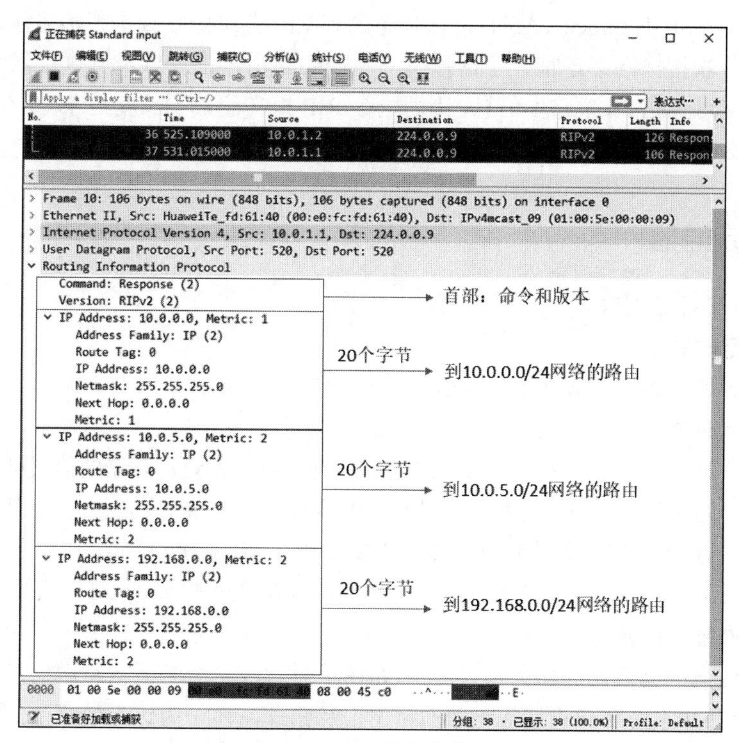

图 4-36 RIP 数据包格式

RIP 报文由首部和路由信息部分组成，如图 4-37 所示。

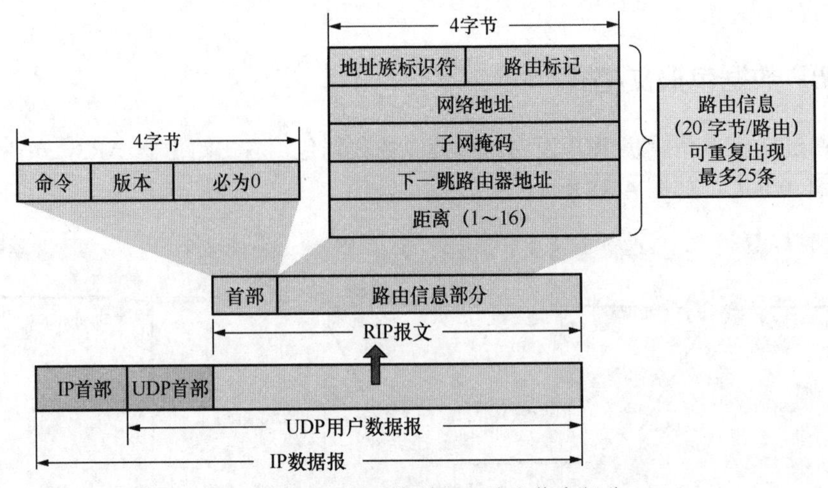

图 4-37 RIP 报文的首部和路由信息部分

RIP 报文的首部占 4 字节，其中的命令字段指出报文的意义。例如，1 表示请求路由信息，2 表示对请求路由信息的响应或未被请求而发出的路由更新报文。首部最后的“必为 0”是为了实现 4 字节对齐。

RIP 报文中的路由信息部分由若干条路由信息组成。每条路由信息占用 20 字节。地址族标识符（又称为“地址类别”）字段用来标志所使用的地址协议。如采用 IP 地址，就令这个字段的值为 2（考虑 RIP 也可用于其他非 TCP/IP 的情况）。为路由标记填入自治系统号（Autonomous System Number，ASN），这是考虑到 RIP 有可能收到本自治系统以外的路由选择信息。后面依次指出网络地址、子网掩码、下一跳路由器地址以及到这个网络的距离。一个 RIP 报文最多可包括 25 条路由信息，因而一个 RIP 报文的最大长度是 4+20×25=504 字节。如果超出，就必须再使用一个 RIP 报文来传输。

4.5.8 RIP 定时器

RIP 使用了 3 个定时器。

1．更新定时器

运行 RIP 的路由器，每隔 30s 将路由信息通告给其他路由器。

2．无效定时器

每条路由信息都有一个无效定时器，路由信息更新后，无效定时器的值就被复位成初始值（默认 180s），开始倒计时。如果到某个网段的路由信息经过 180s 没有更新，无效定时器的值为 0，这条路由信息就被设置为无效路由信息，到该网段的开销就被设置为 16。在 RIP 路由通告中依然包括这条路由信息，确保网络中的其他路由器也能学到该网段不可到达的信息。

3．垃圾收集定时器

一条路由信息的无效定时器为 0 时，该路由信息就成了一条无效路由信息，开销就被设置为 16，路由器并不会立即将这条无效的路由信息删掉，而是为该无效路由信息启用一个垃圾收集定时器，开始倒计时，垃圾收集定时器的默认初始值为 120s。

图 4-38 显示某条路由信息在两次周期性更新后，没有后续更新，该路由经过 180s 后，开销就被设置成 16，变成无效路由信息，经过 120s 后，从路由表中删除该路由信息。

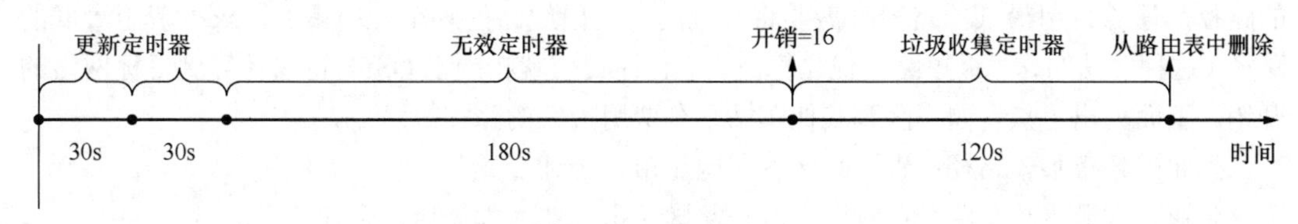

图 4-38 RIP 定时器

4.6 动态路由——OSPF 协议

RIP 是距离矢量路由选择协议，通过 RIP，路由器可以学习到某网段的距离（开销）以及下一跳该给哪个路由器，但不知道全网的拓扑结构（只有到了下一跳路由器，才能知道再下一跳怎样走）。RIP 的最大跳数为 15，因此不适合大规模网络。

下面学习能够在 Internet 上使用的动态路由协议——OSPF 协议。

OSPF（Open Shortest Path First）协议是开放式最短路径优先协议，是链路状态协议。OSPF 协议通过路由器之间通告链路的状态来建立链路状态数据库，网络中的所有路由器具有相同的链路状态数据库，通过链路状态数据库就能构建网络拓扑（哪个路由器连接哪个路由器，每个路由器连接哪些网段，以及连接的开销。带宽越高，开销越低）。运行 OSPF 协议的路由器通过网络拓扑计算到各个网络的最短路径（开销最小的路径），路由器使用这些最短路径构造路由表。

4.6.1 最短路径优先

为了让读者更好地理解最短路径优先，下面举一个生活中容易理解的例子，类比说明 OSPF 协议的工作过程。图 4-39 列出了石家庄市的公交车站路线，图中画出了连接青园小区、北国超市、43 中学、富强小学、河北剧场、亚太大酒店、车辆厂和博物馆的公交线路，并标注了每条线路的乘车费用（这就相当于使用 OSPF 协议的链路状态数据库构建的网络拓扑）。

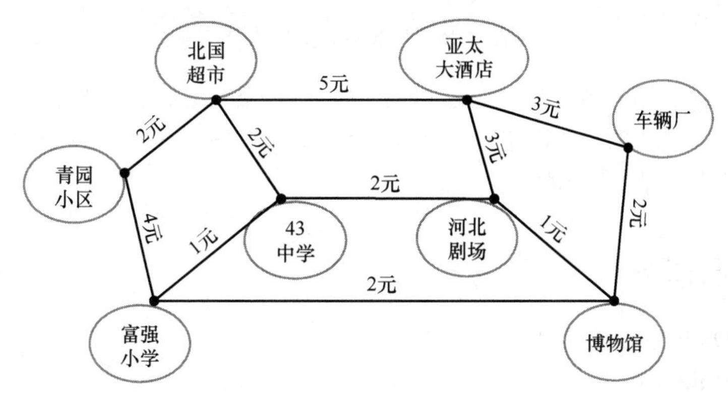

图 4-39 最短路径优先算法示意图

假设每个车站都有一个人负责计算到其他目的地的最短（费用最低）乘车路径。在网络中，运行 OSPF 协议的路由器负责计算到各个网段开销最小的路径，即最短路径。

以青园小区为例，该车站的负责人计算以青园小区为出发点，到其他车站乘车费用最低的路径，计算费用最低的路径时需要将经过的每一段线路的乘车费用累加，求得费用最低的路径（这种算法叫作“最短路径优先算法”）。合计费用就相当于 OSPF 协议计算到目标网络的开销。下面列出了从青园小区到其他车站乘车费用最低的路径。

到北国超市乘车路径：青园小区→北国超市，合计 2 元。

到亚太大酒店乘车路径：青园小区→北国超市→亚太大酒店，合计 7 元。

到车辆厂乘车路径：青园小区→富强小学→博物馆→车辆厂，合计 8 元。

到博物馆乘车路径：青园小区→富强小学→博物馆，合计 6 元。

到河北剧场乘车路径：青园小区→北国超市→43 中学→河北剧场，合计 6 元。

到 43 中学乘车路径：青园小区→北国超市→43 中学，合计 4 元。

到富强小学乘车路径：青园小区→富强小学，合计 4 元。

为了出行方便，该车站的负责人在青园小区公交站放置指示牌，指示到目的地的下一站以及总开销，如图 4-40 所示，这就相当于运行 OSPF 协议由最短路径算法得到的路由表。

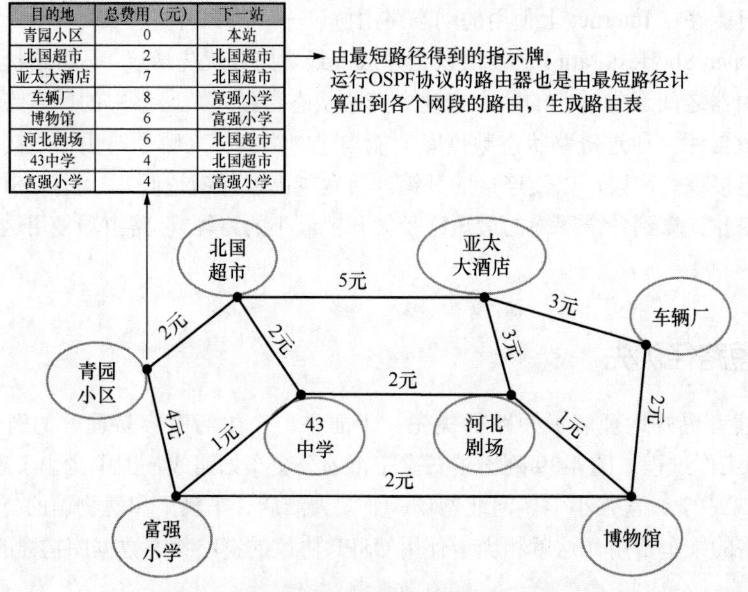

目的地	总费用（元）	下一站
青园小区	0	本站
北国超市	2	北国超市
亚太大酒店	7	北国超市
车辆厂	8	富强小学
博物馆	6	富强小学
河北剧场	6	北国超市
43中学	4	北国超市
富强小学	4	富强小学

图 4-40 计算出的最佳路径

以上是以青园小区为例说明由公交线路计算出到各个车站的最短路径，进而得到去往每个车站的指示牌。类似的，北国超市、亚太大酒店等车站的负责人也要进行相同的算法和过程以得到去往每个车站的指示牌。

4.6.2 OSPF 术语

下面学习 OSPF 协议相关的一些术语。

1．Router-ID

网络中运行 OSPF 协议的路由器都要有一个唯一的标识，这就是 Router-ID，并且 Router-ID 在网络中不可以重复，否则路由器收到的链路状态就无法确定发起者的身份，也就无法通过链路状态信息确定网络的位置，OSPF 路由器发出的链路状态都会写上自己的 Router-ID。

每一台 OSPF 路由器只有一个 Router-ID。Router-ID 使用 IP 地址的形式来表示，确定

Router-ID 的方法有以下几种。

（1）手动指定 Router-ID。

（2）路由器上活动的 Loopback 接口中最大的 IP 地址，也就是数字最大的 IP 地址，如 C 类地址优先于 B 类地址，一个非活动接口的 IP 地址是不能用作 Router-ID 的。

（3）如果没有活动的 Loopback 接口，则选择活动物理接口中最大的 IP 地址。

2．开销（cost）

OSPF 协议选择最佳路径的标准是带宽，带宽越高，计算出来的开销越低。到达目标网络的各条链路中累计开销最低的就是最佳路径。

OSPF 使用接口的带宽来计算度量值（Metric）。例如，一个带宽为 10Mbit/s 的接口，计算开销的方法如下。

将 10Mbit 换算成 bit，为 10 000 000bit，然后用 100 000 000 除以该带宽，结果为 100 000 000/10 000 000 = 10，所以对于一个带宽为 10Mbit/s 的接口，OSPF 认为该接口的度量值为 10。需要注意的是，在计算中，带宽的单位取 bit/s 而不是 Kbit/s，例如，一个带宽为 100Mbit/s 的接口，开销值为 100 000 000/100 000 000=1，因为开销值必须为整数，所以即使是一个带宽为 1 000Mbit/s（1Gbit/s）的接口，开销值也和 100Mbit/s 一样，为 1。如果路由器要经过两个接口才能到达目标网络，那么很显然，两个接口的开销值要累加起来，才算是到达目标网络的度量值，所以 OSPF 路由器计算到达目标网络的度量值时，必须将沿途所有接口的开销值累加起来，在累加时，只计算出接口，不计算进接口。

OSPF 会自动计算接口上的开销值，但也可以人工指定接口的开销值，人工指定的开销值优先于自动计算的。到达目标网络开销值相同的路径可以执行负载均衡，最多允许 6 条链路同时执行负载均衡。

3．链路（link）

链路就是路由器上的接口，在这里，应该指运行在 OSPF 进程下的接口。

4．链路状态（link-state）

链路状态就是 OSPF 接口的描述信息，如接口的 IP 地址、子网掩码、网络类型、开销值等，OSPF 路由器之间交换的并不是路由表，而是链路状态。OSPF 通过获得网络中所有的链路状态信息，从而计算出到达每个目标的精确的网络路径。OSPF 路由器会将自己所有的链路状态毫无保留地全部发给邻居，该邻居将收到的链路状态全部放入链路状态数据库（Link-State Database），该邻居再发给自己的所有邻居，并且在传递过程中，绝对不会有任何更改。通过这样的过程，最终网络中所有的 OSPF 路由器都拥有网络中所有的链路状态，并且所有路由器的链路状态应该能描绘出相同的网络拓扑。

OSPF 根据路由器各接口的信息（链路状态）计算出网络拓扑图，OSPF 之间交换链路状态，而不像 RIP 直接交换路由表，交换路由表就等于直接给人看线路图，可见 OSPF 的智能算法相比距离矢量协议对网络有更精确的认知。

5．邻居（neighbor）

OSPF 只有在邻接状态下才会交换链路状态，路由器会将链路状态数据库中所有的内容毫无保留地发给所有邻居，要想在 OSPF 路由器之间交换链路状态，必须先形成 OSPF 邻居，OSPF 邻居靠发送 Hello 包来建立和维护，Hello 包会在启动 OSPF 的接口上周期性地发送，在不同的网络中，发送 Hello 包的时间间隔也会不同，如果超出 4 倍的 Hello 时间间隔，也就是 Dead 时间过后还没有收到邻居的 Hello 包，邻居关系将被断开。

4.6.3 OSPF 协议的工作过程

运行 OSPF 协议的路由器有 3 张表，分别是邻居表、链路状态表（链路状态数据库）和路由表。下面以这 3 张表的产生过程为线索，分析在这个过程中路由器发生了哪些变化，从而说明 OSPF 协议的工作过程。

1．邻居表的生成

OSPF 区域的路由器首先要跟邻居路由器建立邻接关系，过程如下。

当一个路由器刚开始工作时，每隔 10s 就发送一个 Hello 数据包，它通过发送 Hello 数据包得知有哪些相邻的路由器在工作，以及将数据发往相邻路由器所需的“代价”，生成“邻居表”。

若超过 40s 没有收到某个相邻路由器发来的问候数据包，则可以认为该相邻路由器是不可到达的，应立即修改链路状态数据库，并重新计算路由表。

图 4-41 展示了路由器 R1 和 R2 通过 Hello 数据包建立邻居表的过程。一开始路由器 R1 接口的 OSPF 状态为 down state，路由器 R1 发送一个 Hello 数据包之后，状态变为 init state，等收到路由器 R2 发过来的 Hello 数据包，看到自己的 Router-ID 出现在其他路由器应答的邻居表中，就建立了邻接关系，将状态更改为 two-way state。

2．链路状态表的建立

生成邻居表之后，相邻路由器就要交换链路状态，在建立链路状态表的时候，路由器要经历交换状态、加载状态、完全邻接状态，如图 4-41 所示。

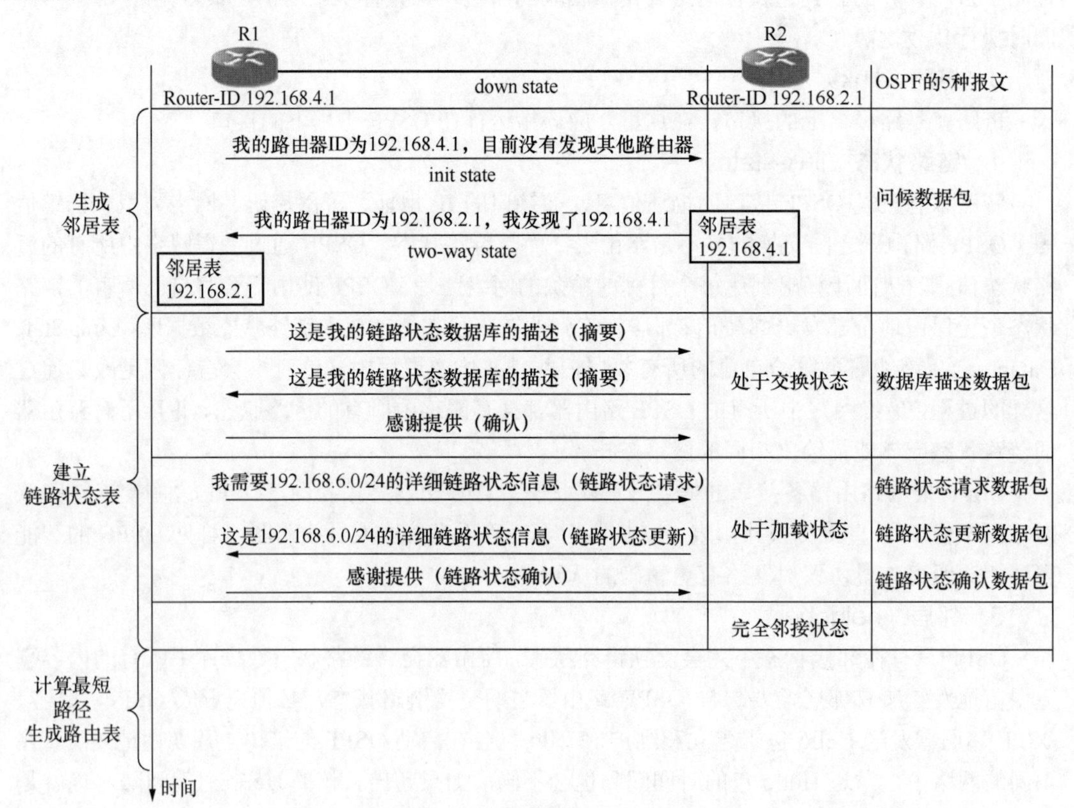

图 4-41 OSPF 协议的工作过程

交换状态：OSPF 让每一个路由器用数据库描述数据包和相邻路由器交换本数据库中已有的链路状态摘要信息。

加载状态：与相邻路由器交换数据库描述数据包后，路由器就使用链路状态请求数据包向对方请求发送自己所缺少的某些链路状态项目的详细信息，通过这种一系列的分组交换，全网同步的链路状态数据库就建立了。

完全邻接状态：邻居间的链路状态数据库同步完成，通过邻居链路状态请求列表为空且邻居状态为加载来判断。

3．路由表的生成

每个路由器按照建立的全区域链路状态表，运行 SPF 算法，产生到达目标网络的路由条目。

4.6.4 OSPF 协议的 5 种报文

OSPF 协议共有以下 5 种报文类型，如图 4-41 所示。

（1）问候（hello）数据包：发现并建立邻接关系。

（2）数据库描述（database description）数据包：向邻居给出自己的链路状态数据库中所有链路状态项目的摘要信息。

（3）链路状态请求（Link State Request，LSR）数据包：向对方请求某些链路状态项目的完整信息。

（4）链路状态更新（Link State Update，LSU）数据包：用洪泛法对全网更新链路状态。这种数据包最复杂，也是 OSPF 协议最核心的部分。路由器使用这种数据包将其链路状态通知给相邻路由器。在 OSPF 协议中，只有 LSU 需要显示确认。

在网络运行的过程中，只要一个路由器的链路状态发生变化，该路由器就要使用链路状态更新数据包，用洪泛法向全网更新链路状态。OSPF 协议使用的是可靠的洪泛法，路由器 R 用洪泛法发出链路状态更新数据包，第一次先发给相邻的路由器。相邻的路由器将收到的数据包再次转发时，要将其上游的路由器除外。可靠的洪泛法是需要在收到更新数据包后发送确认的（收到重复的更新分组只需要发送一次确认）。

（5）链路状态确认（Link State Acknowledgement，LSAck）数据包：对 LSU 做确认。

4.6.5 OSPF 协议支持多区域

OSPF 协议的链路状态数据库能较快地进行更新，使各个路由器能及时更新其路由表。OSPF 协议的更新过程收敛较快是其重要优点。

为了使 OSPF 协议能够用于规模很大的网络，OSPF 将一个自治系统再划分为若干更小的范围，叫作区域（area）。图 4-42 所示的示意图中画出了一个有 3 个区域的自治系统。每一个区域都有一个 32 位的区域标识符（用点分十进制表示）。当然，一个区域也不能太大，一个区域内的路由器最好不超过 200 个。

下面介绍一下自治系统。

Internet 采用的路由选择协议主要是自适应的（即动态的）分布式路由选择协议。由于以下两点，Internet 采用分层次的路由选择协议。

（1）Internet 的规模非常大，现在已经有几百万个路由器互连在一起。如果让所有的路由器知道所有的网络应怎样到达，路由表将非常大，处理起来花费的时间也长。所有这些路由器之间交换路由信息所需的带宽就会使 Internet 的通信链路饱和。

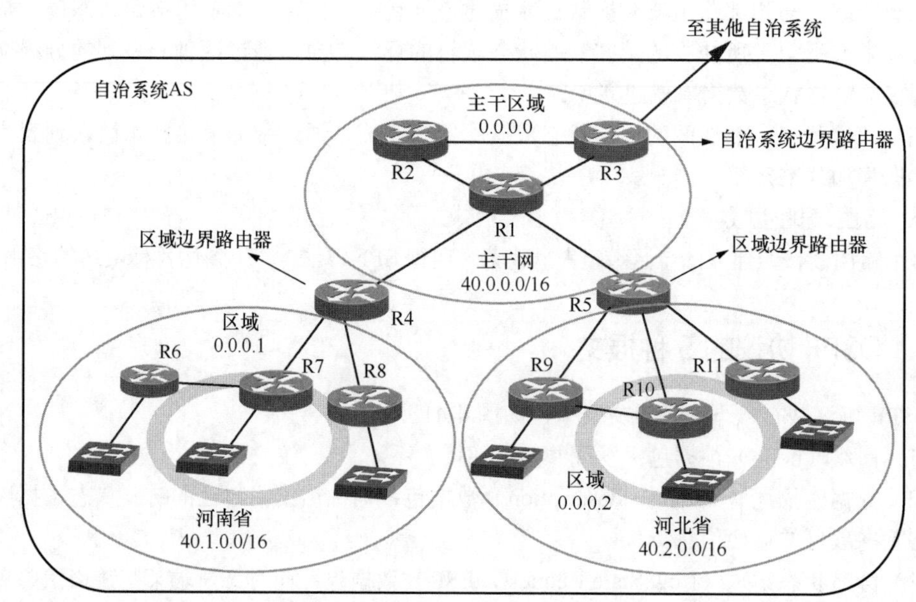

图 4-42 自治系统和 OSPF 区域

（2）许多单位不愿意外界了解自己单位网络的布局细节和本单位所采用的路由选择协议（这属于本单位内部的事情），但同时还希望连接到 Internet。为此将整个 Internet 划分为许多较小的自治系统（autonomous system），一般都记为 AS。（RFC 4271）标准对自治系统有如下描述。

自治系统的经典定义是在单一技术管理下的一组路由器，而这些路由器使用一种 AS 内部的路由选择协议和共同的度量以确定数据包在 AS 内的路由，同时还使用一种 AS 之间的路由选择协议用以确定数据包在 AS 之间的路由。

因此，路由选择协议也分为两大类。

（1）内部网关协议（Interior Gateway Protocol，IGP），即在一个自治系统内部使用的路由选择协议，而这与在 Internet 上的其他自治系统中选用什么路由选择协议无关。目前这类路由选择协议使用最多，如 RIP 和 OSPF 协议。

（2）外部网关协议（External Gateway Protocol，EGP），即负责在不同的自治系统中进行路由选择的协议（不同的自治系统可能使用不同的内部网关协议），这样的协议就是外部网关协议。目前使用最多的外部网关协议是 BGPv4。自治系统之间的路由选择叫作“域间路由选择”（interdomain routing），而自治系统内部的路由选择叫作“域内路由选择”（intradomain routing）。

还是回到多区域上来，使用多区域划分要和 IP 地址规划相结合，确保一个区域的地址空间连续，这样才能将一个区域的网络汇总成一条路由信息通告给主干区域，如图 4-42 所示。

划分区域的好处，就是可以把利用洪泛法交换链路状态信息的范围局限在每一个区域而不是整个自治系统，这就减少了整个网络上的通信量。一个区域内部的路由器只知道本区域的完整网络拓扑，而不需要知道其他区域的网络拓扑情况。为了使每一个区域能够和本区域以外的区域进行通信，OSPF 使用层次结构的区域划分。

上层的区域叫作“主干区域”（backbone area）。主干区域的标识符规定为 0.0.0.0。主干区域的作用是连通其他下层区域。从其他区域发来的信息都由区域边界路由器（area border router）进行概括（路由汇总）。图 4-42 所示的路由器 R4 和 R5 都是区域边界路由器。显然，每一个区域至少应当有一个区域边界路由器。主干区域内的路由器叫作“主干路由器”（backbone router），如 R1、R2、R3、R4 和 R5。主干路由器可以同时是区域边界路由器，如 R4 和 R5。主干区域内还要有一个路由器（图 4-42 中的 R3）专门和本自治系统外的其他自治系统交换路由信息，这样的路由器叫作“自治系统边界路由器”。

4.7 配置 OSPF 协议

前面讲解了 OSPF 协议的特点和工作过程，下面使用 eNSP 模拟器搭建网络环境来学习如何配置网络中的路由器使用 OSPF 协议构建路由表。

4.7.1 在路由器上配置 OSPF 协议

参照图 4-43 所示的网络拓扑，使用 eNSP 模拟器搭建网络环境，网络中的路由器和计算机按照图中的拓扑连接并配置接口 IP 地址。一定要确保直连的路由器能够相互 ping 通。以下操作配置这些路由器使用 OSPF 协议构造路由表，将这些路由器配置在一个区域，如果只有一个区域，只能是主干区域，区域编号是 0.0.0.0，也可以写成 0。

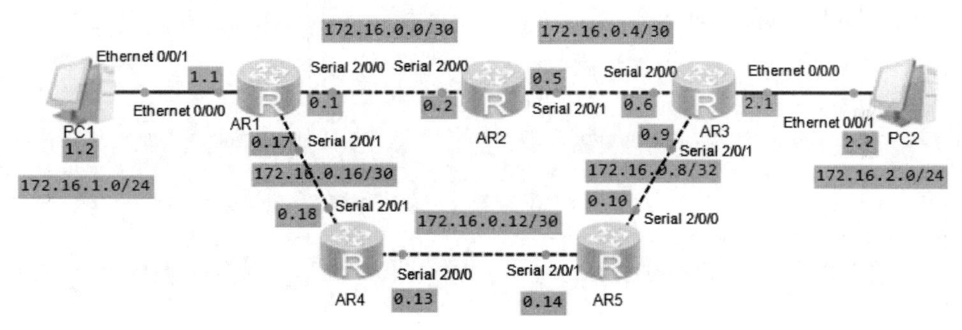

图 4-43 配置 OSPF 协议的网络拓扑

路由器 AR1 上的配置如下。

```
[AR1]display router id                          --查看路由器的当前 ID
RouterID:172.16.1.1
[AR1]ospf 1 router-id 1.1.1.1                   --启用 ospf 1 进程并指明使用的 Router-ID
[AR1-ospf-1]area 0.0.0.0                        --进入区域 0.0.0.0
[AR1-ospf-1-area-0.0.0.0]network 172.16.0.0 0.0.255.255     --指明网络范围
[AR1-ospf-1-area-0.0.0.0]quit
```

提示如下。

命令[AR1]ospf 1 router-id 1.1.1.1 在路由器上启用 OSPF 进程，后面的数字 1 是给进程分配的编号，编号的范围是 1～65 535。

Router-ID 用来区分运行 OSPF 的路由器，要求 Router-ID 唯一。虽然采用 IP 地址的格式，但不能用于通信。

Router-ID 默认使用路由器活动接口的最大 IP 地址充当，也可以使用命令 router-id 指定路由器的 Router-ID。启用 OSPF 协议时如果不指定 Router-ID，就使用 router-id 命令指定的 Router-ID。

```
[AR1]router-id 1.1.1.1
```

[AR1-ospf-1]area 0.0.0.0。OSPF 协议数据包内用来表示区域的字段占用 4 字节，正好是一个 IPv4 地址占用的空间，所以配置的时候既可以直接写数字，也可以用点分十进制来表示指定 ospf 1 进程的区域。区域 0 可以写成 0.0.0.0，区域 1 也可以写成 0.0.0.1。

network 命令用来指明在本路由器的 OSPF 进程中网络范围的作用。后面的 0.0.255.255 是反转掩码（inverse mask），也就是子网掩码写成二进制后的形式，将其中的 0 变成 1、1 变成 0 就是反转掩码。例如，子网掩码 255.0.0.0 的反转掩码就是 0.255.255.255。

既然 OSPF 协议中的 network 命令后面指定的是 OSPF 进程的网络范围，路由器 AR1 的 3 个接口都属于 172.16.0.0 255.255.0.0 这个网段，network 命令就可以写成一条，别忘了后面跟的是反转掩码。

路由器 AR2 上的配置如下。

```
[AR2]ospf 1 router-id 2.2.2.2
[AR2-ospf-1]area 0
[AR2-ospf-1-area-0.0.0.0]network 172.16.0.0 0.0.255.255
[AR2-ospf-1-area-0.0.0.0]quit
```

路由器 AR3 上的配置如下。

```
[AR3]ospf 1 router-id 3.3.3.3
[AR3-ospf-1]area 0
[AR3-ospf-1-area-0.0.0.0]network 172.16.0.6 0.0.0.0  --写接口地址，反转掩码就是 0.0.0.0
[AR3-ospf-1-area-0.0.0.0]network 172.16.0.9 0.0.0.0  --写接口地址，反转掩码就是 0.0.0.0
[AR3-ospf-1-area-0.0.0.0]network 172.16.2.1 0.0.0.0  --写接口地址，反转掩码就是 0.0.0.0
```

network 命令后面也可以写接口的地址，反转掩码要写成 0.0.0.0。

路由器 AR4 上的配置如下。

```
[AR4]ospf 1 router-id 4.4.4.4
[AR4-ospf-1]area 0
[AR4-ospf-1-area-0.0.0.0]network 172.16.0.16 0.0.0.3        --写接口所在的网段
[AR4-ospf-1-area-0.0.0.0]network 172.16.0.12 0.0.0.3        --写接口所在的网段
[AR4-ospf-1-area-0.0.0.0]
```

network 命令后也可以写接口所在的网段，172.16.0.16 网段的子网掩码是 255.255.255.252，反转掩码是 0.0.0.3。

路由器 AR5 上的配置如下。

```
[AR4-ospf-1]area 0
```

```
[AR4-ospf-1-area-0.0.0.0]net
[AR4-ospf-1-area-0.0.0.0]network 0.0.0.0 255.255.255.255
```

如果想更省事，network 命令后面可以写 0.0.0.0 0.0.0.0，这是最大的网段，反转掩码是 255.255.255.255。

4.7.2 查看 OSPF 协议的 3 张表

前面讲了运行 OSPF 协议的路由器有 3 张表，分别是邻居表、链路状态表和路由表。下面就看看这 3 张表。

查看 AR1 路由器的邻居表，在系统视图下输入“display ospf peer”可以查看邻居路由器的信息，输入“display ospf peer brief”可以显示邻居路由器的摘要信息。配置 OSPF 时指定的 Router-ID 并没有立即生效，在所有路由器上运行 save，重新启动全部路由器。

```
<AR1>save
  The current configuration will be written to the device.
  Are you sure to continue? (y/n)[n]:y
<AR1>reboot                                  --重启路由
<AR1>display ospf peer brief                 --显示邻居路由器的摘要信息

    OSPF Process 1 with Router ID 1.1.1.1
         Peer Statistic Information
 ----------------------------------------------------------------------------
 Area Id          Interface                  Neighbor id        State
 0.0.0.0          Serial2/0/0                2.2.2.2            Full
 0.0.0.0          Serial2/0/1                4.4.4.4            Full
 ----------------------------------------------------------------------------
<AR1>display ospf peer                        --显示邻居详细信息
```

在 Full 状态下，路由器及其邻居会达到完全邻接状态。所有路由器和网络 LSA 都会交换，并且路由器链路状态数据库达到同步。

显示链路状态数据库，以下命令显示链路状态数据库中有几个路由器通告了链路状态。通告链路状态的路由器就是 AdvRouter。

```
<AR1>display ospf lsdb

    OSPF Process 1 with Router ID 1.1.1.1
        Link State Database

                        Area: 0.0.0.0
 Type       LinkState ID    AdvRouter          Age  Len    Sequence   Metric
 Router     4.4.4.4         4.4.4.4            1296  72    8000000C      48
 Router     2.2.2.2         2.2.2.2            1321  72    80000007      48
 Router     1.1.1.1         1.1.1.1            1312  84    8000000B       1
 Router     5.5.5.5         5.5.5.5            1294  72    8000000E      48
 Router     3.3.3.3         3.3.3.3            1294  84    80000010       1
```

前面讲过 OSPF 是根据链路状态数据库计算最短路径的。链路状态数据库记录了运行 OSPF 的路由器有哪些，每个路由器连接几个网段（subnet），每个路由器有哪些邻居，每个路由器通过什么链路连接（点到点还是以太网链路）。如果想查看完整的链路状态数据库，需要输入“display ospf lsdb router”命令，可以看到每个路由器的相关链路状态。

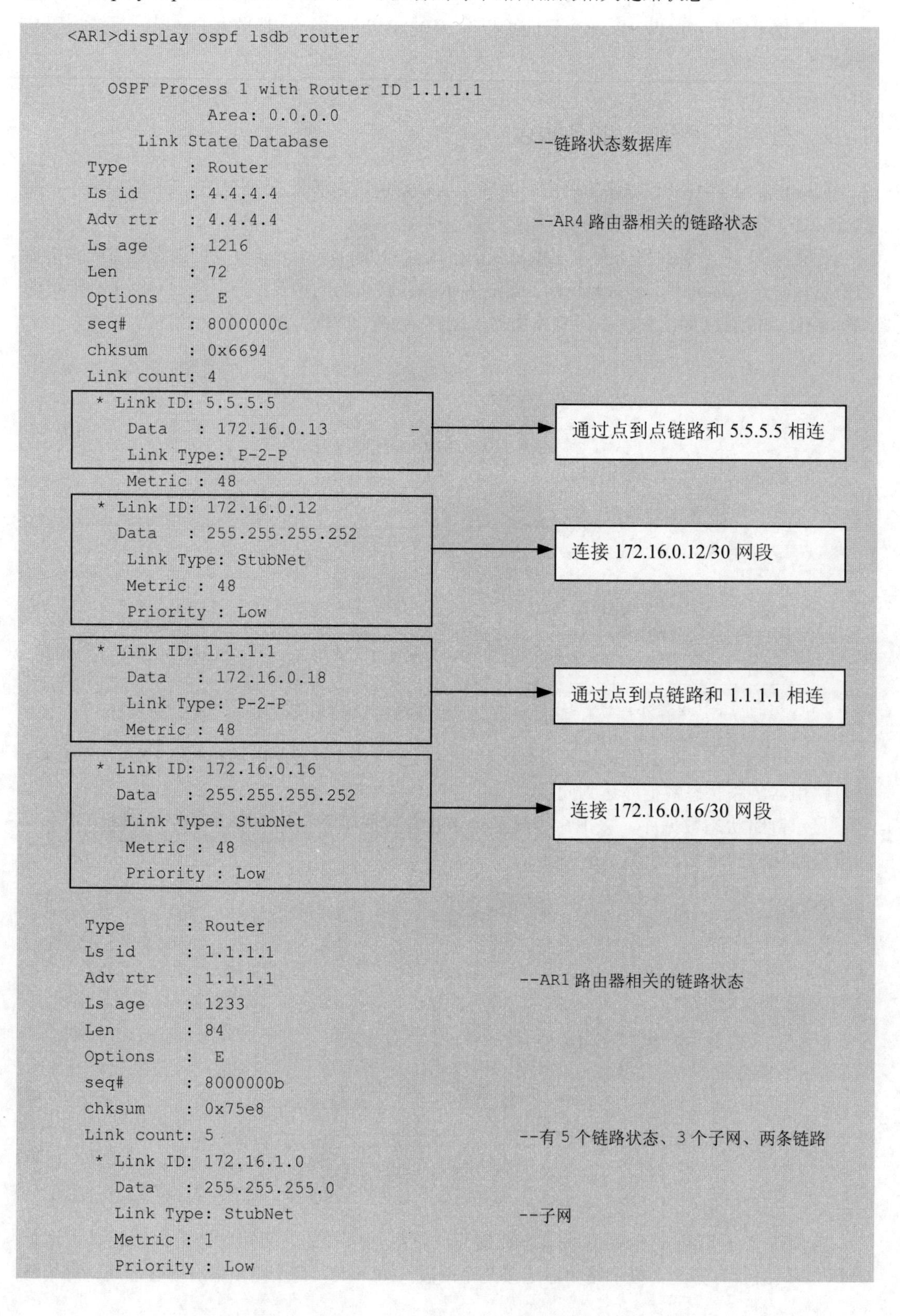

```
<AR1>display ospf lsdb router

     OSPF Process 1 with Router ID 1.1.1.1
             Area: 0.0.0.0
        Link State Database                          --链路状态数据库
  Type        : Router
  Ls id       : 4.4.4.4
  Adv rtr     : 4.4.4.4                              --AR4 路由器相关的链路状态
  Ls age      : 1216
  Len         : 72
  Options     :  E
  seq#        : 8000000c
  chksum      : 0x6694
  Link count: 4
   * Link ID: 5.5.5.5
      Data    : 172.16.0.13           -            通过点到点链路和 5.5.5.5 相连
      Link Type: P-2-P
      Metric : 48
   * Link ID: 172.16.0.12
     Data     : 255.255.255.252                    连接 172.16.0.12/30 网段
      Link Type: StubNet
      Metric : 48
      Priority : Low
   * Link ID: 1.1.1.1
      Data    : 172.16.0.18                        通过点到点链路和 1.1.1.1 相连
      Link Type: P-2-P
      Metric : 48
   * Link ID: 172.16.0.16
     Data     : 255.255.255.252                    连接 172.16.0.16/30 网段
      Link Type: StubNet
      Metric : 48
      Priority : Low

  Type        : Router
  Ls id       : 1.1.1.1
  Adv rtr     : 1.1.1.1                            --AR1 路由器相关的链路状态
  Ls age      : 1233
  Len         : 84
  Options     :  E
  seq#        : 8000000b
  chksum      : 0x75e8
  Link count: 5                                    --有 5 个链路状态、3 个子网、两条链路
   * Link ID: 172.16.1.0
     Data     : 255.255.255.0
     Link Type: StubNet                            --子网
     Metric : 1
     Priority : Low
```

```
  * Link ID: 2.2.2.2
    Data    : 172.16.0.1
    Link Type: P-2-P                              --点到点链路
    Metric : 48
  * Link ID: 172.16.0.0
    Data    : 255.255.255.252
    Link Type: StubNet                            --子网
    Metric : 48
    Priority : Low
  * Link ID: 4.4.4.4
    Data    : 172.16.0.17
    Link Type: P-2-P                              --点到点链路
    Metric : 48
  * Link ID: 172.16.0.16
    Data    : 255.255.255.252
    Link Type: StubNet                            --子网
    Metric : 48
    Priority : Low
      ……
```

输入“display ip routing-table”可以查看路由表。Proto 是通过 OSPF 协议学到的路由，OSPF 协议的优先级（也就是 Pre）是 10，Cost 是通过带宽计算的到达目标网段的累计开销。

```
<AR1>display ip routing-table
Route Flags: R - relay, D - download to fib
------------------------------------------------------------------------------
Routing Tables: Public
       Destinations : 19       Routes : 20

Destination/Mask    Proto   Pre  Cost      Flags NextHop         Interface

      127.0.0.0/8   Direct  0    0           D   127.0.0.1       InLoopBack0
      127.0.0.1/32  Direct  0    0           D   127.0.0.1       InLoopBack0
127.255.255.255/32  Direct  0    0           D   127.0.0.1       InLoopBack0
     172.16.0.0/30  Direct  0    0           D   172.16.0.1      Serial2/0/0
     172.16.0.1/32  Direct  0    0           D   127.0.0.1       Serial2/0/0
     172.16.0.2/32  Direct  0    0           D   172.16.0.2      Serial2/0/0
     172.16.0.3/32  Direct  0    0           D   127.0.0.1       Serial2/0/0
     172.16.0.4/30  OSPF   10   96           D   172.16.0.2      Serial2/0/0
     172.16.0.8/30  OSPF   10  144           D   172.16.0.2      Serial2/0/0
                    OSPF   10  144           D   172.16.0.18     Serial2/0/1
    172.16.0.12/30  OSPF   10   96           D   172.16.0.18     Serial2/0/1
    172.16.0.16/30  Direct  0    0           D   172.16.0.17     Serial2/0/1
    172.16.0.17/32  Direct  0    0           D   127.0.0.1       Serial2/0/1
    172.16.0.18/32  Direct  0    0           D   172.16.0.18     Serial2/0/1
    172.16.0.19/32  Direct  0    0           D   127.0.0.1       Serial2/0/1
     172.16.1.0/24  Direct  0    0           D   172.16.1.1      Vlanif1
     172.16.1.1/32  Direct  0    0           D   127.0.0.1       Vlanif1
   172.16.1.255/32  Direct  0    0           D   127.0.0.1       Vlanif1
     172.16.2.0/24  OSPF  10   97            D   172.16.0.2      Serial2/0/0
255.255.255.255/32  Direct  0    0           D   127.0.0.1       InLoopBack0
```

```
<AR1>display ip routing-table protocol ospf        --查看 OSPF 协议学到的路由
```

输入以下命令，只显示 OSPF 协议生成的路由。

```
<AR1>display ospf routing

    OSPF Process 1 with Router ID 1.1.1.1
         Routing Tables

 Routing for Network
 Destination        Cost  Type        NextHop         AdvRouter       Area
 172.16.0.0/30      48    Stub        172.16.0.1      1.1.1.1         0.0.0.0
 172.16.0.16/30     48    Stub        172.16.0.17     1.1.1.1         0.0.0.0
 172.16.1.0/24      1     Stub        172.16.1.1      1.1.1.1         0.0.0.0
 172.16.0.4/30      96    Stub        172.16.0.2      2.2.2.2         0.0.0.0
 172.16.0.8/30      144   Stub        172.16.0.2      3.3.3.3         0.0.0.0
 172.16.0.8/30      144   Stub        172.16.0.18     5.5.5.5         0.0.0.0
 172.16.0.12/30     96    Stub        172.16.0.18     4.4.4.4         0.0.0.0
 172.16.2.0/24      97    Stub        172.16.0.2      3.3.3.3         0.0.0.0

 Total Nets: 8
 Intra Area: 8  Inter Area: 0  ASE: 0  NSSA: 0
```

4.7.3 OSPF 协议配置排错

如果为网络中的路由器配置了 OSPF 协议，但在查看路由表后发现有些网段没有通过 OSPF 学到，那么需要检查路由器接口是否配置了正确的 IP 地址和子网掩码。除了进行这些常规检查，还要检查 OSPF 协议的配置。

要查看 OSPF 协议的配置，可以输入“display current-configuration”。

```
[AR1]display current-configuration
…
ospf 1 router-id 1.1.1.1
 area 0.0.0.0
  network 172.16.0.0 0.0.255.255
…
```

也可以进入 ospf 1 视图，输入“display this”显示 OSPF 协议的配置。

```
[AR1]ospf 1
[AR1-ospf-1]display this
[V200R003C00]
#
ospf 1 router-id 1.1.1.1
 area 0.0.0.0
  network 172.16.0.0 0.0.255.255
#
return
```

输入“display ospf interface”可以查看运行 OSPF 协议的接口。如果发现缺少路由器的某个接口，可以使用 network 命令添加该接口。

```
<AR1>display ospf interface

    OSPF Process 1 with Router ID 1.1.1.1
        Interfaces

 Area: 0.0.0.0          (MPLS TE not enabled)
 IP Address      Type         State    Cost    Pri   DR             BDR
 172.16.1.1      Broadcast    DR       1       1     172.16.1.1     0.0.0.0
 172.16.0.1      P2P          P-2-P    48      1     0.0.0.0        0.0.0.0
 172.16.0.17     P2P          P-2-P    48      1     0.0.0.0        0.0.0.0
```

可以看到当时配置 OSPF 协议用 network 命令添加的 3 个网段和所属的区域。如果 network 命令后面的 3 个网段和路由器的接口所在的网段不一致，该接口就不能发送和接收 OSPF 协议相关的数据包，该网段也不会包含在链路状态中。或者如果 network 命令后面的区域编号和相邻路由器配置的区域编号不一致，既不能交换链路状态信息，也可能导致错误。

如果配置 OSPF 时 network 命令写错网段，可以使用 undo network 命令删除该网段，然后用 network 命令添加正确的网段。

可以在 AR3 路由器上使用以下命令取消 192.168.0.0/24 网段参与 OSPF 协议。

```
[AR3]ospf 1
[AR3-ospf-1]display this
[V200R003C00]
#
ospf 1 router-id 3.3.3.3
 area 0.0.0.0
  network 172.16.0.6 0.0.0.0
  network 172.16.0.9 0.0.0.0
  network 172.16.2.1 0.0.0.0
#
return
[AR3-ospf-1]area 0
[AR3-ospf-1-area-0.0.0.0]undo network 172.16.2.1 0.0.0.0
```

在 AR1 路由器上查看路由表，可以看到已经没有到 172.16.2.0/24 网段的路由了。

```
<R1>display ospf routing
```

4.8 习题

1．华为路由器静态路由的配置命令为（　　）。

A．ip route-static　　B．ip route static　　C．route-static ip　　D．route static ip

2．假设有 4 条路由 170.18.129.0/24、170.18.130.0/24、170.18.132.0/24 和 170.18.133.0/24，如果进行路由汇总，能覆盖这 4 条路由的地址是（　　）。

A．170.18.128.0/21　B．170.18.128.0/22　　C．170.18.130.0/22　　D．170.18.132.0/23

3．假设有两条路由 21.1.193.0/24 和 21.1.194.0/24，如果进行路由汇总，能覆盖这两条路由的地址是（　　）。

A．21.1.200.0/22　　B．21.1.192.0/23　　C．21.1.192.0/22　　D．21.1.224.0/20

4．路由器收到一个 IP 数据包，其目标地址为 202.31.17.4，与该地址匹配的子网是（　　）。

A．202.31.0.0/21　　B．202.31.16.0/20　　C．202.31.8.0/22　　D．202.31.20.0/22

5．假设有两个子网 210.103.133.0/24 和 210.103.130.0/24，如果进行路由汇总，得到的网络地址是（　　）。

A．210.103.128.0/21　　B．210.103.128.0/22

C．210.103.130.0/22　　D．210.103.132.0/20

6．在路由表中设置一条默认路由，目标地址和子网掩码应为（　　）。

A．127.0.0.0　255.0.0.0　　B．127.0.0.1　0.0.0.0

C．1.0.0.0　255.255.255.255　　D．0.0.0.0　0.0.0.0

7．网络 122.21.136.0/24 和 122.21.143.0/24 经过路由汇总后，得到的网络地址是（　　）。

A．122.21.136.0/22　　B．122.21.136.0/21

C．122.21.143.0/22　　D．122.21.128.0/24

8．路由器收到一个数据包，其目标地址为 195.26.17.4，该地址属于（　　）子网。

A．195.26.0.0/21　　B．195.26.16.0/20

C．195.26.8.0/22　　D．195.26.20.0/22

9．R1 路由器连接的网段在 R2 路由器上汇总成一条路由 192.1.144.0/20，（　　）数据包会被 R2 路由器使用这条汇总的路由转发给 R1，如图 4-44 所示。

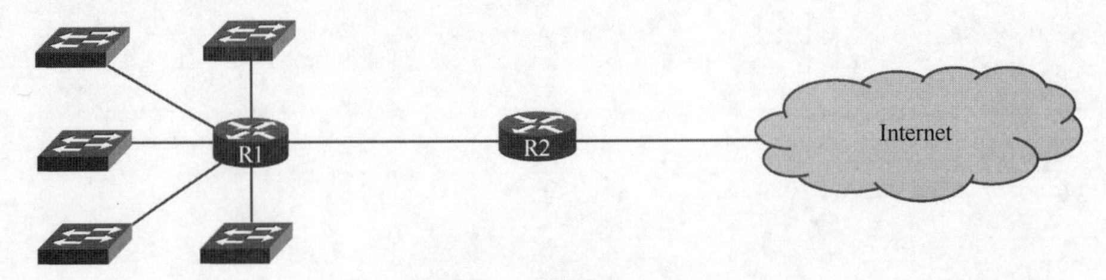

图 4-44　示例网络（一）

A．192.1.159.2　　B．192.1.160.11　　C．192.1.138.41　　D．192.1.1.144

10．试在 RouterA 和 RouterB 路由器中添加路由表，让 A 网段和 B 网段能够相互访问，如图 4-45 所示。

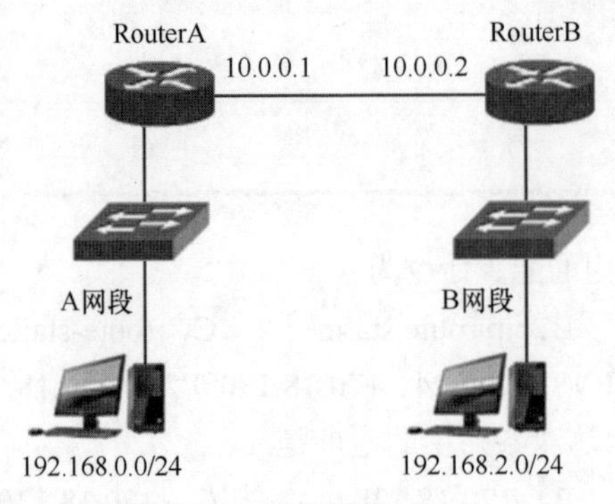

图 4-45　示例网络（二）

```
[RouterA]ip route-static___ ___ ___
[RouterB]ip route-static___ ___ ___
```

11. 要求 192.168.1.0/24 网段到达 192.168.2.0/24 网段的数据包经过 R1→R2→R4；192.168.2.0/24 网段到达 192.168.1.0/24 网段的数据包经过 R4→R3→R1，如图 4-46 所示。在这 4 个路由器上添加静态路由，让 192.168.1.0/24 和 192.168.2.0/24 两个网段能够相互通信。

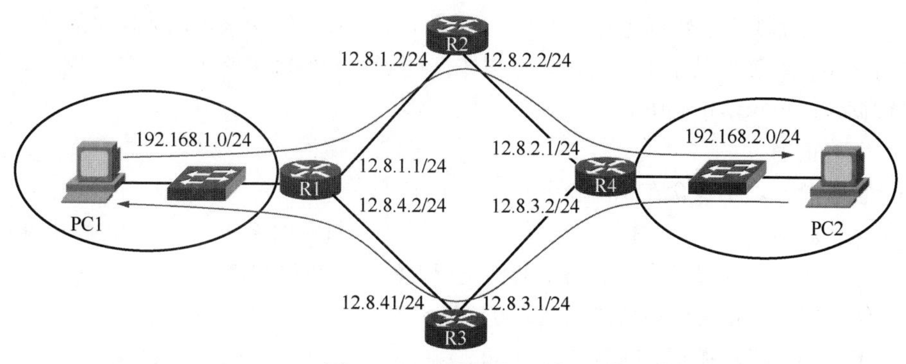

图 4-46　示例网络（三）

```
[R1]ip route-static
[R2]ip route-static
[R3]ip route-static
[R4]ip route-static
```

12. 在路由器上执行以下命令来添加静态路由。

```
[R1]ip route-static 0.0.0.0 0 192.168.1.1
[R1]ip route-static 10.1.0.0 255.255.0.0 192.168.3.3
[R1]ip route-static 10.1.0.0 255.255.255.0 192.168.2.2
```

将图 4-47 左侧的目标 IP 地址和对应的右侧路由器的下一跳地址连线。

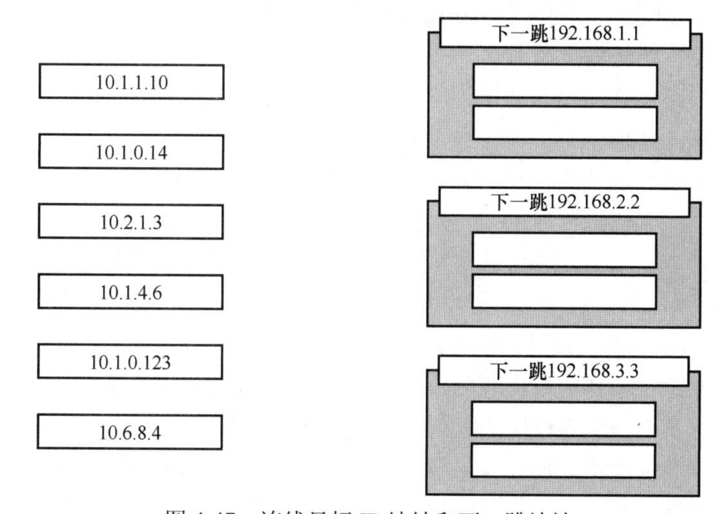

图 4-47　连线目标 IP 地址和下一跳地址

13．下列静态路由配置中正确的是（　　）。

A．[R1]ip route-static 129.1.4.0 16 serial 0

B．[R1]ip route-static 10.0.0.2 16 129.1.0.0

C．[R1]ip route-static 129.1.0.0 16 10.0.0.2

D．[R1]ip route-static 129.1.2.0 255.255.0.0 10.0.0.2

14．IP 报文头部有一个 TTL 字段，以下关于该字段的说法中正确的是（　　）。

A．该字段长度为 7 位　　B．该字段用于数据包分片

C．该字段用于数据包防环　　D．该字段用来表述数据包的优先级

15．路由器在转发某个数据包时，如果未匹配到对应的明细路由且无默认路由，将直接丢弃该数据包。该说法正确吗？（　　）。

A．正确　　B．错误

16．以下哪一项不包含在路由表中？（　　）

A．源地址　　B．下一跳　　C．目标网络　　D．路由开销

17．下列关于华为设备中静态路由的优先级说法中，错误的是（　　）。

A．静态路由优先级值的范围为 0～65 535

B．静态路由优先级的默认值为 60

C．静态路由优先级值可以指定

D．静态路由优先级值为 255 表示该路由不可用

18．下面关于 IP 报文头部中 TTL 字段的说法中，正确的是（　　）。

A．TTL 定义了源主机可以发送的数据包数量

B．TTL 定义了源主机可以发送数据包的时间间隔

C．IP 报文每经过一台路由器时，其 TTL 值会减 1

D．IP 报文每经过一台路由器时，其 TTL 值会加 1

19．关于命令 ip route-static 10.0.12.0 255.255.255.0 192.168.11，以下描述中正确的是（　　）。

A．此命令配置一条到达 192.168.1.1 网络的路由

B．此命令配置一条到达 10.0.12.0/24 网络的路由

C．该路由的优先级为 100

D．如果路由器通过其他协议学习到和此路由相同的网络的路由，路由器将会优先选择此路由

20．已知某台路由器的路由表中有如下两个条目。

```
Destination/Mask      Proto    Pre  Cost        NextHop      Interface
   9.0.0.0/8          OSPF    10    50          1.1.1.1        Serial0
   9.1.0.0/16          RIP     100    5          2.2.2.2        Ethernet0
```

如果该路由器要转发目标地址为 9.1.4.5 的报文，则下列说法中正确的是（　　）。

A．选择第一项作为最优匹配项，因为 OSPF 协议的优先级较高

B．选择第二项作为最优匹配项，因为 RIP 的开销较小

C．选择第二项作为最优匹配项，因为出口是 Ethernet0，比 Serial0 速度快

D．选择第二项作为最优匹配项，因为该路由对目标地址 9.1.4.5 来说，是更为精确的匹配

21．下面（　　）程序或命令可以用来探测源节点到目标节点数据报文所经过的路径。

A．route　　B．netstat　　C．tracert　　D．send

22．和总公司网络连接的网络是分公司的内网，分公司为了访问 Internet，又组建了外网，分公司内网和外网的地址规划如图 4-48 所示。分公司计算机有两根网线，访问 Internet 时接分公司外网，访问总公司网络时接分公司内网。请规划一下分公司的网络，使分公司计算机在不用切换网络的情况下，既能访问 Internet，又能访问总公司网络。

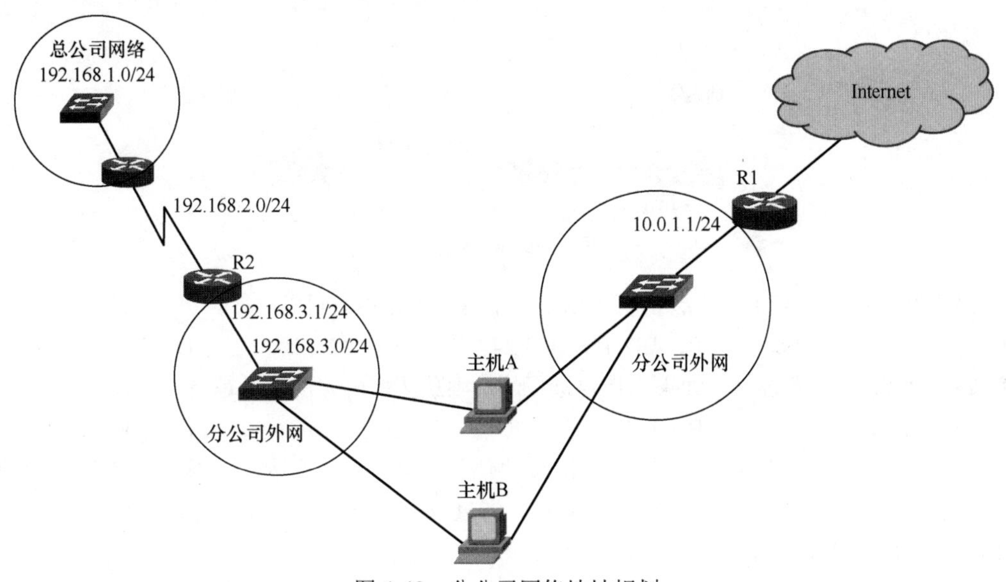

图 4-48　分公司网络地址规划

23．在 RIP 中，默认的路由更新周期是（　　）s。

A．30　　B．60　　C．90　　D．100

24．以下关于 OSPF 协议的描述中，最准确的是（　　）。

A．OSPF 协议根据链路状态法计算最佳路由

B．OSPF 协议是用于自治系统之间的外部网关协议

C．OSPF 协议不能根据网络通信情况动态地改变路由

D．OSPF 协议只适用于小型网络

25．RIPv1 与 RIPv2 的区别是（　　）。

A．RIPv1 是距离矢量路由协议，RIPv2 是链路状态路由协议

B．RIPv1 不支持可变长子网掩码，RIPv2 支持可变长子网掩码

C．RIPv1 每隔 30s 广播一次路由信息，RIPv2 每隔 90s 广播一次路由信息

D．RIPv1 的最大跳数为 15，RIPv2 的最大跳数为 30

26．关于 OSPF 协议，下面的描述中不正确的是（　　）。

A．OSPF 是一种链路状态协议

B．OSPF 使用链路状态公告（LSA）扩散路由信息

C．OSPF 网络中用区域 1 表示主干网段

D．OSPF 路由器中可以配置多个路由进程

27. 路由器A和路由器B都在运行RIPv1，如图4-49所示。在路由器A上执行以下命令。

```
[A]rip 1
[A-rip-1]network 192.168.10.0
[A-rip-1]network 10.0.0.0
[A-rip-1]network 72.0.0.0.0
```

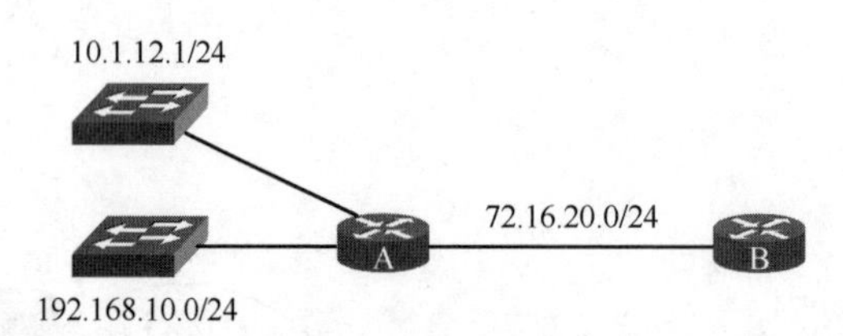

图4-49 网络拓扑

路由器B的路由表中将不会出现到以下哪个网段的路由条目？（ ）

A. 10.0.0.0/8　　B. 192.168.10.0/24　　C. 10.1.12.0/24　　D. 72.16.20.0/24

28. OSPF支持多进程，如果不指定进程号，则默认使用的进程号是（ ）。

A. 0　　B. 1　　C. 10　　D. 100

29. 路由器AR2200通过OSPF和RIPv2协议同时学习到了到达同一网络的路由条目，通过OSPF协议学习到的路由的开销值是4882，通过RIPv2协议学习到的路由的跳数是4，则该路由器的路由表中将有（ ）。

A. RIPv2路由　　B. OSPF和RIPv2路由

C. OSPF 路由　　D. 两者都不存在

30. 网络拓扑和链路带宽如图4-50所示，下面哪句话正确？（ ）（选择两个答案）

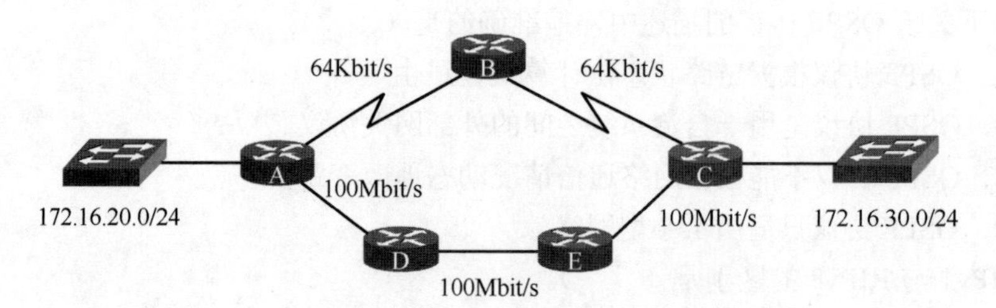

图4-50 网络拓扑和链路带宽

A. 如果网络中的路由器运行OSPF协议，从172.16.20.0/24网段访问172.16.30.0/24网段，数据包经过A→D→E→C。

B. 如果网络中的路由器运行OSPF协议，从172.16.20.0/24网段访问172.16.30.0/24网段，数据包经过A→B→C。

C. 如果网络中的路由器运行RIP，从172.16.20.0/24网段访问172.16.30.0/24网段，数据包经过A→B→C。

D. 如果网络中的路由器运行RIP，从172.16.20.0/24网段访问172.16.30.0/24网段，数据包经过A→D→E→C。

31．为网络中的路由器配置了 RIP，如图 4-51 所示，在路由器 A 和 C 上应该如何配置？

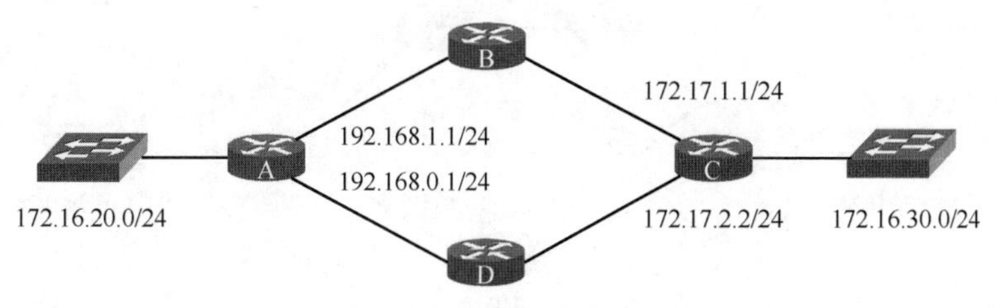

图 4-51 网络拓扑（一）

```
[A]rip 1
[A-rip-1]network
[A-rip-1]network
[A-rip-1]network
[C]rip 1
[C-rip-1]network
[C-rip-1]network
```

32．为网络中的路由器配置了 OSPF 协议，如图 4-52 所示，在路由器 A 和 B 上进行以下配置。

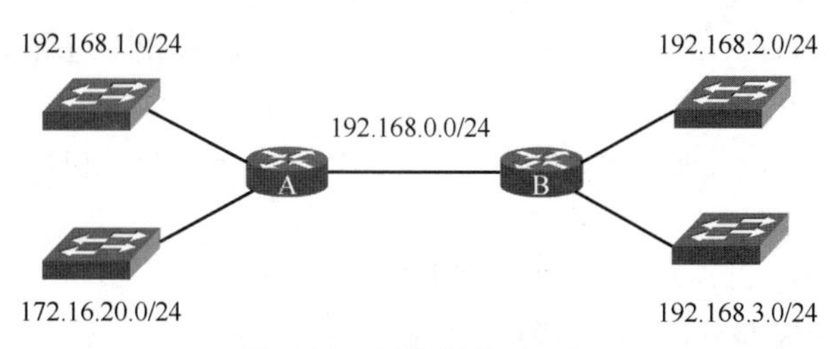

图 4-52 网络拓扑（二）

```
[A]ospf 1 router-id 1.1.1.1
[A-ospf-1]area 0.0.0.0
[A-ospf-1-area-0.0.0.0]network 172.16.0.0 0.0.255.255
[A-ospf-1-area-0.0.0.0]network 192.168.0.0 0.0.0.255
[B]ospf 1 router-id 1.1.1.2
[B-ospf-1]area 0.0.0.0
[B-ospf-1-area-0.0.0.0]network 192.168.0.0 0.0.255.255
```

以下哪些说法不正确？（ ）

A．在路由器 B 上能够通过 OSPF 协议学到到 172.16.0.0/24 网段的路由。

B．在路由器 B 上能够通过 OSPF 协议学到到 192.168.1.0/24 网段的路由。

C．在路由器 A 上能够通过 OSPF 协议学到到 192.168.2.0/24 网段的路由。

D．在路由器 A 上能够通过 OSPF 协议学到到 192.168.3.0/24 网段的路由。

33．图 4-53 所示的网络中的路由器 A、B、C、D 运行着 OSPF 协议，路由器 A、E、D 运行着 RIP，进行正确的配置后，从 172.16.20.0/24 网段访问 172.16.30.0/24 网段的数据包经过哪些路由器？（ ）

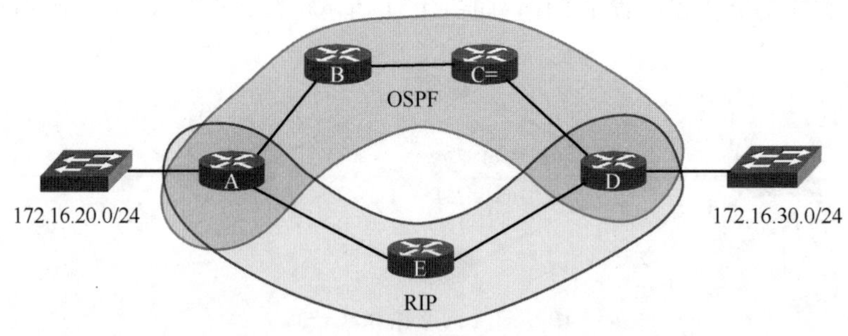

图4-53 网络拓扑（三）

A．A→B→C→D　　　　B．A→E→D

34．管理员希望在网络中配置RIPv2，下面哪条命令能够宣告网络到RIP进程中？（　　）

```
[R1]rip 1
[R2-rip-1]version 2
```

A．import-route GigabitEthernet 0/0/1　　　　B．network 192.168.1.0 0.0.0.255

C．network GigabitEthernet 0/0/1　　　　D．network 192.168.1.0

35．在一台路由器上配置OSPF，必须手动进行的配置有（　　）。(选择3个答案)

A．配置Router-ID　　　　B．开启OSPF 进程

C．创建OSPF 区域　　　　D．指定每个区域中包含的网段

36．在VRP平台上，直连路由、静态路由、RIP、OSPF的默认协议的优先级从高到低依次是（　　）。

A．直连路由、静态路由、RIP、OSPF

B．直连路由、OSPF、静态路由、RIP

C．直连路由、OSPF、RIP、静态路由

D．直连路由、RIP、静态路由、OSPF

37．管理员在某台路由器上配置OSPF，但该路由器上未配置back 接口，则以下关于Router-ID的描述中正确的是（　　）。

A．该路由器物理接口的最小IP地址将会成为Router-ID

B．该路由器物理接口的最大IP地址将会成为Router-ID

C．该路由器管理接口的IP地址将会成为Router-ID

D．该路由器的优先级将会成为Router-ID

38．以下关于OSPF中Router-ID的描述中正确的是（　　）。

A．同一区域内Router-ID必须相同，不同区域内的Router-ID可以不同

B．Router-ID必须是路由器某接口的IP地址

C．必须通过手动配置方式来指定Router-ID

D．OSPF协议正常运行的前提条件是路由器有Router-ID

39．一台路由器通过RIP、OSPF和静态路由学习到了到达同一目标地址的路由。默认情况下，VRP将最终选择通过哪种协议学习到的路由？（　　）

A．RIP　　　　B．OSPF　　　　C．静态路由

40．假定配置如下所示。

```
[R1]ospf
[R1-ospf-1]area 1
[R1-ospf-1-area-0.0.0.1]network 10.0.12.0 0.0.0.255
```

管理员在路由器 R1 上配置了 OSPF，但路由器 R1 学习不到其他路由器的路由，那么可能的原因是（　　）。（选择 3 个答案）

A．此路由器配置的区域 ID 和它的邻居路由器的区域 ID 不同

B．此路由器没有配置认证功能，但是邻居路由器配置了认证功能

C．此路由器在配置时没有配置 OSPF 进程号

D．此路由器在配置 OSPF 时没有宣告连接邻居的网络

第5章

网络层协议

本章主要内容

- 网络层首部
- ICMP
- ARP
- IGMP

传输层协议中 TCP 实现可靠传输，UDP 实现不可靠传输，这两个协议都需要将数据段和报文发送到接收方。路由器连接不同网段，负责在不同网段转发数据包。要想让全球不同厂家的路由器连接的网络能够通信，就要有统一的转发协议。目前 Internet 中的网络设备使用 IP 实现数据包转发。

网络层协议为传输层提供服务，负责把传输层的段发送到接收方。IP 实现网络层协议的功能，发送方将传输层的段加上 IP 首部，在图 5-1 中使用 H 表示，IP 首部包括源 IP 地址和目标 IP 地址，加了 IP 首部的段称为“数据包”，网络中的路由器根据 IP 首部转发数据包。

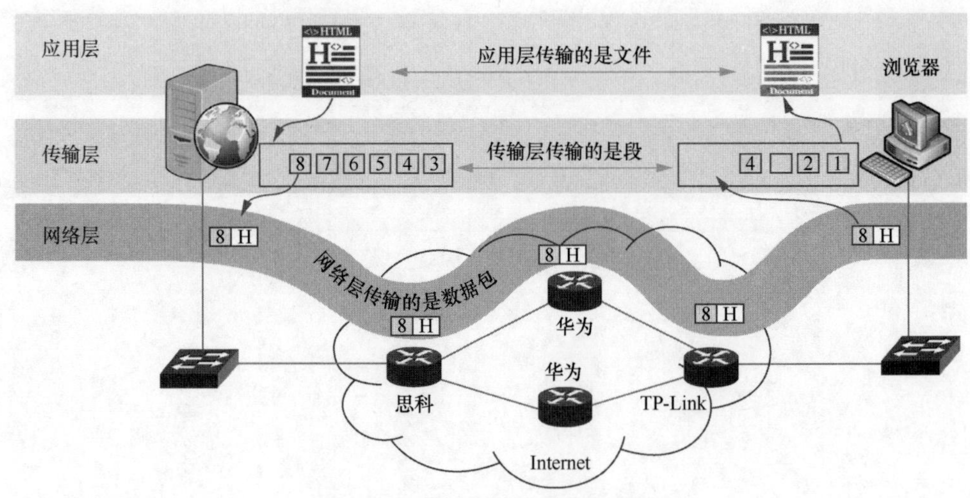

图 5-1　应用层、传输层和网络层

IP 是多方协议，发送方的网络层、接收方的网络层以及沿途所有的路由器都要遵守 IP 的约定来转发数据包。

IP 负责把数据包从发送方传输到接收方，IP 是网络层协议的主要协议。在以太网中，IP 还需要 ARP 将 IP 地址解析成 MAC 地址，ARP 也被列入网络层。

网络层协议还有ICMP，用来诊断网络是否畅通，为发送端返回差错报告，ICMP依赖IP，ICMP也被列入网络层。

网络层协议还有IGMP，运行在路由器接口和加入组播的计算机之间，路由器的接口使用IGMP管理组播成员。

网络层有4个协议，在以太网中ARP为IP提供服务，IP为ICMP和IGMP提供服务。这4个协议的上下位置表明了它们之间的依赖关系，如图5-2所示。

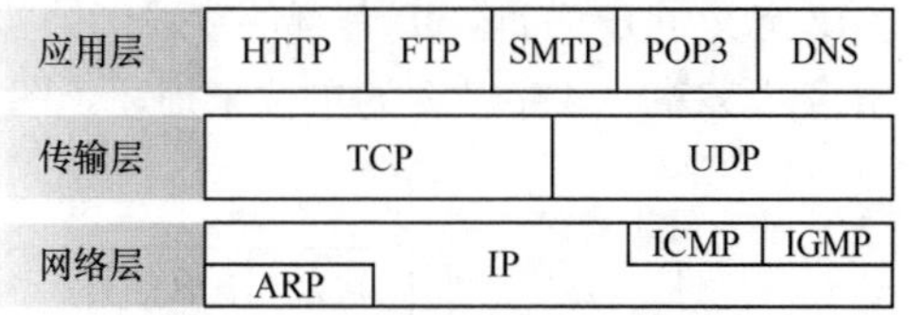

图5-2 应用层、传输层和网络层协议

5.1 网络层首部

网络层首部用于实现网络层功能，各个字段用于实现数据包在不同网段转发的功能。网络中的路由器能够读懂数据包的网络层首部，并且根据网络层首部中的目标IP地址为数据包选择转发路径。要想了解网络层功能，就要理解网络层首部格式以及各个字段代表的意思。下面详细讲解网络层首部。

5.1.1 抓包查看网络层首部

在讲解网络层首部之前，先使用抓包工具捕获数据包，来看看网络层首部都有哪些字段。

运行抓包工具Wireshark，在浏览器中打开任意一个网址。捕获数据包后，停止捕获，选中其中的一个数据包，展开Internet Protocol Version 4，这一部分就是网络层首部，可以看到网络层首部包含的全部字段，如图5-3所示。下面讲解每一个字段占的长度及其代表的意义。

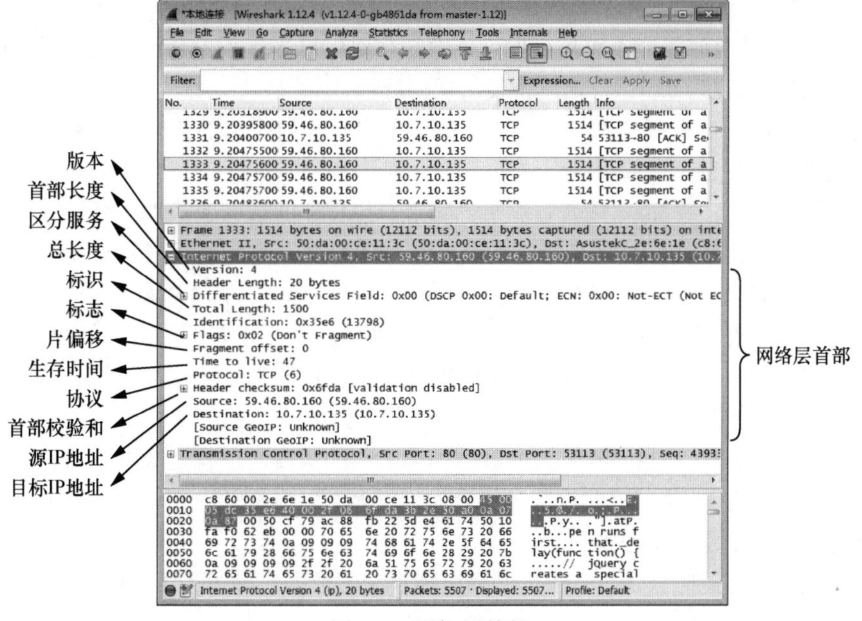

图5-3 网络层首部

5.1.2 网络层首部格式

IP 定义了 IP 首部，IP 首部的字段能够实现 IP 的功能。在 TCP/IP 的标准中，各种数据格式常常以 32 位（4 字节）为单位来描述。图 5-4 所示的是 IP 数据包的完整格式。

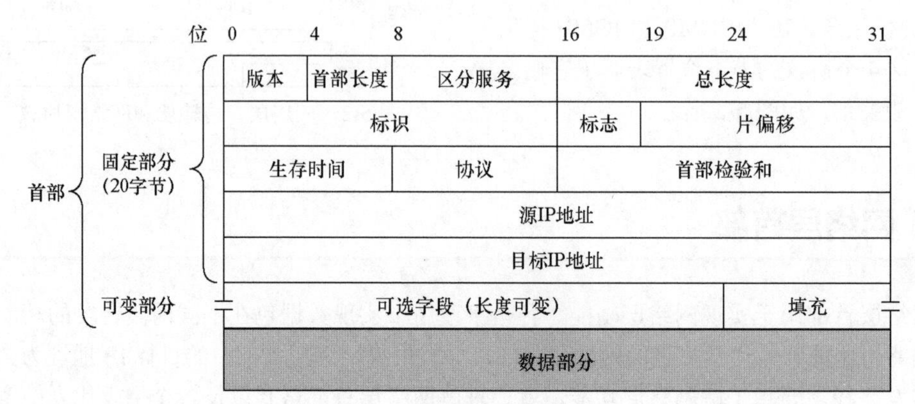

图 5-4 IP 数据包的格式

IP 数据包由首部和数据部分组成。首部的前一部分是固定部分，共 20 字节，是所有 IP 数据包必须有的；在固定部分的后面是一些可选字段，其长度是可变的。

下面就网络层首部固定部分的各个字段进行详细讲解。

（1）版本。占 4 位，指 IP 的版本。IP 目前有两个版本，即 IPv4 和 IPv6。通信双方使用的 IP 版本必须一致。目前广泛使用的 IP 版本号为 4（IPv4）。

（2）首部长度。占 4 位，可表示的最大十进制数是 15。请注意，这个字段所表示数的单位是 32 位二进制数（4 字节），因此，当 IP 的首部长度为 1111 时（十进制的 15），首部长度就达到 60 字节。当 IP 分组的首部长度不是 4 字节的整数倍时，必须利用最后的填充字段加以填充。因此数据部分永远从 4 字节的整数倍开始，这样在实现 IP 时较为方便。首部长度限制为 60 字节的缺点是有时可能不够用，但这样做是希望用户尽量减少开销。最常用的首部长度是 20 字节（首部长度为 0101），这时不使用任何选项。

正是因为首部长度有可变部分，才需要有一个字段来指明首部长度。如果首部长度是固定的，也就没有必要有“首部长度”这个字段了。

（3）区分服务。占 8 位，配置计算机给特定应用程序的数据包添加一个标志，然后再配置网络中的路由器优先转发这些带标志的数据包。在网络带宽比较紧张的情况下，也能确保这种应用的带宽有保障，这就是区分服务，因为这种服务能确保服务质量（Quality of Service，QoS）。这个字段在旧标准中叫作“服务类型”，但实际上一直没有使用过。1998 年，因特网工程任务组（Internet Engineering Task Force，IETF）把这个字段改名为区分服务（Differentiated Service，DS）。只有在使用区分服务时，这个字段才起作用。

（4）总长度。总长度是指 IP 首部和数据部分之和的长度，也就是数据包的长度，单位为字节。总长度字段为 16 位，因此数据包的最大长度为 $2^{16}-1$=65 535 字节。实际上，传输这样长的数据包在现实中是极少遇到的。

前面讲数据链路层时曾讲过，以太网帧所能封装的数据包最大为 1500 字节，即以太网数据链路层的最大传输单元（Maximum Transmission Unit，MTU）为 1500 字节，如图 5-5 所示。数据包的最大长度可以是 65 535 字节，这就意味着一个数据包的长度可能大于数据链路层的MTU。如果是这样，就需要将该数据包分片传输。

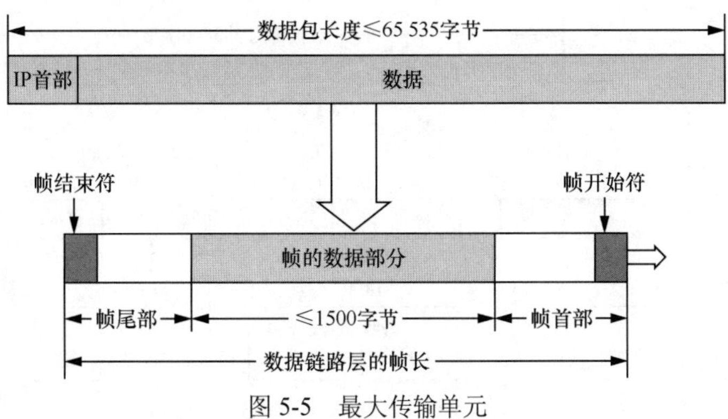

图 5-5 最大传输单元

网络层首部的标识、标志和片偏移都是和数据包分片相关的字段。

（5）标识（identification）。占 16 位。IP 软件在存储器中维持一个计数器，每产生一个数据包，计数器就加 1，并将此值赋给标识字段。注意，这个“标识”并不是序号，因为 IP 是无连接服务，数据包不存在按序接收的问题。当数据包由于长度超过网络的 MTU 而必须分片时，同一个数据包被分成多个片，这些片的标识都一样，也就是数据包的标识字段的值被复制到所有的数据包片的标识字段中。相同的标识字段的值使分片后的各数据包片最后能正确地重装成为原来的数据包。

（6）标志（flag）。占 3 位，但目前只有后两位有意义。

标志字段中的最低位记为 MF（more fragment）。MF=1 即表示后面“还有分片”的数据包；MF=0 表示这已是若干数据包片中的最后一个。

标志字段中间的一位记为 DF（don’t fragment），意思是“不能分片”。只有当 DF=0 时才允许分片。

（7）片偏移。占 13 位。片偏移是指较长的分组在分片后，某片在原分组中的相对位置。也就是说相对于用户数据字段的起点，该片从何处开始。片偏移以 8 字节为偏移单位。这就是说，每个分片的长度一定是 8 字节（64 位）的整数倍。

下面举一个例子。

一个数据包的总长度为 3820 字节，其数据部分为 3800 字节（使用固定首部），需要分为长度不超过 1420 字节的数据包片。因固定首部长度为 20 字节，所以每个数据包片的数据部分长度不能超过 1400 字节。于是分为 3 个数据包片，其数据部分的长度分别为 1400、1400 和 1000 字节。原始数据包首部被复制为各数据包片的首部，但必须修改有关字段的值。图 5-6 所示为分片后得出的结果（注意片偏移的数值）。

图 5-7 所示是本例中数据包首部与分片有关的字段中的数值，其中标识字段的值是任意给定的（12345）。具有相同标识的数据包片在目的站就可以无误地重装成原来的数据包。

（8）生存时间。生存时间字段常用的英文缩写是 TTL（Time To Live），表明数据包在网络中的寿命，由发出数据包的源点设置这个字段。其目的是防止无法交付的数据包无限制地在网络中兜圈子。例如，从路由器 R1 转发到 R2，再转发到 R3，然后又转发到 R1，白白消耗网络资源。最初的设计是以秒（s）作为 TTL 值的单位。每经过一个路由器，就把 TTL 减去数据包在路由器中消耗掉的一段时间。若数据包在路由器消耗的时间小于 1s，就把 TTL 值减 1。当 TTL 值减为 0 时，就丢弃这个数据包。

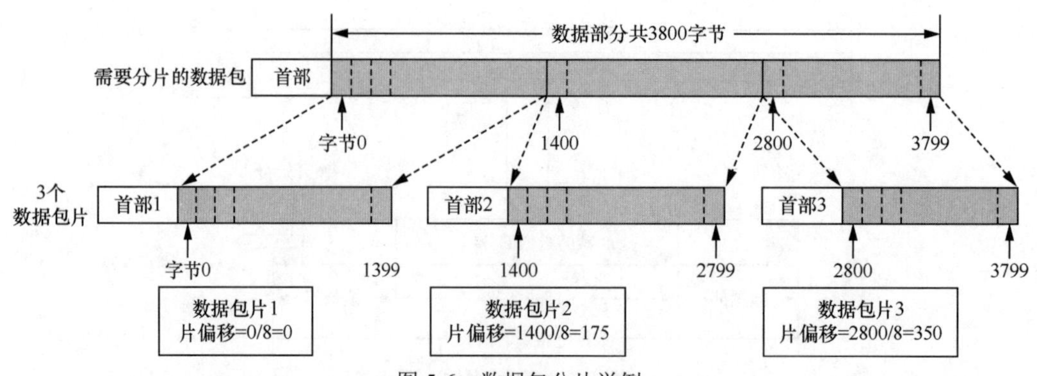

图 5-6 数据包分片举例

	总长度	标识	MF	DF	片偏移
原始数据包	3820	12345	0	0	0
数据包片1	1420	12345	1	0	0
数据包片2	1420	12345	1	0	175
数据包片3	1020	12345	0	0	350

图 5-7 数据包首部与分片相关字段中的数值

然而，随着技术的进步，路由器处理数据包所需的时间在不断缩短，一般都远远小于 1s，后来就把 TTL 字段的功能改为“跳数限制”(但名称不变)。路由器在转发数据包之前就把 TTL 值减 1。若 TTL 值减小到 0，就丢弃这个数据包，不再转发。因此，现在 TTL 的单位不再是秒，而是次数。TTL 的意义是指明数据包在网络中至多可经过多少个路由器。显然，数据包能在网络中经过的路由器的最大数值是 255。若把 TTL 的初始值设置为 1，就表示这个数据包只能在本局域网中传输。因为这个数据包一旦传输到局域网上的某个路由器，在被转发之前 TTL 值就减小到 0，因而就会被这个路由器丢弃。

（9）协议。占 8 位，协议字段指出此数据包携带的数据使用何种协议，以便使目的主机的网络层知道应将数据部分上交给哪个处理过程。常用的一些协议和相应的协议字段值如图 5-8 所示。

协议名	ICMP	ICMP	IP	TCP	EGP	IGP	UDP	IPv6	ESP	OSPF
协议字段值	1	2	4	6	8	9	17	41	50	89

图 5-8 协议号

（10）首部检验和。占 16 位，这个字段只检验数据包的首部，不包括数据部分。这是因为数据包每经过一个路由器，路由器都要重新计算一下首部检验和（一些字段，如生存时间、标志、片偏移等都可能发生变化）。不检验数据部分可减少计算的工作量。

（11）源 IP 地址。占 32 位。

（12）目标 IP 地址。占 32 位。

5.1.3 数据分片详解

在 IP 层下面的每一种数据链路层都有其特有的帧格式，帧格式也定义了帧中数据字段的最大长度，数据字段的最大长度称为“最大传输单元”（MTU）。当一个 IP 数据包封装成链路层的帧时，此数据包的总长度（首部加上数据部分）一定不能超过下面的数据链路层的 MTU 值。例如，以太网规定其 MTU 值是 1500 字节。若所传输的数据包长度超过数据链路层的 MTU 值，就必须把过长的数据包进行分片处理。

虽然使用尽可能长的数据包会使传输效率提高，但由于以太网的普遍应用，实际使用的数据包长度很少有超过 1500 字节的。为了不使 IP 数据包的传输效率降低，有关 IP 标准的文档规定，所有的主机和路由器必须能够处理的 IP 数据包长度不得小于 576 字节。这个数值也就是最小的 IP 数据包的总长度。当数据包长度超过网络所容许的最大传输单元时，就必须把过长的数据包进行分片后才能在网络上传输。这时，数据包首部中的“总长度”字段就不再指未分片前的数据包长度，而是指分片后的每一个分片的首部长度与数据长度的总和。

计算机 A 到计算机 B 要途经以太网、点到点链路和以太网，每一个数据链路都定义了最大传输单元，默认都是 1500 字节，如图 5-9 所示。如果计算机 A 的网络层的数据包为 2980 字节，计算机 A 连接的以太网 MTU 为 1500 字节，计算机 A 就要将该数据包分片后，再发送到以太网。

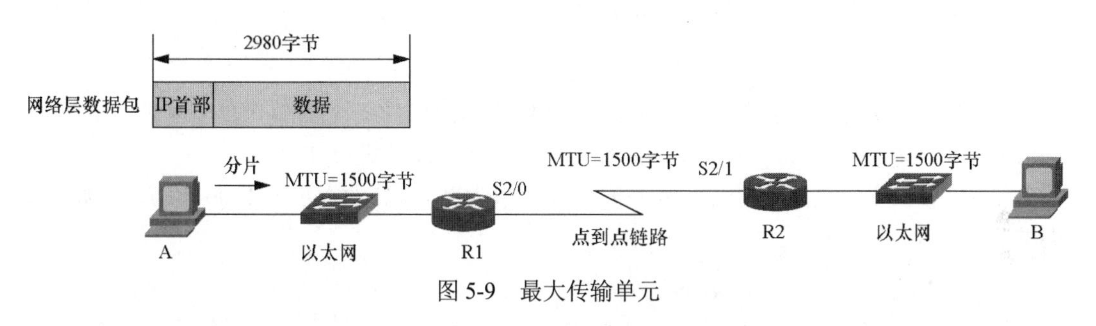

图 5-9 最大传输单元

以太网、点到点链路的最大传输单元不一样，如果计算机 A 发送的数据包是 1500 字节，计算机 A 不用分片，但路由器 R1 和 R2 之间的点到点链路的最大传输单元为 800 字节，如图 5-10 所示。路由器 R1 将该数据包分片后转发给 R2，不同的分片将会独立选择路径到达目的地，计算机 B 再根据网络层首部的标识将分片组装成一个完整的数据包。

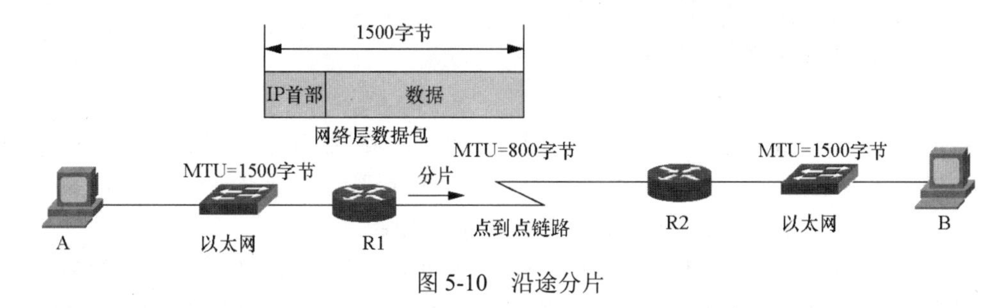

图 5-10 沿途分片

由此可见，分片既可以发生在发送方，也可以发生在沿途的路由器。

5.1.4 捕获并观察数据包分片

前面讲了数据包大小如果超过数据链路层的 MTU，就会将数据包分片。下面就在 Windows 7 操作系统中使用 ping 命令发送大于 1500 字节的数据包，然后使用抓包工具捕获数据包分片。

ping 命令有很多参数，如下所示，在 Windows 7 操作系统命令提示符处输入“ping /?”，将列出全部可用的参数，其中-l 参数指定数据包的大小，-f 参数指定数据包是否允许分片。

```
C:\Users\han>ping /?
用法: ping [-t] [-a] [-n count] [-l size] [-f] [-i TTL] [-v TOS]
           [-r count] [-s count] [[-j host-list] | [-k host-list]]
           [-w timeout] [-R] [-S srcaddr] [-4] [-6] target_name
选项:
    -t             Ping 指定的主机，直到停止。
                   若要查看统计信息并继续操作，请输入 Control-Break;
                   若要停止，请输入 Control-C。
    -a             将地址解析成主机名。
    -n count       要发送的回显请求数。
    -l size        发送缓冲区大小。
    -f             在数据包中设置“不分段”标志(仅适用于 IPv4)。
    -i TTL         生存时间。
```

在计算机上运行抓包工具 Wireshark，开始抓包，在命令提示符处输入“ping CCTV 网址-l 3500”，可以看到默认 ping 命令构造的数据包是 32 字节，如图 5-11 所示。

使用-l 参数指定数据包的大小为 3500 字节。以太网 MTU 的大小为 1500 字节，该数据包会被分成 3 片。

```
C:\Users\win7>ping CCTV 网址 -l 3500
正在 Ping cctv.xdwscache.ourglb0.com [111.11.31.114] 具有 3500 字节的数据:
来自 111.11.31.114 的回复: 字节=3500 时间=10ms TTL=128
来自 111.11.31.114 的回复: 字节=3500 时间=11ms TTL=128
来自 111.11.31.114 的回复: 字节=3500 时间=10ms TTL=128
来自 111.11.31.114 的回复: 字节=3500 时间=11ms TTL=128
111.11.31.114 的 Ping 统计信息:
    数据包: 已发送 = 4，已接收 = 4，丢失 = 0 (0% 丢失)，
往返行程的估计时间(以毫秒为单位):
    最短 = 10ms，最长 = 11ms，平均 = 10ms
```

停止抓包，查看数据包分片。先观察没有分片的 ICMP 数据包，可以看到分片标记 MF 为 0，说明该数据包是一个完整的数据包，在最下面可以看到这 32 字节是什么数据，如图 5-11 所示。一定要注意查看源地址是本地计算机的 ICMP 数据包。

下面观察 ICMP 数据包分片。计算机发送了 4 个 ICMP 请求数据包，每个请求数据包指定大小为 3500 字节，数据包会被分成 3 个分片。第一个分片、第二个分片都有 Fragmented 标记，第三个分片没有分片标记，表明这是一个数据包的最后一个分片，如图 5-12 所示。

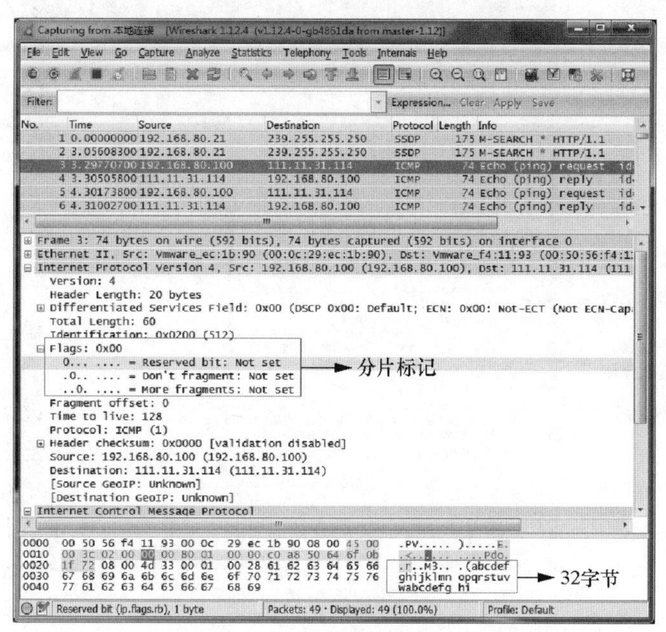

图 5-11 未分片的数据包分片标记

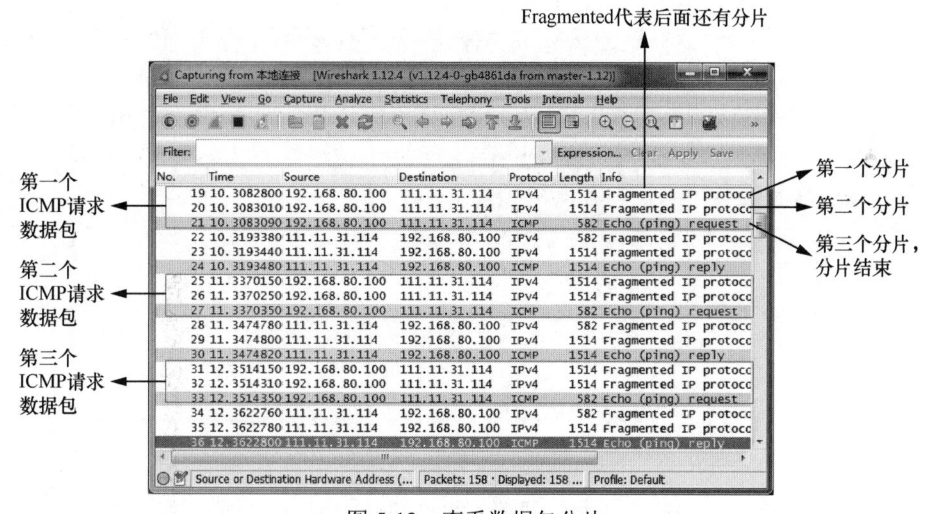

图 5-12 查看数据包分片

下面观察图 5-12 中第一个 ICMP 请求数据包的 3 个分片，图 5-13 所示是第一个分片，注意 3 个分片的标识都是 517，第一个分片标志为 1，片偏移 0 字节。

图 5-14 所示是第二个分片，数据包标识和第一个分片一样为 517，分片标志为 1，片偏移 1480 字节。

图 5-15 所示是第三个分片，可以看到数据包标识为 517，分片标志为 0，这意味着该分片是数据包的最后一个分片，片偏移 2960 字节。

现在读者明白了什么是数据包分片，当然，应用程序也可以禁止数据包在传输过程中分片，这就要求将网络层首部的标志字段第二位 Don’t fragment 设置为 1。

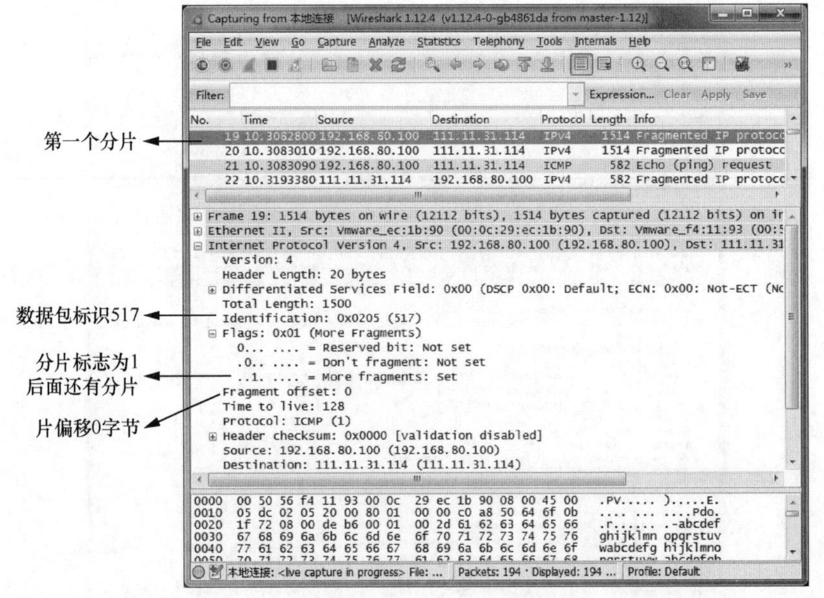

图 5-13 查看分片首部标记

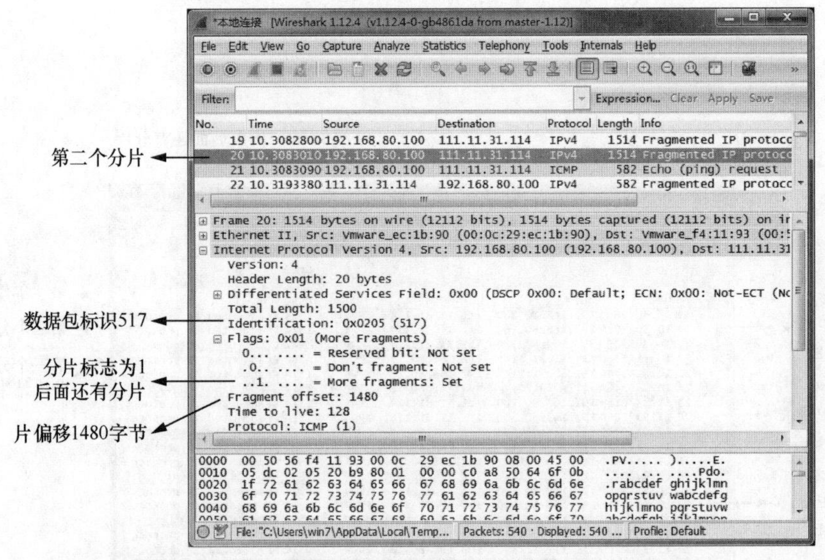

图 5-14 查看第二个分片

如果在 ping 一个主机时指定了数据包的大小，同时添加一个参数-f 禁止数据包分片，就会看到下面的输出“需要拆分数据包但是设置 DF”。DF 就是 Don’t fragment（禁止分片）。下面是在 Windows 7 操作系统中执行的命令。

```
C:\Users\Administrator>ping 111.11.31.114 -l 3500 -f
正在 Ping 111.11.31.114 具有 3500 字节的数据:
 需要拆分数据包但是设置 DF。
 需要拆分数据包但是设置 DF。
 需要拆分数据包但是设置 DF。
 需要拆分数据包但是设置 DF。
 111.11.31.114 的 Ping 统计信息:
     数据包: 已发送 = 4, 已接收 = 0, 丢失 = 4 (100% 丢失),
```

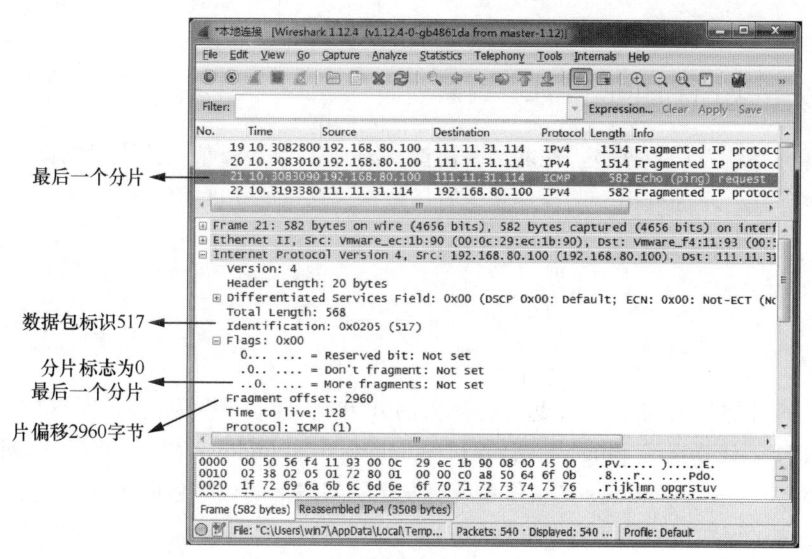

图 5-15 查看数据包的最后一个分片

运行抓包工具 Wireshark，执行下面的操作。

```
C:\Users\win7>ping 111.11.31.114-f -l 500
正在 Ping 111.11.31.114 具有 500 字节的数据:
来自 111.11.31.114 的回复: 字节=500 时间=8ms TTL=128
来自 111.11.31.114 的回复: 字节=500 时间=10ms TTL=128
来自 111.11.31.114 的回复: 字节=500 时间=8ms TTL=128
来自 111.11.31.114 的回复: 字节=500 时间=8ms TTL=128
111.11.31.114 的 Ping 统计信息:
    数据包: 已发送 = 4, 已接收 = 4, 丢失 = 0 (0% 丢失),
往返行程的估计时间(以毫秒为单位):
    最短 = 8ms, 最长 = 10ms, 平均 = 8ms
```

图 5-16 所示为捕获的 ICMP 数据包，即计算机发送的 ICMP 数据包，注意查看网络层首部的标志字段的 Don’t fragment 标记，该标记如果为 1，则表明该数据包不允许分片。

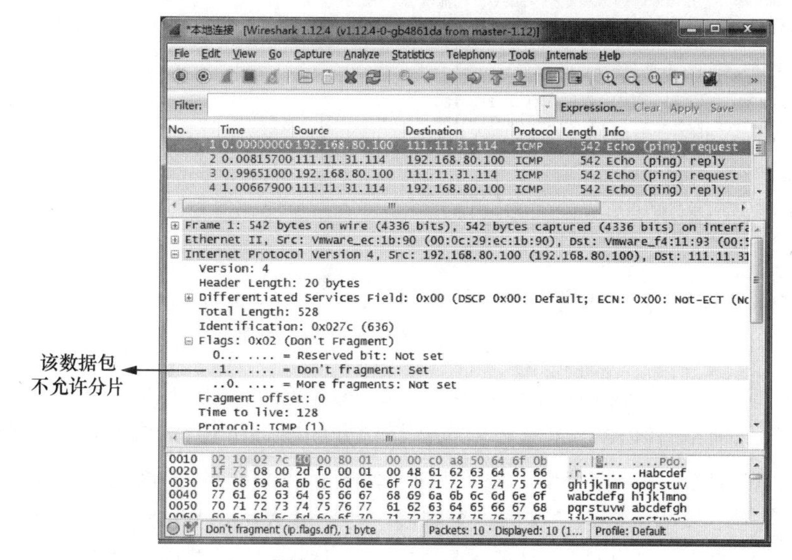

图 5-16 不允许分片标记

5.1.5　数据包生存时间（TTL）详解

各种操作系统发送数据包，在网络首部都要给 TTL 字段赋值，用来限制该数据包能够通过的路由器数量。下面列出一些操作系统发送数据包默认的 TTL 值。

```
Windows NT 4.0/2000/XP/2003      128
MS Windows 95/98/NT 3.51         32
Linux                            64
MacOS/MacTCP 2.0.x               60
```

当我们在计算机上 ping 一个远程计算机的 IP 地址，可以看到从远程计算机发过来的响应数据包的 TTL。计算机 A ping 远程计算机 Windows 7，Windows 7 给计算机 A 返回响应数据包，如图 5-17 所示。Windows 7 操作系统将发送到网络上的数据包的 TTL 设置为 128，每经过一个路由器，该数据包的 TTL 值就会减 1，这样到达计算机 A 响应数据包的 TTL 就减少到 126 了，因此可以看到 ping 命令的输出结果如下。

来自 192.168.80.20 的回复: 字节=32 时间<1ms TTL=126

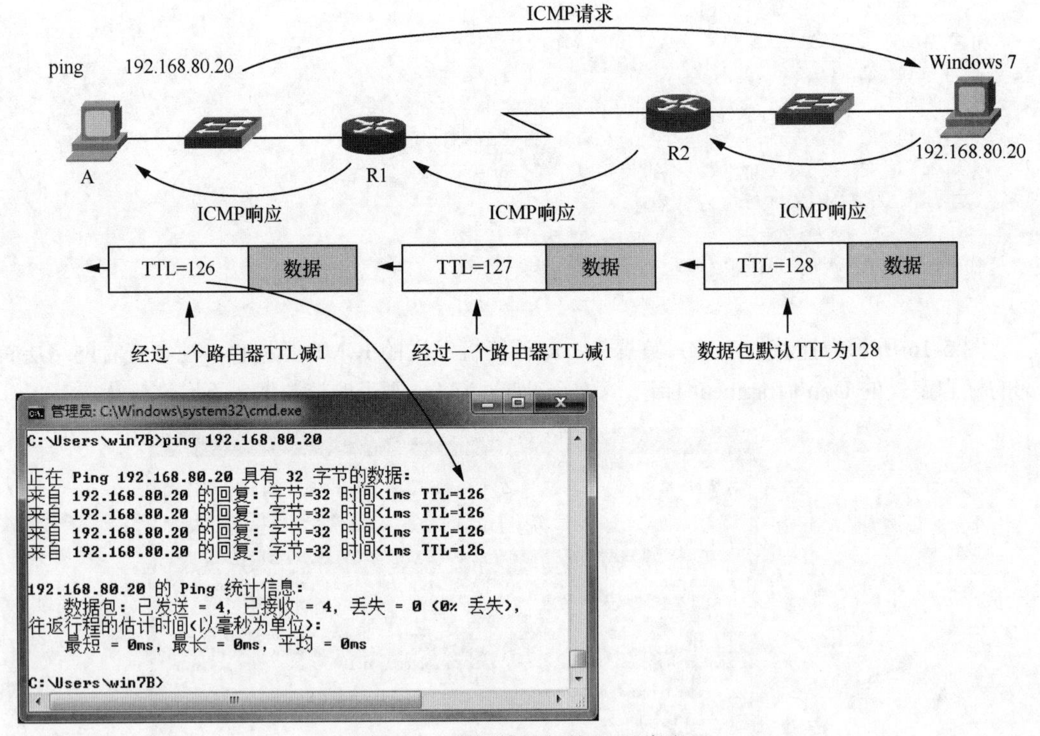

图 5-17　理解数据包的 TTL 字段

现在读者应该明白 ping 命令的输出结果 TTL 的值是什么意思了吧！路由器的工作除了根据数据包的目标地址查找路由表给数据包选择转发的路径，还要修改数据包网络层首部的 TTL，修改了数据包的网络层首部，还要重新计算首部校验和再进行转发。

如果计算机 A 和 Windows 7 在同一个网段，计算机 A ping Windows 7，计算机 A 显示返回响应数据包的 TTL 是多少呢？对了，是 128。因为没有经过路由器转发，所以看到的就是

Windows 7 发送时给数据包指定的 TTL。

5.1.6 指定 ping 命令发送数据包的 TTL 值

虽然操作系统会给发送的数据包指定默认的 TTL 值，但是 ping 命令允许我们使用参数-i 指定发送的 ICMP 请求数据包的 TTL 值。

一个路由器在转发数据包之前将该数据包的 TTL 减 1，如果减 1 后 TTL 变为 0，路由器就会丢弃该数据包，然后产生一个 ICMP 响应数据包给发送方，说明 TTL 耗尽。使用这种方法，就能够知道到达目标地址经过了哪些路由器。

例如，计算机 A ping 远程网站 51CTO 学院网址，指定 TTL 为 1，如图 5-18 所示。

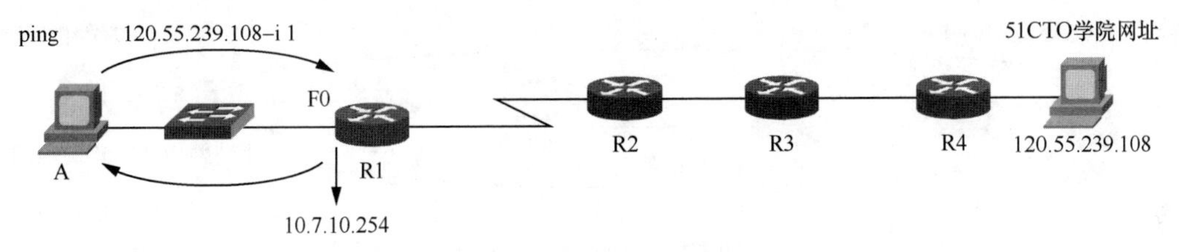

图 5-18 TTL 是 1 的情况

路由器 R1 的 F0 接口收到 ICMP 请求数据包，将其 TTL 减 1 后，发现其 TTL 为 0，于是丢弃该 ICMP 请求数据包。路由器 R1 产生一个新的 ICMP 响应数据包，发送给计算机 A，计算机 A 收到一个"来自 10.7.10.254 的回复：TTL 传输中过期"。这样就会知道途经的第一个路由器是 10.7.10.254。

```
C:\Users\han>ping 51CTO 学院网址 -i 1
正在 Ping 51CTO 学院网址 [120.55.239.108] 具有 32 字节的数据:
来自 10.7.10.254 的回复: TTL 传输中过期。
来自 10.7.10.254 的回复: TTL 传输中过期。
来自 10.7.10.254 的回复: TTL 传输中过期。
来自 10.7.10.254 的回复: TTL 传输中过期。
120.55.239.108 的 Ping 统计信息:
    数据包: 已发送 = 4, 已接收 = 4, 丢失 = 0 (0% 丢失)。
```

现在计算机 A ping 远程网站 51CTO 学院网址，指定 TTL 为 2，如图 5-19 所示。该 ICMP 请求数据包经过路由器 R1，TTL 变为 1，路由器 R2 收到后将其 TTL 减 1，发现其 TTL 为 0，于是丢弃该 ICMP 请求数据包。路由器 R2 产生一个新的 ICMP 响应数据包，发送给计算机 A，计算机 A 收到一个"来自 172.16.0.250 的回复：TTL 传输中过期"。这样就会知道途经的第二个路由器是 172.16.0.250。

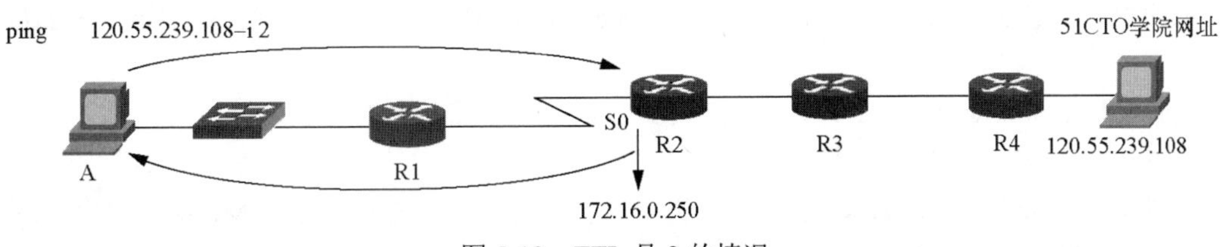

图 5-19 TTL 是 2 的情况

```
C:\Users\han>ping 51CTO学院网址 -i 2
正在 Ping 51CTO学院网址 [120.55.239.108] 具有 32 字节的数据:
来自 172.16.0.250 的回复: TTL 传输中过期。
来自 172.16.0.250 的回复: TTL 传输中过期。
来自 172.16.0.250 的回复: TTL 传输中过期。
来自 172.16.0.250 的回复: TTL 传输中过期。
120.55.239.108 的 Ping 统计信息:
    数据包: 已发送 = 4，已接收 = 4，丢失 = 0 (0% 丢失)。
```

现在计算机A ping远程网站51CTO学院网址，指定TTL为4，如图5-20所示，就会收到从第四个路由器R4发过来的ICMP响应数据包。计算机A收到一个“来自111.11.24.141的回复：TTL传输中过期”。这样就会知道途经的第四个路由器是111.11.24.141。

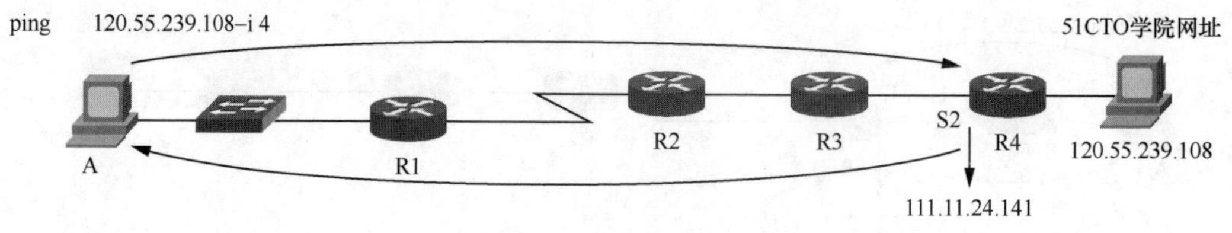

图5-20 TTL是4的情况

通过这种方法能够知道计算机给目标地址发送数据包，途经的第n个路由器是哪个路由器。

5.2 ICMP

ICMP是TCP/IP协议栈中网络层的一个协议，ICMP即Internet Control Message Protocol（互联网控制报文协议）的缩写，用于在IP主机、路由器之间传递控制消息。控制消息是指网络通不通、主机是否可达、路由是否可用等网络本身的消息。

ICMP报文是在IP数据报内部被传输的，它封装在IP数据报内。ICMP报文通常被IP层或更高层协议（TCP或UDP）使用。一些ICMP报文把差错报文返回给用户进程。

5.2.1 抓包查看ICMP报文格式

现在不是查看网络层首部格式，而是查看ICMP报文的格式。例如，PC1 ping PC2，ping命令产生一个ICMP请求报文发送给目标地址，用来测试网络是否畅通，如果目标计算机PC2收到ICMP请求报文，就会返回ICMP响应报文，如图5-21所示。下面的操作就是使用抓包工具捕获链路上的ICMP请求报文和ICMP响应报文，注意观察这两种报文的区别。

捕获路由器AR1和AR2链路上的ICMP数据包，如图5-21所示。

在PC1上ping PC2的IP地址。

图5-22所示是ICMP请求报文，请求报文中有ICMP报文类型字段、ICMP报文代码字段、校验和字段以及ICMP数据部分。请求报文类型值为8，报文代码为0。

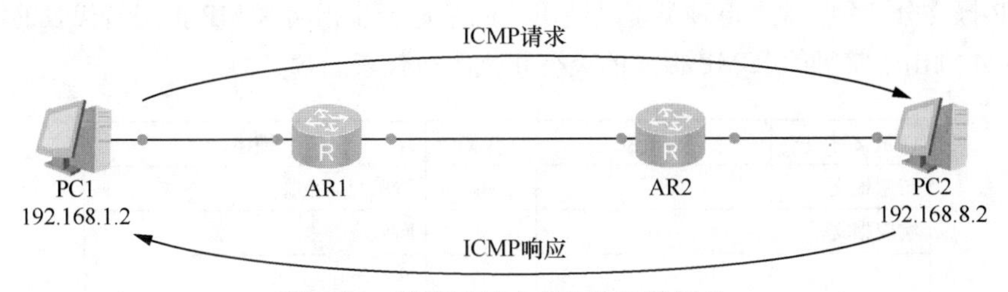

图 5-21　捕获链路上的 ICMP 数据包

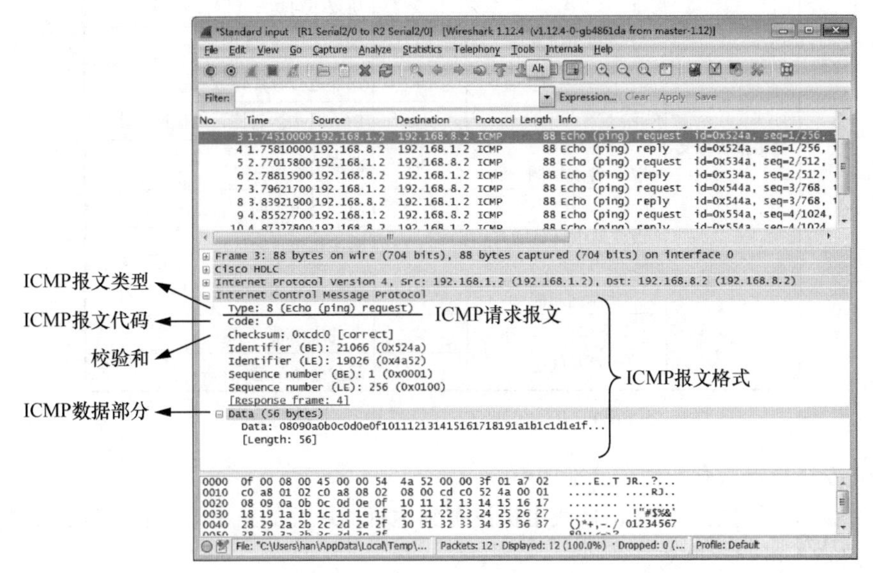

图 5-22　捕获的 ICMP 请求报文

图 5-23 所示是 ICMP 响应报文，响应报文类型值为 0，报文代码为 0。

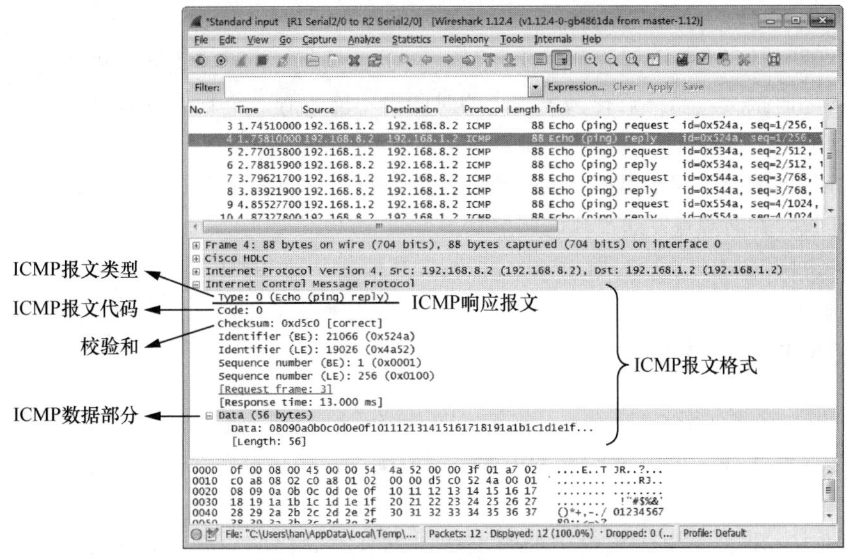

图 5-23　捕获的 ICMP 响应报文

ICMP 报文分几种类型，每种类型又使用代码来进一步指明 ICMP 报文所代表的不同的含义。图 5-24 列出了常见的 ICMP 报文的类型和代码所代表的含义。

报文种类	类型值	代码	描述
请求报文	8	0	请求回显报文
响应报文	0	0	回显应答报文
差错报告报文	3 终点不可到达	0	网络不可达
		1	主机不可达
		2	协议不可达
		3	端口不可达
		4	需要进行分片但设置了不分片
		13	由于路由器过滤，通信被禁止
	4 源点抑制	0	源端被关闭
	5 改变路由（重定向）	0	对网络重定向
		1	对主机重定向
	11 时间超时	0	传输期间生存时间（TTL）为0
	12 参数问题	0	坏的IP首部
		1	缺少必要的选项

图 5-24 ICMP 报文类型和代码代表的意义

ICMP 差错报告共有 5 种，分别如下。

（1）终点不可到达。当路由器或主机没有到达目标地址的路由时，就丢弃该数据包，给源点发送终点不可到达报文。

（2）源点抑制。当路由器或主机由于拥塞（被关闭）而丢弃数据包时，就会向源点发送源点抑制报文，使源点知道应当降低数据包的发送速率。

（3）改变路由（重定向）。路由器把改变路由（重定向）报文发送给主机，让主机知道下次应将数据包发送给另外的路由器（可通过更好的路由）。

（4）时间超时。当路由器收到生存时间为 0 的数据包时，除了丢弃该数据包，还要向源点发送时间超时报文。当终点在预先规定的时间内不能收到一个数据包的全部数据报片时，就把已收到的数据报片都丢弃，并向源点发送时间超时报文。

（5）参数问题。当路由器或目的主机收到的数据报的首部中有的字段的值不正确时，就丢弃该数据包，并向源点发送参数问题报文。

下面先讲解 ICMP 报文格式，再通过抓包工具捕获几种 ICMP 差错报告报文。

5.2.2 ICMP 报文格式

ICMP 报文格式如图 5-25 所示，前 4 字节是统一的格式，共有 3 个字段：类型、代码和检验和。接下来 4 字节的内容与 ICMP 的类型有关。最后是数据字段，其长度取决于 ICMP 的类型。

所有的 ICMP 差错报告报文中的数据字段都具有同样的格式，如图 5-26 所示。把收到的需要进行差错报告的 IP 数据报的首部和数据字段的前 8 字节提取出来，作为 ICMP

报文的数据字段。再加上相应的 ICMP 差错报告报文的前 8 字节，就构成了 ICMP 差错报告报文。

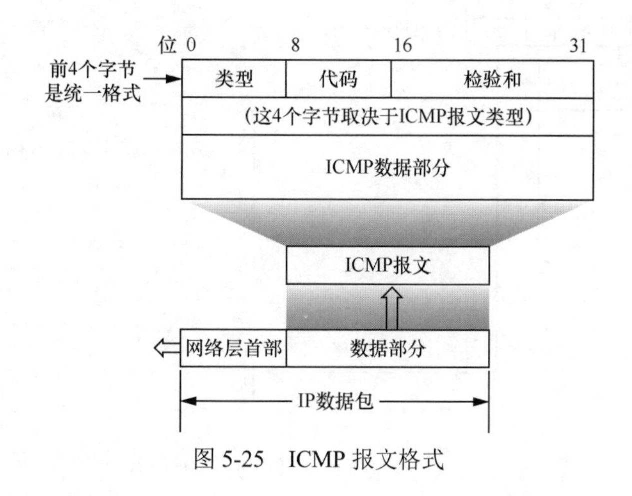

图 5-25 ICMP 报文格式

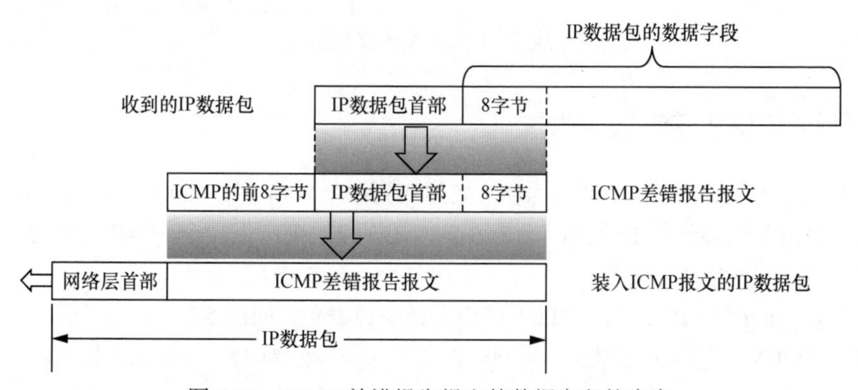

图 5-26 ICMP 差错报告报文的数据字段的内容

提取收到的数据包的数据字段的前 8 字节是为了得到传输层的端口号(对于 TCP 和 UDP)以及传输层报文的发送序号(对于 TCP)。这些信息对源点通知高层协议是有用的。整个 ICMP 报文作为 IP 数据报的数据字段发送给源点。

5.2.3 ICMP 差错报告报文——TTL 过期

下面的操作将会捕获 ICMP 差错报告报文，让路由器产生 TTL 耗尽的错误报告。

捕获路由器 AR1 和 AR2 之间的链路中的数据包，如图 5-21 所示。在 PC1 上 ping PC2，输入“PC>ping 192.168.8.2 -i 2”，使用-i 参数指定数据包的 TTL 为 2，该 ICMP 请求报文到达路由器 AR2 后其 TTL 就变为 1，减 1 后才能转发，发现 TTL 变为 0，于是丢弃该 ICMP 请求报文，路由器 AR2 就会产生一个差错报告报文返回给 PC1。

查看抓包工具捕获的 ICMP 差错报告报文，可以看到类型（Type）值为 11，代码（Code）为 0，如图 5-27 所示。

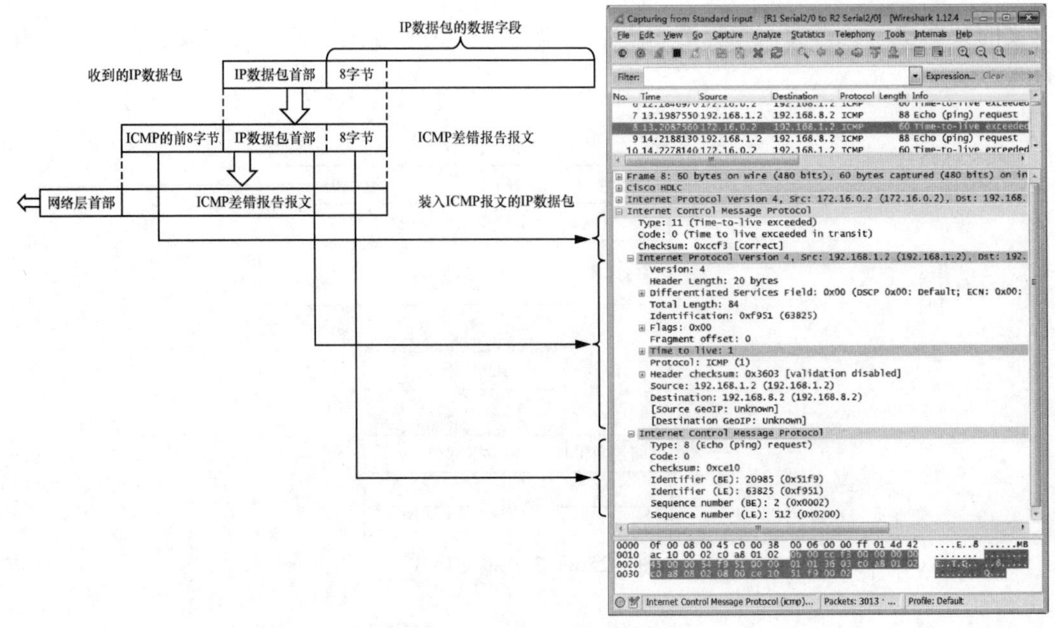

图 5-27 ICMP 差错报告报文

5.2.4 几种 ICMP 差错报告报文

如果 PC1 ping 131.107.1.2 这个地址，数据包到达路由器 AR1 之后，路由器 AR1 查找路由表，没有发现到达该地址的路由，于是丢弃该数据包，则产生一个 ICMP 差错报告报文返回给 PC1，告知目标主机不可到达。

在 PC1 上 ping 131.107.1.2，在 PC1 接口上捕获数据包，如图 5-28 所示，可以看到路由器 AR1 返回来的 ICMP 差错报告报文，ICMP 类型（Type）值为 3，代码（Code）为 1，代表目标主机不可到达。

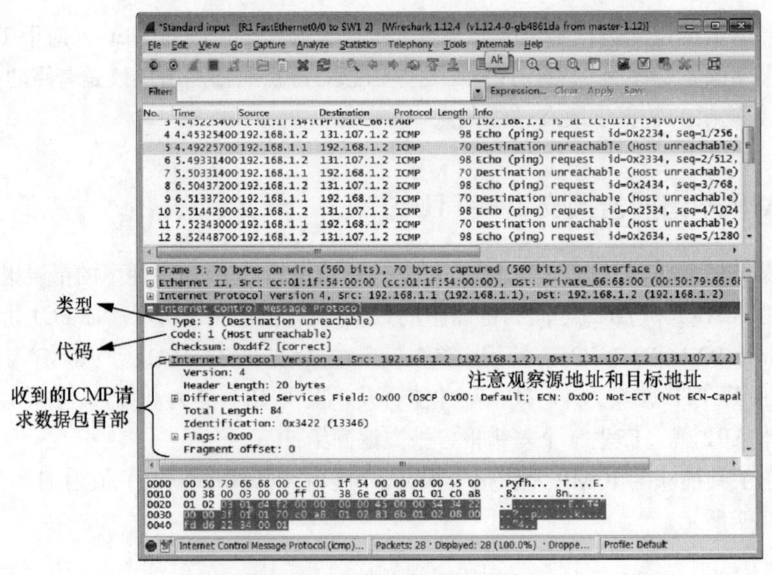

图 5-28 目标主机不可到达

PC1 的网关是 192.168.1.1，现在 PC1 要给 PC3 发送数据包，数据包发送给路由器 AR1，路由器 AR1 再转发到 AR3，这样效率不高，如图 5-29 所示。如果出现这种情况，路由器 AR1 会把第一个数据包转发给 AR3，然后给 PC1 发送一个 ICMP 重定向数据包，告诉 PC1 到达主机 192.168.2.2，下一跳是 192.168.1.254，PC1 增加一条到主机 192.168.2.2 的路由，下一跳指向 192.168.1.254，以后再有发送给 PC3 的数据包，PC1 将会直接发送给路由器 AR3 的接口。

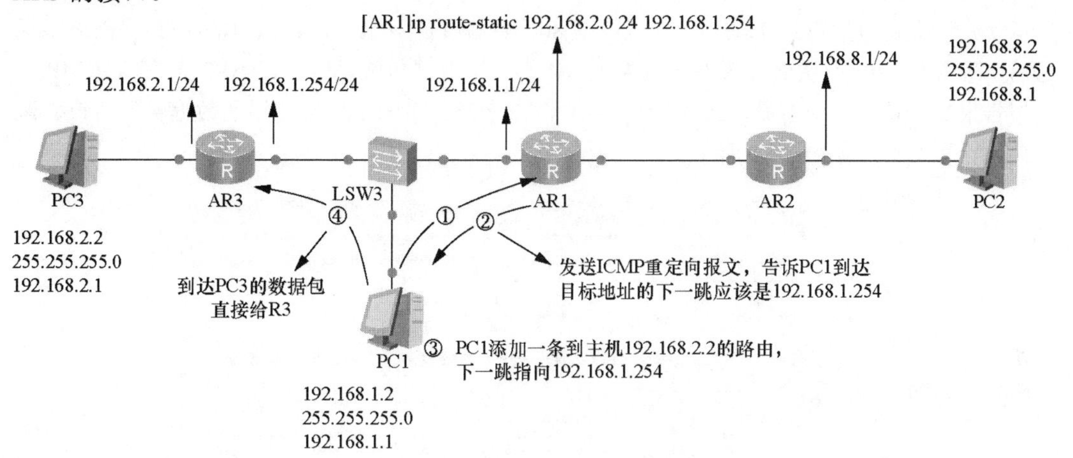

图 5-29 ICMP 重定向的场景

在 PC1 的接口上捕获数据包，在 PC1 上 ping PC3，如图 5-30 所示。可以看到重定向报文的类型值为 5，代码为 0。

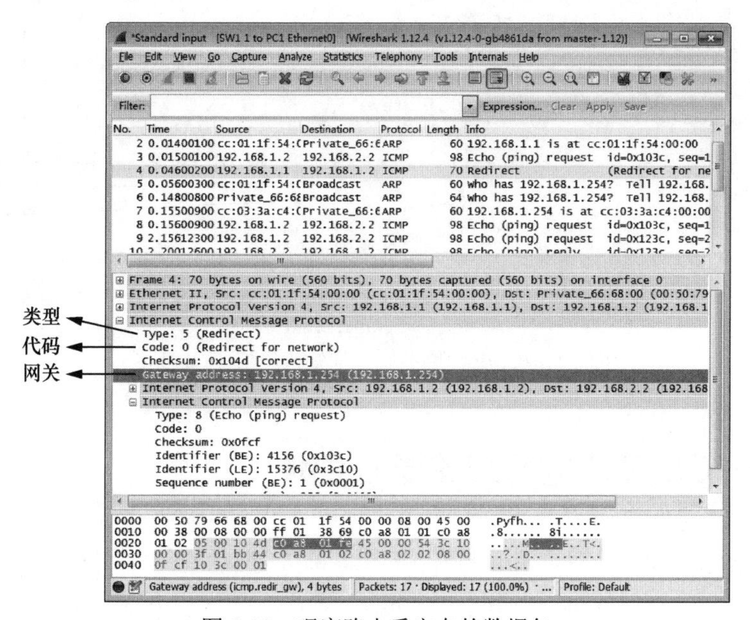

图 5-30 观察路由重定向的数据包

注意： PC1 会添加到主机 192.168.2.2 的路由，而不是到 192.168.2.0/24 网段的路由。在路由器上添加到主机的路由的命令为[AR1]ip route-static 192.168.2.2 32 192.168.1.254。

重定向报文的类型值为 5，代码有效值为 0～3。其中 0 代表网络重定向，1 代表主机重定向，2 代表服务类型和网络重定向，3 代表服务类型和主机重定向。原则上，重定向报文是由路由器产生供主机使用的。路由器默认发送的重定向报文只有1或者3，只是对主机的重定向，而不是对网络的重定向。

前面演示捕获ICMP数据包，都是使用ping命令发送ICMP请求报文。请读者不要产生错觉，认为只有ping命令发出去的ICMP请求报文才能产生差错报告报文或ICMP响应报文，事实上ICMP差错报告报文也可以为计算机上的应用程序返回差错报告。

抓包工具捕获的第2个数据包是访问网站http://59.46.80.160建立TCP连接发送的数据包，注意观察该数据包协议是TCP，目标端口是80，源端口是1058。该数据包的TTL在网络中耗尽后，路由器AR2产生ICMP差错报告报文，第3个数据包就是路由器AR2产生的ICMP差错报告报文。该报文中有第2个数据包传输的8字节，指明了出现差错的数据包的协议、源端口和目标端口，如图5-31所示。

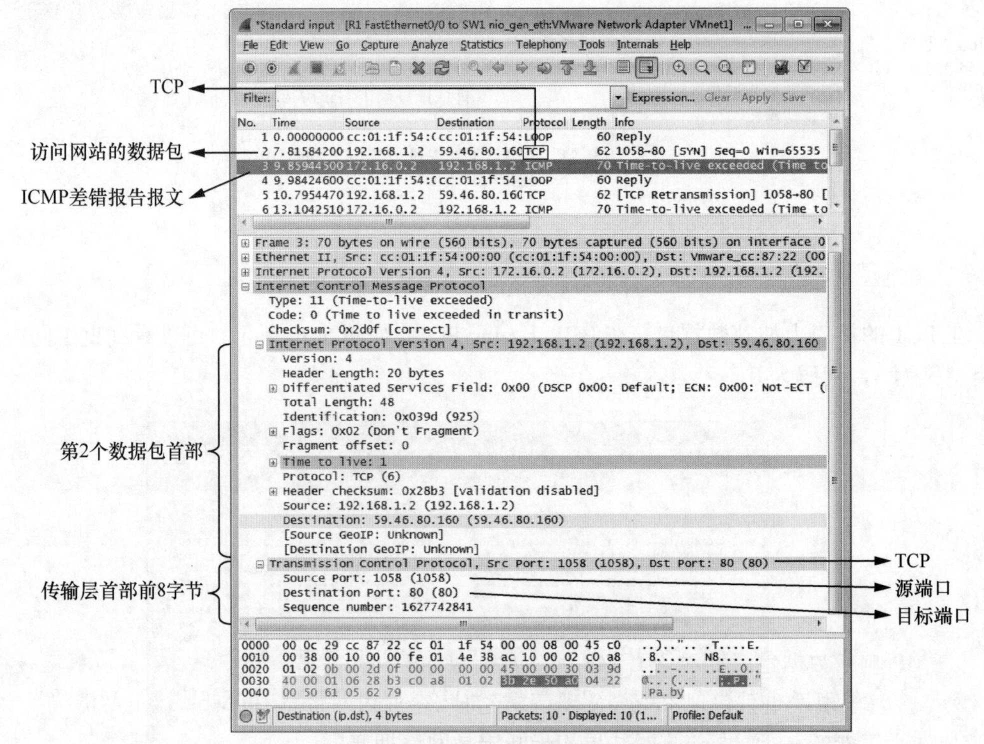

图5-31 ICMP返回的响应通知应用层TTL耗尽

5.3 使用ICMP排除网络故障的案例

如果只是知道了ICMP报文格式和ICMP报文的类型，而不会使用ICMP解决实际问题，那就成了纸上谈兵。前面分析了ICMP报文格式，本节介绍使用ICMP排除网络故障的几个案例。

5.3.1 使用ping命令诊断网络故障

使用ping命令可以帮助我们诊断网络故障，为断定网络故障提供参考。下面介绍使用ping

命令断定网络故障的一个案例。

某企业的网络访问 Internet 网速慢，抓包分析是否内网堵塞，图 5-32 所示是内网某台计算机 ping 网关的情况，同时也捕获了网络中的数据包。

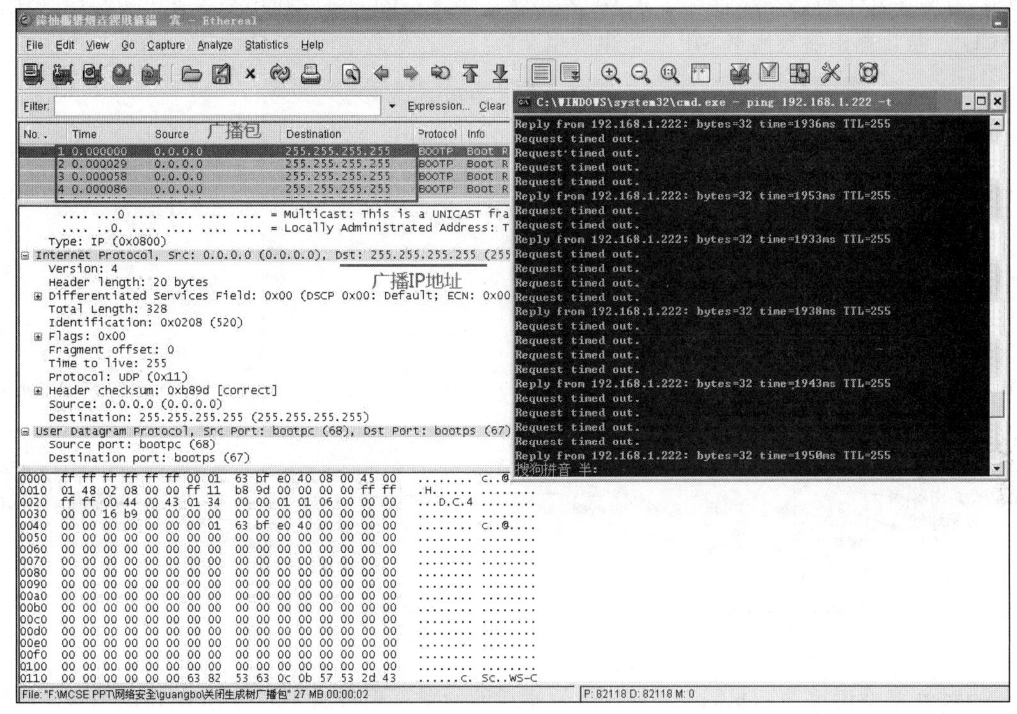

图 5-32　使用 ping 命令测试网络是否畅通

可以看到，大多数是 Request timed out（请求超时），中间会有 ICMP 响应数据包，但 time 值接近 2000ms，即 2s，这样的网络是通还是不通呢？既不能说通，也不能说不通，那就是不畅通。

请求超时是如何产生的呢？如果计算机发送一个 ICMP 请求数据包，在一段时间内没有得到 ICMP 响应数据包或针对该 ICMP 请求数据包的差错报告数据包，就会显示请求超时。例如，网络拥塞出现严重丢包现象就会出现请求超时。企业内网带宽 100Mbit/s，正常情况下 time 的值应该小于 10ms，通过 ping 的结果初步断定是网络拥塞。

使用抓包工具捕获数据包，发现网络中有大量的广播数据包占用了网络带宽，造成正常通信的数据包被丢弃，查看发送广播帧的源 IP 地址或源 MAC 地址，找到发送广播的计算机，拔掉网线，网络恢复畅通。

5.3.2 使用 tracert 命令跟踪数据包路径

ping 命令并不能跟踪从源地址到目标地址沿途经过了哪些路由器，Windows 操作系统中的 tracert 命令是路由跟踪实用程序，专门用于确定 IP 数据报访问目标地址的路径，能够帮助我们发现到达目标网络到底是哪一条链路出现了故障。tracert 命令是 ping 命令的扩展，用 IP 报文生存时间（TTL）字段和 ICMP 差错报告报文来确定沿途经过的路由器。

tracert 命令的工作原理就是通过给目标地址发送 TTL 逐渐增加的 ICMP 请求数据包，根据返回的 ICMP 错误报告报文来确定沿途经过的路由器。

在命令提示符处输入“tracert www.91xueit.com”，可以看到网站途经 17 个路由器，第 18 个是该网站的地址（终点），如图 5-33 所示。可以看到第 12、16 和 17 个路由器显示“请求超时”，表明这几个路由器没有发送 ICMP 差错报告报文，因为这些路由器设置了访问控制列表（ACL），禁止路由器发出 ICMP 差错报告报文。

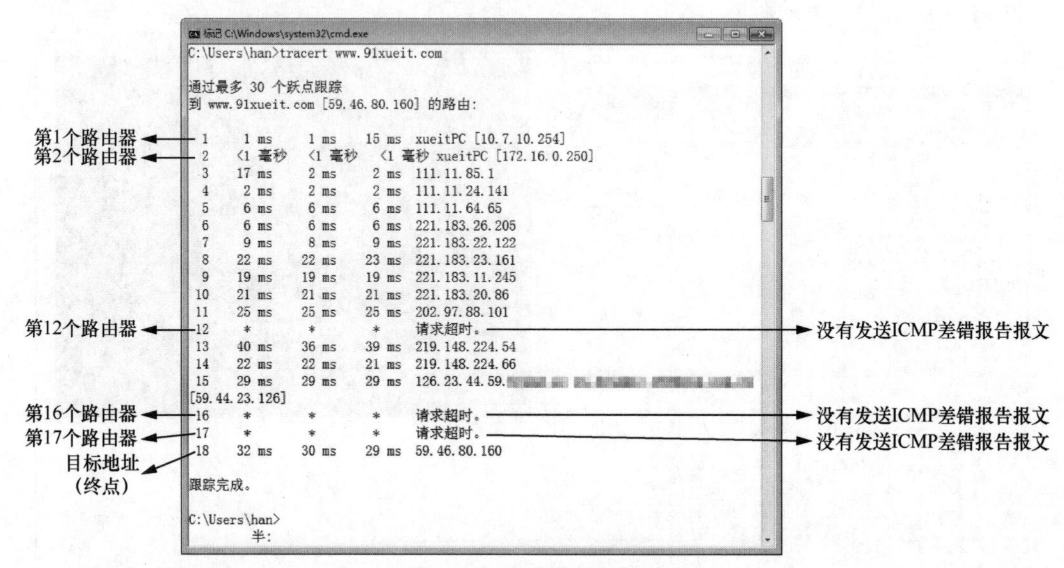

图 5-33 跟踪数据包路径

tracert 命令能够帮助我们发现路由配置错误的问题，观察图 5-34 中 tracert 的结果，能得到什么结论？会发现数据包在 172.16.0.2 和 172.16.0.1 两个路由器之间往复转发，可以断定问题就出在这两个路由器的路由配置上，需要检查这两个路由器的路由表。

```
C:\Windows\system32\cmd.exe
Microsoft Windows [版本 6.1.7601]
版权所有 (c) 2009 Microsoft Corporation。保留所有权利。

C:\Users\win7>tracert 131.107.2.2

通过最多 30 个跃点跟踪到 131.107.2.2 的路由

  1    38 ms    10 ms    10 ms  192.168.1.1
  2    12 ms    81 ms    49 ms  172.16.0.2
  3    20 ms    49 ms    19 ms  172.16.0.1
  4   154 ms   188 ms    76 ms  172.16.0.2
  5   106 ms   107 ms   155 ms  172.16.0.1
  6    95 ms   137 ms   113 ms  172.16.0.2
  7   110 ms   139 ms   138 ms  172.16.0.1
  8   171 ms   138 ms   113 ms  172.16.0.2
  9   171 ms   156 ms   294 ms  172.16.0.1
 10   158 ms   208 ms   217 ms  172.16.0.2
 11   162 ms   232 ms   172 ms  172.16.0.1
 12   212 ms   231 ms   232 ms  ^C
C:\Users\win7>_
```

图 5-34 数据包在两个路由器之间往复转发

5.4 ARP

网络层协议还包括 ARP，该协议只在以太网中使用，用来将计算机的 IP 地址解析成

MAC 地址。

5.4.1 ARP 的作用

网络中有两个以太网和一个点到点链路，计算机和路由器接口的地址如图 5-35 所示，图中的 MA、MB、…、MH 代表对应接口的 MAC 地址。下面讲解计算机 A 和本网段的计算机 B 通信的过程，以及计算机 A 和计算机 H 跨网段通信的过程。

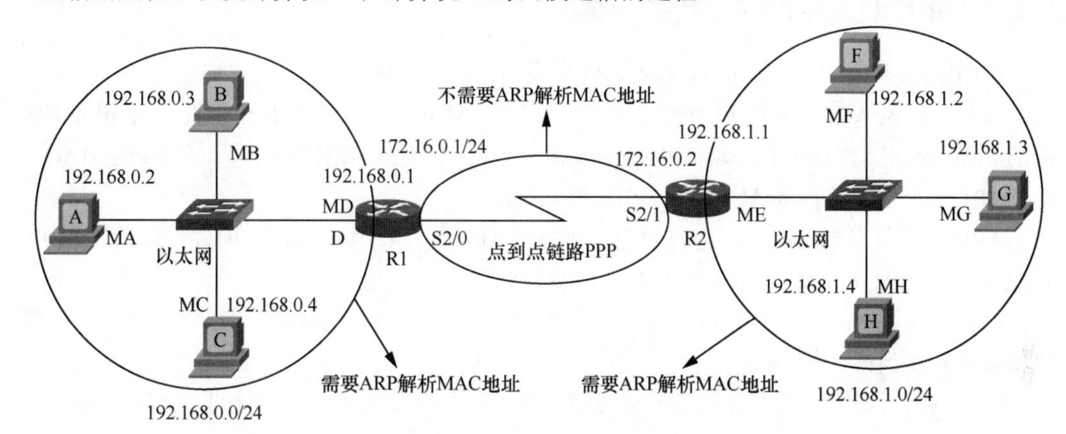

图 5-35 以太网需要 ARP

如果计算机 A ping 计算机 C 的地址 192.168.0.4，计算机 A 判断目标 IP 地址和自己在一个网段，数据链路层封装的目标 MAC 地址就是计算机 C 的 MAC 地址，图 5-36 所示是计算机 A 发送给计算机 C 的帧。

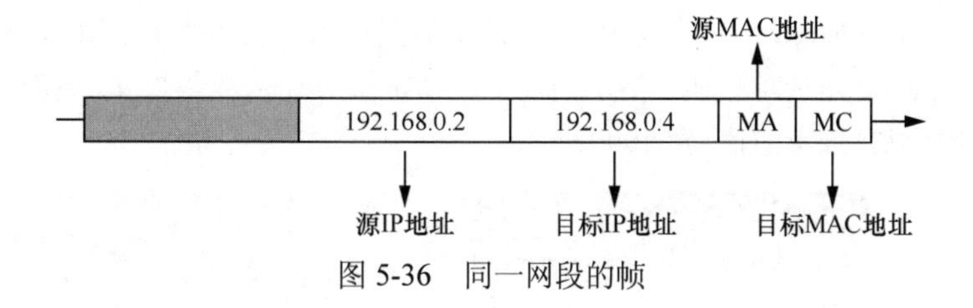

图 5-36 同一网段的帧

如果计算机 A ping 计算机 H 的地址 192.168.1.4，计算机 A 判断目标 IP 地址和自己不在一个网段，数据链路层封装的目标 MAC 地址是网关的 MAC 地址，也就是路由器 R1 的 D 接口的 MAC 地址，如图 5-37 所示。

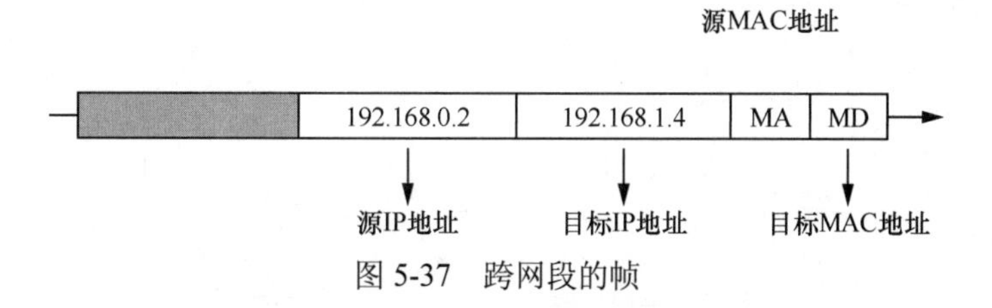

图 5-37 跨网段的帧

计算机接入以太网，我们只需给计算机配置 IP 地址、子网掩码和网关，并没有告诉计算机网络中其他计算机的 MAC 地址。计算机和目标计算机通信前必须知道目标 MAC 地址。问题来了，计算机 A 是如何知道计算机 C 的 MAC 地址或网关的 MAC 地址的？

在TCP/IP协议栈的网络层有ARP（Address Resolution Protocol，地址解析协议），在计算机和目标计算机通信之前，需要使用该协议解析到目标计算机的MAC地址（同一网段通信）或网关的MAC地址（跨网段通信）。下面介绍ARP的工作过程和存在的安全隐患。

这里读者需要知道：ARP只在以太网中使用，点到点链路使用PPP通信，PPP帧的数据链路层根本不用MAC地址，所以也不用ARP解析MAC地址。

5.4.2　ARP的工作过程和安全隐患

下面以图5-35中的计算机A和计算机C通信为例，说明ARP的工作过程。

（1）计算机A和计算机C通信之前，先要检查ARP缓存中是否有计算机C的IP地址对应的MAC地址。如果没有，就启用ARP发送一个ARP广播请求解析192.168.0.4的MAC地址，ARP广播帧的目标MAC地址是ff:ff:ff:ff:ff:ff。

ARP请求数据报文的主要内容表明：我的IP地址是192.168.0.2，我的硬件地址是MA，我想知道IP地址为192.168.0.4的主机的MAC地址。

（2）交换机将ARP广播帧转发到同一个网络的全部接口。这就意味着同一个网段中的计算机都能够收到该ARP请求。

（3）正常情况下，只有计算机C收到该ARP请求后发送ARP应答消息。还有不正常的情况，网络中的任何一个计算机都可以发送ARP应答消息，有可能告诉计算机A一个错误的MAC地址（ARP欺骗）。

（4）计算机A将解析到的结果保存在ARP缓存中，并保留一段时间，后续通信就使用缓存的结果，就不再发送ARP请求解析MAC地址。

图5-38所示的是使用抓包工具捕获的ARP请求数据包，第27帧是计算机192.168.80.20解析192.168.80.30的MAC地址发送的ARP请求数据包。注意观察目标MAC地址为ff: ff: ff: ff: ff: ff。其中Opcode是选项代码，指示当前包是请求报文还是应答报文，ARP请求报文的值是0x0001，ARP应答报文的值是0x0002。

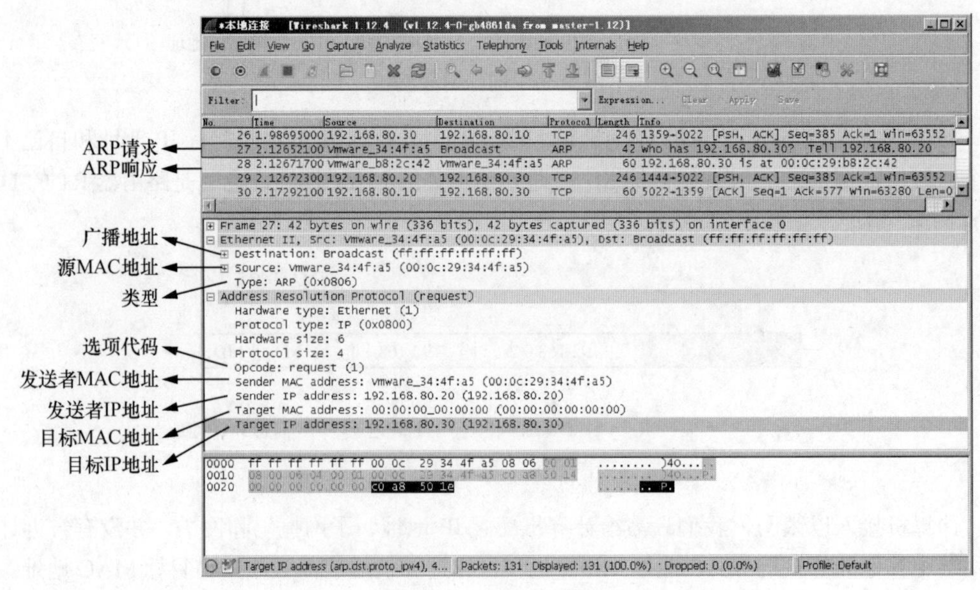

图5-38　ARP请求帧

ARP 是建立在网络中各个主机互相信任的基础上的。计算机 A 发送 ARP 广播帧解析计算机 C 的 MAC 地址，同一个网段中的计算机都能够收到这个 ARP 请求消息，任何一个主机都可以给计算机 A 发送 ARP 应答消息，可能告诉计算机 A 一个错误的 MAC 地址。计算机 A 收到 ARP 应答报文时并不会检测该报文的真实性，就将其记入本机的 ARP 缓存中，这样就存在一个安全隐患——ARP 欺骗。

在 Windows 操作系统中运行 arp -a 可以查看缓存的 IP 地址和 MAC 地址对应表。

```
C:\Users\hanlg>arp -a
接口: 192.168.2.161 --- 0xb
  Internet 地址         物理地址              类型
  192.168.2.1           d8-c8-e9-96-a4-61     动态
  192.168.2.169         04-d1-3a-67-3d-92     动态
  192.168.2.182         c8-60-00-2e-6e-1b     动态
  192.168.2.219         6c-b7-49-5e-87-48     动态
  192.168.2.255         ff-ff-ff-ff-ff-ff     静态
```

5.5 IGMP

Internet 组管理协议（Internet Group Management Protocol，IGMP）是 Internet 协议家族中的一个组播协议。该协议运行在主机和组播路由器之间，IGMP 是网络层协议。要想弄明白 IGMP 的作用和用途，先要弄明白什么是组播通信，组播也称为“多播”。

5.5.1 什么是组播

计算机通信分为一对一通信、组播通信和广播通信。

教室中有一个流媒体服务器，课堂上老师安排学生在线学习流媒体服务器上的一个课程“Excel VBA”，教室中每台计算机访问流媒体服务器观看这个视频就是一对一通信，可以看到流媒体服务器到交换机的流量很大，如图 5-39 所示。

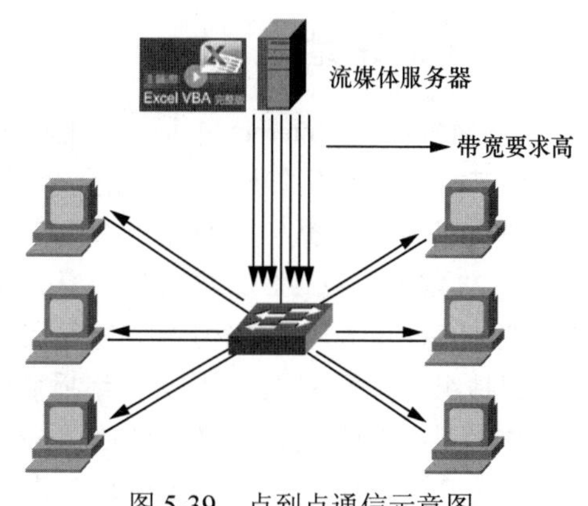

图 5-39 点到点通信示意图

我们知道，电视台发送视频节目信号可以让无数台电视机同时收看节目。现在老师安排学生同时学习“Excel VBA”这个课程，在网络中也可以让流媒体服务器像一个电视台一样，不同的视频节目使用不同的组播地址（相当于电视台的不同的频道）发送到网络中。网络中的计算机要想收到某个视频流，只需将网卡绑定相应的组播地址即可，这个绑定过程通常由应用程序来实现，组播节目文件就自带了组播地址信息，用户只要使用暴风影音或其他视频播放软件播放，就会自动给计算机网卡绑定该组播地址。

上午 8 点，学校老师安排 1 班学生学习“Excel VBA”视频，安排 2 班学生学习“PPT2010”视频。机房管理员提前就配置好了流媒体服务器，8 点钟准时使用 224.4.5.4 这个组播地址发送“Excel VBA”课程视频，使用224.4.5.3这个组播地址发送“PPT 2010”课程视频，如图5-40所示。

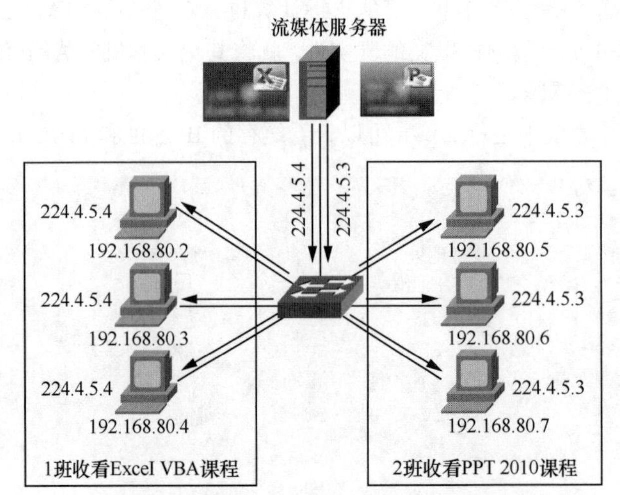

图5-40 组播示意图

网络中的计算机除了需要配置唯一地址，收看组播视频还需要绑定组播地址，在观看组播视频的学习过程中学生不能“快进”或“倒退”。这样流媒体服务器的带宽压力大大降低，网络中有10个学生收看视频和有1000个学生收看视频对流媒体服务器来说流量是一样的。

通过上面的案例，读者是否更好地理解了组播这个概念呢？“组”就是一组计算机绑定相同的地址。如果一台计算机同时收看多个组播视频，该计算机的网卡需要同时绑定多个组播地址。

5.5.2 组播IP地址

我们知道，在Internet中每一个主机必须有一个全球唯一的IP地址。如果某个主机现在想接收某个特定组播的数据包，就需要给网卡绑定这个组播地址。

IP地址中的D类IP地址是组播地址。D类IP地址的前4位是1110，因此D类IP地址的范围是224.0.0.0～239.255.255.255。下面就用每一个D类IP地址标志一个组播组。这样，D类IP地址总共可标志2^{28}个组播组。组播数据包也是“尽最大努力交付”，不保证一定能够交付给组播组内的所有成员。因此，组播数据包和一般的IP数据包的区别就是它使用D类IP地址作为目的地址。显然，组播地址只能用于目的地址，而不能用于源地址。此外，对组播数据包不产生ICMP差错报文。因此，若在ping命令后面输入组播地址，将永远收不到响应。但D类IP地址中有一些是不能随意使用的，因为有的地址已经在（RFC 3330）中被IANA指派为永久组地址了，如下所示。

224.0.0.0：基地址（保留）。

224.0.0.1：在本子网上的所有参加组播的主机和路由器。

224.0.0.2：在本子网上的所有参加组播的路由器。

224.0.0.3：未指派。

224.0.0.4：DVMRP 路由器。

……

224.0.1.0～238.255.255.255：全球范围都可使用的组播地址。

239.0.0.0～239.255.255.255：限制在一个组织的范围。

IP 多播可以分为两种。一种是只在本局域网上进行硬件组播，另一种则是在 Internet 的范围内进行组播。前一种虽然比较简单，但很重要，因为现在大部分主机是通过局域网接入 Internet 的。在 Internet 上进行组播的最后阶段，还是要把组播数据包在局域网上用硬件组播，硬件组播也就是以太网中的组播数据包在数据链路层要使用组播 MAC 地址封装，组播 MAC 地址由组播 IP 地址构造出来。下面详细讲解组播 MAC 地址。

5.5.3 组播 MAC 地址

目标地址是组播 IP 地址的数据包到达以太网就要使用组播 MAC 地址封装，组播 MAC 地址使用组播 IP 地址构造。

为了支持 IP 组播，IANA 已经为以太网的 MAC 地址保留了一个组播地址区间：01-00-5E-00-00-00～01-00-5E-7F-FF-FF。组播 MAC 地址 48 位的 MAC 地址中的高 25 位是固定的，为了映射一个 IP 多播地址到 MAC 层的组播地址，IP 多播地址的低 23 位可以直接映射为 MAC 层组播地址的低 23 位，如图 5-41 所示。

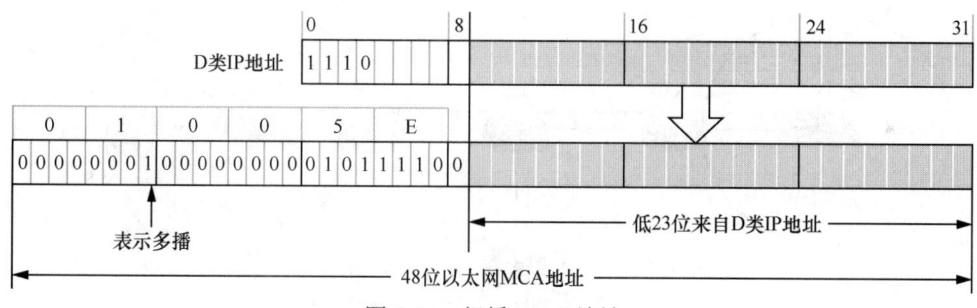

图 5-41　组播 MAC 地址

例如，组播 IP 地址 224.128.64.32 使用上面的方法构造出的 MAC 地址为 01-00-5E-00-40-20，如图 5-42 所示。

	224	128	64	32
D类IP地址	1 1 1 0 0 0 0 0	1 0 0 0 0 0 0 0	0 1 0 0 0 0 0 0	0 0 1 0 0 0 0 0

0	1	0	0	5	E	0	0	4	0	2	0
0 0 0 0	0 0 0 1	0 0 0 0	0 0 0 0	0 1 0 1	1 1 1 0	0 0 0 0	0 0 0 0	0 1 0 0	0 0 0 0	0 0 1 0	0 0 0 0

图 5-42　组播地址的构造

组播 IP 地址 224.0.64.32，使用上面的方法构造出的 MAC 地址也为 01-00-5E-00-40-20，如图 5-43 所示。

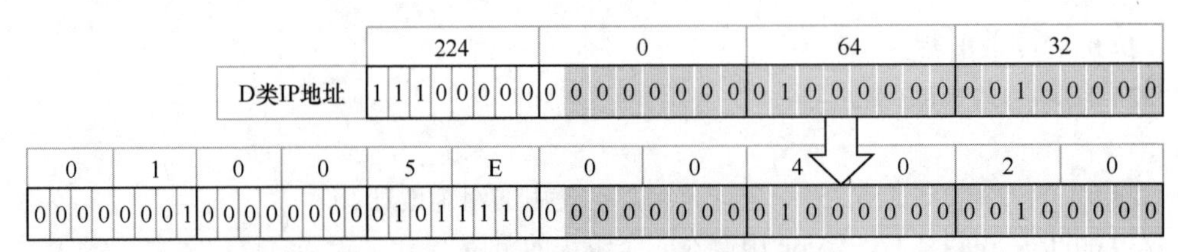

图 5-43 构造的组播地址有可能重复

仔细观察，就会发现这两个组播 IP 地址构造出来的组播 MAC 地址一样，也就是说组播 IP 地址与以太网硬件地址的映射关系不是唯一的，因此收到组播数据包的主机还要进一步根据 IP 地址判断是否应该接收该数据包，以便把不该本主机接收的数据包丢弃。

5.5.4 组播管理协议（IGMP）

前面介绍的组播是流媒体服务器和接收组播的计算机在同一个网段的情景，组播也可以跨网段。例如，流媒体服务器在北京总公司的网络中，上海分公司和石家庄分公司的计算机接收流媒体服务器的组播视频，如图 5-44 所示。这就要求网络中的路由器启用多播转发，组播数据流要从路由器 R1 发送到 R2，路由器 R2 将组播数据流同时转发到路由器 R3 和 R4。

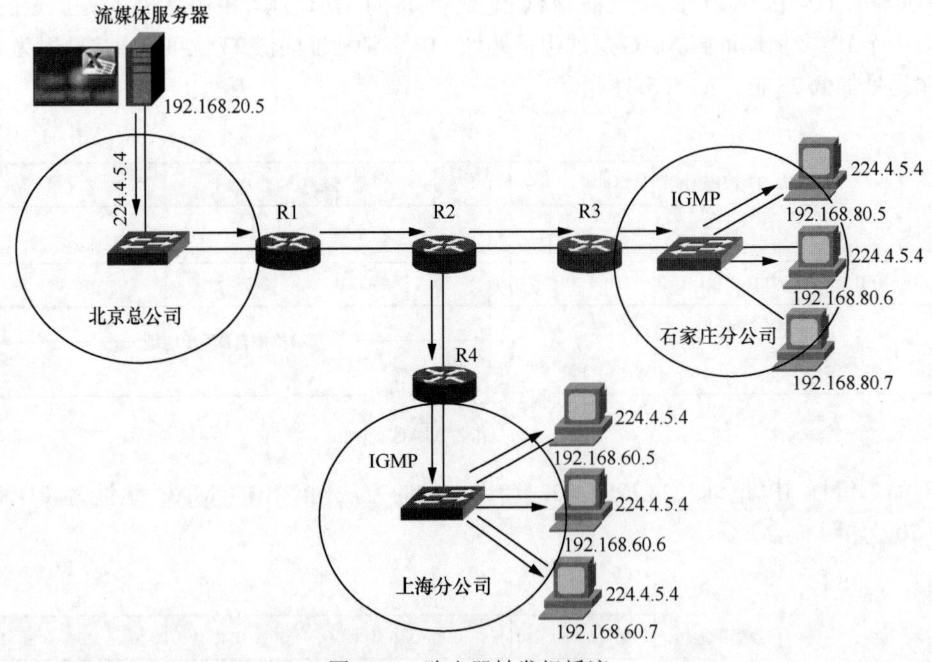

图 5-44 路由器转发组播流

如果上海分公司的计算机不再接收 224.4.5.4 组播视频，路由器 R4 就会告诉路由器 R2，路由器 R2 就不再向路由器 R4 转发该组播数据包。上海分公司的网络中只要有一台计算机接收该组播视频，路由器 R4 就会向路由器 R2 申请该组播数据包。

这就要求上海分公司的路由器必须知道网络中的计算机正在接收哪些组播，就要用到 IGMP，上海分公司的主机与本地路由器（R4）之间使用 Internet 组管理协议（IGMP）来进行组播组成员信息的交互，用于管理组播组成员的加入和离开。

IGMP 可以实现如下双向的功能。

（1）主机通过 IGMP 通知路由器希望接收或拒绝某个特定组播组的信息。

（2）路由器通过 IGMP 周期性地查询局域网内的组播组成员是否处于活动状态，实现所连网段组成员关系的收集与维护。

5.6 习题

1．Windows XP 不能访问 PC2，如图 5-45 所示。

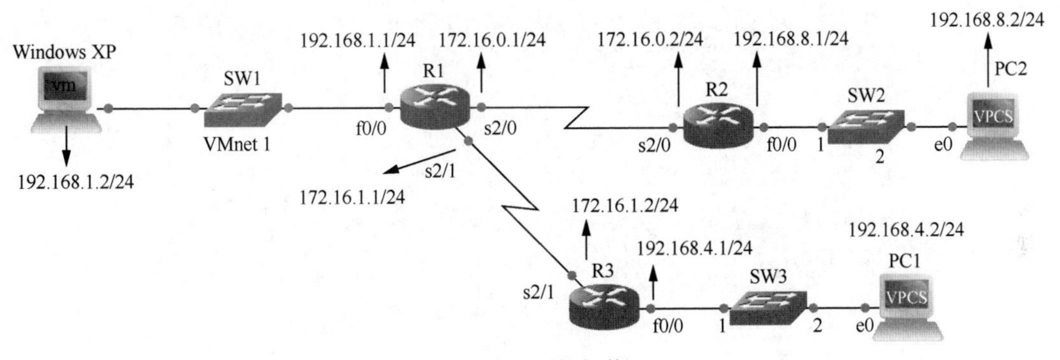

图 5-45　网络拓扑

在 Windows XP 上使用 tracert 命令跟踪数据包的路径，结果如图 5-46 所示。根据跟踪结果，判断问题出在什么地方？

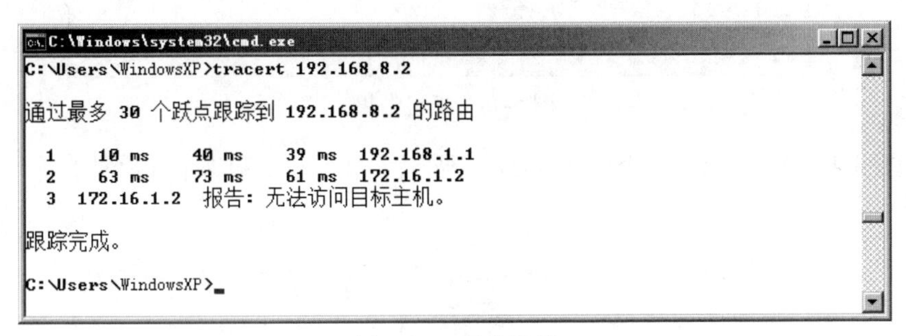

```
C:\Windows\system32\cmd.exe
C:\Users\WindowsXP>tracert 192.168.8.2

通过最多 30 个跃点跟踪到 192.168.8.2 的路由

  1    10 ms    40 ms    39 ms  192.168.1.1
  2    63 ms    73 ms    61 ms  172.16.1.2
  3  172.16.1.2  报告: 无法访问目标主机。

跟踪完成。

C:\Users\WindowsXP>_
```

图 5-46　跟踪结果

2．ARP 实现的功能是（　　）。

A．域名地址到 IP 地址的解析　　　　B．IP 地址到域名地址的解析

C．IP 地址到物理地址的解析　　　　D．物理地址到 IP 地址的解析

3．主机 A 发送 IP 数据报给主机 B，途中经过了两个路由器，如图 5-47 所示。请问在 IP 数据报的发送过程中哪些网络要用到 ARP？

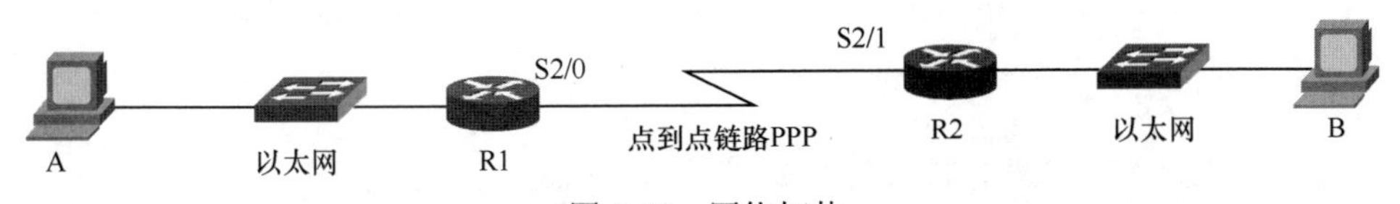

图 5-47　网络拓扑

4．网络层向上提供的服务有哪两种？试比较其优缺点。

5．网络互连有何实际意义？进行网络互连时，有哪些共同的问题需要解决？

6．作为中间设备，路由器和网关有何区别？

7．试简单说明 IP、ARP、ICMP、IGMP 的作用。

8．什么是最大传输单元 MTU？它和 IP 数据报首部中的哪个字段有关系？

9．在 Internet 中是将分片传输的 IP 数据报在最后的目的主机进行组装的。还可以有另一种做法，即数据报片通过一个网络就进行一次组装。试比较这两种方法的优劣。

10．图 5-48 所示是为一家企业排除网络故障时捕获的数据包。你能发现什么问题？是哪一台主机在网络上发送 ARP 广播包？

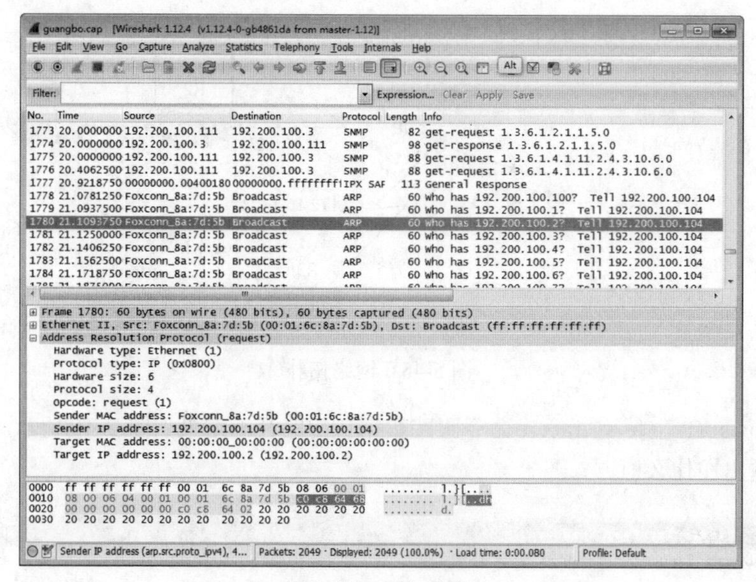

图 5-48 抓包结果

11．图 5-49 所示的第 300 个数据包是一个分片，如何找到和这个分片属于同一个数据包的后继分片？

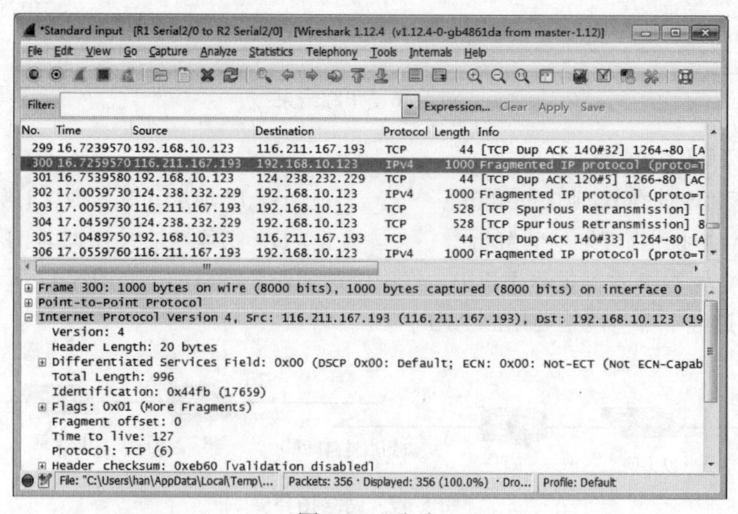

图 5-49 分片

12．连接在同一个交换机上的两个计算机 A 和 B 的 IP 地址、子网掩码和网关的设置如图 5-50 所示。计算机 A ping 计算机 B，是否能通？为什么？

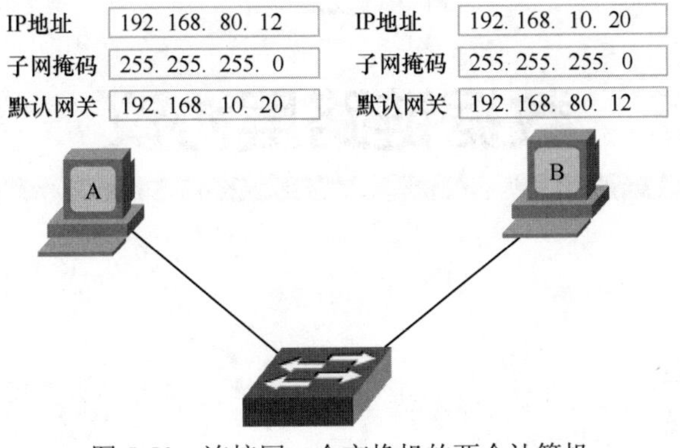

图 5-50　连接同一个交换机的两个计算机

第6章 数据链路层协议

本章主要内容

- 数据链路层的 3 个基本问题
- 点到点信道的数据链路
- 广播信道的数据链路
- 扩展以太网
- 高速以太网

不同的网络类型有不同的通信机制（数据链路层协议），数据包在传输过程中通过不同类型的网络，就要使用该网络通信使用的协议，同时数据包也要重新封装成该网络的帧格式。

图 6-1 所示为两端使用同轴电缆组建的网络，计算机 A 和计算机 D 通信要经过链路 1、链路 2、链路 3 和链路 4。链路通俗一点来讲就是一段用于通信的线缆。链路 1 和链路 2 是同轴电缆，一条链路上有多台计算机，这些计算机使用同一条链路进行通信，这样的链路就是广播信道。链路 2 和链路 3 只有两端连接设备，这样的链路称为“点到点信道”。

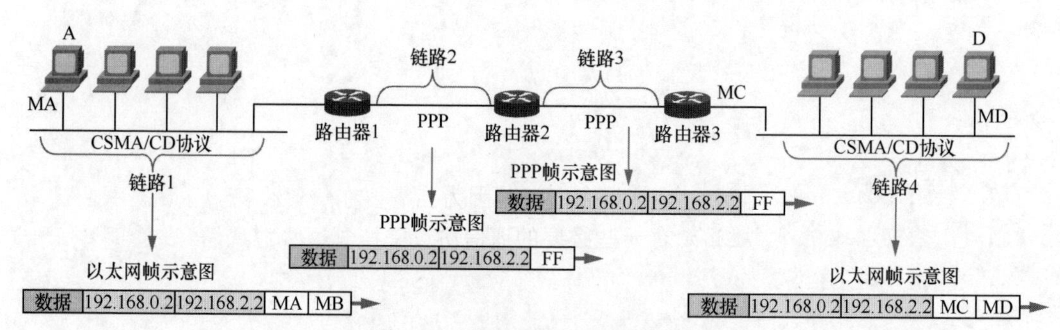

图 6-1　链路和数据链路层协议

链路加上数据链路层协议才能实现数据传输，数据链路层协议负责把数据从链路的一端发送到另一端，数据链路层协议的甲方和乙方是同一链路上的设备。

本章先讲解数据链路层要解决的 3 个基本问题：封装成帧、透明传输、差错检验；再讲解两种类型的数据链路层，即点到点信道的数据链路层和广播信道的数据链路层，这两种数据链路层的通信机制不一样，使用的协议也不一样，点到点信道使用 PPP（Point to Point Protocol），广播信道使用带冲突检测的载波侦听多路访问协议（CSMA/CD 协议）。

使用集线器或同轴电缆组建的网络就是广播信道的网络，网络中的计算机发送数据就要使用 CSMA/CD 协议，使用 CSMA/CD 协议的网络就是以太网，以太网帧格式如图 6-1 所示。

图 6-1 中的路由器 1 和路由器 2、路由器 2 和路由器 3 相连的链路就是点到点信道。适合在点到点信道通信的协议有 PPP，PPP 帧格式如图 6-1 所示。在点到点信道中也可以使用其他协议，如高级数据链路控制（High-Level Data Link Control，HDLC）协议，不过 HDLC 帧格式和 PPP 帧格式不同。

当然网络的类型也不是只有这两种，如帧中继（frame relay）交换机连接的网络类型，数据包通过帧中继的网络，就要封装成帧中继协议的帧格式。

6.1 数据链路层的 3 个基本问题

6.1.1 数据链路和帧

请读者注意，在本书中链路和数据链路是有区别的。

链路（Link）是指从一个节点到相邻节点的一段物理线路（有线或无线），中间没有任何其他的交换节点。计算机通信的路径往往要经过许多段这样的链路。链路只是一条路径的组成部分。

计算机 A 到计算机 B 要经过链路 1、链路 2、链路 3、链路 4 和链路 5，如图 6-2 所示。集线器不是交换节点，因此计算机 A 和路由器 1 之间是一条链路，而计算机 B 和路由器 3 之间使用交换机连接，这就是两条链路——链路 4 和链路 5。

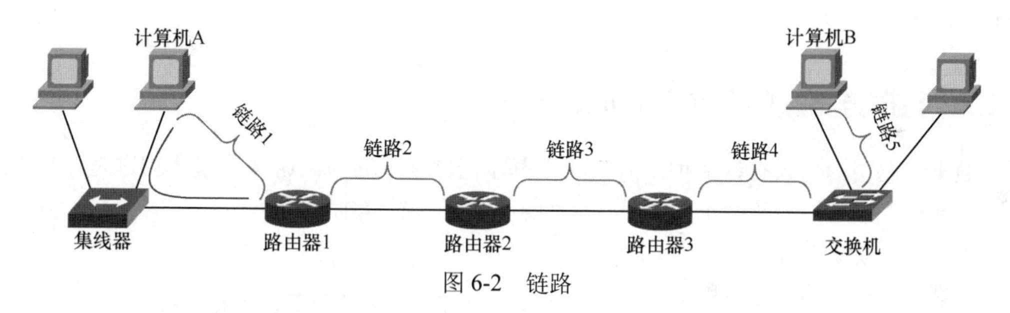

图 6-2 链路

数据链路（data link）则是另一个概念，这是因为当需要在一条线路上传输数据时，除了必须有一条物理线路外，还必须有一些必要的通信协议来控制这些数据的传输。若把实现这些协议的硬件和软件加到链路上，就构成了数据链路。现在最常用的方法是使用网络适配器（既有硬件也有软件）来实现这些协议。一般的适配器包括数据链路层和物理层这两层的功能。

早期的数据通信协议曾叫作“通信规程”（procedure）。因此，在数据链路层，规程和协议是同义词。

下面介绍点对点信道的数据链路层的协议数据单元——帧。

数据链路层把网络层交下来的数据封装成帧发送到链路上，并把接收到的帧中的数据取出上交给网络层。在 Internet 中，网络层的协议数据单元就是 IP 数据报（或简称为“数据报”“分组”或“包”）。数据链路层封装的帧，在物理层变成数字信号在链路上传输，如图 6-3 所示。

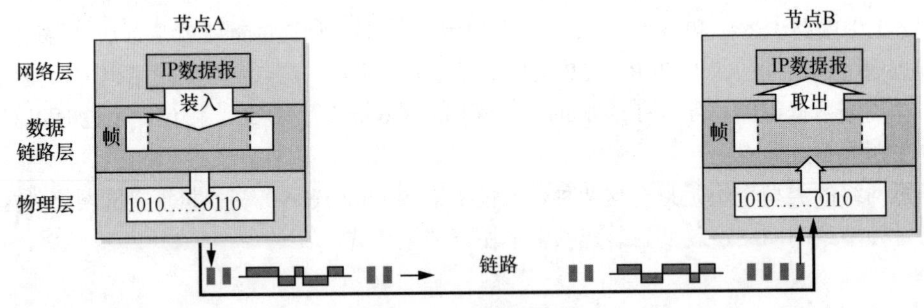

图 6-3 3 层简化模型

本章探讨数据链路层，就不考虑物理层如何实现比特传输的细节，我们可以简单地认为数据帧通过数据链路由节点 A 发送到节点 B，如图 6-4 所示。

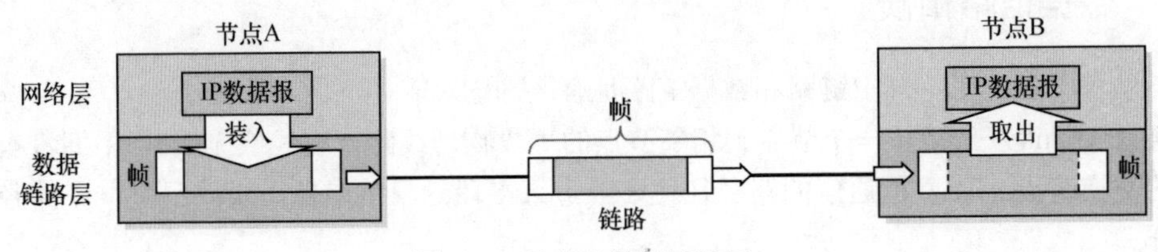

图 6-4 只考虑数据链路层

数据链路层把网络层交下来的 IP 数据报添加首部和尾部后封装成帧，节点 B 收到后检测帧在传输过程中是否产生差错。如果无差错，节点 B 将会把 IP 数据报上交给网络层；如果有差错，则丢弃。

6.1.2 数据链路层的 3 个基本问题详解

数据链路层的协议有许多种，但有 3 个基本问题是共同的。这 3 个基本问题是：封装成帧、透明传输和差错检验。下面针对这 3 个基本问题进行详细讨论。

1. 封装成帧

封装成帧就是将网络层的 IP 数据报的前后分别添加首部和尾部，这样就构成了一个帧。不同的数据链路层协议的帧的首部和尾部包含的信息有明确的规定，帧的首部和尾部有帧开始符和帧结束符，称为“帧定界符”，如图 6-5 所示。接收方收到物理层传过来的数字信号，就从帧开始符一直读取到帧结束符，这被认为接收到了一个完整的帧。

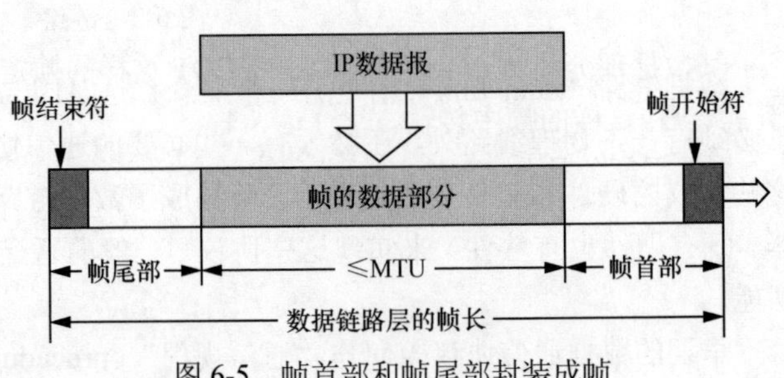

图 6-5 帧首部和帧尾部封装成帧

当数据传输中出现差错时，帧定界符的作用更加明显。如果发送端在尚未发送完一个帧时突然出现故障，中断发送，接收端收到了只有帧开始符没有帧结束符的帧，就会认为是一个不完整的帧，必须丢弃。

为了提高数据链路层的传输效率，应当使帧的数据部分尽可能大于首部和尾部的长度。但是每一种数据链路层协议都规定了所能传输的帧的数据部分长度的上限——最大传输单元

(Maximum Transfer Unit，MTU)，以太网的 MTU 为 1500 字节，MTU 指的是数据部分的长度，如图 6-5 所示。

2. 透明传输

帧开始符和帧结束符最好选择不会出现在帧的数据部分的字符，通常能够通过键盘输入的字符是 ASCII 字符代码表中的打印字符。在 ASCII 字符代码表中还有非打印控制字符，其中有两个字符专门用来做帧定界符，如图 6-6 所示。代码 SOH（start of header）作为帧开始定界符，对应的二进制编码为 0000 0001；代码 EOT（end of transmission）作为帧结束定界符，对应的二进制编码为 0000 0100。本例说明帧定界符最好避免和要传输的数据相同，不同的数据链路层协议定义了不同的帧定界符。如果传输的数据恰巧出现了帧定界符，那么数据链路层协议就要定义解决办法，比如 PPP 帧的零比特填充法和字符填充法。

高四位		ASCII非打印控制字符										ASCII 打印字符												
		0000					0001					0010		0011		0100		0101		0110		0111		
		0					1					2		3		4		5		6		7		
低四位		十进制	字符	ctrl	代码	字符解释	十进制	字符	ctrl	代码	字符解释	十进制	字符	十进制	字符	十进制	字符	十进制	字符	十进制	字符	十进制	字符	ctrl
0000	0	0	BLANK NULL	^@	NUL	空	16	►	^P	DLE	数据链路转意	32		48	0	64	@	80	P	96	`	112	p	
0001	1	1	☺	^A	SOH	头标开始	17	◄	^Q	DC1	设备控制 1	33	!	49	1	65	A	81	Q	97	a	113	q	
0010	2	2	☻	^B	STX	正文开始	18	↕	^R	DC2	设备控制 2	34	"	50	2	66	B	82	R	98	b	114	r	
0011	3	3	♥	^C	ETX	正文结束	19	‼	^S	DC3	设备控制 3	35	#	51	3	67	C	83	S	99	c	115	s	
0100	4	4	♦	^D	EOT	传输结束	20	¶	^T	DC4	设备控制 4	36	$	52	4	68	D	84	T	100	d	116	t	
0101	5	5	♣	^E	ENQ	查询	21	§	^U	NAK	反确认	37	%	53	5	69	E	85	U	101	e	117	u	
0110	6	6	♠	^F	ACK	确认	22	■	^V	SYN	同步空闲	38	&	54	6	70	F	86	V	102	f	118	v	
0111	7	7	●	^G	BEL	震铃	23	↨	^W	ETB	传输块结束	39	'	55	7	71	G	87	W	103	g	119	w	
1000	8	8	◘	^H	BS	退格	24	↑	^X	CAN	取消	40	(	56	8	72	H	88	X	104	h	120	x	
1001	9	9	○	^I	TAB	水平制表符	25	↓	^Y	EM	媒体结束	41	)	57	9	73	I	89	Y	105	i	121	y	
1010	A	10	◙	^J	LF	换行/新行	26	→	^Z	SUB	替换	42	*	58	:	74	J	90	Z	106	j	122	z	
1011	B	11	♂	^K	VT	竖直制表符	27	←	^[	ESC	转意	43	+	59	;	75	K	91	[	107	k	123	{	
1100	C	12	♀	^L	FF	换页/新页	28	∟	^\	FS	文件分隔符	44	,	60	<	76	L	92	\	108	l	124	|	
1101	D	13	♪	^M	CR	回车	29	↔	^]	GS	组分隔符	45	-	61	=	77	M	93	]	109	m	125	}	
1110	E	14	♫	^N	SO	移出	30	▲	^6	RS	记录分隔符	46	.	62	>	78	N	94	^	110	n	126	~	
1111	F	15	☼	^O	SI	移入	31	▼	^-	US	单元分隔符	47	/	63	?	79	O	95	_	111	o	127	Δ	Back space

图 6-6 ASCII 字符代码表

如果传输的是用文本文件组成的帧时（文本文件中的字符都是使用键盘输入的可打印字符），其数据部分显然不会出现 SOH 或 EOT 这样的帧定界符。可见不管从键盘输入什么字符，都可以放在这样的帧中传输。

当数据部分是非 ASCII 字符代码表的文本文件时（如二进制代码的计算机程序或图像等），情况就不同了。如果数据中的某一段二进制代码正好和 SOH 或 EOT 帧定界符的编码一样，接收端就会误认为这就是帧的边界。接收端收到数据部分出现 EOT 帧定界符，就误认为接收到了一个完整的帧，后面的部分因为没有帧开始定界符而被认为是无效帧遭到丢弃，如图 6-7 所示。

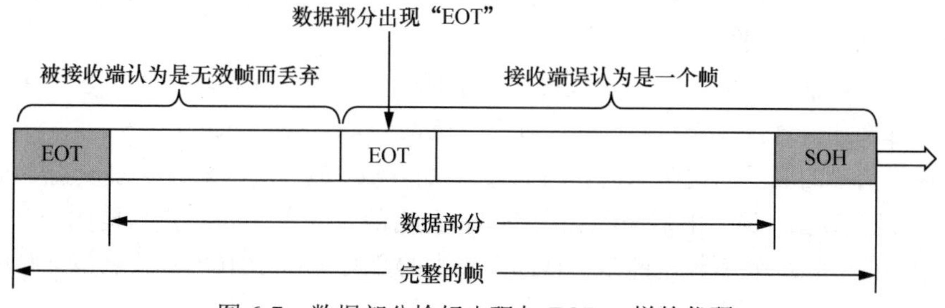

图 6-7 数据部分恰好出现与 EOT 一样的代码

现在就要想办法，让接收端能够区分帧中的 EOT 或 SOH 是数据部分还是帧定界符，我们可以在数据部分出现的帧定界符编码前面插入转义字符。在 ASCII 字符代码表中，有一个非打印字符（代码是 ESC，二进制编码为 0001 1011）专门作为转义字符。接收端收到后提交给网络层之前去掉转义字符，并认为转义字符后面的字符为数据，如果数据部分有转义字符 ESC 的编码，就需要在 ESC 字符编码前再插入一个 ESC 字符编码，接收端收到后去掉插入的转义字符编码，并认为后面的 ESC 字符编码是数据。

例如，节点 A 给节点 B 发送数据帧，在发送到数据链路之前，在数据中出现 SOH、ESC 和 EOT 字符编码之前的位置插入转义字符 ESC 的编码，这个过程就是字节填充。节点 B 接收之后，再去掉填充的转义字符，视转义字符后的字符为数据，如图 6-8 所示。

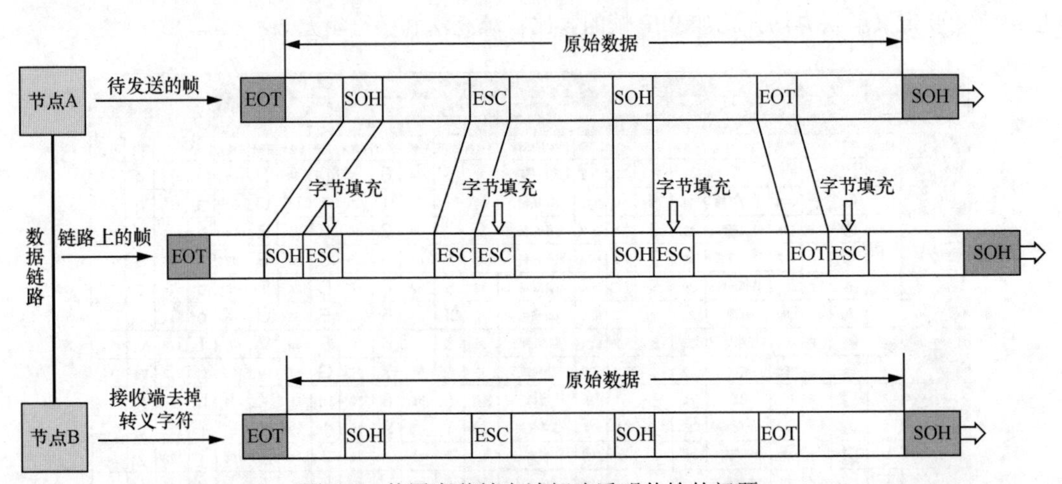

图 6-8 使用字节填充法解决透明传输的问题

发送节点 A 在发送帧之前在原始数据中的必要位置插入转义字符，接收节点 B 收到数据后去掉转义字符，又得到原始数据，中间插入转义字符是要确保传输的原始数据原封不动地发送到节点 B，这个过程称为“透明传输”。

3．差错检验

现实的通信链路都不是理想的。这就是说，比特在传输过程中可能会产生差错：1 可能会变成 0，而 0 也可能变成 1，这就叫作“比特差错”。比特差错是传输差错中的一种。在一段时间内，传输错误的比特占所传输的比特总数的比率称为误码率（Bit Error Rate，BER）。例如，误码率为 10^{-10} 时，表示平均每传输 1010 个比特就会出现一个比特的差错。误码率与信噪比有很大的关系。如果设法提高信噪比，就可以使误码率降低。但实际的通信链路并非理想的，不可能使误码率下降到零。因此，为了保证数据传输的可靠性，在计算机网络传输数据时，必须采用各种差错检验措施。目前在数据链路层广泛使用循环冗余检验（Cyclic Redundancy Check，CRC）的差错检验技术。

要想让接收端能够判断帧在传输过程是否出现差错，需要在传输的帧中包含用于检测错误的信息，这部分信息就称为“帧校验序列”（Frame Check Sequence，FCS）。

下面通过简单的例子来说明如何使用循环冗余检验（CRC）技术来计算帧校验序列（FCS）。CRC 运算就是在数据（M）的后面添加供差错检测用的 n 位冗余码，然后构成一个帧发送出去。要使用帧的数据部分和数据链路层首部合起来的数据（M=101001）来计算 n 位帧校验序列（FCS），并放到帧的尾部，如图 6-9 所示，那么校验序列如何计算呢？

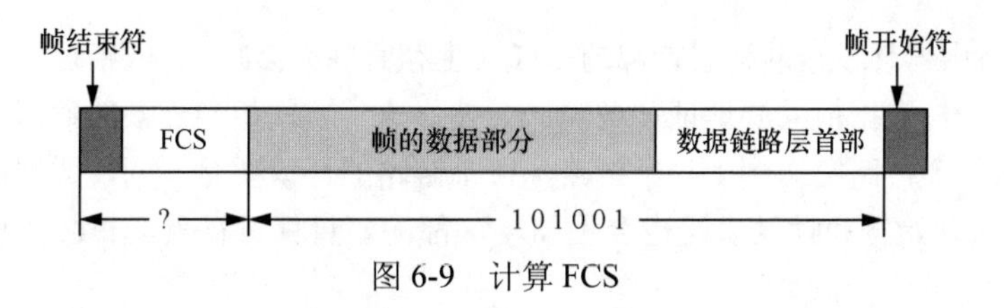

图 6-9 计算 FCS

首先在要校验的二进制数据 M=101001 后面添加 n 位 0，再除以收发双方事先商定好的 n+1 位的除数 P，得出的商是 Q，而余数是 R（n 位，比除数少一位），这个 n 位余数 R 就是计算出的 FCS。

假如要得到 3 位帧校验序列，就要在 M 后面添加 3 个 0，成为 101001000，假定事先商定好的除数 P=1101（4 位），如图 6-10 所示，做完除法运算后余数是 001，001 将会添加到帧的尾部作为帧校验序列（FCS），得到的商 Q=110101，但这个商并没有什么用途。

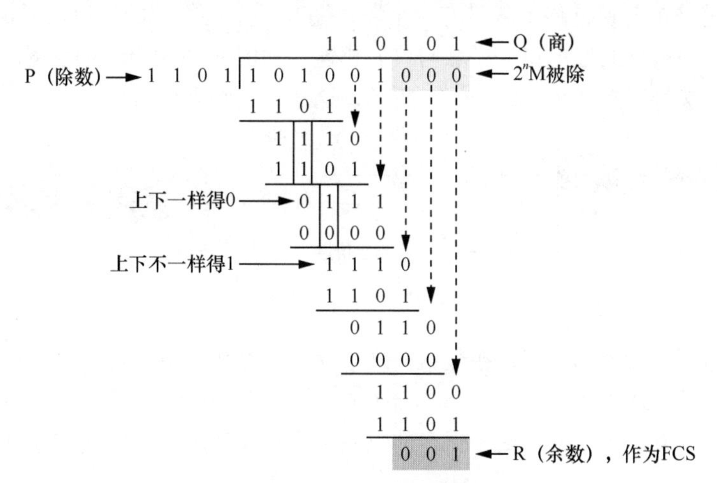

图 6-10 循环冗余检验原理

将计算出的帧校验序列 FCS=001 和要发送的数据 M=101001 一起发送到接收端，如图 6-11 所示。

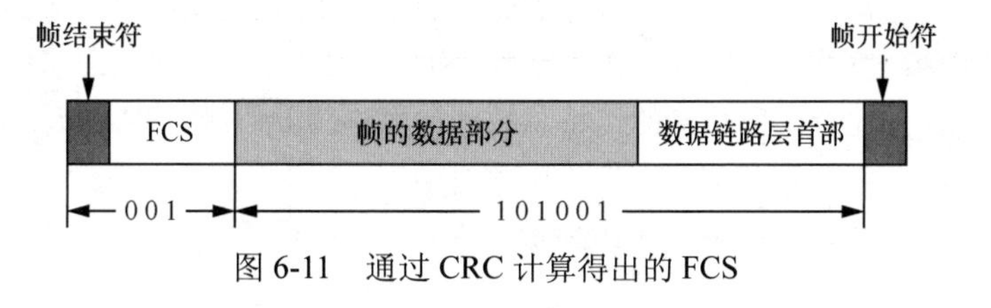

图 6-11 通过 CRC 计算得出的 FCS

接收端收到后，会使用 M 和 FCS 合成一个二进制数 101001001，再除以 P=1101，如果在传输过程没有出现差错，则余数是 0。读者可以自行计算一下，看看结果。如果出现误码，余数为 0 的概率将非常非常小。

接收端对收到的每一帧都进行 CRC 检验，如果得到的余数 R 等于 0，则断定该帧没有差错，就接收。若余数 R 不等于 0，则断定这个帧有差错（无法确定究竟是哪一位或哪几位出现了差错，也不能纠错），就丢弃。这时对通信的两个计算机来说，就出现丢包现象了，不过通信的两个计算机传输层的 TCP 可以实现可靠传输（如丢包重传）。

计算机通信往往需要经过多条链路，IP 数据报经过路由器，网络层首部会发生变化，例如，经过一个路由器转发，网络层首部的TTL（生存时间）会减1，或经过配置端口地址转换（PAT）路由器，IP数据报的源地址和源端口会被修改，这就相当于帧的数据部分被修改，并且IP数据报从一个链路发送到下一个链路，每条链路的协议要是不同，数据链路层首部格式也会不同，且帧开始符和帧结束符也会不同。这都需要将帧进行重新封装，重新计算帧校验序列。

在数据链路层，发送端帧校验序列FCS的生成和接收端的CRC检验都是用硬件完成的，处理很迅速，因此并不会延误数据的传输。

6.2 点到点信道的数据链路

点到点信道是指一条链路上就只有一个发送端和一个接收端的信道，通常用在广域网链路。例如，两个路由器通过串口（广域网口）相连，如图6-12所示，或家庭用户使用调制解调器通过电话线拨号连接ISP，如图6-13所示，这都是点到点信道。

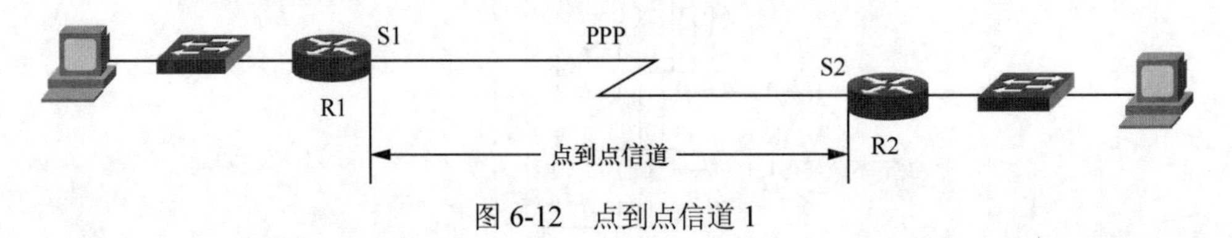

图6-12 点到点信道1

在通信线路质量较差的年代，在数据链路层使用可靠传输协议曾经是一种好办法。因此，能实现可靠传输的HDLC就成为当时比较流行的数据链路层协议。但现在HDLC已很少使用了。对于点到点信道，比HDLC简单得多的点到点协议（PPP）则是目前使用较广泛的数据链路层协议。

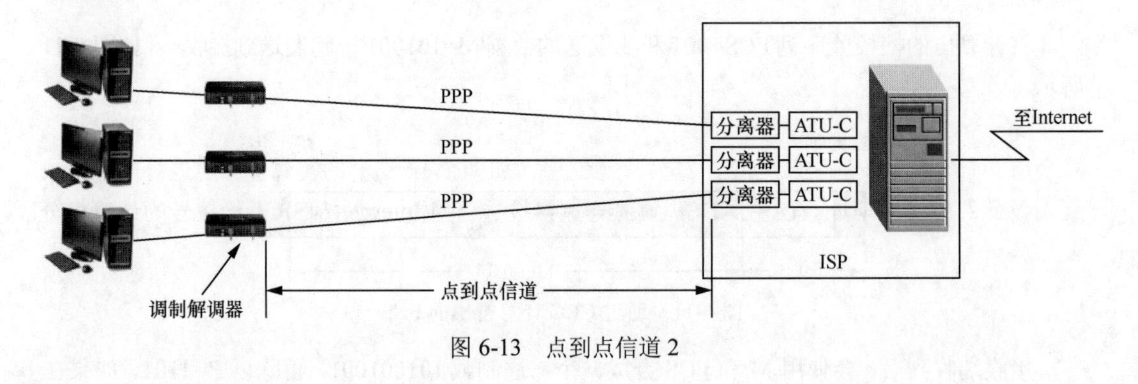

图6-13 点到点信道2

6.2.1 PPP的特点

适用于点到点信道的协议有很多，当前应用较广泛的协议是PPP。PPP在1994年成为Internet的正式标准。这意味着该协议是开放式协议，是不同厂家的网络设备都支持的协议。

PPP有数据链路层的3个功能，即封装成帧、透明传输和差错检验，同时还有一些特性。

1．简单

PPP不负责可靠传输、纠错和流量控制，也不需要给帧编号，接收端收到帧后就进行CRC

检验，如果CRC检验正确，就接收该帧，反之就直接丢弃，其他什么也不做。

2. 封装成帧

PPP必须规定特殊的字符作为帧定界符（每种数据链路层协议都有特定的帧定界符），以便使接收端能从收到的比特流中准确地找出帧的开始和结束位置。

3. 透明传输

PPP必须保证数据传输的透明性。这就是说，如果数据中碰巧出现了和帧定界符一样的比特组合时，就要采取有效的措施来解决这个问题。

4. 差错检验

PPP必须能够对接收端收到的帧进行检验，并立即丢弃有差错的帧。若在数据链路层不进行差错检验，那么已出现差错的无用帧就还要在网络中继续向前转发，这样会白白浪费许多网络资源。

5. 支持多种网络层协议

PPP必须能够在同一条物理链路上同时支持多种网络层协议（如IP和IPv6等）的运行。这就意味着IP数据包和IPv6数据包都可以封装在PPP帧中进行传输。

6. 支持多种类型链路

除了要支持多种网络层的协议外，PPP还必须能够在多种类型的链路上运行。例如，串行的（一次只发送一个比特）或并行的（一次并行地发送多个比特），同步的或异步的，低速的或高速的，电的或光的，交换的（动态的）或非交换的（静态的）点到点信道。

7. 自动检测连接状态

PPP必须具有一种机制能够及时（不超过几分钟）自动检测出链路是否处于正常工作状态。当出现故障的链路隔了一段时间后又重新恢复正常工作时，就特别需要有这种及时检测功能。

8. 可设置最大传输单元标准值

PPP必须对每一种类型的点到点信道设置最大传输单元的标准默认值。这样做是为了促进各种实体之间的互操作性。如果高层协议发送的分组过长并超过MTU的数值，PPP就要丢弃这样的帧，并返回差错。需要强调的是，MTU是数据链路层的帧可以载荷的数据部分的最大长度，而不是帧的总长度。

9. 网络层地址协商

PPP必须提供一种机制使通信的两个网络层（如两个IP层）的实体能够通过协商知道或配置彼此的网络层地址。使用ADSL调制解调器拨号访问Internet，ISP会给拨号的计算机分配一个公网地址，这就是PPP的功能。

10. 数据压缩协商

PPP必须提供一种方法来协商使用数据压缩算法，但PPP并不要求将数据压缩算法进行标准化。

6.2.2 PPP的组成

PPP由3个部分组成，如图6-14所示。

1. 高级数据链路控制协议

高级数据链路控制（High-level Data Link Control，HDLC）协议是将IP数据报封装到串行链路的方法。PPP既支持异步链路（无奇偶校验的8比特数据），也支持面向比特的同步链路。IP数据报在PPP帧中就是其信息部分，这个信息部分的长度受MTU的限制。

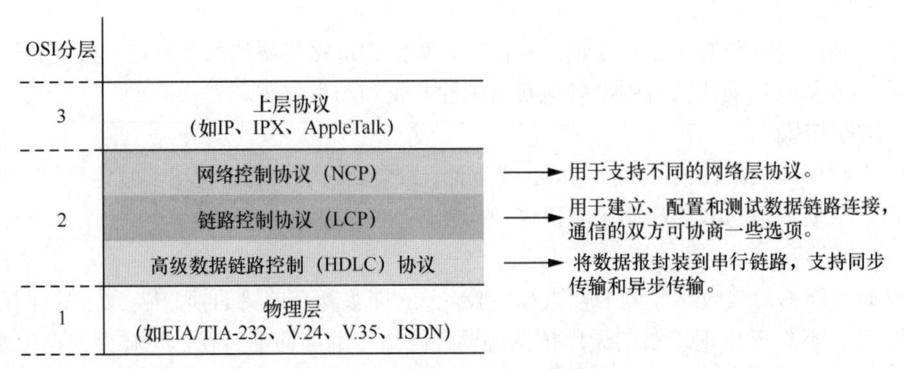

图6-14　PPP的3个组成部分

2．链路控制协议

链路控制协议（Link Control Protocol，LCP）用于建立、配置和测试数据链路连接，通信的双方可协商一些选项。

3．网络控制协议

网络控制协议（Network Control Protocol，NCP）中的每一个协议支持不同的网络层协议，如IP、IPv6、DECnet，以及AppleTalk等。

6.2.3　同步传输和异步传输

点到点信道通常是广域网串行通信。串行通信可以分为两种类型：同步通信和异步通信。下面讲解一下它们之间的区别。

1．同步传输

在数字通信中，同步（synchronous）是十分重要的。为了保证传输信号的完整性和准确性，要求接收端时钟与发送端时钟保持相同的频率，以保证单位时间读取的信号单元数相同，即保证传输信号的准确性。

同步传输（synchronous transmission）以数据帧为单位传输数据，可采用字符形式或位组合形式的帧同步信号，在短距离的高速传输中，该时钟信号可由专门的时钟线路传输，由发送端或接收端提供专用于同步的时钟信号。计算机网络采用同步传输方式时，常将时钟同步信号（前同步码）植入数据信号帧中，以实现接收端与发送端的时钟同步。

发送端发送的帧在帧开始定界符前植入了前同步码，用于同步接收端时钟，前同步码后面是一个完整的帧，如图6-15所示。

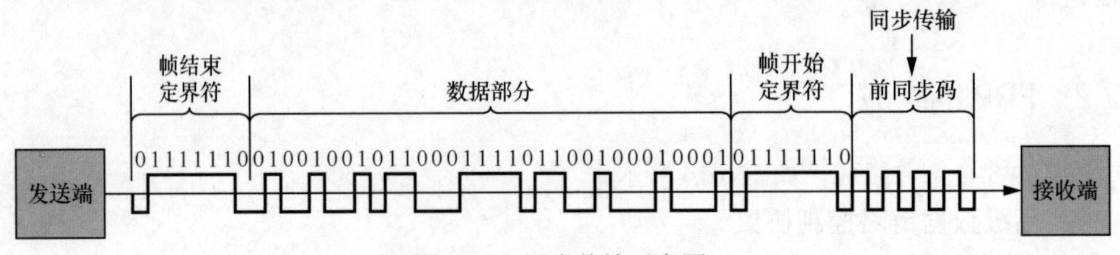

图6-15　同步传输示意图

2．异步传输

异步传输（asynchronous transmission）以字符为单位传输数据，发送端和接收端具有相互独立的时钟（频率相差不能太多），并且两者中的任意一方都不需要向对方提供时钟同步信号。异步传输的发送端与接收端在数据可以传输之前不需要协调，发送端可以在任何时刻发送数据，而接收端必须随时都处于准备接收数据的状态。计算机主机与输入、输出设备之间一般采用异步传输方式，如键盘可以在任何时刻发送一个字符，这取决于用户何时输入。

异步传输存在一个潜在的问题，即接收方并不知道数据会在什么时候到达。在它检测到数据并做出响应之前，第一个比特已经过去了。这就像有人出乎意料地从后面走上来跟你说话，而你没来得及反应，就已经漏掉了最前面的几个词一样。因此，每次异步传输的信息都以一个起始位开头，它通知接收端数据已经到达了，这就给了接收端响应、接收和缓存数据比特的时间；在传输结束时，一个停止位表示该次传输信息的终止。按照惯例，空闲（没有传输数据）的线路实际携带着一个代表二进制 1 的信号，异步传输的开始位使信号变成 0，其他的比特位使信号随传输的数据信息而变化。最后，停止位使信号重新变回 1，该信号一直保持到下一个开始位到达。例如，键盘上的数字“1”按照 8 比特位的扩展 ASCII 编码将发送“00110001”，同时需要在 8 比特位的前面加一个起始位，后面加一个停止位。

如果发送端以异步传输的方式发送帧到接收端，则需要将发送的帧拆分成以字符为单位进行传输，每个字符前有一位起始位，后有一位停止位。字符之间的时间间隔不固定。接收端收到这些陆续到来的字符，照样可以组装成一个完整的帧，如图 6-16 所示。

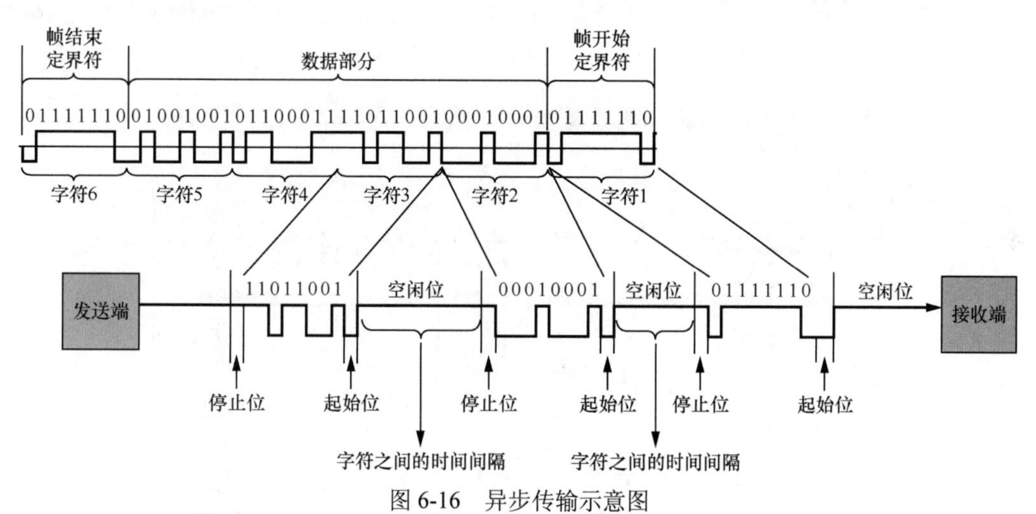

图 6-16 异步传输示意图

异步传输的实现比较容易，由于每个信息都加上了“同步”信息，因此计时的漂移不会产生大的积累，但却产生了较多的开销。在上面的例子中，每 8 个比特要多传输 2 个比特，总的传输负载就增加 25%。对数据传输量很小的低速设备来说问题不大，但对那些数据传输量很大的高速设备来说，25%的负载增值就相当严重了。因此，异步传输常用于低速设备。

异步传输和同步传输的区别如下。

（1）异步传输是面向字符的传输，而同步传输是面向比特的传输。

（2）异步传输的单位是字符，而同步传输的单位是帧。

（3）异步传输通过字符起止的开始码和停止码抓住再同步的机会，而同步传输则是从前同步码中抽取同步信息。

（4）异步传输相比同步传输，其效率较低。

6.2.4 抓包查看 PPP 的帧首部

打开配套资源第 6 章“01 PPP”eNSP 模拟器项目，启动路由器，捕获路由器 AR1 和 AR2 相连链路上的数据包，同时要确保连接这两个路由器串口通信使用 PPP，右击路由器 AR1，在弹出的快捷菜单中单击“数据抓包”→“Serial 2/0/0”，如图 6-17 所示，开始抓包，在 PC1 上 ping PC2。

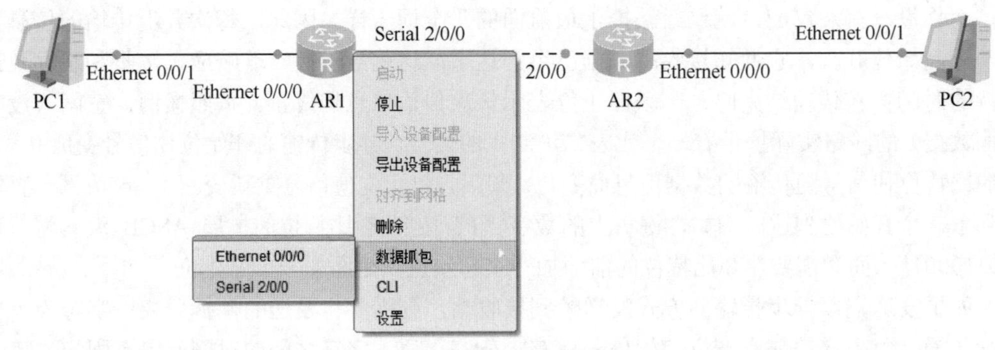

图 6-17 捕获 PPP 数据帧

查看捕获的 PPP 帧，可以看到前面的帧的协议为 PPP LCP，也就是链路控制协议。选中其中第 4 个帧，单击 Point-to-Point Protocol，可以看到 PPP 帧首部有 3 个字段，如图 6-18 所示。

No.	Time	Source	Destination	Protocol	Length	Info
1	0.00000000	N/A	N/A	PPP LCP	16	Echo Request
2	0.01000100	N/A	N/A	PPP LCP	16	Echo Reply
3	10.2615870	N/A	N/A	PPP LCP	16	Echo Request
4	10.2705870	N/A	N/A	PPP LCP	16	Echo Reply
5	11.4836570	N/A	N/A	PPP LCP	16	Echo Request
6	11.4856570	N/A	N/A	PPP LCP	16	Echo Reply
7	20.4941720	N/A	N/A	PPP LCP	16	Echo Request

```
Frame 4: 16 bytes on wire (128 bits), 16 bytes captured (128 bits) on interface 0
Point-to-Point Protocol
  Address: 0xff
  Control: 0x03
  Protocol: Link Control Protocol (0xc021)
PPP Link Control Protocol

0000  ff 03 c0 21 0a 07 00 0c  02 1d 76 be 02 1d 76 be   ...!.... ..v...v.
```

帧内部是链路控制协议　PPP帧首部

图 6-18 PPP 帧首部

Address 字段的值为 0xff，0x 表示后面的 ff 为十六进制数，写成二进制为 1111 1111，占一字节的长度。点到点信道 PPP 帧中的地址字段形同虚设，可以看到没有源地址和目标地址。

Control 字段的值为 0x03，写成二进制为 0000 0011，占一字节长度。最初曾考虑过以后对地址字段和控制字段的值进行其他定义，但至今也没给出。

Protocol 字段占两字节，不同的值用来标识 PPP 帧内的信息是什么数据。

0x0021——PPP 帧的信息字段就是 IP 数据报。

0xc021——信息字段是 PPP 链路控制数据。

0x8021——表示这是网络控制数据。

0xc023——信息字段是安全性认证 PAP。

0xc025——信息字段是 LQR。

0xc223——信息字段是安全性认证 CHAP。

选中后面捕获到的数据包，查看一个 Protocol 是 TCP 的帧，可以看到数据帧首部的 Protocol 字段为 0x0021，表明 PPP 帧的信息字段就是 IP 数据报，如图 6-19 所示。

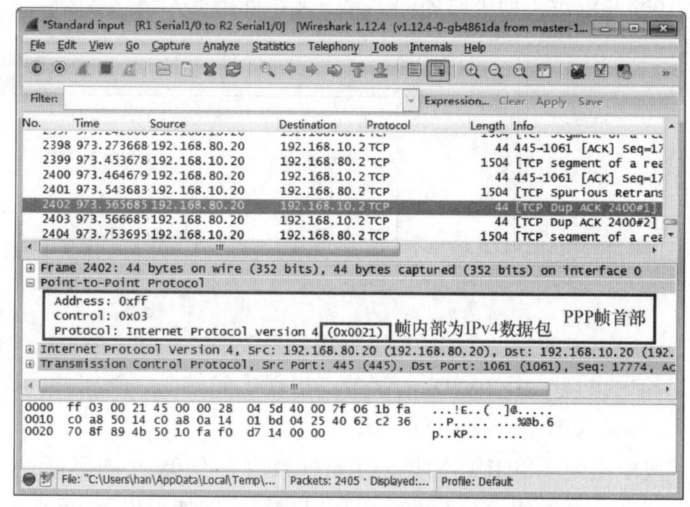

图 6-19 PPP 帧首部的 Protocol 字段

6.2.5 PPP 帧格式

前面分析了 PPP 帧首部格式，并没有看到帧首部的帧开始定界符，也没有看到帧尾部的帧校验序列（FCS）以及帧结束定界符。请读者想想这是为什么？

帧开始定界符和帧结束定界符是用来定位帧的开始和结束的，只是在网卡接收帧时用到，网卡并不保存这些字段；帧校验序列只是用来检测接收的帧是否出现误码，也不会被保存。至于那些在发送端插入的转义字符，接收端也会删掉后再提交给抓包工具。所以使用抓包工具看不到转义字符、帧定界符和帧校验序列。

PPP 帧的首部和尾部如图 6-20 所示。首部有 5 字节，其中 F 字段为帧开始定界符（0x7E），占 1 字节；A 字段为地址字段，占 1 字节；C 字段为控制字段，占 1 字节。尾部有 3 字节，其中 2 字节是帧校验序列，1 字节是帧结束定界符（0x7E）。信息部分不超过 1500 字节。

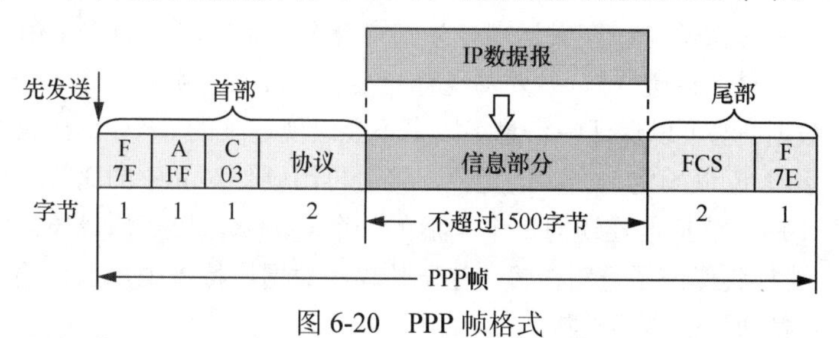

图 6-20 PPP 帧格式

PPP 是面向字节的，所有的 PPP 帧的长度都是整数字节。

6.2.6 PPP 帧填充方式

当信息字段中出现和帧开始定界符和帧结束定界符一样的比特（0x7E）组合时，就必须采取一些措施，使这种形式上和标志字段一样的比特组合不出现在信息字段中。

1．异步传输使用字节填充

在异步传输的链路上，数据传输以字节为单位，PPP 帧的转义字符定义为 0x7D，并使用字节填充，（RFC 1662）规定了如下所述的填充方法，如图 6-21 所示。

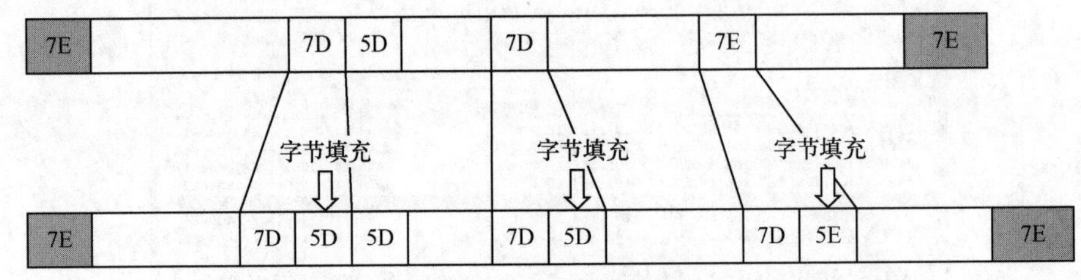

图 6-21 PPP 帧字节填充

（1）把信息字段中出现的每一个 0x7E 字节转变为 2 字节序列（0x7D，0x5E）。

（2）若信息字段中出现一个 0x7D 的字节（出现了和转义字符一样的比特组合），则把 0x7D 转变为 2 字节序列（0x7D，0x5D）。

（3）若信息字段中出现 ASCII 码的控制字符（数值小于 0x20 的字符），则在该字符的前面加入一个 0x7D 字节，同时将该字符的编码加以改变。例如，出现 0x03（在控制字符中是“传输结束”ETX）就要把它转变为 2 字节序列（0x7D，0x23）。

由于在发送端进行了字节填充，因此在链路上传输的信息字节数就超过了原来的信息字节数。但接收端在收到数据后会进行与发送端字节填充相反的变换，就可以正确地恢复出原来的信息。

请读者思考，若接收端收到 7D 5E FE 27 7D 5D 7D 5D 65 7D 5E 数据部分，则真正的数据部分是什么？

参照填充规则进行反向替换：7D 5E→7E，7D 5D→7D。

得到真正的数据部分应该是：7E FE 27 7D 7D 65 7E。

2．同步传输使用零比特填充

在同步传输的链路上，数据传输以帧为单位，PPP 采用零比特填充方法来实现透明传输。把 PPP 帧定界符 0x7E 写成二进制 0111 1110，可以看到中间有连续的 6 个 1，只要想办法在数据部分不要出现连续的 6 个 1，就肯定不会出现这种定界符。具体办法就是“零比特填充法”。

零比特填充的具体做法是：在发送端，先扫描整个信息字段（通常是用硬件实现的，但也可以用软件实现，只是会慢些）。只要发现有连续的 5 个 1，则立即填入一个 0。经过这种零比特填充后的数据，就可以保证在信息字段中不会出现连续的 6 个 1。接收端在收到一个帧后，先找到标志字段 F 以确定一个帧的边界，接着再用硬件对其中的比特流进行扫描。每当发现连续的 5 个 1 时，就把这连续的 5 个 1 后的一个 0 删除，以还原成原来的信息比特流，如图 6-22 所示。这样就保证了透明传输：在所传输的数据比特流中可以传输任意组合的比特流，而不会引起对帧边界的错误判断。

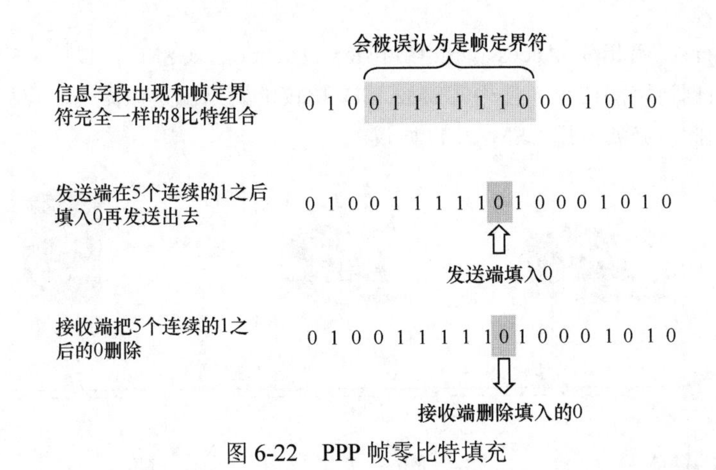

图 6-22 PPP 帧零比特填充

请读者思考这样一种情况，如果发送端发送的数据是 010011111010001010，经过零比特填充会是什么结果呢？填充后就成了 0100111110010001010，接收端收到后数到 5 个连续的 1 就去掉后面的 0，就可以还原原来的数据 010011111010001010。

6.3 广播信道的数据链路

前面讲的点到点信道更多地应用于广域网通信，广播信道更多地应用于局域网通信。

6.3.1 广播信道的局域网

局域网（Local Area Network，LAN）是在一个局部的地理范围（如一个学校、工厂和机关）内，一般是方圆几千米以内，将各种计算机、外部设备和数据库等互相连接起来组成的计算机通信网。

现在大多数企业有自己的网络，通常企业购买网络设备组建内部办公网络，局域网严格意义上讲是封闭型的，这样的网络通常不对 Internet 用户开放，允许访问 Internet，使用保留的私网地址。

最初的局域网使用同轴电缆进行组网，采用总线型拓扑，如图 6-23 所示。和点到点信道的数据链路相比，一条链路通过 T 型接口连接多个网络设备（网卡），当链路上的两个计算机进行通信时，如计算机 A 给计算机 B 发送一个帧，同轴电缆会把承载该帧的数字信号传输到所有终端，链路上的所有计算机都能收到（所以称为“广播信道”）。要在这样的一个广播信道实现点到点通信，就需要给发送的帧添加源地址和目标地址，这就要求网络中的每个计算机的网卡都有唯一的一个物理地址（MAC 地址），仅当帧的目标 MAC 地址和计算机的网卡 MAC 地址相同时，网卡才接收该帧；对于不是发给自己的帧，则丢弃。这和点到点信道不同，点到点信道的帧不需要源地址和目标地址。

广播信道中的计算机发送数据的机会均等，但是链路上又不能同时传输多个计算机发送的信号，因为会产生信号叠加，相互干扰，因此每台计算机在发送数据之前要判断链路上是否有信号在传，开始发送后还要判断是否和其他正在链路上传过来的数字信号发生冲突。如果发生冲突，就要等一个随机时间再次尝试发送，这种机制就是带冲突检测的载波侦听多路访问（Carrier Sense Multiple Access with Collision Detection，CSMA/CD）。CSMA/CD 就是广播信道使用的数据链路层协议，使用 CSMA/CD 协议的网络就是以太网。点到点信道不用进行冲突检测，因此没必要使用 CSMA/CD 协议。

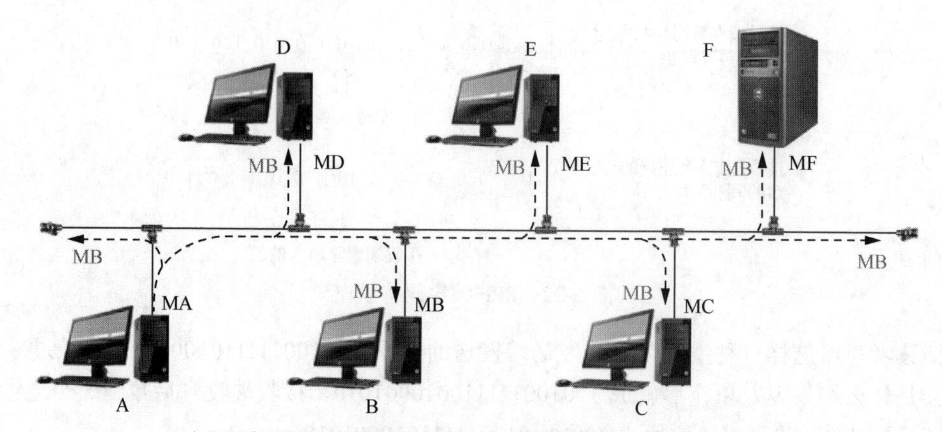

图 6-23 总线型广播信道

广播信道除了总线型拓扑，使用集线器设备还可以连接成星形拓扑，如图 6-24 所示。计算机 A 发送给计算机 C 的数字信号会被集线器发送到所有接口（这和总线型拓扑一样），网络中的计算机 B、C 和 D 的网卡都能收到，该帧的目标 MAC 地址和计算机 C 的网卡相同，所以只有计算机 C 接收该帧。为了避免冲突，计算机 B 和计算机 D 就不能同时发送帧了，因此连接在集线器上的计算机也要使用 CSMA/CD 协议进行通信。

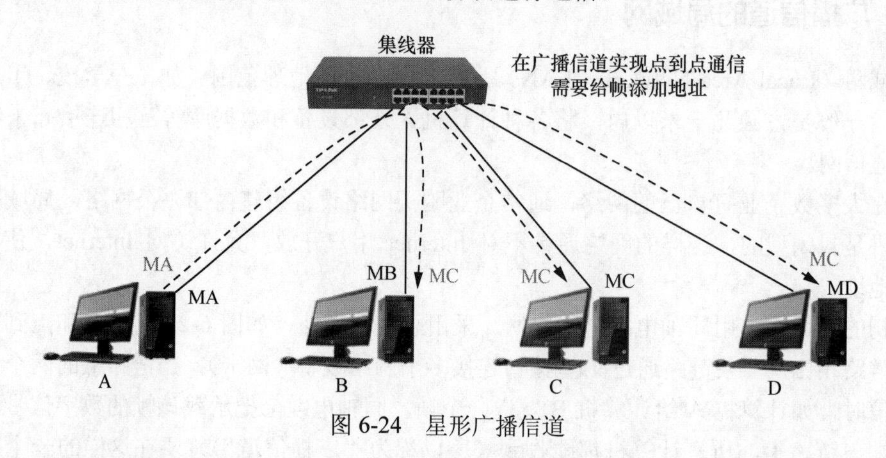

图 6-24 星形广播信道

6.3.2 以太网标准

以太网（Ethernet）是一种计算机局域网组网技术。IEEE 制定的 IEEE 802.3 标准给出了以太网的技术标准，即以太网的介质访问控制协议（CSMA/CD 协议）及物理层技术规范（包括物理层的连线、电信号和介质访问层协议的内容）。

以太网是当前应用最普遍的局域网技术，它很大程度上取代了其他局域网标准，如令牌环、光纤分布式数据接口（Fiber Distributed Data Interface，FDDI）。

最初以太网只有 10Mbit/s 的吞吐量，使用的是带冲突检测的载波侦听多路访问（CSMA/CD）

的访问控制方法。这种早期的 10Mbit/s 以太网被称为“标准以太网”，以太网可以使用粗同轴电缆、细同轴电缆、非屏蔽双绞线、屏蔽双绞线和光纤等多种传输介质进行连接。

在 IEEE 802.3 标准中，为不同的传输介质制定了不同的物理层标准，标准中前面的数字表示传输速度，单位是 Mbit/s，最后一个数字表示单段网线长度（基准单位是 100m），Base 表示“基带”的意思。

标准以太网的标准如表 6-1 所示。

表 6-1　标准以太网的标准

名　称	传 输 介 质	网段最大长度	特　点
10Base-5	粗同轴电缆	500m	早期电缆，已经废弃
10Base-2	细同轴电缆	185m	不需要集线器
10Base-T	非屏蔽双绞线	100m	最便宜的系统
10Base-F	光纤	2000m	适合楼间使用

6.3.3　CSMA/CD 协议

使用同轴电缆或集线器组建的网络都是总线型网络。总线型网络的特点就是一台计算机发送数据时，总线上的所有计算机都能够检测到这个数字信号，这种链路就是广播信道。要想实现点到点通信，网络中的计算机的网卡必须有唯一的地址，发送的数据帧也要有目标地址和源地址。

总线型网络使用 CSMA/CD 协议进行通信，即带冲突检测的载波侦听多路访问技术。下面就对这个协议进行详细阐述。

在总线型网络中很容易增加接入的计算机，这就是多点接入。

在广播信道中的计算机发送数据的机会均等，但不能同时有两个计算机发送数据，因为总线上只要有一台计算机在发送数据，总线的传输资源就被占用。因此计算机在发送数据之前要先侦听总线是否有信号，只有检测到没有信号传输才能发送数据，这就是载波侦听。

即便检测出总线上没有信号，开始发送数据后也有可能和迎面而来的信号在链路上发生碰撞。如图 6-25 所示，计算机 A 发送的信号和计算机 B 发送的信号在链路 C 处发生碰撞，碰撞后的信号相互叠加，在总线上电压变化幅度将会增加，发送端检测到电压变化超过一定的门限值时，就认为发生冲突，这就是冲突检测。

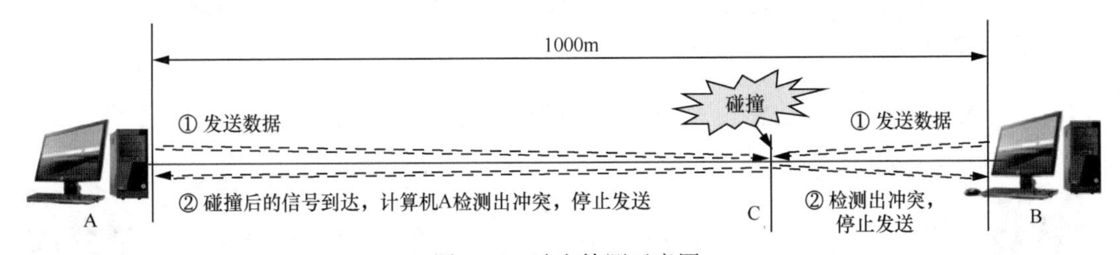

图 6-25　冲突检测示意图

信号产生叠加就无法从中恢复出有用的信息。一旦发现总线上出现了碰撞，发送端就要立即停止发送，免得继续进行无效的发送，白白浪费网络资源，并等待一个随机时间后再次发送。

显然，在使用 CSMA/CD 协议时，一个站不可能同时进行发送和接收。因此使用 CSMA/CD 协议的以太网不可能进行全双工通信，而只能进行双向交替通信（半双工通信）。

6.3.4 以太网最短帧

为了能够检测到正在发送的帧在总线上是否产生冲突，以太网的帧不能太小，如果太小就有可能检测不到自己发送的帧产生了冲突。下面探讨以太网的帧最小应该是多少字节。

要想让发送端能够检测出发生在链路上任何地方的碰撞，那就要探讨一下广播信道中发送端进行冲突检测最长需要多少时间，以及在此期间发送了多少比特，也就能够算出广播信道中检测到发送冲突的最小帧。

以 1000m 的同轴电缆、带宽为 10Mbit/s 的网卡为例，来计算从计算机 A 发送数据到检测出冲突需要的最长时间，以及在此期间发送了多少比特，以此来计算该网络的最小帧，如图 6-26 所示。

电磁波在 1000m 的同轴电缆中传播的时延大约为 5μs，总线上单程端到端的传播时延记为 τ（读音 tao），冲突检测用时最长的情况就是计算机 A 发送的数据到达计算机 B 网卡时，计算机 B 的网卡刚好也发送数据，计算机 A 检测出冲突所需的时间为 2τ，也就是 10μs，在此期间计算机 A 网卡发送的比特数量为 $10\text{Mbit/s} \times 10\mu\text{s} = 10^7\text{bit/s} \times 10^{-5}\text{s} = 100\text{bit}$。

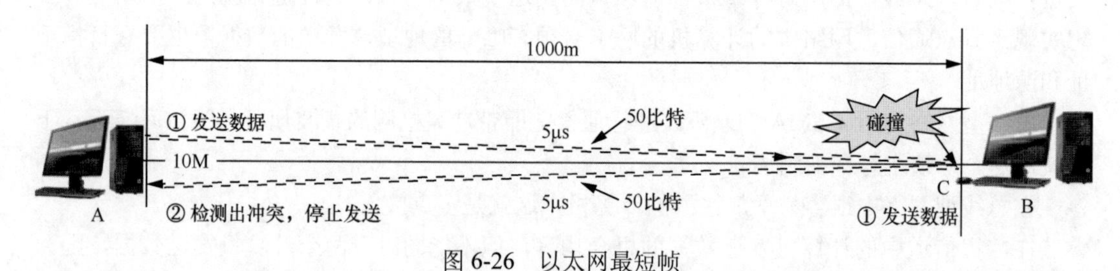

图 6-26 以太网最短帧

1000m 的同轴电缆使用 10Mbit/s 带宽发送数字信号，单程链路上有 50 比特，双程就有 100 比特，可以计算出每个比特在链路上的长度为 1000/50=20m，如图 6-26 所示。

如果发送端发送的帧小于 100 比特，就有可能检测不到该帧在链路上产生冲突。计算机 A 发送的帧只有 60 比特，在链路的 C 处与计算机 B 发送的信号发生碰撞，发送完毕时，碰撞后的信号还没有到达计算机 A，计算机 A 认为发送成功，等碰撞后的信号到达计算机 A，计算机 A 已经没法判断是自己发送的帧发生了碰撞，还是总线上的其他计算机发送的帧发生了碰撞，如图 6-27 所示。

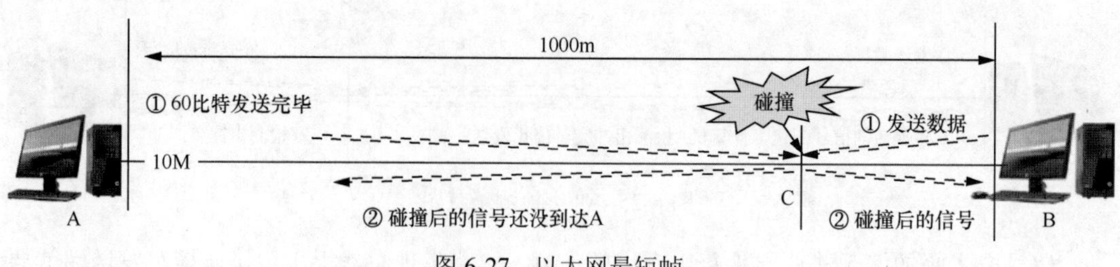

图 6-27 以太网最短帧

因此在本案例的长度为 1000m 同轴电缆、带宽为 10Mbit/s 的广播信道中，发送端要想检测出在链路任何地方发生的冲突，发送的帧最小为 100 比特，也就是该链路上的最小帧。这就要求使用 CSMA/CD 这种协议的链路上的帧必须大于最小帧。

最小帧和传输时延以及带宽有关，因为电磁波的传输速度和介质有关，如果链路传输介质不变，也可以认为最小帧和链路长度以及带宽有关。

例如，同轴电缆还是 1000m，传输时延不变，网卡带宽改为 100Mbit/s，那么能够检测出碰撞的最小帧为 100Mbit/s×10μs =10^8bit/s×10^{-5}s=1000bit。

再如，网卡带宽还是 10Mbit/s，同轴电缆改为 500m，传输时延为原来的一半，那么能够检测出碰撞的最小帧为 10Mbit/s×5μs =10^7bit/s×5×10^{-6}s=50bit。

以太网设计最大端到端长度为 5km（实际上的以太网覆盖范围远远没有这么大），单程传播时延大约为 25.6μs，往返传播时延为 51.2μs，10Mbit/s 标准以太网最小帧为 10Mbit/s×51.2μs =10^7bit/s×51.2×10^{-6}s=512bit。

512 比特也就是 64 字节，这就意味着以太网发送数据帧时如果前 64 字节没有检测出冲突，后面发送的数据就一定不会发生冲突。换句话说，如果发生碰撞，就一定在前 64 字节之内。由于一旦检测出冲突就立即终止发送，这时发送的数据一定小于 64 字节，因此凡是长度小于 64 字节的帧都是由于冲突而异常终止的无效帧，只要收到了这种无效帧，就应当立即将其终止。

6.3.5 冲突解决方法——截断二进制指数退避算法

总线型网络中的计算机数量越多，在链路上发送数据产生冲突的机会就越多。例如，计算机 A 发送到总线上的信号和计算机 E、计算机 F 发送的信号发生碰撞，如图 6-28 所示。发送端检测到碰撞后就要等待一个随机时间再次发送，以太网使用截断二进制指数退避算法来确定碰撞后的重传时机。

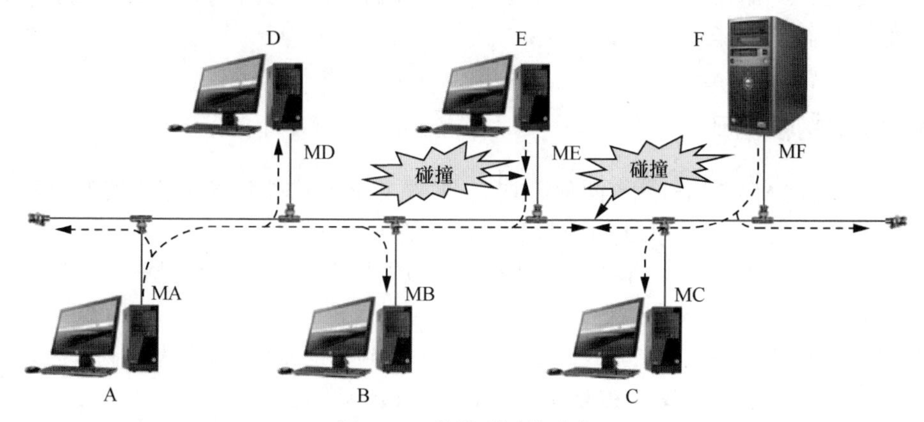

图 6-28 总线型网络冲突

计算机要想知道发送的帧在链路上是否发生碰撞必须等待 2τ，2τ 称为“争用期”。

以太网使用截断二进制指数退避（Truncated Binary Exponential Back-off，TBEB）算法来解决碰撞问题，该算法并不复杂。这种算法让发生碰撞的帧在停止发送数据后，不是等待信道变为空闲后就立即发送数据，而是推迟（也叫作“退避”）一个随机的时间。这样做是为了使重传时再次发生冲突的概率减小。具体的算法如下。

（1）确定基本退避时间，它就是争用期 2τ。以太网把争用期定为 51.2μs。对于 10Mbit/s

以太网，在争用期内可发送512比特，即64字节。也可以说争用期是512比特时间。1比特时间就是发送1比特所需的时间。所以这种时间单位与数据率密切相关。

（2）从离散的整数集合[0,1,...,(2k−1)]中随机取出一个数，记为r。重传应推后的时间就是r倍的争用期。上面的参数k按下面的公式计算。

$$k=\min[\text{重传次数},10]$$

可见当重传次数不超过10时，参数k等于重传次数；但当重传次数超过10时，k就不再增大而一直等于10。

（3）当重传16次仍不能成功时（这表明同时打算发送数据的站太多，以致连续发生冲突），则丢弃该帧，并向高层报告。

例如，在第1次重传时，k=1，随机数从整数{0,1}中选一个。因此重传的站可选择的重传推迟时间是0或2τ，即在这两个时间中随机选择一个。

若再发生碰撞，则在第2次重传时，k=2，随机数r就从整数{0,1,2,3}中选一个。因此重传推迟的时间是在0、2τ、4τ和6τ这4个时间中随机选择一个。

同样，若再发生碰撞，则重传时k=3，随机数r就从整数{0,l,2,3,4,5,6,7}中随机选择一个，依此类推。

若连续多次发生碰撞，就表明可能有较多的站参与争用信道。但使用上述退避算法可使重传需要推迟的平均时间随重传次数而增大（也称为“动态退避”），从而减小发生碰撞的概率，有利于整个系统的稳定。

总线上的计算机发送数据，网卡每发送一个新帧，就要执行一次CSMA/CD算法，每个网卡根据尝试发送的次数选择退避时间。到底哪个计算机能够获得发送机会，完全看运气。例如，计算机A和计算机B前两次发送都出现冲突，正在尝试第3次发送时，计算机A选择了6τ作为退避时间，计算机B选择了12τ，这时计算机C第一次重传，退避时间选择2τ，因此计算机C获得发送机会。

6.3.6 以太网帧格式

常用的以太网MAC帧格式有两种标准，一种是Ethernet V2标准（以太网V2标准），另一种是IEEE 802.3标准。使用最多的是以太网V2的MAC帧格式。

图6-29所示是在Windows操作系统上使用抓包工具捕获的以太网数据包，观察和分析以太网帧的首部。

抓包工具捕获的帧只有这3个字段，在这里看不到帧定界符、帧校验序列，因为这些字段在接收帧以后就去掉了。图6-30所示的是Ethernet II帧的结构。

Ethernet II帧比较简单，由5个字段组成。前两个字段分别为6字节长的目标MAC地址和源MAC地址字段。第三个字段是2字节的类型字段，用来标志上一层使用的是什么协议，以便把收到的MAC帧的数据上交给上一层的这个协议。例如，当类型字段的值是0x0800时，就表示上层使用的是IP数据报；若类型字段的值为0x8137，则表示该帧是由Novell IPX发过来的。第四个字段是数据字段，其长度在46～1500字节的范围内（46字节是这样得出的：最小长度64字节减去18字节的首部和尾部就得出数据字段的最小长度）。最后一个字段是4字节的帧检验序列FCS（使用CRC检验）。

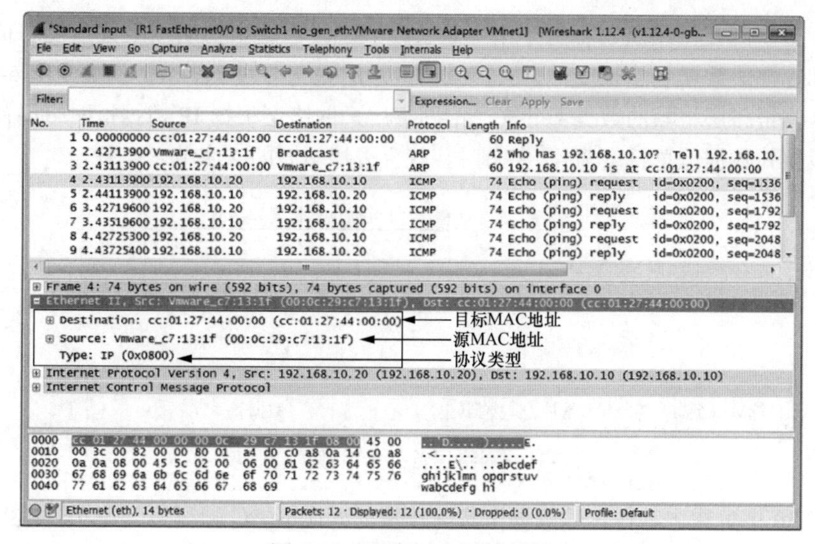

图 6-29　观察以太网帧首部

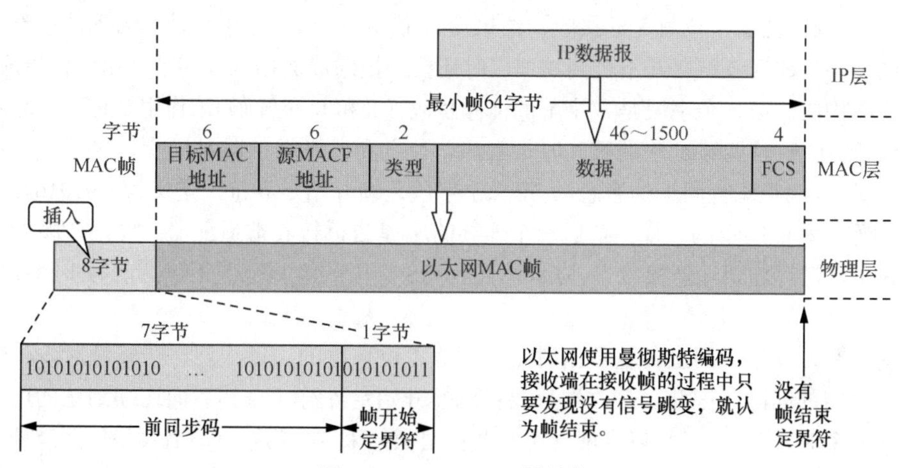

图 6-30　Ethernet II 帧结构

Ethernet II 帧没有帧结束定界符，那么接收端如何断定帧结束呢？以太网使用曼彻斯特编码，这种编码的一个重要特点就是：在曼彻斯特编码的每一个码元（不管码元是 1 或 0）的正中间一定有一次电压的转换（从高到低或从低到高）。当发送端把一个以太网帧发送完毕后，就不再发送其他码元了（既不发送 1，也不发送 0）。因此，发送端网络适配器的接口上的电压也就不再变化了。这样，接收端就可以很容易地找到以太网帧的结束位置。从这个位置往前数 4 字节（FCS 字段的长度是 4 字节），就能确定数据字段的结束位置。

在数字通信中常常用时间间隔相同的符号来表示一个二进制数字，这样的时间间隔内的信号叫作（二进制）码元。

当数据字段的长度小于 46 字节时，数据链路层就会在数据字段的后面加入一个整数字节的填充字段，以保证以太网的 MAC 帧长不小于 64 字节，接收端还必须能够将添加的字节去掉。我们应当注意到，MAC 帧的首部并没有指出数据字段的长度是多少。在有填充字段的情况下，接收端的数据链路层在剥去首部和尾部后就把数据字段和填充字段一起交给上层协议。现在的问题是：上层协议如何知道填充字段的长度呢？

这就要求 IP 层丢弃没有用处的填充字段。上层协议必须具有识别有效的数据字段长度的功能。后面会讲到在网络层首部有一个“总长度”字段，用来指明网络数据包的长度，根据网络层首部标注的数据包总长度，会去掉数据链路层提交的填充字节。例如，图 6-31 所示的接收端的数据链路层将帧的数据部分提交给网络层，网络层根据 IP 数据报网络层首部的“总长度”字段得知数据包总长度为 42 字节时，就会去掉填充的 4 字节。

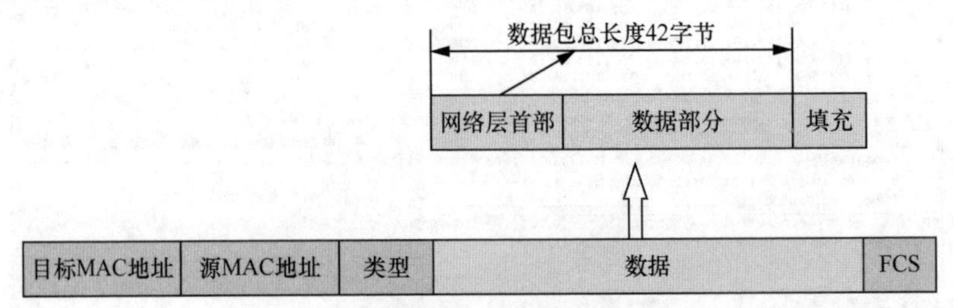

图 6-31 网络层首部指定数据包长度

从图 6-30 中可看出，在传输媒体上实际传输的要比 MAC 帧还多 8 字节。这是因为当一个站刚开始接收 MAC 帧时，由于适配器的时钟尚未与到达的比特流的时钟达成同步，因此 MAC 帧的最前面的若干位就无法接收，结果使整个 MAC 成为无用的帧。为了使接收端迅速实现位同步，从数据链路层向下传到物理层时还要在帧的前面插入 8 字节（由硬件生成），它由两个字段构成。第一个字段是 7 字节的前同步码（1 和 0 交替码），作用是使接收端的适配器在接收 MAC 帧时能够迅速调整其时钟频率，使之和发送端的时钟同步，也就是“实现位同步”（位同步就是比特同步的意思）。第二个字段是帧开始定界符，定义为 10101011。它的前 6 位的作用和前同步码一样；最后两个连续的 1 是告诉接收端适配器：“MAC 帧的信息马上就要来了，请适配器注意接收”。MAC 帧的 FCS 字段的检验范围不包括前同步码和帧开始定界符。

顺便指出，在以太网上传输数据时是以帧为单位传输的。以太网在传输帧时，各帧之间还必须有一定的间隙。因此，接收端只要找到帧开始定界符，在其后面连续到达的比特流就都属于同一个 MAC 帧。可见以太网既不需要使用帧结束定界符，也不需要使用字节插入来保证透明传输。

IEEE 802.3 标准规定凡出现下列情况之一，即视为无效的 MAC 帧。

（1）帧的长度不是整数字节。

（2）用收到的帧检验序列 FCS 查出有差错。

（3）收到的 MAC 帧的数据字段的长度不在 46～1500 字节的范围内。考虑到 MAC 帧首部和尾部的长度共有 18 字节，因此可以得出有效的 MAC 帧长度应在 64～1518 字节的范围内。

对于检查出的无效 MAC 帧就简单地丢弃，以太网并不负责重传丢弃的帧。

6.3.7 以太网信道利用率

下面学习以太网信道利用率，以及想要提高信道利用率需要做哪些努力。

假如一个 10Mbit/s 的以太网有 10 台计算机接入，每个计算机能够分到的带宽似乎应该是总带宽的 1/10（1Mbit/s 带宽）。其实不然，这 10 台计算机在以太网的链路上进行通信会产生碰撞，然后计算机会采用截断二进制指数退避算法来解决碰撞问题。信道资源实际上被浪费了，扣除碰撞所造成的信道损失后，以太网总的信道利用率并不能达到 100%。这就意味着以太网中这 10 台计算机，每台计算机实际能够获得的带宽小于 1Mbit/s。

利用率是指发送数据的时间占整个时间的比例。平均发送一帧所需要的时间，经历了 n 倍争用期 2τ，T_0 为发送该帧所需时间，τ 为该帧的传播时延，如图 6-32 所示。

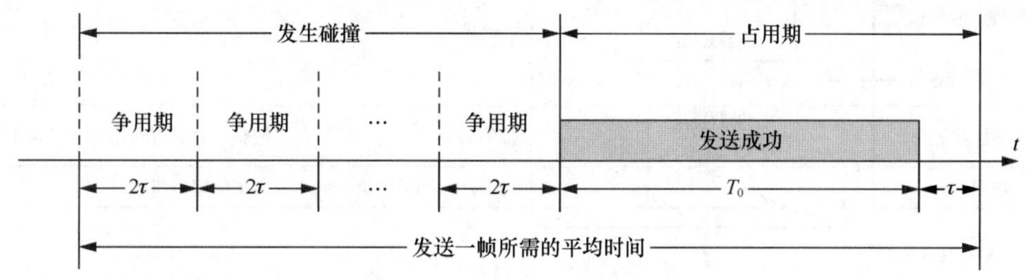

图 6-32 发送一帧所需的平均时间

信道利用率计算公式如下。

$$S=\frac{T_0}{n2\tau+T_0+\tau}$$

从公式中可以看出，要想提高信道利用率最好 n 为 0，这就意味着以太网上的各个计算机发送数据不会产生碰撞（这种情况显然已经不是 CSMA/CD 的作用，而需要一种特殊的调度方法），并且能够非常有效地利用网络的传输资源，即总线一旦空闲就有一个站立即发送数据。以这种情况计算出来的信道利用率是极限信道利用率。

这样发送一帧占用的线路时间是 $T_0+\tau$，因此极限信道利用率计算公式如下。

$$S_{\max}=\frac{T_0}{T_0+\tau}=\frac{1}{1+\dfrac{\tau}{T_0}}$$

从以上公式可以看出，即便是以太网，极限信道利用率也不能达到 100%。要想提高极限信道利用率就要降低公式中 $\frac{\tau}{T_0}$ 的比值。τ 值和以太网连线的长度有关，即 τ 值要小，以太网网线的长度就不能太长。带宽一定的情况下，T_0 和帧的长度有关，这就意味着，以太网的帧不能太短。

6.3.8 网卡的作用

计算机与外界局域网是通过在主机箱内插入一块网络接口板来连接的（或者是在便携式笔记本中插入一块 PCMCIA 卡）。网络接口板又称为“通信适配器”“网络适配器”（network adapter）或“网络接口卡”（Network Interface Card，NIC），更多的人愿意使用更为简单的名称“网卡”。

网卡是工作在数据链路层和物理层的网络组件，是局域网中连接计算机和传输介质的接口，不仅能实现与局域网传输介质之间的物理连接和电信号匹配，还涉及帧的发送与接收、帧的封装与拆封、帧的差错校验、介质访问控制（以太网使用 CSMA/CD 协议）、数据的编码与解码以及数据缓存等功能，如图 6-33 所示。

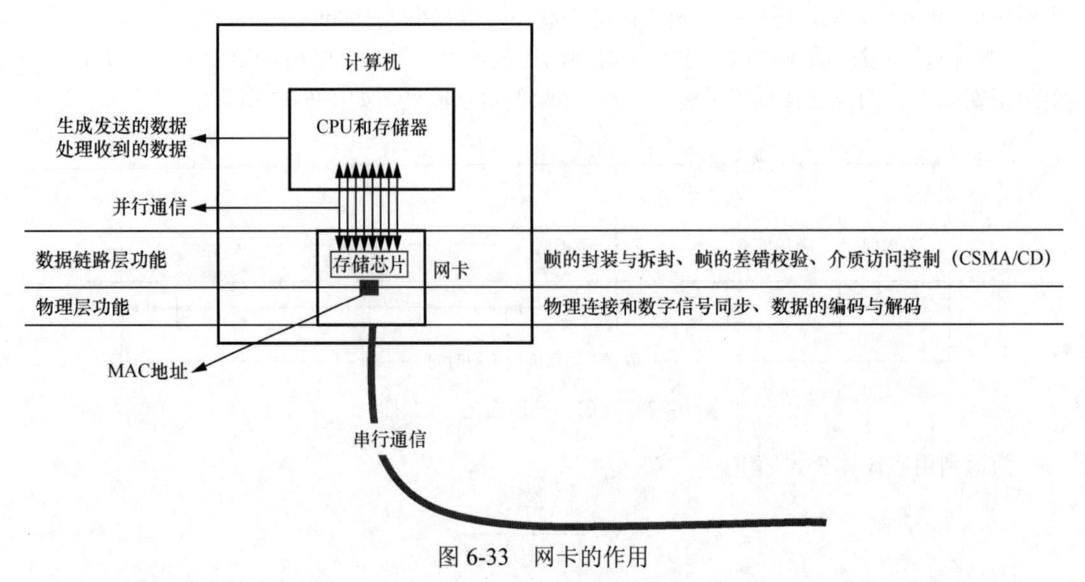

图 6-33 网卡的作用

不管是集成网卡还是独立网卡，装上驱动就能够实现数据链路层功能和物理层功能。

网卡上面装有处理器和存储器（包括 RAM 和 ROM）。网卡和局域网之间的通信是通过电缆或双绞线以串行传输方式进行的。而网卡和计算机之间的通信则是通过计算机主板上的 I/O 总线以并行传输方式进行的。因此，网卡的一个重要功能就是要进行串行和并行转换。由于网络上的数据率和计算机总线上的数据率并不相同，因此在网卡中必须装有对数据进行缓存的存储芯片。

适配器还要能够实现以太网协议（CSMA/CD）、帧的封装和拆封功能，这些工作都是由网卡来实现的，计算机的 CPU 根本不关心这些事情。适配器接收和发送各种帧时不使用计算机的 CPU，这时 CPU 可以处理其他任务。当适配器收到有差错的帧时，就把这个帧丢弃而不必通知计算机。当适配器收到正确的帧时，它就使用中断来通知计算机并交付给协议栈中的网络层。当计算机要发送 IP 数据报时，就由协议栈把 IP 数据报向下交给适配器，组装成帧后发送到局域网。

物理层功能实现网卡和网络的连接、数字信号同步、数据的编码（曼彻斯特编码）与译码。

6.3.9 MAC 地址

在广播信道实现点到点通信，需要网络中的每个网卡都有一个地址。这个地址称为“物理地址”或“MAC 地址”（因为这种地址用在 MAC 帧中）。IEEE 802 标准为局域网规定了一种 48 位的全球地址（一般简称为“地址”）。

在生产适配器（网卡）时，这种 6 字节的 MAC 地址已被固化在网卡的 ROM 中。因此，MAC 地址也叫作“硬件地址”（hardware address）或“物理地址”。当这块网卡插入（或嵌入）某台计算机后，网卡上的 MAC 地址就成为这台计算机的 MAC 地址了。

如何确保各网卡生产厂家生产的网卡的 MAC 地址全球唯一呢？这时就要有一个组织为这些网卡生产厂家分配地址块。IEEE 的注册管理机构（Registration Authority，RA）是局域网全球地址的法定管理机构，它负责分配地址字段的 6 字节中的前 3 字节（高 24 位）。世界上凡是生产局域网适配器的厂家都必须向IEEE购买由这3字节构成的号码（即地址块），号码的正式名称是“组织唯一标识符”（Organizationally Unique Identifier，OUI），通常也叫作“公司标识符”（company_id）。例如，3Com公司生产的适配器（网卡）的MAC地址的前3字节是02-60-8C，如图6-34所示。地址字段中的后3字节（低24位）则由厂家自行指派，称为“扩展标识符”（extended identifier），只要保证生产出来的适配器没有重复地址即可。可见用一个地址块可以生成 2^{24} 个不同的地址。

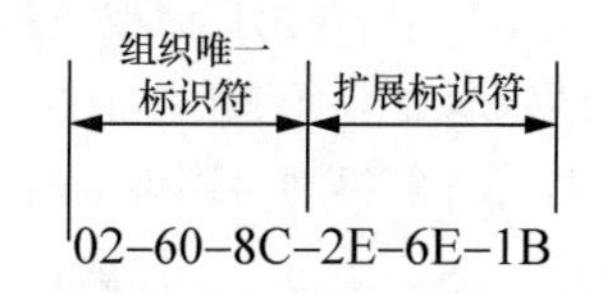

图6-34 3Com公司的网卡地址

连接在以太网上的路由器接口和计算机网卡一样，也有MAC地址。

我们知道适配器有过滤功能，适配器从网络上每收到一个MAC帧，就先用硬件检查MAC帧中的目标地址。如果是发往本站的帧则收下，然后再进行其他的处理；否则就将此帧丢弃，不再进行其他的处理。这样做不会浪费主机的处理机和内存资源。这里的“发往本站的帧”包括以下3种帧。

（1）单播（unicast）帧（一对一），即收到的帧的MAC地址与本站的硬件地址相同。

（2）广播（broadcast）帧（一对全体），即发送给本局域网上所有站点的帧（全1地址）。

（3）多播（multicast）帧（一对多），即发送给本局域网上一部分站点的帧。

所有的适配器都至少应当能够识别前两种帧，即能够识别单播帧和广播帧的地址。有的适配器可用编程方法识别多播帧的地址。当操作系统启动时，它就把适配器初始化，使适配器能够识别某些多播帧的地址。显然，只有目标地址才能使用广播地址和多播地址。

6.3.10 查看和更改MAC地址

在Windows 7操作系统中打开命令提示符，输入“ipconfig /all”可以看到网卡的物理地址，也就是MAC地址，如图6-35所示，这里以十六进制的方式显示物理地址，一位十六进制数表示4位二进制数。

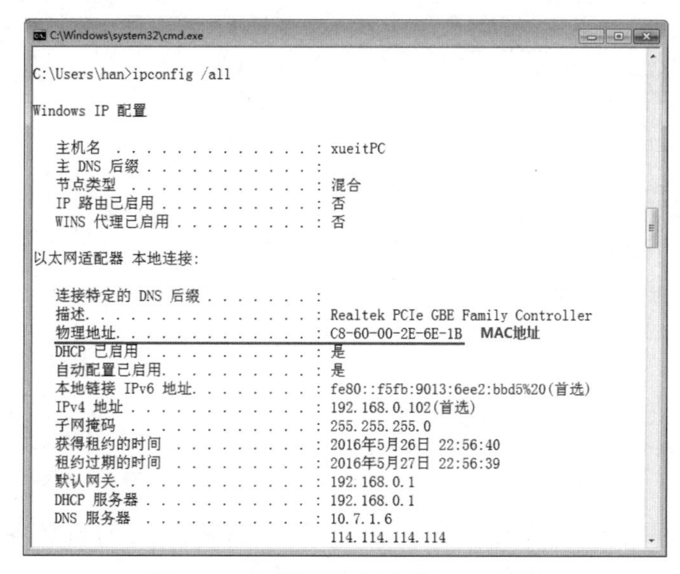

图6-35 查看计算机网卡的MAC地址

MAC地址在出厂时就已经固化到网卡芯片上了，但是我们也可以让计算机不使用网卡上的MAC地址，而使用指定的MAC地址。

打开计算机网络连接，右击“本地连接”图标，单击“属性”选项，如图6-36所示。

图6-36　打开网卡属性

在出现的“本地连接 属性”对话框中的“网络”选项卡下单击“配置”按钮，如图6-37所示。

在出现的网卡属性对话框中的“高级”选项卡下，选中“网络地址”选项可以输入MAC地址，如图6-38所示。

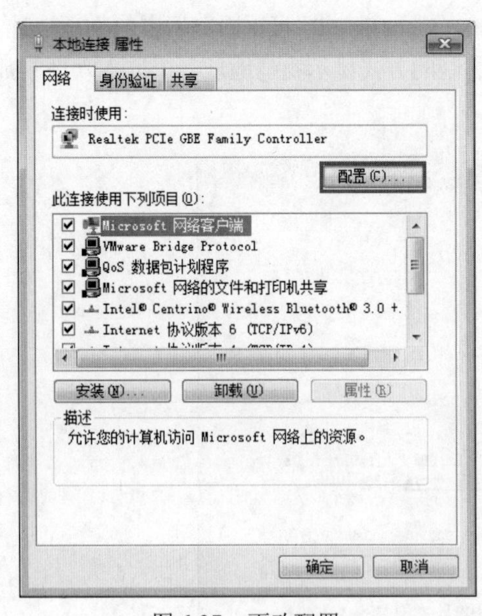

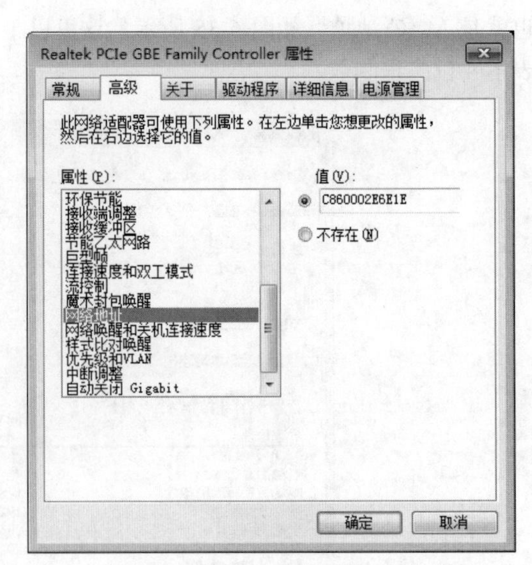

图6-37　更改配置　　　　图6-38　指定网卡使用的MAC地址

输入时一定要注意格式。记住这种方式并没有更改网卡芯片上的MAC地址，而是让计算机使用指定的MAC地址，不使用网卡芯片上的MAC地址。

在命令提示符处再次输入“ipconfig /all”，可以看到网卡使用的 MAC 地址改为 C8-60-00-2E-6E-1E。

6.4 扩展以太网

下面讲如何扩展以太网，先讨论从距离上如何扩展，让以太网覆盖更大的范围；再讨论从数据链路层扩展以太网，也就是如何从数据链路层优化以太网。

6.4.1 集线器

传统以太网最初使用的是粗同轴电缆，后来使用比较便宜的细同轴电缆，最后发展为使用更便宜和更灵活的双绞线。传统以太网采用星形拓扑，在星形的中心增加了一种可靠性非常高的设备，叫作“集线器”（hub），如图 6-39 所示。双绞线以太网总是和集线器配合使用。每个站需要两对非屏蔽双绞线（用在一根电缆内），分别用于发送和接收。双绞线的两端使用 RJ-45 插头。由于集线器使用了大规模集成电路芯片，因此可靠性大大提高。1990 年，IEEE 制定出星形以太网 10BASE-T 的标准 802.3i。10 代表 10Mbit/s 的数据率，BASE 表示连接线上的信号是基带信号，T 代表双绞线。

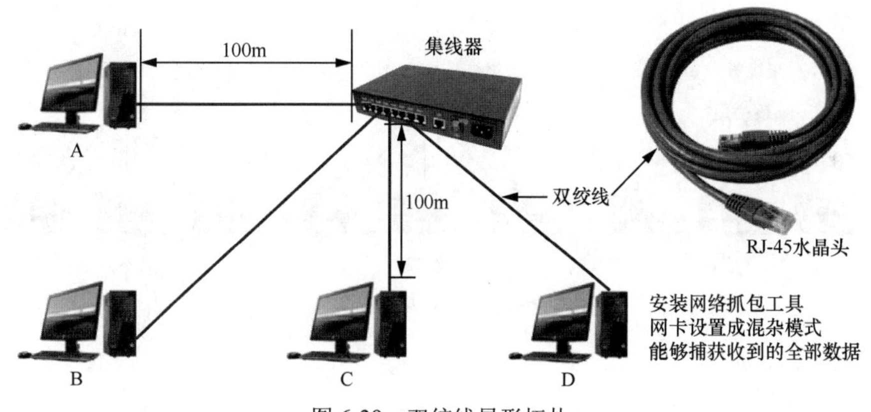

图 6-39　双绞线星形拓扑

10BASE-T 以太网的通信距离稍短，每个站到集线器的距离不超过 100m。这种性价比很高的 10BASE-T 双绞线以太网的出现，是局域网发展史上的一个非常重要的里程碑。它为以太网在局域网中的统治地位奠定了牢固的基础。

用集线器组建的以太网中的计算机共享带宽，计算机数量越多，平分下来的带宽越低。如果在网络中的计算机 D 上安装抓包工具，该网卡就工作在混杂模式，只要收到数据帧，不管目标 MAC 地址是否是自己的统统能够捕获，因此以太网有与生俱来的安全隐患。

集线器和网线一样工作在物理层，因为它的功能和网线一样只是将数字信号发送到其他端口，并不能识别哪些数字信号是前同步码、哪些是帧定界符、哪些是网络层数据首部。

6.4.2 计算机数量和距离上的扩展

一间教室使用一个集线器连接，每个教室就是一个独立的以太网，计算机数量受集线器接口数量的限制，计算机和计算机之间的距离也被限制在200m以内，如图6-40所示。

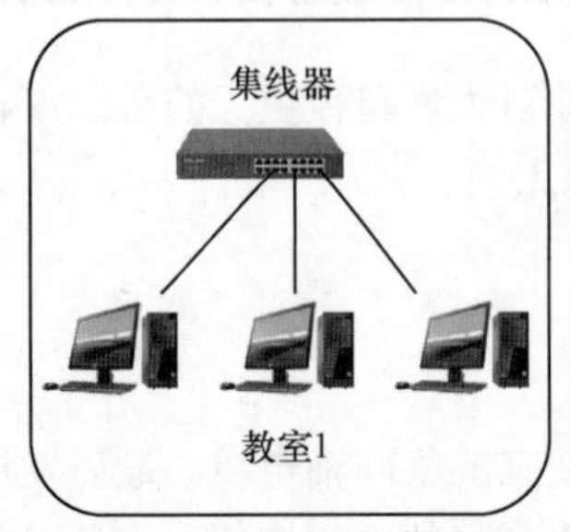

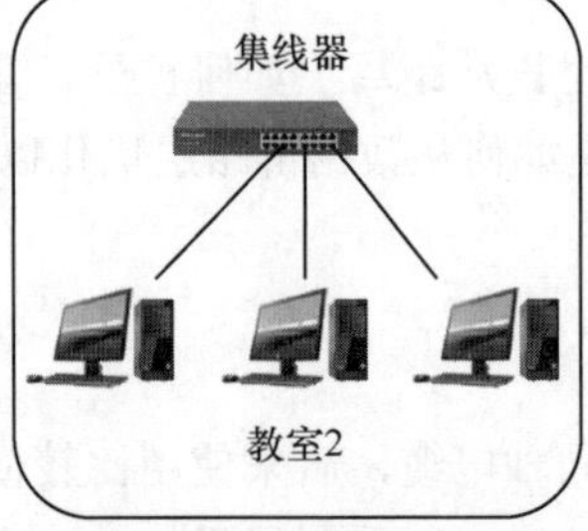

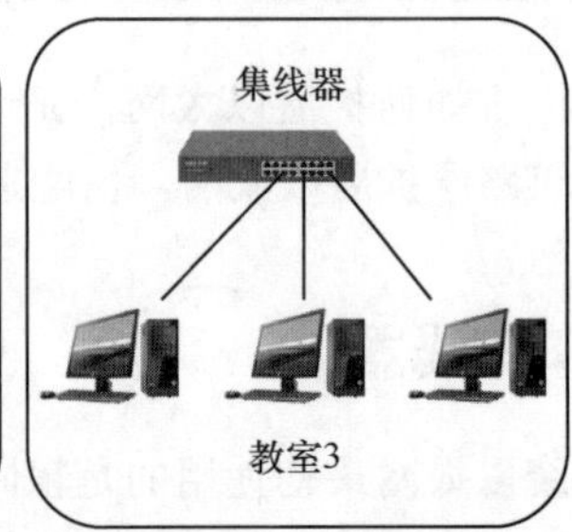

图6-40 3个独立的以太网

可以将多个集线器连接在一起，形成一个更大的以太网，这不仅可以扩展以太网中计算机的数量，而且可以扩展以太网的覆盖范围。使用主干集线器连接各教室中的集线器，形成一个大的以太网，计算机之间的最大距离可以达到400m，如图6-41所示。

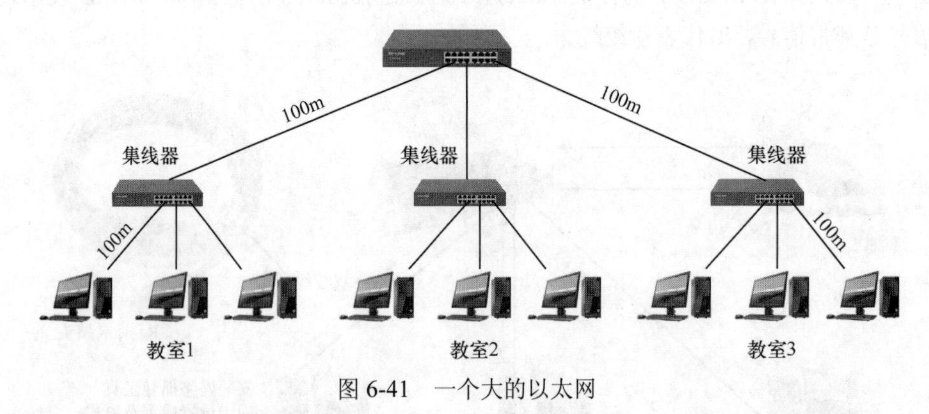

图6-41 一个大的以太网

这样做的好处如下。

（1）以太网的计算机数量增加。

（2）以太网的覆盖范围增加。

这样做带来的问题如下。

（1）合并后的以太网成了一个大的冲突域，随着网络中的计算机数量增加，冲突机会也增加，每台计算机平分到的带宽降低。

（2）相连的集线器要求每个接口带宽要一样。假如教室1是10Mbit/s的以太网，教室2和教室3是100Mbit/s的以太网，连接之后大家都只能工作在10Mbit/s的速率下，这是因为集线器接口不能缓存帧。

将集线器连接起来，能够扩展以太网覆盖的范围和增加以太网中计算机的数量。要是两个集线器的距离超过100m，还可以用光纤将两个集线器连接起来，如图6-42所示，集线器之间通过光纤连接，可以将相距几千米的集线器连接起来，但需要通过光电转换器实现光信号和电信号的相互转换。

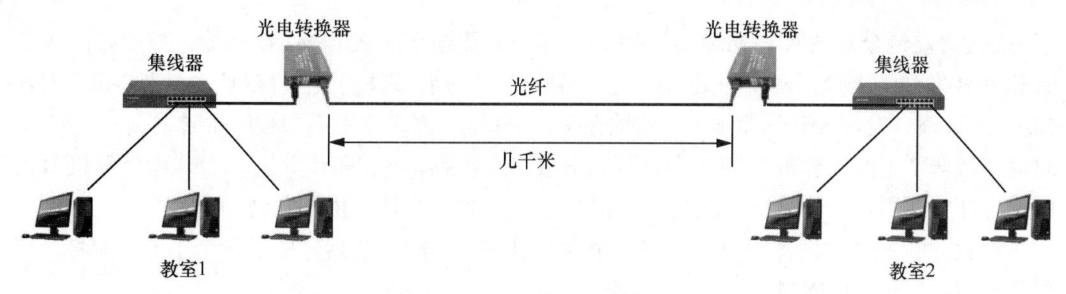

图 6-42 距离上的扩展

6.4.3 使用网桥优化以太网

将多个集线器连接，组建成一个大的以太网，形成一个大的冲突域，如图 6-43 所示。集线器 1 和集线器 2 连接后，计算机 A 给计算机 B 发送帧，数字信号会通过集线器之间的网线到达集线器 2 的所有接口，这时连接在集线器 2 上的计算机 D 就不能和计算机 E 通信，这就是一个大的冲突域。随着以太网中计算机数量的增加，网络利用率就会大大降低。

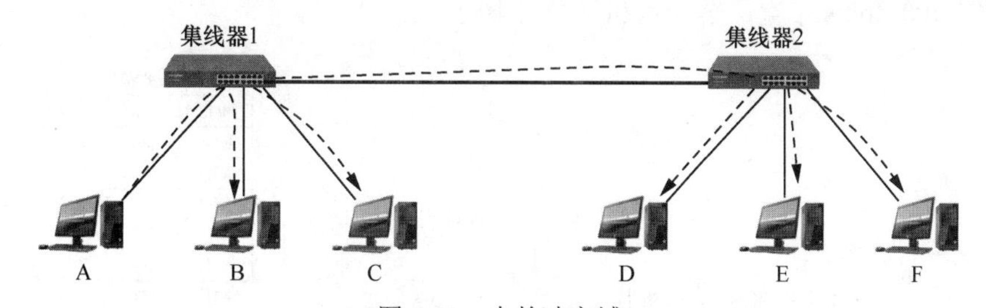

图 6-43 大的冲突域

为了优化以太网，将冲突控制在一个小范围，出现了网桥这种设备。图 6-44 所示的网桥有两个接口，E0 接口连接集线器 1，E1 接口连接集线器 2，在网桥中有 MAC 地址表，记录

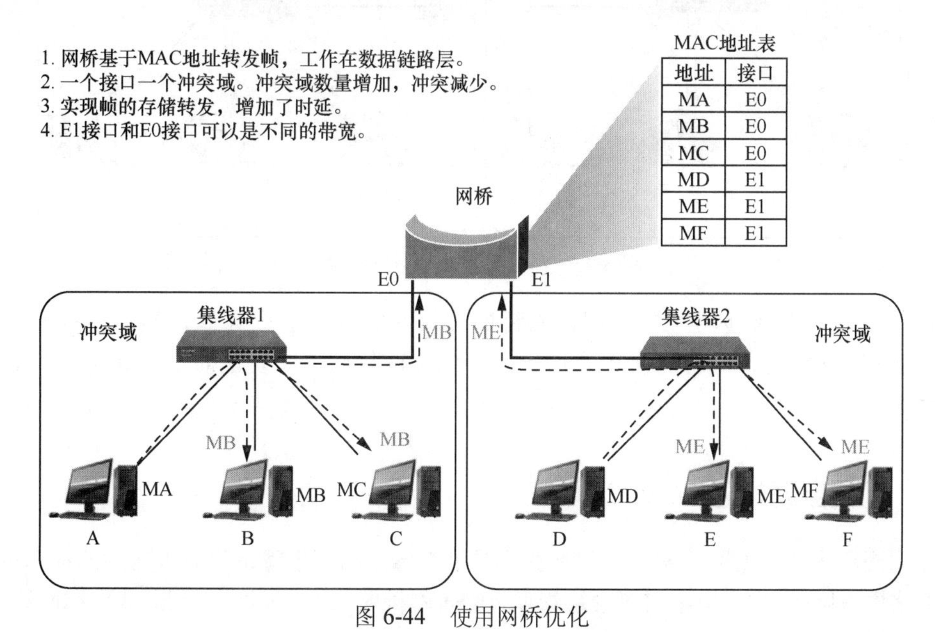

图 6-44 使用网桥优化

了 E0 接口左侧全部的网卡 MAC 地址和 E1 接口右侧全部的网卡 MAC 地址。当计算机 A 给计算机 B 发送一个帧，网桥的 E0 接口接收到该帧，查看该帧的目标 MAC 地址是 MB，对比 MAC 地址表，发现 MB 这个 MAC 地址在接口 E0 这一侧，该帧不会被网桥转发到 E1 接口，这时集线器 2 上的计算机 D 可以向计算机 E 发送数据帧，不会和计算机 A 发送给计算机 B 的帧产生冲突。同样，计算机 D 发送给计算机 E 的帧也不会被网桥转发到 E0 接口。

这就意味着网桥设备的引入，将一个大的以太网的冲突域划分成了多个小的冲突域，降低了冲突，优化了以太网。

计算机 A 发送给计算机 E 的帧，网桥的 E0 接口接收该帧，会判断该帧是否满足最小帧要求，CRC 校验该帧是否出错，如果没有错误，将会查找 MAC 地址表选择出口，看到 MAC 地址 ME 对应的是 E1 接口，E1 接口再使用 CSMA/CD 协议将该帧发送出去，集线器 2 中的计算机都能接收到该帧，如图 6-45 所示。

总之一句话，网桥根据帧的目标 MAC 地址转发帧，这就意味着网桥能够看懂帧数据链路层的首部和尾部，因此我们说网桥是数据链路层设备，也称为“二层设备”。

网桥的接口可以是不同的带宽，例如，图 6-45 中网桥的 E0 接口是 10Mbit/s 的带宽，E1 接口可以是 100Mbit/s 带宽。这一点和集线器不同。

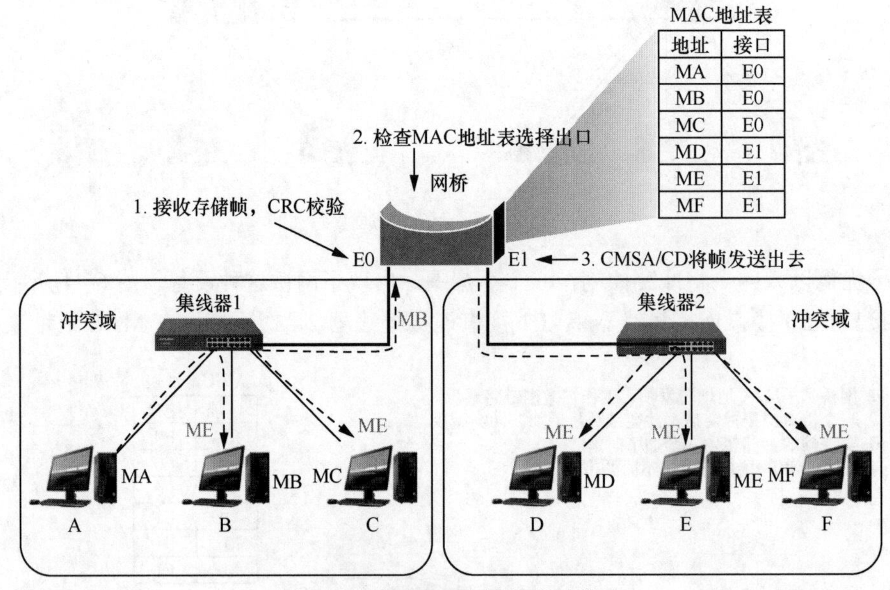

图 6-45 基于 MAC 地址表转发帧

网桥的接口和集线器接口不同，网桥的接口对数据帧进行存储，然后根据帧的目标 MAC 地址进行转发，转发之前还要运行 CSMA/CD 算法，即发送时发生碰撞要退避，增加了时延。

6.4.4 网桥自动构建 MAC 地址表

使用网桥优化以太网，网络中的计算机是没有感觉的，也就是说以太网中的计算机并不知道网络中有网桥存在，也不需要网络管理员配置网桥的 MAC 地址表，因此我们称网桥是“透明桥接”。

网桥接入以太网时，MAC 地址表是空的，网桥会在计算机通信过程中自动构建 MAC 地址表，这称为“自学习”。

1. 自学习

网桥的接口收到一个帧，就要检查 MAC 地址表中与收到的帧的源 MAC 地址有无匹配的项目，如果没有，就在 MAC 地址表中添加该接口和该帧的源 MAC 地址的对应关系以及进入接口的时间；如果有，则对原有的项目进行更新。

2. 转发帧

网桥接口收到一个帧，就检查 MAC 地址表中有没有与该帧的目标 MAC 地址相对应的端口，如果有，就将该帧转发到对应的端口；如果没有，则将该帧转发到全部端口（接收端口除外）。如果转发表中给出的接口就是该帧进入网桥的接口，则应该丢弃这个帧（因为这个帧不需要经过网桥进行转发）。

下面举例说明 MAC 地址表的构建过程，如图 6-46 所示，网桥 1 和网桥 2 刚刚接入以太网，MAC 地址表是空的。

（1）计算机 A 给计算机 B 发送一个帧，源 MAC 地址为 MA，目标 MAC 地址为 MB。网桥 1 的 E0 接口收到该帧，查看该帧的源 MAC 地址是 MA，就可以断定 E0 接口连接着 MA，于是在 MAC 地址表中记录一条对应关系 MA 和 E0，这就意味着以后要有到达 MA 的帧，需要转发给 E0。

（2）网桥 1 在 MAC 地址表中没有找到关于 MB 和接口的对应关系，就会将该帧转发到 E1。

（3）网桥 2 的 E2 接口收到该帧，查看该帧的源 MAC 地址，就会在 MAC 地址表中记录一条 MA 和 E2 的对应关系。

（4）这时，计算机 F 给计算机 C 发送一个帧，会在网桥 2 的 MAC 地址表中添加一条 MF 和 E3 的对应关系。由于网桥 2 的 MAC 地址表中没有 MC 和接口的对应关系，该帧会被发送到 E2 接口。

（5）网桥 1 的 E1 接口收到该帧，会在 MAC 地址表中添加一条 MF 和 E1 的对应关系，同时将该帧发送到 E0 接口。

（6）同样，计算机 E 给计算机 B 发送一个帧，会在网桥 1 的 MAC 地址表中添加 ME 和 E1 的对应关系，在网桥 2 的 MAC 地址表中添加 ME 和 E3 的对应关系。

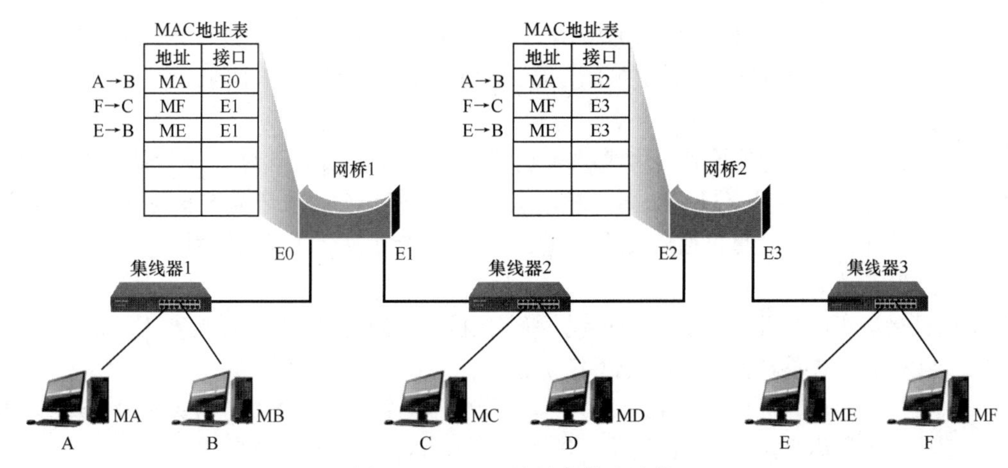

图 6-46　MAC 地址表构建过程

只要网桥收到的帧的目标 MAC 地址能够在 MAC 地址表中找到和接口的对应关系，就会将该帧转发到指定接口。

网桥 MAC 地址表中的 MAC 地址和接口的对应关系只是临时的，这是为了适应网络中的计算机发生的调整。例如，连接在集线器 1 上的计算机 A 连接到了集线器 2，或者计算机 F 从网络中移除了，网桥中的 MAC 地址表中的条目就不能一成不变。读者需要知道，接口和 MAC 地址的对应关系有时间限制，如果过了几分钟没有使用该对应关系转发帧，该条目将会从 MAC 地址表中删除。

6.4.5 多接口网桥——交换机

随着技术的不断发展，网桥的接口日益增多，网桥的接口就不再通过集线器，而是直接连接计算机了，网桥也发展成现在的交换机。现在组建企业局域网基本都会使用交换机，网桥这类设备已经成为历史。图 6-47 展示了交换机组网的优点。

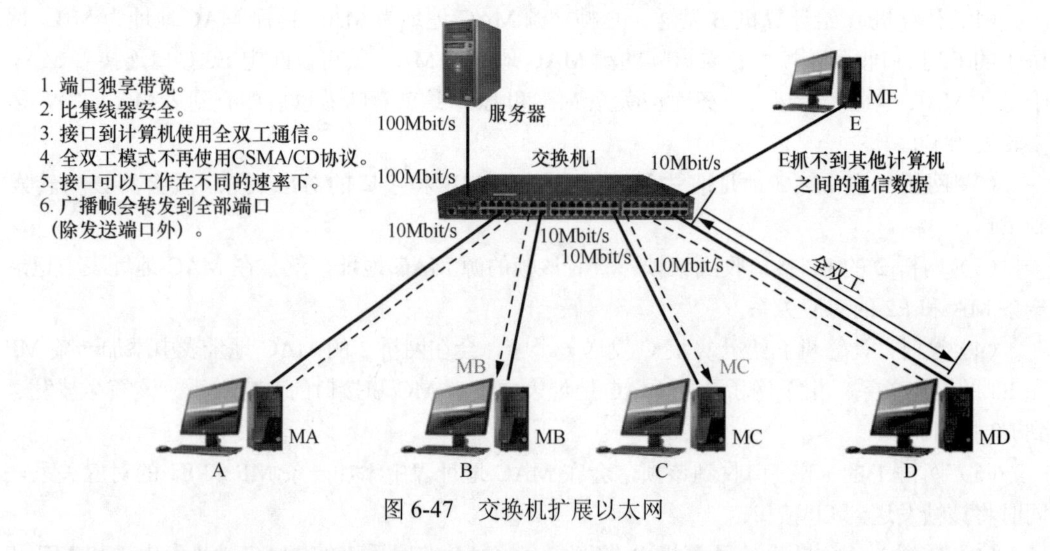

图 6-47 交换机扩展以太网

使用交换机组网与集线器组网相比有以下特点。

1. 端口独享带宽

交换机的每个端口独享带宽，10Mbit/s 的交换机每个端口的带宽是 10Mbit/s，24 口的 10Mbit/s 的交换机，交换机的总体交换能力是 240Mbit/s，这和集线器不同。

2. 安全

使用交换机组建的网络比使用集线器组建的网络安全。例如，计算机 A 给计算机 B 发送的帧，以及计算机 D 给计算机 C 发送的帧，交换机根据 MAC 地址表只转发到目标端口，计算机 E 根本收不到其他计算机通信的数字信号，即便安装了抓包工具也没用。

3. 全双工通信

交换机接口和计算机直接相连，计算机和交换机之间的链路可以使用全双工通信。

4. 全双工模式不再使用 CSMA/CD 协议

交换机接口和计算机直接相连，使用全双工通信数据链路层，就不再需要使用 CSMA/CD 协议，但我们还是称交换机组建的网络是以太网，因为帧格式和以太网一样。

5. 接口可以工作在不同的速率下

交换机使用存储转发，也就是交换机的每一个接口都可以存储帧，从其他端口转发出去时，可以使用不同的速率。通常连接服务器的接口要比连接普通计算机的接口带宽高，交换机连接交换机的接口也比连接普通计算机的接口带宽高。

6. 转发广播帧

广播帧会转发到除了发送端口以外的全部端口。广播帧是指目标 MAC 地址的 48 位二进制全是 1 的帧，如图 6-48 所示。抓包工具捕获的广播帧的目标 MAC 地址为 ff:ff:ff:ff:ff:ff，图中捕获的数据帧是 TCP/IP 中网络层协议 ARP 发送的广播帧，将本网段计算机的 IP 地址解析到 MAC 地址。有些病毒也会在网络中发送广播帧，造成交换机忙于转发这些广播帧而影响网络中正常计算机的通信，造成网络堵塞。

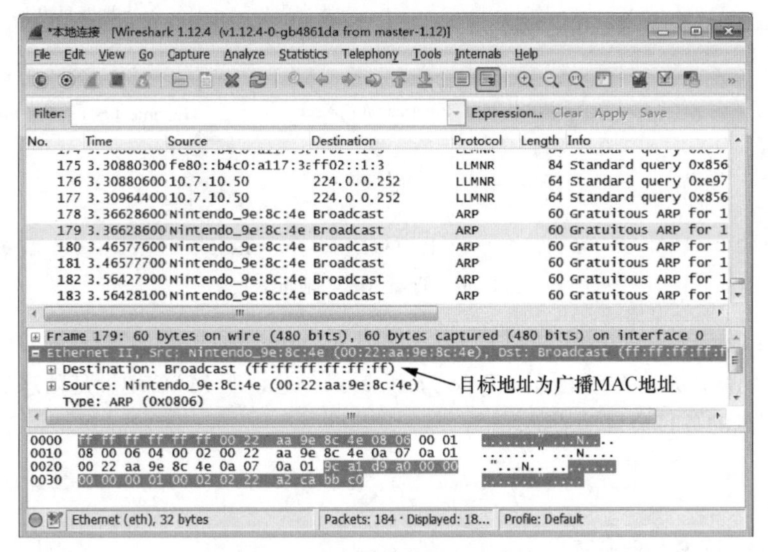

图 6-48 广播帧的 MAC 地址

因此我们说交换机组建的以太网就是一个广播域，路由器负责在不同网段转发数据，广播数据包不能跨路由器，所以说路由器隔绝广播。

图 6-49 所示的交换机和集线器连接组建的两个以太网使用路由器连接。连接在集线器上

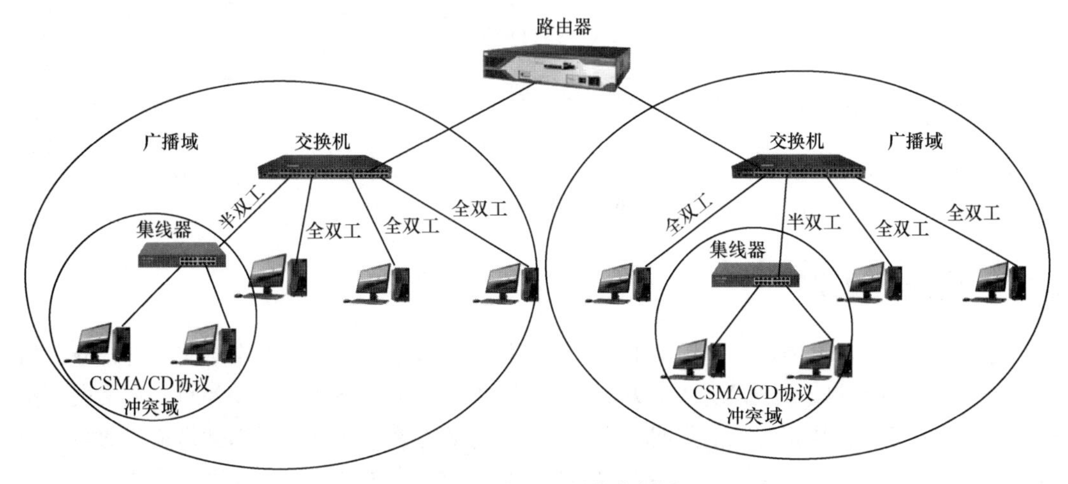

图 6-49 路由器隔绝广播域

的计算机就在一个冲突域中，交换机和集线器连接形成一个大的广播域。连接在集线器上的设备只能工作在半双工模式下，使用 CSMA/CD 协议，交换机和计算机连接的接口工作在全双工模式下，数据链路层不再使用 CSMA/CD 协议。

6.4.6 查看交换机的 MAC 地址表

下面就用 eNSP 模拟器参照图 6-50 所示搭建一个网络环境，在 PC1 上 ping PC2、PC3、PC4、PC5，观察交换机 LSW1 上的 MAC 地址表。

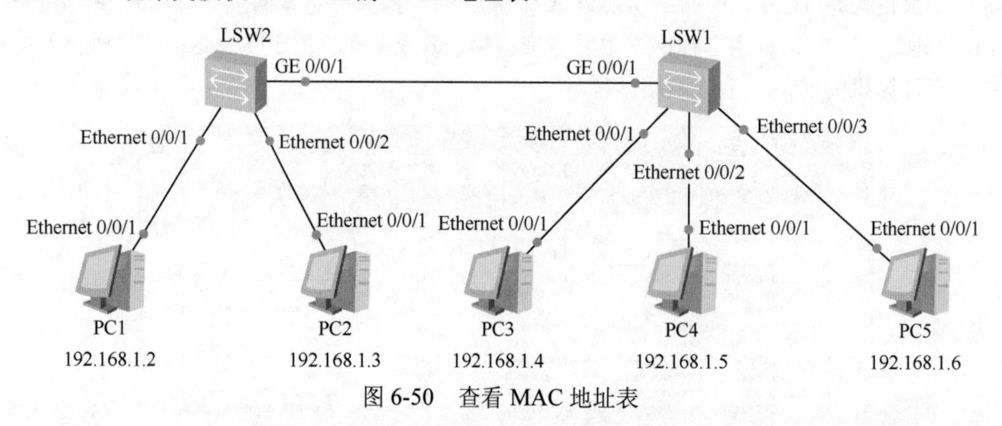

图 6-50 查看 MAC 地址表

输入“display mac-address”可以看到交换机上的 MAC 地址表，可以看到 GE0/0/1 接口对应两个 MAC 地址，如图 6-51 所示。Type 为 dynamic，这说明 MAC 地址是动态学到的，过一段时间没有用到的条目会自动清除。

```
LSW1
[Huawei]display mac-address
MAC address table of slot 0:
-------------------------------------------------------------------------------
MAC Address    VLAN/       PEVLAN CEVLAN Port            Type      LSP/LSR-ID
               VSI/SI                                              MAC-Tunnel
-------------------------------------------------------------------------------
5489-9811-3ab2 1           -      -      GE0/0/1         dynamic   0/-
5489-98d2-04c1 1           -      -      Eth0/0/3        dynamic   0/-
5489-9863-3d0e 1           -      -      Eth0/0/1        dynamic   0/-
5489-98e8-76e7 1           -      -      Eth0/0/2        dynamic   0/-
5489-9857-76d6 1           -      -      GE0/0/1         dynamic   0/-
-------------------------------------------------------------------------------
Total matching items on slot 0 displayed = 5

[Huawei]
```

图 6-51 MAC 地址表

6.4.7 生成树协议

现在组建企业局域网通常使用交换机。交换机有接入层交换机、汇聚层交换机之分。如图 6-52 所示，计算机连接接入层交换机，接入层交换机再连接到汇聚层交换机，汇聚层交换机连接企业服务器。这是规范的组网方式，但这种方式存在一个问题，那就是单点故障。如图 6-52 所示，接入层到汇聚层的链路出现故障，会造成计算机不能访问企业服务器，或者汇聚层交换机出现故障，则全部的接入层交换机都不能访问企业服务器。

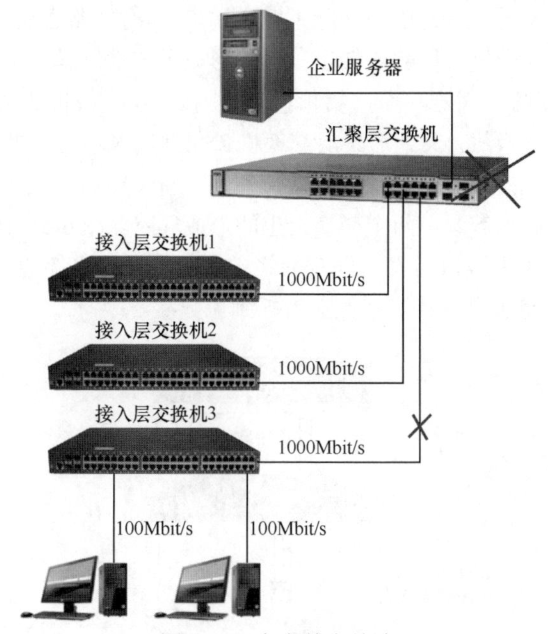

图 6-52 存在单点故障

如果企业的业务对网络的要求非常高，不允许发生长时间的网络中断，就需要考虑增加冗余设备，以避免硬件故障造成网络中断。

为了让交换机组建的网络更加可靠，在网络中部署两个汇聚层交换机，这样即便坏掉一个汇聚层交换机或断掉一条链路，接入层交换机也可以通过另一个汇聚层交换机访问企业服务器，如图 6-53 所示。

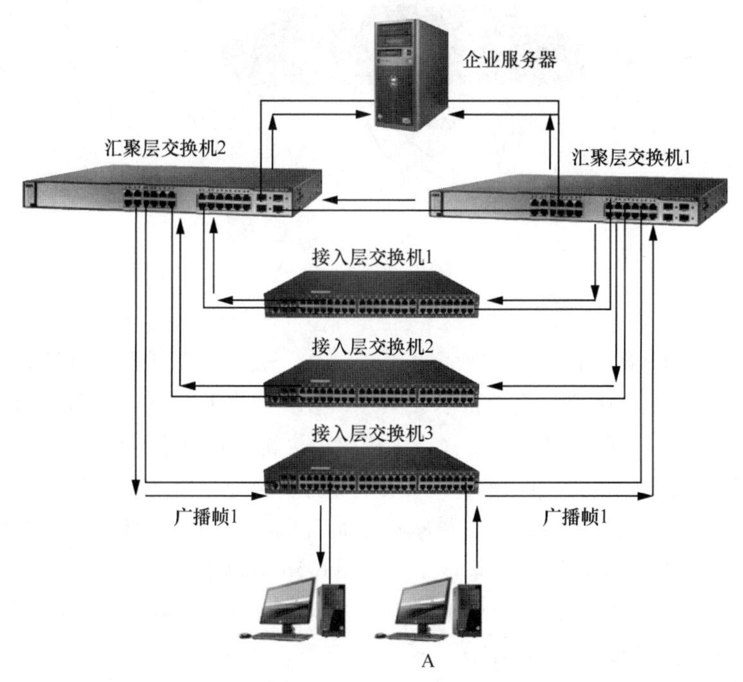

图 6-53 双汇聚层网络架构

但这样的网络拓扑就形成了多个环路，前面讲了，交换机组建的网络就是一个大的广播域，交换机会把广播帧发送到全部端口（除了发送端口），有环路之后，只要有计算机发送一个广播帧，该帧就在环路中进行无数次转发，这就形成了广播风暴。

图6-53所示的计算机A发送一个广播帧，该帧由接入层交换机3转发到汇聚层交换机1，再被转发到其他接入层交换机，又经汇聚层交换机2回到接入层交换机3，接入层交换机3并不知道这是自己发送的广播帧又回来了，于是又开始了新一轮的转发。

其实交换机形成环路很容易，两个交换机也能形成环路。图6-54所示的计算机A发送一个广播帧，就会在环路中无限次转发，同时网络中的所有计算机都能无数次收到该广播帧，如果在计算机B安装抓包工具，该广播帧会被抓到无数次。

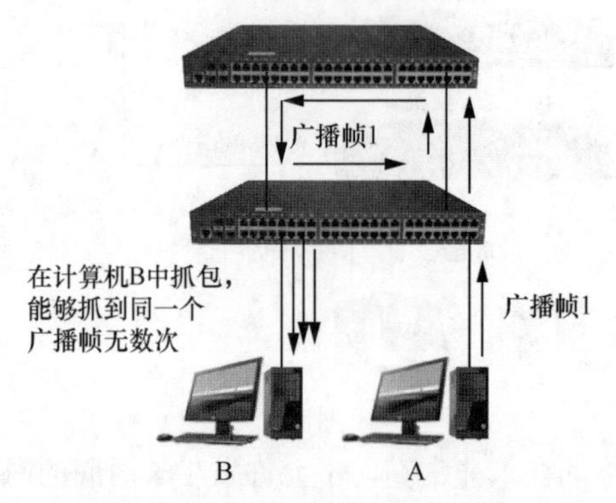

图6-54　两个交换机形成环路

一个交换机也可以连接成环路，将一个交换机的两个接口使用网线连接起来，广播帧会在环路中永不消失，造成网络堵塞，如图6-55所示。

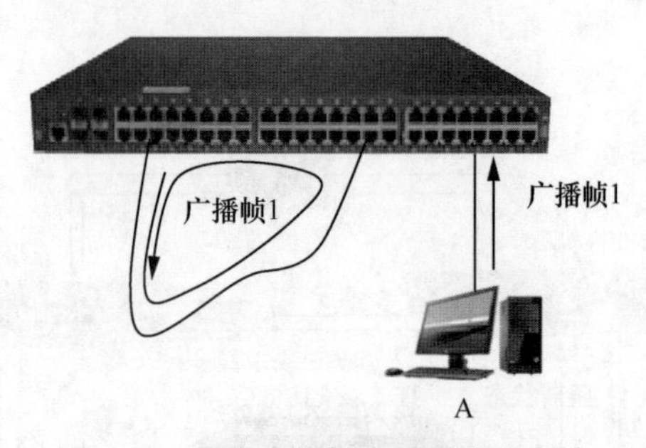

图6-55　一个交换机也可以形成环路

交换机为了避免广播风暴，使用生成树（spanning tree）协议来阻断环路，大家都知道树形结构是没有环路的。该协议将交换机的某些端口设置成阻断状态，这些端口就不再转发计算机发送的任何数据，一旦链路发生变化，生成树协议将重新设置端口的阻断或转发状态。

网络中的交换机都要运行生成树协议，生成树协议会把一些交换机的端口设置成阻断状态，计算机发送的任何帧都不转发，这种状态不是一成不变的，当链路发生变化后，会重新设置哪些端口应该阻断，哪些端口应该转发，如图6-56所示。

当接入层交换机3连接汇聚层交换机1的链路被拔掉后，生成树协议会将F1端口由阻断状态设置成转发状态，如图6-57所示。

综上所述，为了使交换机组建的局域网更加可靠，我们使用双汇聚层网络架构，这样会形成环路，产生广播风暴。交换机中运行的生成树协议能够阻断环路，如果链路发生变化，生成树协议很快就能把阻断端口设置为转发状态。

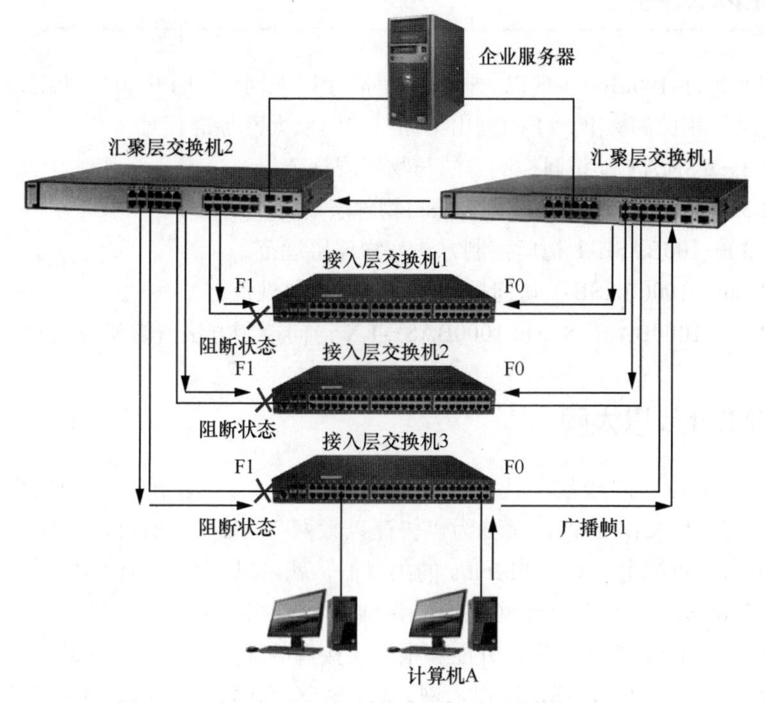

图 6-56 在双汇聚网络架构中运行生成树协议（一）

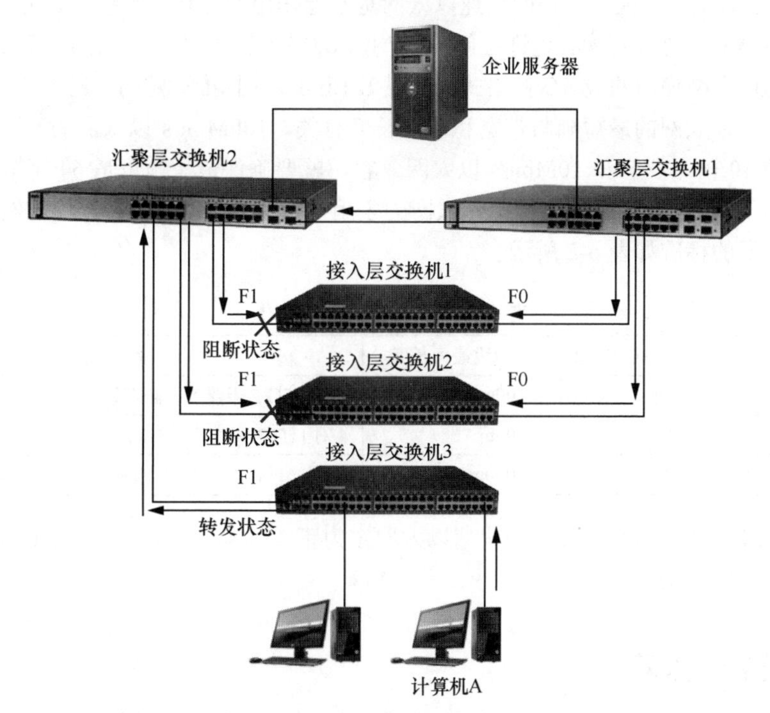

图 6-57 在双汇聚网络架构中运行生成树协议（二）

6.5 高速以太网

速率达到或超过 100Mbit/s 的以太网称为“高速以太网”。IEEE 802.3 标准还针对不同的带宽进一步定义了相应的标准，下面列出不同带宽的以太网标准代号。

IEEE 802.3—CSMA/CD 访问控制方法与物理层规范。

IEEE 802.3i—10BASE-T 访问控制方法与物理层规范。

IEEE 802.3u—100BASE-T 访问控制方法与物理层规范。

IEEE 802.3ab—1000BASE-T 访问控制方法与物理层规范。

IEEE 802.3z—1000BASE-SX 和 1000BASE-LX 访问控制方法与物理层规范。

6.5.1 100Mbit/s 以太网

100BASE-T 是指在双绞线上传输 100Mbit/s 基带信号的星形拓扑的以太网，仍使用 IEEE 802.3 的 CSMA/CD 协议，又称为“快速以太网”（FastEthernet）。用户只要更换一张 100Mbit/s 的网卡，再配上一个 100Mbit/s 的集线器，就可以很方便地由 10BASE-T 以太网直接升级到 100Mbit/s，而不必改变网络的拓扑结构。现在的网卡大多能够支持 10Mbit/s、100Mbit/s、1000Mbit/s 这 3 个速率，并能够根据连接端的速率自动协商带宽。

使用交换机组建的 100BASE-T 以太网，可在全双工模式下工作而无冲突发生。因此，CSMA/CD 协议对全双工模式工作的快速以太网是不起作用的（但在半双工模式工作时，则一定要使用 CSMA/CD 协议）。读者也许会问，不使用 CSMA/CD 协议为什么还能够叫以太网呢？这是因为快速以太网使用的 MAC 帧格式仍然是 IEEE 802.3 标准规定的帧格式。

前面讲了，以太网的最短帧与带宽和链路长度有关，100Mbit/s 以太网的速率是 10Mbit/s 以太网速率的 10 倍。要想和 10Mbit/s 以太网兼容，就要确保最短帧也是 64 字节，那就将电缆最大长度由 1000m 降到 100m，因此以太网的争用期依然是 5.12μs，最短帧依然是 64 字节。

快速以太网的标准如表 6-2 所示。

表 6-2 快速以太网的标准

名 称	传输介质	网段最大长度	特 点
100BASE-TX	铜缆	100m	两对 UTP5 类线或屏蔽双绞线
100BASE-T4	铜缆	100m	4 对 UTP3 类线或 5 类线
100BASE-FX	光纤	2000m	两根光纤，发送和接收各用一根，全双工，长距离

1995 年 IEEE 把 1000BASE-T 的快速以太网定为正式标准，其代号为 IEEE 802.3u，是对 IEEE 802.3 标准的补充。

6.5.2 吉比特以太网

1996 年夏季，吉比特以太网（又称为“千兆以太网”）的产品问世，带宽达到 1000Mbit/s。IEEE 在 1997 年通过了吉比特以太网的标准 802.3z，并在 1998 年成为正式标准。

吉比特以太网的标准 IEEE 802.3z 有以下几个特点。

（1）允许在 1Gbit/s 下以全双工和半双工两种模式工作。

（2）使用 IEEE 802.3 协议规定的帧格式。

（3）在半双工模式下使用 CSMA/CD 协议（全双工模式不需要使用 CSMA/CD 协议）。

（4）与 10BASE-T 和 100BASE-T 技术向后兼容。

吉比特以太网的标准如表 6-3 所示。

表 6-3 吉比特以太网的标准

名　称	传输介质	网段最大长度	特　点
1000BASE-SX	光缆	550m	多模光纤（10 和 62.5μm）
1000BASE-LX	光缆	5000m	单模光纤（10μm）、多模光纤（50μm 和 62.5μm）
1000BASE-CX	铜线	25m	使用两对屏蔽双绞线电缆 STP
1000BASE-T	铜线	100m	使用 4 对 UTP 5 类线

吉比特以太网既可用作现有网络的主干网，也可在高带宽（高速率）的应用场景中（如医疗图像或 CAD 的图形等）用来连接工作站和服务器。

吉比特以太网工作在半双工时，必须进行碰撞检测，数据速率提高了，要想和 10Mbit/s 以太网兼容，就要确保最短帧也是 64 字节，这只能通过减少最大电缆长度来实现，以太网最大电缆长度就要缩短到 10m，短到几乎没有什么实用价值。

为了增加吉比特以太网的最大传输距离，将最短帧增加到 4096 比特，1000Mbit/s 以太网如何和 10Mbit/s 以太网的最短帧兼容呢？这又有了新的问题，因为以太网最短帧长是 64 字节，发送最短的数据帧只需要 512 比特。数据帧发送结束之后，可能在远端发生冲突，冲突信号传到发送端时，数据帧已经发送完成，发送端也就感知不到冲突了。最终的解决办法就是当数据帧长度小于 512 字节（4096 比特）时，在 FCS 域后面添加“载波延伸”（carrier extension）域。主机发送完短数据帧之后，继续发送载波延伸信号。这样一来，当冲突信号传回来时，发送端就能感知到了，如图 6-58 所示。

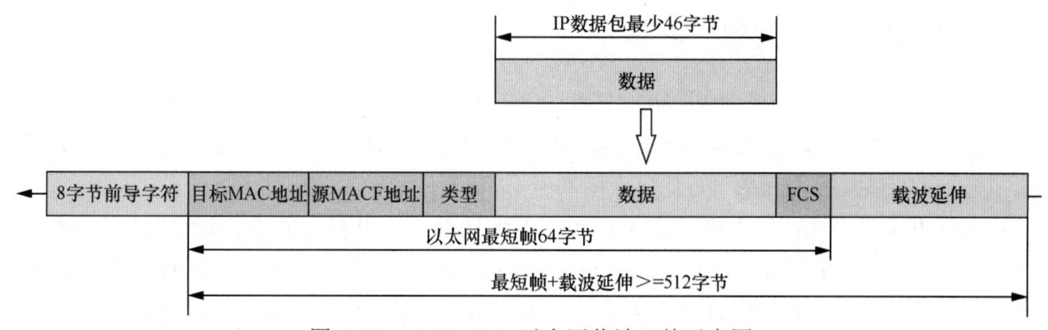

图 6-58 1000Mbit/s 以太网载波延伸示意图

再考虑另一个问题。如果发送的数据帧都是 64 字节的短报文，那么链路的利用率就很低，因为“载波延伸”域将占用大量的带宽。千兆以太网标准中，引入了“分组突发”(packet bursting）机制来改善这个问题。当很多短帧要发送时，第一个短帧采用上面所说的载波延伸方法进行填充，随后的一些短帧则可以一个接一个发送，它们之间只需要留必要的帧间最小间隔即可，如图 6-59 所示。这样就形成一串分组突发，直到达到 1500 字节或稍多一些为止。这样就提高了链路的利用率。

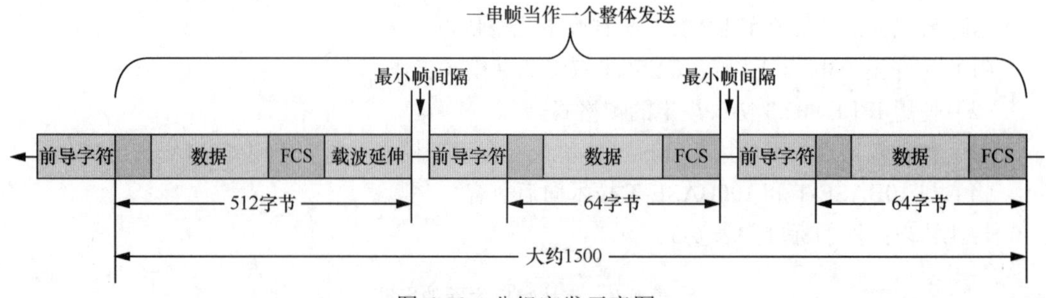

图 6-59 分组突发示意图

“载波延伸”和“分组突发”仅用于千兆以太网的半双工模式；而全双工模式不需要使用CSMA/CD机制，也就不需要这两个特性。

吉比特以太网链路通常用于实现交换机和交换机之间的连接，以及交换机和服务器之间的连接，如图 6-60 所示。

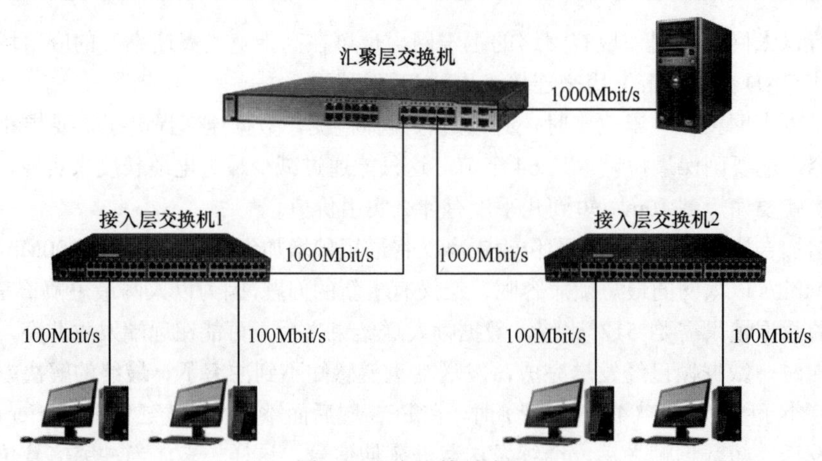

图 6-60 吉比特以太网

6.5.3 10 吉比特以太网

就在吉比特以太网标准 IEEE 802.3z 通过后不久，在 1999 年 3 月，IEEE 成立了高速研究组，其任务是致力于 10 吉比特以太网（10GE）的研究，10GE 的正式标准已在 2002 年 6 月完成。10 吉比特以太网也就是“万兆以太网”。

10GE 并非将吉比特以太网的速率简单提高到 10 倍。这里有许多技术上的问题需要解决。10GE 的主要特点有：10GE 的帧格式与 10Mbit/s、100Mbit/s 和 1Gbit/s 以太网的帧格式完全相同；10GE 还保留了 IEEE 802.3 标准规定的以太网最小帧长和最大帧长，这就使用户在将其已有的以太网进行升级时，仍能和较低速率的以太网很方便地通信。

由于数据率很高，10GE 不再使用铜线而只使用光纤作为传输媒体。它使用长距离（40km）的光收发器与单模光纤接口，以便能够工作在广域网和城域网的范围内。10GE 也可使用较便宜的多模光纤，但这种光纤传输距离为 65～300m。

10GE 只工作在全双工模式，因此不存在争用问题，也不使用 CSMA/CD 协议。这就使得 10GE 的传输距离不再受碰撞检测的限制。

由于 10GE 的出现，以太网的工作范围已经从局域网（校园网、企业网）扩大到城域网和广域网，从而实现了端到端的以太网传输。这种工作方式的好处如下。

（1）以太网是一种经过实践证明的成熟技术，无论是 Internet 服务提供者（ISP）还是端用户都很愿意使用以太网。当然对 ISP 来说，使用以太网还需要在更大的范围进行试验。

（2）以太网的互操作性也很好，不同厂商生产的以太网都能可靠地进行互操作。

（3）在广域网中使用以太网时，其价格大约只有同步光纤网络（Synchronous Optical Network，SONET）的 1/5 和 ATM 的 1/10。以太网还能够适应多种传输媒体，如铜缆、双绞线以及各种光缆。这就使得具有不同传输媒体的用户在进行通信时不必重新布线。

（4）端到端的以太网连接使帧的格式全都是以太网的格式，而不需要再进行帧的格式转换，这就简化了操作和管理。但是，以太网和现有的其他网络，如帧中继或 ATM 网络，仍然需要有相应的接口才能进行互连。

万兆以太网的标准如表 6-4 所示。

表 6-4　万兆以太网的标准

名　称	传输介质	网段最大长度	特　点
10GBASE-SR	光缆	300m	多模光纤（0.85μm）
10GBASE-LR	光缆	10km	单模光纤（1.3μm）
10GBASE-ER	光缆	40km	单模光纤（1.5μm）
10GBASE-CX4	铜线	15m	使用 4 对双芯同轴电缆
10GBASE-T	铜线	100m	使用 4 对 6A 类 UTP 双绞线

6.6 习题

1．网桥是在（　　）上实现不同网络的互连设备。

A．数据链路层　　B．网络层　　C．对话层　　D．物理层

2．PPP 和 CSMA/CD 是第____层协议。

3．在一个采用 CSMA/CD 协议的网络中，传输介质是一根完整的电缆，传输速率为 1Gbit/s，电缆中的信号传播速度是 200 000km/s。若最小数据帧的长度减少 800 比特，则最远的两个站点之间的距离至少需要（　　）。

A．增加 160m　　B．增加 80m　　C．减少 160m　　D．减少 80m

4．将一组数据组装成帧在相邻两个节点间传输属于 OSI 参考模型的（　　）层功能。

A．物理层　　B．数据链路层　　C．网络层　　D．传输层

5．CRC 校验可以查出帧传输过程中的（　　）差错。

A．基本比特差错　　B．帧丢失　　C．帧重复　　D．帧失序

6．PPP 采用同步传输技术传输比特串 01101 11111 11111 00，则零比特填充后的比特串为____。

7．假设待传输的一组数据 $M = 101001$（现在 $k = 6$），除数 $P = 1101$。则要在 M 的后面再添加供差错检验用的 n 位冗余码一起发送。计算 CRC 校验值，发送序列是什么？

8．数据链路层要传输的二进制数据为 1010011，现在需要计算 CRC 校验值，选择了除数为 1101，要求列出计算竖式。

9. 某局域网采用 CSMA/CD 协议实现介质访问控制，数据传输率为 100Mbit/s，主机甲和主机乙的距离为 2km，信号传播速率是 200 000km/s，计算该以太网最短帧。

10. CSMA/CD 是 IEEE 802.3 所定义的协议标准，它适用于（　　）。

A. 令牌环网　　B. 令牌总线网　　C. 网络互连　　D. 以太网

11. 假定 1km 长的 CSMA/CD 网络的数据率为 1Gbit/s，假设信号在网络上的传播速率为 200 000km/s，则能够使用此协议的最短帧长为（　　）。

A. 5000bit　　B. 10 000bit　　C. 5000Byte　　D. 10 000Byte

12. 数据链路（逻辑链路）与链路（物理链路）有何区别？“电路接通”与“数据链路接通”的区别何在？

13. 数据链路层中的链路控制包括哪些功能？试讨论将数据链路层做成可靠的链路层有哪些优点和缺点。

14. 网络适配器的作用是什么？网络适配器工作在哪一层？

15. 数据链路层的 3 个基本问题（封装成帧、透明传输和差错检验）为什么都必须加以解决？

16. 如果在数据链路层不进行帧定界，会发生什么问题？

17. PPP 的主要特点是什么？为什么 PPP 不使用帧的编号？PPP 适用于什么情况？为什么 PPP 不能使数据链路层实现可靠传输？

18. 局域网的主要特点是什么？为什么局域网采用广播通信方式而广域网不采用呢？

19. 常用的局域网网络拓扑有哪些种类？现在最流行的是哪种结构？为什么早期的以太网选择总线型拓扑结构而不使用星形拓扑结构，但现在却改为使用星形拓扑结构？

20. 什么叫作传统以太网？以太网有哪两个主要标准？

21. 请说明 10BASE-T 中的“10”“BASE”和“T”所代表的意思。

22. 以太网使用的 CSMA/CD 协议以争用方式接入共享信道，这与传统的时分复用 TDM 相比有哪些优缺点？

23. 10Mbit/s 以太网升级到 100Mbit/s、1Gbit/s 和 10Gbit/s 时，都需要解决哪些技术问题？为什么以太网能够在发展的过程中淘汰掉自己的竞争对手，并使自己的应用范围从局域网一直扩展到城域网和广域网？

24. 以太网交换机有何特点？

25. 网桥的工作原理和特点是什么？网桥与转发器、以太网交换机有何异同？

26. 网桥中的转发表是用自学习算法建立的。如果有的站点总是不发送数据而仅仅接收数据，那么在转发表中是否就没有与这样的站点相对应的项目？如果要向这个站点发送数据帧，网桥能否把数据帧正确转发到目的地址？

第7章

物理层

本章主要内容

- 物理层的基本概念
- 数据通信基础
- 信道和调制
- 传输媒体
- 信道复用技术
- 宽带接入技术

本章讲解计算机网络通信的物理层，主要讲解通信方面的知识，也就是如何在各种介质（如光纤、铜线等）中更快地传输数字信号和模拟信号，如图 7-1 所示。本章中涉及的通信知识有模拟信号、数字信号、全双工通信、半双工通信、单工通信、编码方式和调制方式，以及信道的极限容量。

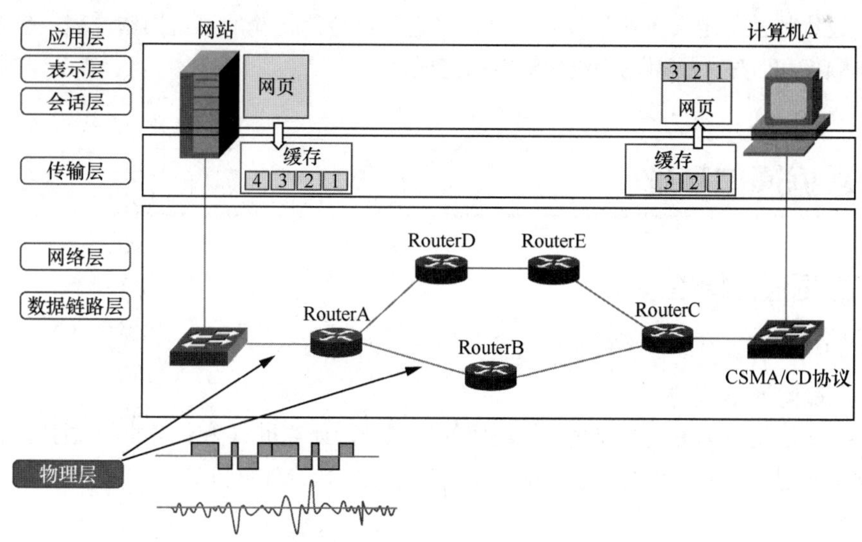

图 7-1　信号通过介质在物理层中传输

物理层使用的传输媒体有双绞线、同轴电缆、光纤，还有无线传输。

在通信线路上更快地传输数据的技术有频分复用、时分复用、波分复用和码分复用技术。

宽带接入技术有铜线接入技术、HFC 技术、光纤接入技术和移动互联网接入技术。

7.1 物理层的基本概念

物理层定义了与传输媒体的接口有关的一些特性。定义了这些接口的标准，各厂家生产的网络设备接口才能相互连接和通信，例如，思科的交换机和华为的交换机使用双绞线就能够连接。物理层包括以下几方面的定义。

（1）机械特性：指明接口所用接线器的形状和尺寸、引脚的数目和排列、固定的锁定装置等。平时常见的各种规格的接插部件都有严格的标准化规定。这很像平时常见的各种规格的电源插头，其尺寸都有严格的规定。图7-2所示为某广域网接口和线缆接口。

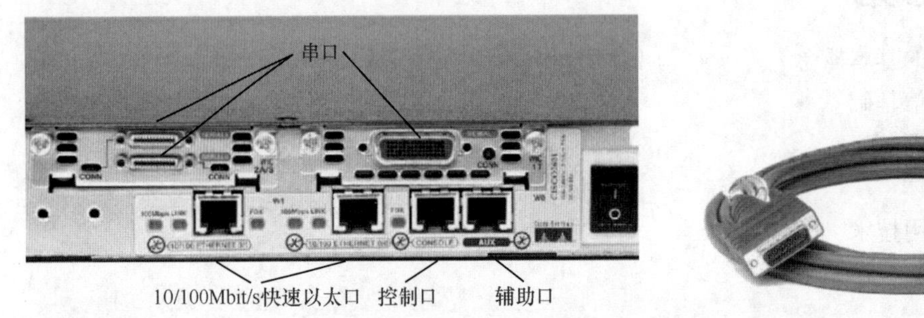

图7-2　物理接口机械特性

（2）电气特性：指明在接口电缆的各条线上出现的电压范围，如在−10V～+10V 的范围内。

（3）功能特性：指明某条线上出现的某一电平的电压表示何种意义。

（4）过程特性：定义了在信号线上进行二进制比特流传输的一组操作过程，包括各信号线的工作顺序和时序，使得比特流传输得以完成。

7.2 数据通信基础

7.2.1 数据通信模型

下面列出几种常见的计算机通信模型。

1．局域网通信模型

图7-3所示是使用集线器或交换机组建的局域网，计算机A和计算机B通信，计算机A将要传输的信息变成数字信号，通过集线器或交换机发送给计算机B，这个过程不需要对数字信号进行转换。

图7-3　局域网通信模型

2. 广域网通信模型

为了对计算机发出的数字信号进行长距离传输，需要把要传输的数字信号转换成模拟信号或光信号。例如，现在家庭用户的计算机通过 ADSL 接入 Internet，就需要将计算机网卡的数字信号调制成模拟信号，以适合在电话线上长距离传输，接收端需要使用调制解调器将模拟信号转换成数字信号，以便和 Internet 中的计算机 B 通信，如图 7-4 所示。后面会讲解如何通过频分复用技术提高模拟信号的通信速率。

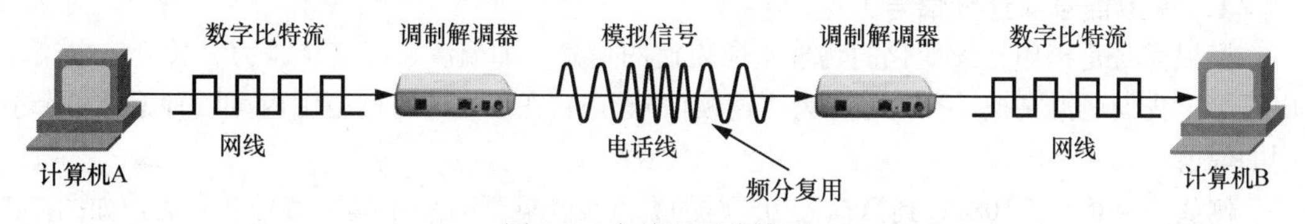

图 7-4 广域网通信模型

现在很多家庭用户已经通过光纤接入 Internet 了，这就需要将计算机网卡的数字信号通过光电转换设备转换成光信号进行长距离传输，在接收端再使用光电转换设备转换成数字信号，如图 7-5 所示。本章后面会讲解如何通过波分复用技术充分利用光纤的通信速率。

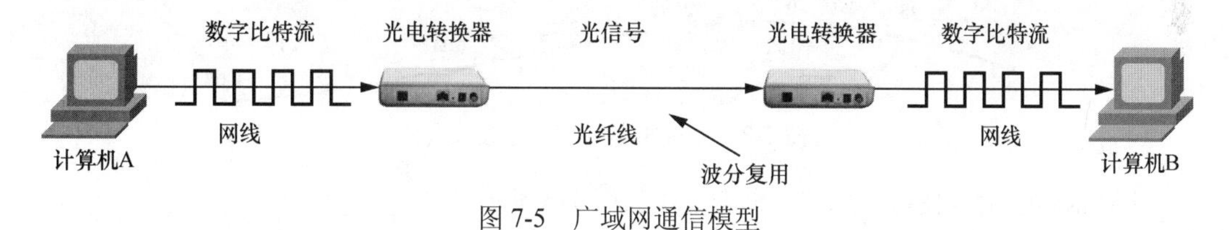

图 7-5 广域网通信模型

7.2.2 数据通信的一些常用术语

信息（message）：通信的目的是传输信息，如文字、图像、视频和音频等都是信息。

数据（data）：信息在传输之前需要进行编码，编码后的信息就变成数据。

信号（signal）：数据在通信线路上传输需要变成电信号或光信号。

图 7-6 所示是使用浏览器访问网站的过程，展现了信息、数据和信号之间的关系，网页的内容就是要传输的信息，经过 M 字符集（字符集就是给一种文字或字符进行编码，英文字符集有 ASCII，中文字符集有 GBK、UTF-8 等，为了方便说明字符集的作用，以下案例中的字符集只是列举了 4 个字符）进行编码，变成二进制数据，网卡将数字信号变成电信号在网络中传递，接收端网卡接收到电信号，转化为数据，再经过 M 字符集解码，得到信息。

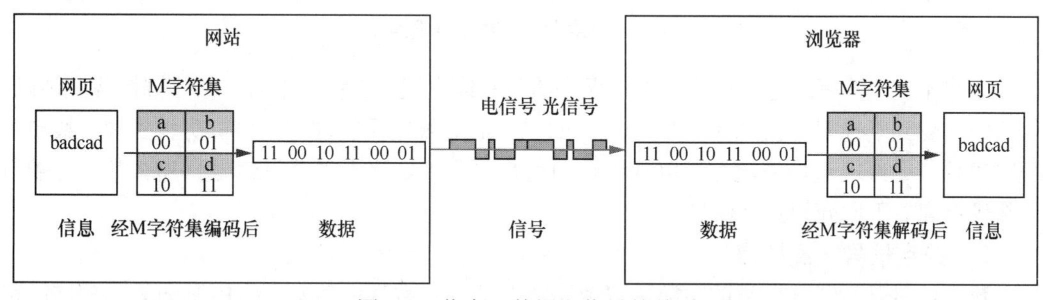

图 7-6 信息、数据和信号的关系

当然为了传输声音或图片文件，可以将图片中的每一个像素颜色都使用数据来表示，将声音文件的声音高低使用数据来表示，这样声音和图片都可以编码成数据。

7.2.3 模拟信号和数字信号

根据信号中代表信息的参数的取值方式不同，信号可以分为以下两大类。

1．模拟信号（连续信号）

模拟信号是指用连续变化的物理量所表达的信息，如温度、湿度、压力、长度、电流、电压等，我们通常又把模拟信号称为“连续信号”，它在一定的时间范围内可以有无限多个不同的取值。

例如，从第一天 08 时到第二天 05 时的温度变化就适合使用模拟信号来表达，如图 7-7 所示。

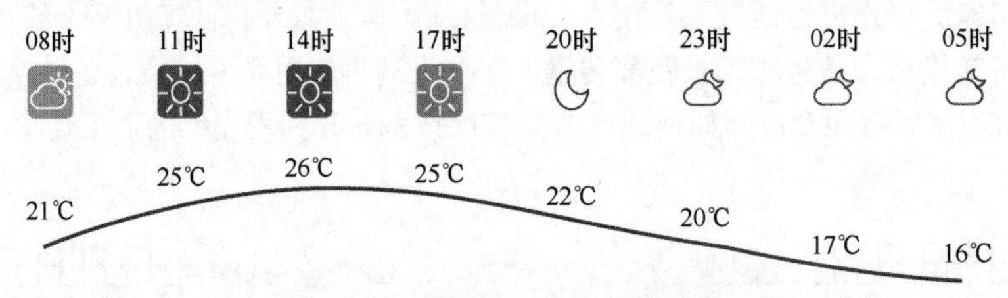

图 7-7 用模拟信号表示温度变化

声音信号也适合使用模拟信号来表达，如图 7-8 所示。

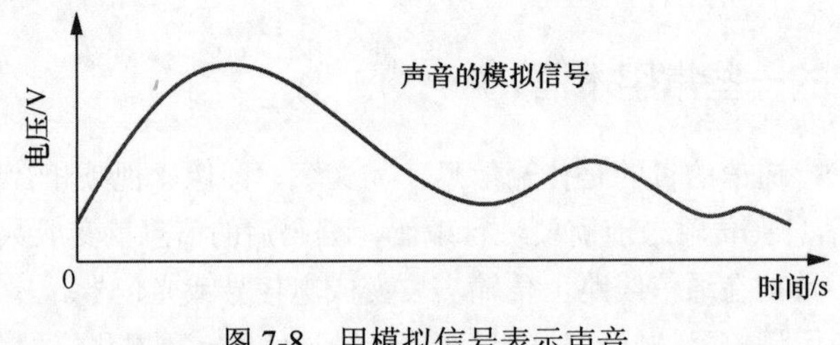

图 7-8 用模拟信号表示声音

在传输过程中如果出现信号干扰，模拟信号的波形会发生变形，很难纠正，如图 7-9 所示。

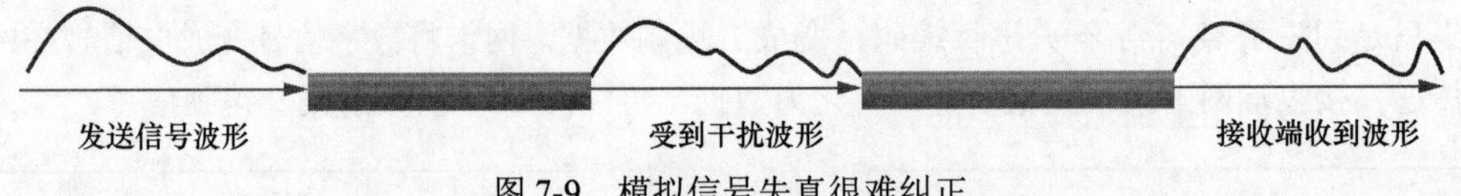

图 7-9 模拟信号失真很难纠正

前些年，我国有线电视线路向用户提供的是有线电视模拟电视信号，信号强图像就清晰，信号弱或受到干扰图像就伴有“雪花点”。目前，各有线电视管理部门对机房设备和有线电视线路进行了升级改造，通过有线电视线路向用户提供了数字电视节目信号。那么数字电视有什么优点呢？下面介绍数字信号。

2．数字信号（离散信号）

数字信号是指代表信息的参数的取值是离散的，在数字通信中常常用时间间隔相同的符号来表示一个二进制数字，这样的时间间隔内的信号称为（二进制）“码元”。例如，计算机传输二进制数据 11101100011001010101001100，就可以使用数字信号进行表示。图 7-10 所示是二进制码元，一个码元表示一个二进制数。

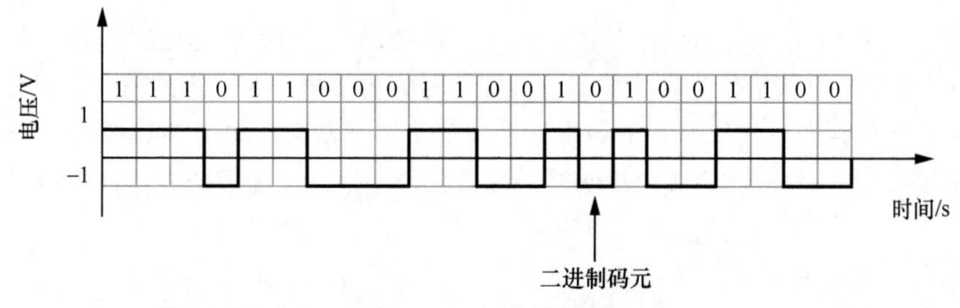

图 7-10　二进制码元

我们也可以使用一个码元表示两位二进制数，两位二进制数的取值有 00、01、10 和 11 这 4 个，这就要求码元有 4 个波形。对上面的一组二进制数进行分组：11 10 11 00 01 10 01 01 01 00 11 00，将分组后的二进制数转换成数字信号，波形如图 7-11 所示，可以看出，同样传输这些二进制数，需要的码元数量减少了。

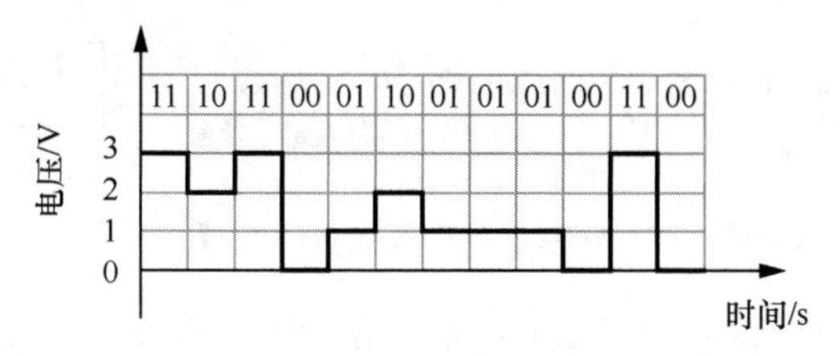

图 7-11　一码元携带两比特信息

当然我们也可以使用一个码元表示 3 位二进制数。3 位二进制数的取值有 000、001、010、011、100、101、110、111 这 8 种取值，这就要求码元有 8 个波形。对上面的一组二进制数进行分组：111 011 000 110 010 101 001 100，并将分组后的二进制数转换成数字信号，波形如图 7-12 所示。

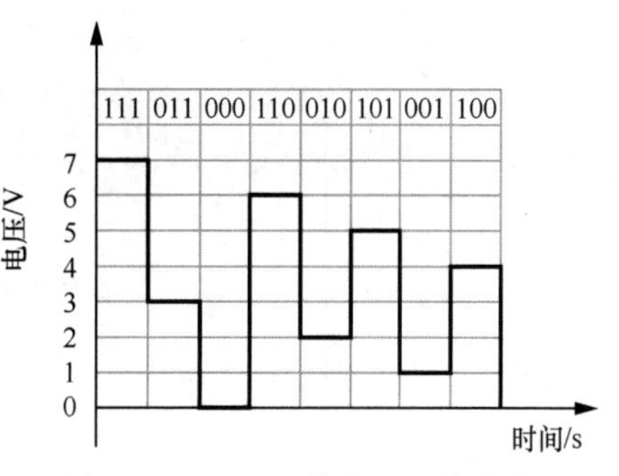

图 7-12　一码元携带 3 比特信息

通过上面的学习，可见如果打算让一个码元承载 4 位二进制数，则需要的码元的波形有 16 种，这样的码元就是十六进制码元。可以看到，要想让一个码元承载更多的信息就需要更多的波形。

数字信号在传输过程中由于信道本身的特性及噪声干扰，会使得数字信号波形产生失真和信号衰减。为了消除这种波形失真和信号衰减，每隔一定的距离需添加“再生中继器”，经过“再生中继器”的波形恢复到发送信号的波形，如图 7-13 所示。模拟信号没有办法消除噪声干扰造成的波形失真，所以现在的电视信号逐渐由数字信号替换掉以前的模拟信号。

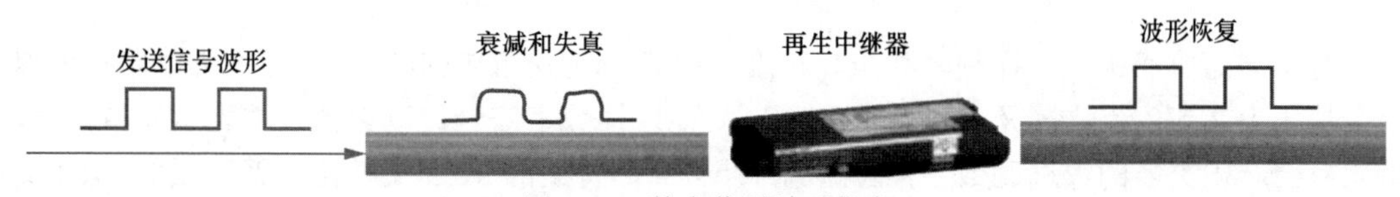

图 7-13　数字信号波形恢复

7.2.4 模拟信号转换成数字信号

模拟信号和数字信号之间可以相互转换：模拟信号一般通过脉码调制（Pulse Code Modulation，PCM）方法量化为数字信号。模拟信号经过采样、对采样的值进行量化，对量化的采样进行数字化编码，将编码后的数据转换成数字信号发送，如图 7-14 所示。图中采用 3 位编码，将模拟信号量化为 2^3=8 个量级。可以看到数字信号只能近似表示模拟信号。

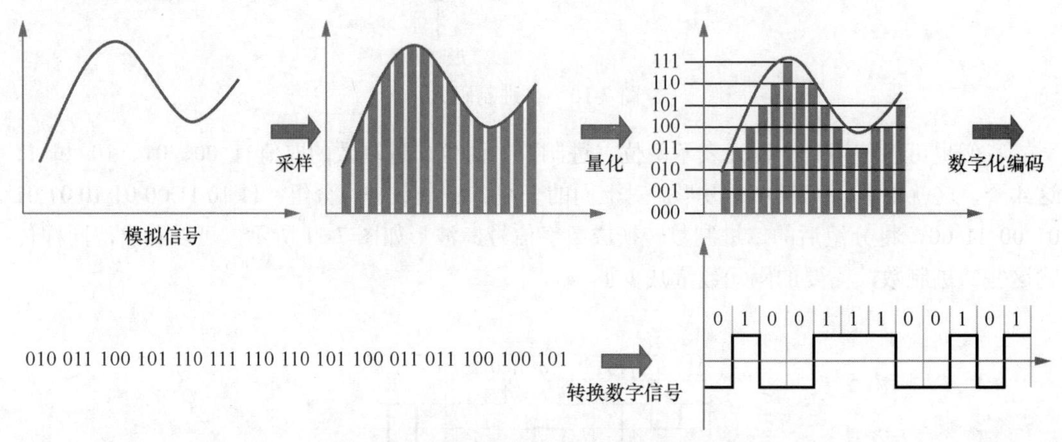

图 7-14 模拟信号转换成数字信号的过程

计算机中的声音文件也是以数字信号的形式存储的，需要将声音的模拟信号转换为数据进行存储。使用酷我音乐盒下载音乐，同一首歌会有超品音质、高品音质和流畅音质的区别，不同品质的文件大小不同，音质也不一样，如图 7-15 所示。

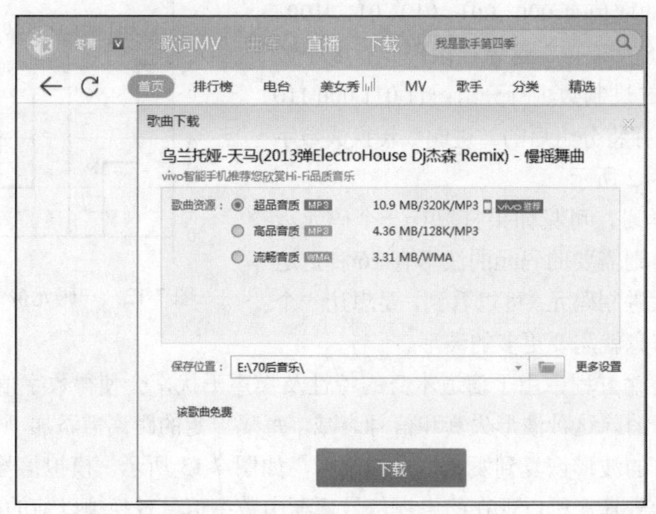

图 7-15 不同品质的文件大小不一样

音乐的品质取决于采样频率和采样精度。图 7-16 所示的模拟信号采用 5 位编码将模拟信号量化为 2^5=32 个数量级，采样频率也提高了，这样数字信号可以更精确地表示模拟信号，编码后会产生更多的二进制数字，这就是为什么高品音质的 MP3 文件比流畅音质的 MP3 文件容量更大，播放音质更加接近原声。通常我们的语音信号采用 8 位编码，将模拟信号量化

为 2^8=256 个量级。

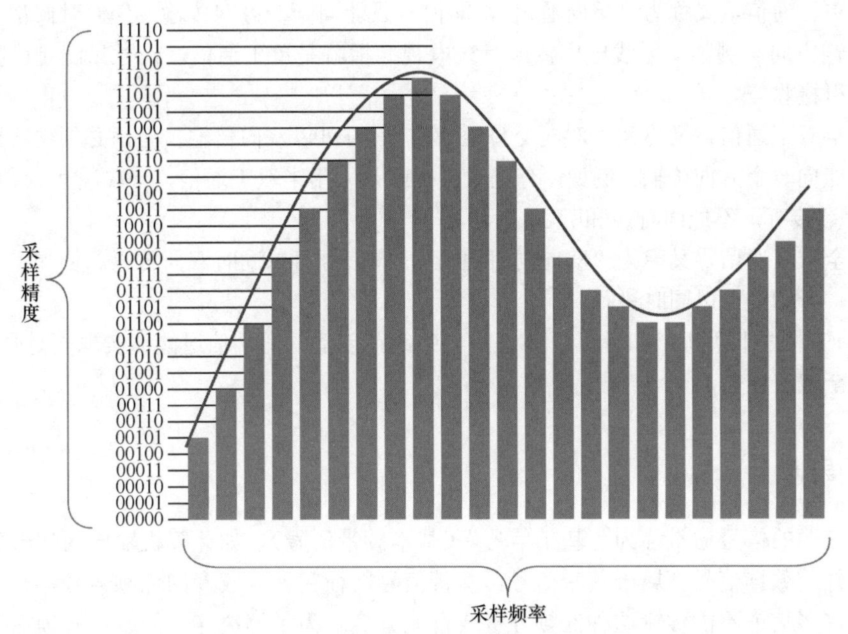

图 7-16 采样频率和采样精度决定音乐的品质

7.3 信道和调制

7.3.1 信道

信道（channel）是信息传输的通道，即信息传输时所经过的一条通路。信道的一端是发送端，另一端是接收端。一条传输介质上可以有多条信道（多路复用）。图 7-17 所示的计算机 A 和计算机 B 通过频分复用技术将一条物理线路划分为两个信道。对于信道 1，计算机 A 是发送端，计算机 B 是接收端；对于信道 2，计算机 B 是发送端，计算机 A 是接收端。

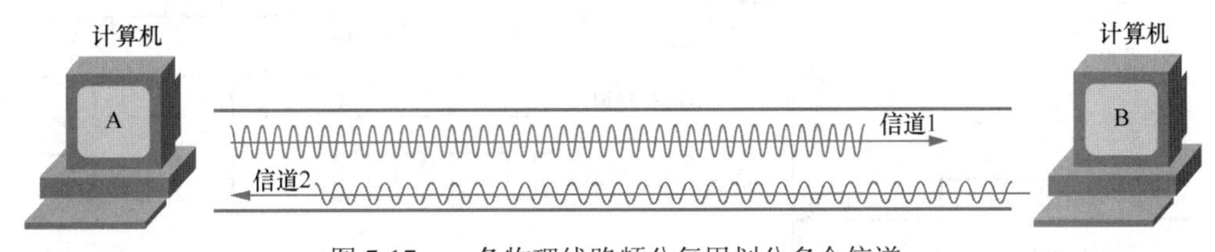

图 7-17 一条物理线路频分复用划分多个信道

与信号分类相对应，信道可以分为用来传输数字信号的数字信道和用来传输模拟信号的模拟信道。图 7-17 所示的两个信道是模拟信道。数字信号经过“数→模转换”后可以在模拟信道上传输；模拟信号经过“模→数转换”后可以在数字信道上传输。

7.3.2 单工、半双工和全双工通信

按照信号的传输方向与时间的关系，数据通信可以分为 3 种类型：单工通信、半双工通

信与全双工通信。

（1）单工通信，又称为“单向通信”，即信号只能向一个方向传输，任何时候都不能改变信号的传输方向。例如，无线电广播或有线电视广播就是单工通信，信号只能是广播电台发送，收音机接收。

（2）半双工通信，又称为“双向交替通信”，信号可以双向传输，但是必须交替进行，一个时间只能向一个方向传输。例如，有些对讲机就是采用半双工通信，A 端说话 B 端接听，B 端说话 A 端接听，不能同时说和听。

（3）全双工通信，又称为“双向同时通信”，即信号可以同时双向传输。例如，我们用手机打电话，听和说可以同时进行。

图 7-17 中的计算机 A 和计算机 B 通过一条线路创建的两个信道能够实现同时收发信号，所以就是全双工通信。

7.3.3 调制

来自信源的信号通常称为“基带信号”（基本频带信号），如计算机输出的代表各种文字或图像文件的数据信号都属于基带信号。基带信号往往包含有较多的低频信号，甚至有直流信号，而许多信道不能传输这种低频分量或直流分量。为了解决这一问题，必须对基带信号进行调制（modulation）。

调制可以分为两大类，如图 7-18 所示。一类仅对基带信号的波形进行变换，使它能够与信道的特性相适应。变化后的信号仍然是基带信号，这类调制称为“基带调制”。由于这种基带调制是把数字信号转换成另一种形式的数字信号，因此大家更愿意把这种过程称为“编码”（coding）。另一类则需要使用载波（carrier）进行调制，把基带信号的频率范围搬移到较高的频段以便在信道中传输。经过载波调制后的信号称为“带通信号”（仅在一段频率范围内能够通过信道），而使用载波的调制称为“带通调制”。

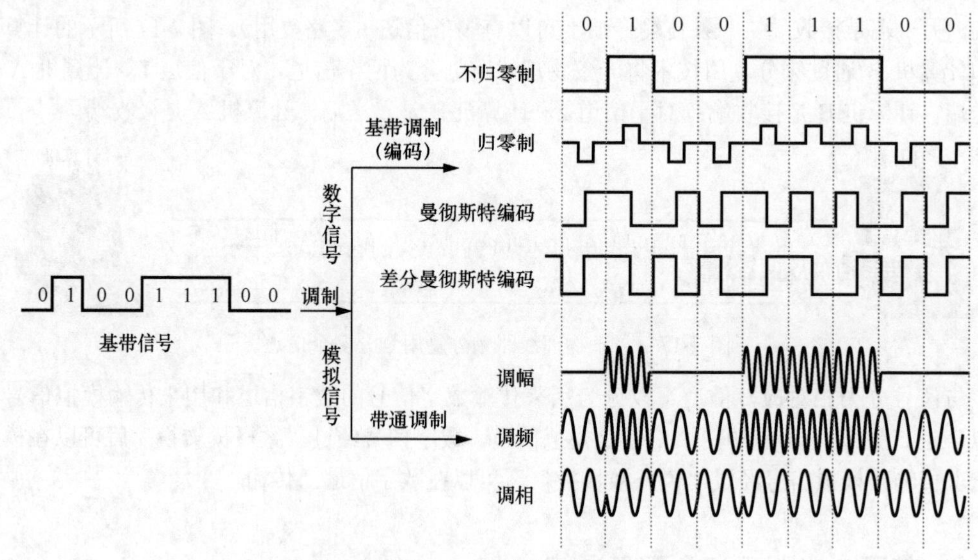

图 7-18 调制技术分类

1．常用编码方式

（1）不归零制：正电平代表 1，负电平代表 0。不归零制编码是效率最高的编码，但如果发送端发送连续的 0 或连续的 1，接收端不容易判断码元的边界。

（2）归零制：码元中间信号回归到零电平，每传输完一位数据，信号返回到零电平，也就是说，信号线上会出现 3 种电平，即正电平、负电平和零电平。因为每位传输之后都要归零，所以接收端只要在信号归零后采样即可，不再需要单独的时钟信号，这样的信号也叫作“自同步”（self-clocking）信号。归零制虽然省了时钟数据线，但还是有缺点的，因为在归零制编码中，大部分的数据带宽用于传输“归零”而浪费掉了。使用归零制编码，一比特需要 3 个码元。

（3）曼彻斯特编码：在曼彻斯特编码中，每一位的中间有一个跳变，位中间的跳变既做时钟信号，又做数据信号；从低到高跳变表示 1，从高到低跳变表示 0，常用于局域网传输。曼彻斯特编码将时钟和数据包含在数据流中，在传输代码信息的同时，也将时钟同步信号一起传输给对方。每位编码中有跳变，不存在直流分量，因此具有自同步能力和良好的抗干扰性能。但每一个码元都被调制成两个电平，所以数据传输速率只有调制速率的 1/2。使用曼彻斯特编码，一比特需要两个码元。

（4）差分曼彻斯特编码：在信号位开始时改变信号极性，表示逻辑 0；在信号位开始时不改变信号极性，表示逻辑 1。识别差分曼彻斯特编码主要看两个相邻的波形，如果后一个波形和前一个波形相同，则后一个波形表示 0；如果波形不同，则表示 1。因此，绘制差分曼彻斯特波形要给出初始波形。

差分曼彻斯特编码比曼彻斯特编码的变化要少，因此更适合于传输高速的信息，被广泛应用于宽带高速网中。然而，由于每个时钟位都必须有一次变化，所以这两种编码的效率仅可达到 50%左右。使用差分曼彻斯特编码，一比特也需要两个码元。

2．常用的带通调制方法

最基本的二元制调制方法有以下几种。

（1）调幅（AM）：载波的振幅随基带数字信号而变化。例如，0 或 1 分别对应无载波或有载波输出。

（2）调频（FM）：载波的频率随基带数字信号而变化。例如，0 或 1 分别对应频率 f1 或 f2。

（3）调相（PM）：载波的初始相位随基带数字信号而变化。例如，0 或 1 分别对应相位 0°或 180°。

7.3.4 信道的极限容量

任何实际的信道都不是理想的，在传输信号时会产生各种失真以及带来多种干扰。数字通信的优点就是在接收端只要能够从失真的波形识别出原来的信号，那么这种失真对通信质量就没有影响。图 7-19 所示的信号通过实际信道后虽然有失真，但接收端还可以识别出原来的码元。

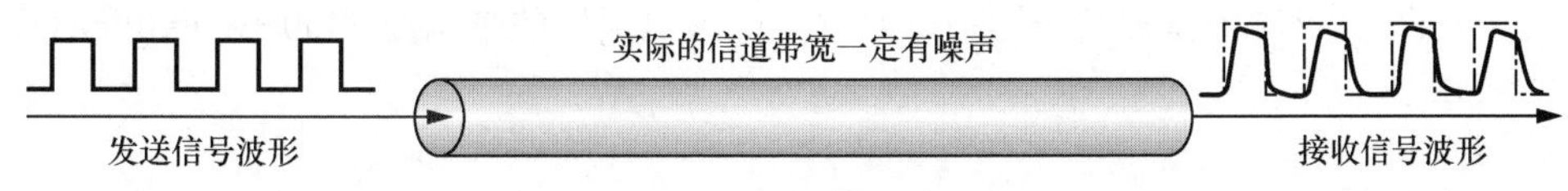

图 7-19 有失真但可识别

图 7-20 所示的信号通过信道后，码元的波形已经严重失真，接收端已经不能识别码元是 1 还是 0。码元传输的速率越高，或信号传输的距离越远，或噪声干扰越大，或传输媒体质量越差，在信道的接收端，波形的失真就越严重。

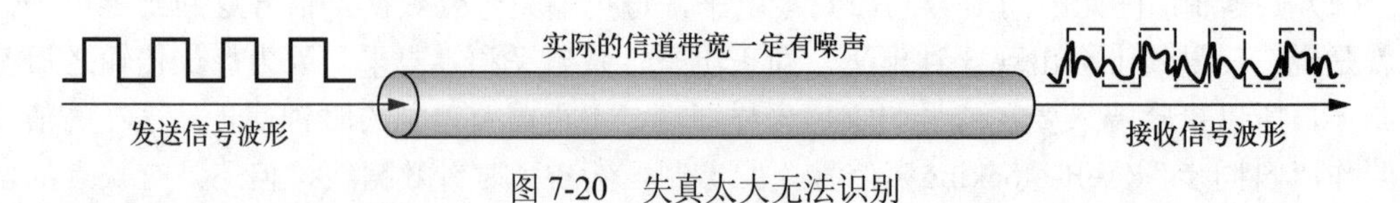

图 7-20　失真太大无法识别

影响信道上的数字信息的传输速率的因素有两个：码元的传输速率和每个码元承载的比特信息量。码元的传输速率受信道能够通过的频率范围影响，每个码元承载的比特信息量则受信道的信噪比影响。

1. 信道能够通过的频率范围

在信道上传输的数字信号其实是使用多个频率的模拟信号进行多次谐波而成的方波。假如数字信号的频率为 1000Hz，需要使用 1000Hz 的模拟信号作为基波，基波信号和更高频率的谐波叠加形成接近数字信号的波形，经过多次更高频率的波进行谐波，可以形成接近数字信号的波形，如图 7-21 所示。现在读者明白为什么数字信号中包含更高频率的谐波了吧。

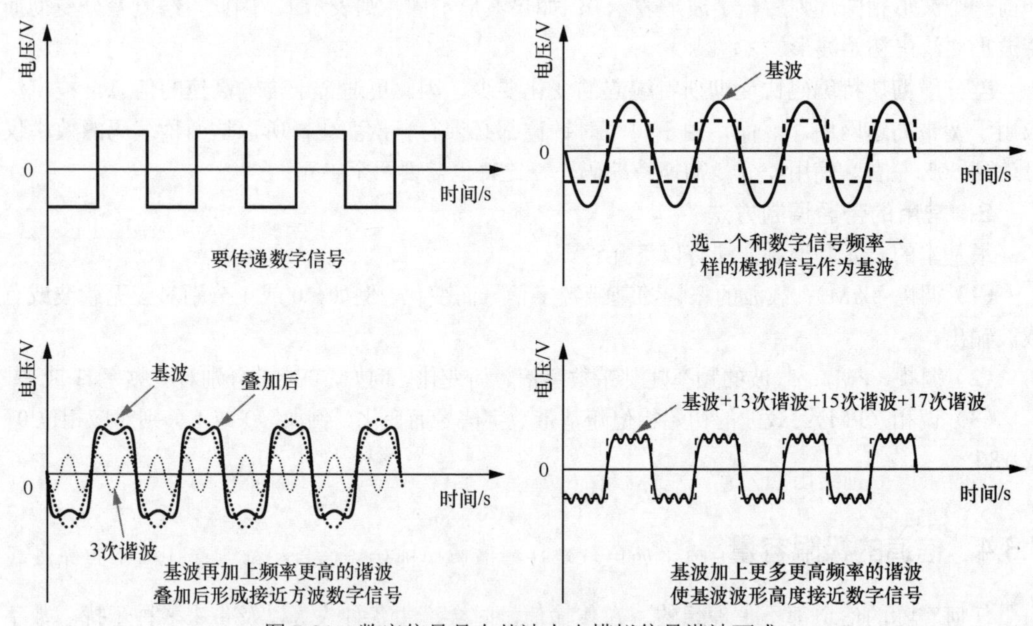

图 7-21　数字信号是在基波上由模拟信号谐波而成

具体的信道所能通过的模拟信号的频率范围总是有限的。能够通过的最高频率减去最低频率，就是该信道的带宽。假定电话线允许频率范围为 300～3300Hz 的模拟信号通过，低于 300Hz 或高于 3300Hz 的模拟信号均不能通过，则该电话线的带宽为 3300−300=3000Hz，如图 7-22 所示。

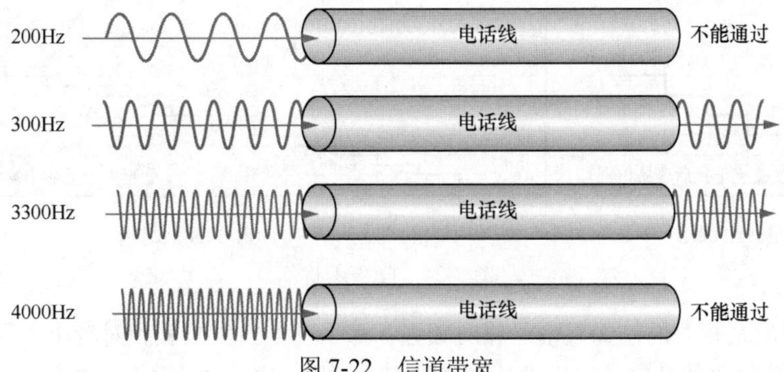

图 7-22 信道带宽

前面讲了模拟信号通过信道的频率是有一定范围的，数字信号经过信道，数字信号中的高频分量（高频模拟信号）有可能不能通过信道或者产生衰减，接收端接收到的波形前沿和后沿就变得不那么陡峭，码元之间所占用的时间界限也不再明显，而是前后都拖了“尾巴”，如图 7-23 所示。这样，在接收端收到的信号波形就失去了码元之间清晰的界限，这种现象叫作“码间串扰”。严重的码间串扰将使得本来分得很清楚的一串码元变得模糊而无法识别。

图 7-23 数字信号的高频分量不能通过信道

在任何信道中，码元传输的速率是有上限的，否则就会出现码间串扰的问题，使接收端对码元的判决（即识别）成为不可能。

如果信道的频带越宽，也就是能够通过的信号高频分量越多，那么就可以使用更高的速率传递码元而不出现码间串扰。早在 1924 年，奈奎斯特（Nyquist）就推导出了著名的奈氏准则。他给出了在假定的理想条件下，为了避免码间串扰，码元的传输速率的上限值。

理想低通信道的最高码元传输速率=2W Baud

W 是理想低通信道的带宽，单位为 Hz。

Baud 是波特，是码元传输速率的单位。

使用奈氏准则给出的公式，可以根据信道的带宽计算出码元的最高传输速率。

2．信噪比

既然码元的传输速率有上限，如果打算让信道更快地传输信息，就需要让一个码元承载更多的比特信息量。其中的二进制码元，一个码元表示一比特；八进制码元，一个码元表示 3 比特；十六进制码元，一个码元表示 4 比特。要是可以无限提高一码元携带的比特信息量，信道传输数据的速率岂不是可以无限提高？这是不行的，其实信道传输信息的能力也是有上限的。

噪声存在于所有的电子设备和通信信道中。由于噪声是随机产生的，它的瞬时值有时会很大。在电压范围一定的情况下，十六进制码元波形之间的差别要比八进制码元波形之间的差别小，如图 7-24 所示。在真实信道中，传输时由于噪声干扰，码元波形差别太小的在接收端就不易清晰识别。那么，信道的极限信息传输速率受哪些因素影响呢？

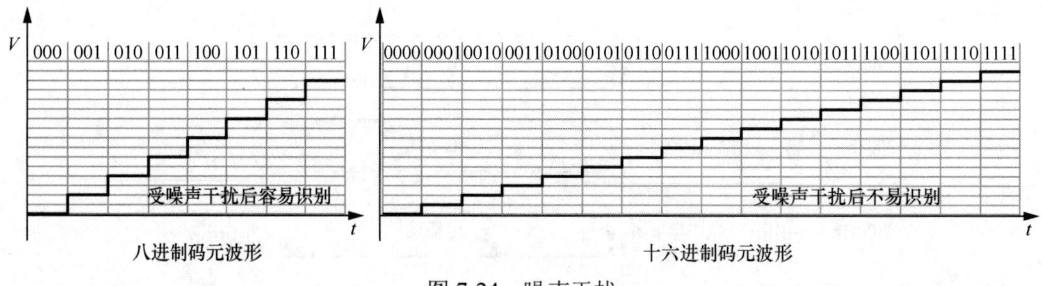

图 7-24 噪声干扰

噪声的影响是相对的，如果信号相对较强，那么噪声的影响就相对较小。因此信噪比就很重要。所谓信噪比就是信号的平均功率和噪声的平均功率之比，常记为 S/N，并用分贝（dB）作为度量单位。

$$信噪比=10\log_{10}(S/N)$$

例如，当 S/N=10 时，信噪比为 10dB；而当 S/N=1000 时，信噪比为 30dB。

1948 年，信息论的创始人香农（Shannon）推导出了著名的香农公式。

$$C=W\log_2(1+S/N)$$

其中，C 为信道的极限信息传输速率（单位为 bit/s），W 为信道的带宽（单位为 Hz）；S 为信道内所传信号的平均功率；N 为信道内部的高斯噪声功率。

香农公式表明，信道的带宽或信道中的信噪比越大，信息的极限传输速率就越高。香农公式指出了信息传输速率的上限。香农公式的意义在于：只要信息传输速率低于信道的极限信息传输速率，就一定可以找到某种办法来实现无差错的传输。不过，香农没有指出具体的实现方法。

7.4 传输媒体

传输媒体也被称为“传输介质”或“传输媒介”，是指数据传输系统中在发送端和接收端之间的物理通路。传输媒体可分为两大类，即导向传输媒体和非导向传输媒体。在导向传输媒体中，电磁波被导向沿着固体媒体（如铜线或光纤等）传播，而非导向传输媒体是指自由空间，非导向传输媒体中电磁波的传输常被称为“无线传输”。

7.4.1 导向传输媒体

1. 双绞线

双绞线常被称为“双扭线”，它是最古老也最常用的传输媒体之一。把两根互相绝缘的铜导线并排放在一起，然后用规则的方法绞合（twist）起来就构成了双绞线。用这种绞合方式，不仅可以抵御一部分来自外界的电磁波干扰，也可以降低多对双绞线之间的相互干扰。使用双绞线最多的地方就是电话系统。几乎所有的电话都用双绞线连接到电话交换机。这段从用户电话机到交换机的双绞线被称为“用户线”或“用户环路”（subscribe loop）。电话公司通常将一定数量的这种双绞线捆成电缆，并在其外面包上护套。

模拟传输和数字传输都可以使用双绞线，其通信距离一般为几到十几千米。距离太长时就要加放大器，以便将衰减了的信号放大到合适的数值（对于模拟传输）；或者加上中继器，以便将失真了的数字信号进行整形（对于数字传输）。导线越粗，其通信距离就越远，导线的价格也越高。在数字传输时，若传输速率为每秒几兆比特，则传输距离可达几千米。由于双绞线的价格便宜且性能也不错，因此使用十分广泛。

为了提高双绞线抗电磁干扰的能力，可以在双绞线的外面再加上一层用金属丝编织而成的屏蔽层，这就是屏蔽双绞线（Shielded Twisted Pair，STP）。它的价格当然比非屏蔽双绞线（Unshielded Twisted Pair，UTP）要贵一些。图 7-25 所示是非屏蔽双绞线，图 7-26 所示是屏蔽双绞线。

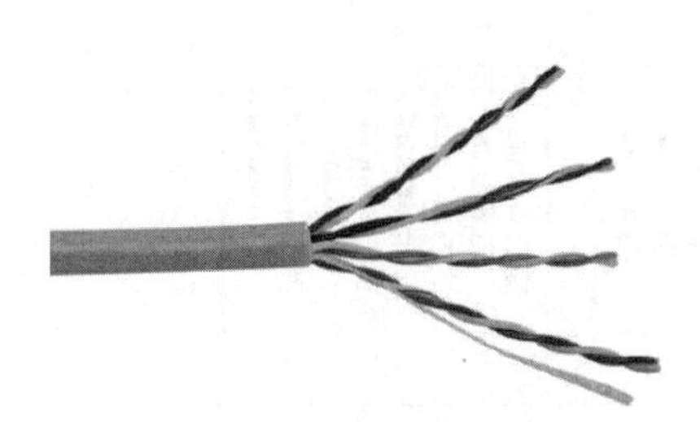

图 7-25 非屏蔽双绞线

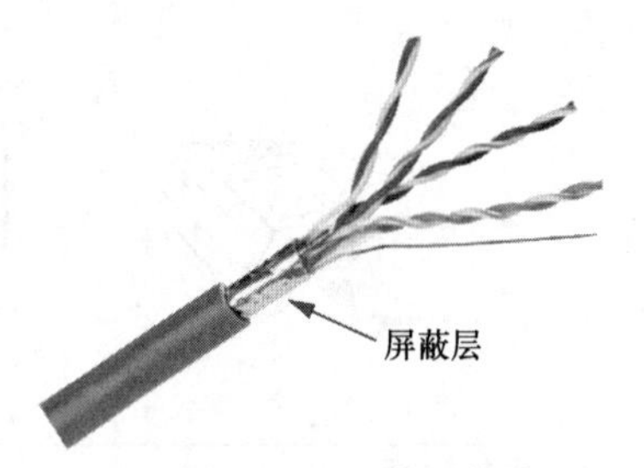

图 7-26 屏蔽双绞线

1991 年，美国电子工业协会（Electronic Industries Association，EIA）和电信行业协会（Telecommunications Industries Association，TIA）联合发布了一个标准——商用建筑物电信布线标准（Commercial Building Telecommunications Cabling Standard，CBTCS）。这个标准规定了用于室内传输数据的非屏蔽双绞线和屏蔽双绞线的标准。随着局域网上数据传输速率的不断提高，EIA/TIA 也不断对其布线标准进行更新。

表 7-1 所示为常用绞合线的类别、带宽和典型应用。无论是哪种类别的绞合线，衰减都随频率的升高而增大。使用更粗的导线可以降低衰减，但却增加了导线的价格和重量；线对之间的绞合度（单位长度内的绞合次数）和线对内两根导线的绞合度都必须经过精心的设计，并在生产中加以严格的控制，使干扰在一定程度上得以抵消，这样才能提高线路的传输特性。使用更大的和更精确的绞合度，就可以获得更高的带宽。在设计布线时，要考虑受到衰减的信号应当有足够大的振幅，以便在有噪声干扰的条件下能够在接收端正确地被检测出来。双绞线究竟能够传输多高速率（Mbit/s）的数据还与数字信号的编码方法有很大的关系。

表 7-1 常用绞合线的类别、带宽和典型应用

绞合线类别	带 宽	典 型 应 用
3	16MHz	低速网络；模拟电话
4	20MHz	短距离的 10BASE-T 以太网
5	100MHz	10BASE-T 以太网；某些 100BASE-T 快速以太网
5E（超 5 类）	100MHz	100BASE-T 快速以太网；某些 1000BASE-T 吉比特以太网
6	250MHz	1000BASE-T 吉比特以太网；ATM 网络
7	600MHz	只使用 STP，可用于 10 吉比特以太网

现在计算机连接交换机使用的网线就是双绞线，其中有 8 根线，网线两头连接 RJ-45

接头（俗称“水晶头”）。对传输信号来说，它们所起的作用分别是：1、2用于发送，3、6用于接收，4、5和7、8是双向线。对与其相连接的双绞线来说，为降低相互干扰，标准要求1、2必须是绞缠的一对线，3、6也必须是绞缠的一对线，4、5相互绞缠，7、8相互绞缠。

8根线的接法标准分别为TIA/EIA 568B（T568B）和TIA/EIA 568A（T568A）。

TIA/EIA 568B：1—白橙，2—橙，3—白绿，4—蓝，5—白蓝，6—绿，7—白棕，8—棕。

TIA/EIA 568A：1—白绿，2—绿，3—白橙，4—蓝，5—白蓝，6—橙，7—白棕，8—棕。

网线的水晶头两端的线序如果都是T568B，就称其为直通线；如果网线一端的线序是T568B，另一端是T568A，就称其为交叉线，如图7-27所示。不同的设备相连，要注意线序，不过现在的计算机网卡大多能够自适应线序。

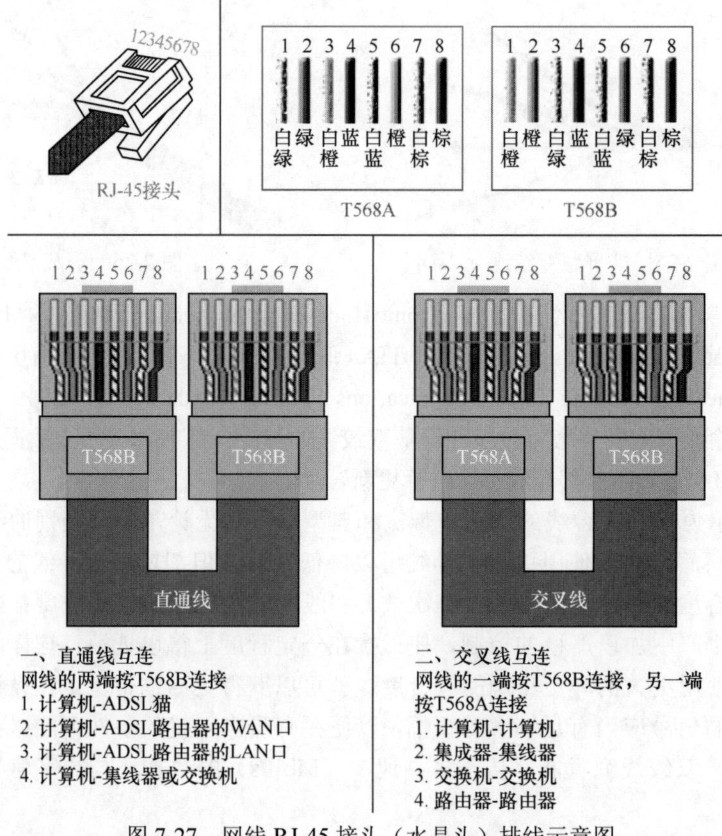

图7-27 网线RJ-45接头（水晶头）排线示意图

2. 同轴电缆

同轴电缆由内导体铜质芯线（单股实心线或多股绞合线）、绝缘层、网状编织的外导体屏蔽层（也可以是单股的）以及塑料的绝缘保护层组成，如图7-28所示。由于外导体屏蔽层的作用，同轴电缆具有很好的抗干扰特性，广泛用于传输较高速率的数据。

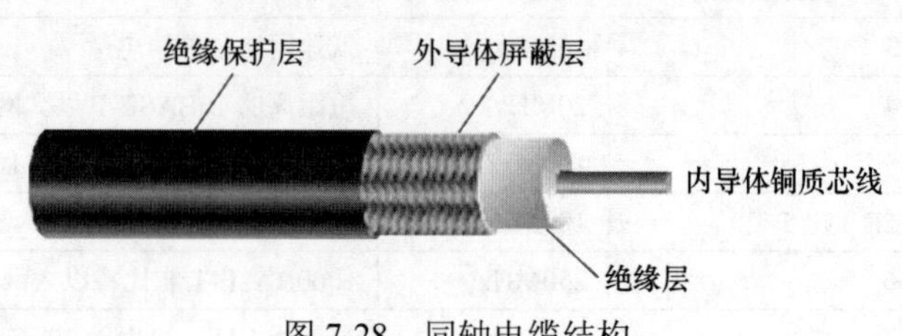

图7-28 同轴电缆结构

在局域网发展的初期曾广泛地使用同轴电缆作为传输媒体。但随着技术的进步，在局域网领域基本上都是采用双绞线作为传输媒体。目前同轴电缆主要用在有线电视网的居民小区中。同轴电缆的带宽取决于电缆的质量，目前高质量的同轴电缆的带宽已接近 1GHz。

3．光缆

从 20 世纪 70 年代到现在，通信和计算机领域都发展得非常快。近 30 多年来，计算机的运行速度大约每 10 年提高 10 倍。但在通信领域，信息的传输速率则提高得更快，从 20 世纪 70 年代的 56kbit/s 提高到现在的几到几十 Gbit/s（使用光纤通信技术），相当于每 10 年提高 100 倍。因此光纤通信就成为现代通信技术中一个十分重要的领域。

光纤通信就是利用光导纤维（以下简称为“光纤”）传递光脉冲来进行通信的。有光脉冲相当于 1，而没有光脉冲相当于 0。由于可见光的频率非常高，约为 108MHz 的量级，因此一个光纤通信系统的传输带宽远远大于目前其他各种传输媒体的带宽。

光纤是光纤通信的传输媒体。在发送端有光源，可以采用发光二极管或半导体激光器，它们在电脉冲的作用下能产生出光脉冲。在接收端利用光电二极管做成光检测器，在检测到光脉冲时可以还原出电脉冲。

光纤通常由非常透明的石英玻璃拉成细丝制成，主要由纤芯和包层构成双层通信圆柱体。纤芯很细，其直径只有 8～100μm（$1\mu m=10^{-6}m$）。光波正是通过纤芯进行传导的。包层较纤芯有较低的折射率，当光线从高折射率的媒体射向低折射率的媒体时，其折射角将大于入射角，如图 7-29 所示。因此，如果入射角足够大，就会出现全反射，即光线碰到包层时就会折射回纤芯。这个过程不断重复，光波也就沿着光纤传输下去。

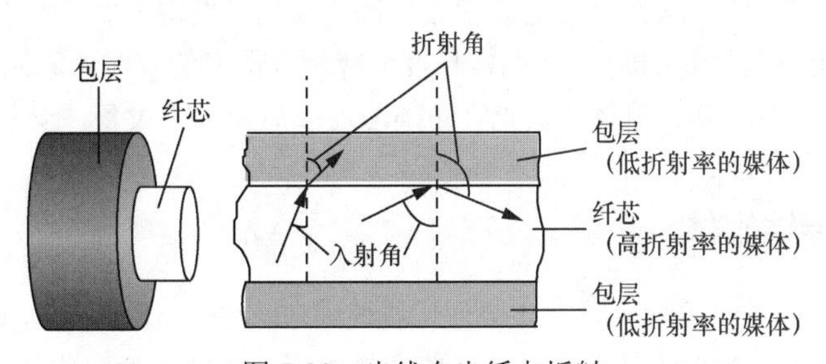

图 7-29 光线在光纤中折射

图 7-30 所示为光波在纤芯中传输的示意图。现代的生产工艺可以制造出超低损耗的光纤，即做到光线在纤芯中传输数千米而基本上没有什么损耗，这一点是光纤通信得到飞速发展的最关键因素。

图 7-30 只画了一条光波，实际上只要从纤芯中射到纤芯表面的光线的入射角大于某一个临界角度，就可产生全反射。因此，可以存在许多条不同角度入射的光线在一条光纤中传输。这种光纤被称为“多模光纤”（见图 7-31a）。光脉冲在多模光纤中传输时会逐渐展宽，造成失真。因此多模光纤只适合近距离传输。若光纤的直径减小到只有一个光的波长，则光纤就像一根波导那样，可使光线一直向前传播，而不会产生多次反射。这样的光纤被称为“单模光纤”（见图 7-31b）。单模光纤的纤芯很细，其直径只有几个微米，制造起来成本较高。同时，单模光纤的光源要使用昂贵的半导体激光器，而不能使用较便宜的发光二极管。但单模光纤的损耗较小，在 2.5Gbit/s 的高速率下可传输数十千米而不必采用中继器。

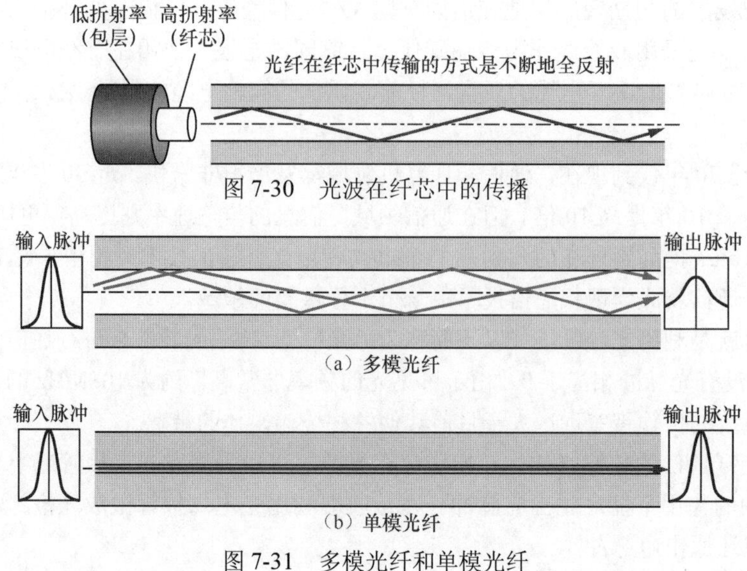

图 7-30 光波在纤芯中的传播

图 7-31 多模光纤和单模光纤

光纤不仅具有通信容量非常大的优点，还具有其他一些特点。

（1）传输损耗小，中继距离长，对远距离传输特别经济。

（2）抗雷电和电磁干扰性能好。这在有大电流脉冲干扰的环境下尤为重要。

（3）无串音干扰，保密性好，不易被窃听或截取数据。

（4）体积小，重量轻。这在现有电缆管道已拥塞不堪的情况下特别有利。例如，1km 长的 1000 对双绞线电缆约重 8000kg，而同样长度但容量大得多的一对两芯光缆仅重 100kg。

但光纤也有一定的缺点，要将两根光纤精确地连接需要专用设备，安装难度较大。

7.4.2 非导向传输媒体

前面介绍了 3 种导向传输媒体。如果通信线路通过一些高山或岛屿，就会很难施工。即使是在城市中，挖开马路敷设电缆也不是一件容易的事。当通信距离很远时，敷设电缆既昂贵又费时。但利用无线电波在自由空间的传播就可较快地实现多种通信。这种通信方式不使用上一小节所介绍的各种导向传输媒体，因此就将自由空间称为“非导向传输媒体”。

特别要指出的是，由于信息技术的发展，社会的节奏加快了。人们不仅要求能够在运动中进行电话通信（移动电话通信），而且要求能够在运动中进行计算机数据通信（俗称“上网”），现在的智能手机大多使用 4G 技术访问 Internet。因此最近十几年无线电通信发展得特别快，因为利用无线信道进行信息传输，是在运动中通信的唯一手段。

1. 无线电波通信

无线传输可使用的频段很广，如图 7-32 所示。现在已经利用了好几个波段进行通信，紫外线和更高的波段目前还不能用于通信。国际电信联盟（International Telecommunication Union, ITU）给不同波段取了正式名称。例如，LF 波段的波长是从 1km 到 10km（对应于 30kHz 到 300kHz），LF、MF 和 HF 的中文名称分别是“低频”“中频”和“高频”。更高的频段中的 V、U、S 和 E 分别对应于 Very、Ultra、Super 和 Extremely，相应的频段的中文名称分别是“甚高频”“特高频”“超高频”和“极高频”。在低频 LF 的下面其实还有几个更低的频段，如甚低频（VLF）、特低频（ULF）、超低频（SLF）和极低频（ELF）等，因其不用于一般的通信，故未在图中画出。

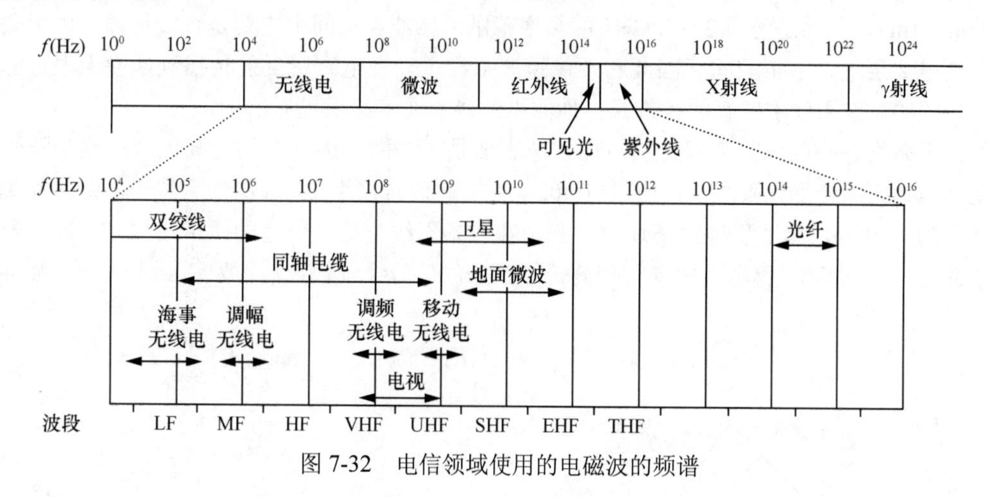

图 7-32 电信领域使用的电磁波的频谱

表 7-2 所示为无线电波频段的名称、频率范围、波段名称和波长范围。

表 7-2 常用无线电波分类

频段名称	频率范围	波段名称	波长范围
甚低频（VLF）	3 kHz～30 kHz	万米波，甚长波	10 km～100 km
低频（LF）	30 kHz～300 kHz	千米波，长波	1 km～10 km
中频（MF）	300 kHz～3000 kHz	百米波，中波	100 m～1000 m
高频（HF）	3 MHz～30 MHz	十米波，短波	10 m～100 m
甚高频（VHF）	30 MHz～300 MHz	米波，超短波	1 m～10 m
特高频（UHF）	300 MHz～3000 MHz	分米波	10 cm～100 cm
超高频（SHF）	3 GHz～30 GHz	厘米波	1 cm～10 cm
极高频（EHF）	30 GHz～300 GHz	毫米波	1 mm～10 mm
	300 GHz～3000 GHz	亚毫米波	0.1 mm～1 mm

2. 短波通信

短波通信即高频通信，主要是靠电离层的反射。人们发现，当电波以一定的入射角到达电离层时，它也会像光学中的反射那样以相同的角度离开电离层。显然，电离层越高或电波进入电离层时与电离层的夹角越小，电波从发射点经电离层反射到达地面的跨越距离就越大，这就是短波可以进行远程通信的根本原因。而且，电波返回地面时又可能被大地反射而再次进入电离层，形成电离层的第二次、第三次反射，如图 7-33 所示。由于电离层对电波的反射作用，这就使本来直线传播的电波有可能到达地球的背面或其他任何一个地方。电波经电离层一次反射称为“单跳”，单跳的跨越距离取决于电离层的高度。

但电离层的不稳定所产生的衰落现象和电离层反射所产生的多径效应，使得短波信道的通信质量较差。因此，当必须使用短波无线电台传输数据时，一般都是低速传输，即一个标准模拟话路速率为几十至几百比特/秒。只有在采用复杂的调制解调技术后，才能使数据的传输速率达到几千比特/秒。

3．微波通信

微波通信在数据通信中占有重要地位。微波的频率范围为 300MHz～300GHz（波长为 0.1mm～1m），主要是使用 2～40GHz 的频率范围。微波在空间中主要是直线传播。由于微波会穿透电离层进入宇宙空间，因此它不像短波那样可以经电离层反射传播到地面上很远的地方。传统的微波通信主要有两种方式：地面微波接力通信和卫星通信。

由于微波在空间中是直线传播，而地球表面是个曲面，地球上还有高山或高楼等障碍，因此其传播距离会受到限制，一般只有 50km 左右。但若采用 100m 高的天线塔，则传播距离可增大到 100km。为实现远距离通信，必须在一条无线电通信信道的两个终端之间建立若干个中继站，如图 7-34 所示。中继站把前一站送来的信号经过放大后再发送到下一站，故称为“接力”。

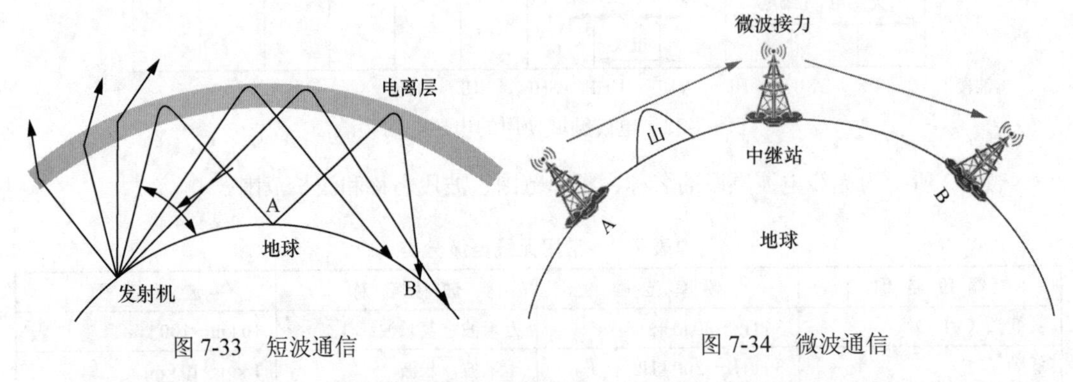

图 7-33 短波通信　　图 7-34 微波通信

微波通信可传输电话、电报、图像、数据等信息。其主要特点如下。

（1）微波波段频率很高，其频率范围也很宽，因此其通信信道的容量很大。

（2）因为工业干扰和天电干扰的主要频谱成分比微波频率低得多，所以这些干扰对微波通信的危害比对短波小得多，因而微波传输质量较高。

（3）与相同容量和长度的电缆载波通信相比，微波接力通信建设投资少、见效快，其信号易于跨越山区、江河。

当然，微波通信也存在如下一些缺点。

（1）相邻站之间必须能直视，不能有障碍物。有时一个天线发射出的信号也会分成几条略有差别的路径到达接收天线，因而造成失真。

（2）微波的传播有时也会受到恶劣气候的影响。

（3）与电缆通信系统相比，微波通信的隐蔽性和保密性较差。

（4）大量中继站的使用和维护要耗费较多的人力和物力。

另一种微波中继是使用地球卫星，如图 7-35 所示。卫星通信是在地球站之间利用位于约 36000km 高空的人造地球同步

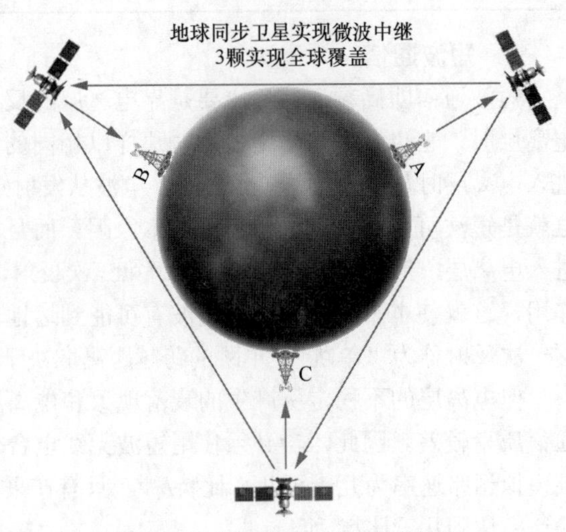

图 7-35 微波通信使用卫星中继

卫星作为中继器的一种微波接力通信。对地静止通信卫星就是在太空的无人值守的微波通信的中继站。卫星通信的主要优缺点大体上和地面微波通信差不多。

卫星通信的最大特点是通信距离远，且通信费用与通信距离无关。地球同步卫星发射出的电磁波能辐射地球上的通信覆盖区的跨度达 18000 多千米，面积约占全球的 1/3。只要在地球赤道上空的同步轨道上等距离地放置 3 颗卫星，两颗卫星间的夹角为 120°，就能基本实现全球的通信。和微波通信相似，卫星通信的频带很宽，通信容量很大，信号所受到的干扰也较小，通信比较稳定。为了避免产生干扰，卫星之间夹角如果不小于 2°，那么整个赤道上空只能放置 180 个同步卫星。好在人们想出可以在卫星上使用不同的频段来进行通信。因此总的通信容量还是很大的。

卫星通信的另一特点是具有较大的传播时延。由于各地球站的天线仰角并不相同，因此不管两个地球站之间的地面距离是多少（相隔一条街或相隔上万千米），从一个地球站经卫星到另一个地球站的传播时延在 250～300ms 的范围内，一般可取为 270ms。这和其他通信有较大差别（请注意，这和两个地球站之间的距离没有关系）。地面微波接力通信链路的传播时延一般取为 3.3μs/km。

请注意，"卫星信道的传播时延较大"并不等于"用卫星信道传输数据的时延较大"。这是因为总时延除了传播时延外，还有传输时延、处理时延和排队时延等。传播时延在总时延中所占的比例有多大，取决于具体情况。但利用卫星信道进行交互式的网上游戏显然是不适合的。卫星通信非常适合用于广播通信，因为它的覆盖面很广。但从安全方面考虑，卫星通信系统的保密性是较差的。

4．无线局域网

从 20 世纪 90 年代起，无线移动通信和 Internet 一样，得到了飞速的发展。与此同时，使用无线信道的计算机局域网也获得了越来越广泛的应用。我们知道，要使用某一段无线电频段进行通信，通常必须得到本国政府有关无线电频段管理机构的许可证。但是，也有一些无线电频段是可以自由使用的（只要不干扰他人在这个频段中的通信），这正好满足计算机无线局域网的需求。图 7-36 所示为美国的 ISM 频段，现在的无线局域网就使用其中的 2.4GHz 和 5.85GHz 频段。ISM 是 Industrial Scientific and Medical（工业、科学与医药）的缩写，即所谓的"工、科、医频段"。

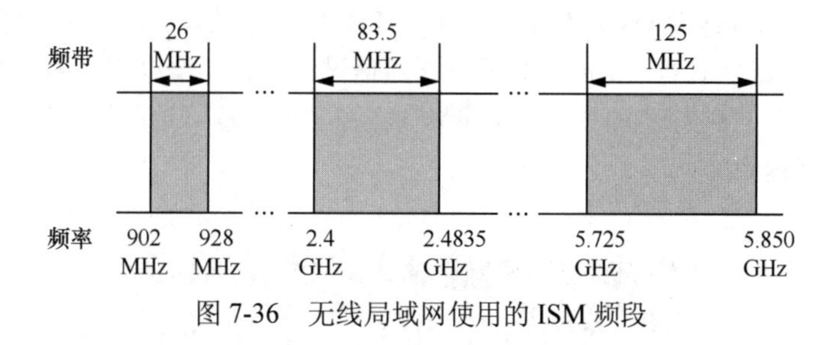

图 7-36 无线局域网使用的 ISM 频段

7.5 信道复用技术

复用（multiplexing）是通信技术中的基本概念。在计算机网络中的信道广泛地使用各种复用技术。下面对信道复用技术进行简单介绍。

图 7-37 所示为 A_1、B_1 和 C_1 分别使用一个单独的信道与 A_2、B_2 和 C_2 进行通信，总共需要 3 个信道。

A1
B1
C1
A2
B2
C2

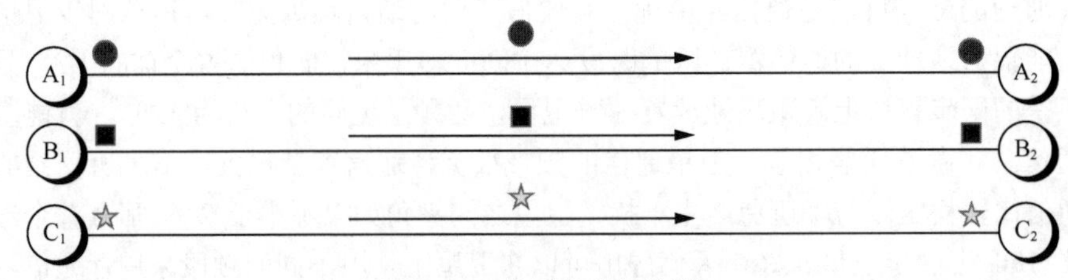

图 7-37 使用单独的信道

但如果在发送端使用一个复用器，就可以让大家合起来使用一个共享信道进行通信。在接收端再使用分用器，把合起来传输的信息分别送到相应的终点。图 7-38 所示为复用的示意图。当然复用也要付出一定代价（共享信道由于带宽较大，所以费用也较高，还得再加上复用器和分用器的费用）。但如果复用的信道数量较大，那么在经济上还是合算的。

A1
B1
C1
复用
共享信道
分用
A2
B2
C2

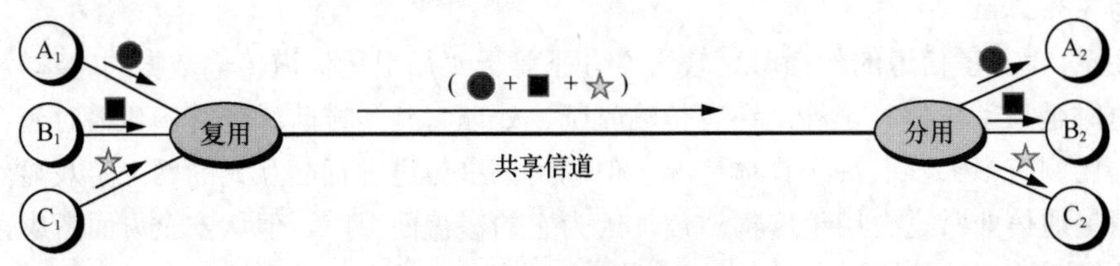

图 7-38 使用共享信道

信道复用技术中，发送端要用到复用器（multiplexer），接收端要用到分用器（demultiplexer），复用器和分用器成对地使用。在复用器和分用器之间是用户共享的高速信道。分用器的作用正好和复用器相反，它把高速信道传输过来的数据进行分用，分别送交给相应的用户。

信道复用技术有频分复用、时分复用、波分复用和码分复用，下面逐一进行讲解。

7.5.1 频分复用

频分复用（Frequency Division Multiplexing，FDM）最简单，适合于模拟信号，其特点如图 7-39 所示。用户在分配到一定的频带后，在通信过程中自始至终都占用这个频带。可见频分复用的所有用户在同样的时间占用不同的带宽资源（请注意，这里的“带宽”是频率带宽，而不是数据的发送速率）。

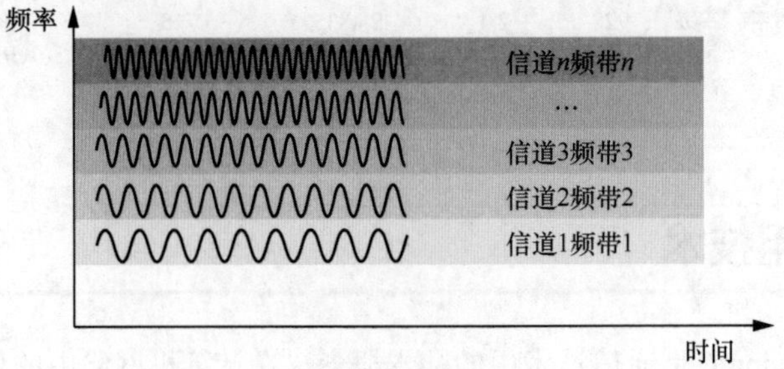

频率
信道n频带n
…
信道3频带3
信道2频带2
信道1频带1
时间

图 7-39 频分复用

图 7-40 所示为频分复用的细节，A1→A2 信道使用频率 $f1$ 调制载波，B1→B2 信道使用频率 $f2$ 调制载波，C1→C2 信道使用频率 $f3$ 调制载波，不同频率调制后的载波通过复用器将信号叠加后发送到信道。接收端的分用器将信号发送到 3 个滤波器，滤波器过滤出特定频率的载波信号，再经过解调得到信源发送的模拟信号。

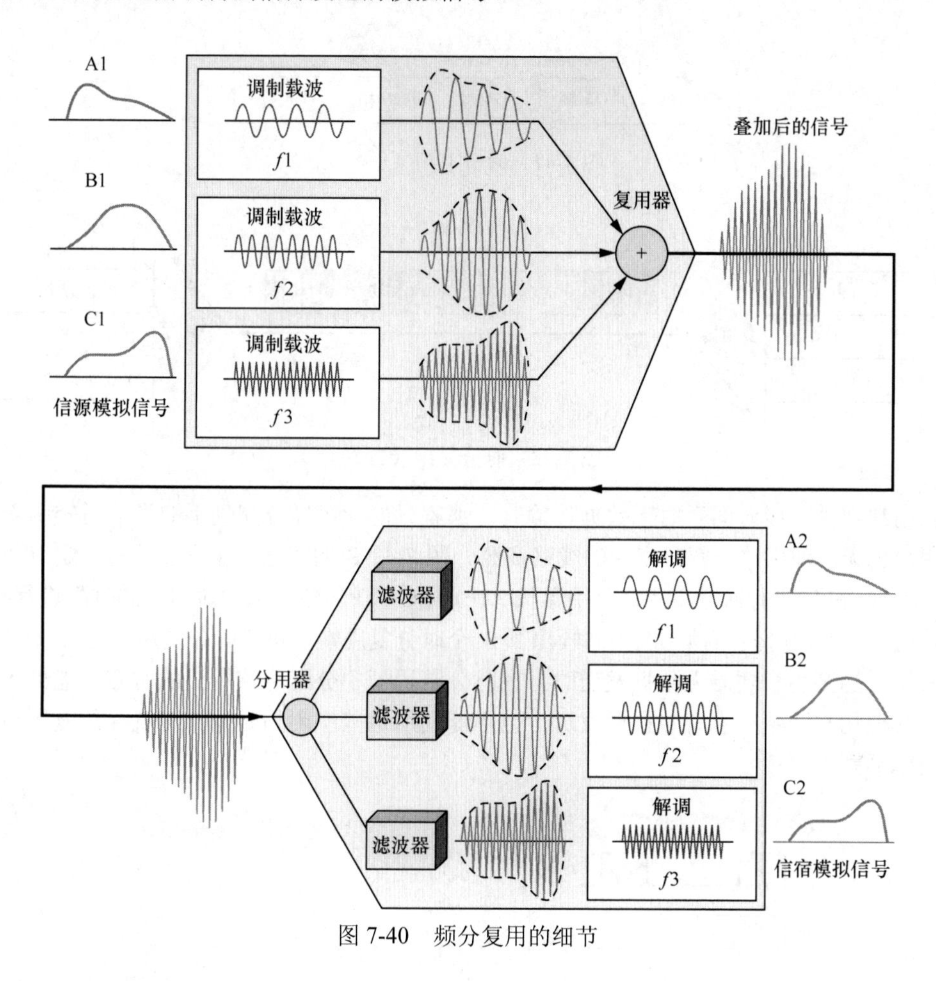

图 7-40 频分复用的细节

7.5.2 时分复用

数字信号的传输更多使用时分复用（Time Division Multiplexing，TDM）技术。时分复用采用同一物理连接的不同时段来传输不同的信号，将时间划分为一段段等长的时分复用帧（TDM 帧）。每一个时分复用的用户在每一个 TDM 帧中占用固定序号的时隙。简单起见，在图 7-41 中只列出了 4 个用户 A、B、C 和 D。每一个用户所占用的时隙周期性地出现（其周期就是 TDM 帧的长度）。因此 TDM 信号也称为“等时”（isochronous）信号。可以看出，时分复用的所有用户是在不同的时间占用同样的频带宽度。

4 个用户 A、B、C 和 D 时分复用传输数字信号，通过复用器，每一个 TDM 帧都包含了 4 个用户的一个比特，在接收端再使用分用器将 TDM 帧中的数据分离，如图 7-42 所示。

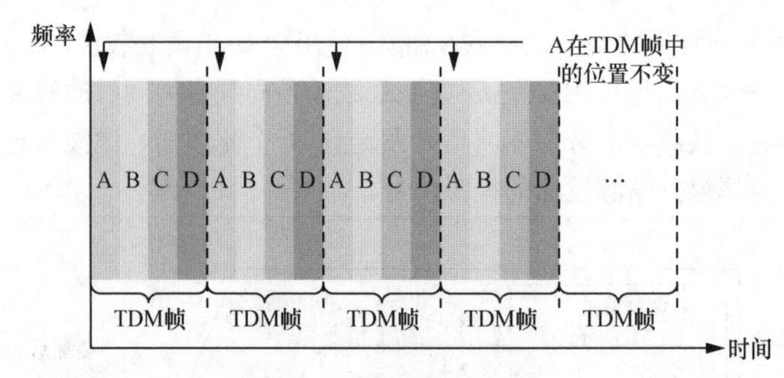

图 7-41 时分复用（一）

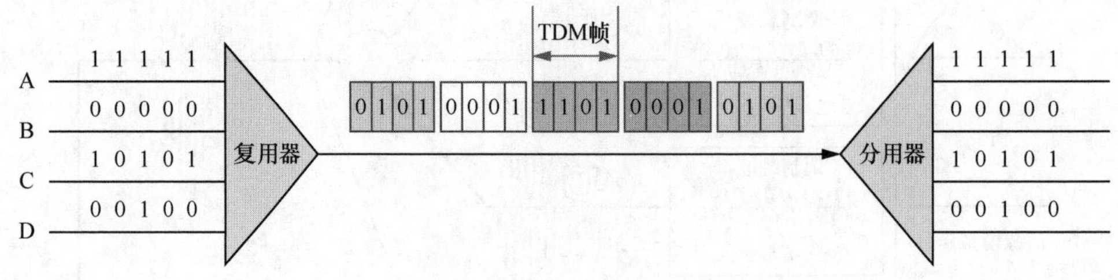

图 7-42 时分复用（二）

当用户在某一段时间暂时无数据传输时，那就只能让已经分配到手的子信道空闲着，而其他用户也无法使用这个暂时空闲的线路资源。图 7-43 说明了这一概念。这里假定有 4 个用户 A、B、C 和 D 进行时分复用。复用器按 A→B→C→D 的顺序依次对用户的时隙进行扫描，然后构成一个个时分复用帧。图中共画出了 4 个时分复用帧，每个时分复用帧有 4 个时隙。可以看出，当某用户暂时无数据发送时，在时分复用帧中分配给该用户的时隙只能处于空闲状态，其他用户即使一直有数据要发送，也不能使用这些空闲的时隙。这就导致复用后的信道利用率不高。

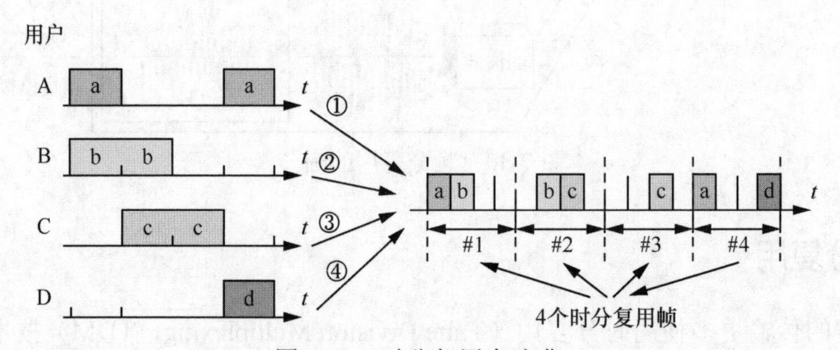

图 7-43 时分复用有浪费

统计时分复用（Statistical Time Division Multiplexing，STDM）是一种改进的时分复用，它能明显地提高信道的利用率。图 7-44 所示是统计时分复用的原理图。一个使用统计时分复用的集中器连接 4 个低速用户，然后将它们的数据集中起来通过高速线路发送到另一端。统计时分复用要求每一个用户的数据需要添加地址信息或信道标识信息，接收端根据地址或信道标识信息分离出各个信道的数据。例如，在交换机干道链路就使用统计时分复用技术，通过在帧中插入标记来区分不同的 VLAN 帧，帧中继交换机使用数据链路连接标识符（Data Link Connect Identifier，DLCI）区分不同的用户。

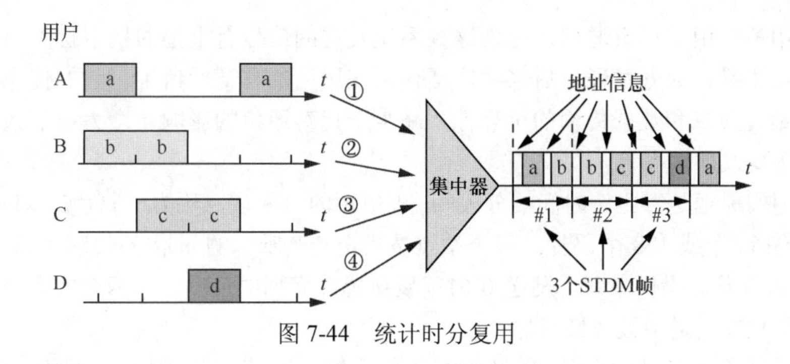

图 7-44 统计时分复用

7.5.3 波分复用

光纤技术的应用使得数据的传输速率空前提高。目前一根单模光纤的传输速率可达到2.5Gbit/s，再想提高传输速率就比较困难了。为了提高光纤传输信号的速率，也可以进行频分复用，由于光载波的频率很高，因此习惯上用波长而不用频率来表示所使用的光载波，这样就引出了波分复用这一概念。

波分复用（Wavelength Division Multiplexing，WDM）是将两种或多种不同波长的光载波信号（携带各种信息）在发送端经复用器（又称为“合波器”）汇合在一起，并耦合到光线路的同一根光纤中进行传输；在接收端，经解复用器（又称为“分波器”或“去复用器”，Demultiplexer）将各种波长的光载波分离，然后由光接收机做进一步处理以恢复原信号。这种在同一根光纤中同时传输两个或多个不同波长光信号的技术，称为“波分复用”。

最初，一根光纤上只能复用两路光载波信号。随着技术的发展，在一根光纤上复用的光载波信号路数越来越多，现在已能做到在一根光纤上复用80路或更多路数的光载波信号。于是就出现了密集波分复用（Dense Wavelength Division Multiplexing，DWDM）这一概念。图7-45所示为波分复用示意图。

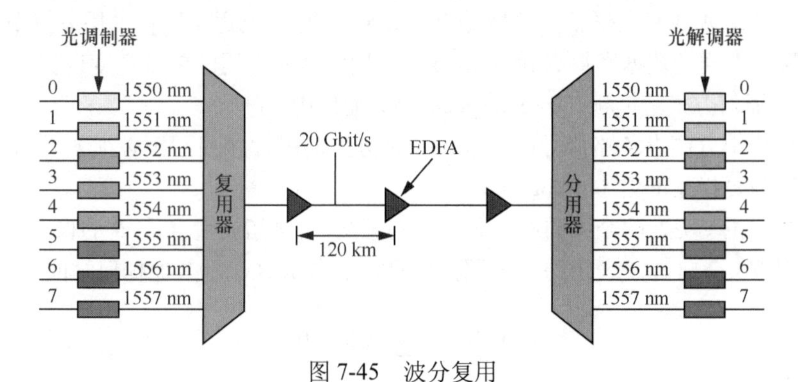

图 7-45 波分复用

7.5.4 码分复用

码分复用（Code Division Multiplexing，CDM）又称为“码分多址”（Code Division Multiple Access，CDMA），是在扩频通信技术（数字技术的分支）的基础上发展起来的一种全新而又成熟的无线通信技术。CDM与FDM（频分多路复用）和TDM（时分多路复用）不同，它既共享信道的频率，也共享时间，是一种真正的动态复用技术。

码分复用最初用于军事通信，因为这种系统发送的信号有很强的抗干扰能力，其频谱类似于白噪声，不易被敌人发现，后来才广泛使用在民用的移动通信中。它的优越性在于可以提高通信的话音质量和数据传输的可靠性，减少干扰对通信的影响，增大通信系统的容量，降低手机的平均发射功率等。

码分复用的原理是每比特时间被分成 m 个更短的时间片，称为“码片”（chip），通常情况下每比特有 64 个或 128 个码片。每个站点被指定一个唯一的 m 位的代码（码片序列）。当发送 1 时站点就发送码片序列，发送 0 时就发送码片序列的反码。当两个或多个站点同时发送时，各路数据在信道中被线性相加。

电信的基站和 A 手机之间通过 CDMA 进行通信，为了说明方便，下面假设 A 手机的码片为 8 位码片（−1,−1,−1,+1,+1,−1,+1,+1），要发送的数据为 110，现在基站只向 A 手机发送信号。基站发送的信号如图 7-46 所示，A 手机收到信号后使用自己的码片与收到的码片进行格式化内积（Inner Product）计算得到数据 110。

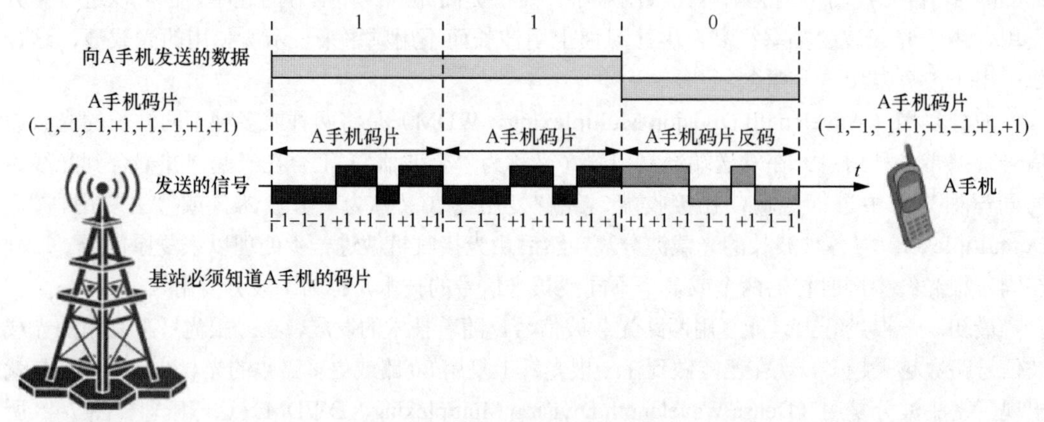

图 7-46 码片和信号之间的关系

现假定基站向 A 手机发送信息的数据率为 n bit/s，由于发送 1 比特占用 m 个比特的码片，因此基站实际上发送的数据率提高到 $m \times n$ bit/s，同时基站占用的频带宽度也提高到原来数值的 m 倍。这种通信方式是扩频（spread spectrum）通信中的一种。

为了从信道中分离出各路信号，要求每个站分配的码片序列不仅必须各不相同，而且各个站的码片序列要相互正交（orthogonal）。

什么是相互正交呢？两个不同站的码片序列正交，就是指向量 $\boldsymbol{A}$ 和 $\boldsymbol{B}$ 的格式化内积（Inner Product）都是 0，令向量 $\boldsymbol{A}$ 表示站 A 的码片向量，令向量 B 表示其他任何站的码片向量。

$$\boldsymbol{A} \cdot \boldsymbol{B} = \frac{1}{m} \sum_{i=1}^{m} A_i B_i = 0$$

任何一个码片向量和该码片向量自己的格式化内积都是 1，一个码片向量和该码片反码的向量的格式化内积是−1。

现举例说明格式化内积的算法。

假设 A 手机的码片序列为 $\boldsymbol{A}$，$\boldsymbol{A}$ 的 8 位码片序列为（−1,−1,−1,+1,+1,−1,+1,+1），B 手机的码片序列为 $\boldsymbol{B}$，$\boldsymbol{B}$ 的 8 位码片序列为（−1,−1,+1,+1,+1,+1,+1,−1）。8 位码片即公式中 m=8。

$\boldsymbol{A}$ 码片序列第一位是−1，$\boldsymbol{B}$ 码片序列第一位是−1，相乘得 1。

$\boldsymbol{A}$ 码片序列第二位是−1，$\boldsymbol{B}$ 码片序列第二位是−1，相乘得 1。

A 码片序列第三位是−1，***B*** 码片序列第三位是+1，相乘得−1。

A 码片序列第四位是+1，***B*** 码片序列第四位是+1，相乘得 1。

A 码片序列第五位是+1，***B*** 码片序列第五位是+1，相乘得 1。

A 码片序列第六位是−1，***B*** 码片序列第六位是+1，相乘得−1。

A 码片序列第七位是+1，***B*** 码片序列第七位是+1，相乘得 1。

A 码片序列第八位是+1，***B*** 码片序列第八位是−1，相乘得−1。

把相乘的结果相加得 0，再除以 m，依然得 0。这就是格式化内积的算法，结果为 0 就说明 ***A*** 序列和 ***B*** 序列正交。

按照上面的算法，计算 A 手机自己的码片序列 ***A***，自己和自己的格式化内积，为 1。

$$\boldsymbol{A}\cdot\boldsymbol{A}=\frac{1}{m}\sum_{i=1}^{m}A_i\cdot A_i=\frac{1}{m}\sum_{i=1}^{m}A_i^2=\frac{1}{m}\sum_{i=1}^{m}(\pm1)^2=1$$

按照上面的算法，计算 A 手机自己的码片序列 ***A***，自己和自己的反码序列−***A*** 的格式化内积，为−1。

$$-\boldsymbol{A}\cdot\boldsymbol{A}=\frac{1}{m}\sum_{i=1}^{m}-A_i\cdot A_i=\frac{1}{m}\sum_{i=1}^{m}-A_i^2=\frac{1}{m}\sum_{i=1}^{m}-(\pm1)^2=-1$$

为了让大家好理解码片和要传输的数据之间的关系，图 7-46 展示了基站给一个手机发送数据时发送的信号。要是基站同时给多个手机发送数据，就要用到码分复用技术了。图 7-47 展示了码分复用技术，基站同时给两个手机发送信号，基站向手机 A 发送数字信号 110，向手机 B 发送数字信号 010，可以看到基站发出的信号是向 A 手机和 B 手机发送信号的叠加信号。

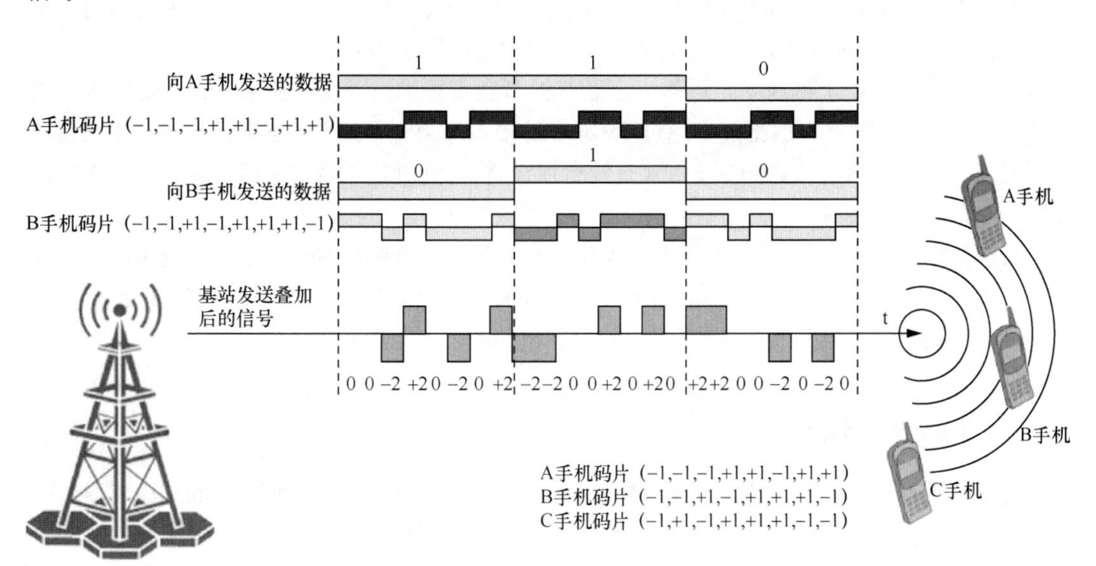

图 7-47 基站为多个手机同时发送信号

假如基站发送了码片序列（0,0,−2,+2,0,−2,0,+2），A 手机的码片序列为（−1,−1,−1,+1,+1,−1,+1,+1），B 手机的码片序列为（−1,−1,+1,−1,+1,+1,+1,−1），C 手机的码片序列为（−1,+1,−1,+1,+1,+1,−1,−1），请问这 3 个手机，分别收到了什么信号？

A、B、C 这 3 个手机的码片序列和收到的码片序列做格式化内积，如果得数是 1，说明收到的数字信号是1；如果得数是−1，说明收到的数字信号是0；如果得数是0，说明该手机没有收到信号。

将A手机的码片序列和基站发送的码片序列做格式化内积如下。

$$0\times(-1)+0\times(-1)+(-2)\times(-1)+2\times1+0\times1+(-2)\times(-1)+0\times1+2\times1=8$$

各项求和后得8，再除以码片长度8，得1，A手机收到一位数字信号1。

将B手机的码片序列和基站发送的码片序列做格式化内积如下。

$$0\times(-1)+0\times(-1)+(-2)\times1+2\times(-1)+0\times1+(-2)\times1+0\times1+2\times(-1)=-8$$

各项求和后得−8，再除以码片长度8，得−1，B手机收到一位数字信号0。

将C手机的码片序列和基站发送的码片序列做格式化内积如下。

$$0\times(-1)+0\times1+(-2)\times(-1)+2\times1+0\times1+(-2)\times1+0\times(-1)+2\times(-1)=0$$

各项求和后得0，再除以码片长度8，依然得0，C手机没有收到数字信号。

7.6 宽带接入技术

用户要想接入Internet，必须经过ISP（Internet服务提供商，如电信、移动、联通等）。为广大家庭用户提供到Internet的接入，目前最好的方式是利用用户家里现有的线路，不用再单独布线。现在非常普及的就是利用电话和家庭有线电视，本节讲解如何使用电话线和家庭有线电视的同轴电缆为用户提供Internet接入。随着Internet的发展，ISP专门为用户接入Internet的光纤已经部署到城市的各个小区。随着智能手机的普及，移动、联通、电信等公司也为智能手机提供了Internet接入，由3G到4G、5G，提供了更高的网速。

为了提高用户的上网速率，近年来已经有很多宽带技术进入用户的家庭。宽带接入是相对于窄带接入而言的，一般把速率超过1Mbit/s的接入称为宽带接入。宽带接入技术主要包括铜线接入技术（电话线）、HFC技术（有线电视线路）、光纤接入技术和移动互联网接入技术（3G、4G、5G技术）。

目前，“宽带”尚无统一的定义。有人认为只要接入速率超过56kbit/s就是宽带，美国联邦通信委员会（Federal Communications Commission，FCC）认为只要双向速率之和超过200kbit/s就是宽带。也有人认为数据率要达到1Mbit/s以上才能算是宽带。

7.6.1 铜线接入技术

传统的铜线接入技术，即通过调制解调器拨号实现用户的接入，速率为56kbit/s（通信一方为数字线路接入），但是这种速率远远不能满足用户对宽带业务的需求。虽然铜线的传输带宽非常有限，但是现在电话网非常普及，电话线占全球用户线的90%以上，充分利用这些宝贵资源，需要先进的调制技术和编码技术。

铜线宽带接入技术也就是xDSL技术。xDSL是“数字用户线路”（digital subscriber line）的总称，包括ADSL、RADSL、VDSL、SDSL、IDSL和HDSL等，就是用数字技术对现有的模拟电话用户线进行改造，使它能够承载宽带业务。虽然标准模拟电话信号的频带被限制在300～3400kHz内，但用户线实际可通过的信号频率仍然超过1MHz。因此xDSL技术就把0～

4kHz 低端频段留给传统电话使用，而把原来没有被利用的高端频段留给用户上网使用。采取的调制方式不同，获得的信号传输速率和距离就不同，以及上行信道和下行信道的对称性也不同。

各种 xDSL 的描述和速率以及模式和应用场景如表 7-3 所示。

表 7-3　各种 xDSL 简介

类型	描　述	数 据 速 率	模式	应　用
IDSL	ISDN 数字用户线路	128kbit/s	对称	ISDN 服务于语音和数据通信
HDSL	高数据速率数字用户线路	1.5Mbit/s～2Mbit/s	对称	T1/E1 服务于 WAN、LAN 访问和服务器访问
SDSL	单线对数字用户线路	1.5Mbit/s～2Mbit/s	对称	与 HDSL 应用相同，另外为对称服务提供场所访问
ADSL	非对称用户数字线路	上行：最高 640kbit/s 下行：最高 6Mbit/s	非对称	Internet 访问，视频点播、单一视频、过程 LAN 访问、交互多媒体
G.Lite	无分离器数字用户线路	上行：最高 512kbit/s 下行：最高 1.5Mbit/s	非对称	标准 ADSL，在用户场所无须安装 splitter（分离器）
VDSL	甚高数据速率数字用户线路	上行：1.5Mbit/s～2.3Mbit/s 下行：13Mbit/s～52Mbit/s	非对称	与 ADSL 相同，另外可以传输 DHTV 节目

各种 xDSL 的极限传输距离与数据速率，以及用户线的线径都有很大的关系（用户线越细，信号传输时的衰减就越大），而所能得到的最高数据传输速率与实际的用户线上的信噪比密切相关。例如，0.5mm 线径的用户线，传输速率为 1.5Mbit/s～2.0Mbit/s 时可传输 5.5km，但当传输速率提高到 6.1Mbit/s 时，传输距离就缩短为 3.7km。如果把用户线的线径减小到 0.4mm，那么在 6.1Mbit/s 的传输速率下就只能传输 2.7km。

下面重点介绍 ADSL。

ADSL 属于 xDSL 技术的一种，全称为非对称数字用户线路（asymmetric digital subscriber line），亦可称作“非对称数字用户环路”。ADSL 考虑了用户访问 Internet 主要目的是获取网络资源，需要更多的下载流量、较少的上行流量，因此 ADSL 上行和下行带宽设计为不对称。上行指从用户到 ISP，而下行指从 ISP 到用户。

ADSL 在用户线的两端各安装一个 ADSL 调制解调器。这种调制解调器的实现方案有许多种，我国目前采用的方案是离散多音调（Discrete Multi-Tone，DMT）技术，多音调指“多载波”或“多子信道”。DMT 调制技术采用频分复用的方法，把 40kHz～1.1MHz 的高端频段划分为许多子信道，其中 25 个子信道用于上行信道，249 个子信道用于下行信道，如图 7-48 所示。每个子信道占据 4kHz 带宽（严格讲是 4.3125kHz），并使用不同的载波（即不同的音调）进行数字调制。这种做法相当于在一对用户线上使用许多小的调制解调器并行地传输数据。

常见的 ADSL 连接方式如图 7-49 所示，基于 ADSL 的接入网由以下 3 部分组成：数字用户线接入复用器（DSL Access Multiplexer，DSLAM）、用户线和用户家中的一些设施。

数字用户线接入复用器包括许多 ADSL 调制解调器。ADSL 调制解调器又称为“接入端接单元”（Access Termination Unit，ATU）。由于 ADSL 调制解调器必须成对使用，因此在电话端局（或远端站）和用户家中所用的 ADSL 调制解调器分别记为 ATU-C（C 代表端局 Central Office）和 ATU-R（R 代表远端 remote）。

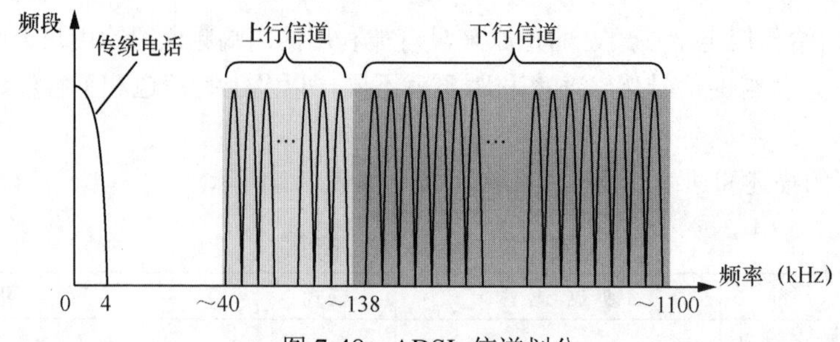

图 7-48 ADSL 信道划分

用户电话通过电话分离器（POTS Splitter，PS）和 ATU-R 连在一起，经用户线到端局，并再次经过一个电话分离器（PS）把电话连到本地电话局。电话分离器（PS）是无源的，它利用低通滤波器将电话信号与数字信号分开。电话分离器做成无源的是为了在停电时不影响传统电话的使用。一个 DSLAM 可支持多达 500～1000 个用户。若按 6Mbit/s 计算，则具有 1000 个端口的 DSLAM（这就需要用 1000 个 ATU-C）应有高达 6Gbit/s 的转发能力。由于 ATU-C 要使用数字信号处理技术，因此 DSLAM 的价格较高。

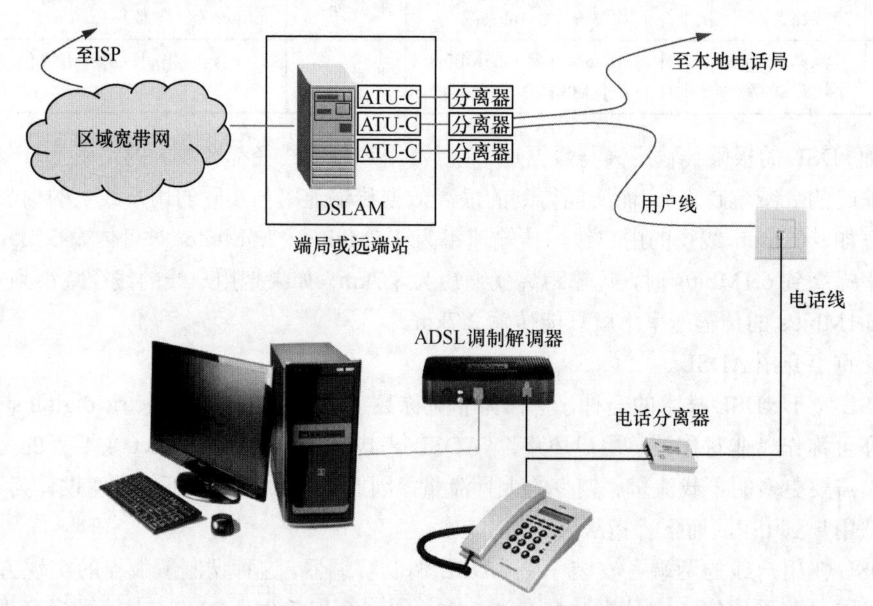

图 7-49 基于 ADSL 的接入网的组成

7.6.2 HFC 技术

HFC 是 Hybrid Fiber Coax 的缩写，光纤同轴 HFC 网（混合网）在 1988 年被提出。HFC 网是在目前覆盖面很广的有线电视（Cable Television，CATV）网的基础上开发的一种居民宽带接入网，除可以传输有线电视信号，还提供电话、数据和其他宽带交互型业务。现有的 CATV 网是树形拓扑结构的同轴电缆网络，它采用模拟技术的频分复用对电视节目进行单向传输。

CATV 网所使用的同轴电缆系统具有以下一些缺点。首先，原有同轴电缆的带宽相对居民所需的宽带业务仍显不足。其次，同轴电缆每隔 30m 就要产生约 1dB 的衰减，因此每隔约 600m 就要加入一个放大器。大量放大器的加入将使整个网络的可靠性下降，因为任何一个放大器出了故障，其下游的用户就无法收看电视节目。再次，信号的质量在远离头端（headend）处较差，因为经过了可能多达几十次的放大所带来的失真将是很明显的。最后，要将电视信号的功率很均匀地分布给所有的用户，在设计上和操作上都是很复杂的。

为了提高传输的可靠性和电视信号的质量，HFC 网把原 CATV 网中的同轴电缆的主干部分替换为光纤，如图 7-50 所示。光纤从头端连接到光纤节点（fiber node）。在光纤节点光信号被转换为电信号，然后通过同轴电缆传输到每个用户家庭。从头端到用户家庭所需的放大器数目也就只有 4、5 个，这就大大提高了网络的可靠性和电视信号的质量。连接到光纤节点的典型用户数量是 500 个左右，不超过 2000 个。

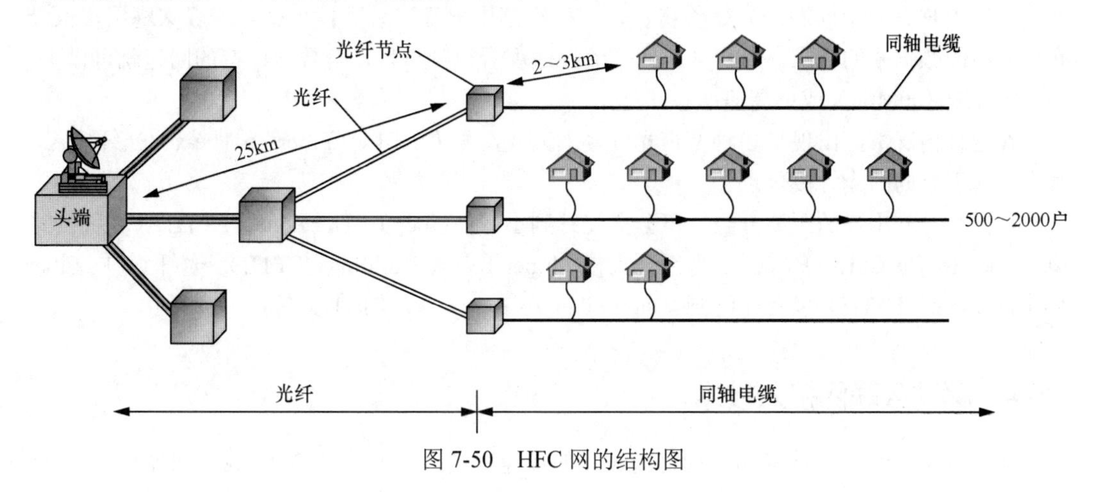

图 7-50　HFC 网的结构图

原来有线电视的最高传输频率是 450MHz，并且仅用于电视信号的下行传输。HFC 网具有比 CATV 网更宽的频段，且具有双向传输功能。目前我国的 HFC 网的频段划分如图 7-51 所示。

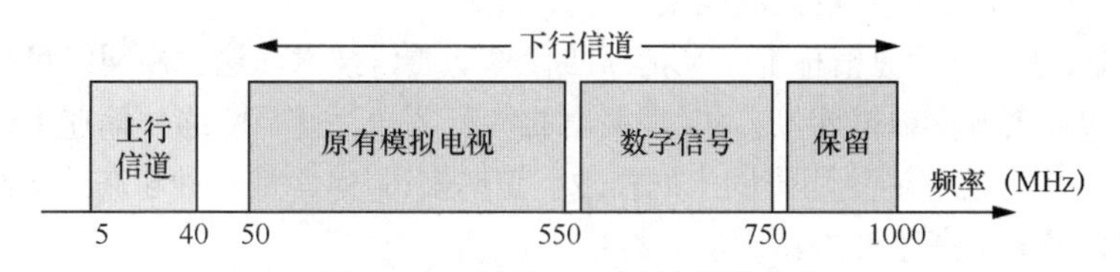

图 7-51　我国 HFC 网的频谱划分

要使现有的模拟信号电视机能接收数字电视信号，需要把一个叫作机顶盒的设备连接在同轴电缆和用户的电视机之间，但为了使用户能够利用 HFC 网接入 Internet，以及在上行信道中传输交互数字电视所需要的信息，我们还需要增加一个 HFC 网专用调制解调器，它又被称为“电缆调制解调器”（cable modem）。电缆调制解调器既可以做成一个单独的设备（类似被 ADSL 的调制解调器），也可以做成内置的，安装在电视机的机顶盒里面。用户只要把自己的计算机连接到电缆调制解调器，就可以接入 Internet 了。

电缆调制解调器比在普通电话线上使用的调制解调器要复杂得多，并且不是成对使用的，而是只安装在用户端。电缆调制解调器的媒体接入控制（Media Access Control，MAC）子层协议还必须解决上行信道中可能出现的冲突问题。产生冲突的原因是 HFC 网的上行信道是一个用户群共享的，每个用户都可在任何时刻发送上行信息，这和以太网上争用信道是相似的。当所有的用户都要使用上行信道时，每个用户所能分配到的带宽就会减少。

7.6.3 光纤接入技术

Internet 上已经有大量的视频信息资源，因此近年来宽带上网的普及率增长得很快。为了更快地下载视频文件，更流畅地在线观看高清视频节目，尽快提升用户的上网速度就成为 ISP 的重要任务。从技术上讲，光纤到户（Fiber To The Home，FTTH）应当是最好的选择。所谓"光纤到户"，就是把光纤一直铺设到用户家庭，在用户家中才把光信号转换成电信号，这样用户可以得到更高的上网速率。

光纤入户有两个问题：先是价格贵，一般家庭用户难以承受；再就是一般家庭用户也没有这样高的数据率的要求，要实现在网上流畅地观看视频节目，有数兆比特的网速就可以了，不一定非要 100Mbit/s 或更高速率。

在这种情况下，出现了多种宽带光纤接入方式，称为 FTTx（Fiber-To-The-x）光纤接入，其中 x 代表不同的光纤接入点。

根据光纤到用户的距离分类，可分成光纤到小区（Fiber To The Zone，FTTZ）、光纤到路边（Fiber To The Curb，FTTC）、光纤到大楼（Fiber To The Building，FTTB）、光纤到户（Fiber To The Home，FTTH）以及光纤到桌面（Fiber To The Desk，FTTD）等。

7.6.4 移动互联网接入技术

随着宽带无线接入技术和移动终端技术的飞速发展，人们迫切希望能够随时随地，甚至在移动过程中都能方便地从互联网获取信息和服务，移动互联网应运而生并迅猛发展。

移动互联网将移动通信和互联网二者结合成为一体，是将互联网的技术、平台、商业模式和应用与移动通信技术结合并实践的活动的总称。4G 时代的开启以及移动终端设备的普及必将为移动互联网的发展注入巨大的能量。

4G 即第四代移动电话通信标准，又指第四代移动通信技术，这种新网络可使移动电话用户以无线形式实现全方位虚拟连接。4G 最突出的特点之一，就是网络传输速率达到了前所未有的 100Mbit/s，完全能够满足用户的上网需求。简单来讲，4G 是一种超高速无线网络，一种不需要电缆的超级信息高速公路。

4G 系统总的技术目标和特点可以概括为如下几点。

（1）系统具有更高的数据率、更好的业务质量（QoS）、更高的频谱利用率、更高的安全性、更高的智能性、更高的传输质量、更高的灵活性。

（2）4G 系统应能支持非对称性业务，并能支持多种业务。

（3）4G 系统应体现移动与无线接入网和 IP 网络不断融合的发展趋势。

下面介绍移动互联网的 IP 网络架构。

在 4G 中网络的设计架构将会简化。对于基于 IP 网络的宽带无线接入，可以有两种设计架构，一种是全 IP 网络架构，如图 7-52 所示。在这种网络设计模型中，基站不仅可以具有信号的物理传输功能，还可以对无线资源进行管理，扮演接入路由器的功能；缺点是会引入较大的开销，尤其是在移动终端从一个基站移动到另一个基站时，需要对移动 IP 地址重新配置。

另一种是基于子网的 IP 架构，如图 7-53 所示，其中几个相邻基站组成子网接入基于 IP 接入网的路由器。这时，基站和接入路由器分别负责管理第二层和第三层的协议，当用户在相邻基站间发生切换时，只涉及第二层的切换协议，不需要改变第三层的移动 IP 的地址。

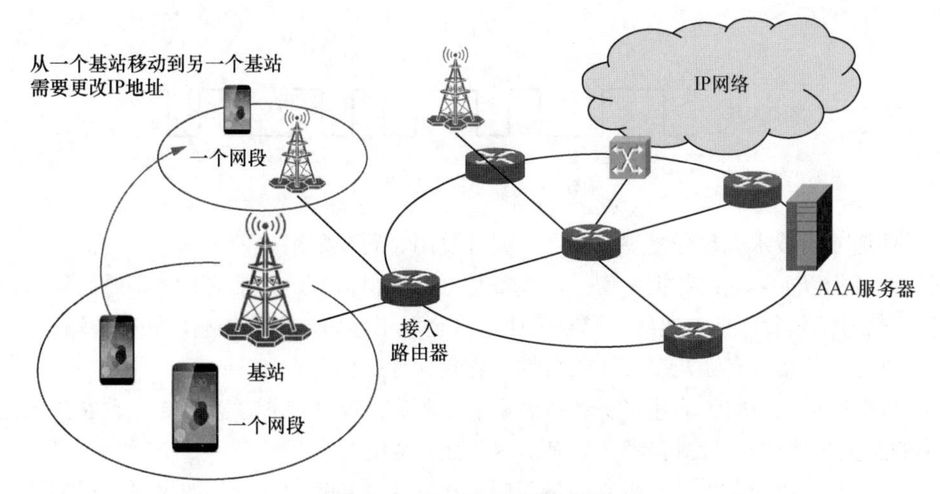

图 7-52 4G 全 IP 网络架构

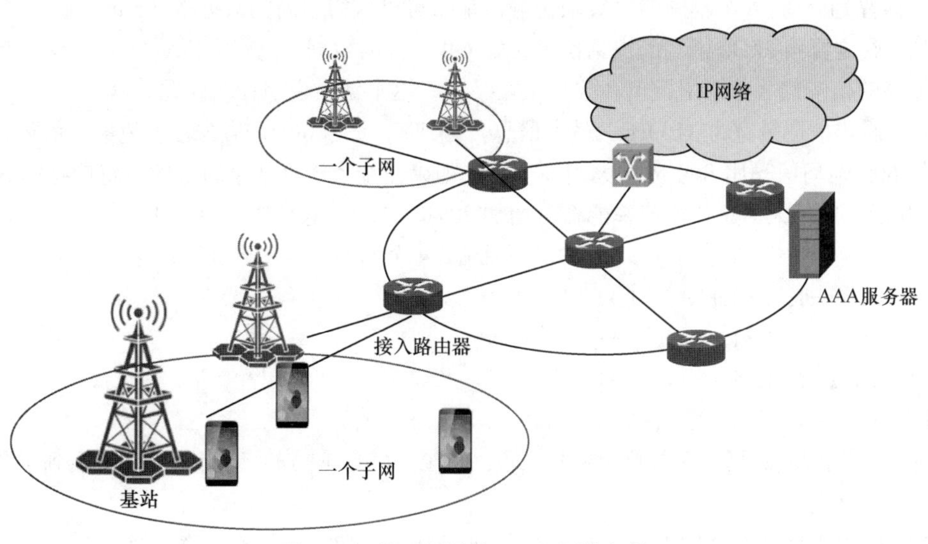

图 7-53 基于子网的 4G IP 网络架构

7.7 习题

1. ADSL 服务采用的多路复用技术属于（　　）。

A．频分多路复用　　B．时分多路复用

C．波分多路复用　　D．码分多路复用

2. 设码元传输速率为 3600Baud，调制电平数为 8，则数据传输速率为（　　）。

A．1200bit/s　　B．7200bit/s　　C．10800bit/s　　D．14400bit/s

3. 将数字信号调制成模拟信号的方法有调幅、____、调相。

4. 观察图 7-54，采用曼彻斯特编码，码元传输速率为 1000Baud，数据率是____bit/s。

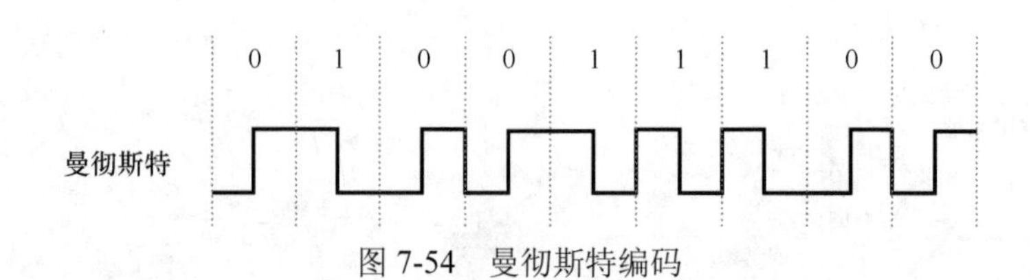

图 7-54 曼彻斯特编码

5．信道复用技术有时分复用、____、波分复用、码分复用。

6．请解释以下名词：数据，信号，模拟数据，模拟信号，基带信号，带通信号，数字数据，数字信号，码元，单工通信，半双工通信，全双工通信，串行传输，并行传输。

7．物理层的接口有哪几个方面的特性？各包含什么内容？

8．数据在信道中的传输速率受哪些因素的限制？信噪比能否任意提高？香农公式在数据通信中的意义是什么？“比特/s”和“码元/s”有何区别？

9．假定某信道受奈氏准则限制的最高码元速率为 20000 码元/s。如果采用振幅调制，把码元的振幅划分为 16 个不同的等级来传输，那么可以获得多高的数据率（bit/s）？

10．假定要用 3kHz 带宽的电话信道传输 64kbit/s 的数据（无差错传输），试问这个信道应具有多高的信噪比（分别用比值和分贝来表示）？这个结果说明什么问题？

11．假定信道带宽为 3100Hz，最大信息传输速率为 35kbit/s，那么若想使最大信息传输速率增加 60%，问信噪比 S/N 应增大到多少倍？如果在刚才计算结果的基础上将信噪比 S/N 再增大 10 倍，问最大信息传输速率能否再增加 20%？请用香农公式计算一下。

12．共有 4 个站进行码分多址 CDMA 通信。4 个站的码片序列如下所示。

A．（−1,−1,−1,+1,+1,−1,+1,+1）

B．（−1,−1,+1,−1,+1,+1,+1,−1）

C．（−1,+1,−1,+1,+1,+1,−1,−1）

D．（−1,+1,−1,−1,−1,−1,+1,−1）

这 4 个站收到这样的码片序列：（−1,+1,−3,+1,−1,−3,+1,+1）。请问哪个站接收到了数据？收到的是 1 还是 0？

13．请用为什么在 ADSL 技术中，在不到 1MHz 的带宽中传输速率却可以高达每秒几兆比特？

14．双绞线中电缆相互绞合的作用是（　　）。

A．使线缆更粗　B．使线缆更便宜　C．使线缆强度加强　D．减弱噪声

15．10BASE-T 中的 T 代表（　　）。

A．基带信号　B．双绞线　C．光纤　D．同轴电缆

16．在物理层接口特性中，用于描述完成每种功能的事件发生顺序的是（　　）。

A．机械特性　B．功能特性　C．过程特性　D．电气特性

17．在基本的带通调制方法中，使用 0 对应频率 $f1$，使用 1 对应频率 $f2$，这种调制方法叫作（　　）。

A．调幅　B．调频　C．调相　D．正交振幅调制

18．以下关于 100BASE-T 的描述中错误的是（　　）。

A．数据传输速率为 100Mbit/s

B．信号类型为基带信号

C．采用 5 类 UTP，其最大传输距离为 185m

D．支持共享式和交换式两种组网方式

19．理想低通信道的带宽为 3000Hz，不考虑热噪声及其他干扰，若 1 个码元携带 4bit 的信息量，请回答下面的问题。

（1）最高码元的传输速率为多少 Baud?

（2）数据的最大传输速率是多少？

第 8 章

计算机网络和协议

本章主要内容

- 认识网络
- 开放式系统互联（OSI）参考模型
- TCP/IP 通信过程
- 计算机网络的性能指标
- 网络分类
- 企业局域网设计

前面讲解了计算机通信使用的协议，这些协议按其实现的功能分层，可分为应用层协议、传输层协议、网络层协议、数据链路层协议、物理层协议（标准）。

国际标准化组织将计算机通信的过程分为 7 层，即开放式系统互联（OSI）参考模型。本章讲解 OSI 参考模型和 TCP/IP 的关系。

本章先利用图示的方式介绍计算机使用 TCP/IP 通信的过程、数据封装和解封的过程，然后讲解集线器、交换机和路由器这些网络设备分别工作在 OSI 参考模型的哪一层。最后讲解计算机网络的性能指标——速率、带宽、吞吐量、时延、时延带宽积、往返时间和网络利用率，以及计算机网络的分类和企业局域网的设计。

8.1 认识网络

本节介绍网络、互联网、企业互联网、家庭组建的互联网，以及全球最大的互联网——Internet。

8.1.1 最大的互联网——Internet

Internet 是全球最大的互联网，家庭通过电话线使用 ADSL 拨号上网接入的就是 Internet，企业的网络通过光纤接入 Internet，现在人们使用智能手机通过移动互联网接入技术也可以很容易接入 Internet。Internet 正在深刻地改变着人们的生活，网上购物、网上订票、预约挂号、QQ 聊天、支付宝转账、共享单车等都离不开 Internet。下面先讲解 Internet 的产生和发展过程。

最初的计算机是独立的，没有相互连接，在计算机之间复制文件和程序很不方便，于是人们就用同轴电缆将一个办公室内（短距离、小范围）的计算机连接起来组成网络（局域网），计算机通过网络接口卡（网卡）与同轴电缆连接，如图 8-1 所示。

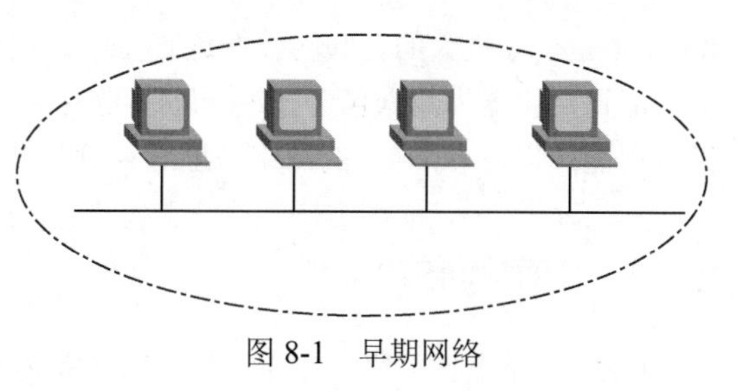

图 8-1 早期网络

如果位于异地的多个办公室的网络需要通信，如图 8-2 所示，就要通过路由器连接，这样就形成了互联网。路由器有广域网接口用于长距离的数据传输，路由器负责在不同网络之间转发数据包。

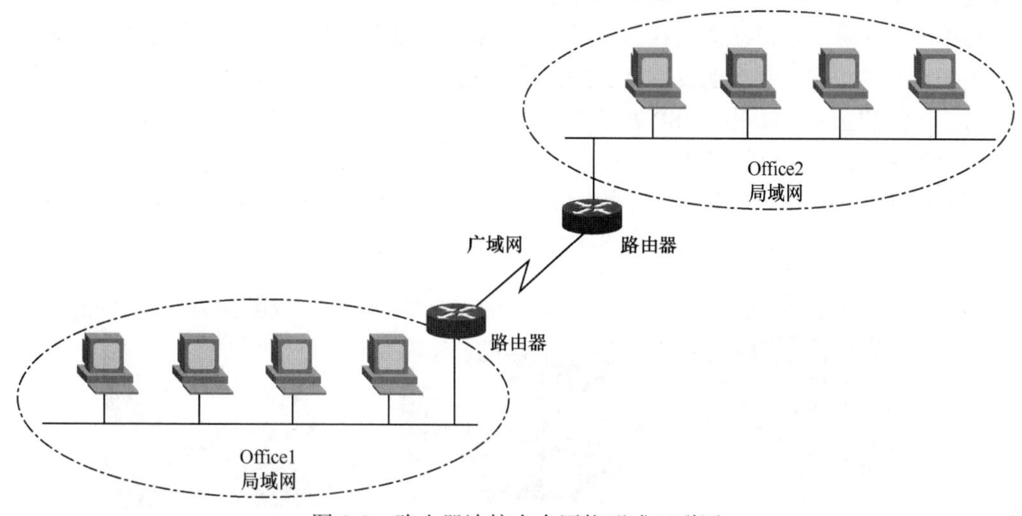

图 8-2 路由器连接多个网络形成互联网

最初，只有美国各大学和科研机构的网络进行互联，随后，越来越多的公司、政府机构也接入网络。这个在美国产生的开放式的网络后来又不局限于美国，越来越多国家的网络通过海底光缆、卫星接入这个开放式的网络，如图 8-3 所示，这样就形成了现在的 Internet。

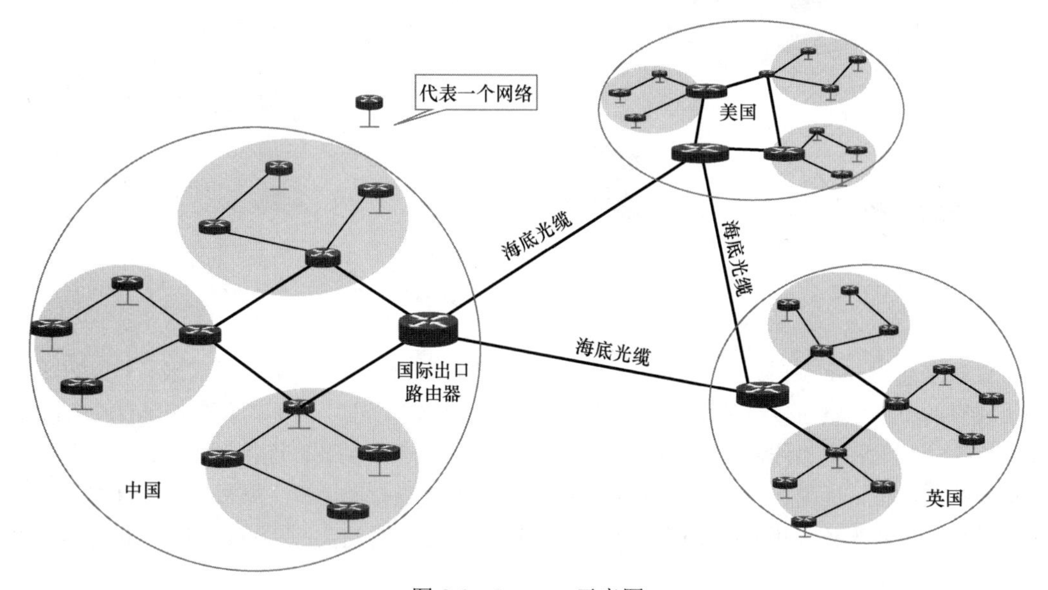

图 8-3 Internet 示意图

Internet 是全球最大的互联网。在这张图中，读者应该能体会到路由器的重要性，如何规划网络、配置路由器为数据包选择最佳路径是网络工程师主要和重要的工作。当然，学完本课程，读者也能掌握对 Internet 的网络地址进行规划和简化路由器的路由表的方法。

8.1.2 中国的 ISP

Internet 是全球网络，在中国主要有 3 家网络服务提供商（Internet Service Provider，ISP）向广大用户和企业提供 Internet 接入、信息和增值业务，它们分别是中国电信、中国移动、中国联通（以下分别简称为电信、移动、联通）。

这些网络服务提供商在全国各大城市和地区铺设了通信光缆，用于计算机网络通信，它们在大城市建立机房。小企业没有机房，可以购买服务器，将服务器托管到网络服务提供商的机房。用户和企业可以根据 ISP 所提供的网络带宽、入网方式、服务项目、收费标准以及管理措施等选择适合自己的 ISP。

下面以移动和联通两个 ISP 为例来展现 Internet 的一个局部组成。各个组织的网络和家庭用户接入 ISP 的网络组成 Internet。图 8-4 所示为 Internet 连接示意图。

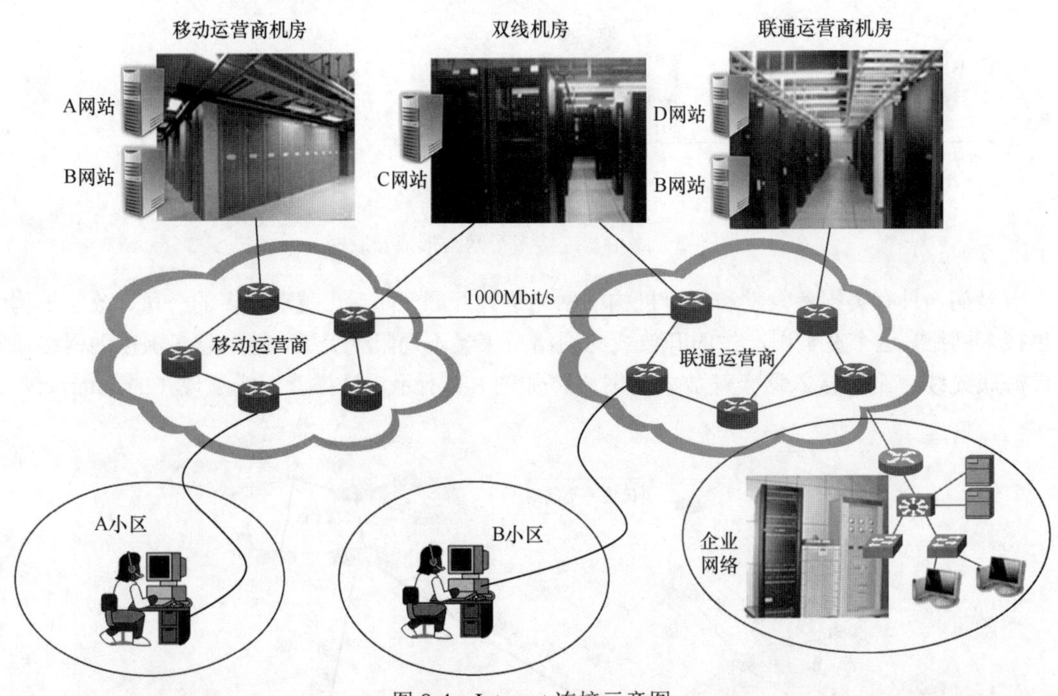

图 8-4 Internet 连接示意图

首先来介绍 Internet 接入，目前，无论在农村还是城市，电话已经广泛普及，电信和网通利用现有的电话网络可以方便地为用户提供 Internet 接入服务器，当然需要使用 ADSL 调制解调器连接计算机和电话线。图 8-4 所示的 A 小区的用户使用 ADSL 连接到中心局，再通过中心局连接到电信，而 B 小区的用户使用 ADSL 连接到网通。因为广大网民上网的主要目的是浏览网页、下载视频，从 Internet 获取信息，ADSL 就是针对这类应用设计的，它的下载速度快、上传速度慢。

如果企业的网络需要接入 Internet，可以使用光纤直接接入。如果为企业服务器分配公网地址，那么企业的网络就成为 Internet 的一部分。

如果公司的网站需要为网民提供服务，自己又没有建设机房，就需要将服务器托管在联通和移动的机房，提供 7×24 小时的高可用服务。机房不能轻易停电，需要保持无尘环境，并且温度、湿度、防火装置都有特殊要求，总之，和家庭计算机的“待遇”不一样。

图 8-4 所示的移动和联通之间使用 10000Mbit/s 的线路连接，虽然带宽很高，但其承载了所有联通访问移动的流量以及移动访问联通的流量，因此还是显得拥堵。A 小区的用户访问搜狐网站速度快，但是访问联通机房的银河网站速度就会比较慢。

为了解决跨 ISP 访问网速慢的问题，用户可以把公司的服务器托管在双线机房，即同时连接联通和移动的机房，图 8-4 中的百度网站和淘宝网服务器就是这样。这样联通和移动的用户访问此类网站，速度上没有差别。

8.1.3 企业组建的互联网

除了最大的互联网——Internet，有些企业也组建了自己的互联网，下面介绍企业互联网拓扑，以加深读者对网络的认识。图 8-5 所示的车辆厂在石家庄市和唐山市都有厂区，南车石家庄车辆厂和北车唐山车辆厂都组建了自己的网络，可以看到企业按部门规划网络，基本上是一个部门一个网段（网络），使用三层交换（相当于路由器）连接各个部门的网段，企业的服务器连接到三层交换机，这就是企业的局域网。

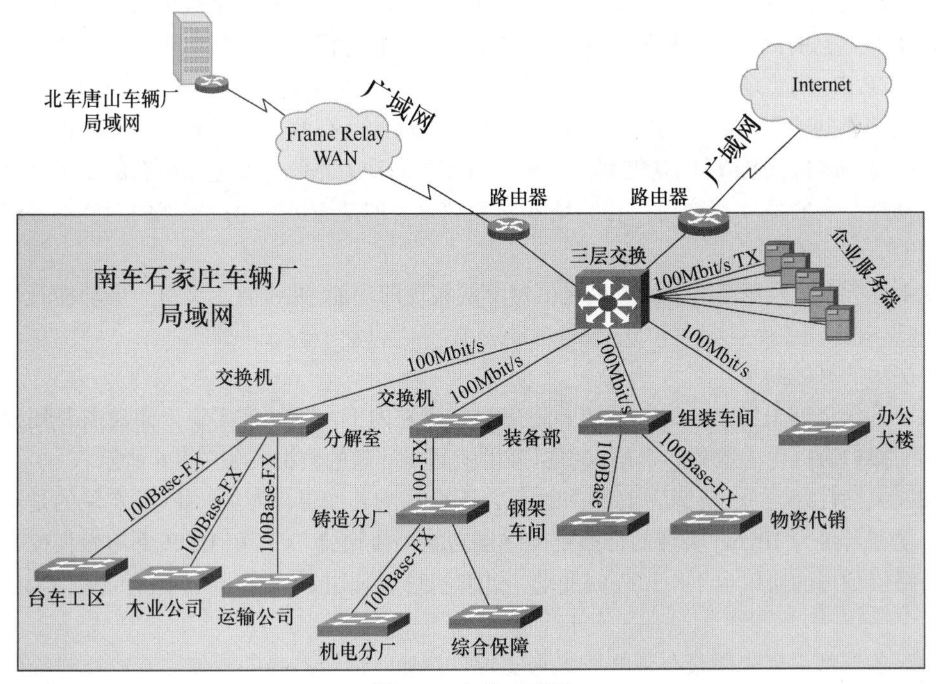

图 8-5 企业互联网

北车唐山车辆厂需要访问南车石家庄车辆厂的服务器，这就需要将两个厂区的网络连接起来。车辆厂不可能自己架设网线或光纤将这两个厂区的局域网连接起来，架设和维护的成本太高了。现在他们租用了联通的线路来将两个局域网连接起来，只需每年缴费即可，这就是广域网。南车石家庄车辆厂连接 Internet 使用联通的光纤，这也是广域网。

总结一下，局域联通常是组织或单位自己花钱购买网络设备组建，带宽通常为 10Mbit/s、100Mbit/s 或 1000Mbit/s，自己维护，覆盖范围小；广域联通常要花钱租用联通、移动等运营商的线路，花钱买带宽，用于长距离通信。

8.2 开放式系统互联（OSI）参考模型

当网络刚开始出现时，典型情况下，只能在同一制造商的计算机产品之间进行通信。20 世纪 70 年代后期，国际标准化组织（International Organization for Standardization，ISO）创建了开放式系统互联（Open Systems Interconnection，OSI）参考模型，从而打破了这一壁垒。

8.2.1 分层的方法和好处

OSI 参考模型将计算机通信过程按功能划分为 7 层，并规定了每一层实现的功能。这样互联网设备的厂家以及软件公司就能参照 OSI 参考模型来设计自己的硬件和软件，不同供应商的网络设备之间就能够互相协同工作。

OSI 参考模型不是具体的协议，TCP/IP 是具体的协议，怎么来理解它们之间的关系呢？

例如，定义汽车参考模型，汽车要有动力系统、转向系统、制动系统、变速系统，这就相当于 OSI 参考模型定义计算机通信每一层要实现的功能。参照这个汽车参考模型，汽车厂商可以研发自己的汽车，如奥迪汽车，它实现了汽车参考模型的全部功能，此时奥迪汽车就相当于 TCP/IP。当然还有宝马汽车，它也实现了汽车参考模型的全部功能，它相当于 IPX/SPX 协议。这些不同的汽车，它们的动力系统有的使用汽油，有的使用天然气；发动机有的是 8 缸，有的是 10 缸，但实现的功能都是汽车参考模型的动力系统。变速系统有的是手动挡，有的是自动挡；有的是 4 级变速，有的是 6 级变速，有的是无级变速；实现的功能都是汽车参考模型的变速功能。

OSI 参考模型只是定义了计算机通信每一层实现的功能，并没有定义每一层功能具体如何实现。

分层后的好处如下。

（1）各层之间是独立的。某一层并不需要知道它的下一层如何实现，而只需要知道该层通过层间接口所提供的服务。上层对下层来说就是要处理的数据，如图 8-6 所示。

（2）灵活性好。每一层有所改进和变化，不会影响其他层。例如，IPv4 实现的是网络层功能，现在升级为 IPv6，实现的仍然是网络层功能，传输层 TCP 和 UDP 不用做任何变动，数据链路层使用的协议也不用做任何变动，计算机可以使用 IPv4 和 IPv6 进行通信，如图 8-7 所示。

（3）各层都可以采用最合适的技术来实现。例如，适合布线的就使用双绞线连接网络，有障碍物的就使用无线覆盖。

（4）促进标准化工作。路由器实现网络层功能，交换机实现数据链路层功能，不同厂家的路由器和交换机能够相互连接实现计算机通信，就是因为有了网络层标准和数据链路层标准。

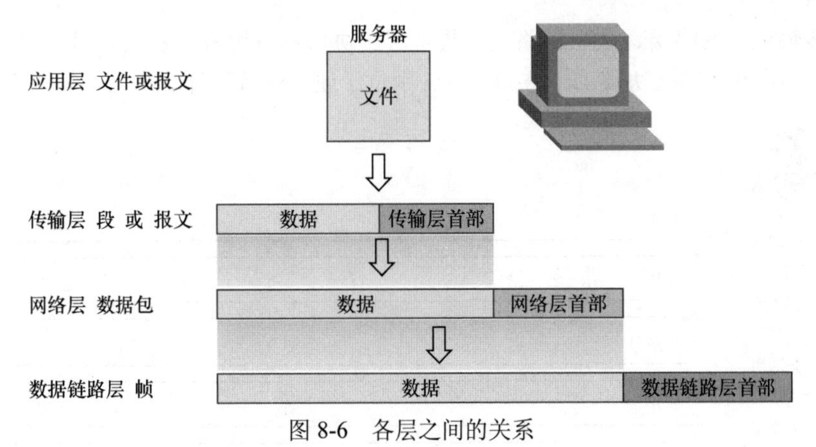

图 8-6 各层之间的关系

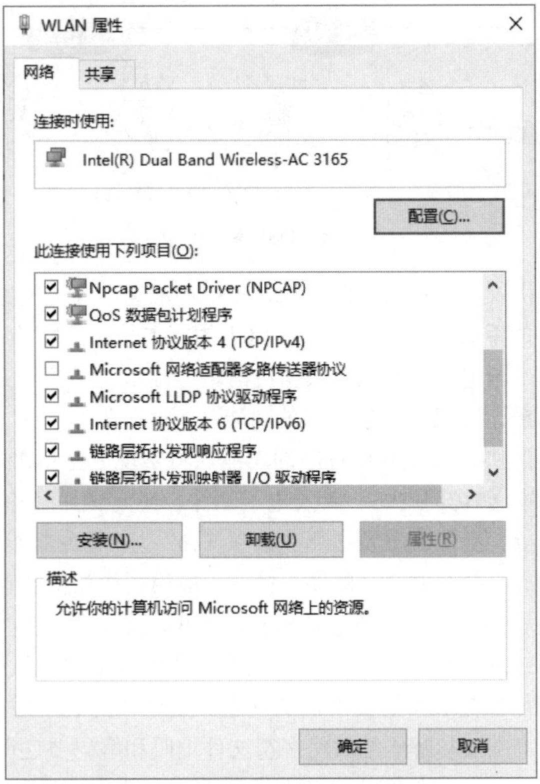

WLAN 属性

网络 共享

连接时使用:

Intel(R) Dual Band Wireless-AC 3165

配置(C)...

此连接使用下列项目(O):

- ☑ Npcap Packet Driver (NPCAP)
- ☑ QoS 数据包计划程序
- ☑ Internet 协议版本 4 (TCP/IPv4)
- ☐ Microsoft 网络适配器多路传送器协议
- ☑ Microsoft LLDP 协议驱动程序
- ☑ Internet 协议版本 6 (TCP/IPv6)
- ☑ 链路层拓扑发现响应程序
- ☑ 链路层拓扑发现映射器 I/O 驱动程序

安装(N)... 卸载(U) 属性(R)

描述

允许你的计算机访问 Microsoft 网络上的资源。

确定 取消

图 8-7 IPv4 和 IPv6 实现的功能一样

（5）分层后有助于将复杂的计算机通信问题拆分成多个简单的问题，有助于排除网络故障。例如，计算机没有设置网关造成网络故障属于网络层问题，MAC 地址冲突造成的网络故障属于数据链路层问题，IE 浏览器设置了错误的代理服务器访问不了网站属于应用层问题。

上面介绍了分层的方法和好处，那么计算机通信分哪些层呢？每一层实现什么功能呢？下面介绍计算机通信的分层，也就是 OSI 参考模型。

8.2.2 OSI 参考模型详解

国际标准化组织（ISO）把计算机通信分成了 7 层，从上到下依次为：应用层、表示层、会话层、传输层、网络层、数据链路层、物理层。协议都有甲方、乙方，可以看到应用层、表示层、会话层和传输层协议的甲方和乙方分别位于通信两端的计算机上，如图 8-8 所示。

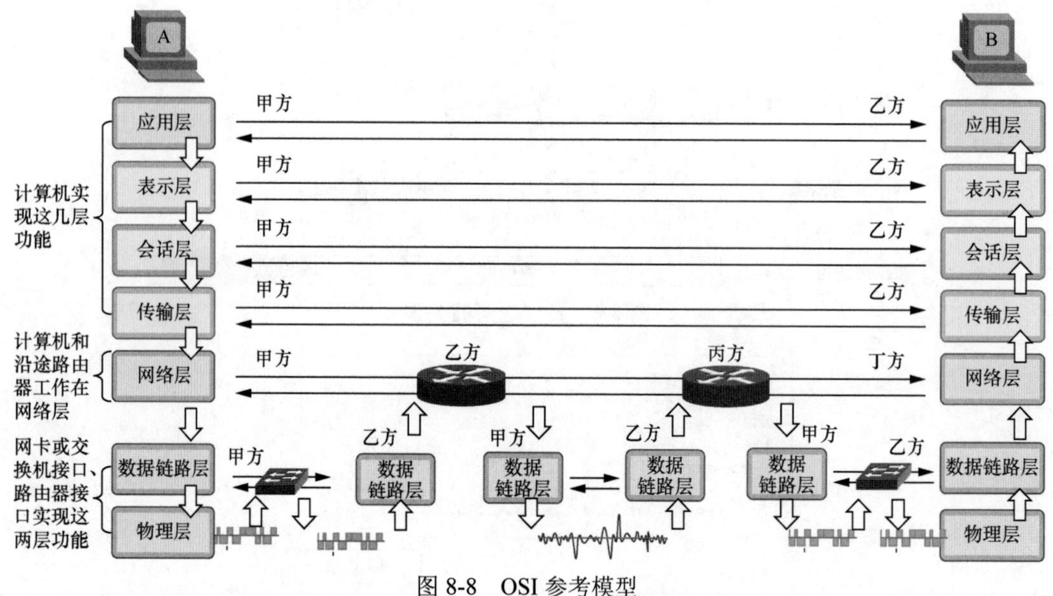

图 8-8 OSI 参考模型

网络层协议是多方协议，包括通信两端的计算机和沿途所经过的路由器。

而数据链路层协议的甲方、乙方是同一链路上的网卡接口或交换机接口、路由器接口，有效范围就是一条链路。图中的箭头表示数据流向。

下面讲解 OSI 参考模型定义的各层实现的功能。

（1）应用层。应用层协议实现应用程序的功能，将实现方法标准化就形成应用层协议。Internet 中的应用有很多，如访问网站、收发电子邮件、访问文件服务器等，因此应用层协议也有很多。定义客户端能够向服务器发送哪些请求（命令），服务器能够向客户端返回哪些响应，以及用到的报文格式，命令的交互顺序，都属于应用层协议应该包含的内容。

（2）表示层。应用程序要传输的信息要转换成数据。如果是字符文件，要使用字符集转换成数据。如果是图片或应用程序这些二进制文件也要进行编码转换成数据，数据在传输前是否压缩、是否加密处理都是表示层要解决的问题。发送端的表示层和接收端的表示层是协议的双方，加密和解密、压缩和解压缩、将字符文件编码和解码要遵循表示层协议的规范。

（3）会话层。会话层为通信的客户端和服务器端程序建立会话、保持会话和断开会话。建立会话：A、B 两台计算机之间需要通信，要建立一条会话供他们使用，在建立会话的过程中会有身份验证、权限鉴定等环节。保持会话：通信会话建立后，通信双方开始传递数据，当数据传递完成后，OSI 会话层不一定会立即将这两者的通信会话断开，它会根据应用程序和应用层的设置对会话进行维护，在会话维持期间，两者可以随时使用会话传输数据。断开会话：当应用程序或应用层规定的超时时间到期后，或 A、B 计算机重启、关机，或手动断开会话时，OSI 会断开 A、B 之间的会话。

（4）传输层。传输层负责向两个主机中进程之间的通信提供通用的数据传输服务。传输层有传输控制协议（TCP）和用户数据报协议（UDP）两种协议。

- 传输控制协议（TCP）：提供面向连接的、可靠的数据传输服务，其数据传输的单位是报文段。

- 用户数据报协议（UDP）：提供无连接的、尽最大努力交付的数据传输服务，其数据传输的单位是用户数据报。

例如，在 Windows 操作系统的计算机 A 上打开“运行”对话框，输入服务器 B 的 IP 地址，访问服务器 B 的共享资源，如图 8-9 所示。需要输入账户和密码，如图 8-10 所示，这就是建立的会话。如果不重启计算机 A，或计算机 A 的当前用户不注销，这个会话会一直维持，再次访问共享，不需要再次输入账户和密码。

图 8-9　访问共享资源

图 8-10　输入账户和密码

可以在计算机 A 上打开命令提示符窗口，输入“net use”可以看到断开的会话和保持的会话；输入“net use \\192.168.80.12 /del”可以删除建立的会话，如图 8-11 所示。再次访问共享文件夹，这时就需要再次输入账户和密码，重新建立会话。

图 8-11　查看会话状态

（5）网络层。网络层为数据包跨网段通信选择转发路径。

（6）数据链路层。两台主机之间的数据通信，总是在一段一段的链路上传输的，这就需要专门的链路层协议。数据链路层就是将数据包封装成能够在不同链路传输的帧。数据包在传输过程中要经过不同的网络，如集线器或交换机组建的网络就是以太网，以太网使用载波侦听多路访问协议（CSMA/CD），路由器和路由器之间的连接是点到点，点到点信道可以使用 PPP 或帧中继协议。数据包要想在不同类型的链路上传输需要封装成不同的帧格式。例如，以太网的帧要加上目标 MAC 地址和源 MAC 地址，而点到点信道上的帧就不用添加 MAC 地址。

（7）物理层。物理层规定了网络设备的接口标准、电压标准，要是不定义这些标准，各个厂家生产的网络设备就不能连接到一起，更不可能相互兼容了。物理层也包括通信技术，那些专门研究通信的人就要想办法让物理线路（铜线或光纤）通过频分复用技术、时分复用技术或编码技术更快地传输数据。

8.2.3　计算机通信分层的好处

OSI 参考模型将计算机通信分为 7 层，每一层为上一层提供服务，每一层实现特定的功能。某一层有变化不会影响其他层。

计算机通信分层，也把 IT 人员的工作进行了分工。程序员开发网络应用程序，他们负责解决应用层、表示层和会话层的问题，他们只关心应用程序之间如何通信，通信是否需要加密和压缩，避免出现乱码。他们并不关心网络问题，无论客户端访问服务器到底是局域网还是广域网，到底是有线还是无线通信，传输介质是铜线还是光纤，只要网络畅通，应用程序就能正常工作，所以说程序员工作在 OSI 参考模型的高层，如图 8-12 所示。

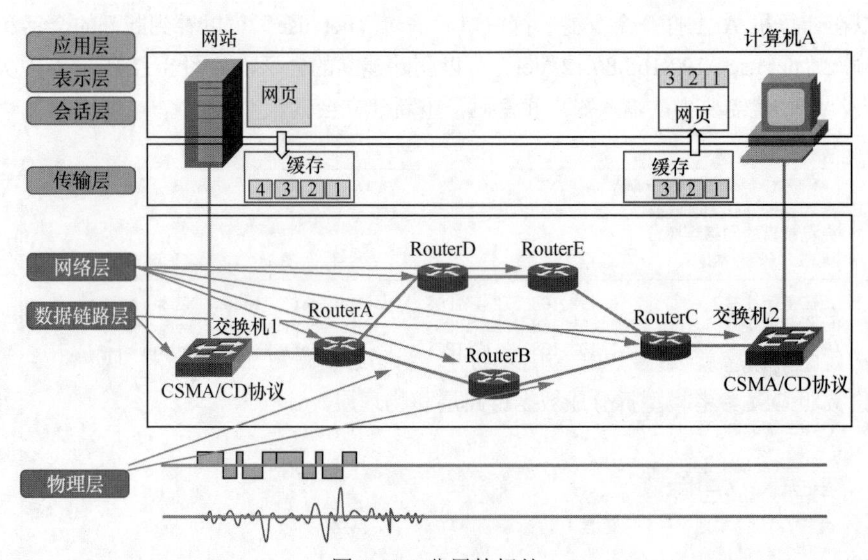

图 8-12　分层的好处

网络工程师负责配置网络中的路由器为数据包选择转发路径，所以我们说网络工程师工作在 OSI 参考模型的网络层。网络工程师还需要配置交换机，交换机是数据链路层设备，所以网络工程师也负责 OSI 参考模型的数据链路层，如图 8-12 所示。但网络工程师并不关心程序员开发的程序实现什么功能、程序传输数据的编码方式，也不关心信号如何在线路上传输。他们只需要精通路由器和交换机的配置，那些考取了华为认证工程师和思科网络工程师认证的人员可以负责维护企业网络。

通信工程师，如奈奎斯特（Nyquist）和香农（Shannon）这些通信领域的老前辈，专门研究如何在通信线路上更快地、无差错地传输信号，他们不关心传递的信号是打电话的语音信号，还是计算机通信的数据流量。通信速度的提升，不会造成数据链路层和网络层更改，更不需要重新开发网络应用程序。

8.3 TCP/IP

当前 Internet 通信使用的是 TCP/IP，该协议栈没有严格按照 OSI 参考模型的分层来设计，而是进行了合并，把计算机通信分成了 4 层。OSI 参考模型、TCP/IP 以及本书的分层对应关系如图 8-13 所示。

OSI分层	TCP/IP分层	TCP/IP协议栈	本书按5层讲解
应用层 表示层 会话层	应用层	HTTP FTP SMTP POP3 DNS等	应用层
传输层	传输层	TCP UDP	传输层
网络层	网络层	ARP IP ICMP IGMP	网络层
数据链路层 物理层	网络接口层	以太网PPP帧中继X.25	数据链路层 物理层

图 8-13 OSI 参考模型、TCP/IP 以及本书的分层对应关系

OSI 参考模型将计算机通信分成 7 层，TCP/IP 对其进行了合并简化，其应用层实现了 OSI 参考模型的应用层、表示层和会话层的功能，并将数据链路层和物理层合并成网络接口层。

读者请看 TCP/IP 协议栈中的协议，协议栈是指网络中各层协议的总和，这里一定要明白，我们通常所说计算机通信使用的是 TCP/IP，并不是说计算机通信只使用两个协议，而是指一组协议。

本书后面的内容就以 TCP/IP 分层来划分，为了讲解得更加清楚，将 TCP/IP 协议栈的网络接口层按照 OSI 参考模型拆分成数据链路层和物理层。

8.3.1 通信协议三要素

网络中的计算机在进行通信时，必须使用通信协议。通信协议是指通信各方事前约定的通信规则，网络如果没有统一的通信协议，计算机之间的信息就无法传递。协议可以简单地理解为各计算机之间相互会话所使用的共同语言。

协议有三要素：语法、语义和同步。语法是数据和控制信息的结构和格式；语义是控制信息的含义；同步规定了信息交流的次序，例如，传输层使用 TCP 进行可靠传输，需要先建立 TCP 连接，再传输数据，传输结束后，要释放连接。应用协议通信，对所执行的命令也有顺序要求，例如，使用 POP3 接收邮件，必须先验证邮箱账户和密码，再接收邮件。

为了让读者更好地理解协议的语法、语义，来看下面的例子。

我们寄快递时需要按着快递单的格式，在指定的地方填写收件人和发件人等信息。快递员知道快递单的每个位置的信息分别代表什么意思。快递单就是快递员投送快递时用到的协

议。快递单规定了在什么位置写什么内容，这就是协议的语法，如图 8-14 所示。如果在付款方式“到付”处打了对勾，快递员就知道该快递要收件人付款，这就是“语义”。看到这里，读者有没有想起 IP 首部、TCP 首部的定义，每个字段的位置和取值各代表什么含义，就是这些协议的语法和语义。

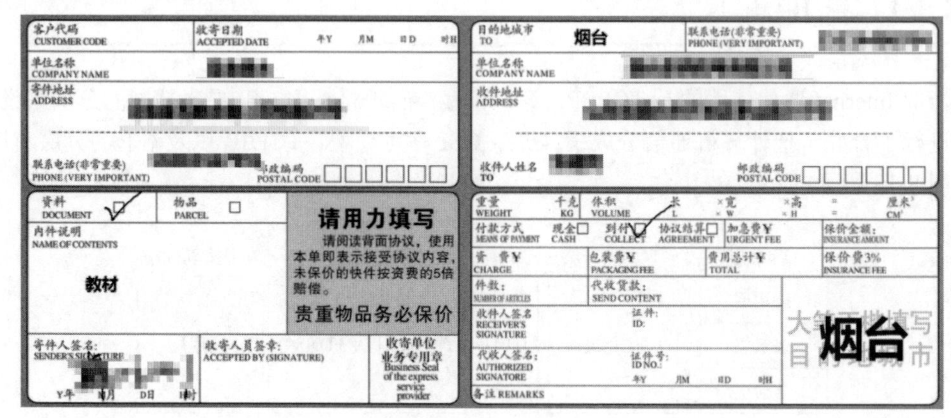
客户代码 CUSTOMER CODE
收寄日期 ACCEPTED DATE 年Y 月M 日D 时H
单位名称 COMPANY NAME
寄件地址 ADDRESS
联系电话(非常重要) PHONE (VERY IMPORTANT)
邮政编码 POSTAL CODE
目的地城市 TO 烟台
联系电话(非常重要) PHONE (VERY IMPORTANT)
单位名称 COMPANY NAME
收件地址 ADDRESS
收件人姓名 TO
邮政编码 POSTAL CODE
资料 DOCUMENT
物品 PARCEL
内件说明 NAME OF CONTENTS
教材
请用力填写
请阅读背面协议，使用本单即表示接受协议内容，未保价的快件按资费的5倍赔偿。
贵重物品务必保价
重量 WEIGHT 千克 KG
体积 VOLUME 长 L ×宽 ×W ×高 ×H = 厘米³ CM³
付款方式 MEANS OF PAYMENT 现金 CASH 到付 COLLECT 协议结算 AGREEMENT
加急费¥ URGENT FEE
保价金额: INSURANCE AMOUNT
资费¥ CHARGE
包装费¥ PACKAGING FEE
费用总计¥ TOTAL
保价费3% INSURANCE FEE
件数: NUMBER OF ARTICLES
代收货款: SEND CONTENT
收件人签名 RECEIVER'S SIGNATURE
证件: ID:
代收人签名: AUTHORIZED SIGNATORE
证件号: ID NO.:
年Y 月M 日D 时H
备注 REMARKS
大写目的地城市
烟台
寄件人签名: SENDER'S SIGNATURE
Y年 M月 D日 H时
收寄人员签章: ACCEPTED BY (SIGNATURE)
收寄单位业务专用章 Business Seal of the express service provider

图 8-14　快递单

8.3.2　TCP/IP 通信过程

下面就以 5 层结构为例，给读者讲解浏览器访问 Web 服务器的过程。Web 服务器的 IP 地址为 10.0.0.2，网卡的 MAC 地址是 MA，浏览器的 IP 地址是 10.0.1.2，MAC 地址是 MF，路由器的接口相当于网卡，也有 MAC 地址和 IP 地址，如图 8-15 所示。

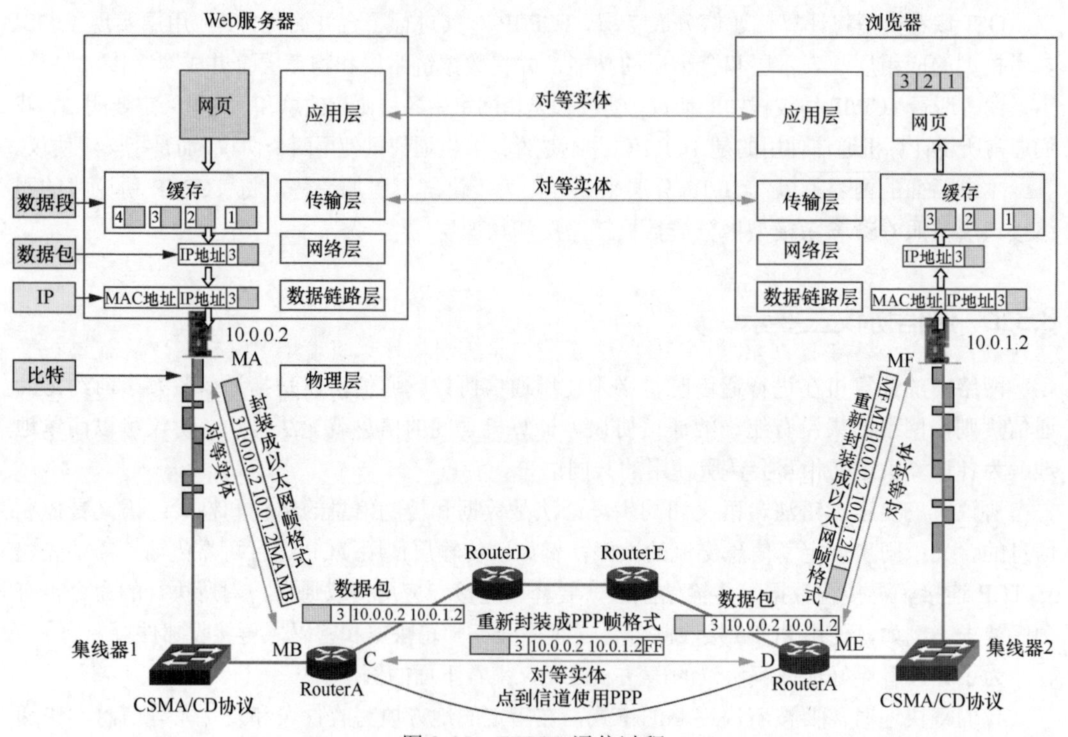

图 8-15　TCP/IP 通信过程

通过图 8-15，你还可以掌握的额外知识如下。

（1）目标 MAC 地址决定了数据帧下一跳由哪个设备接收。

（2）目标 IP 地址决定了数据包最终到达哪台计算机。

（3）不同网络数据链路层使用不同的协议，帧格式也不相同，路由器在不同网络转发数据包，需要将数据包重新封装。

1. 应用层

浏览器向 Web 服务器发送访问网页的请求，Web 服务器向浏览器发送网页，这属于高层对话，Web 服务器和浏览器是对等实体，浏览器和 Web 服务器通信使用应用层协议（HTTP），该协议定义了访问网站有哪些方法以及网站响应报文有哪些状态。

2. 传输层

网页在传输之前先放到缓存中，将数据分段后加上传输层首部，传输层首部的格式以及每个字段是为了实现传输层功能，如可靠传输、流量控制、拥塞避免。传输层首部格式和每个字段代表什么在后面的内容中进行详细讲解，传输层首部一个重要的功能是给这些数据编号。浏览器的传输层将收到的数据放到缓存中，它能够看懂传输层添加的首部，因此 Web 服务器的传输层和浏览器的传输层是对等实体，传输层首部的各个字段以及各个字段的数值代表的含义就是传输层使用的协议。添加了传输层首部 | 3 | | 的 TCP 的数据单元被称为“数据段”（segment），而 UDP 的数据单元被称为“数据报”（datagram）。

3. 网络层

要想通过网络发送数据段到浏览器，必须给数据段添加源 IP 地址和目标 IP 地址，以及网络层控制信息，也就是网络层首部。网络层首部的格式和每个字段是为了实现网络层功能，以便网络中的路由器依据网络层首部为数据包选择路径。因此浏览器的网络层，以及网络中沿途经过的路由器必须能够理解 Web 服务器在网络层添加首部的格式以及每个字段所代表的含义，因此 Web 服务器的网络层、沿途经过的路由器以及浏览器的网络层是对等实体。它们的共同语言就是网络层首部，网络层首部就是网络层使用的协议。加了网络层首部的数据段被称为“数据包”（packet），为了表示方便，图中只使用源 IP 地址和目标 IP 地址代表网络层首部 | | 3 | 10.0.0.2 10.0.1.2 |。

4. 数据链路层

数据包要想在网络中传递，就要针对不同的网络进行不同的封装，也就是封装成不同格式的帧。

使用集线器组建的网络就是以太网，连接在集线器的计算机使用 CSMA/CD 协议进行通信，连接在集线器上的设备都有物理地址（MAC 地址），计算机的网卡和路由器的接口也都有 MAC 地址。数据包从服务器发送到浏览器，需要先转给路由器 RouterA。在数据链路层添加数据链路层首部，其中包括源 MAC 地址 MA、目标 MAC 地址 MB | | 3 | 10.0.0.2 10.0.1.2 | MA | MB |，添加了数据链路层首部的数据包被称为“帧”（Frame），服务器的网卡和路由器 RouterA 的以太网接口是数据链路层的对等实体。

数据包需要从路由器 RouterA 转发到 RouterB，C 和 D 的链路是点到点信道，这样的链路上没有其他设备，发送数据帧就不需要添加物理层地址，而是使用 PPP，因此数据包从 C 到 D 需要重新封装成 PPP 的帧格式。使用十六进制 FF 代表地址，其实该地址形同虚设，既不代表源地址也不代表目标地址 | | 3 | 10.0.0.2 10.0.1.2 | FF |，接口 C 和 D 是数据链路层的对等实体。

从路由器 RouterA 将数据包发送到浏览器的网卡，需要将数据包封装成以太网的帧格式，

需要添加目标MAC地址MF和源MAC地址ME [3 | 10.0.0.2 10.0.1.2 | ME | MF]，路由器RouterB的以太网接口和浏览器的网卡是数据链路层的对等实体。

可以看到数据包在传输过程中不变，数据链路层会根据不同网络封装成不同的帧格式。

说句题外话，现在读者还可以明白为什么计算机通信需要物理地址和IP地址，因为物理地址决定了数据帧下一跳给谁，而IP地址决定了数据包最终给谁。如果全球的计算机都使用集线器或交换机连接，就可以只使用MAC地址进行通信了。

5．物理层

服务器将数据包封装成帧后，网卡将数字信号变成电信号传输到网线，称为“比特”（bit）。服务器的网卡和 RouterA 的以太网接口同时也是物理层对等实体，电压标准和接口标准必须一致。路由器RouterA的C接口和路由器RouterB的D接口同时也是物理层对等实体，广域网线路接口标准和电压标准必须一致。

8.3.3 网络设备和分层

参照 OSI 参考模型将计算机通信划分的层，再根据网络设备在计算机通信过程的作用，就可以知道不同的网络设备工作在不同的层，路由器根据网络层首部信息，为数据包选择转发路由，我们就称路由器为“网络层设备”或“三层设备”。交换机根据数据链路层地址转发数据帧，我们就称其为“数据链路层设备”，即“二层设备”。集线器只负责传递数字信号，但看不懂帧的任何内容，因此我们称集线器为“物理层设备”。

图8-16所示的计算机A给计算机B发送数据，计算机A的应用程序准备发送数据，传输层负责可靠传输，添加传输层首部，添加传输层首部后的数据被称为“数据段”。为了让数据段发送到目标计算机B，需要添加网络层首部，添加网络层首部后的数据被称为“数据包”。为了让数据包经过集线器发送给路由器，需要添加以太网数据链路层首部，添加以太网首部后的数据被称为“以太网帧”。这个过程就称为“封装”。网卡负责将数据包封装成帧，以及将数据帧变成比特流，因此网卡工作在物理层和数据链路层。

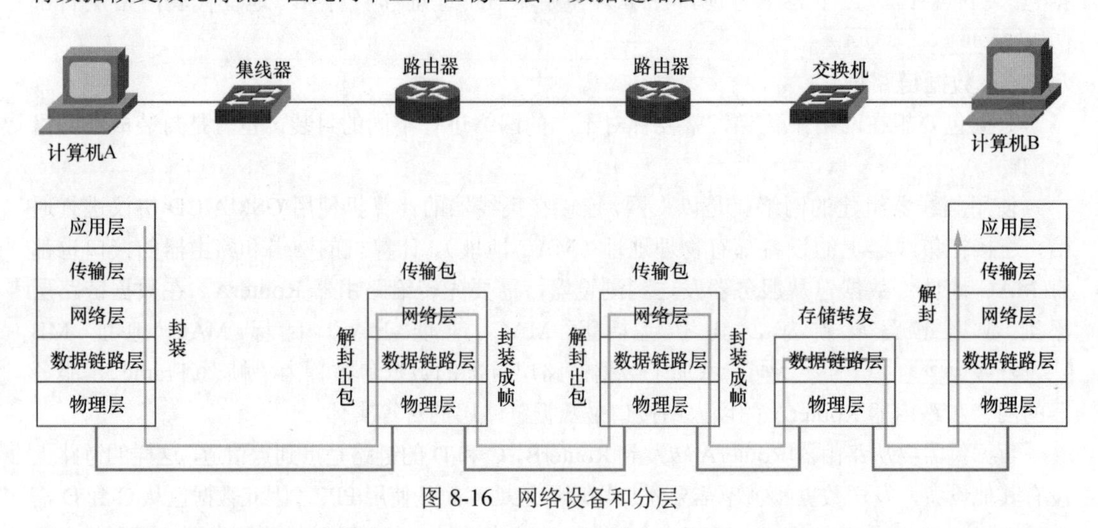

图8-16 网络设备和分层

集线器只是将电信号传递到全部接口，它和网线一样，收到的只是比特流，分不清传递的电信号哪些是数据链路层首部，哪些是网络层首部，也不关心电信号在传递过程中有没有错误。因此我们称集线器为“物理层设备”。

路由器的接口接收到比特流，判断数据帧的目标 MAC 地址是否和自己的 MAC 地址一样，如果一样就去掉数据链路层首部提交给路由器；路由器收到数据包后，根据网络层首部的目标 IP 地址选择路径，重新封装成帧发送出去；路由器根据数据包的网络层首部转发数据包，因此我们称路由器为“三层设备”。有的读者就会问了，路由器有物理层和数据链路层功能么？当然有了，要不然它如何接收数字信号，如何判断帧是否是给自己的呢？只不过路由器的接口工作在物理层和数据链路层。

交换机的接口接收到比特流，存储数据帧，然后根据数据链路层首部封装的目标 MAC 地址转发数据帧，交换机能看懂数据链路层封装，并工作在数据链路层，因此我们称交换机为“二层设备”。交换机看不到网络层首部，更看不到传输层的首部。

数据帧到了接收端的计算机，会去掉数据链路层首部、网络层首部、传输层首部，最终组装成一个完整的文件，这个过程称为“解封”。

8.4 计算机网络的性能指标

性能指标用来从不同的方面度量计算机的性能，下面介绍常用的 7 个性能指标。

8.4.1 速率

计算机通信需要将发送的信息转换成二进制数字来传输，一位二进制数称为一个“比特”（bit），二进制数字转换成数字信号在线路上传输，如图 8-17 所示。

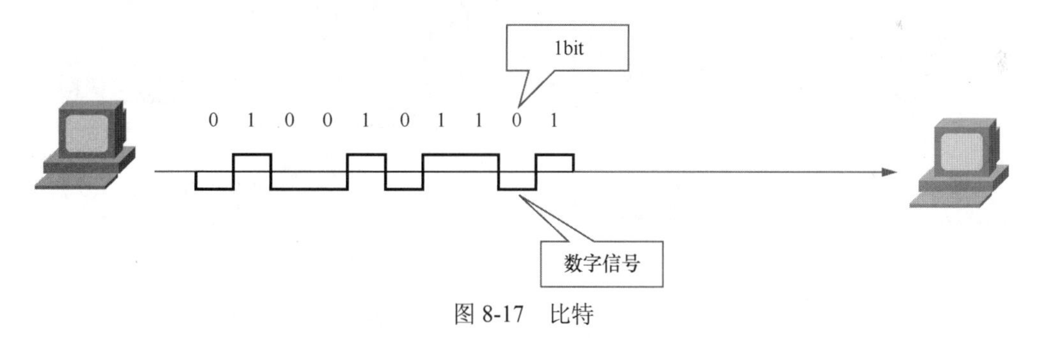

图 8-17 比特

网络技术中的速率指的是每秒传输的比特数量，称为“数据率”（Data Rate）或“比特率”（Bit Rate），速率的单位为 bit/s。当速率较高时，就可以用 kbit/s（$k=10^3$=千）、Mbit/s（$M=10^6$=兆）、Gbit/s（$G=10^9$=吉）或 Tbit/s（$T=10^{12}$=太）。现在人们习惯用更简洁但不严格的说法来描述速率，如 10M 网速，而省略了单位中的 bit/s。

在 Windows 操作系统中，速率以字节为单位。如果安装了测速软件，如 360 安全卫士，就有带宽测速器，如图 8-18 所示，可以用来检测计算机访问 Internet 时的下载网速。不过这里的单位是 B/s，大写的 B 代表字节，是 byte 的缩写，8 比特=1 字节。图 8-18 所示的测速 3.82MB/s，下载速率为 3.82×8Mbit/s，即 30.56Mbit/s。

在 Windows 7 操作系统中通过网络复制文件，也可以看到以字节为单位的速率，如图 8-19

所示，转换成以比特为单位的速率要乘 8，因此一定要注意速率是大写的 B 还是小写的 b。

图 8-18 操作系统测速

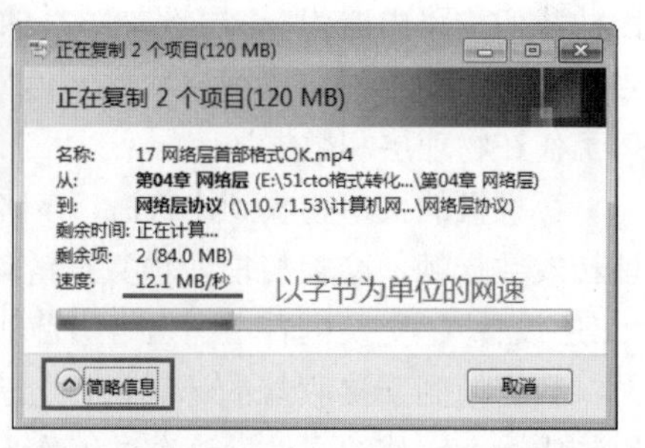

图 8-19 操作系统上网速以字节为单位

8.4.2 带宽

在计算机网络中，带宽用来表示网络通信线路传输数据的能力，即最高速率。便携式计算机网卡连接交换机，从“本地连接 状态”对话框可以看到，速率为 100Mbps，说明网卡最快每秒传输 100M 比特，如图 8-20 所示。

目前主流的便携式计算机网卡能够支持 10Mbit/s、100Mbit/s、1000Mbit/s 这 3 个速率。单击“属性”按钮，在出现的“本地连接 属性”对话框中单击“配置”按钮，如图 8-21 所示。

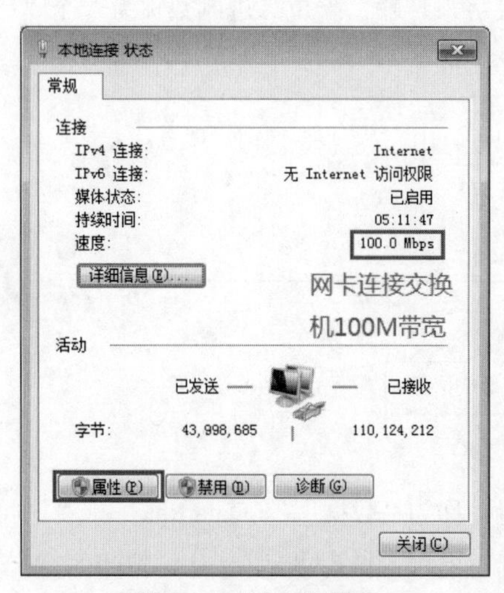

图 8-20 网卡的带宽

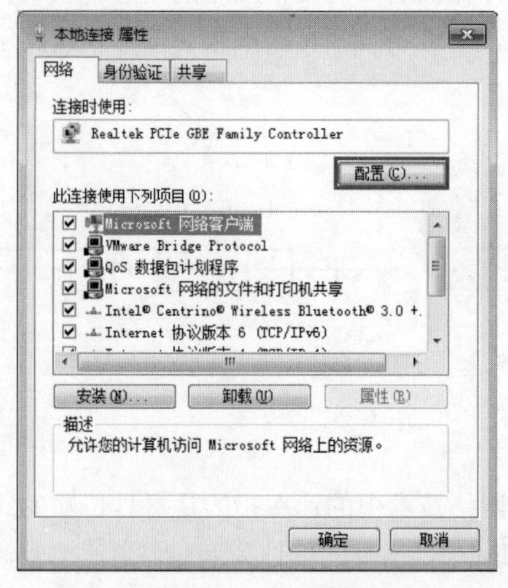

图 8-21 打开配置

出现“Realtek PCIe GBE Family Controller 属性”对话框，在“高级”选项卡下选中“连接速度和双工模式”选项，可以看到网卡支持的带宽，如图 8-22 所示。可以指定网卡的带宽，默认是“自动侦测”，这意味着，将便携式计算机连接到 100Mbit/s 接口的交换机上，会自动协商成 100Mbit/s 带宽；连接到 1000Mbit/s 带宽也就是 1Gbit/s 接口的交换机上，该网卡的带宽就会协商成 1Gbit/s。

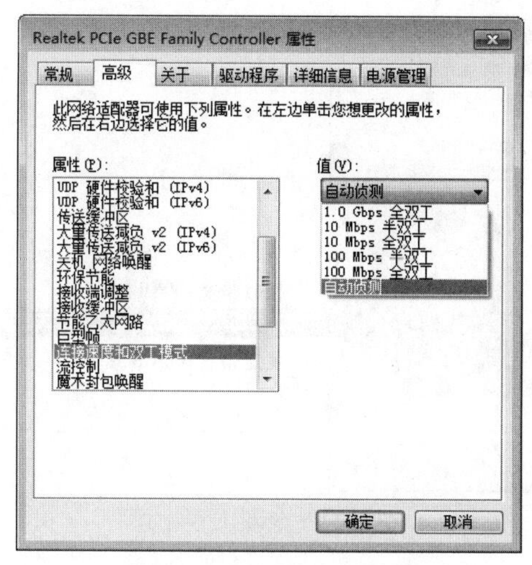

图 8-22　指定网卡的带宽

再如家庭上网使用 ADSL 拨号，有 4Mbit/s 带宽、8Mbit/s 带宽，这里说的带宽是指访问 Internet 的最高带宽，但具体的上网带宽要由 ISP 来控制。

8.4.3　吞吐量

吞吐量表示在单位时间内通过某个网络或接口的数据量，包括全部上传和下载的流量。如果计算机 A 同时浏览网页、在线看电影、向 FTP 服务器上传文件，如图 8-23 所示，访问网页的下载速率为 30kbit/s，播放视频的下载速率为 40kbit/s，向 FTP 服务器上传文件的速率为 20kbit/s，计算机 A 的吞吐量就是全部上传和下载速率的总和，即 30+40+20=90（kbit/s）。

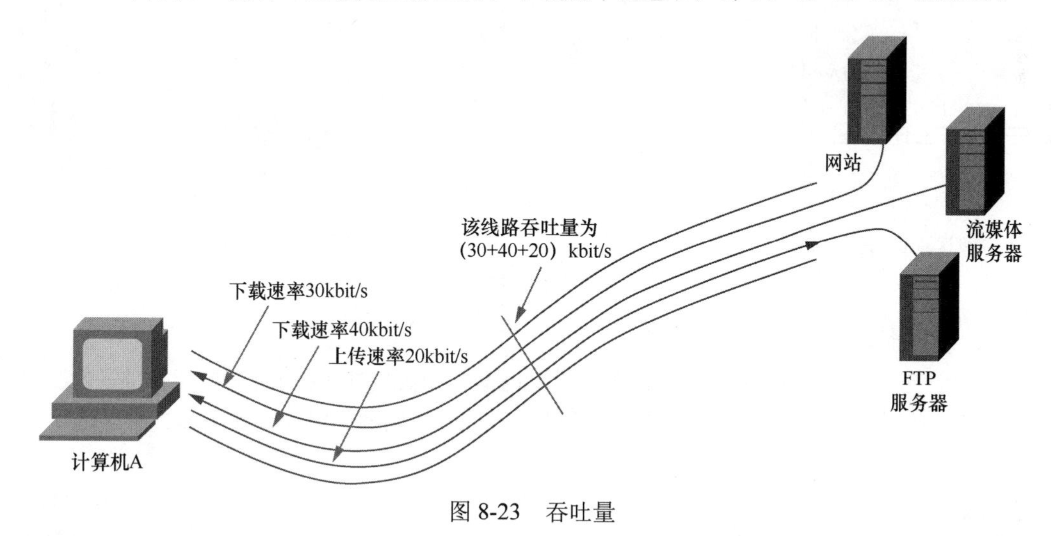

图 8-23　吞吐量

吞吐量受网络带宽或网络额定速率的限制，计算机的网卡如果连接交换机，网卡就可以工作在全双工模式下，即能够同时接收和发送数据。如果网卡工作在 100Mbit/s 的全双工模式下，就意味着网卡的最大吞吐量为 200Mbit/s，如图 8-24 所示。

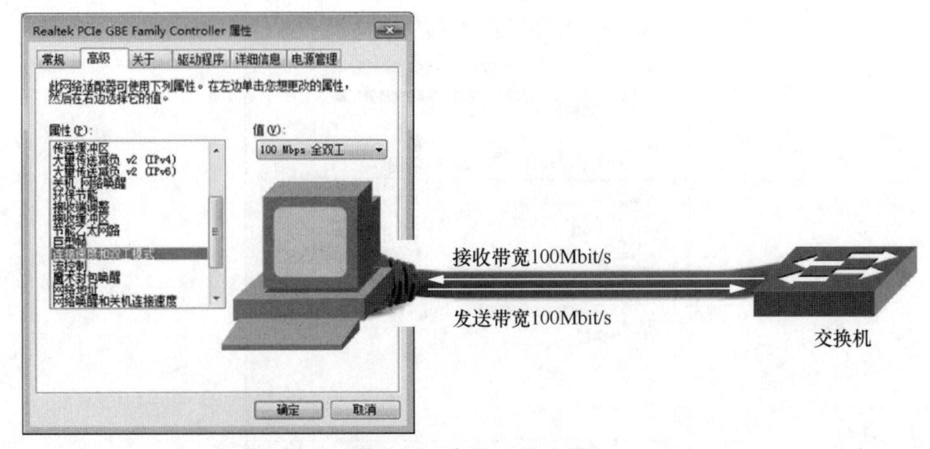

图 8-24 全双工吞吐量

如果计算机的网卡连接的是集线器，网卡就只能工作在半双工模式下，即不能同时发送和接收数据。网卡工作在 100Mbit/s 的半双工模式下，其最大吞吐量为 100Mbit/s。关于集线器为什么只能工作在半双工模式下，在后面的内容中会详细阐述。

8.4.4 时延

时延（delay 或 latency）是指数据（一个数据包或比特）从网络的一端传输到另一端所需要的时间。时延是一个很重要的性能指标，有时也称为“延迟”或“迟延”。

下面就以计算机 A 给计算机 B 发送数据为例，来说明网络中的时延包括哪几部分，如图 8-25 所示。

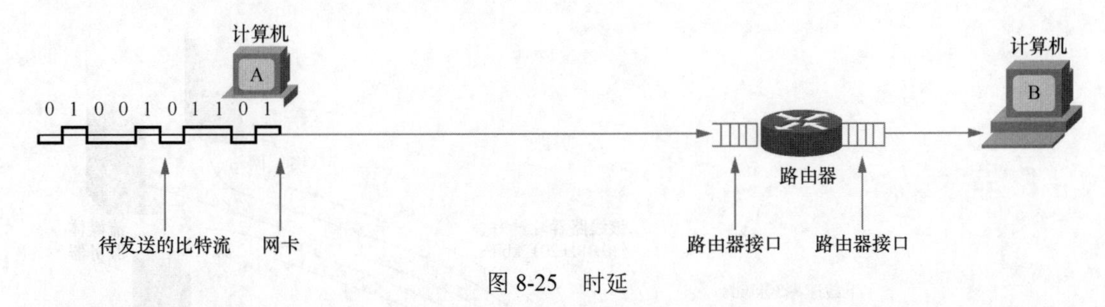

图 8-25 时延

1. 发送时延

发送时延（transmission delay）是主机或路由器发送数据帧所需的时间，也就是从发送数据帧的第一个比特开始，到该帧最后一个比特发送完毕所需要的时间，如图 8-26 所示。

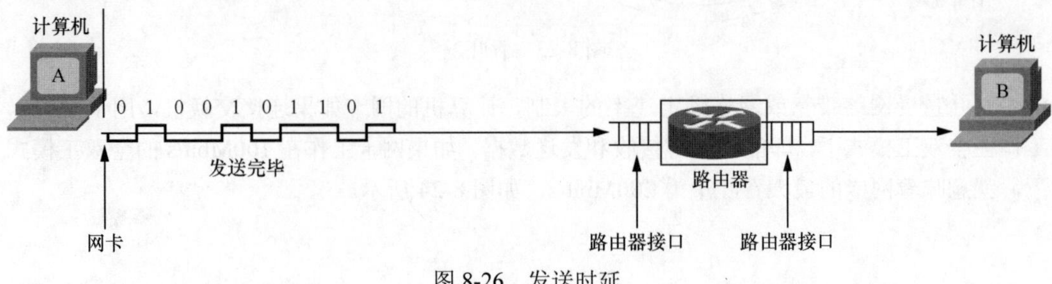

图 8-26 发送时延

$$发送时延=\frac{数据帧长度（b）}{发送速率（bit/s）}$$

可以看到发送时延和数据帧长度和发送速率有关，发送速率就是网卡的带宽，100Mbit/s 的网卡就意味着 1s 能够发送 100×10^6 比特。

以太网数据帧最大为 1518 字节，再加上 8 字节前导字符，共计 1526 字节，1526×8=12208 比特，网卡带宽如果是 10Mbit/s，发送一个最大以太网数据帧的发送时延=$\frac{12208}{10\ 000\ 000}$=1.2ms。ms 为毫秒，1s=1000ms。

读者知道数据包越大，发送时延越大，那么如何验证呢？如果计算机能够访问 Internet，可以使用 ping 命令测试到 Internet 上某个网站的数据包往返时延。例如，ping 9.9.9.9，参数 l 用来指定数据包的大小，注意，参数是英文 L 的小写，如图 8-27 所示。可以看到数据包为 64 字节的往返时延比 1500 字节的往返时延少 1ms，这个差距就是因为发送时延不同产生的。

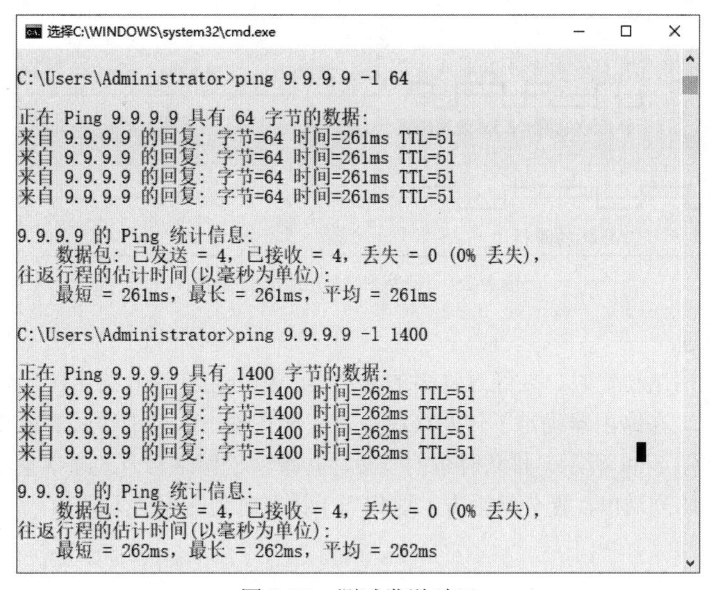

图 8-27 测试发送时延

2. 传播时延

传播时延（propagation delay）是电磁波在信道中传播一定的距离需要花费的时间。从最后一比特发送完毕到最后一比特到达路由器接口所需要的时间就是传播时延，如图 8-28 所示。

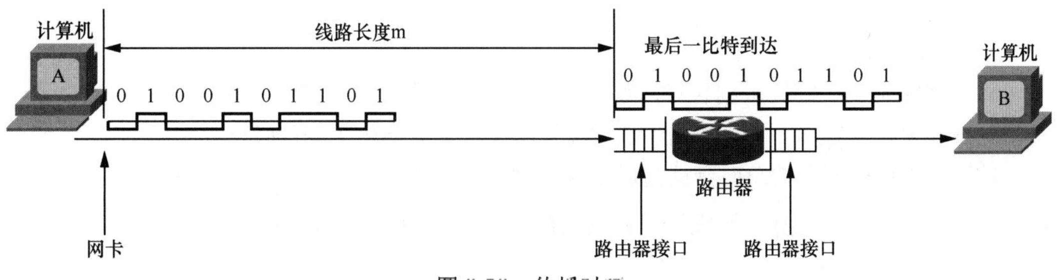

图 8-28 传播时延

$$传播时延=\frac{信道长度（m）}{电磁波在信道上的传播速率（m/s）}$$

电磁波在自由空间的传播速率是光速，即 3.0×10^5km/s。电磁波在网络中传播的速率比在自由空间要略低一些：在铜线电缆中的传播速率约为 2.3×10^5km/s，在光纤中的传播速率约为 2.0×10^5km/s。例如，在 1000km 长的光纤线路上产生的传播时延大约为 5ms。

电磁波在指定介质中的传播速率是固定的，从公式可以看出，信道长度固定了，传播时延也就固定了，没有办法改变。

网卡的带宽不同，改变的只是发送时延，而不是传播时延。4Mbit/s 带宽的网卡发送 10 比特需要 2.5μs，2Mbit/s 带宽的网卡发送 10 比特需要 5μs，如图 8-29 所示。1s（秒）=1000ms（毫秒）=1000000μs（微秒）。如果同时从 A 端向 B 端发送，4Mbit/s 的网卡发送完 10 比特，2Mbit/s 网卡刚刚发送完 5 比特。

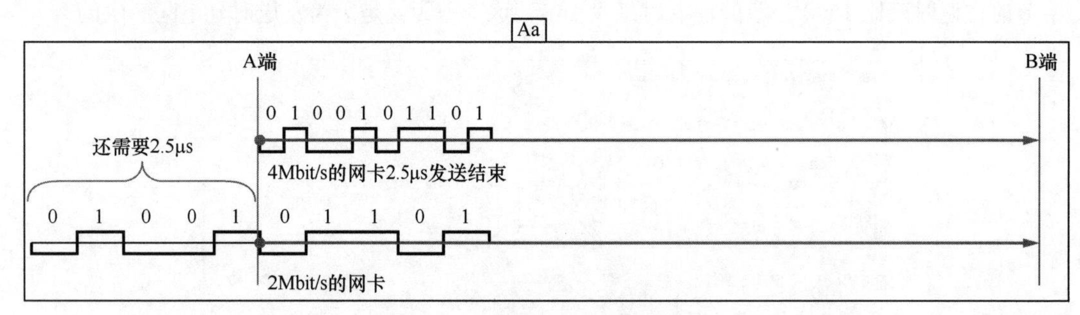

图 8-29 带宽和发送时延的关系

3. 排队时延

分组在经过网络传输时，要经过许多的路由器。但分组在进入路由器后要先在输入队列中排队等待处理。在路由器确定了转发接口后，还要在输出队列中排队等待转发，这就产生了排队时延，如图 8-30 所示。排队时延的长短往往取决于网络当时的通信量。当网络的通信量很大时会发生队列溢出，使分组丢失，这相当于排队时延为无穷大。

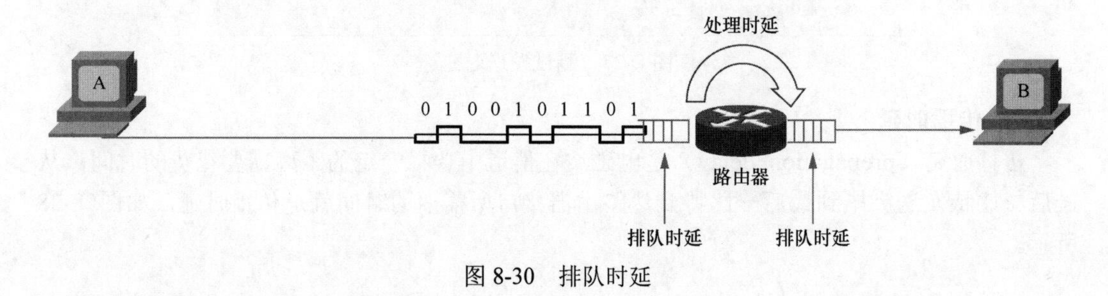

图 8-30 排队时延

4. 处理时延

路由器或主机在收到数据包时，要花费一定时间进行处理，如分析数据包的首部、进行首部差错检验，查找路由表为数据包选定转发出口，这就产生了处理时延。

数据在网络中经历的总时延就是以上 4 种时延的总和。

总时延=发送时延+传播时延+处理时延+排队时延

8.4.5 时延带宽积

把链路上的传播时延和带宽相乘，就会得到时延带宽积。这对以后计算以太网的最短帧非常有帮助。

时延带宽积=传播时延 × 带宽

这个指标可以用来计算通信线路上有多少比特。下面通过案例来看看时延带宽积的意义。

图 8-31 所示为 A 端到 B 端是 1km 的铜线路，电磁波在铜线中的传播速率为 2.3×10^{5}km/s，在 1km 长的铜线中的传播时延大约为 4.3×10^{-6}s，A 端网卡带宽为 10Mbit/s，A 端向 B 端发送数据时，请问链路上有多少比特？我们只需要计算 4.3×10^{-6}s 的时间内 A 端网卡发送多少比特，即可得出链路上有多少比特，这就是时延带宽积。

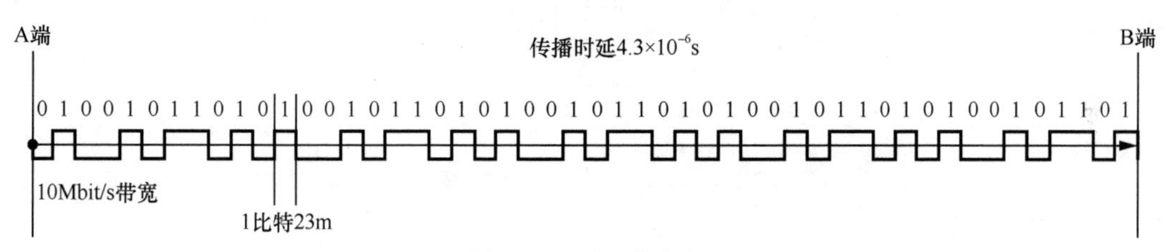

图 8-31 时延带宽积

时延带宽积=4.3×10^{-6}s × 10 × 10^{6}bit/s=43bit，进一步计算得出每比特在铜线中的长度是 23m。

如果发送端的带宽为 100Mbit/s，则时延带宽积=4.3×10^{-6}s × 100 × 10^{6}bit/s=430bit。这意味着 1km 铜线中可以容纳 430bit，每比特 2.3m。

8.4.6 往返时间

在计算机网络中，往返时间（Round-Trip Time，RTT）也是一个重要的性能指标，它表示从发送端发送数据开始，到发送端接收到来自接收端的确认（发送端收到后立即发送确认），总共经历的时间。

往返时间带宽积可以用来计算当发送端连续发送数据时，接收端如发现有错误，立即向发送端发送通知使发送端停止，发送端在这段时间发送的比特量。

在 Windows 操作系统中使用 ping 命令也可以显示往返时间。分别 ping 网关、国内的网站和美国的网站，可以看到每一个数据包的往返时间和统计的平均往返时间，可以看到途经的路由器越多距离越远，往返时间也会越长，如图 8-32 所示。

注意：通常情况下，企业内网之间计算机互相 ping 的往返时间小于 10ms，如果大于 10ms，就要安装抓包工具分析网络中的数据包是否有恶意的广播包，以找到发广播包的计算机。

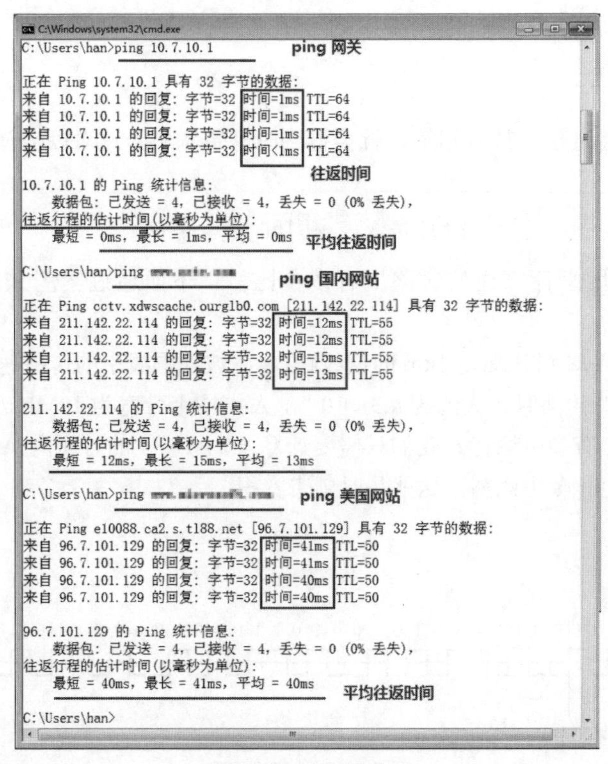

图 8-32 往返时间

8.4.7 网络利用率

网络利用率是指网络有百分之几的时间是被利用的（有数据通过），没有数据通过则网络利用率为零。网络利用率越高，数据分组在路由器和交换机处理时就需要排队等待，因此时延也就越大。下面的公式表示网络利用率和时延之间的关系。

$$D = \frac{D_0}{1-U}$$

U 是网络利用率，D 表示网络当前的时延，D_0 表示网络空闲时的时延。图 8-33 所示为网络利用率和时延之间的关系，当网络的利用率接近最大值 1 时，网络的时延就趋于无穷大。因此，一些拥有较大主干网的 ISP 通常控制他们的信道利用率不超过 50%。如果超过了就要准备扩容，以增大线路的带宽。

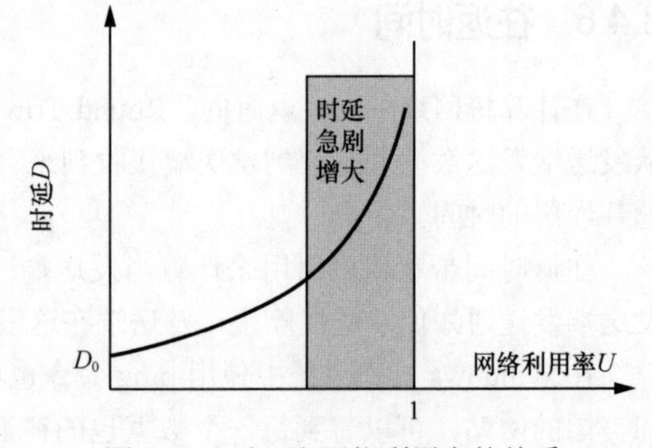

图 8-33 时延和网络利用率的关系

8.5 网络分类

计算机网络按不同分类标准可以分为多种类别。

8.5.1 按网络的范围分类

局域网（Local Area Network，LAN）是在一个局部的地理范围内（如一个学校、工厂和机关内），一般是方圆几千米以内，将各种计算机、外部设备和数据库等互相连接起来组成的计算机通信网。通常是单位自己采购设备组建局域网，当前使用交换机组建的局域网带宽为10Mbit/s、100Mbit/s 或 1000Mbit/s，无线局域网为 54Mbit/s。

广域网（Wide Area Network，WAN）通常跨接很大的物理范围，所覆盖的范围从几十千米到几千千米，能连接多个城市或国家，或横跨几个洲，并能提供远距离通信，形成国际性的远程网络。例如，有个企业在北京和上海有两个局域网，把这两个局域网连接起来，就是广域网的一种。广域网通常情况下需要租用 ISP 的线路，每年向 ISP 支付一定的费用购买带宽，带宽和支付的费用相关，有 2Mbit/s 带宽、4Mbit/s 带宽、8Mbit/s 带宽等标准。

城域网（Metropolitan Area Network，MAN）的作用范围一般是一个城市，可跨越几个街区甚至整个城市，其作用距离约为 5～50km。城域网可以为一个或几个单位所拥有，但也可以是一种公用设施，用来将多个局域网进行互连。目前很多城域网采用以太网技术，因此有时也将其并入局域网的范围进行讨论。

个人区域网（Personal Area Network，PAN）就是在个人工作的地方把属于个人使用的电子设备（如便携式计算机等）用无线技术连接起来的网络，因此也常称为“无线个人区域网”（Wireless PAN，WPAN），如无线路由器组建的家庭网络就是一个 PAN，其范围大约在几十米左右。

8.5.2 按网络的使用者分类

公用网（public network）是指电信公司出资建造的大型网络。“公用” 的意思就是所有按电信公司的规定交纳了费用的人都可以使用这种网络。因此公用网也可称为“公众网”，Internet 就是全球最大的公用网络。

专用网（private network）是某个部门为本单位的特殊业务需要而建造的网络。这种网络不向本单位以外的人提供服务。例如，军队、铁路、电力等系统均有本系统的专用网。

公用网和专用网都可以传输多种业务。如果传输的是计算机数据，则分别是公用计算机网络和专用计算机网络。

8.6 企业局域网设计

根据网络规模，企业的网络可以设计成二层结构或三层结构。通过本节的学习，读者会知道企业内网的交换机如何部署和连接，以及服务器部署的位置。

8.6.1 二层结构的局域网

下面以河北师范大学软件学院的网络为例介绍校园网的网络拓扑。在教室 1、教室 2 和教室 3 分别部署一台交换机，对教室内的计算机进行连接，如图 8-34 所示。教室中的交换机要求接口多，这样能够将更多的计算机接入网络，这一级别的交换机被称为“接入层交换机”，接计算机的端口带宽为 100Mbit/s。

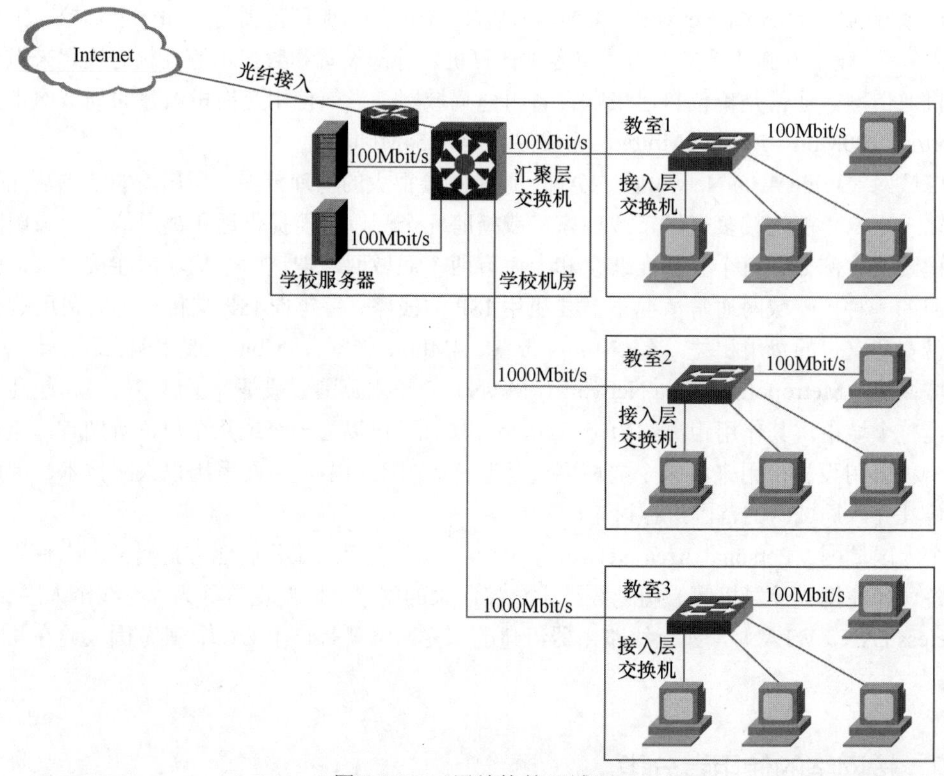

图 8-34 二层结构的局域网

学校机房部署一台交换机，该交换机连接学校的服务器和教室中的交换机，并通过路由器连接 Internet，同时汇聚教室中交换机的流量，该级别的交换机被称为“汇聚层交换机”。可以看到这一级别的交换机端口不一定太多，但端口带宽要比接入层交换机的带宽更大，否则就会成为制约网速的瓶颈。

8.6.2 三层结构的局域网

可以看到软件学院的局域网采用了两个级别的交换机，在规模比较大的学校，局域网可能采用三级结构。河北师范大学有很多学院，每个学院有自己的机房和网络，河北师范大学的网络中心为全部学院提供 Internet 接入，各学院的汇聚层交换机连接到网络中心的交换机，网络中心的交换机被称为“核心层交换机”，网络中心的服务器接入核心层交换机，为整个学校提供服务，如图 8-35 所示。

三层结构的局域网中的交换机有 3 个级别：接入层交换机、汇聚层交换机和核心层交换机。层次模型可以用来帮助设计、实现和维护可扩展、可靠、性能价格比高的层次化互联网络。

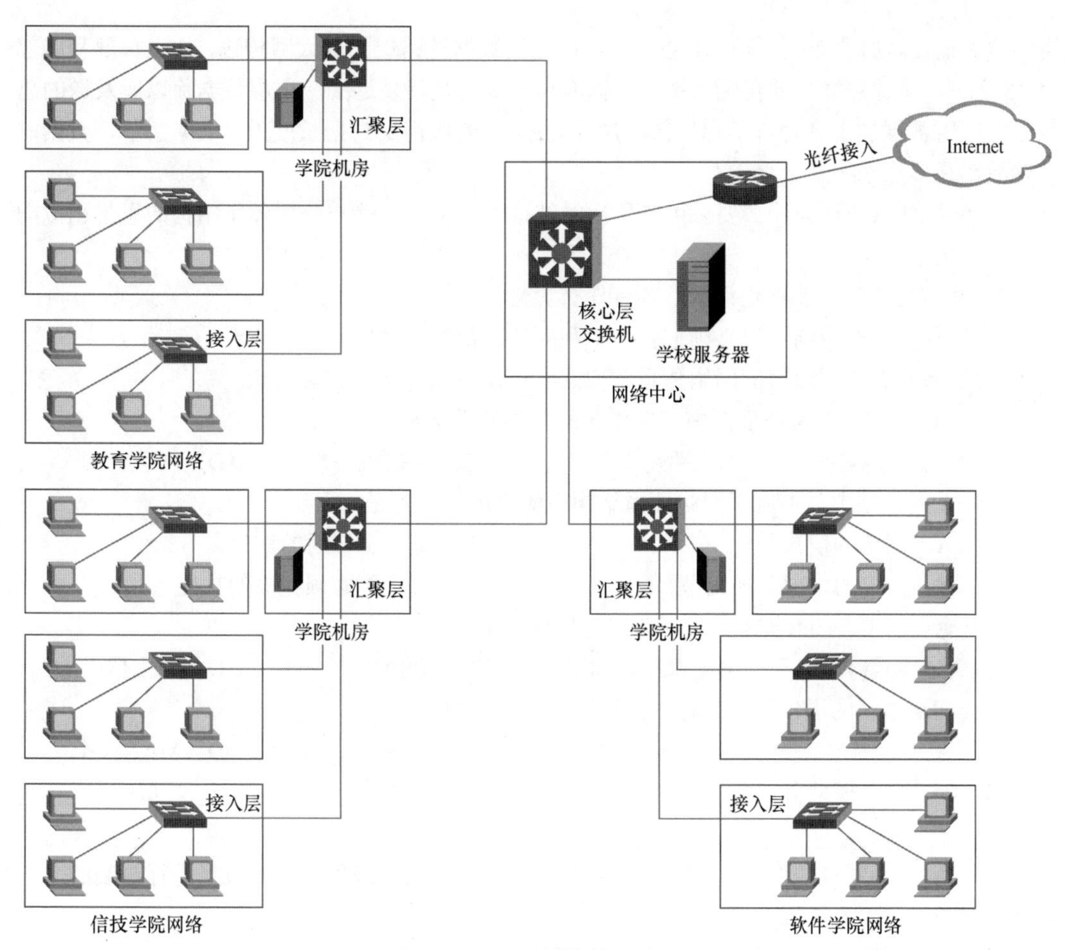

图 8-35　三层结构的局域网

8.7　习题

1．计算机通信网有哪些性能指标？

2．收发两端之间的传输距离为 1000km，信号在媒体上的传播速率为 2×10^8m/s。请计算以下两种情况的发送时延和传播时延。

（1）数据长度为 10^7bit，数据发送速率为 100kbit/s。

（2）数据长度为 10^3bit，数据发送速率为 1Gbit/s。

从以上计算结果可得出什么结论？

3．假设信号在媒体上的传播速率为 2.3×10^8m/s，媒体长度 L 分别如下。

（1）10cm（网络接口卡）。

（2）100m（局域网）。

（3）100km（城域网）。

（4）5000km（广域网）。

请计算当数据率为 1Mbit/s 和 10Gbit/s 时在以上媒体中正在传播的比特数。

4．长度为 100 字节的应用层数据交给传输层传输，需加上 20 字节的 TCP 首部。再交给网络层传输，需加上 20 字节的 IP 首部。最后交给数据链路层的以太网传输，加上首部和尾部共 18 字节。请计算数据的传输效率。数据的传输效率是指发送的应用层数据除以所发送的总数据（应用数据加上各种首部和尾部的额外开销）。若应用层数据长度为 1000 字节，数据的传输效率是多少？

5．网络体系结构为什么要采用分层次的结构？试举出一些与分层体系结构的思想相似的日常生活场景。

6．网络协议的三要素是什么？各有什么含义？

7．为什么一个网络协议必须把各种不利的情况都考虑到？

8．试述具有 5 层协议的网络体系结构的要点，包括各层的主要功能。

9．在 OSI 的 7 层参考模型中，工作在网络层的设备是（　　）。

A．集线器　　B．路由器　　C．交换机　　D．网关

10．下列选项中，不属于网络体系结构中所描述的内容是（　　）。

A．网络的层次　　B．每一层使用的协议

C．协议的内部实现细节　　D．每一层必须完成的功能

11．企业网要与 Internet 互联，必需的互联设备是（　　）。

A．中继器　　B．调制解调器　　C．交换机　　D．路由器

12．局部地区的通信网络简称“局域网”，英文缩写为（　　）。

A．WAN　　B．LAN　　C．SAN　　D．MAN

13．OSI 参考模型自下至上将网络分为________层、________层、________层、________层、________层、________层和________层。

14．当一台计算机从 FTP 服务器下载文件时，在该 FTP 服务器上对数据进行封装的 5 个转换步骤是（　　）。

A．比特，数据帧，数据包，数据段，数据

B．数据，数据段，数据包，数据帧，比特

C．数据包，数据段，数据，比特，数据帧

D．数据段，数据包，数据帧，比特，数据

第9章 IPv6

本章主要内容

- IPv6 详解
- IPv6 地址
- 给计算机配置 IPv6 地址的方法
- 配置 IPv6 路由
- IPv6 和 IPv4 共存技术

随着 Internet 中计算机数量的增加，IPv4 面临着一个巨大的问题，那就是网络地址资源有限，严重制约了互联网的应用和发展。IPv6 的使用，不仅解决了网络地址资源数量的问题，而且清除了多种接入设备连入 Internet 的障碍。

本章将介绍 IPv6 相对 IPv4 有哪些方面的改进、IPv6 首部、IPv6 的地址体系、IPv6 下的计算机地址配置方式，以及 IPv6 和 IPv4 共存技术、双协议栈技术、6to4 隧道技术和 NAT-PT 技术。

图 9-1 展示了 IPv6 和 IPv4 协议栈的区别，可以看到 IPv6 协议栈和 IPv4 协议栈只是网络层发生了改变，这就意味着应用层、传输层、网络接口层都没有变化。从 IPv4 升级到 IPv6 只需要升级网络中的路由器操作系统，让其支持 IPv6 即可，网络中交换机不用做任何变化，传输层和应用层也不用做任何调整。

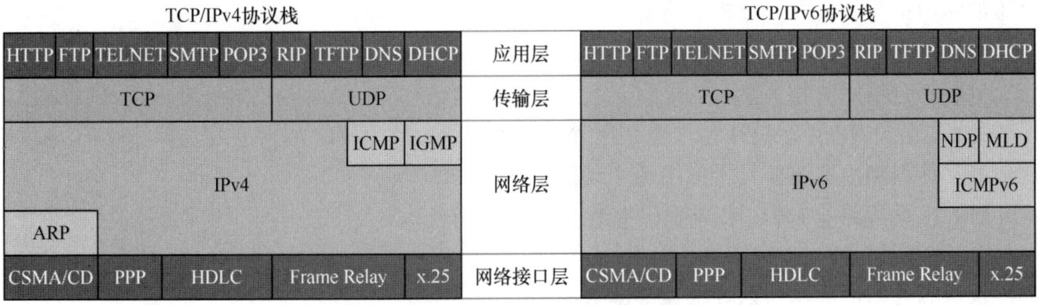

TCP/IPv4协议栈		TCP/IPv6协议栈
HTTP FTP TELNET SMTP POP3 RIP TFTP DNS DHCP	应用层	HTTP FTP TELNET SMTP POP3 RIP TFTP DNS DHCP
TCP UDP	传输层	TCP UDP
ICMP IGMP IPv4 ARP	网络层	NDP MLD ICMPv6 IPv6
CSMA/CD PPP HDLC Frame Relay x.25	网络接口层	CSMA/CD PPP HDLC Frame Relay x.25

图 9-1　IPv4 和 IPv6 协议栈对比

9.1 IPv6 详解

从 20 世纪 70 年代开始，互联网技术就以超出人们想象的速度迅猛发展。然而，随着基于 IPv4 的计算机网络，特别是 Internet 的迅速发展，互联网在产生了巨大的经济效益和社会效益的同时也暴露出其自身固有的问题，如安全性不高、路由表过度膨胀，特别是 IPv4 地址的日益匮乏。随着互联网的进一步发展，特别是未来电子、电器设备和移动通信设备对 IP 地址的巨大需求，IPv4 的约 42 亿个地址空间是根本无法满足要求的。这也是推动下一代互联网协议 IPv6 研究的主要动力。

9.1.1 IPv4 的不足之处

IPv4 的不足之处主要体现在以下几个方面。

1. 地址空间的不足

在 Internet 发展的初期，人们认为 IP 地址是不可能分配完的，这就导致了 IP 地址分配时的随意性。IP 地址不是一个接一个地分配的，其结果就是 IP 地址的利用率较低。而且由于缺乏经验，按 IP 地址分类分配地址，造成了大量的地址浪费。

分配的过程是按时间顺序进行的，刚开始的时候一个学校可以拥有一个 A 类网络，而后来一个国家可能只能拥有一个 C 类网络。A 类网络的数目并不多，因此问题的焦点就集中在 B 类和 C 类网络地址上，A 类网络太大，而 C 类网络太小。后来几乎所有申请者都愿意申请一个 B 类网络，但一个 B 类网络可以拥有 65 534 个主机地址，而往往实际上根本用不了这么多的地址。由于这样低效率的分配方法，导致 B 类地址消耗得特别快。这样也就导致了对现有的 IP 地址的分配速率很快，产生了 IP 地址即将被分配完的局面。

2. 对现有路由技术的支持不够

由于历史，今天的 IP 地址空间的拓扑结构都只有两层或者三层，这从路由选择上来看是非常糟糕的。各级路由器中路由表的数目过度增长，最终的结果是使路由器不堪重负，Internet 的路由选择机制因此而崩溃。

当前，Internet 发展的瓶颈已经不再是物理线路的速率，ATM 技术和百兆、千兆以太网技术的出现使得物理线路的表现有了显著的改善，路由器的处理速度成为现在阻碍 Internet 发展的主要因素。而 IPv4 设计上的天生缺陷更大大加重了路由器的负担。

首先，IPv4 的分组报头的长度是不固定的，这样不利于在路由器中直接利用硬件来实现分组的路由信息的提取、分析和选择。

其次，目前的路由选择机制仍然不够灵活，对每个分组都进行同样过程的路由选择，没有充分利用分组间的相关性。

最后，由于 IPv4 在设计时未能完全遵循端到端通信的原则，加上当时物理线路的误码率比较高，使得路由器还要具备以下两个功能。

（1）根据线路的 MTU 来分段和重组过大的 IP 分组。

（2）逐段进行数据校验。

这些同样会造成路由器处理速度降低。

3. 无法提供多样的 QoS

随着 Internet 的成功和发展，商家们已经把更多的关注投向了 Internet，他们意识到这其中蕴含着巨大的商机，今天乃至将来，有很多的业务应用都希望在 Internet 上进行。在这些业务中包括对实时性和带宽要求很高的多媒体业务如语音、图像等，包括对安全性要求很高的电子商务业务以及发展越来越迅猛的移动 IP 业务等。这些业务对网络 QoS 的要求各不相同。

但是，IPv4 在设计时没有引入 QoS 这样的概念，设计上的不足使得它很难相应地提供丰富的、灵活的 QoS 选项。

虽然人们提出了一系列的技术，如 NAT、CIDR、VLSM、RSVP 等来缓解这些问题，但这些方法都只是权宜之计，解决不了因地址空间不大及地址结构不合理而导致的地址短缺的根本问题，最终 IPv6 应运而生。

9.1.2 IPv6 的改进

IPv6 相对 IPv4 来说有以下几方面的改进。

1．扩展的地址空间和结构化的路由层次

地址长度由 IPv4 的 32 位扩展到 128 位，全局单点地址采用支持无分类域间路由的地址聚类机制，可以支持更多的地址层次和更多的节点数目，并且使自动配置地址更加简单。

2．简化了报头格式

IPv4 报头中的一些字段被取消或是变成可选项，尽管 IPv6 的地址是 IPv4 的 4 倍，但是 IPv6 的基本报头只是 IPv4 报头长度的两倍。取消了对报头中可选项长度的严格限制，增加了灵活性。

3．简单的管理：即插即用

通过实现一系列的自动发现和自动配置功能，简化网络节点的管理和维护。已实现的典型技术包括最大传输单元发现（MTU discovery）、邻接节点发现（neighbor discovery）、路由器通告（router advertisement）、路由器请求（router solicitation）、节点自动配置（auto-configuration）等。

4．安全性

在制定 IPv6 技术规范的同时，产生了 IPSec（IPSecurity），用于提供 IP 层的安全性。目前，IPv6 实现了认证头（Authentication Header，AH）和封装安全载荷（Encapsulated Security Payload，ESP）两种机制。前者实现数据的完整性及对 IP 包来源的认证，保证分组确实来自源地址所标记的节点；后者提供数据加密功能，实现端到端的加密。

5．QoS 能力

报头中的“标签”字段用于鉴别同一数据流的所有报文，因此路径上所有路由器可以鉴别一个流的所有报文，实现非默认的服务质量或实时的服务等特殊处理。

9.1.3 IPv6 协议栈

图 9-2 所示是 IPv4 和 IPv6 协议栈的比较。

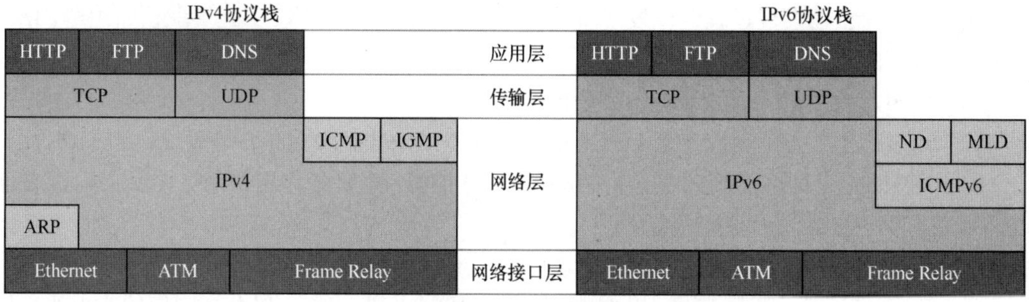

IPv4协议栈		IPv6协议栈
HTTP FTP DNS	应用层	HTTP FTP DNS
TCP UDP	传输层	TCP UDP
IPv4 ICMP IGMP ARP	网络层	IPv6 ND MLD ICMPv6
Ethernet ATM Frame Relay	网络接口层	Ethernet ATM Frame Relay

图 9-2 协议栈比较

IPv6 网络层的核心协议包括以下几种。

（1）IPv6 取代 IPv4，支持 IPv6 的动态路由协议都属于 IPv6，如本章讲到的 RIPng、OSPFv3。

（2）Internet 控制消息协议 IPv6 版（ICMPv6）取代 ICMP，它报告错误和其他信息以帮助诊断不成功的数据包传输。

（3）邻居发现（Neighbor Discovery，ND）协议取代 ARP，它管理相邻 IPv6 节点间的交互，包括自动配置地址和将下一跃点的 IPv6 地址解析为 MAC 地址。

（4）多播侦听器发现（Multicast Listener Discovery，MLD）协议取代 IGMP，它管理 IPv6 多播组成员身份。

9.1.4 ICMPv6 的功能

IPv6 使用的是 ICMP for IPv4 的更新版本。这一新版本叫作“ICMPv6”，它执行常见的 ICMP for IPv4 功能，报告传输或转发中的错误并为疑难解答提供简单的回显服务。ICMPv6 协议还为 ND 和 MLD 消息提供消息结构。

1．邻居发现（ND）

ND 是一组 ICMPv6 消息和过程，用于确定相邻节点间的关系。ND 取代了 IPv4 中使用的 ARP、ICMP 路由器发现和 ICMP 重定向，提供了更丰富的功能。

主机可以使用 ND 完成以下任务。

（1）发现相邻的路由器。

（2）发现并自动配置地址和其他配置参数。

2．地址解析

IPv6 地址解析包括交换“邻居请求”和“邻居公布”消息，从而将下一跃点的 IPv6 地址解析为其对应的 MAC 地址。发送主机在适当的接口上发送一条多播“邻居请求”消息。“邻居请求”消息包括发送节点的 MAC 地址。

当目标节点接收到“邻居请求”消息后，将使用“邻居请求”消息中包含的源地址和 MAC 地址的条目更新其邻居缓存（相当于 ARP 缓存）。接着，目标节点向“邻居请求”消息的发送方发送一条包含它的 MAC 地址的单播“邻居公布”消息。

接收到来自目标节点的“邻居公布”消息后，发送主机根据其中包含的 MAC 地址使用目标节点条目来更新它的邻居缓存。此时，发送主机和邻居请求的目标就可以发送单播 IPv6 通信量了。

3．路由器发现

主机通过路由器发现过程尝试发现本地子网上的路由器集合。除了配置默认路由器，IPv6 路由器发现还配置以下设置。

（1）IPv6 标头中的“跃点限制”字段的默认设置。

（2）用于确定节点是否应当从 DHCP 服务器获得 IPv6 地址或 DNS 等设置。

（3）为链路定义网络前缀列表。如果指示了网络前缀，主机便使用该网络前缀来构造 IPv6 地址配置，而不使用地址配置协议。

IPv6 路由器发现过程如下。

（1）IPv6 路由器定期在子网上发送多播“路由器公布”消息，以公布它们的路由器身份信息和其他配置参数（如地址前缀和默认跃点限制）。本地子网上的 IPv6 主机接收“路由器公布”消息，并使用其内容来配置地址、默认路由器和其他配置参数。

（2）一个正在启动的主机发送多播“路由器请求”消息。收到“路由器请求”消息后，本地子网上的所有路由器都向发送路由器请求的主机发送一条单播“路由器公布”消息。该主机接收“路由器公布”消息并使用其内容来配置地址、默认路由器和其他配置参数。

4．地址自动配置

IPv6 的一个非常有用的特点是，它无须使用地址配置协议（如动态主机配置协议 IPv6 版 DHCPv6）就能够自动进行自我配置。默认情况下，IPv6 主机能够为每个接口配置一个在子网上使用的地址。通过使用路由器发现，主机还可以确定路由器的地址、其他地址和其他配置参数。“路由器公布”消息指示是否使用地址配置协议。

5．多播侦听器发现（MLD）

MLD 实现 IPv4 中的 IGMP 的功能。

9.1.5 IPv6 的基本首部

IPv6 引起的主要变化如下。

（1）更大的地址空间。IPv6 把地址从 IPv4 的 32 位增大到 128 位，使地址空间增大为原来的 4 倍。这样大的地址空间在可预见的将来是不会用完的。

（2）扩展的地址层次结构。IPv6 地址空间很大，因此可以划分为更多的层次。

（3）灵活的首部格式。IPv6 数据报的首部和 IPv4 的并不兼容。IPv6 定义了许多可选的扩展首部，不仅可提供比 IPv4 更多的功能，而且还可提高路由器的处理效率，这是因为路由器对扩展首部不进行处理（除逐跳扩展首部外）。

（4）改进的选项。IPv6 允许数据报包含有选项的控制信息，因而可以包含一些新的选项。我们知道，IPv4 所规定的选项是固定不变的。

（5）允许协议继续扩充。这一点很重要，因为技术总是在不断地发展（如网络硬件的更新），而新的应用也还会出现。但我们知道，IPv4 的功能是固定不变的。

（6）支持即插即用（自动配置）。

（7）支持资源的预分配。IPv6 支持实时视频等要求保证一定的带宽和时延的应用。

（8）IPv6 首部改为 8 字节对齐（首部长度必须是 8 字节的整数倍）。原来的 IPv4 首部是 4 字节对齐。

IPv6 数据报在基本首部（base header）的后面允许有零个或多个扩展首部（extension header），再后面是数据。但请注意，所有的扩展首部都不属于 IPv6 数据报的首部。所有的扩展首部和数据合起来叫作数据报的“有效载荷”（payload）或“净负荷”，如图 9-3 所示。

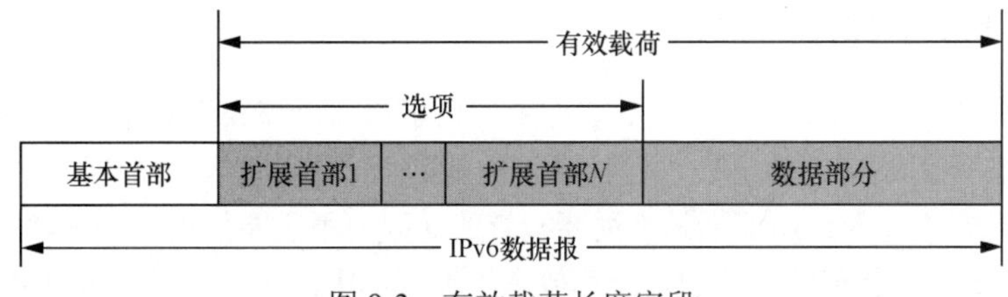

图 9-3　有效载荷长度字段

（1）取消了标识、标志和片偏移字段，因为这些功能已包含在分片扩展首部中。

（2）把 TTL 字段改称为“跳数限制字段”，但作用是一样的（名称与作用更加一致）。

（3）取消了协议字段，改用下一个首部字段。

（4）取消了检验和字段，这样就加快了路由器处理数据报的速度。我们知道，在数据链路层，对检测出有差错的帧就丢弃。在传输层，当使用 UDP 时，若检测出有差错的用户数据报就丢弃；当使用 TCP 时，对检测出有差错的报文段就重传，直到正确传输到目标进程为止。因此在网络层的差错检测可以精简。

（5）取消了选项字段，而用扩展首部来实现选项功能。

由于把首部中不必要的功能取消了，使得 IPv6 首部的字段数减少到只有 8 个（虽然首部长度增大了一倍）。

下面解释 IPv6 基本首部中各字段的作用。

（1）版本（version），占 4 位。它指明了协议的版本，对 IPv6 该字段是 6。

（2）通信量类（traffic class），占 8 位。这是为了区分不同的 IPv6 数据报的类别或优先级。目前正在进行不同的通信量类性能的实验。

（3）流标号（flow label），占 20 位。IPv6 的一个新机制是支持资源预分配，并且允许路由器把每一个数据报与一个给定的资源分配相联系。IPv6 提出流（flow）的抽象概念。所谓“流”就是互联网络上从特定源点到特定终点（单播或多播）的一系列数据报（如实时音频或视频传输），而在这个“流”所经过的路径上的路由器都保证指明的服务质量。所有属于同一个流的数据报都具有同样的流标号，因此流标号对实时音频或视频数据的传输特别有用。对于传统的电子邮件或非实时数据，流标号则没有用处，把它置为 0 即可。

（4）有效载荷长度（payload length），占 16 位。它指明 IPv6 数据报除基本首部以外的字节数（所有扩展首部都算在有效载荷之内）。这个字段的最大值是 64KB（65536 字节）。

（5）下一个首部（next header），占 8 位。它相当于 IPv4 的协议字段或可选字段。当 IPv6 数据报没有扩展首部时，“下一个首部”字段的作用和 IPv4 的协议字段一样，它的值指出了基本首部后面的数据应交付给 IP 上面的哪一个高层协议（例如，6 或 17 分别表示应交付给 TCP 或 UDP）。当出现扩展首部时，“下一个首部”字段的值就标识后面第一个扩展首部的类型。

（6）跳数限制（hop limit），占 8 位。它用来防止数据报在网络中无限期地存在。源点在每个数据报发出时即设定某个跳数限制（最大为 255 跳）。每个路由器在转发数据报时，要先把“跳数限制”字段中的值减 1。当跳数限制的值为 0 时，就要把这个数据报丢弃。

（7）源地址，占 128 位。它是数据报的发送端的 IPv6 地址。

（8）目标地址，占 128 位。它是数据报的接收端的 IPv6 地址。

下一小节先讨论 IPv6 的扩展首部。

9.1.6 IPv6 的扩展首部

大家知道，IPv4 的数据报如果在其首部中使用了选项，那么沿数据报传输的路径上的每一个路由器都必须对这些选项一一进行检查，这就降低了路由器处理数据报的速度。然而实际上很多的选项在中途的路由器上是不需要检查的（因为不需要使用这些选项的信息）。

IPv6 把原来 IPv4 首部中选项的功能都放在扩展首部中，并把扩展首部留给路径两端的源点和终点的主机来处理，而数据报途中经过的路由器都不处理这些扩展首部（只有一个首部例外，即逐跳选项扩展首部），这样就大大提高了路由器的处理效率。在（RFC 2460）中定义了以下 6 种扩展首部。

（1）逐跳选项。

（2）路由选择。

（3）分片。

（4）鉴别。

（5）封装安全有效载荷。

（6）目的站选项。

如果 IPv6 基本首部的“下一个首部”字段相当于 IPv4 首部中的“协议”字段，用来指明基本首部后面的数据应交付给 IP 层上面的哪一个高层协议(如 6 表示应交付给传输层的 TCP，17 表示应交付给传输层的 UDP)。

如果有扩展首部要如何表示呢？下面是规范中定义的所有扩展首部对应的“下一个首部”的取值。

（1）逐跳选项首部 0。

（2）路由选择首部 43。

（3）分片首部 44。

（4）鉴别首部 51。

（5）封装安全有效载荷首部 50。

（6）目的站选项首部 60。

每一个扩展首部都由若干个字段组成，它们的长度也各不相同。但所有扩展首部的第一个字段都是 8 位的“下一个首部”字段。此字段的值指出了在该扩展首部后面的字段是什么。当使用多个扩展首部时，应按以上的先后顺序出现。高层首部总是放在最后面，如图 9-4 所示。

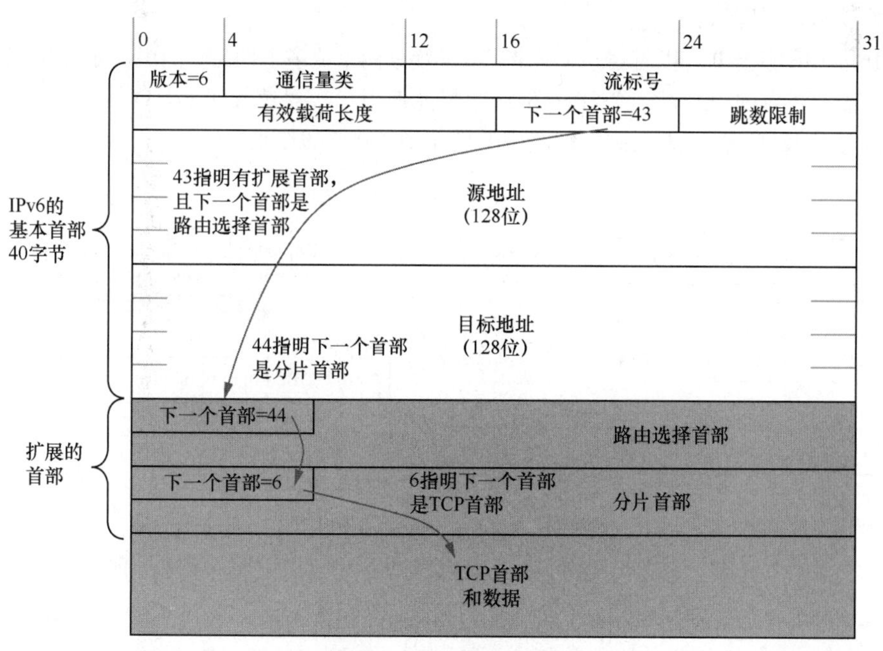

图 9-4 IPv6 扩展首部

9.2 IPv6编址

9.2.1 IPv6地址概述

IPv6是Internet工程任务组（IETF）设计的一套规范，是网络层协议的第二代标准协议，也是IPv4（Internet protocol version 4）的升级版本。IPv6与IPv4的最显著区别是，IPv4地址采用32位，而IPv6地址采用128位。128位的IPv6地址可以划分更多地址层级、拥有更广阔的地址分配空间，并支持地址自动配置。IPv4 地址空间已经消耗殆尽，近乎无限的地址空间是IPv6的最大优势，如图9-5所示。

版本	长度	地址数量
IPv4	32位	4 294 967 296
IPv6	128位	304 282 366 920 938 463 374 607 431 768 211 456

图9-5 IPv4和IPv6地址数量对比

如图9-6所示，IPv6地址的长度为128位，用于标识一个或一组接口。IPv6地址通常写作xxxx:xxxx:xxxx:xxxx:xxxx:xxxx:xxxx:xxxx，其中xxxx是4个十六进制数，等同于一个16位的二进制数；8组xxxx共同组成了一个128位的IPv6地址。一个IPv6地址由IPv6地址前缀和接口ID组成，IPv6地址前缀用来标识IPv6网络，接口ID用来标识接口。

由于IPv6地址的长度为128位，因此书写时会非常不方便。此外，IPv6地址的巨大地址空间使得地址中往往会包含多个0。为了应对这种情况，IPv6提供了压缩方式来简化地址的书写，压缩规则如下所示。

每16位中的前导0可以省略。地址中包含的连续两个或多个均为0的组，可以用双冒号（::）来代替。需要注意的是，在一个IPv6地址中只能使用一次双冒号（::），否则，设备将压缩后的地址恢复成128位时，无法确定每段中0的个数，如图9-7所示。

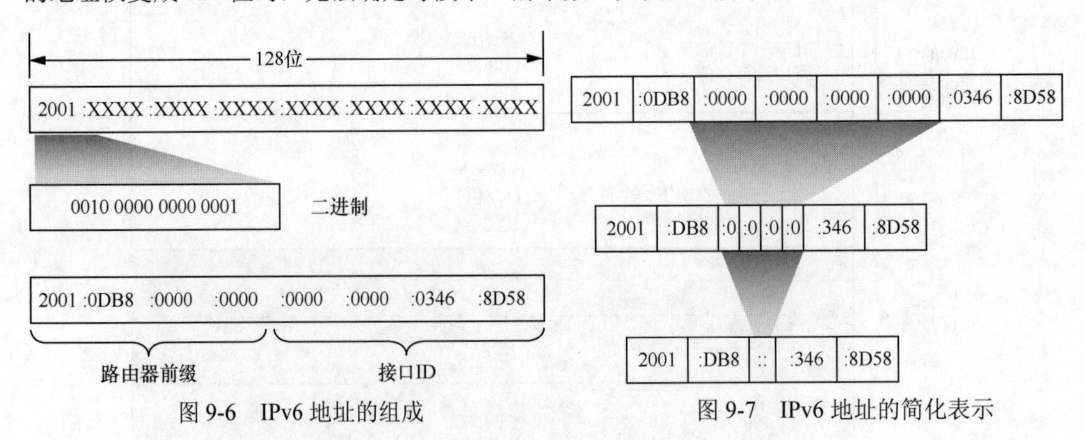

图9-6 IPv6地址的组成

图9-7 IPv6地址的简化表示

图9-7展示了如何利用压缩规则对IPv6地址进行简化表示。

IPv6地址分为IPv6地址前缀和接口ID，子网掩码使用地址前缀标识。表示形式是：IPv6地址/前缀长度，其中“前缀长度”是一个十进制数，表示该地址的前多少位是地址前缀。例如，IPv6 地址是 F00D:4598:7304:3210:FEDC:BA98:7654:3210，其地址前缀是 64 位，可以表示为 F00D:4598:7304: 3210:FEDC:BA98:7654:3210/64。

9.2.2 IPv6 地址分类

根据 IPv6 地址前缀，可将 IPv6 地址分为单播（unicast）地址、多播（multicast）地址和任播（anycast）地址。如图 9-8 所示，IPv6 没有定义广播地址（broadcast address）。在 IPv6 网络中，所有广播的应用层场景都会被 IPv6 组播所取代。

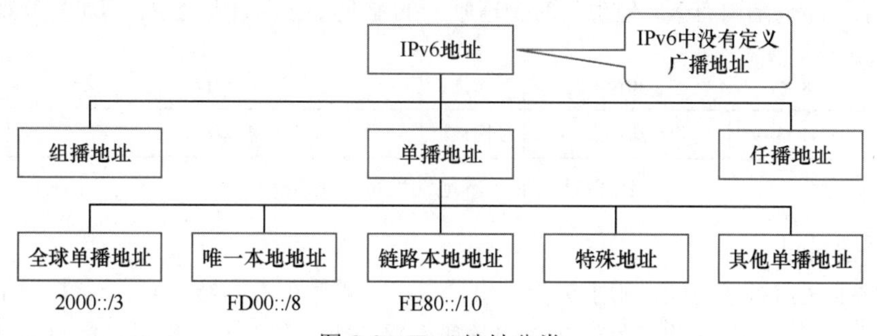

图 9-8 IPv6 地址分类

1. 单播地址

单播地址是点对点通信时使用的地址，此地址仅标识一个接口，网络负责把给单播地址发送的数据包传送到该接口上。

一个 IPv6 单播地址可以分为如下两部分。

- 网络前缀（network prefix）：*n* 位，相当于 Pv4 地址中的网络 ID。
- 接口标识（interface identify）：（128−*n*）位，相当于 IPv4 地址中的主机 ID。

常见的 IPv6 单播地址如全球单播地址（global unicast address）、链路本地地址等，要求网络前缀和接口标识必须为 64 位。

一般情况下，全球单播地址的格式如图 9-9 所示。

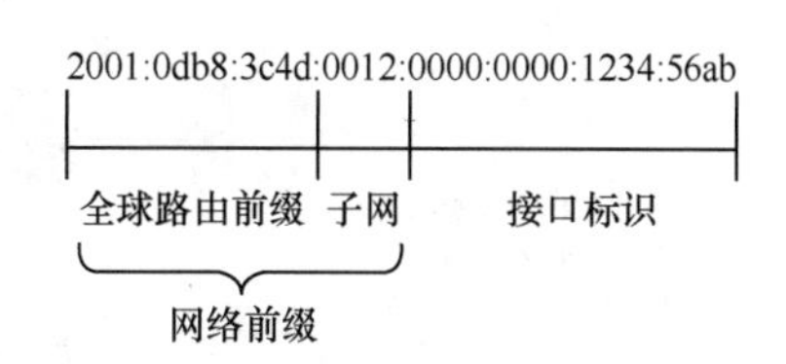

图 9-9 全球单播地址的结构

全球路由前缀（global routing prefix）：典型的分层结构，根据 ISP 来组织，用来给站点（site）分配地址，站点是子网/链路的集合。

子网标识（subnet identify）：站点内子网的标识符，由站点的管理员分层构建。

接口标识（interface identify）：用来标识链路上的接口，在同一子网内是唯一的。

IPv6 全球单播地址的分配方式如下：顶级地址聚集机构 TLA（即大的 ISP 或地址管理机构）获得大块地址，负责给次级地址聚集机构 NLA（中小规模 ISP）分配地址，NLA 给站点级地址聚集机构 SLA（子网）和网络用户分配地址。

IPv6 中有种地址类型叫作链路本地地址，该地址用于同一子网中的 IPv6 计算机之间的通信。自动配置、邻居发现以及没有路由器的链路上的结点都使用这类地址。链路本地地址有效范围是本地链路，如图 9-10 所示，前缀为 FE80::/10。任意需要将数据包发往单一链路上的设备，以及不希望数据包发往链路范围外的协议都可以使用链路本地地址。当配置一个单播 IPv6 地址的时候，接口上会自动配置一个链路本地地址。链路本地地址和可路由的 IPv6 地址共存。

10位	54位	16位	64位
1111 1101 10	0	子网标识	接口标识
	固定为0		

图 9-10 链路本地地址范围 FE80::/10

唯一本地地址（Unique Local Address，ULA）是 IPv6 私网地址，只能在内网使用。该地址空间在 IPv6 公网中不可被路由，因此不能直接访问公网。如图 9-11 所示，唯一本地地址使用 FC00::/7 地址块，目前仅使用了 FD00::/8 地址段，FC00::/8 预留为以后扩展用。唯一本地虽然只在有限范围内有效，但也具有全球唯一的前缀（虽然随机产生，但是冲突概率很低）。

8位	40位	16位	64位
1111 1101	全球标识	子网标识	接口标识

图 9-11 唯一本地地址范围 FC00::17

2．多播地址

多播地址又称组播地址，用于标识一组接口（一般属于不同结点）。当数据包的目的地址是多播地址时，网络尽量将其发送到该组的所有接口上。信源利用多播功能只需要生成一次报文即可将其分发给多个接收者。多播地址以 11111111（FF）开头。

3．任播地址

任播地址用于标识一组接口，它与多播地址的区别在于发送数据包的方法。向任播地址发送的数据包并未被分发给组内的所有成员，而是发往该地址标识的“最近的”那个接口。

如图 9-12 所示，Web 服务器 1 和 Web 服务器 2 分配了相同的 IPv6 地址 2001:0DB8::84C2，该单播地址就成了任播地址，PC1 和 PC2 需要访问 Web 服务，向 2001:0DB8::84C2 地址发送请求，PC1 和 PC2 就会访问到距离它们最近（路由开销最小，也就是路径最短）的 Web 服务器。

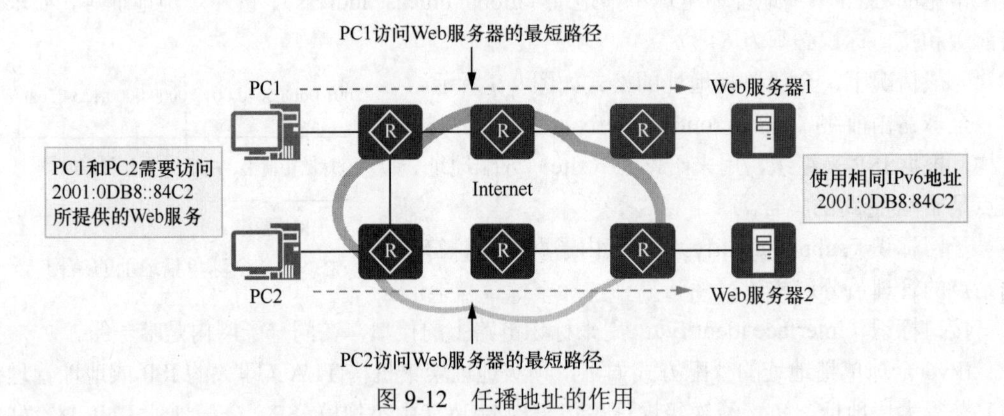

图 9-12 任播地址的作用

任播过程涉及一个任播报文发起方和一个或多个响应方。

任播报文的发起方通常为请求某一服务（例如，Web 服务）的主机。任播地址与单播地址在格式上无任何差异，唯一的区别是一台设备可以给多个具有相同地址的设备发送报文。

在网络中运用任播地址有很多优势如下所列。

- 业务冗余。比如，用户可以通过多台使用相同地址的服务器来获取同一个服务（例如，Web 服务）。这些服务器都是任播报文的响应方。如果不采用任播地址通信，当其中一台服务器发生故障时，用户需要获取另一台服务器的地址才能重新建立通信。如果采用的是任播地址，当一台服务器发生故障时，任播报文的发起方能够自动与使用相同地址的另一台服务器通信，从而实现业务冗余。

- 提供更优质的服务。比如，某公司在 A 省和 B 省各部署了一台提供相同 Web 服务的服务器。基于路由优选规则，A 省的用户在访问本公司提供的 Web 服务时，会优先访问部署在 A 省的服务器，提高访问速度，降低访问时延，大大提升了用户体验。

任播地址从单播地址空间中分配，使用单播地址的格式。因而，在语法上，任播地址与单播地址没有区别。当一个单播地址被分配给多于一个的接口时，就被转换为任播地址。被分配有任播地址的结点必须得到明确的配置，这才能知道它是一个任播地址。

图 9-13 列出了 IPv6 常见的地址类型和地址范围。

地址范围	描述
2000::/3	全球单播地址
2001:0DB8::/32	保留地址
FE80::/10	链路本地地址
FF00::/8	组播地址
::/128	未指定地址
::1/128	环回地址

图 9-13　IPv6 常见的地址类型和地址范围

目前，有一小部分全球单播地址已经由 IANA（互联网名称与数字地址分配机构 ICANN 的一个分支）分配给了用户。单播地址的格式是 2000::/3，代表公共 IP 网络上任意可到达的地址。IANA 负责将该段地址范围内的地址分配给多个区域互联网注册管理机构（RIR）。RIR 负责全球 5 个区域的地址分配。以下几个地址范围已经分配：2400::/12(APNIC)、2600::/12(ARIN)、2800::/12(LACNIC)、2A00::/12(RIPE)和 2C00::/12 (AFRINIC)，它们使用单一地址前缀标识特定区域中的所有地址。

2000::/3 地址范围还为文档示例预留了地址空间，例如 2001:0DB8::/32。

链路本地地址只能在同一网段的结点之间通信使用。以链路本地地址为源地址或目的地址的 IPv6 报文不会被路由器转发到其他链路。链路本地地址的前缀是 FE80::/10。使用 IPv6 通信的计算机会同时拥有链路本地地址和全球单播地址。

组播地址的前缀是 FF00::/8。组播地址范围内的大部分地址是为特定组播组保留的。跟 IPv4 一样，IPv6 组播地址还支持路由协议。IPv6 中没有广播地址，用组播地址替代广播地址可以确保报文只发送给特定的组播组，而不是 IPv6 网络中的任意终端。

0:0:0:0:0:0:0:0/128 等于::/128。这是 IPv4 中 0.0.0.0 的等价物，代表 IPv6 未指定地址。

0:0:0:0:0:0:0:1 等于::1。这是 IPv4 中 127.0.0.1 的等价物，代表本地环回地址。

本地链路单播地址（link-local unicast address）的使用情况是这样的。有些组织的网络使用 TCP/IP，但并没有连接到 Internet 上。这可能是由于担心 Internet 不是很安全，也可能是由于还有一些准备工作需要完成。连接在这样的网络上的主机都可以使用这种本地地址相互通信，但不能和 Internet 上的其他主机通信。

FF00::/8，组播地址范围。

3FFF:FFFF::/32，为示例和文档保留的地址。

2001:0DB8::/32，也是为示例和文档保留的地址。

2002::/16，用于 IPv6 到 IPv4 的转换系统，这种结构允许 IPv6 包通过 IPv4 网络进行传输，而无须显式配置隧道。

9.3 给计算机配置 IPv6 地址的方法

使用 IPv6 通信的计算机，本地链路可以同时有两个 IPv6 地址，一个是本地链路地址，用于和本网段的计算机通信；另一个是网络管理员规划的地址，即本地唯一或全球唯一的地址，用于跨网段通信。

使用 IPv6 通信的计算机，IPv6 地址可以人工指定，称为“静态地址”，还可以自动生成 IPv6 地址，网络中的路由器告诉计算机所在的网络 ID，计算机就知道了 IPv6 地址的前 64 位（网络部分），IPv6 地址的后 64 位（主机部分）由计算机的 MAC 地址构造生成，这种方式生成的 IPv6 地址称为“无状态自动配置”；另一种自动配置是由 DHCP 服务器分配 IPv6 地址，这种自动获得 IPv6 地址的方式称为“有状态自动配置”。

9.3.1 设置静态 IPv6 地址

Windows 10 和 Windows Server 2016 或 Linux 操作系统都很好地支持了 IPv6，下面使用虚拟机来展示配置 Windows 10 操作系统使用静态 IPv6 地址，让读者看看 IPv6 的本地链路地址和管理员指定的静态 IPv6 地址。

本实验需要两个虚拟机，一个 Windows 10 操作系统，另一个 Windows 7 操作系统，测试两个虚拟机使用静态 IPv6 地址进行通信，因此要先关闭 Windows 防火墙。设置 Windows 10 虚拟机的 IPv6 地址和子网前缀长度，如图 9-14 所示。设置 Windows 7 虚拟机的 IPv6 地址和子网前缀长度，如图 9-15 所示。

图 9-14 Windows 10 指定 IPv6 地址

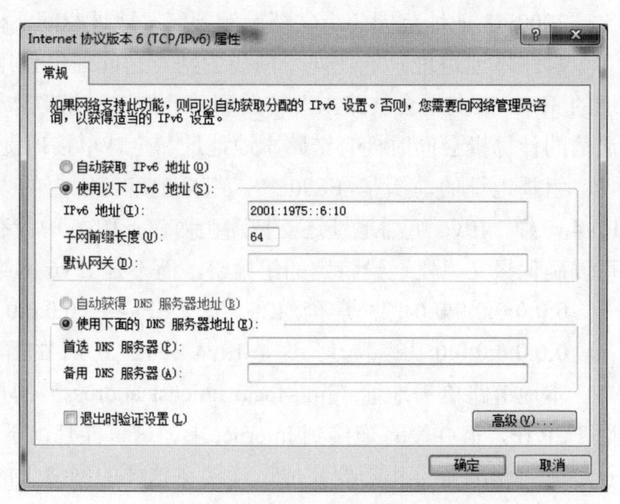

图 9-15 Windows 7 指定 IPv6 地址

在 Windows 10 虚拟机上打开“命令提示符”窗口，输入“ipconfig”可以看到 IPv6 的本地链路地址和全局地址，如图 9-16 所示。在命令提示符处 ping Windows7 计算机名，可以看到优先使用本地链路地址通信，ping Windows 7 的静态 IPv6 地址也能 ping 通，如图 9-17 所示。使用 IPv6 通信的计算机会保留本地链路地址和全局 IPv6 地址。

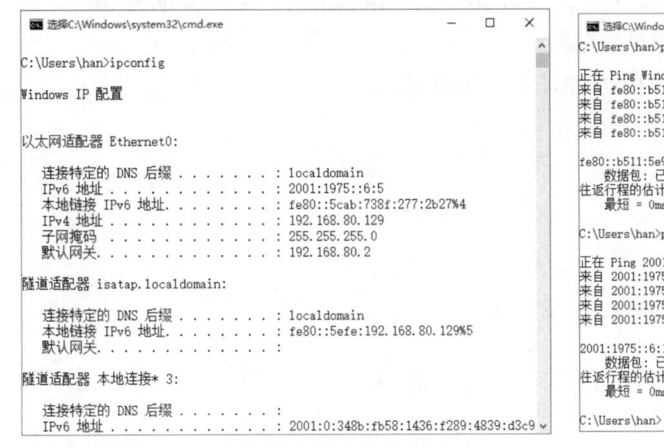

图 9-16　本地链路地址和全局地址

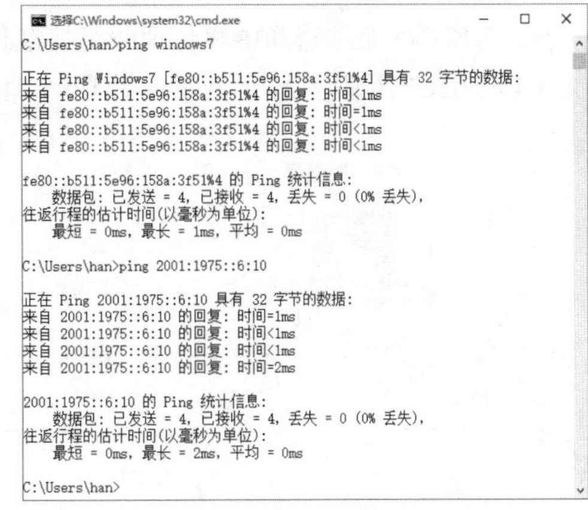

图 9-17　使用 IPv6 通信

9.3.2　自动配置 IPv6 地址的两种方法

下面就以 3 个网段的 IPv6 网络为例，讲述计算机 IPv6 地址的自动配置过程。网络中有 3 个 IPv6 网段，路由器接口都已经配置了 IPv6 地址，如图 9-18 所示。PC1 的 IPv6 地址设置成自动获得，PC1 接入网络后主动发送路由器请求（RS）报文给网络中的路由器，请求地址前缀信息。路由器 AR1 收到 RS 报文后会立即向 PC1 单播（本地链路地址）回应 RA 报文，告知 PC1 IPv6 地址前缀（所在的 IPv6 网段）和相关配置参数。PC1 再使用网卡的 MAC 地址构造一个 64 位的 IPv6 接口 ID，就生成了一个全局 IPv6 地址，IPv6 地址的这种自动配置被称为“无状态自动配置”。

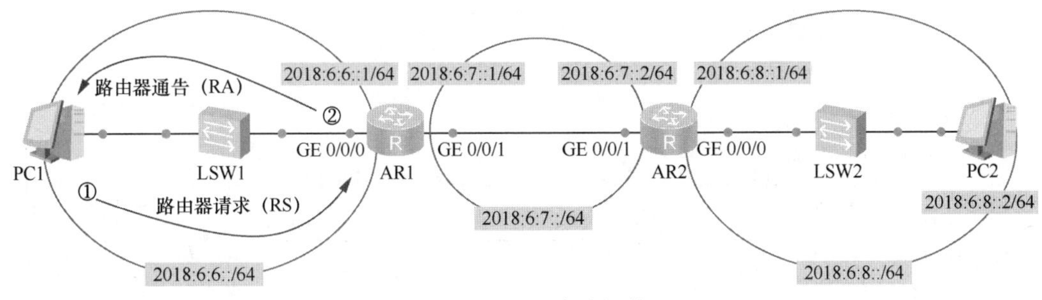

图 9-18　IPv6 实验拓扑

使用无状态自动配置，计算机只是得到了地址前缀，RA 报文中没有 DNS 等配置信息，所以有时候还需要 DHCPv6 服务器给网络中的计算机分配 IPv6 地址和其他设置。使用 DHCPv6 服务器配置 IPv6 地址，被称为“有状态自动配置”。

使用 DHCPv6 配置 IPv6 地址的过程如下，如图 9-19 所示。

（1）PC1 发送路由器请求（RS）。

（2）路由器 AR1 发送路由器通告（RA）。RA 报文中有两个标志位，M 标记位是 1，告诉 PC1 从 DHCPv6 服务器获取地址前缀；O 标记位是 1，告诉 PC1 从 DHCPv6 服务器获取 DNS 等其他配置。如果这两个标记位都是 0，则是无状态自动配置，不需要 DHCPv6 服务器。

（3）PC1 发送 DHCPv6 征求消息。征求消息实际上就是组播消息，目标地址为 ff02::1:2，是所有 DHCPv6 服务器和中继代理的组播地址。

（4）DHCPv6 服务器给 PC1 提供 IPv6 地址和其他设置。

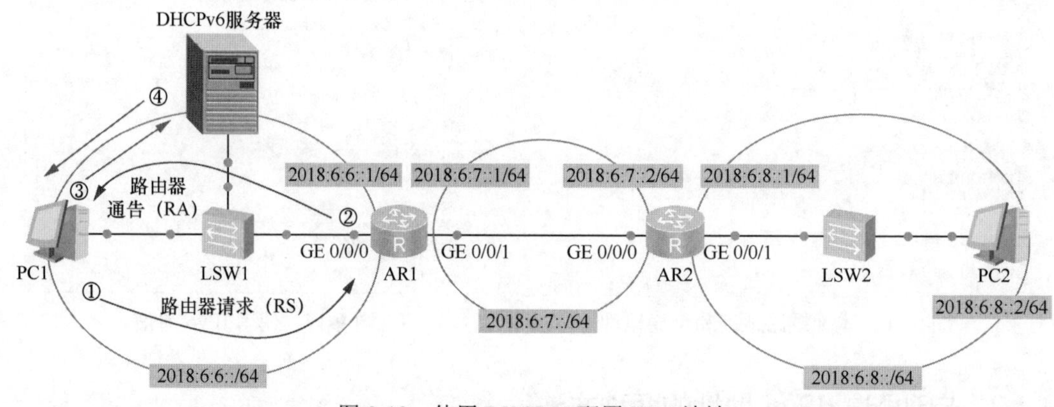

图 9-19 使用 DHCPv6 配置 IPv6 地址

9.3.3 IPv6 地址无状态自动配置

实验环境如图 9-20 所示，有 3 个 IPv6 网络，需要参照拓扑中标注的地址配置路由器 AR1 和 AR2 接口的 IPv6 地址。拖曳 Cloud 和物理机的 VMNet1 网卡绑定，将 VMware Workstation 中虚拟机 Windows 10 的网卡指定到 VMNet1，将虚拟机 Windows 7 的 IPv6 地址设置成自动获取 IPv6 地址，实现无状态自动配置。

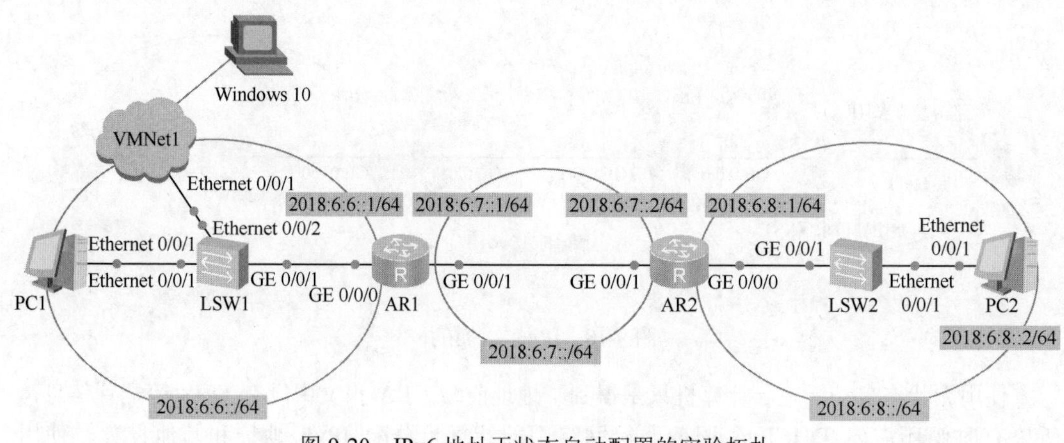

图 9-20 IPv6 地址无状态自动配置的实验拓扑

路由器 AR1 上的配置如下。

```
[AR1]ipv6                                    --全局开启对 IPv6 的支持
```

```
[AR1]interface GigabitEthernet 0/0/0
[AR1-GigabitEthernet0/0/0]ipv6 enable                          --在接口上启用 IPv6 支持
[AR1-GigabitEthernet0/0/0]ipv6 address 2018:6:6::1 64          --添加 Ipv6 地址
[AR1-GigabitEthernet0/0/0]ipv6 address auto link-local         --配置自动生成本地链路地址
[AR1-GigabitEthernet0/0/0]undo ipv6 nd ra halt       --允许发送地址前缀以及其他配置信息
[AR1-GigabitEthernet0/0/0]quit
[AR1]display ipv6 interface GigabitEthernet 0/0/0  --查看接口的 IPv6 地址
GigabitEthernet0/0/0 current state : UP
IPv6 protocol current state : UP
IPv6 is enabled, link-local address is FE80::2E0:FCFF:FE29:31F0 --本地链路地址
  Global unicast address(es):
    2018:6:6::1, subnet is 2018:6:6::/64        --全局单播地址
  Joined group address(es):                     --绑定的多播地址
    FF02::1:FF00:1
    FF02::2                                     --路由器接口绑定的多播地址
    FF02::1                                     --所有启用了 IPv6 的接口绑定的多播地址
    FF02::1:FF29:31F0
  MTU is 1500 bytes
  ND DAD is enabled, number of DAD attempts: 1     --ND 网络发现，地址冲突检测
  ......
  ND router advertisement max interval 600 seconds, min interval 200 seconds
  ND router advertisements live for 1800 seconds
  ND router advertisements hop-limit 64
  ND default router preference medium
  Hosts use stateless autoconfig for addresses     --主机使用无状态自动配置
```

打开 VMWare Workstation 中的 Windows 10 虚拟机，更改虚拟机设置，将网卡指定到 VMNet1，如图 9-21 所示。

图 9-21　虚拟机网卡设置

在虚拟机 Windows 10 中，设置 IPv6 地址自动获得。打开“命令提示符”窗口，输入“ipconfig /all”可以看到无状态自动配置生成的 IPv6 地址，同时也能看到本地链路地址，IPv6

网关是路由器的本地链路地址，如图 9-22 所示。

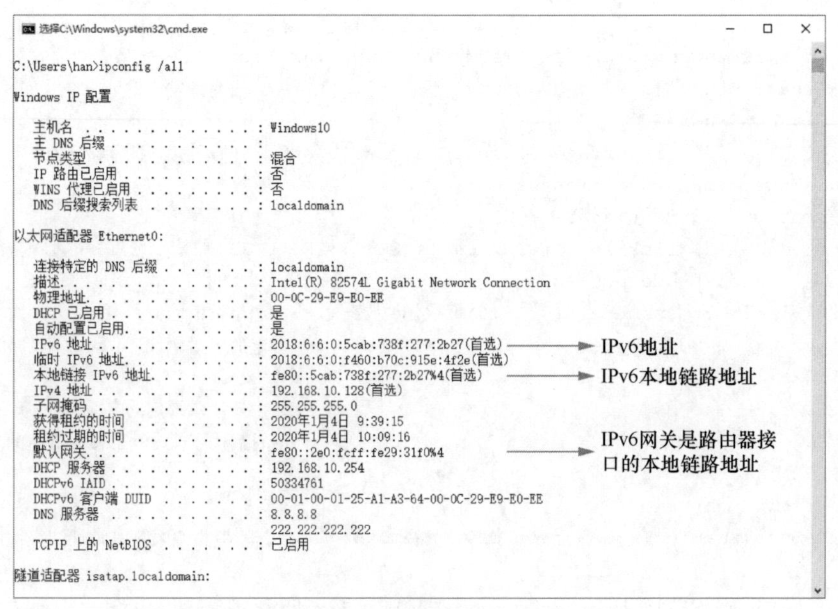

图 9-22　无状态自动配置生成的 IPv6 地址

9.3.4　抓包分析 RA 和 RS 数据包

IPv6 地址支持无状态地址自动配置，无须使用诸如 DHCP 之类的辅助协议，主机即可获取 IPv6 前缀并自动生成接口 ID。路由器发现的功能是 IPv6 地址自动配置功能的基础，主要通过以下两种报文实现。

（1）RA 报文。每台路由器为了让二层网络上的主机和其他路由器知道自己的存在，定期以组播方式发送携带网络配置参数的 RA 报文。RA 报文的 Type 字段值为 134。

（2）RS 报文。主机接入网络后可以主动发送 RS 报文。RA 报文是由路由器定期发送的，但是如果主机希望能够尽快收到 RA 报文，它可以立刻主动发送 RS 报文给路由器。网络上的路由器收到 RS 报文后会立即向相应的主机单播回应 RA 报文，告知主机该网段的默认路由器和相关配置参数。RS 报文的 Type 字段值为 133。

下面就使用抓包工具捕获路由器 AR1 上接口的数据包，分析捕获 RA 报文和 RS 报文。

右击路由器 AR1，单击“数据抓包”→“GE 0/0/0”，打开抓包工具，开始抓包，如图 9-23 所示。

在虚拟机 Windows 10 上禁用、启用网卡，在网卡启用过程中会发送 RS 报文，路由器会响应 RA 报文。

抓包工具捕获的数据包中，第 18 个数据包是虚拟机 Windows 7 发送的路由器请求（RS）报文，使用的是 ICMPv6，类型字段是 133，可以看到目标地址是多播地址 ff02::2，代表网络中所有启用了 IPv6 的路由器接口，源地址是虚拟机 Windows 7 的本地链路地址，如图 9-24 所示。

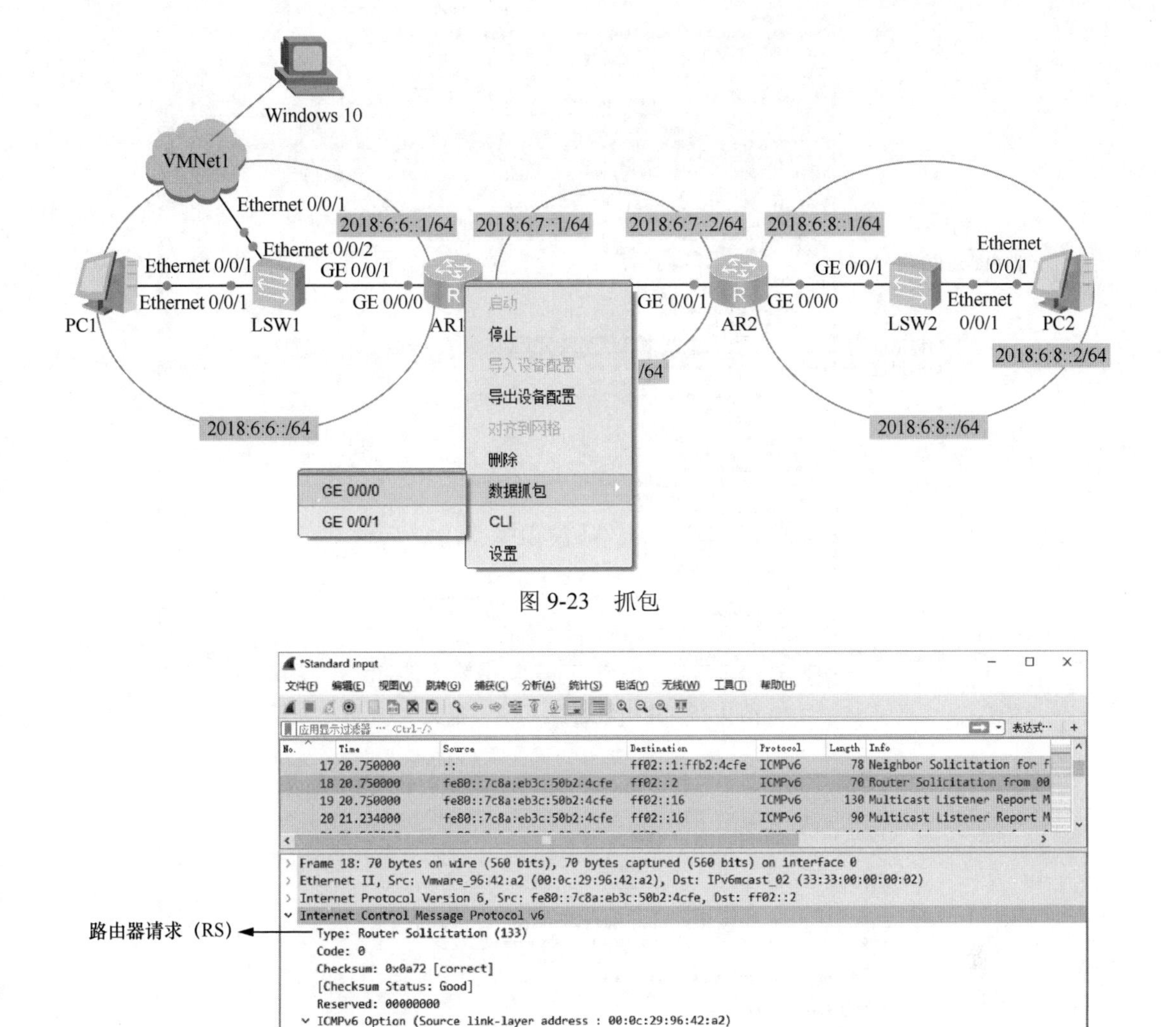

图 9-23　抓包

图 9-24　抓包工具捕获的数据包

第 21 个数据包是路由器发送的路由器通告（RA）报文，目标地址是多播地址 ff02::1（代表网络中所有启用了 IPv6 的路由器接口），使用的是 ICMPv6，类型字段是 134。可以看到 M 标记位为 0，O 标记位为 0，这就告诉虚拟机 Windows 7，使用无状态自动配置，地址前缀为 2018:6:6::，如图 9-25 所示。

在虚拟机 Windows 10 上查看 IPv6 的配置，如图 9-26 所示。打开“命令提示符”窗口，输入“netsh”，输入“interface ipv6”，再输入“show interface”查看“Ethernet0”的索引，可以看到是 4。再输入“show interface 4”，可以看到 IPv6 相关的配置参数。“受管理的地址配置”是 disabled，即不从 DHCPv6 服务器获取 IPv6 地址；“其他有状态的配置”是 disabled，即不从 DHCPv6 服务器获取 DNS 等其他参数，也就是无状态自动配置。

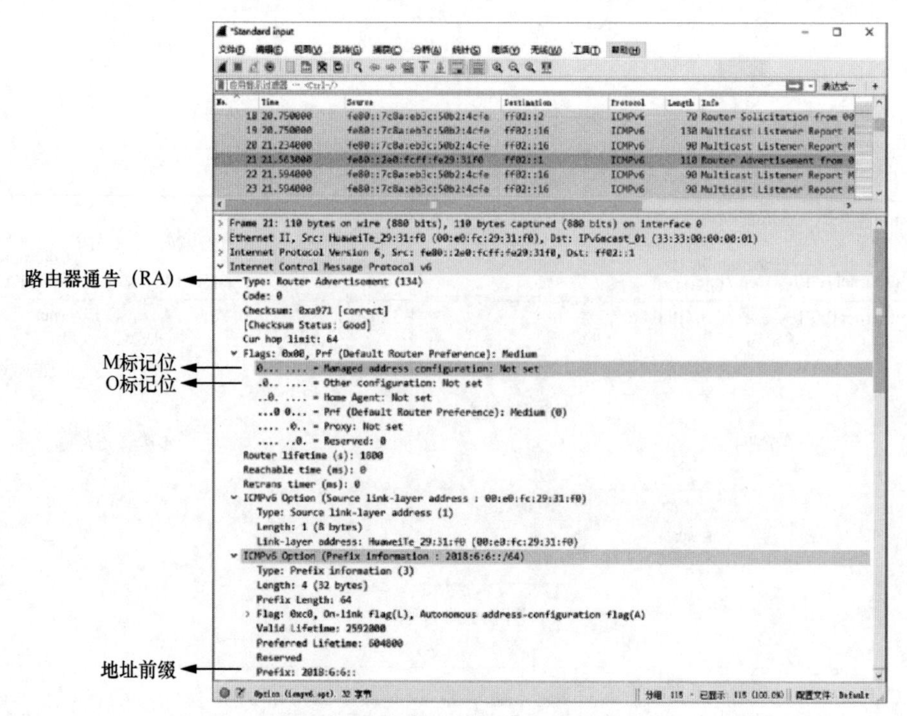

图 9-25 路由器通告（RA）报文

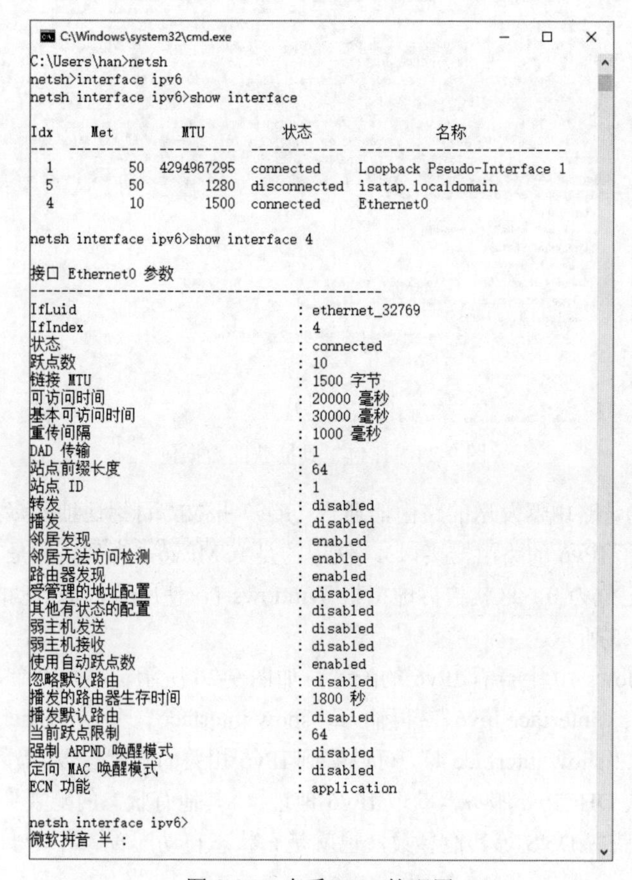

图 9-26 查看 IPv6 的配置

9.3.5 IPv6 地址有状态自动配置

IPv6 地址无状态自动配置非常方便，但有些选项是无状态自动配置实现不了的，如 DNS 服务器、域名服务，或者其他许多选项，这些都是 DHCP 在 IPv4 自动配置中一直提供的。这就是在大多数情况下，可能仍然要在 IPv6 中使用 DHCP 的原因。

在 IPv4 中，系统开机过程中客户端发送出一个 DHCP 发现消息，请求 IP 地址。但在 IPv6 中，计算机先发送路由器前缀请求（RS），路由器发送前缀公告消息（RA），如果路由器想要让计算机从 DHCP 服务器获得 IPv6 地址，RA 中有 M 标记位（managed address configuration flag），当 M 被置为 1 时，收到该 RA 消息的主机将从 DHCP 服务器来获取 IPv6 地址；RA 中还有 O 标记位（other stateful configuration flag），如果 O 是 1，则收到该 RA 消息的主机将从 DHCP 服务器来获取 DNS、域名后缀等配置。

下面展示 IPv6 有状态地址自动配置，网络环境如图 9-27 所示。配置路由器 AR1 为 DHCPv6 服务器，配置 GE 0/0/0 接口，路由器通告报文中的 M 标记位为 1，O 标记位也为 1，虚拟机 Windows 10 会从 DHCPv6 服务器获取 IPv6 地址。

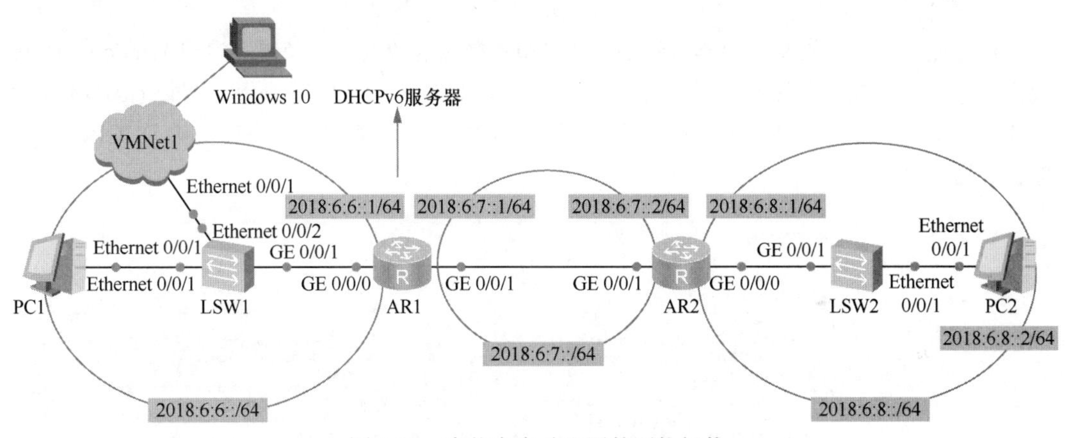

图 9-27 有状态自动配置的网络拓扑

```
[AR1]dhcp enable                                        --启用 DHCP 功能
[AR1]dhcpv6 duid ?                                      --生成 DHCP 唯一标识的方法
  ll   DUID-LL
  llt  DUID-LLT
[AR1]dhcpv6 duid llt                                    --使用 llt 方法生成 DHCP 唯一标识
[AR1]display dhcpv6 duid                                --显示 DHCP 唯一标识
The device's DHCPv6 unique identifier: 0001000122AB384A00E0FC2931F0
[AR1]dhcpv6 pool localnet                               --创建 IPv6 地址池，名称为 localnet
[AR1-dhcpv6-pool-localnet]address prefix 2018:6:6::/64      --地址前缀
[AR1-dhcpv6-pool-localnet]excluded-address 2018:6:6::1      --排除的地址
[AR1-dhcpv6-pool-localnet]dns-domain-name 91xueit.com       --域名后缀
[AR1-dhcpv6-pool-localnet]dns-server 2018:6:6::2000         --DNS 服务器
[AR1-dhcpv6-pool-localnet]quit
```

查看配置的 DHCPv6 地址池。

```
<AR1>display dhcpv6 pool
```

```
DHCPv6 pool: localnet
  Address prefix: 2018:6:6::/64
    Lifetime valid 172800 seconds, preferred 86400 seconds
    2 in use, 0 conflicts
  Excluded-address 2018:6:6::1
  1 excluded addresses
  Information refresh time: 86400
  DNS server address: 2018:6:6::2000
  Domain name: 91xueit.com
  Conflict-address expire-time: 172800
  Active normal clients: 2
```

配置路由器 AR1 的 GE 0/0/0 接口。

```
[AR1]interface GigabitEthernet 0/0/0
[AR1-GigabitEthernet0/0/0]dhcpv6 server localnet     --指定从 localnet 地址池选择地址
[AR1-GigabitEthernet0/0/0]undo ipv6 nd ra halt       --允许发送 RA 报文
[AR1-GigabitEthernet0/0/0]ipv6 nd autoconfig managed-address-flag   --M 标记位为 1
[AR1-GigabitEthernet0/0/0]ipv6 nd autoconfig other-flag             --O 标记位为 1
[AR1-GigabitEthernet0/0/0]quit
```

运行抓包工具，捕获路由器 AR1 上 GE 0/0/0 接口的数据包，禁用、启用 Windows 10 虚拟机的网卡，从抓包工具中找到路由器通告（RA）报文，如图 9-28 所示，可以看到 M 标记位和 O 标记位的值都为 1。这就表明网络中计算机的 IPv6 地址和其他设置是从 DHCPv6 服务器获得的。

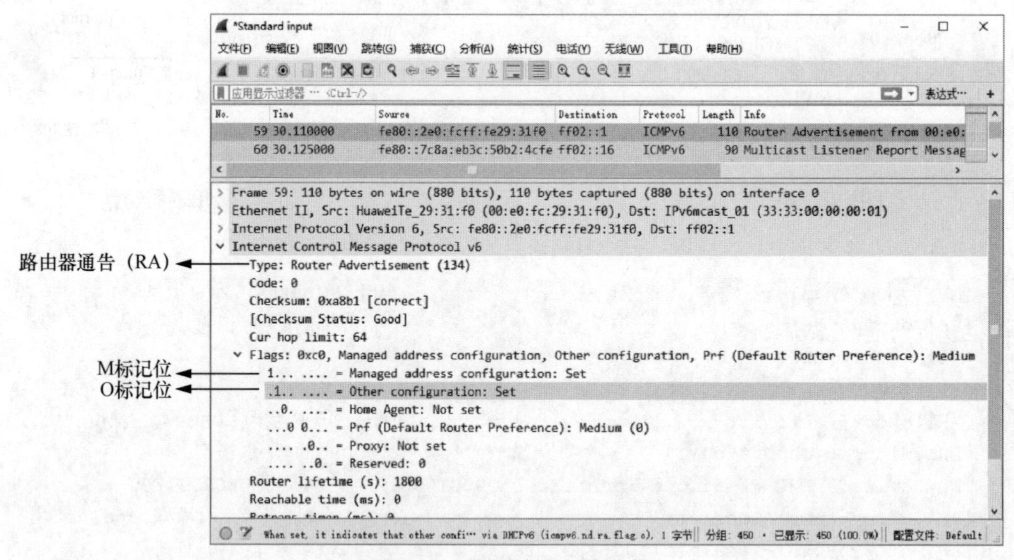

图 9-28 捕获的 RA 数据包

在虚拟机 Windows 10 中打开“命令提示符”窗口，输入“ipconfig /all”可以看到从 DHCPv6 服务器获得的 IPv6 配置，也可以看到从 DHCP 服务器获得的 DNS 有 2018:6:6::2000，如图 9-29 所示。打开“命令提示符”窗口，输入“netsh”，输入“interface ipv6”，输入“show interface 4”，可以看到“受管理的地址配置”为 enabled，“其他有状态的配置”为 enabled，如图 9-30 所示。

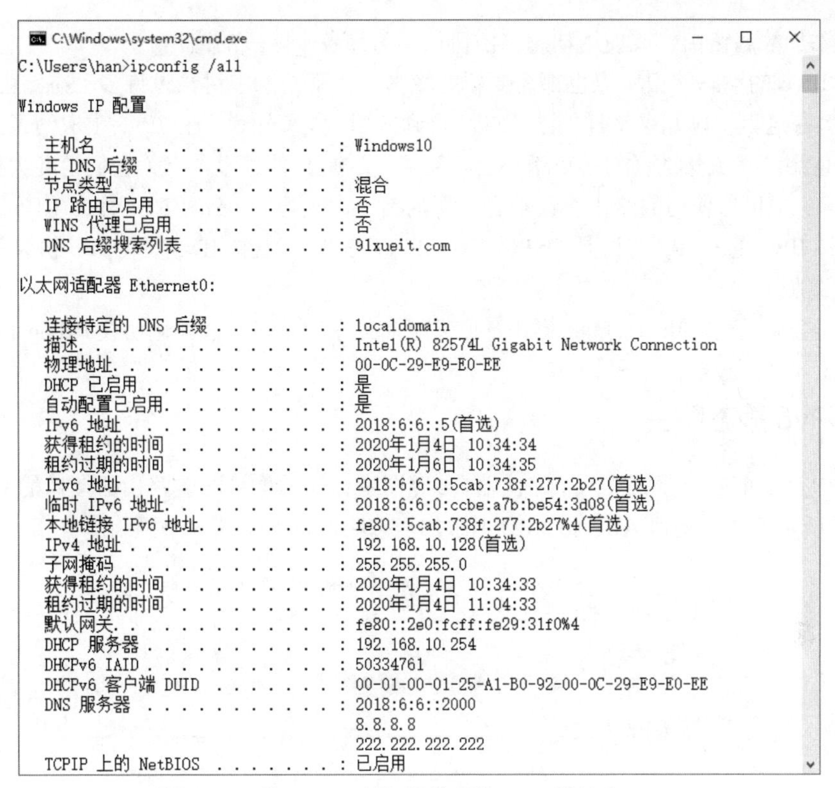

```
C:\Windows\system32\cmd.exe
C:\Users\han>ipconfig /all

Windows IP 配置

   主机名  . . . . . . . . . . . . . : Windows10
   主 DNS 后缀 . . . . . . . . . . . :
   节点类型  . . . . . . . . . . . . : 混合
   IP 路由已启用 . . . . . . . . . . : 否
   WINS 代理已启用 . . . . . . . . . : 否
   DNS 后缀搜索列表  . . . . . . . . : 91xueit.com

以太网适配器 Ethernet0:

   连接特定的 DNS 后缀 . . . . . . . : localdomain
   描述. . . . . . . . . . . . . . . : Intel(R) 82574L Gigabit Network Connection
   物理地址. . . . . . . . . . . . . : 00-0C-29-E9-E0-EE
   DHCP 已启用 . . . . . . . . . . . : 是
   自动配置已启用. . . . . . . . . . : 是
   IPv6 地址 . . . . . . . . . . . . : 2018:6:6::5(首选)
   获得租约的时间  . . . . . . . . . : 2020年1月4日 10:34:34
   租约过期的时间  . . . . . . . . . : 2020年1月6日 10:34:35
   IPv6 地址 . . . . . . . . . . . . : 2018:6:6:0:5cab:738f:277:2b27(首选)
   临时 IPv6 地址. . . . . . . . . . : 2018:6:6:0:ccbe:a7b:be54:3d08(首选)
   本地链接 IPv6 地址. . . . . . . . : fe80::5cab:738f:277:2b27%4(首选)
   IPv4 地址 . . . . . . . . . . . . : 192.168.10.128(首选)
   子网掩码  . . . . . . . . . . . . : 255.255.255.0
   获得租约的时间  . . . . . . . . . : 2020年1月4日 10:34:33
   租约过期的时间  . . . . . . . . . : 2020年1月4日 11:04:33
   默认网关. . . . . . . . . . . . . : fe80::2e0:fcff:fe29:31f0%4
   DHCP 服务器 . . . . . . . . . . . : 192.168.10.254
   DHCPv6 IAID . . . . . . . . . . . : 50334761
   DHCPv6 客户端 DUID  . . . . . . . : 00-01-00-01-25-A1-B0-92-00-0C-29-E9-E0-EE
   DNS 服务器  . . . . . . . . . . . : 2018:6:6::2000
                                       8.8.8.8
                                       222.222.222.222
   TCPIP 上的 NetBIOS  . . . . . . . : 已启用
```

图 9-29　从 DHCP 服务器获得的 IPv6 地址和 DNS

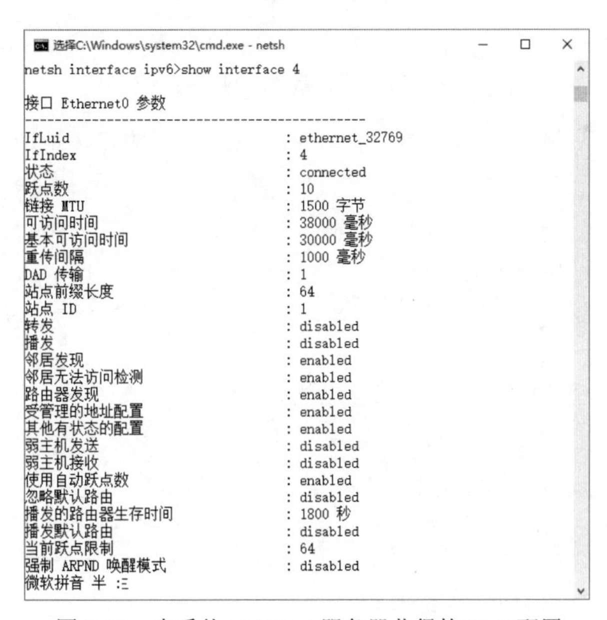

```
选择C:\Windows\system32\cmd.exe - netsh
netsh interface ipv6>show interface 4

接口 Ethernet0 参数
----------------------------------------------
IfLuid                             : ethernet_32769
IfIndex                            : 4
状态                               : connected
跃点数                             : 10
链接 MTU                           : 1500 字节
可访问时间                         : 38000 毫秒
基本可访问时间                     : 30000 毫秒
重传间隔                           : 1000 毫秒
DAD 传输                           : 1
站点前缀长度                       : 64
站点 ID                            : 1
转发                               : disabled
播发                               : disabled
邻居发现                           : enabled
邻居无法访问检测                   : enabled
路由器发现                         : enabled
受管理的地址配置                   : enabled
其他有状态的配置                   : enabled
弱主机发送                         : disabled
弱主机接收                         : disabled
使用自动跃点数                     : enabled
忽略默认路由                       : disabled
播发的路由器生存时间               : 1800 秒
播发默认路由                       : disabled
当前跃点限制                       : 64
强制 ARPND 唤醒模式                : disabled
微软拼音 半 :三
```

图 9-30　查看从 DHCPv6 服务器获得的 IPv6 配置

9.4 配置 IPv6 路由

IPv6 网络畅通的条件和 IPv4 一样，数据包有去有回网络才能通。对于没有直连的网络，需要人工添加静态路由，或使用动态路由协议学习到各个网段的路由。

支持 IPv6 的动态路由协议也都需要新的版本。在第 6 章中讨论过许多动态路由协议的功能和配置，在这里将以几乎一样的方式继续得到应用。大家知道，在 IPv6 中取消了广播地址，因此完全使用广播流量的任何协议都不会再用了，这是一件好事，因为它们消耗大量的带宽。

在 IPv6 中仍然使用的路由协议都有了新的名字，支持 IPv6 的 RIP 称为 RIPng（下一代 RIP），支持 IPv6 的 OSPF 协议是 OSPFv3（OSPF 第 3 版），支持 IPv4 的 OSPF 协议是 OSPFv2（OSPF 第 2 版）。

以下将会演示配置 IPv6 的静态路由，以及配置支持 IPv6 的动态路由协议 RIPng 和 OSPFv3。

9.4.1 IPv6 静态路由

网络中有 3 个 IPv6 网段、两个路由器，参照图中标注的地址配置路由器接口的 IPv6 地址，如图 9-31 所示。在路由器 AR1 和 AR2 上添加静态路由，使得这 3 个网络能够相互通信。

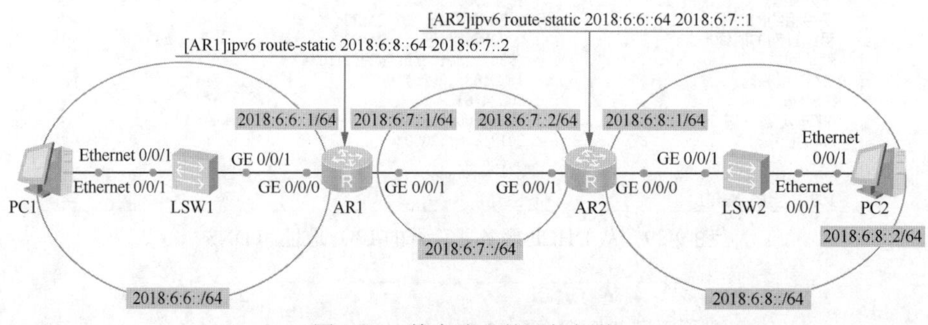

图 9-31 静态路由的网络拓扑

在路由器 AR1 上启用 IPv6，配置接口启用 IPv6，配置接口的 IPv6 地址，添加到 2018:6:8::/64 网段的静态路由。

```
[AR1]ipv6
[AR1]interface GigabitEthernet 0/0/0
[AR1-GigabitEthernet0/0/0]ipv6 enable
[AR1-GigabitEthernet0/0/0]ipv6 address 2018:6:6::1 64
[AR1-GigabitEthernet0/0/0]ipv6 address auto link-local
[AR1-GigabitEthernet0/0/0]undo ipv6 nd ra halt
[AR1-GigabitEthernet0/0/0]quit
[AR1]interface GigabitEthernet 0/0/1
[AR1-GigabitEthernet0/0/1]ipv6 enable
[AR1-GigabitEthernet0/0/1]ipv6 address 2018:6:7::1 64
[AR1-GigabitEthernet0/0/1]quit
```

添加到 2018:6:8::/64 网段的静态路由。

```
[AR1]ipv6 route-static 2018:6:8:: 64 2018:6:7::2
```

显示 IPv6 静态路由。

```
[AR1]display ipv6 routing-table protocol static
Public Routing Table : Static
Summary Count : 1
```

```
Static Routing Table's Status : < Active >
Summary Count : 1
 Destination  : 2018:6:8::                        PrefixLength : 64
 NextHop      : 2018:6:7::2                       Preference   : 60
 Cost         : 0                                 Protocol     : Static
 RelayNextHop : ::                                TunnelID     : 0x0
 Interface    : GigabitEthernet0/0/1              Flags        : RD

Static Routing Table's Status : < Inactive >
Summary Count : 0
```

显示 IPv6 路由表。

```
[AR1]display ipv6 routing-table
```

配置路由器 AR2 启用 IPv6，在接口上启用 IPv6，配置接口的 IPv6 地址，添加到 2018:6:6::/64 网段的静态路由。

```
[AR2]ipv6
[AR2]interface GigabitEthernet 0/0/1
[AR2-GigabitEthernet0/0/1]ipv6 enable
[AR2-GigabitEthernet0/0/1]ipv6 address 2018:6:7::2 64
[AR2-GigabitEthernet0/0/1]quit
[AR2]interface GigabitEthernet 0/0/0
[AR2-GigabitEthernet0/0/0]ipv6 enable
[AR2-GigabitEthernet0/0/0]ipv6 address 2018:6:8::1 64
[AR2-GigabitEthernet0/0/0]quit
[AR2]ipv6 route-static 2018:6:6:: 64 2018:6:7::1
```

在路由器 AR1 上测试到 2018:6:8::1 是否畅通。

```
<AR1>ping ipv6 2018:6:8::1
  PING 2018:6:8::1 : 56  data bytes, press CTRL_C to break
    Reply from 2018:6:8::1 bytes=56 Sequence=4 hop limit=64  time = 20 ms
    Reply from 2018:6:8::1 bytes=56 Sequence=5 hop limit=64  time = 20 ms
    Reply from 2018:6:8::1 bytes=56 Sequence=5 hop limit=64  time = 20 ms
    Reply from 2018:6:8::1 bytes=56 Sequence=4 hop limit=64  time = 20 ms
    Reply from 2018:6:8::1 bytes=56 Sequence=5 hop limit=64  time = 20 ms

  --- 2018:6:8::1 ping statistics ---
    5 packet(s) transmitted
    5 packet(s) received
    0.00% packet loss
    round-trip min/avg/max = 10/32/80 ms
```

在 PC1 上 ping PC2。

```
PC>ping 2018:6:8::2
```

删除 IPv6 静态路由。为配置下面的 RIPng 准备好环境。

```
[AR1]undo ipv6 route-static 2018:6:8:: 64
[AR2]undo ipv6 route-static 2018:6:6:: 64
```

9.4.2 RIPng

RIPng 的主要特性与 RIPv2 是一样的。它仍然是距离矢量协议，最大跳数为 15，使用水平分割、毒性逆转和其他的防环机制，但它现在使用的是 UDP，端口号为 521。

RIPng 仍然使用组播来发送更新信息，但在 IPv6 中，它将 ff02::9 作为传输地址。在 RIPv2 中，该组播地址是 224.0.0.9。因此，在新的 IPv6 组播范围中，地址的最后仍然有一个 9。事实上，大多数路由协议像 RIPng 这样，保留了一部分 IPv4 的特征。

当然，新版本肯定与旧版本有不同之处，否则它就不是新版本了。我们知道，路由器在其路由表中，为每个目标网络保留了其邻居路由器的下一跳地址。对 RIPng 而言，其不同之处在于，路由器使用链路本地地址而不是远程地址来跟踪下一跳地址。

在 RIPng 中，最大的改变是，需要从接口模式下配置或启用网络中的通告（所有的 IPv6 路由协议都是如此），而不是在路由协议配置模式下使用 network 命令来通告。

下面展示配置 RIPng 的过程，如图 9-32 所示，网络中的路由器接口地址已经配置完成，现在需要在路由器 AR1 和 AR2 上配置 RIPng。

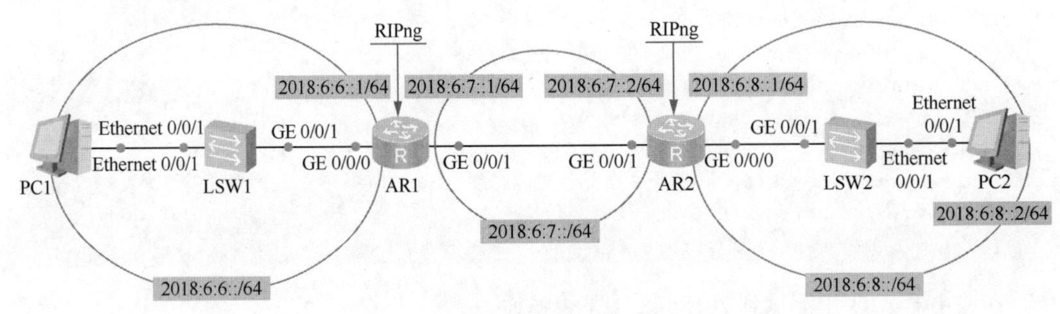

图 9-32 配置 RIPng

路由器 AR1 上的配置如下。

```
[AR1]ripng 1                                  --启用 RIPng，指定进程号为 1
[AR1-ripng-1]quit
[AR1-GigabitEthernet0/0/0]ripng 1 enable      --在接口上启用 ripng 1
[AR1-GigabitEthernet0/0/0]quit
[AR1]interface GigabitEthernet 0/0/1
[AR1-GigabitEthernet0/0/1]ripng 1 enable      --在接口上启用 ripng 1
[AR1-GigabitEthernet0/0/1]quit
```

路由器 AR2 上的配置如下。启用 RIPng，指定进程号为 2，可以和路由器 AR1 上的 RIPng 进程号不一样。

```
[AR2]ripng 2                                  --启用 RIPng，指定进程号为 2
[AR2-ripng-2]quit
[AR2]interface GigabitEthernet 0/0/0
[AR2-GigabitEthernet0/0/0]ripng 2 enable
[AR2-GigabitEthernet0/0/0]quit
[AR2]interface GigabitEthernet 0/0/1
[AR2-GigabitEthernet0/0/1]ripng 2 enable
[AR2-GigabitEthernet0/0/1]quit
```

查看通过 RIPng 学到的路由。NextHop 是路由器 AR2 上 GE 0/0/1 接口的链路本地地址。

```
[AR1]display ipv6 routing-table protocol ripng
Public Routing Table : RIPng
Summary Count : 1

RIPng Routing Table's Status : < Active >
Summary Count : 1

 Destination  : 2018:6:8::                    PrefixLength : 64
 NextHop      : FE80::2E0:FCFF:FE1E:7774      Preference   : 100
 Cost         : 1                             Protocol     : RIPng
 RelayNextHop : ::                            TunnelID     : 0x0
 Interface    : GigabitEthernet0/0/1          Flags        : D

RIPng Routing Table's Status : < Inactive >
Summary Count : 0
```

禁用 RIPng 后，会自动从路由器接口取消 RIPng 配置，为下面配置 OSPFv3 准备好环境。

```
[AR1]undo ripng 1
[AR2]undo ripng 2
```

9.4.3 OSPFv3

新版本的 OSPF 与 IPv4 中的 OSPF 有许多相似之处。

OSPFv3 和 OSPFv2 的基本概念是一样的，它仍然是链路状态路由协议，它将整个网络或自治系统分成区域，从而使网络层次分明。

在 OSPFv2 中，路由器 ID（RID）由分配给路由器的最大 IP 地址决定（也可以由用户来分配）。在 OSPFv3 中，可以分配 RID、地区 ID 和链路状态 ID，链路状态 ID 仍然是 32 位的值，但却不能再使用 IP 地址找到了，因为 IPv6 的地址为 128 位。根据这些值的不同分配，会有相应的改动，从 OSPF 包的报头中还删除了 IP 地址信息，这使得新版本的 OSPF 几乎能通过任何网络层协议来进行路由。

在 OSPFv3 中，邻接和下一跳属性使用链路本地地址，但仍然使用组播流量来发送更新和应答信息。对于 OSPF 路由器，地址为 FF02::5；对于 OSPF 指定路由器，地址为 FF02::6，这些新地址分别用来替换 224.0.0.5 和 224.0.0.6。

下面展示配置 OSPFv3 的过程。网络中的路由器接口地址已经配置完成，现在需要在路由器 AR1 和 AR2 上配置 OSPFv3，如图 9-33 所示。

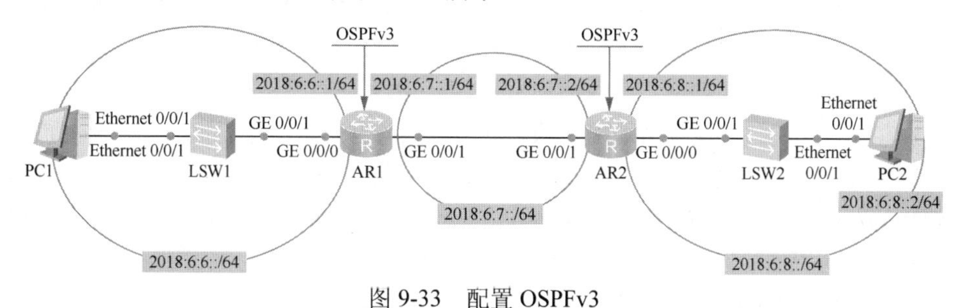

图 9-33 配置 OSPFv3

路由器AR1上的配置如下。

```
[AR1]ospfv3 1                                              --启用OSPFv3，指定进程号
[AR1-ospfv3-1]router-id 1.1.1.1                            --指定router-id，必须唯一
[AR1-ospfv3-1]quit
[AR1]interface GigabitEthernet 0/0/0
[AR1-GigabitEthernet0/0/0]ospfv3 1 area 0                  --在接口上启用OSPFv3，指定区域编号
[AR1-GigabitEthernet0/0/0]quit
[AR1]interface GigabitEthernet 0/0/1
[AR1-GigabitEthernet0/0/1]ospfv3 1 area 0
[AR1-GigabitEthernet0/0/1]quit
```

路由器AR2上的配置如下。

```
[AR2]ospfv3 1                                              --启用OSPFv3，指定进程号
[AR2-ospfv3-1]router-id 1.1.1.2
[AR2-ospfv3-1]quit
[AR2]interface GigabitEthernet 0/0/0
[AR2-GigabitEthernet0/0/0]ospfv3 1 area 0
[AR2-GigabitEthernet0/0/0]quit
[AR2]interface GigabitEthernet 0/0/1
[AR2-GigabitEthernet0/0/1]ospfv3 1 area 0
[AR2-GigabitEthernet0/0/1]quit
```

查看OSPFv3学习到的路由。

```
[AR1]display ipv6 routing-table protocol ospfv3
Public Routing Table : OSPFv3
Summary Count : 3
OSPFv3 Routing Table's Status : < Active >
Summary Count : 1
 Destination  : 2018:6:8::                          PrefixLength : 64
 NextHop      : FE80::2E0:FCFF:FE1E:7774            Preference   : 10
 Cost         : 2                                   Protocol     : OSPFv3
 RelayNextHop : ::                                  TunnelID     : 0x0
 Interface    : GigabitEthernet0/0/1                Flags        : D
......
```

9.5 IPv6和IPv4共存技术

在目前以IPv4为基础的网络技术如此成熟的情况下，不可能马上抛开原有IPv4网络来建IPv6网络，只能通过分步实施的方法来逐步过渡。因此，在今后相当长的一段时间内，IPv6网络将和IPv4网络共存。如何以合理的代价逐步将IPv4网络过渡到IPv6网络、解决好IPv4与IPv6共存将是我们迫切需要考虑的问题。针对以上问题，目前主要提出了3种过渡技术：双协议栈（dual stack）、隧道技术（tunnel）、地址协议转换（NAT-PT）。当然，这些过渡技术都不是普遍适用的，每一种技术都只适用于某种或几种特定的网络情况，在实际应用时需综合考虑各方面的现实情况，然后选择合适的共存技术。

下面讲解6to4隧道技术实现IPv4网络连接两个IPv6网络。

隧道技术是将 IPv6 的报文封装到 IPv4 的报文中，报文的源地址和目标地址分别是隧道入口和出口的 IPv4 地址。随着 IPv6 网络的发展，将会出现许多局部的 IPv6 网络，但是这些 IPv6 网络被运行 IPv4 的主干网络分隔开来。IPv6 网络就像是处于 IPv4 “海洋” 中的 “孤岛”，为了使这些 “IPv6 孤岛” 可以互通，必须使用隧道技术—要求隧道两端的节点（路由器）支持 IPv4/IPv6 两种协议，其通信方式如图 9-34 所示。

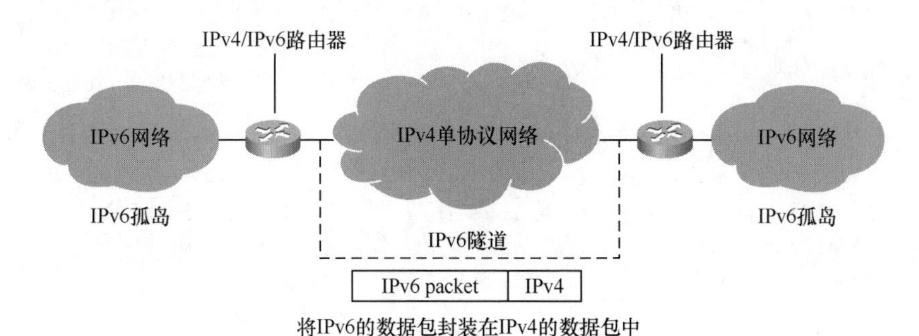

图 9-34　6to4 隧道示意图

在隧道的入口处，路由器将 IPv6 的数据报封装入 IPv4 中，IPv4 数据报的源地址和目标地址分别是隧道入口和出口的 IPv4 地址。在隧道的出口处，再将 IPv6 数据报取出转发给目标站点。隧道技术只要求在隧道的入口和出口处进行修改，对其他部分没有要求，因而很容易实现。但是隧道技术不能实现 IPv4 主机和 IPv6 主机的直接通信。

下面就以 6to4 隧道技术为例，使用 IPv4 网络连接 IPv6 孤岛。图 9-27 所示的两个 IPv6 网络通过 IPv4 网络连接，在路由器 AR1 和 AR3 上创建隧道接口 Tunnel 0/0/0，就相当于在路由器 AR1 和路由器 AR3 之间连接一根网线，两端的隧道接口要设置 IPv6 地址，这样来看 IPv6 就有了 3 个网段：2001:1::/64、2001:2::/64 和 2001:3::/64。需要在路由器 AR1 上添加到 2001:3::/64 网段的路由，在路由器 AR3 上添加到 2001:1::/64 网段的路由。隧道协议为 IPv6 over IPv4，也就意味着将 IPv6 数据包封装在 IPv4 数据包中。图 9-35 中画出了 PC1 发送给 PC2 的 IPv6 数据包，在经过 IPv4 网络后被封装起来。

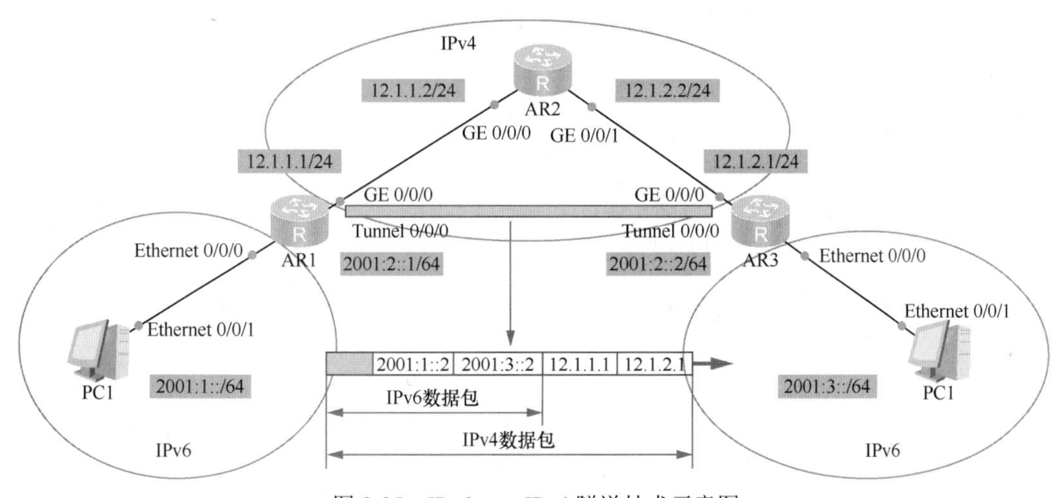

图 9-35　IPv6 over IPv4 隧道技术示意图

以图 9-35 所示的网络拓扑为例，配置 IPv6 over IPv4。确保 IPv4 网络畅通，路由器 AR1

能够 ping 通路由器 AR3 上 GE 0/0/0 接口的地址 12.1.2.1。

路由器 AR1 上的配置如下。

```
[AR1]ipv6                                          --启用 IPv6
[AR1]interface Tunnel 0/0/0                        --创建隧道接口，编号自定义
[AR1-Tunnel0/0/0]tunnel-protocol ?                 --查看支持的隧道协议
  gre        Generic Routing Encapsulation
  ipsec      IPSEC Encapsulation
  ipv4-ipv6  IP over IPv6 encapsulation            --将 IPv4 数据包封装在 IPv6 数据包中
  ipv6-ipv4  IPv6 over IP encapsulation            --将 IPv6 数据包封装在 IPv4 数据包中
  mpls       MPLS Encapsulation
  none       Null Encapsulation
[AR1-Tunnel0/0/0]tunnel-protocol ipv6-ipv4         --本案例是 IPv6 over IPv4
[AR1-Tunnel0/0/0]source 12.1.1.1                   --指定隧道的源地址
[AR1-Tunnel0/0/0]destination 12.1.2.1              --指定隧道的目标地址
[AR1-Tunnel0/0/0]ipv6 enable                       --在接口上启用 IPv6 支持
[AR1-Tunnel0/0/0]ipv6 address 2001:2::1 64         --给隧道接口指定 IPv6 地址
[AR1-Tunnel0/0/0]quit
[AR1]ipv6 route-static 2001:3:: 64 2001:2::2 --添加到 2001:3::/64 网段的静态路由
```

路由器 AR3 上的配置如下。

```
[AR3]ipv6
[AR3]interface Tunnel 0/0/0
[AR3-Tunnel0/0/0]tunnel-protocol ipv6-ipv4
[AR3-Tunnel0/0/0]source 12.1.2.1
[AR3-Tunnel0/0/0]destination 12.1.1.1
[AR3-Tunnel0/0/0]ipv6 enable
[AR3-Tunnel0/0/0]ipv6 address 2001:2::2 64
[AR3-Tunnel0/0/0]quit
[AR3]ipv6 route-static 2001:1:: 64 2001:2::1
```

抓包分析 IPv6 over IPv4 数据包。

右击路由器 AR2，单击“数据抓包”→“GE 0/0/0”，如图 9-36 所示。

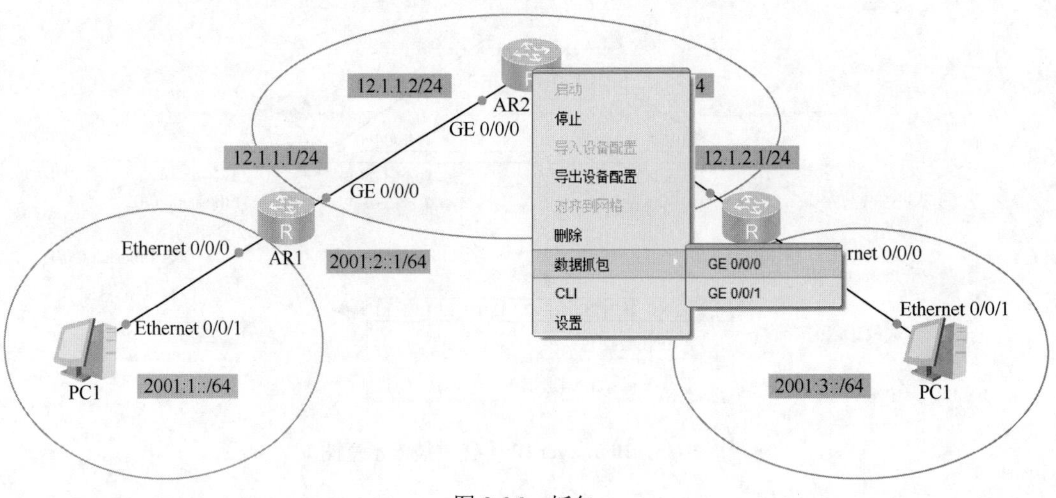

图 9-36　抓包

在 PC1 上 ping PC2 的 IPv6 地址。

```
PC>ping 2001:3::2
Ping 2001:3::2: 32 data bytes, Press Ctrl_C to break
Request timeout!
From 2001:3::2: bytes=32 seq=2 hop limit=253 time=47 ms
From 2001:3::2: bytes=32 seq=3 hop limit=253 time=31 ms
From 2001:3::2: bytes=32 seq=4 hop limit=253 time=32 ms
From 2001:3::2: bytes=32 seq=5 hop limit=253 time=31 ms

--- 2001:3::2 ping statistics ---
  5 packet(s) transmitted
  4 packet(s) received
  20.00% packet loss
  round-trip min/avg/max = 0/35/47 ms
```

可以看到抓包工具捕获的 ICMP 数据包有两个网络层，IPv4 数据包中是 IPv6 数据包，如图 9-37 所示，现在读者就能领悟 IPv6 over IPv4 的实质了。

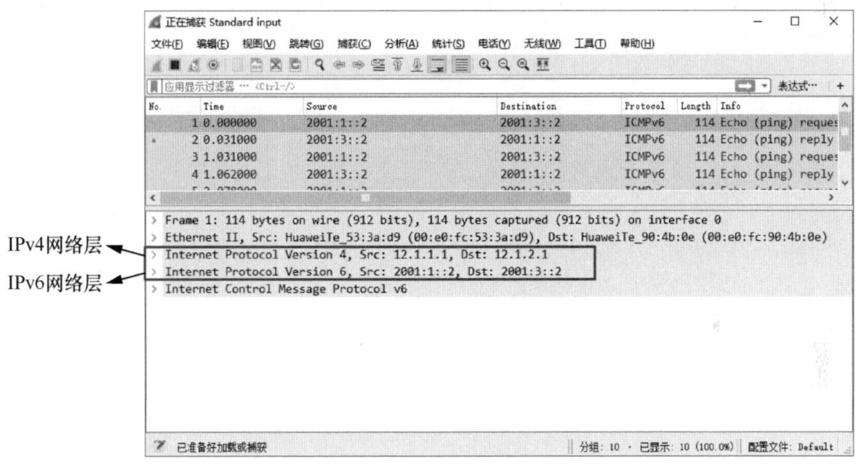

图 9-37 IPv6 over IPv4 数据包的封装

9.6 习题

1．关于 IPv6 地址 2031:0000:720C:0000:0000:09E0:839A:130B，下列哪些缩写是正确的？（　　）（选择两个答案）

A．2031:0:720C:0:0:9E0:839A:130B　　B．2031:0:720C:0:0:9E:839A:130B

C．2031::720C::9E:839A:130B　　D．2031:0:720C::9E0:839A:130B

2．下列哪些 IPv6 地址可以被手动配置在路由器接口上？（　　）（选择两个答案）

A．fe80:13dc::1/64　　B．ff00:8a3c::9b/64

C．::1/128　　D．2001:12e3:1b02::21/64

3．下列关于 IPv6 的描述中正确的是（　　）。（选择两个答案）

A．IPv6 的地址长度为 64 位

B．IPv6 的地址长度为 128 位

C．IPv6 地址有状态配置使用 DHCP 服务器分配地址和其他设置

D．IPv6 地址无状态配置使用 DHCPv6 服务器分配地址和其他设置

4．IPv6 地址中不包括下列哪种类型的地址？（　　）

A．单播地址　　B．组播地址　　C．广播地址　　D．任播地址

5．下列选项中，哪个是链路本地地址的地址前缀？（　　）

A．2001::/10　　B．fe80::/10　　C．feC0::/10　　D．2002::/10

6．下面哪条命令是添加 IPv6 默认路由的命令？（　　）

A．[AR1]ipv6 route-static :: 0 2018:6:7::2　　B．[AR1]ipv6 route-static ::1 0 2018:6:7::2

C．[AR1]ipv6 route-static :: 64 2018:6:7::2　　D．[AR1]ipv6 route-static :: 128 2018:6:7::2

7．IPv6 网络层协议有哪些？（　　）

A．ICMPv6、IPv6、ARP、ND　　B．ICMPv6、IPv6、MLD、ND

C．ICMPv6、IPv6、ARP、IGMPv6　　D．ICMPv6、IPv6、MLD、ARP

8．在 VRP 系统中配置 DHCPv6，下列哪些形式的 DUID 可以被配置？（　　）

A．DUID-LL　　B．DUID-LLT　　C．DUID-EN　　D．DUID-LLC

第10章 网络安全

本章主要内容

- 网络安全概述
- 对称加密和非对称加密
- 发送数字签名和数字加密的邮件
- 安全套接字层
- 网络层安全 IPSec

信息安全主要包括以下 5 个方面的内容，即需保证信息的保密性、真实性、完整性、未授权复制的安全性和所寄生系统的安全性。网络环境下的信息安全体系是保证信息安全的关键，包括计算机安全操作系统、各种安全协议、各种安全机制（如数字签名、消息认证、数据加密等），直至安全系统，只要存在安全漏洞便可能威胁全局安全。

本章只讨论数据在传输过程中的安全，数据存储安全、操作系统安全等不在本章的讨论范围。本章涉及的安全有应用层安全协议（如发送数字签名的电子邮件、发送加密的电子邮件）、在传输层和应用层之间增加的安全套接字层（如访问网站使用 HTTPS）、在网络层实现的安全（IPSec）等，如图 10-1 所示。

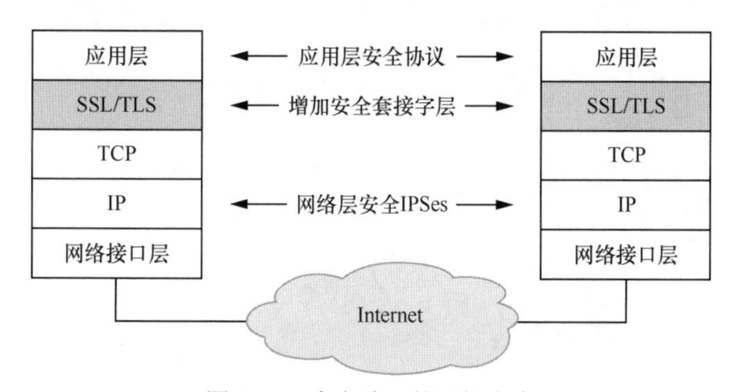

图 10-1　本章涉及的网络安全

10.1　网络安全概述

本节讨论计算机网络通信面临的安全威胁和一般的数据加密模型。

10.1.1 计算机网络通信面临的安全威胁

计算机网络通信通常面临以下两大威胁，即主动攻击和被动攻击，如图 10-2 所示。

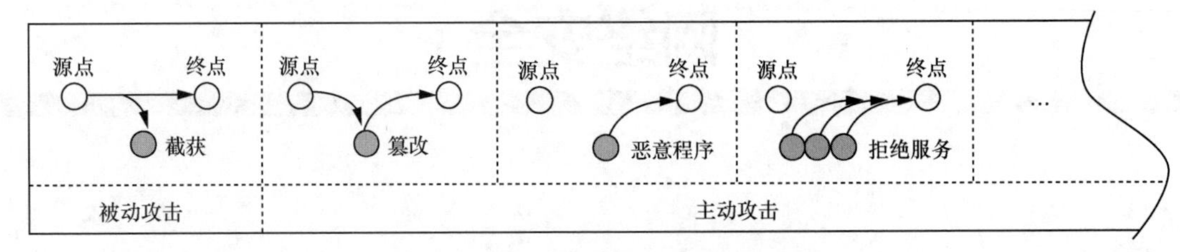

图 10-2 计算机网络通信面临的安全威胁

1. 截获

攻击者从网络上窃听他人的通信内容，通常把这类攻击称为“截获”。在被动攻击中，攻击者只是观察和分析某一个协议数据单元（PDU，这里使用 PDU 这一名词是考虑到所涉及的可能是不同的层次）而不干扰信息流。即使这些数据对攻击者来说是不易理解的，他也可以通过观察 PDU 的协议控制信息部分，了解正在通信的协议实体的地址和身份；研究 PDU 的长度和传输的频度，以便了解所交换的数据的某种性质。这种被动攻击又被称为“流量分析”（traffic analysis）。

例如，公司内网通过拨号服务器连接 Internet，内网计算机访问 Internet 的流量都要经过拨号服务器，如果在拨号服务器上安装抓包工具，就能捕获内网计算机上网流量，如图 10-3 所示。如果账号和密码是明文传输，那就危险了。当然，在拨号服务器上也可以安装流量分析软件，检测内网计算机上网流量和访问了哪些网站。这就是被动攻击。

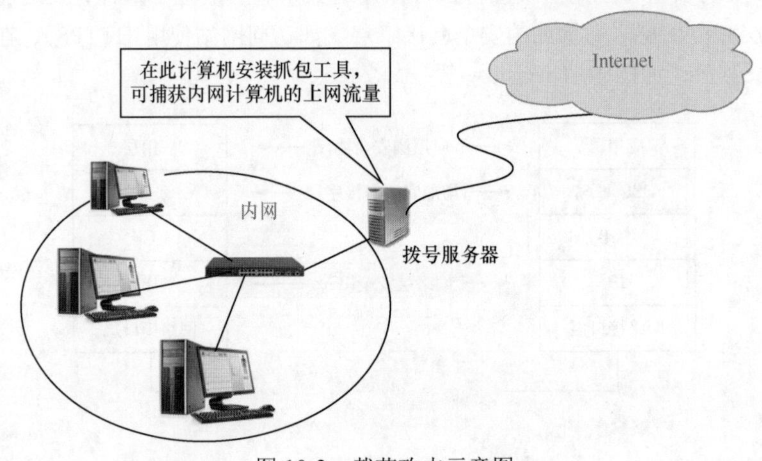

图 10-3 截获攻击示意图

2. 篡改

攻击者篡改网络上传输的报文。这里也包括彻底中断传输的报文，甚至把完全伪造的报文传输给接收方，这种攻击方式有时也称为“更改报文流”。

DNS 劫持又称“域名劫持”，是十分常见的一种网络攻击手段，且不易被人察觉。用户用域名访问某个网站时，域名解析的响应报文被篡改，将解析到的 IP 地址修改成钓鱼网站的 IP

地址，让用户访问到钓鱼网站。

例如，工商银行的网站 IP 地址是 113.207.33.16，在 Internet 上有个假冒工商银行的网站，该网站用来骗取用户的银行卡号和密码，其 IP 地址是 23.20.12.18，如图 10-4 所示。

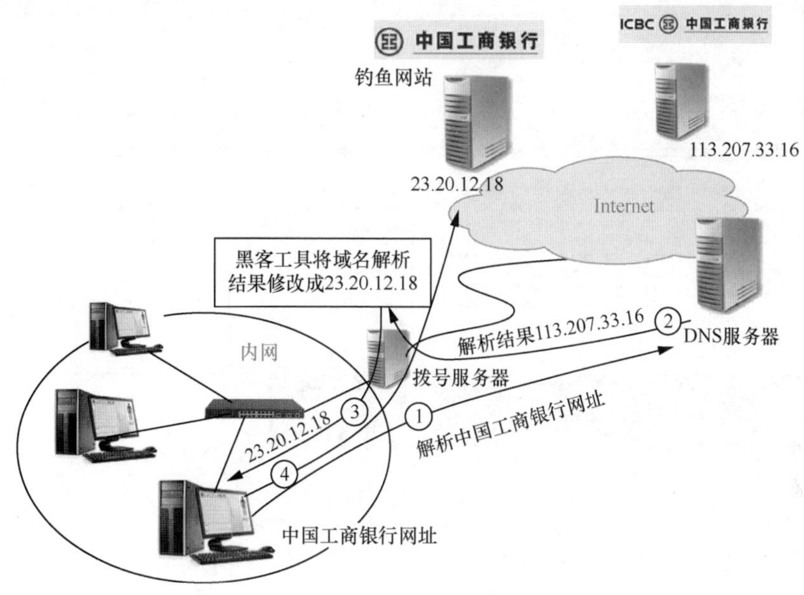

图 10-4　DNS 劫持示意图

在拨号服务器上安装一个软件 Cain，配置该软件重写中国工商银行网址域名解析 DNS 响应包的 IP 地址为 23.20.12.18，如图 10-5 所示。

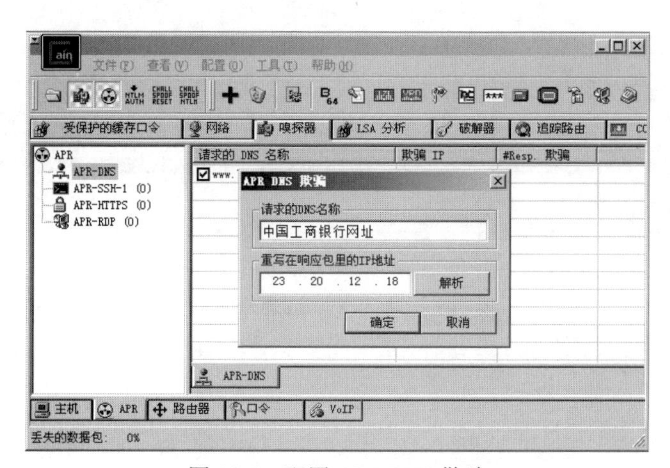

图 10-5　配置 ARP DNS 欺骗

内网计算机输入域名访问工商银行网站，域名解析的响应报文会被重写，将解析出的地址修改成 23.20.12.18 发送给内网计算机，内网计算机访问的是伪造的工商银行网站，而用户对此全然不知。

图 10-6 所示是在拨号服务器上捕获的内网计算机域名解析的数据包，第 15 个数据包是通过 Internet 上的 DNS 服务器解析中国工商银行网址域名的响应报文。读者可以查看解析的结果，该报文中的 IP 地址是工商银行网站的地址，多个 Web 服务器运行该网站，所以有多个 IP 地址。

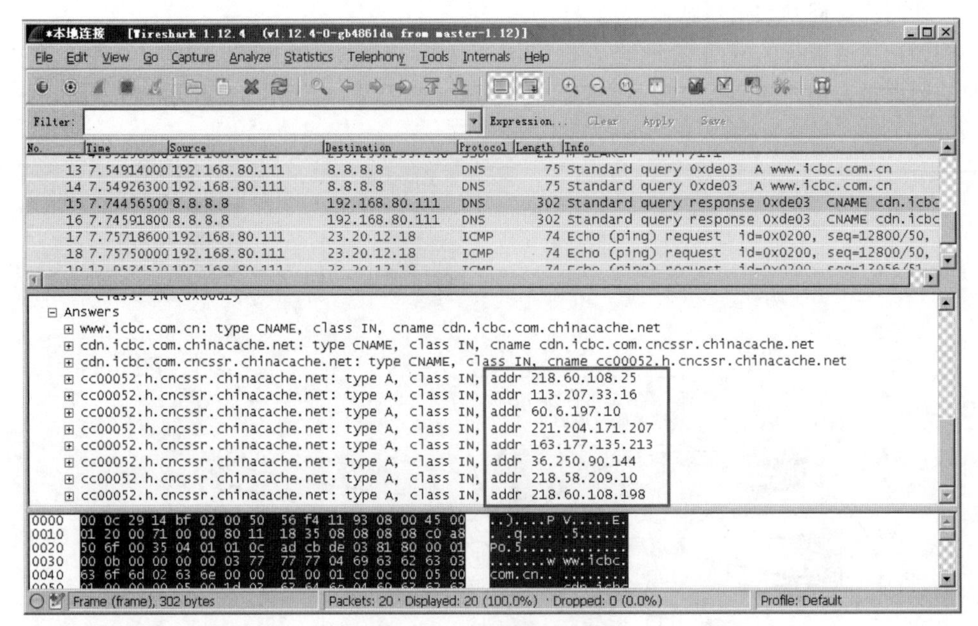

图 10-6　解析到的地址

第 16 个数据包是 Cain 软件修改第 15 个报文产生的新的 DNS 响应报文，把其中的 IP 地址都写成了 23.20.12.18，如图 10-7 所示。注意观察，只是修改了响应报文的内容，数据包的源地址和目标地址并没有改变，内网的计算机并不知道域名解析的响应报文被修改。

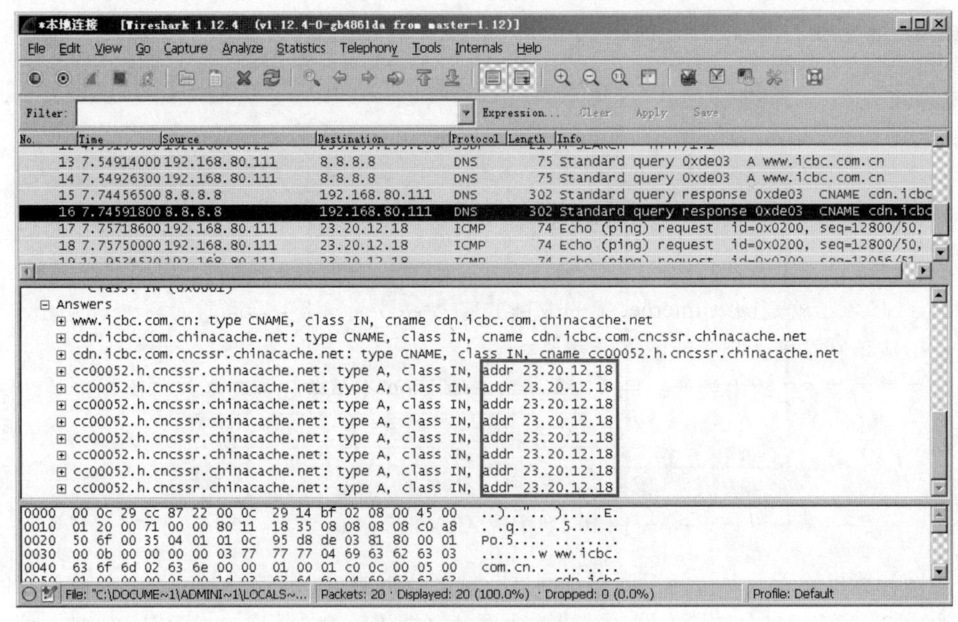

图 10-7　篡改解析的结果

DNS 劫持是篡改的一个应用，有很多高级防火墙（如微软的 TMG 防火墙）可以直接修改 HTTP 请求到的页面中的内容，完全可以把网页中的某些超链接替换成它指定的 URL。

3. 恶意程序

还有一种特殊的主动攻击就是恶意程序（rogue program）的攻击。恶意程序种类繁多，对网络安全威胁较大的主要有以下几种。

（1）计算机病毒（computer virus），是一种会“传染”其他程序的程序，“传染”是通过修改其他程序来把自身或其变种复制进去完成的。

（2）计算机蠕虫（computer worm），是一种通过网络的通信功能将自身从一个节点发送到另一个节点并自动启动运行的程序。

（3）木马程序（trojan horse program）通常又称为“木马”“恶意代码”等，潜伏在计算机中，与一般的病毒不同，它不会自我繁殖，也并不会“刻意”地去感染其他文件，是可受外部用户控制以窃取本机信息或者控制权的程序。它既可以盗取 QQ 账号、游戏账号甚至银行账号，也可以用来远程控制或监控计算机（如“灰鸽子”木马），或将本机作为工具来攻击其他设备等。计算机病毒有时也以“特洛伊”木马的形式出现。

（4）逻辑炸弹（logic bomb）是一种当运行环境满足某种特定条件时，执行其他特殊功能的程序。例如，一个编辑程序在平时运行得很好，但当系统时间为 13 日，又为星期五时，就会删去系统中所有的文件，这种程序就是一种逻辑炸弹。

病毒是应用程序，病毒程序不会存储在交换机、路由器这些网络设备中，因此这些设备不会中病毒，但病毒可以通过交换机和路由器等网络设备传播到网络中的其他计算机。计算机中了病毒也会影响网络设备的正常工作，例如，有些病毒会在网络中发送大量的 ARP 广播包，造成企业内网堵塞，还有些病毒每秒向 Internet 的某个地址建立几千个 TCP 连接，占用上网带宽。

4．拒绝服务

攻击者向 Internet 上的服务器不停地发送大量分组，使 Internet 或服务器无法提供正常服务，这种攻击被称为拒绝服务（Denial of Service，DoS）。若攻击者操纵 Internet 上成百上千的网站集中攻击一个网站，则称为“分布式拒绝服务”（Distributed Denial of Service，DDoS）。有时也把这种攻击称为“网络带宽攻击”或“连通性攻击”。

有一种 DDoS 攻击叫作“挑战黑洞”（Challenge Collapsar，CC）攻击，攻击者借助代理服务器生成指向攻击目标的合法请求。CC 主要是用来攻击网站的。读者或许有这样的经历，在访问论坛时，如果同时访问这个论坛的人比较多，打开页面的速度就会比较慢。访问的人越多，网络流量就越高，造成网络堵塞，服务器系统资源就消耗越多，进而会引起服务器停止响应。CC 攻击就是操纵 Internet 上的成百上千个 Web 代理服务器同时访问一个网站的 Web 页面，造成该网站停止响应或网络堵塞。

攻击者安装 CC 攻击软件，导入 Internet 上的 1500 个免费代理服务器，输入攻击目标 91 学 IT 网站的网址，单击“开始”按钮，该软件就会向这 1500 个代理服务器发送请求，访问目标网站，这 1500 个代理服务器访问目标网站的流量汇聚到机房路由器，就会造成运营商机房网络堵塞，正常的访问将会被拒绝，如图 10-8 所示。

对于主动攻击，可以采用适当的措施加以检查。但对于被动攻击，通常是检测不出来的。根据这些特点，可得出计算机网络通信安全的目标如下。

（1）防止析出报文内容和流量分析。

（2）防止恶意程序。

（3）检测报文流更改和拒绝服务。

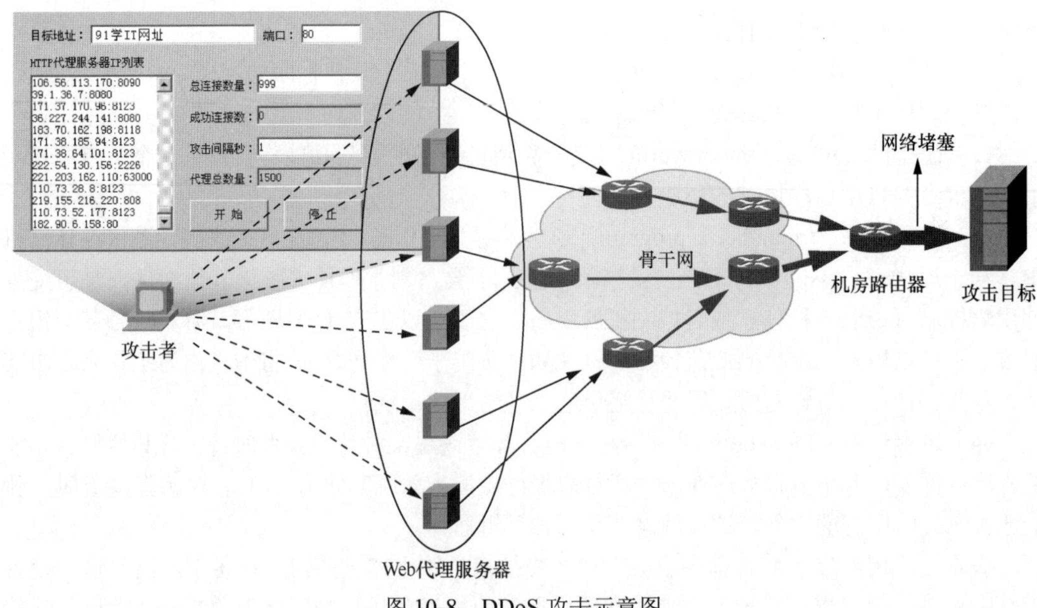

图 10-8　DDoS 攻击示意图

对付被动攻击可采用各种数据加密技术，而对付主动攻击，则需要加密技术和适当的鉴别技术相结合。

10.1.2　一般的数据加密模型

一般的数据加密模型如图 10-9 所示。网络中的计算机 A 和计算机 B 打算进行加密通信，防止网络中的计算机 C 使用抓包工具抓包后查看计算机 A、B 之间的通信内容。这就要求计算机 A 将数据加密后发给计算机 B，计算机 B 收到加密数据后进行解密，得到明文。这需要事先协商好一个密钥 K，计算机 A 向计算机 B 发送明文 X，通过加密算法 E 运算后，就得出密文 Y。

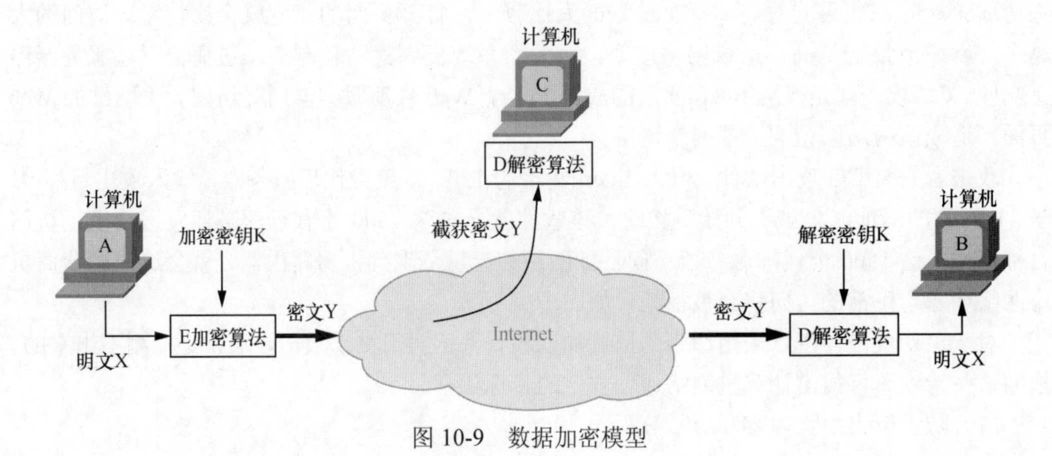

图 10-9　数据加密模型

图 10-9 所示的加密和解密用的密钥 K（Key）是一串秘密的字符串（或比特串）。明文通过加密算法变成密文的一般表示方法如下。

$$Y=E_K(X)$$

在传输过程中可能出现截取者（或攻击者、入侵者）。截取者即便知道解密算法，但是不知道解密密钥，也没有办法解密得到明文 X。

接收端 B 使用解密算法 D 和解密密钥 K，解出明文 X。解密算法是加密算法的逆运算。在进行解密运算时如果不使用事先约定好的密钥就无法解出明文。解密运算表示如下。

$$D_K(Y)=D_K(E_K(X))=X$$

如果加密密钥和解密密钥是同一个密钥，这种加密技术就称为“对称加密”。如果加密密钥和解密密钥不是同一个密钥，这种加密技术就称为“非对称加密”，但非对称加密的加密密钥和解密密钥要有某种相关性。

密码编码学（cryptography）是密码体制的设计学，而密码分析学（cryptanalysis）则是在未知密钥的情况下从密文推演出明文或密钥的技术。密码编码学与密码分析学合起来即为密码学（cryptology）。

如果不论截取者获得了多少密文，但在密文中都没有足够的信息来唯一地确定出对应的明文，则这一密码体制被称为“无条件安全的”，或被称为“理论上不可破的”。在无任何限制的条件下，目前几乎所有实用的密码体制均是可破的。因此，人们关心的是要研制出在计算上（而不是在理论上）不可破的密码体制。如果一个密码体制中的密码不能在一定时间内被可以使用的计算资源破译，则这一密码体制就被称为“在计算上是安全的”。

10.2 对称加密和非对称加密

10.2.1 对称密钥密码体制

所谓对称密钥密码体制，即加密密钥与解密密钥是相同的。

数据加密标准 DES 属于对称密钥密码体制。它由 IBM 公司研制，于 1977 年被美国定为联邦信息标准后，在国际上引起了极大的关注。ISO 曾将 DES 作为数据加密标准。

DES 是一种分组密码。在加密前，先对整个明文进行分组。每一个组为 64 位长的二进制数据。然后对每一个 64 位二进制数据进行加密处理，产生一组 64 位密文数据。最后将各组密文串接起来，即得出整个密文。使用的密钥的长度为 64 位（实际密钥长度为 56 位，有 8 位用于奇偶校验）。

DES 的保密性仅取决于对密钥的保密，而算法是公开的。DES 目前较为严重的问题是其密钥长度。56 位长的密钥意味着共有 2^{56} 种可能的密钥，也就是说，共约有 2^{56} 种密钥。假设一台计算机 1μs 可执行一次 DES 加密，同时假定平均只需搜索密钥空间的一半即可找到密钥，那么破译 DES 要超过 1000 年。

但现在已经设计出搜索 DES 密钥的专用芯片。例如，在 1999 年有一批人在 Internet 上合作，借助于一台不到 25 万美元的专用计算机，在略超过 22 小时的时间内就破译了 56 位密钥的 DES。若借助价格为 100 万美元或 1000 万美元的计算机，则预期的搜索时间分别为 3.5h 或 21min。

在 DES 之后又出现了国际数据加密算法（International Data Encryption Algorithm，IDEA）。IDEA 使用 128 位密钥，因而更不容易被攻破。计算指出，当密钥长度为 128 位时，若每微秒可搜索一百万次，则破译 IDEA 密码需要花费 5.4×10^{18} 年。这显然是比较安全的。

在对称加密算法中常用的算法有 DES、3DES、TDEA、Blowfish、RC2、RC4、RC5、IDEA、SKIPJACK、AES 等。

对称加密算法的优点是算法公开、计算量小、加密速度快、加密效率高。

对称加密算法的缺点是在数据传输前，发送方和接收方必须商定好密钥，然后双方都必须保存好密钥。如果一方的密钥被泄露，那么加密信息也就不安全了。另外，每对用户每次使用对称加密算法时，都需要使用其他人不知道的唯一密钥，这会使得收、发双方所拥有的钥匙数量巨大，密钥管理成为双方的负担。如果企业内用户有 n 个，则整个企业共需要 $n \times (n-1)/2$ 个密钥，密钥的生成和分发将成为企业信息部门的噩梦。

10.2.2 公钥密码体制

公钥密码体制（又称为“公开密钥密码体制”）的概念是由斯坦福（Stanford）大学的研究人员 Diffe（迪菲）与 Hellman（赫尔曼）于 1976 年提出的。公钥密码体制使用不同的加密密钥与解密密钥，故称为非对称加密。

非对称加密算法需要两个密钥来进行加密和解密，这两个密钥是公开密钥（public key，简称“公钥”）和私有密钥（private key，简称“私钥”），且不能通过公钥推算出私钥。公开密钥与私有密钥还必须成对使用，如果用公开密钥对数据进行加密，那么只有用对应的私有密钥才能解密；如果用私有密钥对数据进行加密，那么只有用对应的公开密钥才能解密。

下面举例说明公钥密码体制的加密和解密过程。图 10-10 所示的计算机 A 要给计算机 B 发送加密数据，第一步是计算机 B 产生一个密钥对（计算机 B 的公钥 PK_B 和计算机 B 的私钥 SK_B）。计算机 B 将公钥 PK_B 通过网络传输给计算机 A。假如在此过程中，计算机 C 截获了计算机 B 的公钥 PK_B。

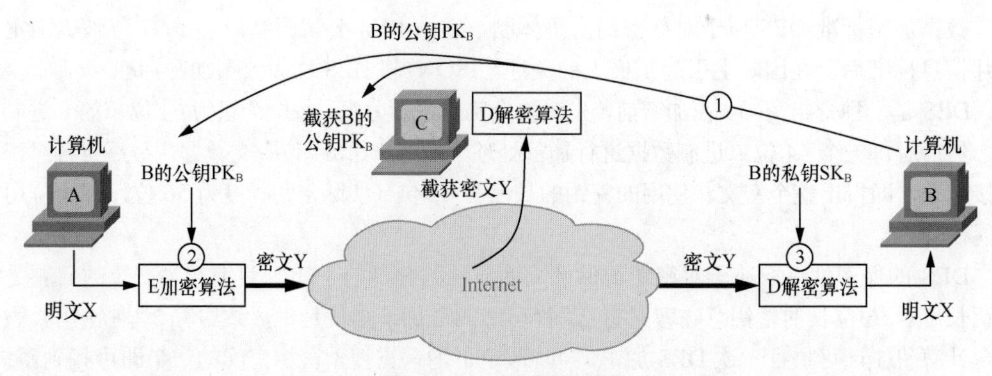

图 10-10 非对称加密

计算机 A 使用计算机 B 的公钥 PK_B 加密明文，得到密文 Y，发送给计算机 B。

计算机 C 捕获密文 Y，使用前面截获的计算机 B 的公钥 PK_B，不能解密出明文（公钥加密必须用私钥才能解密），即便知道解密算法也无济于事。

密文 Y 到达计算机 B，使用计算机 B 的私钥 SK_B 解密得到明文 X。计算机 B 的私钥千万不能泄露，否则其他人也可以解密发给它的信息。

非对称加密与对称加密相比，其安全性更好：对称加密的通信双方使用相同的密钥，如果一方的密钥遭泄露，那么整个通信就会被破解。而非对称加密使用一对密钥，一个用来加密，一个用来解密，而且公钥是公开的，私钥是自己保存的，不需要像对称加密那样在通信之前要先同步密钥。

非对称加密的缺点是加密和解密花费时间长、速度慢，只适合对少量数据进行加密。

在非对称加密中使用的主要算法有 RSA、ElGamal、背包算法、Rabin、D-H、ECC（椭圆曲线加密算法）等。

注意：任何加密方法的安全性取决于密钥的长度，以及攻破密文所需的计算，而不是简单地取决于加密的体制（公钥密码体制或传统加密体制）。还要指出的是，公钥密码体制并没有使传统密码体制成为陈旧过时的，因为目前公钥加密算法的开销较大，在可见的将来还看不出有放弃传统的加密方法的可能性。

10.2.3 非对称加密细节

对称加密算法的优点是算法公开、计算量小、加密速度快、加密效率高。但密钥在网络中传输存在被截获的风险。而非对称加密，公钥可以在网络中传输，不用担心被截获，但非对称加密和解密花费时间长、速度慢，只适合对少量数据进行加密。

如何将这两种加密技术的优点相结合呢？

图 10-11 所示的计算机 A 给计算机 B 发送一个 500MB 的文件，如果使用计算机 B 的公钥 PK_B 直接加密这么大的文件，耗时较长而且效率不高。计算机 A 产生一个对称密钥，如“123abc”，使用该对称密钥加密 500MB 的文件，虽然文件很大，但对称加密效率高，会很快完成。加密完成后，再使用计算机 B 的公钥加密对称密钥“123abc”，虽然非对称加密效率低，但加密这个对称密钥还是很快的。

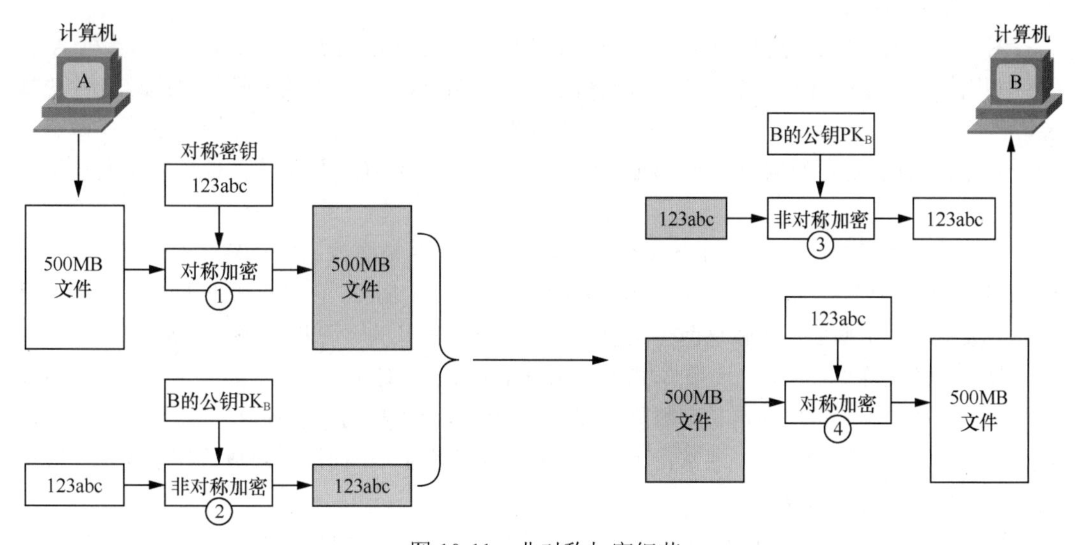

图 10-11 非对称加密细节

计算机 A 把加密后的 500MB 文件和加密后的对称密钥一起发给计算机 B，计算机 B 收到后，使用计算机 B 的私钥 SK_B 解密，得到对称密钥“123abc”，然后再使用“123abc”解密这 500MB 的文件，效率很高。

这种方式既利用了对称加密、解密速度快，效率高的优点，也利用了非对称加密的公钥可以在网上传输的优点。

上面讲的是非对称加密的细节，很多应用程序在使用非对称加密技术加密数据时，结合应用了对称加密技术。

10.2.4 数字签名细节

非对称加密还可以用来实现数字签名。在讲数字签名之前，先想一想你是否找领导签过字呢？找领导签字的目的和意义是什么呢？

例如，我要去北京参加一个会议，要预支差旅费，找财务人员填写了一个差旅申请表，填写好申请人、出差目的、地点、时间，最关键的是领取差旅费的金额，填写好了，找到主管领导签字后，就可以去财务人员那儿领取差旅费了。

如果我填写差旅申请单，领取差旅费金额的那一栏不填写就去找领导签字，他会同意么？如果他先填写"同意"，签了他的名字。我要随意填写差旅费金额，去财务人员那儿领钱，怎么办？因此领导在签名前一定会认真查看所有的内容，确保完整无误，才签名。签名之后就不能再更改其中的内容，如果财务人员看到涂改过的差旅申请单，虽然有领导签字，还是会让你重填一份，再找领导签字。

由此可知，工作中领导签名的意义如下。

（1）有你的签名，说明你看过这个文件。

（2）签名后，就不允许更改文件中的内容。

在 Internet 中的数字签名也是为了实现以上两个目的，保证信息传输的完整性、验证发送者的身份和防止抵赖发生。

数字签名如何实现呢？

图 10-12 所示的计算机 A 要发送一个数字签名的文件给计算机 B，这要求计算机 A 有一个密钥对（计算机 A 的私钥 SK_A 和计算机 A 的公钥 PK_A）。使用散列函数生成该文件的摘要，再使用计算机 A 的私钥 SK_A 加密摘要（这个过程叫作"签名"，私钥持有者才能做这个操作）。然后将加密后的摘要、计算机 A 的公钥 PK_A 和文件（不加密该文件）一起发送给计算机 B。

计算机 B 收到后，就要验证该文件在传输过程中是否被更改、数字签名是否有效。计算机 B 将加密的摘要使用计算机 A 的公钥 PK_A 解密得到一个摘要，计算机 B 将收到的文件通过散列函数生成一个摘要，比较这两个摘要，如果一样，就认为计算机 A 签名有效。

散列函数又称"单向散列函数"，指的是根据输入消息（任何字节串，如文本字符串、Word 文档、JPG 文件等）输出固定长度数值的算法，输出数值也称为"散列值"或"消息摘要"，其长度取决于所采用的算法，通常在 128～256 位的范围内。单向散列函数旨在创建用于验证消息的完整性的简短摘要。

综上所述，数字签名有两种功效：一是能确定消息确实是由发送方签名并发出来的，因为别人假冒不了发送方的签名；二是数字签名能确定消息的完整性，因为数字签名的特点是它代表了文件的特征，文件如果发生改变，数字摘要的值也将发生变化，不同的文件将得到不同的数字摘要。

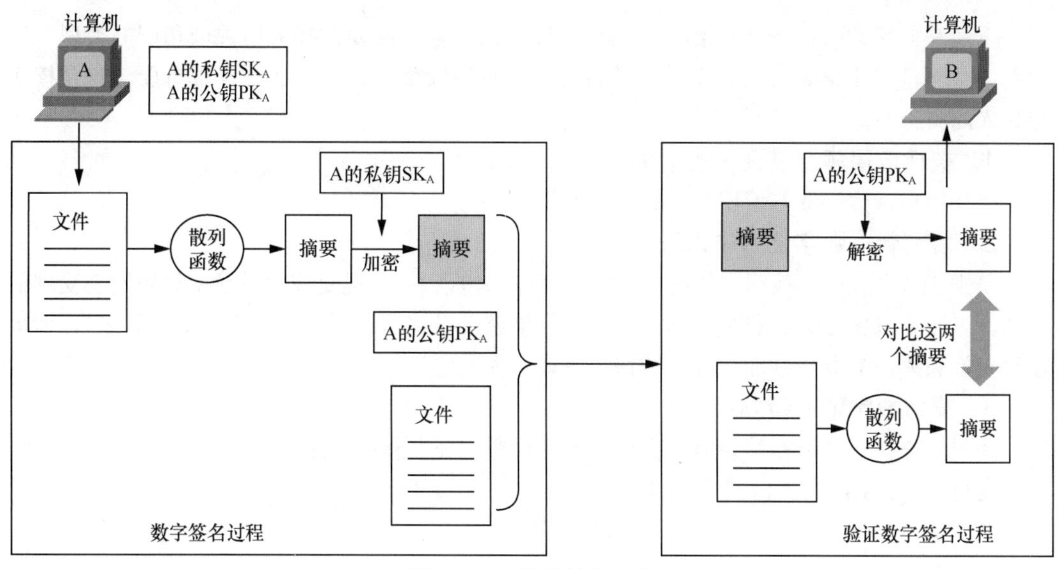

图 10-12　数字签名细节

10.2.5　数字证书颁发机构（CA）

在 Internet 中，通信双方的计算机自己生成密钥对，将公钥出示给对方来验证自己的签名，接收方依然很难断定对方的身份。这就和我们的身份证一样，如果我们可以自己制作身份证，在身份证上随意填写个人信息，你向其他人出示自己制作的身份证，没人相信。当你出示公安局颁发的身份证时，其他人就相信你身份证上的信息是真实的。其他人不相信你，但相信公安局，相信公安局给你发证时已经核实了你的身份信息。

在 Internet 上进行交易的企业或个人，他们使用的密钥对也要由专门机构发放，在计算机中这些密钥对是以数字证书的形式出现的，数字证书中还包含了使用者的个人信息、发证机构。

电子商务认证授权机构（Certificate Authority，CA）也称为“电子商务认证中心”，是负责发放和管理数字证书的权威机构，并作为电子商务交易中受信任的第三方，承担公钥体系中公钥的合法性检验的责任。

例如，上海数字证书认证中心河北省电子认证有限公司（见图 10-13）可以办理证书申请的业务。用户可以向这些机构申请证书，证书到期了，可以更新证书；证书丢失了，可以吊销证书。

图 10-13　河北省 CA

下面是向河北省电子认证有限公司申请证书的流程。需要选择应用领域和证书类型，填写新办数字证书申请表，支付费用，携带证明材料领取数字证书（这一点很重要，就是核实申请人的身份）。

1. 选择应用领域及证书类型

选择所申请数字证书使用的领域及证书类型。

2. 填写新办数字证书申请表

单击“新办证书”按钮，填写“新办数字证书申请表”，提交成功后请牢记申请表受理的编号，以便查询新办证书业务办理的情况。如果您已经填写过“新办数字证书申请表”，请单击“查询新办证书业务办理情况”按钮，查询办理进度。

3. 支付数字证书新办费用

如果尚未交费，请在填表后的支付页面支付数字证书新办费用。

支付方式：1.网上支付 2.银行电汇

账户信息如下。

账户名称：河北省电子认证有限公司

账号：130016156080

开户银行：中国建设银行石家庄红旗大街支行

行号：1051210

4. 携带证明材料领取数字证书

自付款成功的第二个工作日起，请携带以下材料到河北 CA 通知的证书办理地点或河北 CA 当地办事处领取证书。

（1）组织机构代码证副本复印件，加盖公章。

（2）营业执照副本复印件，加盖公章。

（3）经办人身份证原件及复印件，加盖公章。

（4）打印好的新办单位证书申请表，加盖公章。

10.2.6 证书颁发机构层次

CA 认证中心是一个负责发放和管理数字证书的权威机构。认证中心通常采用多层次的分级结构，如图 10-14 所示，上级认证中心负责签发和管理下级认证中心的证书，最下一级的认证中心直接面向最终用户发放证书。通常情况下，从属 CA 针对特定用途发放证书，如安全电子邮件、基于 Web 的身份认证或智能卡身份认证等。

层次结构的顶级 CA 称为“根 CA”，根 CA 的子 CA 称为“从属 CA”。即证书层次结构的层次包括根 CA、由根 CA 认证的从属 CA，当然从属 CA 也可以给它的下级 CA 发证。上级 CA 给下级 CA 的数字证书签名。

Internet 中的用户只需信任根证书颁发机构，就能信任其所有从属 CA，就能验证所有从属 CA 颁发的用户证书或服务器证书。例如，百度网站从子 CA 申请了 Web 服务器证书，如图 10-15 所示。客户端浏览百度网站，百度网站向客户端出示 Web 证书——子 CA 的证书（只含公钥），在 CA 的证书中有根 CA 的签名。客户端信任根证书颁发机构，就有根证书颁发机构的公钥。

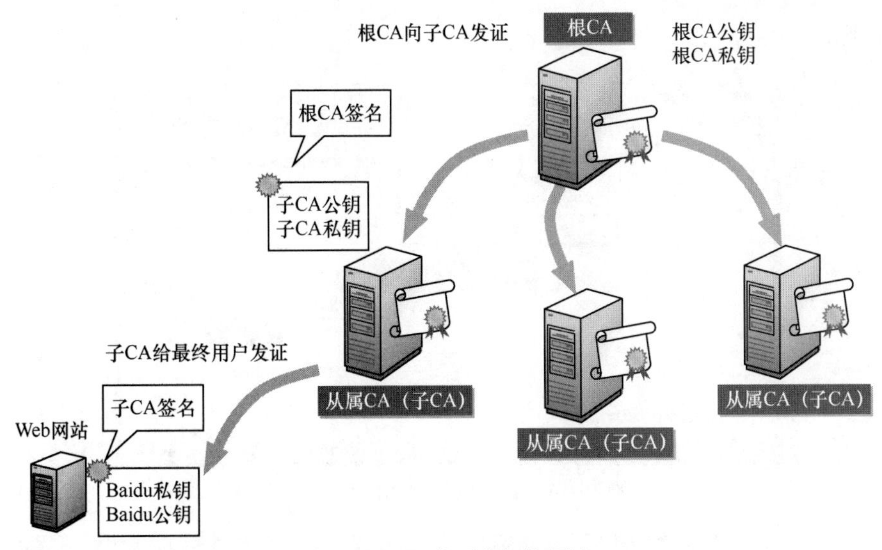

图 10-14 证书颁发机构层次

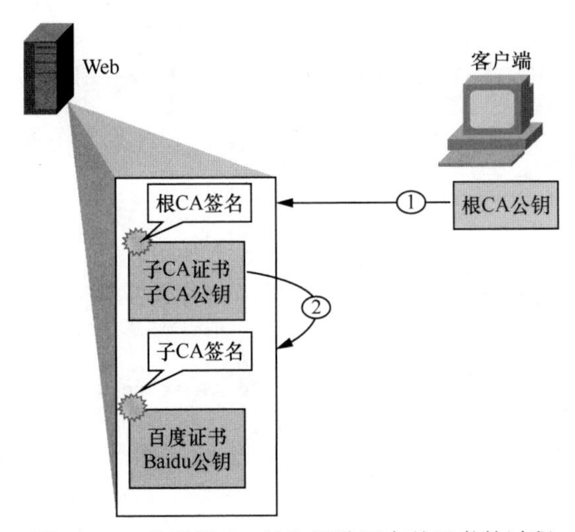

图 10-15 使用根 CA 的公钥验证完整证书的过程

验证过程如下。

（1）客户端先使用根 CA 公钥验证子 CA 的证书是否是根 CA 颁发的。

（2）验证通过，再使用子 CA 的公钥验证 Web 证书是否是子 CA 颁发的。

所以说客户端只需要信任根证书颁发机构即可。下面来看看百度网站给用户出示的数字证书。

访问百度网站查询资料，会自动使用 HTTPS 通信，单击网址右侧的小锁头图标，出现网站标识，单击“查看证书”按钮，如图 10-16 所示。

在出现的“证书”对话框的“常规”选项卡下，可以看到证书的目的、颁发给，颁发者、有效期，如图 10-17 所示。

在“证书路径”选项卡下，可以看到有 3 级，第一级是 VeriSign，这是根证书颁发机构；第二级是 VeriSign Class 3 Secure Server CA-G3，这是子证书颁发机构；第三级是 baidu.com，这是子证书颁发机构给 baidu.com 网站颁发的证书，如图 10-18 所示。现在知道证书路径是怎么回事了吧。

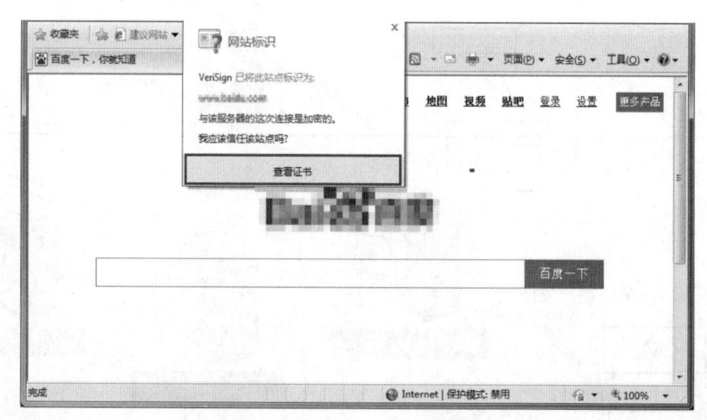

图 10-16 查看网站出示的数字证书

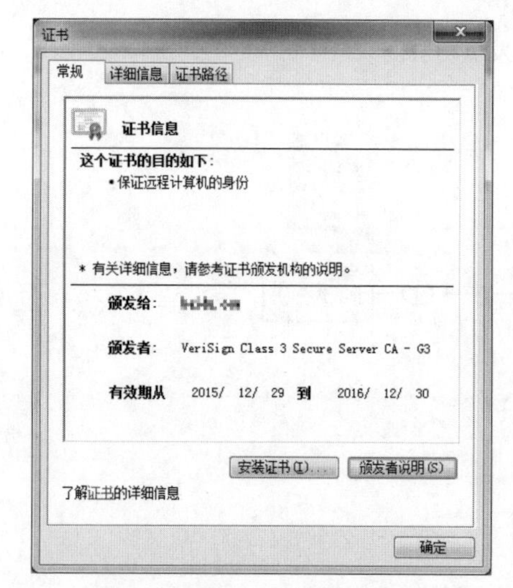

图 10-17 证书信息

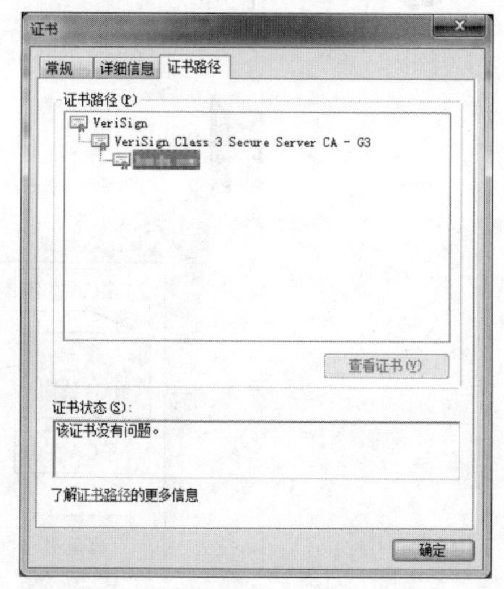

图 10-18 证书路径

10.2.7 使用CA颁发的证书签名和验证签名

本小节讲解使用CA颁发的证书进行签名和验证数字签名的过程。

证书颁发机构先要给自己生成一个密钥对，CA的私钥和CA的公钥，以后给用户颁发数字证书时，都用CA的私钥进行签名，如图10-19所示。网络中的用户只要信任这个证书颁发机构，也就是有CA的公钥，就可以使用CA的公钥验证别人出示的证书是不是这个CA颁发的，如果验证通过，就能够相信这个证书上的信息是真实的，确实有这样的用户。

计算机A向CA提交证书申请，CA核实计算机A提交的信息，为计算机A产生一个数字证书，该数字证书包含计算机A的个人信息、计算机A的私钥、计算机A的公钥还有证书颁发者等信息，该证书用CA的私钥签名。

计算机A得到的数字证书包含计算机A的私钥和计算机A的公钥，可以从该证书中单独导出计算机A的公钥，当然该公钥也有CA的数字签名。

计算机A给计算机B发送一个数字签名的文档，这时计算机B首先要做的是核实计算机

A 的身份，验证计算机 A 出示的证书（只有公钥）是否是 CA 颁发的。这时计算机 B 必须有 CA 的公钥，使用 CA 的公钥验证计算机 A 证书是否来自 CA。验证通过后，再使用计算机 A 的公钥验证其签名的文件。

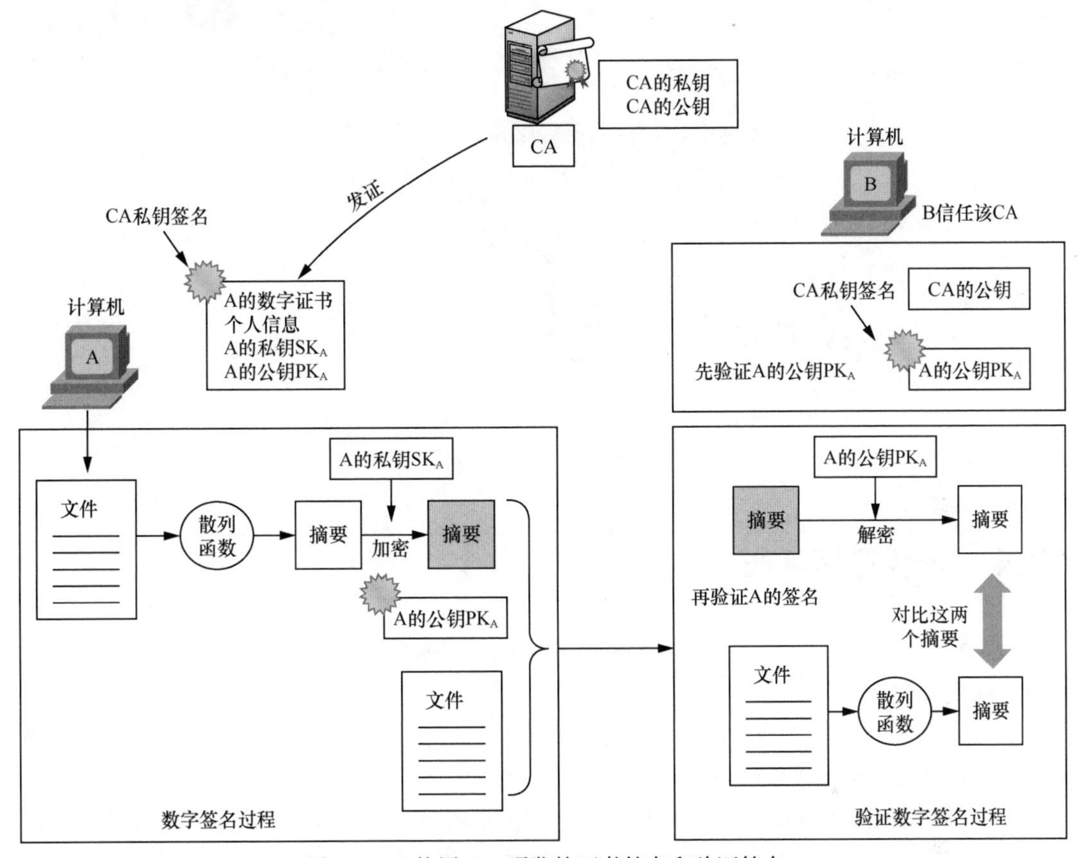

图 10-19　使用 CA 颁发的证书签名和验证签名

这样计算机 A 和计算机 B 虽然都是网络中的用户，互不信任，没办法知道对方的身份，只要计算机 A 出示的证书是计算机 B 信任的证书颁发机构颁发的，计算机 B 就可以使用该证书颁发机构的公钥验证计算机 A 出示的证书（公钥）是否来自该 CA，然后再使用计算机 A 出示的证书（公钥）验证其数字签名的文件。

10.3　实战：发送数字签名和数字加密的邮件

前面讲了公钥密码体系可以用来加密和数字签名。下面就来体验一下如何在 Windows Server 2003 上安装证书颁发机构、在 Windows XP 上申请电子邮件证书，发送数字签名的邮件和加密的邮件。

本节的实验环境需要 3 个虚拟机，如图 10-20 所示。虚拟机 Windows Server 2003 安装 CA 服务。虚拟机 Windows XP1 配置 Outlook Express 连接搜狐的邮件服务器收发电子邮件，邮箱账户为 dongqing91@sohu.com。虚拟机 Windows XP2 配置 Outlook Express 连接搜狐的邮件服务器收发电子邮件，邮箱账户为 dongqing081@sohu.com。

具体操作看视频。

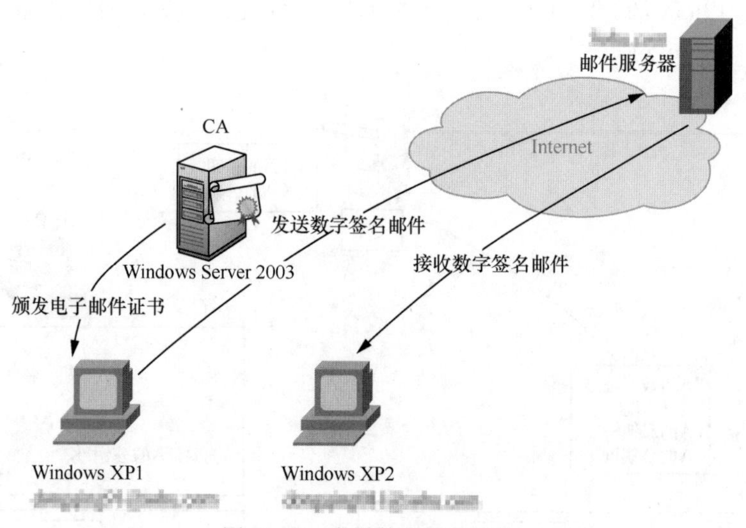

图 10-20 发送数字签名邮件

10.4 安全套接字层

TCP/IP 本来是 4 层：应用层、传输层、网络层、网络接口层。这 4 层，没有一层是专门负责通信安全的。

当 Internet 能够提供网上购物时，安全问题马上就被提到桌面上。例如，用户通过浏览器进行网上购物时，需要采取以下一些安全措施。

（1）顾客需要确保所浏览的服务器属于真正的厂商而不是假冒的厂商。因为顾客不愿意把他的信用卡号交给一个冒充者。换言之，服务器必须被鉴别。在有些应用中服务器还需要验证顾客的身份，如是否是 VIP 会员。

（2）顾客与销售商需要确保购物报文在传输过程中没有被篡改。例如，100 元的账单一定不能被篡改为 1000 元的账单。

（3）顾客与销售商需要确保诸如信用卡、登录网址的账户和密码等敏感信息不被 Internet 的入侵者截获，这就需要对购物的报文进行加密。

使用 HTTP 访问网站存在以下风险。

（1）窃听风险（eavesdropping risk）：第三方可以获知通信内容。

（2）篡改风险（tampering risk）：第三方可以修改通信内容。

（3）冒充风险（pretending risk）：第三方可以冒充他人身份参与通信。

为了避免以上风险，在应用层和传输层之间增加了一层—安全套接字层，来解决上述安全问题。安全套接字层广泛使用两个协议：SSL 和 TLS，如图 10-21 所示。

SSL/TLS 协议是为了解决上述三大风险而设计的，希望达到以下目的。

（1）所有信息都是加密传播，第三方无法窃听。

（2）具有校验机制，一旦被篡改，通信双方会立刻发现。

（3）配备身份证书，防止身份被冒充。

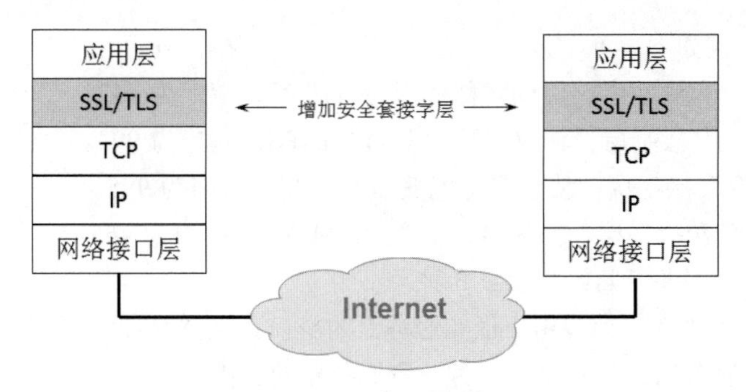

图 10-21 新增安全套接字层

10.4.1 安全套接字层（SSL）和传输层安全（TLS）

安全套接字层（Secure Socket Layer，SSL）是 Netscape 公司在 1994 年开发的安全协议。SSL 作用在应用层和传输层之间，为访问网站的 HTTP 流量建立一个安全的通道。SSL 最新的版本是 1996 年的 SSL 3.0。虽然它还没有成为正式标准，但已经是保护 Internet 的 HTTP 通信公认的事实上的标准了。

1995 年 Netscape 公司把 SSL 转交给 IETF，希望能够把 SSL 标准化。IETF 将 SSL 做了标准化，即 RFC 2246，并将其称为 TLS（transport layer security）。从技术上讲，TLS 1.0 与 SSL 3.0 的差异非常微小。

现在很多浏览器都已使用了 SSL 和 TLS，如图 10-22 所示，打开 Windows 7 操作系统的 IE 浏览器的"Internet 属性"对话框，在"高级"选项卡下可以看到默认已经勾选了"使用 SSL 2.0""使用 SSL 3.0""使用 TLS 1.0""使用 TLS 1.1""使用 TLS 1.2"。

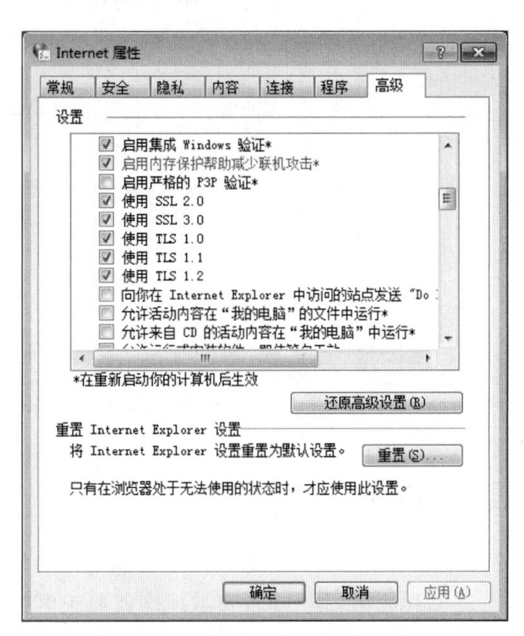

图 10-22 IE 浏览器支持 SSL 版本

安全套接字层应用最多的就是 HTTP，但不局限于 HTTP。当应用层协议使用安全套接字实现安全传输时，就会使用另一个端口，同时给出一个新的名字，即在原协议名字后面添加 S，

S 代表 security，举例如下。

HTTP 使用安全套接字层，协议名称就变为 HTTPS，端口为 443。

IMAP 使用安全套接字层，协议名称就变为 IMAPS，端口为 993。

POP3 使用安全套接字层，协议名称就变为 POP3S，端口为 995。

SMTP 使用安全套接字层，协议名称就变为 SMTPS，端口为 465。

SSL 提供的安全服务可归纳为以下 3 种。

（1）SSL 服务器鉴别，允许用户证实服务器的身份。支持 SSL 的客户端通过验证来自服务器的证书来鉴别服务器的真实身份，并获取服务器的公钥。

（2）SSL 客户鉴别，允许服务器证实客户的身份。这个信息对服务器是重要的。例如，当银行把有关财务的保密信息发送给客户时，就必须检验接收者的身份。

（3）加密的 SSL 会话，客户和服务器交互的所有数据都在发送方加密，在接收方解密。SSL 还提供了一种检测信息是否被攻击者篡改的机制。

在 Windows 操作系统安装完毕，微软公司就已经将 Internet 上那些知名的证书颁发机构添加到计算机和用户的受信任的根证书颁发机构了，我们的计算机就有了这些根证书颁发机构的公钥。当服务器出示的证书是这些颁发机构颁发的，就可以使用证书颁发机构的公钥来鉴别网站的身份。在“Internet 属性”对话框中，单击“证书”按钮，如图 10-23 所示。在出现的“证书”对话框的“受信任的根证书颁发机构”选项卡下，可以看到已经信任的 Internet 上知名的证书颁发机构，如图 10-24 所示。

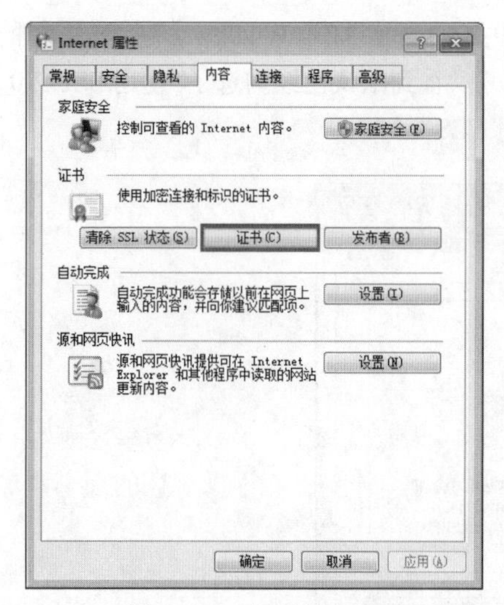

图 10-23 打开用户证书

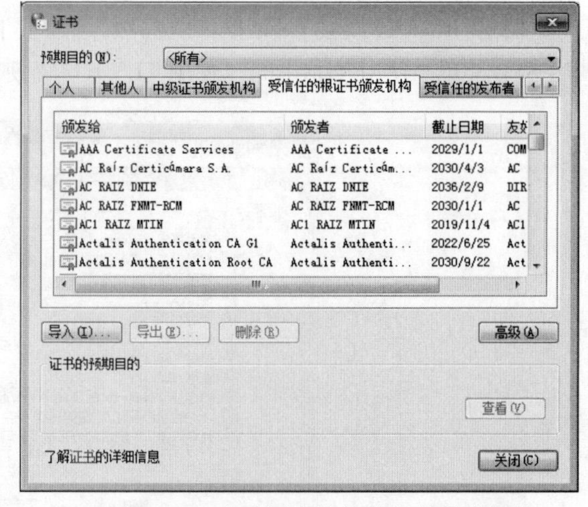

图 10-24 查看用户信任的证书颁发机构

10.4.2 安全套接字层工作过程

要使服务器和客户端使用 SSL 进行安全的通信，服务器必须有服务器证书。证书用来进行身份验证或者身份确认。证书和服务器的域名绑定，这就要求客户端必须使用域名访问服务器，服务器向客户端出示服务器证书，客户端就要检查访问的域名和证书中的域名是否相同，不同则会出现安全提示。

服务器证书中必须有一对密钥（公钥和私钥），这两个密钥用来对消息进行加密和解密，以确保在 Internet 上传输时的隐秘性和机密性。

证书既可以是自签（self-signed）证书，也可以是颁发（issued）证书。自签证书是服务器自己产生的证书，要求客户端信任该证书。如果是证书颁发机构颁发给服务器的证书，客户端必须信任该证书颁发机构才行。

下面以 Internet 应用为例来说明 SSL 的工作过程。

现在很多网站当跳转到需要输入敏感信息的页面时，就会使用安全套接字来实现其安全访问。例如，用户访问中国工商银行的网站，在浏览器中输入网址，使用 HTTP 访问，当用户单击“个人网上银行”按钮时，会跳转到 HTTPS 连接，实现安全通信。建立安全会话的简要过程如图 10-25 所示。

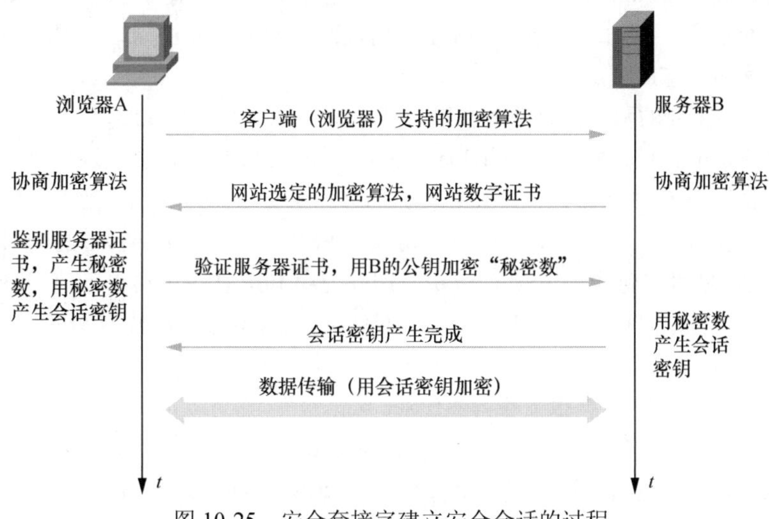

图 10-25 安全套接字建立安全会话的过程

（1）浏览器 A 将自己支持的一套加密算法发送给服务器 B。

（2）服务器 B 从中选出一组加密算法与散列算法，并将自己的身份信息以证书的形式发回给浏览器。证书里包含了网站域名、加密公钥，以及证书颁发机构等信息。

（3）验证证书的合法性（是否信任证书颁发机构，证书中包含的网站域名地址是否与正在访问的地址一致，证书是否过期等），如果证书受信任，浏览器栏里会显示一个小锁头图标，否则会给出证书不受信任的提示。如果证书受信任，或者是用户接受了不受信任的证书，浏览器会产生秘密数，客户端使用秘密数产生会话密钥。秘密数使用服务器 B 提供的公钥加密，发送给服务器。

（4）服务器用私钥解密秘密数，双方根据协商的算法产生会话密钥，这和浏览器 A 产生的会话密钥相同。

（5）安全数据传输。双方用会话密钥加密和解密它们之间传输的数据并验证其完整性。

10.5 网络层安全 IPSec

前面讲过使用 Outlook Express 进行数字签名和数字加密是在应用层实现的安全，也就是需要应用程序来实现对电子邮件的数字签名和加密。而安全套接字实现的安全则是在应用层和传输层之间插入了一层来实现数据通信的安全。

现在要讲的 IPSec 是在网络层实现的安全，不需要应用程序支持，只要配置计算机之间通信的安全规则，传输层的数据传输单元就会被加密后封装到网络层，实现数据通信安全。IPSec 协议工作在 OSI 参考模型的第三层，可以实现基于 TCP 或 UDP 的通信安全，前面讲的安全套接字层（SSL）就不能保护 UDP 层的通信流。

IPSec 协议

IPSec 就是“IP 安全（security）协议”的缩写，是一种开放标准的框架结构，通过使用加密的安全服务以确保在 Internet 协议（IP）网络上进行保密且安全的通信。IPSec 定义了在网络层使用的安全服务，其功能包括数据加密、对网络单元的访问控制、数据源地址验证、数据完整性检查和防止重放攻击。

在 IPSec 中最主要的两个协议就是鉴别首部（Authentication Header，AH）协议和封装安全有效载荷（Encapsulation Security Payload，ESP）协议。AH 协议提供源点鉴别和数据完整性，但不能保密。而 ESP 协议比 AH 协议复杂得多，它提供源点鉴别、数据完整性和保密。IPSec 支持 IPv4 和 IPv6，但在 IPv6 中，AH 协议和 ESP 协议都是扩展首部的一部分。

AH 协议的功能都已包含在 ESP 协议中，因此使用 ESP 协议就可以不使用 AH 协议。但 AH 协议早已在一些商品中使用，因此 AH 协议还不能被废弃。下面我们不再讨论 AH 协议，而只讨论 ESP 协议。

使用 IPSec 协议的 IP 数据报被称为“IPSec 数据报”，它可以在两个主机之间、两个路由器之间，或一个主机和一个路由器之间发送。在发送 IPSec 数据报之前，在源实体和目标实体之间必须创建一条网络逻辑连接，即安全关联（Security Association，SA）。

图 10-26 所示的计算机 Client 到 Web 服务器的安全关联为 SA1，计算机 Client 到 SQL 服务器的安全关联为 SA2。当然，要想实现安全通信，Web 服务器也要有到计算机 Client 的安全关联，SQL 服务器也要有到计算机 Client 的安全关联。

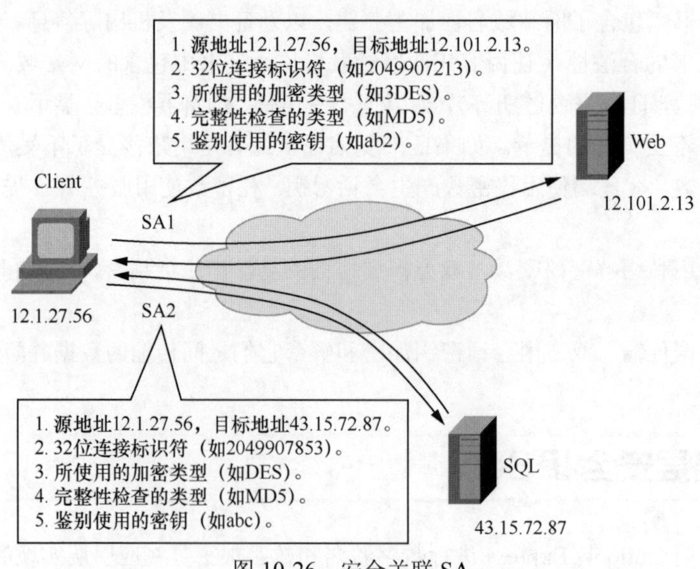

图 10-26 安全关联 SA

下面以计算机 Client 到 Web 服务器的安全关联 SA1 为例，来说明一条安全关联包括的状态信息。

（1）源点（计算机 Client 的 IP 地址）和终点（Web 服务器的 IP 地址）。

（2）一个 32 位的连接标识符，被称为“安全参数索引”（Security Parameter Index，SPI）。

（3）所使用的加密类型（如 DES）。

（4）加密密钥。

（5）完整性检查的类型（例如，使用报文摘要 MD5 的报文鉴别码 MAC）。

（6）鉴别使用的密钥（例如，指定身份验证密钥为 abc）。

当计算机 Client 给 Web 服务器发送 IPSec 数据报时，就必须读取 SA1 的这些状态信息，以便知道如何对 IP 数据报进行加密和鉴别。当然 Web 服务器也要有到计算机 Client 的一条安全关联。

10.6 习题

1．计算机网络面临哪几种威胁？主动攻击和被动攻击的区别是什么？针对计算机网络的安全措施都有哪些？

2．请解释以下名词：截获，拒绝服务，篡改，流量分析，恶意程序。

3．对称密钥体制与公钥密码体制的特点是什么？它们各有何优缺点？

4．公钥密码体制下的加密和解密过程是怎样的？为什么公钥可以公开？如果不公开是否可以提高安全性？

5．试述数字签名的过程。

6．Internet 的网络层安全协议 IPSec 都包含哪些主要协议？

7．试简述 SSL 和 SET 的工作过程。

8．实战：配置两个虚拟机之间使用 IPSec 加密通信，身份验证方法使用预共享密钥。

9．实战：在一个虚拟机中安装证书颁发机构，在另一个虚拟机中搭建 Web 服务器，为 Web 站点申请数字证书，配置强制使用 HTTPS 通信。

10．实战：申请两个搜狐电子邮箱，安装证书颁发机构，为电子邮箱用户申请证书，发送签名和加密的电子邮件，并导出数字证书（包含私钥）。